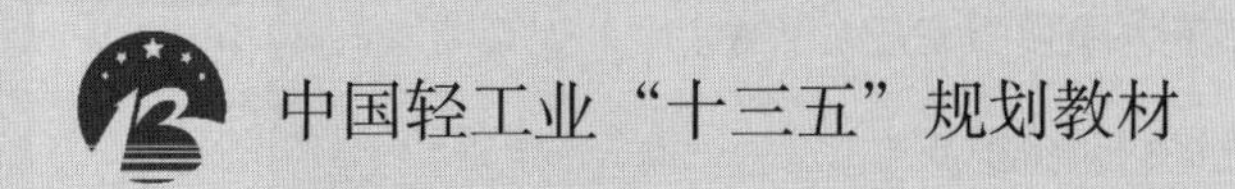

食品微生物学

主编　陈忠军

中国轻工业出版社

图书在版编目（CIP）数据

食品微生物学/陈忠军主编．—北京：中国轻工业出版社，2025.1

ISBN 978-7-5184-3341-4

Ⅰ.①食…　Ⅱ.①陈…　Ⅲ.①食品微生物-微生物学-高等学校-教材　Ⅳ.①TS201.3

中国版本图书馆 CIP 数据核字（2020）第 259100 号

责任编辑：马　妍

策划编辑：马　妍　　责任终审：白　洁　　封面设计：锋尚设计

版式设计：砚祥志远　　责任校对：朱燕春　　责任监印：张　可

出版发行：中国轻工业出版社（北京鲁谷东街 5 号，邮编：100040）

印　　刷：三河市万龙印装有限公司

经　　销：各地新华书店

版　　次：2025 年 1 月第 1 版第 2 次印刷

开　　本：787×1092　1/16　印张：25.5

字　　数：570 千字

书　　号：ISBN 978-7-5184-3341-4　定价：62.00 元

邮购电话：010-85119873

发行电话：010-85119832　010-85119912

网　　址：http://www.chlip.com.cn

Email：club@chlip.com.cn

250196J1C102ZBQ

本书编写人员

主　　编　陈忠军（内蒙古农业大学）

副 主 编　方海田（宁夏大学）
　　　　　陈　霞（内蒙古农业大学）
　　　　　朱传合（山东农业大学）

参　　编（按拼音顺序排序）
　　　　　李　玉（天津科技大学）
　　　　　刘慧燕（宁夏大学）
　　　　　满都拉（内蒙古农业大学）
　　　　　闵钟熳（沈阳师范大学）
　　　　　齐　威（天津科技大学）
　　　　　孙子羽（内蒙古农业大学）
　　　　　王军节（北方民族大学）
　　　　　乌　素（内蒙古农业大学）
　　　　　杨德志（内蒙古国际蒙医医院）
　　　　　赵　峰（曲阜师范大学）
　　　　　朱瑶迪（河南农业大学）

前言 | Preface

微生物和人类的生活密切相关，微生物学是生命科学中应用性强的重要基础学科之一，食品微生物学是研究与食品有关的微生物以及微生物与食品关系的一门科学。随着微生物学及生命科学的迅速发展，食品微生物学也扩充和发展出许多新的知识和新的技术，并应用这些新知识和新技术来生产更多富有营养且安全的食品。目前，国内高等学校的食品科学与工程专业类使用的食品微生物学教材的种类相对比较丰富，但重点都是基于传统微生物学的知识结构框架以及在食品相关领域的应用衍生，对微生物领域新出现的研究方向和分支学科涉及不足。

为了紧跟新形势微生物学快速发展的步伐，适应高等院校食品科学与工程类专业食品微生物学的教学实际情况，更好地满足高等教育人才培养需要，我们编写了《食品微生物学》一书。本教材参考了目前国内外优秀的微生物学研究进展和教科书，遵循由浅入深、循序渐进的原则，力求拓宽知识面，紧跟国内外微生物学发展动态，对近年微生物领域新出现的研究方向和分支学科，以及与之交叉的新学科进行系统介绍。在内容结构上主要考虑四大板块，一是基础部分，即微生物学的基本原理，主要展示微生物自身发展演化的基本规律；二是专业部分，即微生物的行业延伸，将微生物基本原理与其在食品行业中的相关技术或应用结合起来，尽可能让学生做到学以致用；三是拓展部分，介绍微生物学新技术、新方向和新学科以及与食品产业的相关性，力求让学生熟悉相关知识，引导有兴趣的学生做更深入的学习探究；四是技能部分，介绍微生物操作技能的方法学，通过层次性的、系统性的阐述，让学生掌握微生物学实验的操作原理及方法。

本教材由陈忠军主编，方海田、陈霞、朱传合任副主编。具体编写分工如下：陈忠军编写第一章、第五章；陈霞编写第六章、附录；方海田编写第十四章、第十六章；李玉编写第一章、第三章；刘慧燕编写第十一章；满都拉编写七章；闵钟熳编写第四章；齐威编写第三章；孙子羽编写第十三章、第十五章；王军节编写第十五章；乌素编写第十七章；杨德志编写第八章；赵峰编写第九章；朱传合编写第十二章；朱瑶迪编写第二章、第十章。

本教材可供高等院校的食品科学与工程、食品质量与安全、食品营养与健康、生物技术、发酵工程等专业师生使用，也可供相关领域的技术和研究人员参考。

由于编者水平有限，书中难免有错误和遗漏之处，敬请读者和专家批评指正，以待日后再版时修订完善。

陈忠军

2021年5月

目录 | Contents

CHAPTER 1

第一章 绪　论

第一节　微生物的概念及其特点

微生物是指绝大多数凭肉眼看不见或看不清，必须借助显微镜才能看见或看清，以及少数能直接通过肉眼看见的单细胞、多细胞或无细胞结构的微小生物的总称。微生物在自然界中可以说是无处不在。不管我们生活的周围环境，还是我们体内都有大量微生物的存在。微生物不仅分布广，而且种类繁多，数目庞大，让我们无法想象。

微生物包括：原核微生物，如细菌、放线菌、蓝细菌、立克次氏体、衣原体和支原体；真核微生物，如酵母、霉菌、蕈菌、原生动物和显微藻类等；不具有细胞结构的病毒、亚病毒和类病毒等。

微生物体积微小、结构简单，具有以下 5 个特点：

1. 体积小，比表面积大

比表面积为某一物体单位体积所占有的表面积。由此可知，物体的体积越小，其比表面积就越大。微生物的长度一般在微米，甚至纳米范围内，因此，单位体积内所有的微生物个体的表面积之和也很大。微生物是一个体积小、比表面积大的系统，使得微生物和外界进行物质交换的面积增大，加快了营养物质吸收、代谢物排出、个体生长，奠定了微生物的适应性强、分布广的基础。

2. 吸收多，代谢快

微生物由于比表面积大而使其吸收营养成分速度增加。有资料表明，大肠杆菌在 1h 内可分解其自重的 1000~10000 倍的乳糖，并合成、分泌大量的代谢产物。因此，微生物能够发挥“细胞工厂”的优势，人们可以培养微生物生长、繁殖、代谢，获取目标产物。

3. 生长旺盛，繁殖快

微生物具有快速的生长繁殖速度。大肠杆菌（*Escherichia coli*）繁殖一代的时间为 20~30min，如果按照繁殖一代的平均时间为 20min 计算，1h 一个大肠杆菌可以繁殖 3 代，24h 内一个大肠杆菌可以繁殖 72 代，一个细菌可以变成 4.7×10^{18} 个细菌。

但是实际上，微生物以几何级数增殖的速度只能维持几个小时，这是因为，微生物在代谢过程中，受到营养的限制和代谢产物过分积累导致的。一般微生物的增殖速度可达到10^8~10^{11}个/mL。

4. 适应性强，容易变异

微生物具有自身的适应性调节机制。在不同的环境中，微生物可以调节自身代谢来适应外界环境的变化。少数细胞的基因自发突变，这种变异使其呈现出适应能力强的特点，也导致了耐药菌株和新型病毒的出现。

5. 分布广，种类多

微生物体积小、质量轻，可以到处传播，在适宜的环境中生长繁殖。地球上除了火山中心区域少数地方外，其他地方，包括土壤、河流、空气以及动植物体内，甚至是渗透压极高的盐湖、酸性矿井等极端环境中都有微生物的踪迹。据估计微生物的总数在 50 万至 500 万种，微生物的物种多样性、生理代谢类型的多样性、代谢产物的多样性、遗传基因的多样性和生态类型的多样性，都导致了微生物种类比较多。微生物具有分布广、种类多的特点，有利于人们开发微生物新资源。

第二节　微生物与人类的关系

一、微生物与食品工业

微生物可以用于食品制作，在食品制作方面发挥着极为重要的作用。微生物可以作为一种媒介，将一些物质成分改变，从而为人们的食品加工提供了便利。其中在食品制作方面最常见的是发酵技术，起到最重要作用的发酵生物是酵母菌。酵母菌是一种可以大量繁殖的微生物，能够通过消耗大量的氧气不断繁殖；在无氧的条件下，通过发酵生成酒精。酵母广泛应用于各种酒类的酿造中，例如白酒、啤酒、葡萄酒及各种果酒、果醋。用于制作腐乳的微生物是毛霉，通过分泌胞外酶，将蛋白质分解成容易消化吸收的氨基酸，将脂肪转化为甘油和脂肪酸，获得风味丰富、滋味可口的腐乳。

微生物对于食品工业来说，同样存在一些不利的影响。微生物可能导致食品腐败、变质，而不能食用。罐头食品、冷冻食品、生鲜食品、干燥食品等工业都必须保证食品避免受到微生物的影响。可以说，微生物改变了人们的生活习惯，也处处影响着人们的饮食方式，与人类生活息息相关。

二、微生物与农业

植物生长需要大量的营养物质，腐生性微生物能将人、畜粪便、植物枯枝落叶分解，并能转换成植物能够吸收利用的养料。如果没有这些微生物，植物就会由于没有充足的营养物质而无法正常生长发育。有的微生物能将空气中的氮，转化成植物可以吸收的含氮物质。这样可以减少对农作物的施肥量，如根瘤菌。有的微生物能杀死农林害虫，例如，苏云金芽孢杆菌。人们把有抗虫功能的微生物的基因转入到植物体上可以培育出来具有抗虫功能的农作物新品种，例如，抗虫棉。利用这些微生物防治农林害虫，可以减少农药的使用量，可减轻对环境的污染。但是，有些病毒会影响农作物的生长，例如，烟草花叶病、水稻矮缩病。有些微生物会使动物患病，例如，禽流感、疯牛病、口蹄疫等动物疾病。

三、微生物与环境

近年来随着人口的剧增，工业的迅速发展，环境受到了严重的污染。其中水域的污染是非常严重的。很多河流都变成了臭气熏天的臭水河。有些水域会出现赤潮。这都是水域受到严重污染的结果。水域污染治理的方法很多，在众多的污水、废水处理方法中，生物学的处理方法具有经济方便、效果好的突出优点，被广泛应用。有些微生物能将水中的含碳有机物分解成二氧化碳等气体。将含氮有机物分解成氨、硝酸等物质。将汞、砷等对人体有毒的重金属盐在水体中进行转化，以便回收或除去。在以后的污水处理中，微生物将起到不可替代的作用。

四、微生物与自然界的物质循环

地球上每年都有大量的动物、植物死亡，腐生性微生物会把这些动植物遗体分解，并能转换成植物能吸收和利用的养料从而促进了自然界的物质循环。光能型微生物能够吸收光能，转化为生物能源，贮存于微生物体内。

五、微生物与人类健康

微生物在人体生理健康方面发挥着重要的作用，在人体肠道中有很多微生物，其中包括大肠杆菌、乳酸杆菌、双歧杆菌等。这些细菌生活在人的肠道中，能合成核黄素、维生素 K 等多种维生素以及氨基酸，以供人体吸收利用。微生物也可能是维持人体组织环境平衡的关键。微生物也可能是导致人类疾病的元凶，还可能是药物研发和疾病治疗上的重要原料。总之，微生物与人类健康有着十分密切的关系。

自 1929 年英国细菌学家弗莱明偶然发现青霉素，这是人类历史上第一个抗菌类药物的诞生。之后又出现了很多抗菌类药物，例如链霉素、氯霉素、庆大霉素、卡那霉素、红霉素、四环素等。这些药物都是从微生物中提取出来的。这些抗菌类药物的出现，挽救了无数人的生命，使得以前无法治愈的疾病得以有效治疗。

为了预防一些由于感染某种微生物引起的疾病，生物学家们利用病毒制成病原疫苗，通过接种疫苗来控制人类的疾病。这些疫苗是微生物的加工产物，但毒性比加工之前的微生物要弱很多，因此能够不让人致病的前提下产生抗药性，从而达到预防疾病的效果。生活中的有毒微生物无处不在，而这些微生物造成的疾病也非常频繁，通过这些方式能够使人体获得更强的抗性，提升免疫力，从而维护人体健康。

第三节　微生物学的发展简史

微生物学（microbiology）是一门在细胞、分子、群体水平上，研究微生物的形态构造、生理代谢、遗传变异、生态分布、分类进化等生命活动基本规律，并将其应用于工业发酵、医药卫生、生物技术和环境保护等实践领域的科学。

一、微生物学的发展

微生物学的发展曾经历了两个黄金时代，目前正在迎来第三个黄金时代。

第一个黄金时代是从19世纪中期到20世纪初（1857—1914年），微生物学已经形成一门独立的研究学科，尤其因在传染病微生物方面取得的巨大成就而迅速发展。这一阶段的成就来自于巴斯德（图1-1）（Louis Pasteur，1822—1895年）和柯赫（Robert Koch，1843—1910年）的贡献。巴斯德和柯赫分别被称为微生物学和细菌学的奠基人。

法国化学家巴斯德的主要贡献：①利用曲颈瓶试验（图1-2），辩驳自然发生说。②证实发酵由微生物所引起。巴斯德还发现了厌氧微生物，厌氧微生物只能在没有氧气的环境下生存，而另一类兼性厌氧微生物，无论在好氧条件下，或者是厌氧条件下都能生长。巴斯德还发现乙酸发酵、丁酸发酵、乳酸发酵的发酵细菌不同，这也为微生物的生理生化的进一步研究奠定了基础。③发明了巴氏消毒法。巴斯德还发现了引起葡萄酒酸败的原因，是由于杂菌落入葡萄酒桶中导致的。为此，他发明了“巴氏消毒法”。“巴氏消毒法”将酿好的葡萄酒、牛乳、啤酒、果汁等食品中加温到63℃，经过30min，就可以消灭杂菌。“巴氏消毒法”至今仍然广泛应用。④研制出了狂犬疫苗。

图1-1　巴斯德（1822—1895年）

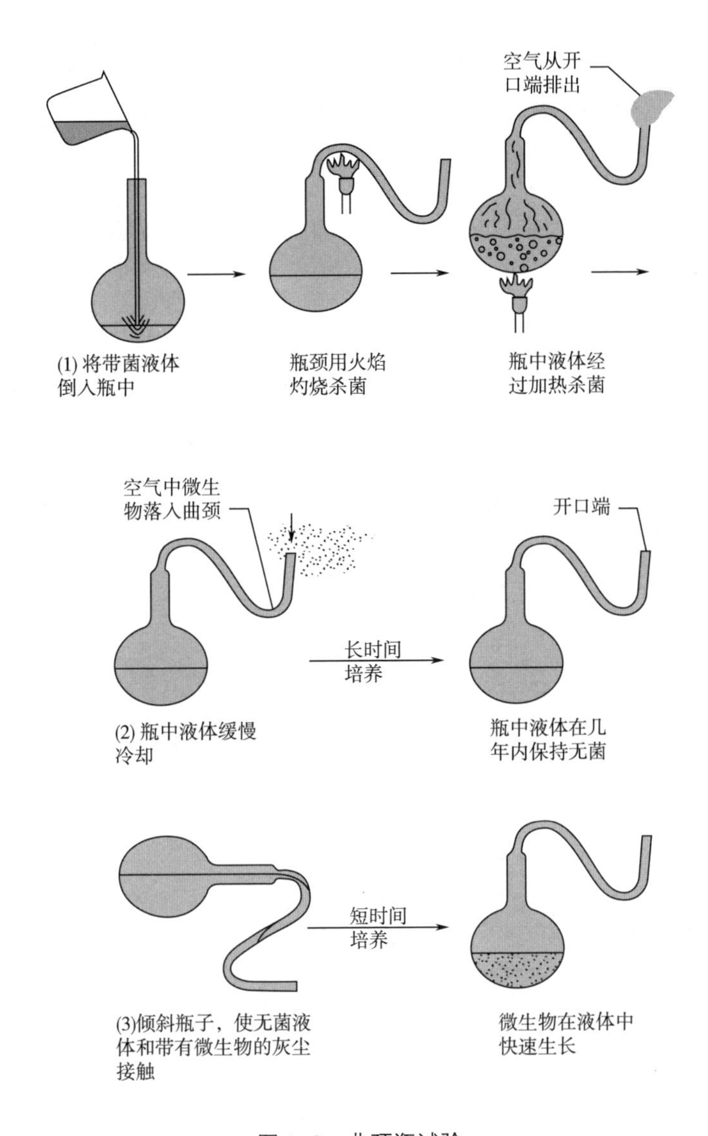

图 1-2 曲颈瓶试验

德国医生柯赫的主要贡献：①微生物纯培养、分类等技术领域也取得了重大突破。提出采用固体平板分离，获得纯种单菌落的方法。柯赫设计了添加固化剂，例如明胶和琼脂，到营养液中，制备成固体培养基。柯赫的这些贡献为 20 世纪初细菌生物学和微生物学理论的发展起到了重要作用。在分离纯化微生物研究工作中，柯赫的助手 Richard Petri，发明了今天我们仍在使用的培养皿。因此，平皿也以他的名字命名为 Petri 平皿（Petri dish）。这种平皿的制作材料可以是玻璃，玻璃可以干热灭菌，而且能够重复使用；也可以用塑料制作，采用气体杀菌剂氧化乙烯灭菌。②发现了引起人炭疽病、肺结核的病原菌、诊断和预防方法。柯赫为了查找结核病的起因，他利用并发展了显微镜技术、纯培养分离技术、组织染色技术、动物接种技术。柯赫开发了一种针对结核分枝杆菌的染色技术，采用碱性美蓝和俾斯麦棕染色。这也是我们今天应用的结核分枝杆菌这类抗酸菌染色的 Ziehl-Nielsen 染色法的雏形。柯赫 1882 年发现了结核分枝杆菌的病原体，发展针对结核分枝杆菌的特殊染色方法，发现了结核菌素，结核菌素是一种对于结核病诊断很有用的一种物质。由于柯赫所做出的科学贡献，在1905年，柯赫获得了诺贝尔生理学和医学奖。③研制出了炭疽疫苗。④柯赫定律（图1-3）：病原微生物存在于患病动物中，健康个体中不存在；该微生物可在离开动物体外纯培养生长；当培养物接种健康的敏感动物时产生特定的疾病症状；该病原微生物可从患病的实验动物中重新分离，而且能够在实验室再次培养，最终具有与原始菌株相同的性状。但是，微生物学在这个时期，只是进行着自身的独立发展，还未与当时生物学的主流相汇合。

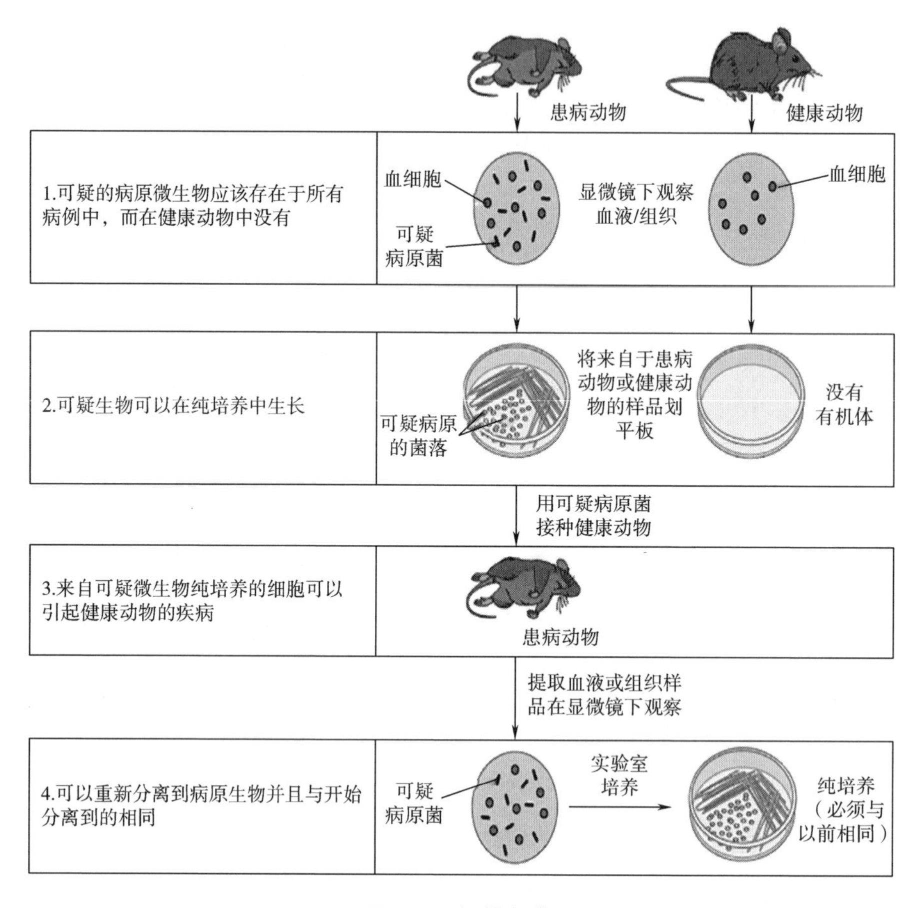

图1-3　柯赫定律

第二个黄金时代是从20世纪40~70年代末（1944—1977年），微生物学与生物学发展的主流汇合和交叉，并以应用为主。因此，获得高速、全面、深入的发展。形成了该领域的许多分支学科。生命科学从整体或细胞研究水平，开始转入分子研究水平，取决于许多重大理论问题的突破，例如遗传密码、基因概念、遗传的物质基础等。其中微生物学起了重要甚至关键的作用。微生物中的许多新研究成果，例如转化、转导、接合、操纵子模型、质粒、转座子、限制性内切酶、逆转录酶、三域学说等，极大地推动了现代生物学的发展，尤其是分子生物学的建立和发展。微生物学再一次被推到了整个生命科学发展的前沿。

1995年，流感嗜血杆菌作为第一个微生物基因组测序完成，这是所有生物中最先完成全序列测定的生物，标志着微生物学率先进入了基因组学的领域。伴随着基因组学、结构生物学、生物信息学、聚合酶链式反应（PCR）技术、高分率荧光显微镜及其他物理化学理论和技术等的应用，为微生物学的发展带来了新的技术、新的契机。对于微生物也开始多层面、系统性研究，包括基因水平、基因组水平、细胞水平、群体水平，其内容涉及生长、代谢、遗传、生理、分类、生态等。因此，作为一门学科的整体，如何将微生物的基础研究和应用研究、分子水平和细胞水平乃至群体水平（或宏观水平）的研究有序地结合起来，已是现代微生物发展的趋势。因此，已有学者提出“整合微生物学（integrative microbiology）”的概念，认为微生物学已成为一个统一体（unified），微生物生理学、微生物遗传学、微生物生态学以及微生物病源学都已经不再是独立的学科。如今，海洋微生物学家很容易与研究人类病原体的微生物学家对话，食品微生物学家可与研究微生物进化的微生物学家进行轻松的交谈。可以说，微生物学发展的第三个黄金时代的重要特征就是整合微生物学。

微生物学在发展过程中，取得的一些重要研究成果总结如图 1-4 所示。

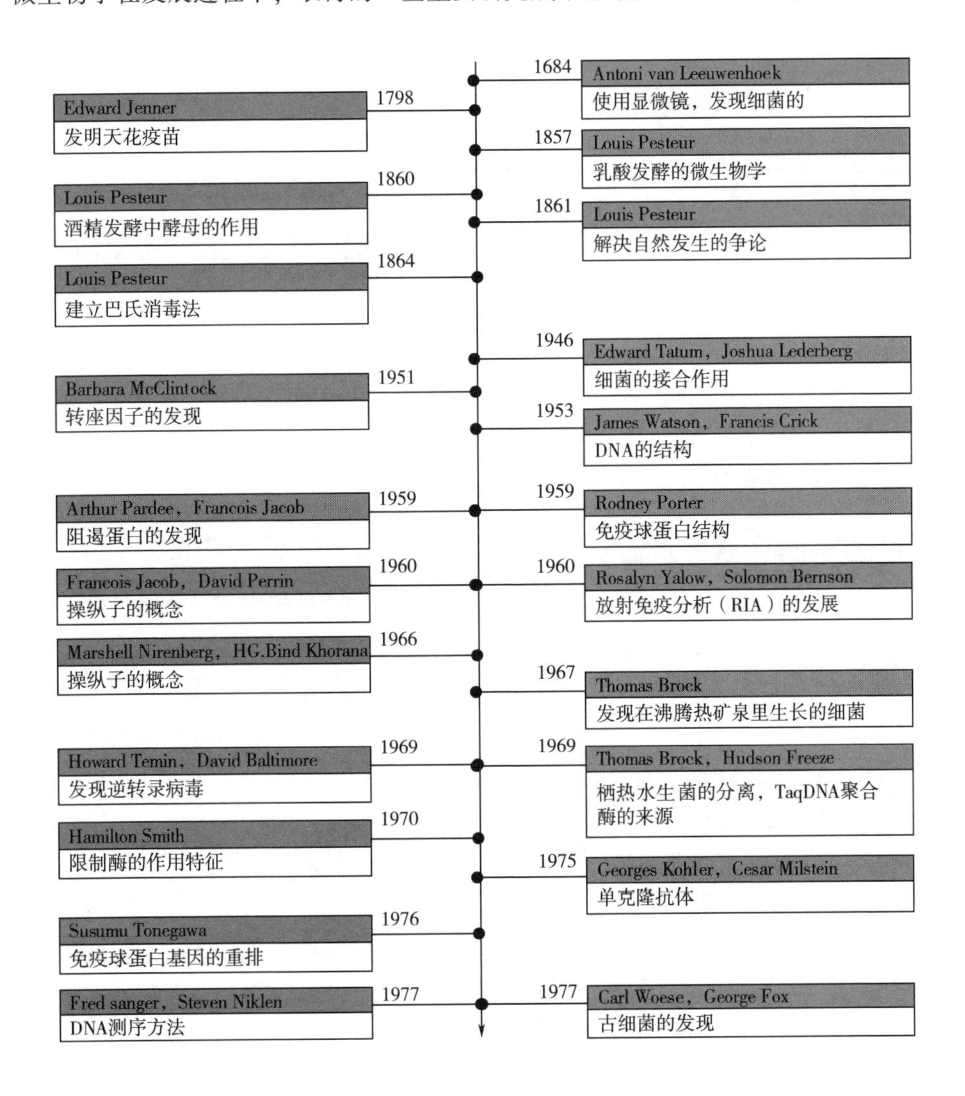

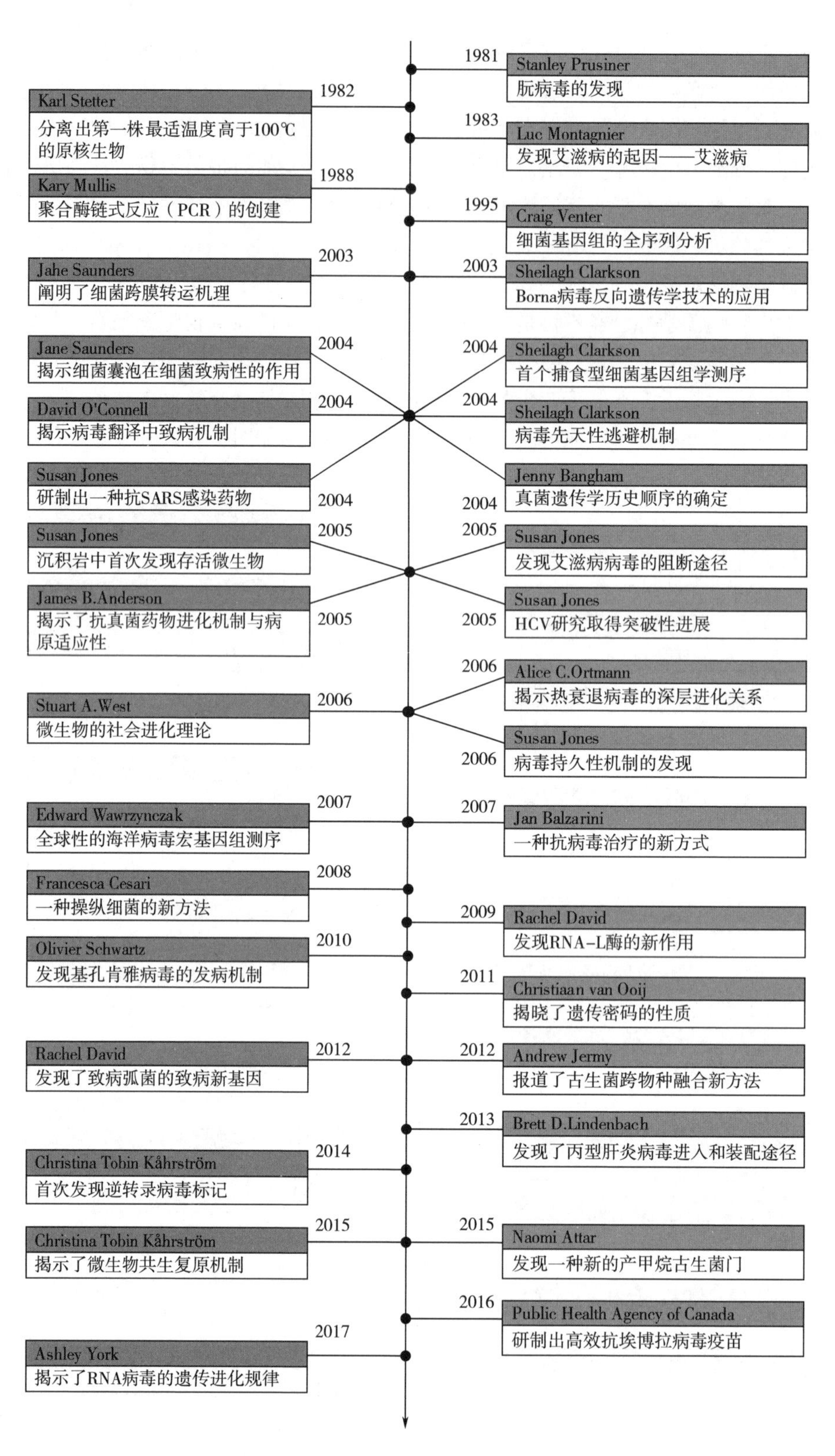

图 1-4　微生物学发展过程中的重要研究成果

二、微生物学的分科

微生物学按照研究微生物的基本生命活动规律，总学科称为基础微生物学。

①按照种类分类：微生物学分为细菌学、真菌学、病毒学、藻类学、菌物学、原生动物学。

②按照过程或功能分类：微生物学分为微生物生理学、微生物遗传学、微生物生态学、分子微生物学、细胞微生物学、微生物基因组学。

③按照与疾病关系分类：微生物学分为免疫学、医学微生物学、流行病学。

按照微生物的应用领域，总学科称为应用微生物学。

①按照与生态环境分类：微生物学分为土壤微生物学、海洋微生物学、环境微生物学、宇宙微生物学、水微生物学。

②按照技术与工艺分类：微生物学分为分析微生物学、微生物技术学、发酵微生物学、遗传工程。

③按照应用范围分类：微生物学分为工业微生物学、农业微生物学、医学微生物学、食品微生物学、兽医微生物学、药学微生物学、预防微生物学。

第四节　微生物的分类鉴定与命名

地球上大约有 150 万种真菌，可能有 4 万种细菌，约 130 万种病毒。到目前为止，我们认识的微生物仅是估计数量的 5%～10%，15 万～20 万种。微生物的新物种的发现，也正在以惊人的速度递增。面对如此繁杂的微生物的物种多样性，一个微生物学工作者，必须掌握分类学的基本知识和理论，才能对微生物类群有一个清晰的概念、认识，才能对未知的微生物对象进行分类、鉴定、命名等工作。

一、微生物的分类单元

微生物的分类单元，又称分类单位、分类群。微生物分类由大到小的 7 个分类单元，分别为界、门、纲、目、科、属、种。除了这 7 个主要级别，必要时，每个级别都可以补充辅助单元，包括加上“亚”或“超”，如界于科与属之间的亚科、界于门与纲之间的超纲等。

二、种 的 概 念

种（species）是微生物最基本分类单元，通常是指一大群表型特征高度相似、亲缘关系极其接近、与同属内其他物种有着明显差异的一大群菌株的总称。通常用该种内的一个典型菌株当作一个典型代表菌株，这一菌株称为模式菌株。例如，ATCC 29521 的两歧双歧杆菌（*Bifidobacterium bifidum*）菌株、USDA2370 豌豆根瘤菌（*Rhizobium leguminosarum*）菌株是模式菌株。

新的微生物分类单元（学名），按照“国际命名法规”，必须在国际公认的刊物发表才能有效，如细菌新分类单元必须在《国际系统与进化微生物学杂志》发表，才被学术界承认。新的分类单元在发表时要指定新分类单元的模式，如发表新属时要有模式种，发表新种时要有模式菌株，分类单元的模式培养物要存放在国际公认的菌种保藏机构，以便科学界的交流使用。

亚种以下的分类单元，通常不受“国际命名法规”的限制。尤其是细菌分类中。还常使用一些非正式的类群术语。

亚种或变种：进一步细分种所用的单元。一个种内的不同菌株，存在少数明显而稳定遗传的变异特征，这种差异又不足以区分成新种时，可以将它们细分成更小的分类单元，例如“亚种”或“变种”。

型：是亚种以下的一个分类名词，是指具有相同或相似特性的一个或一组菌株，例如生物型（biovar）表示具有特殊的生物化学或生理特性的菌株群，培养型（cultivar）表示具有特殊培养性状的菌株群，血清型（serovar）表示具有特殊抗原特征的菌株群，化学型（chemovar）表示能产生特殊化学物质的菌株群。

菌株或品系：是指从自然界分离纯化，得到的纯培养的后代。菌株的名称可以随意确定，一般用字母加编号表示，字母多是表示实验室、产地或特征的名词，编号则表示序号。如两歧双歧杆菌 *Bifidobacterium bifidum* ATCC 29521，“ATCC”为美国典型菌种保藏中心 American Type Culture Collection 的缩写，29521 为编号。

培养物：是指微生物一定时间一定空间内的细胞群或生长物。例如微生物的斜面培养物、摇瓶培养物等。

三、微生物的命名

微生物菌种命名为国际学术界公认的通用正式名称——学名，是按照“国际命名法规”而产生的。物种的学名是用拉丁词或其他词源经拉丁化的词组成，学名的表示方法分为两种：双名法和亚种命名时采用的三名法。

（一）双名法

微生物种名的命名由两部分构成，前面一个属名，后面一个种名加词。其中属名的拉丁词的首字母要大写，属名的拉丁词的字母要小写。印刷体为斜体。种名加词代表一个物种的次要特征，通常是表示形态、生理或生态特征的形容词，也可以是人名、地名或其他名词，其第一个字母不大写，也不能缩写。

学名=属名+种加词+（首次定名人）+现名定名人 + 现名定名年份

排斜体　　排正体（可省略）

例如：枯草芽孢杆菌的学名为 *Bacillus subtilis*（Ehrenberg）Cohn 1872

（二）三名法

当某种微生物是一个亚种（subspecies，简称“subsp.”）时，采用三名法命名。

学名= 属名+种加词 + 符号subsp .+ 亚种的加词

排斜体　　排正体（可省略）　　排正体

例如：酿酒酵母椭圆亚种的学名为 *Saccharomyces cerevisiae* subsp. ellipoideus。

四、微生物的鉴定

微生物的分类鉴定学分为：传统微生物分类鉴定学和现代微生物分类鉴定学。传统分类鉴定学是利用微生物的生理生化特性和形态学特征。现代微生物分类鉴定学包括：微生物细胞组分分析、微生物蛋白质水平分析、微生物核酸水平分析。

（一）传统的微生物分类鉴定方法

传统微生物分类鉴定方法是早期建立的，也是相对于现代分类鉴定方法而言的。由于微生物是一类形体微小、结构简单的生物，在微生物分类鉴定学早期研究过程中，人们一直找不到关键的指征，因此利用简单的形态特征和生理生化特性，将微生物菌种鉴定归属于不同的种类。这种分类鉴定方法的人为主观意识较强，而且信息有限，对于人们认识和区分细菌很有效，但不能准确反映微生物之间的系统发育关系。传统分类鉴定方法中采用的考察指标见表 1-1，一般对于单细胞微生物，形态特征比较少，所以要同时检测生理生化特性。对于菌丝状的真核微生物，以观察形态特征为主，例如菌丝是否有横隔、孢子的颜色和形状等。目前，市场上有很多商品化的生理生化鉴定系统，例如 API 系统、BIOLOG 系统、VITEK 系统等，可以很方便、快速地鉴定微生物的生理生化特性。

表 1-1　　传统分类鉴定方法中采用的考察指标

形态特征		生理、生化反应				生态特征	有性生殖	血清学反应	噬菌体敏感性
个体	群体	营养	酶	代谢产物	药物敏感性				
形态、大小、排列、运动性、特殊构造和染色反应等	菌落形态、在半固体或液体培养基中的生长状态	能源、碳源、氮源和生长因子	产酶种类和反应特性	种类、产量、颜色和显色反应等	抑菌圈、最低抑菌浓度	生长温度、与氧、pH、渗透压的关系，宿主种类，与宿主关系等	有性生殖的分类情况	特异性的血清学反应，O 抗原、H 抗原等	噬菌体的宿主范围

（二）现代微生物分类鉴定方法

分子生物学的快速发展，极大地推动了微生物分类学的发展，使我们可以从分子层面去发现微生物之间亲缘关系和进化规律，促使现代微生物分类鉴定方法的出现。现代微生物分类鉴定方法，包括以分析细胞的化学组分为基础的化学分类学、以脱氧核糖核酸（DNA）和核糖核酸（RNA）分子为基础的分子分类学。

1. 化学组分分析

（1）细胞壁组成成分分析　原核生物细胞壁的组成区别于真核生物，最主要的成分是肽聚糖。革兰氏阴性菌（G^-）肽聚糖层较薄，分类特征不显著。革兰氏阳性菌（G^+）肽聚糖的结构具有特异性或者具有属种的特征性，肽聚糖的氨基酸组分可用于属的区分，肽聚糖的糖组分则用于种的区分。

细胞壁组分分析可以利用薄层层析技术（TLC）、高效液相色谱技术（HPLC）。

（2）细胞膜脂类组成及代谢产物分析　脂类存在于真核生物和原核生物的细胞膜，细胞膜的脂肪酸的组成具有一定的分类价值。可以作为分类指标的脂类有脂肪酸、分枝菌酸、磷酸类脂（极性脂）、醌类。

脂肪酸是微生物细胞膜中含量较高、相对稳定的化学组分。脂肪酸化学结构不同，具有丰富的分类学信息。例如 G^+菌是甲基化的分支脂肪酸、G^-菌是羟基化的脂肪酸。应用气相色谱法可以对脂肪酸进行定性、定量检测。

2. 核酸分析

包括核糖体小亚基中的 16S rRNA（核糖体 RNA）或者 18S rRNA 的基因序列同源性分析，DNA 碱基比例（G+C 摩尔分数）、全基因组测序等分析方法。

（1）rRNA 基因序列同源性分析　16S rRNA（原核生物）、18S rRNA（真核生物）的变易程度，是可以度量生物进化关系的，因此可以作为生物进化计时器。对于 rRNA 基因序列同源性分析，可以体现微生物之间的亲缘。对于 rRNA 基因序列测序，可以得到碱基的排列顺序，依此计算出菌种之间的碱基差异。遗传距离是碱基差异百分数，使用遗传距离作为参数进行聚类分析，得到系统发育树状，系统发育树可以体现菌种之间的亲缘关系。

（2）DNA 碱基比例（G+C 摩尔分数）　微生物 DNA 中的碱基排列和比例分布都蕴藏着微生物的遗传信息。因此，DNA 碱基比例是微生物的一个重要的固有特征，（G+C）比例相近，菌种之间亲缘关系也相近。在通常的情况下，同种内菌株之间（G+C）比例的差值≤5%；（G+C）比例相差很大的菌株肯定不属于同一个种；（G+C）比例相差很小的菌株可能会由于碱基排列顺序的不同也属于不同的种。可以利用层析技术、高效液相色谱技术、热变性技术测定 DNA 碱基比例。

（3）微生物全基因组序列分析　微生物的全基因组的核苷酸序列能够准确、全面反映微生物的遗传本质。通过对微生物菌种的全基因组分析，可以准确地对其进行分类鉴定。1995 年 *Science* 期刊报道流感嗜血杆菌（*Haemopophilus influenzae* RD）的全基因组测序图谱，标志着第一个单细胞微生物的全基因组序列的测定完成，标志着基因组时代的真正开始。微生物基因组测序在当今微生物学领域的研究中起着重要作用。2017 年，全球微生物模式菌株基因组和微生物组测序合作计划正式启动，这项计划由世界微生物数据中心和中国科学院微生物研究所牵头，全球 12 个国家的微生物资源保藏中心共同参与完成。预计 5 年内完成超过 1 万种的微生物模式菌株基因组测序，覆盖超过目前已知 90%的细菌模式菌株，完成超过 1000 个微生物组样本测序。

第五节　微生物学的发展与展望

微生物从发现到现在已经在人类的生活和生产实践中得到广泛的应用。微生物学的发展非常迅速，近二三十年来，微生物学研究中分子生物技术与方法的运用，已使微生物学迅速丰富了新理论、新发现、新技术和新成果。目前对于微生物细胞结构与功能、生理生化与遗传学研究已经进入到基因和分子水平。阐明了蛋白质的生物合成机制，建立了酶生物合成和活性调节模式，探查了许多核酸序列，构建了400多种微生物的基因核酸序列图谱。DNA重组技术的出现为构建具有特殊功能的基因工程菌提供了良好的前景，已实现了利用微生物基因工程菌大量生产人工胰岛素、干扰素、生长素及其他药物，正在形成一个崭新的生物技术产业。

21世纪是生命科学的世纪，生命科学中最活跃的微生物学无疑将有极大突破性发展。随着分子生物学新技术的发展，微生物学研究迅速向纵深发展，从细胞水平、酶学水平逐渐进入基因水平、分子水平和后基因组水平。同时微生物学与其他生命科学和技术、其他学科交叉，综合形成了许多新的学科发展点或分支学科。

1. 微生物基因组学研究将进一步深入

1986年Thomas Roderick首创的“全基因组学”是结构、功能和进化基因组学的交织学科，包括全基因组的序列分析、功能分析和比较分析。目前完成测序的主要为模式微生物、医用微生物及特殊微生物。21世纪微生物基因组学将继续作为“人类基因组计划”的主要模式生物，进一步扩大与工业、农业、环境、资源以及疾病有关的重要微生物研究，从本质认识和利用改造微生物。

2. 基于基因组学研究基础上的新兴学科的发展

微生物基因组的研究必将促进生物信息学的发展和生物学研究新时代的到来，包括比较微生物学、分子进化学和分子生态学的发展。对具有某种意义的微生物菌株进行全基因组序列分析、功能分析和比较分析，明确其结构、表型、功能和进化等之间的相互关系，阐明微生物与微生物之间、微生物与其他生物之间、微生物与环境因素之间相互作用的分子机理及基因机制，将会极大地发展微生物分子生态学、环境微生物学、细胞微生物学、微生物资源学、微生物系统发育学等各个新兴学科。

3. 微生物学与其他学科实现广泛的交叉

随着学科的发展，各学科之间的交叉和渗透是必然的发展趋势。21世纪的微生物学将进一步向海洋、大气、太空和地质渗透，发展新的边缘学科，如微生物地球化学、海洋微生物学、大气微生物学以及极端环境微生物学等。微生物与能源、信息、计算机更好地结合也将开辟新的研究和应用领域。

4. 微生物学的研究将日益重视微生物特有的生命现象

对于微生物特有的生命现象的研究越来越被重视，如极端环境中的生存能力、特异的代谢途径和功能、化能营养、厌氧生活、生物固氮、不产氧光合作用等。对于这些生命过程中的物质和能量运动基本规律的阐明将会具有广阔的应用前景。

5. 促进及发展微生物技术的应用及产业化

微生物具有高效的生物转化能力，能产生丰富的代谢产物，这将为人类的生存和社会的发展进步创造难以估量的理论与物质的财富。微生物产业化将是世界性的生物科学热点，如微生物疫苗、微生物药品制剂、微生物食品、微生物保健品、可降解性微生物制品等的生产。基因工程菌将用来生产外源基因表达产物，特别是药物的生产。并且结合基因组学在药物设计上的新策略将出现以核酸为靶标的新药物，如反义寡核苷酸、DNA疫苗等的大量生产，人类将征服癌症、艾滋病以及其他疾病。

第六节　食品微生物学及其研究对象、内容与任务

一、食品微生物学及其研究对象

食品微生物学（food microbiology）是微生物的一个重要分支。食品微生物学是一门研究微生物与食品之间相互关系的科学。食品微生物学研究对象主要在各种食品生产、加工、贮藏、运输、销售等各个环节，涉及的各种微生物（细菌、酵母菌、霉菌、病毒等）的形态特征（个体形态、菌落特征）、生物学特征（生理特性、遗传特性、生态学特点）、生产性能研究。

二、食品微生物学内容与任务

微生物广泛存在于空气、土壤、水体、植物表面等，也可以说在食品生产过程的各个环节都存在着微生物。在这些数以万计的微生物中，有的起着有益的作用，有的可能会给食品带来腐败或者危害人类健康。在不同的食品中，或者在不同的条件环境下，微生物菌群的种类、数量、发挥的作用都是不同的。食品微生物学的研究内容包括：与食品有关的微生物的活动规律；如何利用有益微生物为人类服务，制造食品；如何控制有害微生物，防止食品发生腐败变质；检测食品中微生物的方法、微生物指标的制定。

食品微生物学研究的任务之一，主要是针对有益微生物的。开发微生物资源，利用生物工程技术改造微生物，让微生物更好地为人类服务，积极地发挥有益作用，为人类提供更全面的食品。微生物广泛应用在食品领域，微生物在食品中的应用可以分为 3 种：①利用微生物所分泌的酶类：例如酱油、腐乳制作过程中，利用了霉菌分泌的蛋白酶类，将蛋白质原料分解成氨基酸。例如白酒、食醋制作过程中，利用霉菌分泌的淀粉酶类，将淀粉原料分解成糊精、葡萄糖。②利用微生物代谢产物：例如谷氨酸等氨基酸生产、柠檬酸等有机酸生产、维生素生产等。③利用微生物的菌体：有很多微生物本身就是实物，比如食用菌，也就是生活中常见的蘑菇，比如发菜、木耳、银耳等。此外，对于很多传统发酵食品，例如酸奶、泡菜等，人们在享受美食的同时，也服用了大量的发酵微生物。

食品微生物研究的另一个任务，是针对需要控制或者消除的有害微生物。有一些微生物能够引起食品的腐败变质，导致食品的营养价值下降，色泽、香气、风味都有不同程度的损失。还有一些微生物会产生毒素，例如黄曲霉毒素，能够危害人体健康。一些微生物是病原菌，例如大肠杆菌，它是条件性致病菌，同样危害人体健康。对于这些对食品或者人类健康具有不利作用的微生物，需要采用一些检测技术，能够实时、快速检测这些微生物，以确保食品安全。

CHAPTER 2

第二章

原核微生物的形态、结构和功能

按照各种微生物进化水平的不同和结构、性状上的明显差别，可将微生物分成三大类群：原核微生物（prokaryotic microorganism），又称原核生物，是指一类细胞核无核膜包裹，只有称为核区的裸露DNA的原始单细胞生物。它包括细菌、放线菌、立克次氏体、衣原体、支原体、蓝细菌和古菌等。它们都是单细胞原核生物，结构简单，没有细胞器结构，个体微小，一般为1~10μm，仅为真核细胞的1/10000~1/10，不进行有丝分裂。包括真细菌和古菌；真核微生物（eukaryotic microorganism），又称真核生物，是指一类细胞核具有核膜，能进行有丝分裂，细胞质中存在线粒体或同时存在叶绿体等多种细胞器的生物。菌物界的真菌、黏菌，植物界中的显微藻类和动物界中的原生、后生动物等都是属于真核生物类的微生物，故称为真核微生物。细胞核有核膜，进行有丝分裂，如酵母菌、霉菌、蕈菌（大型真菌）、藻类和原生动物；非细胞型微生物（acellular microorganism）没有细胞结构，一般是指系统进化分类中的病毒这一类生命形式，如各种病毒。

本章把原核生物分为5种类型来介绍，即细菌（狭义）、放线菌、蓝细菌、古菌、其他类型的原核生物（支原体、立克次氏体、衣原体、黏细菌、蛭弧菌），另外简单介绍原核生物的分类系统。

第一节　细　　菌

细菌（bacteria）是一类细胞细短、结构简单、胞壁坚韧、多以二分分裂方式繁殖和水生性较强的原核生物。细菌是原核生物的代表类群，分布广，种类多，数量大，与人和食品的关系尤为密切。它也是所有生物中数量最多的一类，据估计，其总数约有5×10^{30}个。细菌的形状相当多样，主要有球状、杆状以及螺旋状。细菌也对人类活动有很大的影响。一方面，细菌是许多疾病的病原体，包括肺结核、淋病、炭疽病、梅毒、鼠疫、砂眼等疾病都是由细菌所引发。然而，人类也时常利用细菌，例如乳酪、酸奶和酒酿的制作、部分抗生素的制造、废水的处理等，都与细菌有关。在生物科技领域中，细菌也有着广泛的运用。

一、细菌的个体形态及大小

（一）细菌的个体形态

细菌按其个体形态基本上可分为球状、杆状和螺旋状 3 种，分别称为球菌、杆菌和螺旋菌。

1. 球菌（coccus）

细胞呈球形或椭圆形。根据其繁殖时分裂面和分裂后的排列方式的不同，可分为 6 种主要类型：小球菌，细胞分裂后产生的两个子细胞立即分开，如脲微球菌（*Micrococcus urea*）；双球菌，细胞分裂一次后产生的两个子细胞不分开而成对排列，如肺炎双球菌（*Diplococcus pneumoniae*）；链球菌，细胞按一个平行面多次分裂产生的子细胞不分开，并排列成链，如乳酸链球菌（*Streptococcus lactis*）；四联球菌，细胞按两个互相垂直分裂面各分裂一次，产生的四个细胞不分开，并连接成四方形，如四联微球菌（*Micrococcus tetragenus*）；八叠球菌，细胞沿三个相互垂直的分裂面连续分裂三次，形成含有 8 个细胞的立方体，如尿素八叠球菌（*Sarcina ureae*）；葡萄球菌，细胞经多次不定向分裂形成的子细胞聚集成葡萄状，如金黄色葡萄球菌（*Staphylococcus aureus*）（图 2-1）。

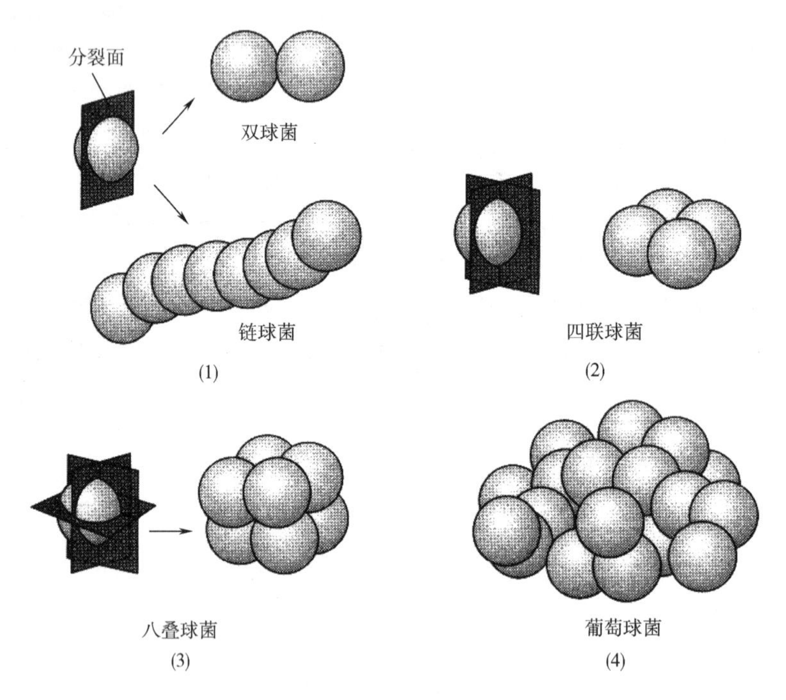

图 2-1　球菌的分裂及排列方式

2. 杆菌（bacillus）

细胞呈杆状或圆柱形的细菌（图 2-2）。杆菌的长度与直径的比值差异较大，细胞形态比球菌复杂，有直杆状、弯杆状、短杆状、长杆状、棒杆状、梭杆状和分枝状等。

杆菌的直径一般较为稳定，而长度变化较大。不同杆菌的端部形态各异，一般为钝圆，有的平截。杆菌常按一个平面分裂，分裂后大多数杆菌呈单个分散状态，但也有少数杆菌分裂后呈链状、栅状或八字形排列，这些排列方式与菌体的生长阶段或培养条件有关。由于杆菌的排列方式既少又不稳定，分类名称结合其他特征命名，如芽孢、棒状、产物等。杆菌长度受环境条件的影响变化较大，粗细较稳定。在细菌的三种主要形态中，杆菌的种类最多、作用也最大。

3. 螺旋菌（spirilla）

细胞呈螺旋状，但不同的菌体，在长度、弯曲度、螺旋度、螺旋形式和螺距等方面有显著差别，一般有鞭毛，可细分为 3 种形态（图 2-3）：①弧菌：菌体只有一个弯曲，螺旋不满一圈，呈 C 字形或逗号形，例如霍乱弧菌。②螺旋菌：菌体螺旋数在一圈至几圈的小型螺旋状菌体，例如干酪螺菌。③螺旋体：菌体呈现较多弯曲，螺旋数多达 6 圈以上的较大型螺旋状细菌，例如：梅毒螺旋体。

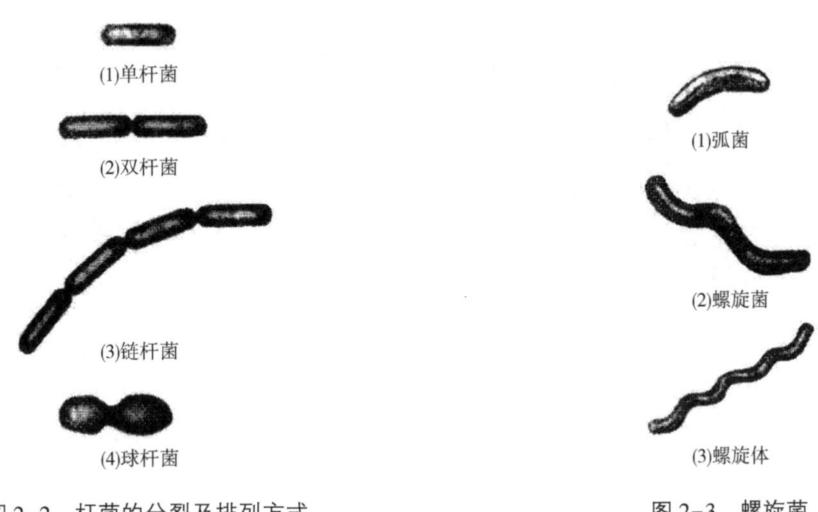

图 2-2　杆菌的分裂及排列方式

图 2-3　螺旋菌

除了上述球菌、杆菌、螺旋菌 3 种基本形态外，还有少数其他形态的细菌，如三角形、方形、星形等。

细菌的形态明显受培养温度、时间、培养基的组成与浓度等环境条件的影响。一般幼龄较正常、整齐，在不正常条件下，细胞常出现不正常形态，如梨形、分枝、丝状等异常形态，条件适宜可恢复原状。

（二）细菌的大小

细菌种类繁多大小各异。例如支原体的直径为 0.1～0.25μm，而与棕色刺尾鱼共生的 *Epulopiscium fishelsoni* 的直径为 80μm，长度为 600μm，比一般的真核细胞还要大。但总体来说，原核生物与真核生物相比是很小的细胞。

细菌的大小一般用显微测微尺来测量，并以多个菌体的平均值或变化范围来表示。其中，球菌大小以直径来表示，杆菌和螺旋菌以“宽×长”表示。长度单位有微米（μm）、纳米（nm），一般球菌的大小为 0.5～1μm，杆菌为（0.5～1）μm×（1～3）μm，螺旋菌为（0.3～1）μm×（1～50）μm（长度为两端点间距离）。几种代表性细菌的大小见表 2-1。

表 2-1　　　　　　　　　不同类型细菌的大小

形状	菌种名称	直径/μm 或宽/μm×长/μm
球菌	亮白微球菌（*Micrococcus candidus*）	0.5~0.7
	乳链球菌（*Streptococcus lactis*）	0.5~1.0
	金黄色葡萄球菌（*Staphylococcus aureus*）	0.8~1.0
杆菌	大肠埃希氏菌（*Escherichia coli*）	(0.4~0.7) × (1.0~3.0)
	嗜乳酸杆菌（*Lactobacillus acidophilus*）	(0.6~0.9) × (1.5~6.0)
	枯草芽孢杆菌（*Bacillus subtilis*）	(0.8~1.2) × (1.5~4.0)
螺旋菌	巨大芽孢杆菌（*Bacillus megaterium*）	(0.9~1.7) × (2.4~5.0)
	霍乱弧菌（*Vibrio cholerae*）	(0.3~0.6) × (1.0~3.0)
	迂回螺菌（*Spirillum volutans*）	(1.5~2.0) × (10~20)

影响形态变化的因素也影响细菌的大小。除少数例外，一般幼龄菌比成熟或老龄的细菌大得多。如枯草杆菌，培养 4h 比培养 24h 的细胞长 5~7 倍，但宽度变化不明显。细菌大小随菌龄的变化可能与代谢废物积累有关。另外，培养基中渗透压增加也会导致细胞变小。

二、细菌细胞的结构及功能

细菌细胞的结构可分为一般结构和特殊结构（图 2-4），一般结构是指一般细菌细胞共同具有的结构，包括细胞壁、细胞膜、细胞质、细胞核等，特殊结构是指仅某些细菌细胞才具有的或仅在特殊条件下才能形成的结构，包括糖被（荚膜和黏液层）、鞭毛、菌毛和芽孢等。

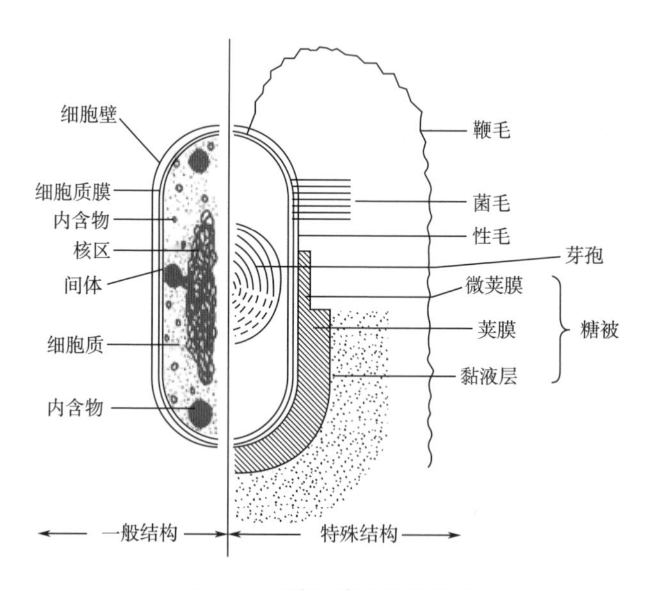

图 2-4　细菌细胞的结构模式

（一）细菌细胞的一般结构

1. 细胞壁

细胞壁（cell wall）是位于细胞表面，内侧紧贴细胞膜的一层较为坚韧、略具弹性的结构，占细胞干重的10%~25%。用电子显微镜直接观察细菌的超薄切片，可以清楚地看到细胞壁。

细胞壁的主要功能有：维持细胞外形，保护细胞免受外力（机械性或渗透压）的损伤；作为鞭毛运动的支点；为细胞的正常分裂增殖所必需；具有一定的屏障作用，对大分子或有害物质起阻拦作用；与细菌的抗原性、致病性及对噬菌体的敏感性密切相关。

丹麦学者Gram（1884）用鉴别染色法将细菌区分为革兰氏阳性（G^+）和革兰氏阴性（G^-）两大类型。进一步的研究表明这两类细菌的染色反应不同主要是由于细胞壁的结构和化学组成成分（图2-5）上的显著差别所引起。G^+菌的细胞壁较厚（20~80nm），机械强度较高，只有一层结构，化学组成较简单，主要含肽聚糖和磷壁酸；而G^-菌细胞壁较薄，机械强度较低，但层次较多，成分较复杂，主要成分除肽聚糖、蛋白质和脂多糖外，还有磷脂质、脂蛋白等。

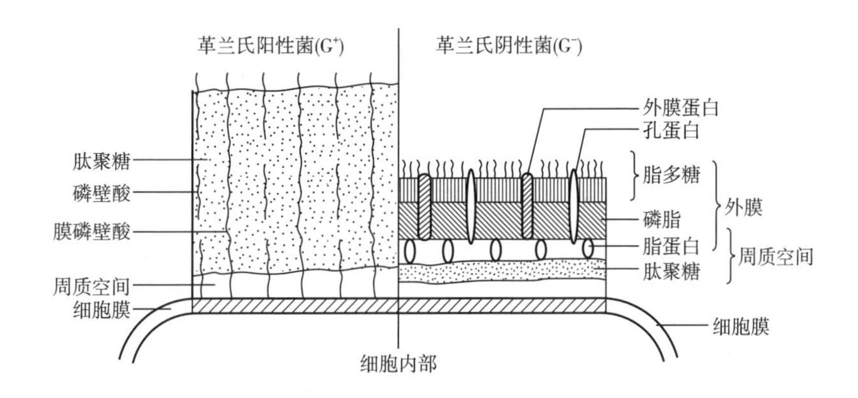

图2-5 革兰氏阳性菌和阴性菌细胞壁结构和组成的比较

肽聚糖（peptidoglycan）是原核生物细胞壁所特有的成分，是由许多肽聚糖单体聚合而成的大分子复合物。G^+与G^-菌肽聚糖差别主要在于短肽中氨基酸组成及聚糖间短肽的交联方式。大肠杆菌肽聚糖中短肽间的交联度较低，约30%；金黄色葡萄球菌肽聚糖中短肽间的交联度达到70%以上。

每一肽聚糖单体由3部分组成（图2-6）：双糖：由*N*-乙酰葡糖胺（NAG）与*N*-乙酰胞壁酸（NAM）通过β-1，4糖苷键相连形成双糖单位，这一双糖单位中的β-1，4糖苷键易被分布于卵清、人泪和鼻涕以及部分细菌和噬菌体中的溶菌酶水解；短肽（四肽尾，四肽侧链）：由4个氨基酸分子按L型与D型交替方式的作用连接而成，短肽接在*N*-乙酰胞壁酸上（NAM），在金黄色葡萄球菌中接在NAM上的四肽尾为L-Ala→D-Glu→L-Lys→D-Ala，其中2种D型氨基酸一般仅在细菌细胞壁上见到；肽桥（肽间桥）：起着连接前后2个短肽分子的作用，其组成成分具有多样性，如金黄色葡萄球菌的肽桥为—$(Gly)_5$—，而大肠杆菌的肽桥为—CO·NH—（图2-7）。

G^+和G^-菌的细胞壁结构和成分间的显著区别不仅反映在染色反应上，更反映在一系列形态、构造、化学组分、生理生化和致病性等的差别上（表2-2），从而对生命科学的基础理论研究和实际应用产生了巨大的影响。

表2-2　　G^+菌与G^-菌生物学特性的比较

项目	G^+菌	G^-菌
革兰氏染色反应	能阻留结晶紫而染成紫色	可经脱色而复染成红色
肽聚糖层	厚，层次多	薄，一般单层
磷壁酸	多数含有	无
外膜	无	有
脂多糖（LPS）	无	有
类脂和脂蛋白含量	低（仅抗酸性细菌含类脂）	高
鞭毛结构	基体上着生两个环	基体上着生四个环
产毒素	以外毒素为主	以内毒素为主
对机械力的抗性	强	弱
细胞壁抗溶菌酶	弱	强
对青霉素和磺酸	敏感	不敏感

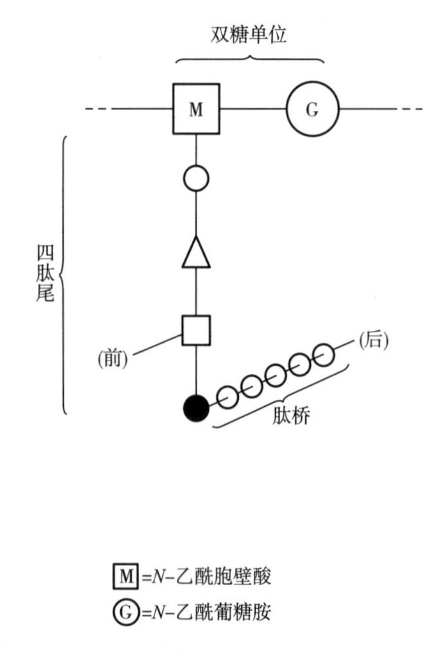

(1)简化的单体分子

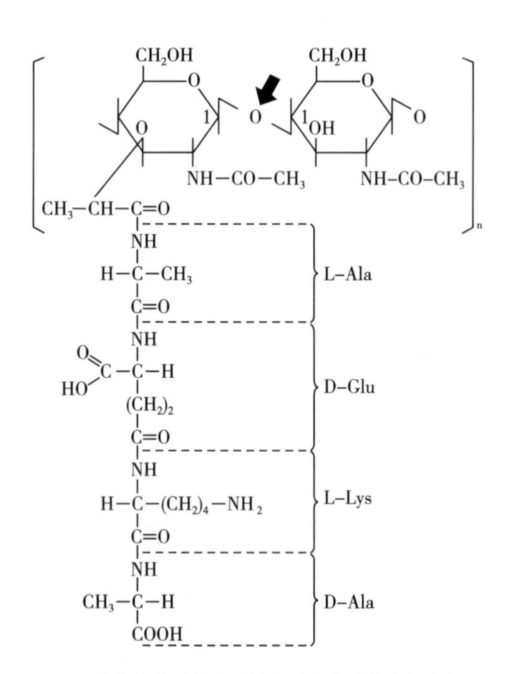

(2)单体的分子构造（箭头示溶菌酶的水解点）

图2-6　G^+菌肽聚糖的单体图解

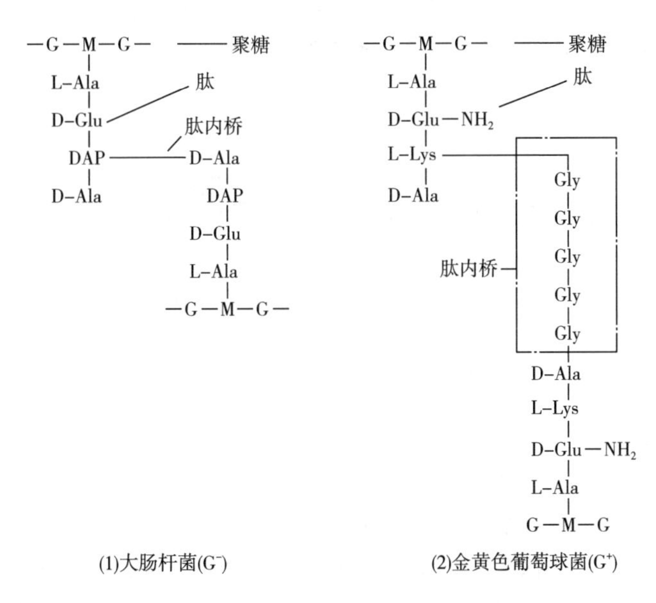

(1)大肠杆菌(G^-)　　(2)金黄色葡萄球菌(G^+)

图 2-7　肽聚糖结构中短肽的连接形式

虽然细胞壁是一切原核生物的最基本构造，但在自然界长期进化中和在实验室菌种的自发突变中都会产生少数缺细胞壁的种类；此外，在实验室中，还可用人为方法通过抑制新生细胞壁的合成或对现成细胞壁进行酶解而获得人工缺壁细菌。

- 缺壁细菌
  - 实验室中形成
    - 自发缺壁突变：L 型细菌
    - 人工方法去壁
      - 彻底除尽：原生质体
      - 部分去除：球状体
  - 自然界长期进化而成：支原体

2. 细胞膜

细胞膜（cell membrane）又称原生质膜或质膜，是细胞壁以内包围着细胞质的一层柔软而具有弹性的半透性膜，是生物体生存所必需的细胞结构。用电镜观察细菌的超薄切片，可清楚地观察到它的双层膜结构。细菌膜向内延伸或折叠形成一种管状、层状或囊状结构，称为间体（mesosome）。

细胞膜厚 7~8nm，约占细胞干重 10%。其化学组成主要是蛋白质（占 50%~70%）和脂质（占 20%~30%），还有少量的核酸和糖类。脂质主要是磷脂，每一个磷脂分子由一个带正电荷的亲水极性头（含氮碱、磷酸、甘油）和两条不带电荷的疏水非极性尾（长链饱和与不饱和脂肪酸）组成。非极性尾的长度和饱和度因细菌种类和生长温度而异。

细胞膜的结构可表述为液态镶嵌模型（fluid mosaic model），即由具有高度定向性的磷脂双分子层中镶嵌着可移动的膜蛋白构成。具体地说，细胞质膜由两层磷脂分子整齐地排列而成，亲水的极性头朝向膜的内外两个表面，疏水的两极性尾相对朝向膜的内层中央。磷脂双分子层中间和内外表面镶嵌着各种可移动的膜蛋白质（如转运蛋白、电子传递蛋白、多种酶类），从而形成一种独特的液态磷脂双分子层镶嵌结构（图 2-8）。

细胞膜的生理功能主要是：具有高度的选择透过性，控制营养物质的吸收及代谢产物的排除，是维持细胞内正常渗透压的结构屏障；含有各种呼吸酶系，是氧化磷酸化或光合磷酸化产生腺嘌呤核苷三磷酸（ATP）的部位；是合成细胞壁和糖被的各种组分的场所；质膜上的间体与 DNA 的复制、分离及细胞间隔的形成密切相关；是鞭毛的着生点并为其运动提供能量。

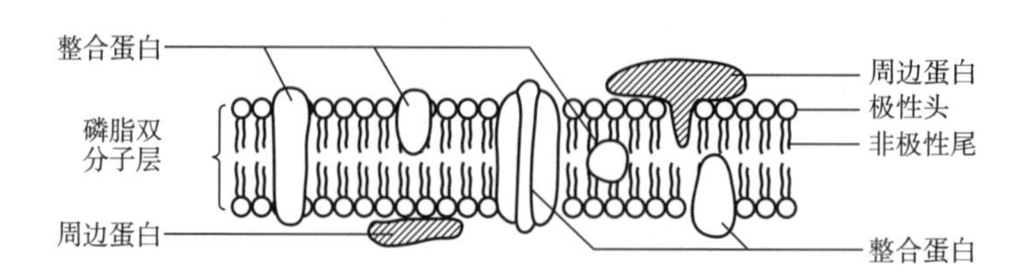

图 2-8 细胞膜的构造模式图

3. 细胞质和内含物

细胞质（cytoplasm）是指被细胞膜包围的除核区以外的一切半透明、胶体状、颗粒状物质的总称。其主要化学成分是水（约占 80%）、蛋白质、核酸、脂质、少量糖类及无机盐类。与真核生物明显不同的是原核生物的细胞质是不流动的，细胞质的主要成分是核糖体、储藏物、酶类、中间代谢产物、质粒、各种营养物质和大分子的单体等，少数细菌还含类囊体、羧酶体、磁小体、气泡或伴胞晶体等有特定功能的细胞组分。

核糖体是由核糖核酸和蛋白质组成的颗粒，由 50S 大亚基和 30S 小亚基组成，每个细胞约含 10000 个，是合成蛋白质（酶）的场所。

细胞内含物（inclusion body）是指细胞质内一些形状较大的颗粒状构造，由不同化学成分累积而成的不溶性颗粒，主要功能是储存营养物，种类很多，如糖原颗粒、聚 β-羟基丁酸颗粒（PHB）、硫颗粒、藻青蛋白和异染粒等。此外，还有磁小体、羧酶体、气泡等。

4. 核质体

核质体（nuclear body），又称核区（nuclear region）、原核、拟核等。细菌属于原核生物，其核比较原始简单，没有核膜包围，不具核仁和典型染色体，也没有固定形态，故称为核质体。起到储存遗传信息和传递遗传性状的重要作用。正常情况下一个菌体内只有一个核质体，但处于快速生长繁殖的细菌，一个菌体往往有 2~4 个核质体。

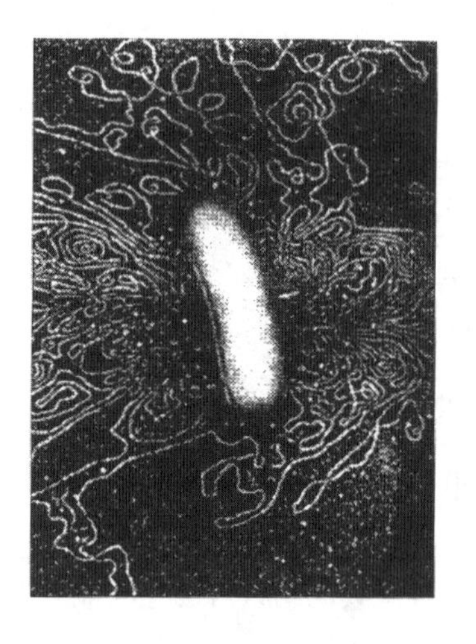

图 2-9 细菌染色体 DNA

注：从破裂 *E. coli* 细胞中溢出的缠绕环状双链 DNA。

核质体实际上是一条很长的环状双链 DNA 与少量类组蛋白及 RNA 结合，经有组织地高度压缩缠绕而成的一团丝状结构，通常称为细菌染色体（图 2-9）。细菌染色体中心有膜蛋白核心构架，构架上结合着几十个超螺旋结构的 DNA 环，而类核小体环不规则地分布在 DNA 链上（图 2-10）。细菌染色体 DNA 长度为 0.25~3mm，例如 *E. coli* 的核区为 1.1~1.4mm，已测得其基因组大小为 4.64Mb（百万碱基对），共由 4300 个基因组成。

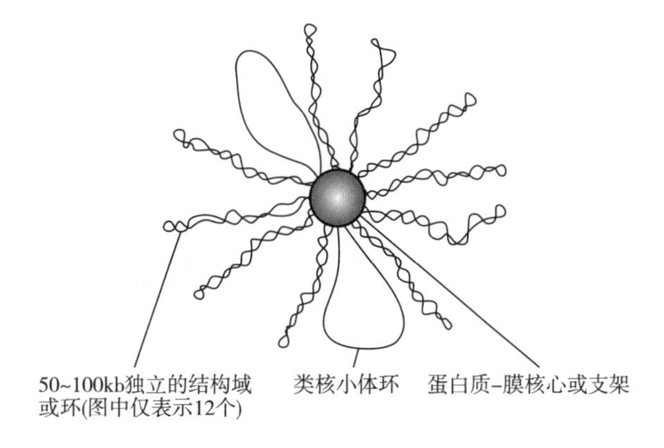

图 2-10　大肠杆菌染色体结构示意图

在很多细菌染色体外，还存在一种共价闭合环状双链的小型 DNA 分子，称为质粒。质粒的相对分子质量较细菌染色体小得多，每个菌体内有一个或多个质粒，每个质粒上有几十个基因。因此质粒可以自主复制，也可插入外源 DNA 片段共同复制增殖，还可通过转化作用转移到受体细胞。质粒已作为基因工程中的克隆载体。

（二）细菌的特殊结构

1. 糖被

有些细菌的细胞壁表面包被有一层透明胶状或黏液状的物质称为糖被（glycocalyx）。糖被的有无、厚薄除与菌种的遗传性相关外，还与环境，尤其是营养条件密切相关。糖被可分为荚膜（capsule）、黏液层（slime layer）和菌胶团（zoogloea）（图 2-11）。

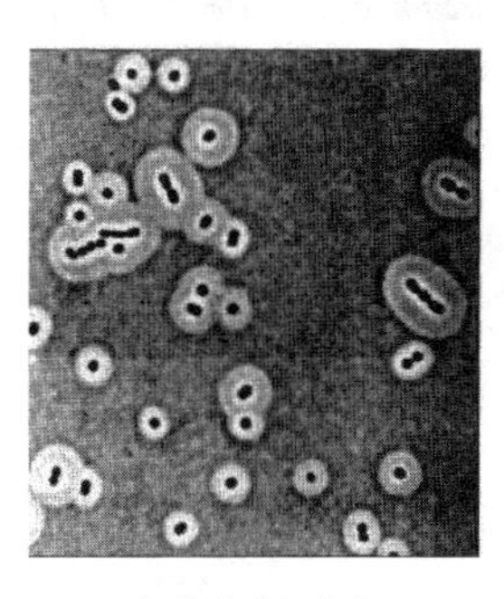
(1)细菌荚膜负染色

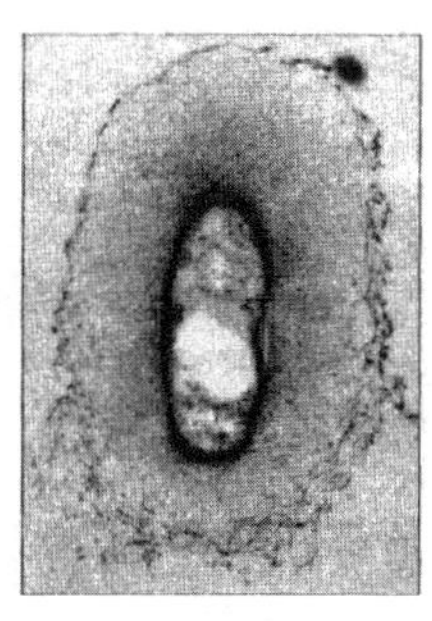
(2)荚膜电镜切片

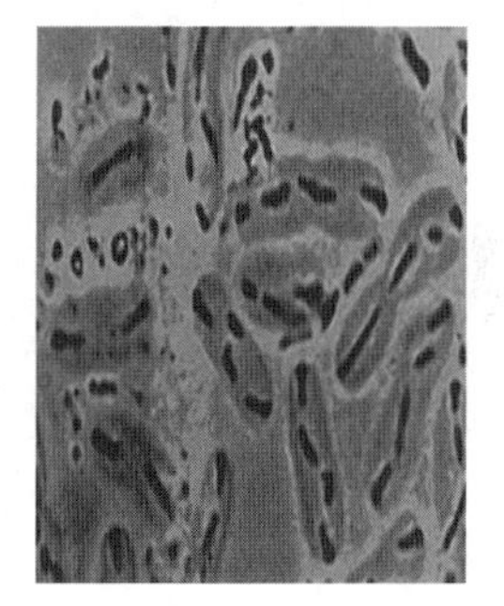
(3)细菌的黏液层

图 2-11　细菌的糖被

荚膜包裹在单个细胞上，在细胞壁上有固定层次，依其厚薄不同又可细分为荚膜（大荚膜 macrocapsule，厚度>200nm）和微荚膜（microcapsule，厚度<200nm）；有些细菌在细胞分裂后，其子细胞不立即分开，或多个荚膜细胞的荚膜互相融合，形成多个细胞包围在一个共同的荚膜之中，称为菌胶团。黏液层没有明显的外缘，结构松散并能向环境基质扩散。

糖被的主要成分是多糖同时含有蛋白质或多肽。能产生糖被的细菌在琼脂培养基表面形成光滑型（S 型）菌落，而无糖被的细菌则形成粗糙型（R 型）菌落。

糖被的生理功能主要是：起保护作用，使细菌能抗干燥、抗噬菌体吸附、抗白细胞吞噬；是菌体外的储存物质，营养缺乏时可作为碳源和能源利用；可使菌体附着于某些物体表面；作为透性屏障，使细菌免受重金属离子毒害。

2. 鞭毛

生长在某些细菌表面的一种细长、波曲状的丝状物，称为鞭毛（flagellum）。鞭毛的数目为一条至几十条，具有运动功能。鞭毛长 15~20μm，直径为 0.01~0.02μm。鞭毛的化学成分主要是蛋白质（占 90%），有的还含有多糖、类脂、RNA、DNA 等。

鞭毛的着生位置和数目可作为菌种分类鉴定的重要依据，可分为一端单毛菌、一端丛毛菌、两端单毛菌、两端丛毛菌、周毛菌等（图 2-12、图 2-13）。

用特殊的鞭毛染色法，能在显微镜下观察到细菌的鞭毛。弧菌和螺旋菌一般都长有鞭毛，杆菌中有的不生鞭毛，而球菌中绝大多数不生鞭毛。通过半固体琼脂穿刺培养及悬滴法制片观察，可初步判断某种细菌是否长有鞭毛。

鞭毛的结构大体上可分为基体（埋于细胞膜和壁中）、钩形鞘（靠近细胞表面）和鞭毛丝（伸出细胞外面）3 部分（图 2-14），其超微结构在 G^+菌和 G^-菌中稍有不同。

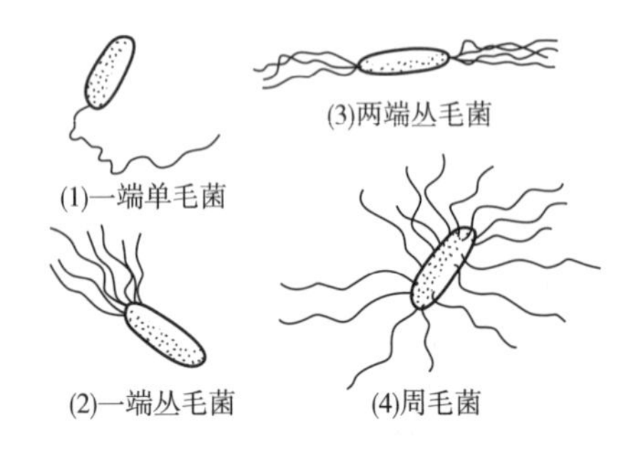

图 2-12 细菌鞭毛的着生位置和基本形态

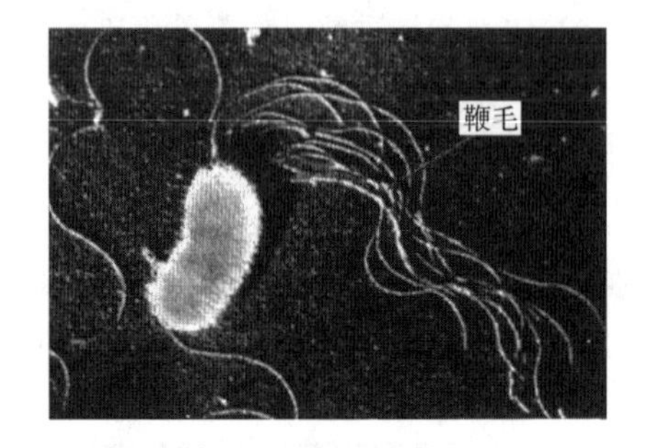

图 2-13 细菌鞭毛的电镜图片

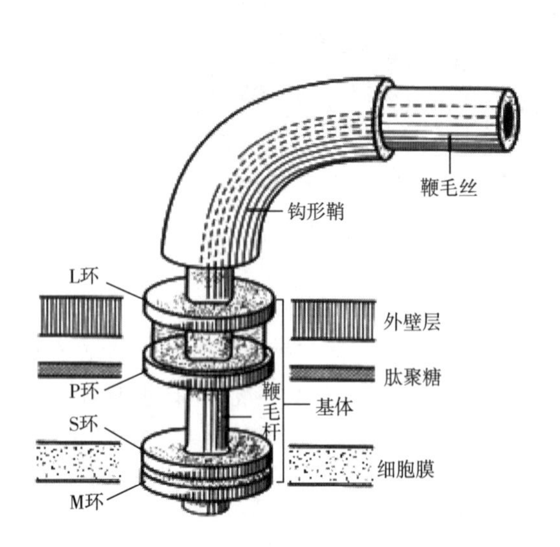

图 2-14 细菌鞭毛的超微结构

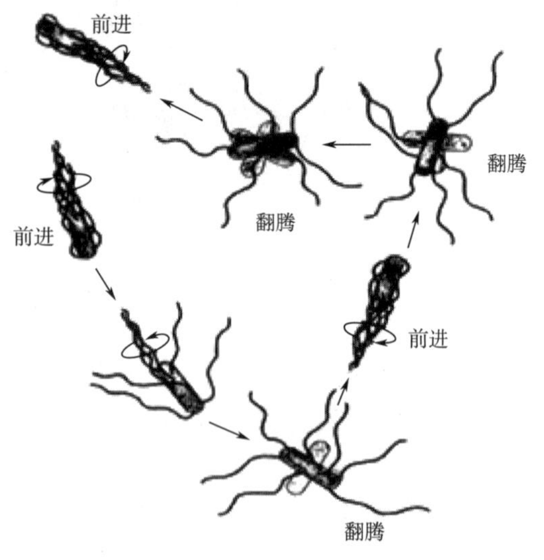

图 2-15 鞭毛细菌的一种运动方式

鞭毛的生理功能是运动，鞭毛的运动引起菌体的运动，以实现其趋性。生物体对其环境中的不同物理、化学或生物因子做有方向性的应答运动称为趋性。这些因子往往以浓度差的形式存在。若生物向着高梯度方向运动，就称为正趋性，反之则称为负趋性。按环境因子性质的不同，趋性又可细分为趋化性、趋光性、趋氧性和趋磁性等多种。鞭毛的运动方式有泳动、滑动、滚动和旋转。鞭毛逆时针旋转，菌体翻腾，鞭毛顺时针旋转，菌体前进（图 2-15）。鞭毛细菌的运动速度惊人，如极生鞭毛菌达 20~80μm/s，最高达 100μm/s，相当于自身长度的数十倍。

3. 菌毛和性毛

菌毛（fimbria），又称纤毛、伞毛、线毛或须毛，是一种长在细菌体表的纤细、中空、短直且数量较多的蛋白质类附属物，具有使菌体附着于物体表面上的功能，直径一般为 3~10nm，每个菌一般有 250~300 条。多数存在于 G^-致病菌，少数 G^+菌也有菌毛。

性毛（pilus），又称性菌毛（sex-pili 或 F-pili），构造和成分与菌毛相同，但比菌毛长，且数目少，且每个细胞仅一至少数几根，一般见于 G^-雄性菌株（供体菌）中，具有向雌性菌株（受体菌）传递遗传物质的作用。

4. 芽孢

芽孢（spore）是指某些细菌在生长发育的后期，在其细胞内形成的一个圆形、椭圆形或圆柱形，壁厚、含水量低、抗逆性强的休眠构造。因为细菌的芽孢是细胞内的，所以又称内生孢子（endospore），当菌体未形成芽孢时，称为繁殖体或营养体。

能否形成芽孢是细菌鉴定的依据之一，芽孢杆菌科内的好氧性芽孢杆菌属和厌氧性梭菌属内的细菌都能形成芽孢，而球菌和螺旋菌则很少形成芽孢。芽孢的形状、大小和着生位置依不同细菌而异，由此造成细菌形成芽孢后呈现出梭状、鼓槌状和保持原状等形态。因此，芽孢的有无、形态、大小和着生位置可作为细菌分类鉴定的依据（图 2-16）。

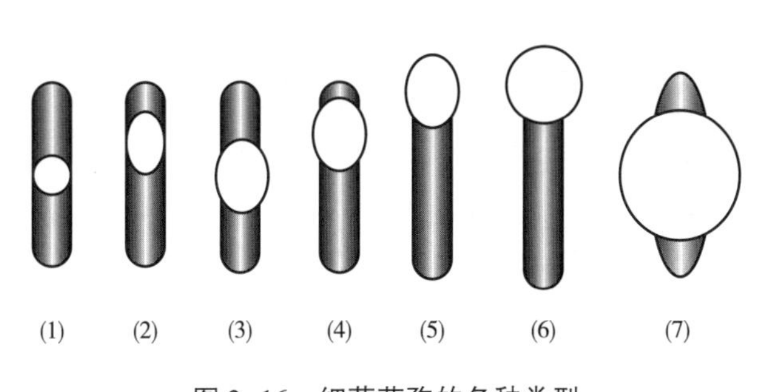

图 2-16　细菌芽孢的各种类型

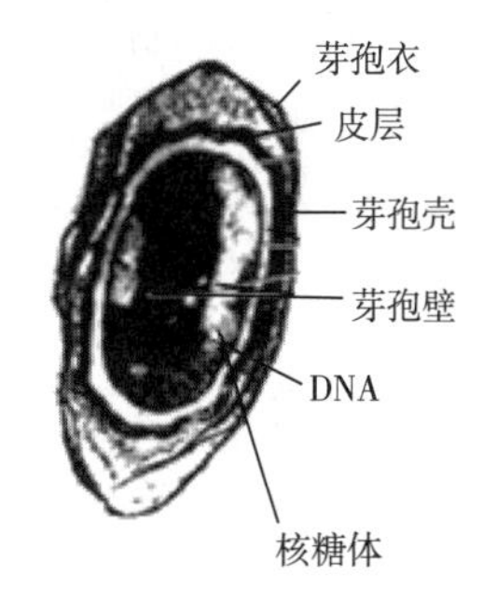

图 2-17　成熟芽孢的电镜图

芽孢由内及外有以下几部分组成：芽孢原生质（spore protoplast，核心 core）：含浓缩的原生质。内膜（inner membrane）：由原来繁殖型细菌的细胞膜形成，包围芽孢原生质。芽孢壁（spore wall）：由繁殖型细菌的肽聚糖组成，包围内膜。发芽后成为细菌的细胞壁。皮质（cortex）：是芽孢包膜中最厚的一层，由肽聚糖组成，但结构不同于细胞壁的肽聚糖，交联少，多糖支架中为胞壁酐而不是胞壁酸，四肽侧链由 L-Ala 组成。外膜（outer membrane）：也是由细菌细胞膜形成的。外壳（coat）：芽孢壳，质地坚韧致密，由类角蛋白组成（keratinlike protein），含有大量二硫键，具疏水性特征。外壁（exosporium）：芽孢外衣，是芽孢的最外层，由脂蛋白及碳水化合物（糖类）组成，结构疏松。

芽孢是生命世界中抗逆性最强的一种构造，在抗热、抗化学药物和抗辐射等方面十分突出。例如，肉毒梭菌（*Clostridium botulinum*）的芽孢在沸水中要经 5.0~9.5h 才被杀死；一般细菌的营养细胞在 50~70℃经短时间即可被杀死，但形成芽孢后，一般要在 120℃经 5~15min 才能被杀死。芽孢的休眠能力更为突出，在常规条件下，一般可保持几年到几十年而不死亡。据文献记载，有的芽孢甚至可休眠数百至数千年，最极端的例子是在美国一块有 2500 万~4000 万年历史的琥珀，还可分离到有生命力的芽孢。目前对芽孢具有高度耐热性的解释有多种理论，如“渗透调节皮层膨胀学说”便是其中之一。

为什么芽孢具有如此惊人的抗逆性呢？其主要原因是：芽孢具有复杂而独特的多层结构（图 2-17）。它主要是由芽孢衣、芽孢壳、皮层和芽孢壁等包着核心（原生质体）构成的。这种结构使芽孢整个外壳厚而致密，不易渗透，折光性强；芽孢中水分含量低（约 40%），而且大部分以结合水方式存在；芽孢中含有特殊成分——吡啶二羧酸钙（DPA-Ca），含量达芽孢干重的 5%~12%，芽孢与细胞对外界因素的抵抗力和稳定性密切相关；酶类含量少且具有抗热性。

在实践中，芽孢的存在有利于对产芽孢细菌的长期保藏与筛选。此外，灭菌是否彻底也常以某些代表菌的芽孢是否被杀死作为主要判断指标。当然，细菌生成芽孢也增加了发酵生产、食品生产以及医疗上灭菌的困难和成本。

细菌的裂殖过程大致如下：菌体细胞延长→核质体伸长并分裂→中间的细胞膜向中心做环状推进→形成细胞质隔膜→中间的细胞壁向内凹陷形成横隔壁，并把细胞膜分成两层→横隔壁逐渐分成两层→两个子细胞分离（图 2-18）。

有少数芽生细菌能像酵母菌一样进行芽殖，即在母细胞一端先形成一个小突起，待其长大后再与母细胞分离的一种繁殖方式。此外，还有极少数细菌种类（主要是大肠杆菌），在实验室条件下能通过性菌毛进行有性接合。

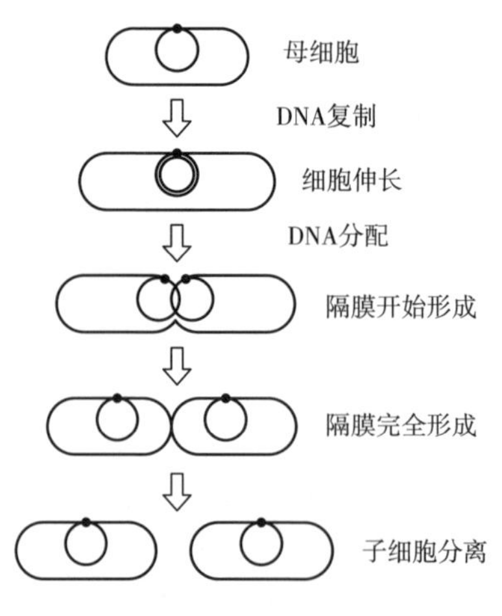

图 2-18　杆菌二分裂过程模式图

注：图中 DNA 均为双链。

三、细菌的繁殖

当一个细菌生活在合适条件下时，通过其连续的生物合成和平衡生长，细胞体积、重量不断增大，最终导致了繁殖。细菌一般进行无性繁殖，最主要的无性繁殖方式是裂殖，即一个细胞通过分裂（二分分裂或折断分裂），由一个母细胞形成大小基本相等的两个子细胞。

在电镜下观察细菌的分裂过程表明：细菌细胞分裂可概括为核物质与细胞质的分裂、横隔壁形成以及子细胞分离等过程。细菌细胞分裂时，首先核质 DNA 与中介体或细胞膜相连，DNA 复制并向细胞两端移动的同时，其细胞膜向内凹陷，并形成一垂直于细胞长轴的细胞质隔膜，使细胞质和核质均匀分配到两个子细胞中。其次细胞形成横隔壁，在细胞膜不断向内凹陷，形成子细胞各自的细胞质膜同时，母细胞的细胞壁也从四周向中心逐渐延伸。最后，逐渐形成子细胞各自完整的细胞壁。接着，子细胞分裂，形成两个大小基本相等的子细胞。

细菌繁殖速度快，一般细菌 20~30min 便分裂一次，即为一代。接种于肉汤培养中的细菌在适宜的温度下迅速生长繁殖，肉汤很快即可变浑浊，表明有细菌的大量生长，有些细菌，如结核分枝杆菌的繁殖速度较慢，需要 15~18h 才能繁殖一代。

（一）细菌的群体形态

细菌的群体形态又称细菌的培养特征。细菌在固体培养基上生长形成的菌落、菌苔，或在半固体培养基穿刺线上的生长状态，或在液体培养基中形成的菌膜、絮状沉淀物和悬浊液等，都是群体生长形态的表现。这种形态有一定的稳定性和专一性，是细菌细胞的表面状况、排列方式、代谢产物、好氧性和运动性等的反映。注意观察细菌的群体形态有助于对细菌菌种的辨认鉴定和对菌种纯度的掌握。

（二）细菌的菌落形态

细菌接种在固体培养基后，在适宜的条件下以母细胞为中心迅速生长繁殖所形成的肉眼可见的子细胞堆团，称为菌落（colony）。由一个单细胞繁殖而成的菌落则称为单菌落，可认为是细菌的培养物即纯种。由多个同种细胞长成的群体则称为菌苔（lawn）。

在一定的培养条件下，各种细菌在固体培养基表面所形成的菌落具有一定的形态、构造等特征（图 2-19），包括菌落的大小、形状（如圆形、近圆形、假根状及不规则等），隆起状（如扩展、台状、低凸及乳头状等），边缘（如整齐、波状、裂叶状及圆锯齿状等），表面形状（如光滑、皱褶、颗粒状、龟裂状及同心环状），光泽（如闪光、不闪光、金属光泽等），质地（如黏、脆、油脂状、膜状等），颜色，透明度（不透明、半透明）等项。

多数细菌的菌落一般呈现湿润、光滑、较透明、较黏稠、易挑取、质地均匀及颜色较一致等共同特征。其原因是细菌属单细胞生物，一个菌落内的细胞并没有形态、功能上的分化，细胞间充满着毛细管状态的水等。不过不同细菌细胞在个体形态结构上和生理类型上的各种差别，必然会反映在其菌落形态和构造上。例如：有糖被的细菌菌落通常较大，呈透明的蛋清状；有芽孢细菌的菌落往往外观不透明，表面干燥粗糙；无鞭毛、不能运动的球菌通常都形成小而厚、边缘整齐的半球形菌落；长有鞭毛、有运动性的细菌一般都长成大而平、边缘缺刻的不规则形菌落等。细菌在个体形态与群体形态之间存在的明显相关性，对许多微生物学实验和研究工作有重要参考价值。菌落对微生物学工作也有很大作用，例如，可用于微生物的分离、纯化、鉴定、计数、选种和育种等。

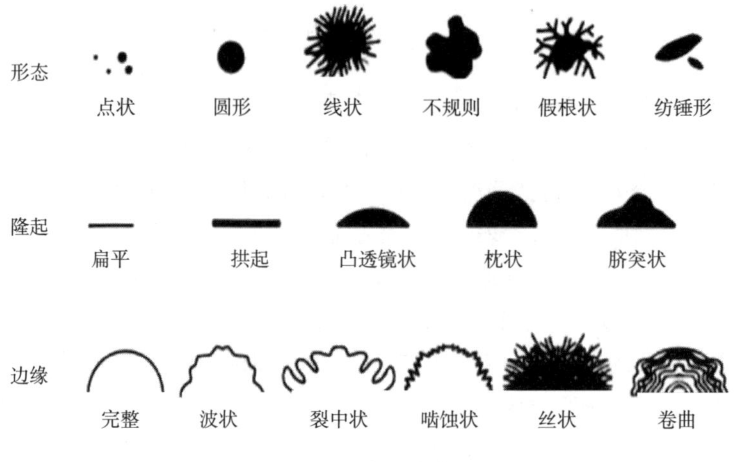

图 2-19 细菌的菌落特征

（三）细菌的其他群体形态

1. 细菌的斜面培养特征

采用划线接种的方法，将菌种接种到试管斜面上，在适宜的条件下经过 1~3d 的培养后，每个细胞长成的菌落相互连成一片，称为菌苔。可像菌落观察那样描述菌苔的特征，如菌苔的形状、生长程度、光泽、质地、透明度、颜色、隆起和表面状况等。斜面培养物一般用于菌种的转接和保藏。

2. 细菌的半固体培养特征

纯种细菌在半固体培养基上生长时，会出现许多特有的培养性状，对菌种鉴定十分重要。用接种针取细菌细胞在试管的半固体培养基上进行穿刺接种和培养，可鉴定细菌的运动特征。没有鞭毛、不能运动的细菌只能沿穿刺线生长，而有鞭毛的细菌则向穿刺线周围扩散生长，且不同细菌的运动扩散不同。若用明胶半固体培养基做试验，还可根据明胶柱液化层中呈现的不同形状来判断某细菌能否产生蛋白酶和某些其他特征。

3. 细菌的液体培养特征

将细菌接入液体培养基中，培养 1~3d 后，可观察其液体培养特征。细菌会因其对氧的要求、细胞特征、密度、运动能力等的不同，而形成各种不同的群体形态，多数表现为混浊，部分表现为沉淀；一些好氧性细菌则在液面上大量生长，形成有特征性的、厚薄有差异的菌醭、菌膜或菌环、小片不连续的菌膜等；一些有气泡和色泽等。

四、食品中常见的细菌

在日常生活中食品经常受到细菌的污染，从而使食品变质；而同时有些对人有益的细菌，可以利用它们制造食品或药物。现将几个常见的细菌分述如下。

（一）革兰氏阴性杆菌

1. 大肠埃希氏菌（*Escherichia coli*）

大肠埃希氏菌俗称大肠杆菌，菌体呈短杆或长杆状，（0.4~0.7）μm×（1.0~4.0）μm，周生鞭毛，可运动或不运动。菌落呈白色至黄白色，扩展、光滑、闪光。存在于人类及牲畜的肠道中，是肠道的正常寄居菌，在肠道中一般不致病，但侵入某些器官时，可引起炎症，是条件致病菌。在水、土壤中也极为常见，是食品中重要的腐生菌，在合适条件下使牛乳及乳制品腐败产生一种不洁净物或产生粪便气味。大肠杆菌的用途主要是多种氨基酸和酶的产生菌，作为基因工程受体菌，也作为食品卫生的检验指标。

2. 假单胞杆菌（*Pseudomonas*）

直或微弯杆菌，单个，卵圆到短杆，有的长杆，多数为（0.5~1.0）μm×（1.5~4.0）μm，极生鞭毛，可运动，少数种不运动。菌苔不明显呈色，可产生水溶性色素。化能有机营养型，需氧，在自然界分布很广。某些菌株具有很强的分解脂肪和蛋白质的能力。可在食品表面迅速生长，一般产生水溶性色素、氧化产物和黏液，引起食品产生异味及变质，很多菌在低温下能很好地生长，所以在冷藏食品的腐败变质中起主要作用。如荧光假单胞菌（*P. fluorescens*）在低温下可使肉、牛乳及乳制品腐败，腐败假单胞菌（*P. putrefacicus*）可使鱼、牛乳及乳制品腐败变质，可使牛乳的表面出现污点。主要用途有生产维生素 C、抗生素和多种酶等。

3. 醋酸杆菌（*Acetobacter*）

菌体从椭圆至杆状，单个、成对或成链，运动（周生鞭毛）或不运动，好氧性，在液体培养基表面形成皮膜。可将乙醇氧化成乙酸，也可氧化乙酸盐和乳酸盐成为 CO_2 和 H_2O。醋酸杆菌分布很普遍，一般从腐败的水果、蔬菜及变酸的酒类、果汁等食品都能分离出醋酸杆菌。醋酸杆菌在日常生活中常危害水果与蔬菜，使酒、果汁变酸。主要用途为生产各种食用醋、多种有机酸、山梨糖等。

4. 沙门氏菌（*Salmonella*）

沙门氏菌为无芽孢杆菌，不产荚膜，通常可运动，具有周生鞭毛，也有无动力的变种。该菌属常污染鱼、肉、禽、蛋、乳等食品，特别是肉类，是人类重要的肠道致病菌。误食由此菌污染的食品，可引起肠道传染病或食物中毒。感染沙门氏菌的人或带菌者的粪便污染食品，可使人发生食物中毒。据统计在世界各国的种类细菌性食物中毒中，沙门氏菌引起的食物中毒常列榜首。我国内陆地区也以沙门氏菌为首位。

（二）革兰氏阳性菌

1. 乳酸杆菌（*Lactobacillus*）

乳酸杆菌大小一般为（0.5~1.0）μm×（2.0~10.0）μm，形成长丝，单个或成链、无芽孢，多数不运动。可利用葡萄糖进行同型发酵或异型发酵，多数种可发酵乳糖，都不利用乳酸。乳酸杆菌为微好氧菌，较难培养，液体深层培养比固体培养生长好，固体培养的菌落生长小而慢。主要用途有生产乳酸、乳制品、药用乳酸菌制剂，也用于其他乳酸发酵食品，如乳酸发酵蔬菜和肉制品等。

2. 双歧杆菌（*Bifidobacterium*）

菌体呈现多形态，呈较规则短杆状、纤细杆状或长而弯曲状，有些呈各种分支形、棒状或匙形，单个或链状、V 形、栅状排列，或聚集成星状。不形成芽孢，不运动、厌氧，在有氧条件下不能在平皿上生长，但不同种菌株对氧的敏感性不同。主要用于生产微生态制剂，含活性双歧杆菌的乳制品。广泛存在于人和动物的消化道和口腔等中。双歧杆菌属的细菌是人和动物肠道菌群的重要组成成员之一。一些双歧杆菌的菌株可以作为益生菌而用在食品、医药和饲料方面。

3. 葡萄球菌（*Staphylococus*）

葡萄串状，直径0.5~1.3μm，不运动，不生芽孢，兼性厌氧，菌落不透明，呈白色到乳酪色，有时呈黄色到橙色。普遍存在于人类和动物的鼻腔、皮肤及机体的其他部位，常分离自食品、尘埃和水，有的种是人和动物的致病菌，或产生外毒素，从而引起食物中毒或腐败变质。该属代表菌为金黄色葡萄球菌（*Staphylococus Aureus*），主要在鼻黏膜、人及动物的体表上发现，可引起感染。污染食品产生肠毒素，使人食物中毒。

4. 链球菌（*Streptococcus*）

细胞呈球形或卵圆形，直径0.5~2.0μm，在液体培养基中成对或链状出现。不运动、不生芽孢，有的种有荚膜，兼性厌氧，生长需要丰富的培养基，发酵代谢主要产乳酸，但不产气，通常溶血，常寄生于脊椎动物的口腔和上呼吸道。有的种对人和动物致病，如肺炎链球菌（*S. pneumoniae*）；有的能引起食品腐败变质，如粪链球菌（*S. faecalis*）、液化链球菌（*S. liquefaciens*）等；有些则是食品工业中的重要发酵菌株，如乳链球菌（*S. lactis*）、嗜热链球菌（*S. thermophilus*）等，主要用于乳制品工业及传统食品工业中。

5. 芽孢杆菌（*Bacillus*）

细胞杆状，有些很大，（0.3~2.2）μm×（1.2~7.0）μm，能呈现单个、成对或短链状。端生或周生鞭毛，运动或不运动，好氧或兼性厌氧，可产生芽孢，在自然界中广泛分布，在土壤、水中尤为常见。该属中的炭疽芽孢杆菌是毒性很大的病原菌，能引起人类和牲畜共患的烈性传染病——炭疽病。蜡状芽孢杆菌（*B. cereus*）污染食品引起食物变质，还可引起食物中毒。枯草芽孢杆菌（*B. subtilis*）常引起面包腐败，但产生蛋白酶的能力强，常用作蛋白酶产生菌。

6. 梭状芽孢杆菌（*Clostridium*）

有芽孢，芽孢大于菌体宽度，故芽孢囊膨大成为梭状、棒状或鼓槌状等，以周毛运动或不运动，多数种为专性厌氧菌。该属菌是引起罐装食品腐败的主要菌种，其中肉毒梭状芽孢杆菌（*C. botulinum*）是能产生很强毒素的病原菌。解糖嗜热梭状芽孢杆菌（*C. thermosaccharolyticum*）可分解糖类引起罐装水果、蔬菜等食品的产气性变质。腐败梭状芽孢杆菌（*C. putrefaciens*）可以引起蛋白质食物的变质。梭状芽孢杆菌引起动物发病的机理通常是间接地通过其产生的一种或多种毒素（毒蛋白质）来致病。有些种可用于生产丙酮、丁醇、丁酸或己酸等。

第二节 放线菌

放线菌（Actinomycetes）是一类主要呈菌丝状生长和以孢子繁殖的陆生性较强的原核生物，因早期发现该类群的菌落呈放射状而得名。大部分丝状放线菌的DNA中（G+C）%为63%~78%，属于高（G+C）类群。

放线菌广泛分布在含水量较低、有机物较丰富和呈碱性的土壤中。土壤中放线菌最多，数量可达10^5~10^6CFU/g，多数种类能产生土臭素（geosmins），而使土壤带有特征性的气味。

放线菌与人类的关系极其密切，绝大多数属有益菌，对人类健康的贡献尤为突出，首要作用是能产生各种抗生素。近年来筛选到的许多新生化药物都是放线菌的次生代谢产物，包括抗癌剂、酶抑制剂、抗寄生虫剂等，放线菌还是许多酶、维生素等的产生菌。此外，放线菌在甾体转化、石油脱蜡和污水处理中也有重要作用。由于许多放线菌有极强的分解纤维素、石蜡、角蛋白、琼脂和橡胶等能力，故它们在环境保护、提高土壤肥力和自然界物质循环中起着重大作用。随着人类认识放线菌的能力和手段不断提高，越来越多的放线菌种类被发现和描述。迄今有效描述的菌种约达2000个，其中链霉菌属的种有500多个，占了很大比例。因此链霉菌又称常见放线菌，常规检出率占放线菌95%，而其他种类放线菌的常规检出率仅占5%左右，称为稀有放线菌。据统计，目前分离到的自然界中的放线菌种类仅为实际种类的0.1%~0.5%。只有极少数放线菌能引起人和动、植物病害。

一、放线菌的形态结构

放线菌的种类很多，形态、构造和生理、生态类型多样。这里先以分布最广、种类最多、形态特征最典型以及与人类关系最密切的链霉菌属（*Streptomyces*）为例来阐明放线菌的一般形态、构造和繁殖方式。

链霉菌属是典型放线菌的代表，个体形态为单细胞多核的分枝丝状体，菌丝直径与杆菌的宽度相当，一般为1μm。在营养生长阶段，菌丝内没有隔膜，因此一般情况下都呈单细胞状态，细胞内具有为数较多的核质体。放线菌细胞壁中含有与其他细菌相同的*N*-乙酰胞壁酸和二氨基庚二酸（DPA），绝大多数为革兰氏染色阳性。链霉菌菌丝形态多种多样，同时性状稳定，由于菌丝形态与功能的不同可分为3类（图2-20）。

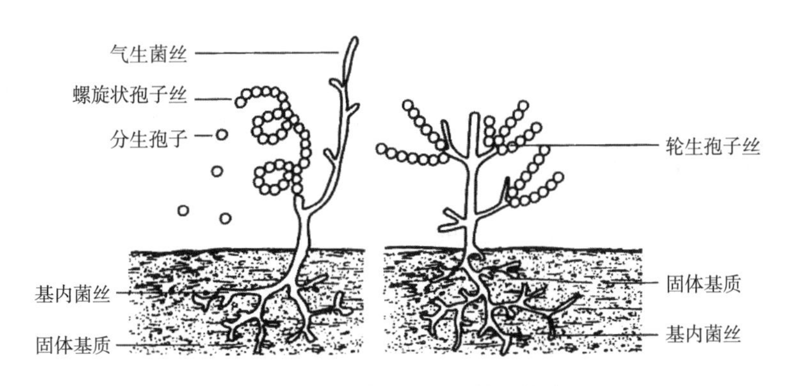

图2-20 链霉菌的形态、构造模式图

①基内菌丝又称营养菌丝，是生长在营养基质的内部和表面的菌丝，其功能是吸收水分和营养物质。基内菌丝一般无隔膜，直径为0.2~1.2μm，能多次分枝，无色，或能产生水溶性或非水溶性色素，从而使培养基质或菌落底层带有特征性的颜色。

②气生菌丝是由基内菌丝发育到一定时期，向空气中生长的菌丝，直形、弯曲或分枝。直径比基内菌丝粗，为1.0~1.4μm，有些类群可产生色素。

③孢子丝又称产孢丝或繁殖菌丝，由气生菌丝逐步成熟时分化而成。孢子丝的形态和排列方式是重要的分类特征。链霉菌孢子丝的形态多样，有直形、波曲形、钩形及螺旋形等。孢子丝的排列方式有交替着生、丛生和轮生等（图2-21），螺旋的大小、疏密、数目和方向

等均为种的特征。孢子丝通过横隔分裂法形成单个或成串的分生孢子。

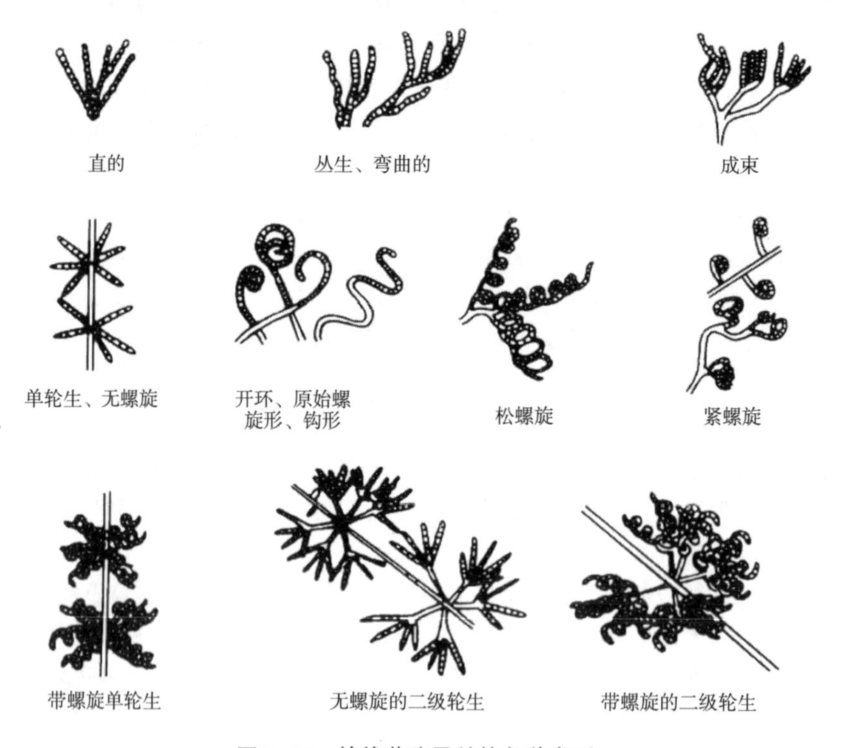

图 2-21　放线菌孢子丝的各种类型

孢子形态多样，有球形、椭圆形、圆柱形、梭形或半月形等，其颜色十分丰富，且与表面纹饰相关。孢子表面纹饰在电镜下清晰可见，表面呈光滑、褶皱、疣、刺、发或鳞片状。一般直形或波曲形的孢子丝，其孢子表面均呈光滑状，若为螺旋状孢子丝，则孢子会因种而异，有光滑、刺状或毛发状。

二、放线菌的繁殖

放线菌主要以形成各种孢子进行无性繁殖，仅少数种类是以基内菌丝分裂形成孢子状细胞进行繁殖。放线菌处于液体培养基时很少形成孢子，但其各种菌丝片段都有繁殖功能，这一特性对发酵工业非常重要。

放线菌孢子的形成以往曾认为有横隔分裂和凝聚分裂 2 种方式，后经电镜超薄切片观察发现只有横隔分裂一种，并通过 2 种途径进行：①细胞膜内陷，再由外向内逐渐收缩，最后形成一完整的横隔膜，从而把孢子丝分割成许多分生孢子。②细胞壁和膜同时内陷，再逐步向内缢缩，最终将孢子丝缢缩成一串分生孢子。有些放线菌，如链孢囊菌和游动放线菌，还形成孢子囊，长在气生菌丝或基内菌丝上，孢子囊内产生有鞭毛、能运动或无鞭毛、不运动的孢囊孢子。

三、放线菌的群体特征

放线菌的固体培养特征：多数放线菌有基内菌丝和气生菌丝的分化，气生菌丝成熟时又会进一步分化成孢子丝并产生成串的干粉状孢子，于是就使放线菌产生与细菌有明显差别的菌落：干燥、不透明、表面呈致密的丝绒状，上有一薄层彩色的干粉；菌落和培养基的连接紧密，难以挑取；菌落的正反面颜色常不一致，并常有辐射状皱褶等。少数原始的放线菌如诺卡氏菌属（*Nocardia*）等缺乏气生菌丝或气生菌丝不发达，因此其菌落外形与细菌极其相似，结构松散并易于挑取。

放线菌的液体培养特征：放线菌在液体培养基内进行摇瓶培养时，其菌丝翻滚交织形成珠状菌丝团（或菌丝球），小型菌丝球悬浮于液体培养基中，大型菌丝球则沉于瓶底。此外，与液面交界的瓶壁处常生长着一圈菌苔。

四、常见的放线菌

1. 链霉菌属（*Streptomyces*）

链霉菌的气生菌丝和基质菌丝有各种不同的颜色，有的菌丝还产生可溶性色素分泌到培养基中，使培养基呈现各种颜色。链霉菌的许多种类产生对人类有益的抗生素，如链霉素、红霉素、四环素等都是链霉菌中的一些种产生的。

2. 诺卡氏菌属（*Nocardia*）

诺卡氏菌只有基内菌丝，没有气生菌丝或只有很薄一层气生菌丝，靠菌丝断裂进行繁殖，该属产生多种抗生素，如对结核分枝杆菌和麻风分枝杆菌有特效的利福霉素。

3. 小单胞菌属（*Micromonospora*）

小单胞菌属菌丝体纤细，只形成基内菌丝，不形成气生菌丝，在基内菌丝上长出许多小分枝，顶端着生一个孢子，也是产生抗生素较多的一个属，如庆大霉素就是由该属的绛红小单胞菌和棘孢小单胞菌产生的。

4. 放线菌属（*Actinomyces*）

放线菌属菌丝直径<1μm，有横隔，可断裂成V形或Y形体，不形成气生菌丝，也不产生孢子，通常为厌氧或兼性厌氧。放线菌属多为致病菌，可引起人畜疾病。如衣氏放线菌（*A. israelii*）寄生于人体，可引起后颚骨肿瘤和肺部感染；牛型放线菌（*A. bovis*）可引起牛颚肿病。

5. 链轮丝菌属（*Streptoverticillum*）

链轮丝菌属的气生菌丝对称轮生，孢子链很短，二级轮生，孢子光滑。在生物制药工业上主要用于生产各种抗肿瘤、抗霉菌、抗结核等抗生素，如博莱霉素、结核放线菌素、柱晶白霉素等。

6. 链孢囊菌属（*Streptosporangium*）

链孢囊菌属基内菌丝分枝很多，横隔很少，气生菌丝成丛、散生或同心环排列，主要特征是能形成孢子囊和孢囊孢子，有时还可形成螺旋孢子丝。很多种可产生广谱抗生素，主要有多霉素、孢绿菌素、西伯利亚霉素。

第三节　蓝　细　菌

蓝细菌（cyanobacteria），曾被称为蓝藻或蓝绿藻，由于发现它们与细菌同为原核生物而改称蓝细菌。蓝细菌是一类进化历史悠久、革兰氏染色阴性、无鞭毛、含叶绿素 a（但不形成叶绿体）、能进行产氧性光合作用的大型原核生物。

蓝细菌广泛分布于自然界，包括各种水体、土壤中和部分生物体内外，甚至在岩石表面和其他恶劣环境（高温、低温、盐湖、荒漠和冰原等）中都可找到它们的踪迹，因此有“先锋”生物的美称。

其与光合细菌的区别是：光合细菌（红螺菌）进行的是比较原始的光合磷酸化作用，反应过程中不放氧，为厌氧生物，而蓝细菌可以进行光合作用并且放氧。

一、蓝细菌的形态结构与功能

（一）蓝细菌的形态结构与大小

蓝细菌的形态多样，可简单分为单细胞和丝状体 2 大类（图 2-22），结合其繁殖方式可细分为 5 类：①由二分裂形成的单细胞，如黏杆蓝细菌属（*Gloeothece*）。②由复分裂形成的单细胞，如皮果蓝细菌属（*Dermocarpa*）。③有异形胞丝状体，如鱼腥蓝细菌属（*Anabaena*）。④无异形胞丝状体，如颤蓝细菌属（*Oscillatoria*）。⑤分枝状丝状体，如飞氏蓝细菌属（*Fischerella*）。

蓝细菌的细胞大小差别很大，其直径或宽度通常为 3~10μm，但有的小到与细菌相近，为 0.5~1μm，而大的则可达到 60μm。当许多个体聚集在一起时，可形成肉眼可见的蓝色群体。

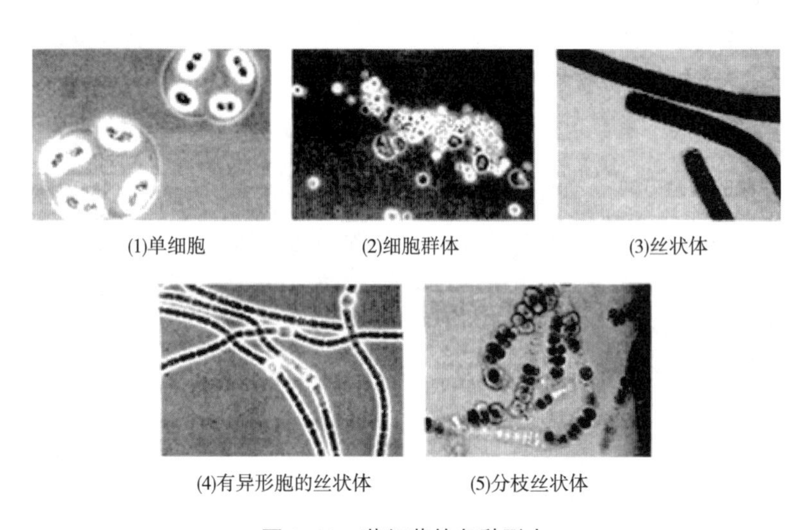

图 2-22　蓝细菌的各种形态

（二）细胞结构

蓝细菌的构造与 G^-菌相似，细胞壁分内外两层，外层为脂多糖层，内层为肽聚糖层，并含有氨基庚二酸，革兰氏染色阴性，对溶菌酶和青霉素敏感。不少种类，尤其是水生种类在其壁外还有黏质糖被或鞘，把细胞或丝状体结合在一起。蓝细菌不具鞭毛，但大多数通过丝状体的旋转、逆转和弯曲可以“滑行”，有的还可进行光趋避运动。

细胞质周围有复杂的光合色素层，通常以类囊体（thylakoid）形式存在出现，其中含叶绿素 a 和藻胆素（phycopilin，一类辅助光合色素）。细胞内还有能固定 CO_2 的羧酶体。在水生性种类的细胞中常有气泡构造。细胞中的内含物有糖原、聚-β-羟丁酸（PHB）、蓝细菌肽和聚磷酸盐等。蓝细菌内的脂肪酸较为特殊，含有两至多个双键的不饱和脂肪酸，而其他原核生物通常只含饱和脂肪酸和单个双键的不饱和脂肪酸。

异型胞、静息孢子和链丝段是某些蓝细菌所特有的结构。

二、蓝细菌的繁殖

蓝细菌的单细胞类群以裂殖方式繁殖。丝状类群除能通过裂殖使丝状体加长外，还能通过形成含有 5~15 个细胞的连锁体脱离母体后形成新的丝状体。一些单细胞和假丝状体的蓝细胞能在细胞内形成许多球形或三角形的内孢子，并以释放成熟的内孢子方式繁殖。少数类群也可以在母细胞顶端缢缩分裂形成小单细胞，类似于芽殖的方式繁殖。

三、应　　用

蓝细菌是一类较古老的原核生物，在 17 亿~21 亿年前已形成，它的发展使整个地球大气从无氧状态发展到有氧状态，从而孕育了一切好氧生物的进化和发展。蓝细菌具有结构简单、生长迅速而且易于进行遗传操作的特点，通过天然代谢途径的修饰或异源代谢途径的引入，可以实现对其胞内碳流、能量流的重新分配，促进各种天然或非天然代谢产物的合成。在人类生活中蓝细菌有着重大的经济价值，有些种类可开发为食物或营养品，如近年开发的“螺旋藻”产品，就是由盘状螺旋蓝细菌（*Spirulina platensis*）和最大螺旋蓝细菌（*Spirulina maxima*）等开发的，可作为食品添加剂。另外我们熟悉的普通木耳念珠蓝细菌（*Nostoc commune*，即葛米仙，俗称地耳）以及发菜念珠蓝细菌（*Nostoc flagelliforme*）等都是可食用的蓝细菌，蓝藻可作为肥料，另外还有蓝细菌光驱固碳合成蔗糖技术也是目前生物炼制技术体系中研究比较热门的课题，可有效缓解能源和环境危机，推动社会可持续发展。

许多蓝细菌类群具有固定空气中氮素的能力，一些蓝细菌能与真菌、苔藓、蕨类和种子植物共生，如地衣（lichen）就是蓝细菌与真菌的共生体，红萍是固氮鱼腥藻（*Anabaena azollae*）和蕨类植物满江红（Azolla）的共生体。目前已知的固氮蓝细菌有 120 多种，它们在岩石风化、土壤形成及保持土壤氮素营养水平上有重要作用。

蓝细菌有广泛的分布，从水生到陆生生态系统，从热带到南北极都有分布。它们已经被证实可以通过氮气的固定来提高稻田和其他土壤的肥力。蓝细菌是海洋生态系统的重要组成部分和海洋初级生产力的重要组成部分。

有的蓝细菌是受氮、磷等元素污染后发生富营养化的海水“赤潮”和湖泊中“水华”的元凶，给渔业和养殖业带来严重的危害。此外，还有少数水生种类，如微囊蓝细菌属（*Microcystis*）会产生可诱发人类肝癌的毒素。

第四节　古　　菌

古菌（Archaea）是在系统发育上与细菌不同的一群相关的原核生物。根据当代系统发育学的观点和核糖体 RNA 的碱基序列分析，生物被划分为古菌、细菌和真核生物 3 个原界。

其中古菌和细菌同属原核生物，具有相似的形态、大小和细胞结构。

古菌，曾称古细菌（Arbacteria），是指具有独特基因结构或系统发育的单细胞生物，通常生活在地球上极端的环境（如超高温、高酸碱度、高盐）或生命出现初期的自然环境中（如无氧状态）。迄今为止，古菌域已含有包括 Euryarchaeota、Crenarchaeota、Thaumarchaeota、Bathyarchaeota、Odinarchaeota、Heimdallarchaeota、Korarchaeota 和 Nanoarchaeota 在内的多个门类。古菌是一个表型很不相同的集合类群，在形态和生理特征上均有很大差异，为革兰氏染色阳性或阴性；为好氧菌、兼性厌氧菌或严格厌氧菌，能进行化能无机营养或化能有机营养。

一、古菌的细胞形态和菌落

古菌的细胞形态差异较大，包括球状、杆状、裂片状、螺旋状和扁平状等，也存在单细胞、多细胞的丝状体和聚集体。其单细胞直径为 0.1～15μm，丝状体长度可达 200μm。图 2-23为一些产甲烷古菌的形态图。

古菌菌落颜色多样，有红、紫、粉红、橙褐、黄、绿、绿黑、灰色以及白色等。

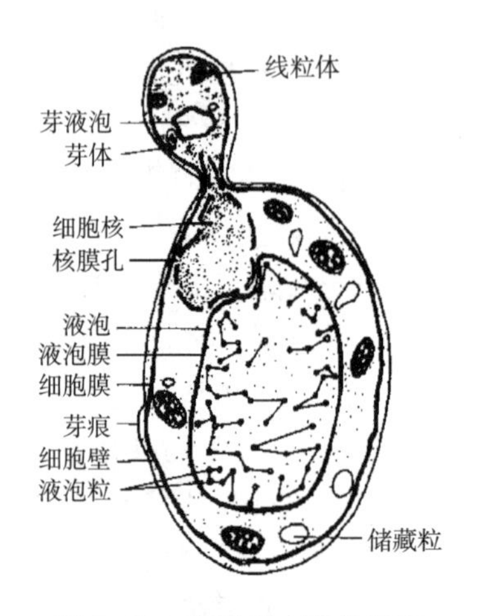

图 2-23　产甲烷古菌的形态

二、古菌细胞结构与组成

古菌具有独特的细胞结构，其细胞壁的组成、结构，细胞膜类脂成分，核糖体的 RNA 碱基顺序以及生活环境等都与其他生物有很大区别。

细胞壁：古菌的细胞壁结构与细菌细胞壁有显著不同。许多 G^+古菌与 G^+菌相似，有一个同质层的厚壁，但 G^-古菌则缺乏外壁层和复杂的肽聚糖网状结构。其化学组成也有较大差异，在古菌的细胞壁中不含胞壁酸和 D-氨基酸。G^+菌细胞壁含有复杂的聚合物，如具有由假磷壁酸（假肽聚糖）、甲酸软骨素和杂多糖组成的细胞壁；而 G^-菌具有由晶体蛋白或糖蛋白亚单位（S 层）构成的单层细胞被。

细胞膜：古菌独有特征是在细胞膜上存在聚异戊二烯甘油醚类脂。在细菌和真核生物的膜类脂的合成中，脂肪酸组成的主链与甘油相连，而古菌的膜类脂则是通过醚键将分枝的烃链与甘油连接，组成疏水尾部的烃链是异戊二烯重复单位。在细菌和真核生物的细胞质膜中，其结构都是双分子层，在古菌中则存在着单分子层或单双分子层混合膜。

三、古菌的繁殖和应用

古菌的繁殖多样，包括二分裂、芽殖、缢裂、断裂和未明的机制。古菌不会进行减数分裂，所以拥有同样基因的一个种的古菌可能拥有不同的形态。古菌的细胞分裂被它们的细胞周期所控制；在细胞的染色体复制并分离后，细胞开始一分为二。

虽说目前古菌中只有硫化叶菌的复制周期被阐明，但是这样的细胞周期大体上类似于在细菌和真核生物的周期。和真核生物一样，古菌的染色体也可以在多个位点（复制起点）开始用 DNA 聚合酶复制。然而古菌用于控制细胞分裂的蛋白和分离两个子细胞的隔膜部分，这些与细菌的二分裂相似。但与细菌、真核生物不同，目前未发现有古菌进行孢子生殖。一些嗜卤盐菌的种类可以进行表型转换并生长成为不同的形态。这些形态包括拥有可以防止渗透压休克出现的厚细胞壁，这使嗜卤盐菌可以在盐度低的水中存活。这些古菌特征不是生殖结构，但是它们可以帮助古菌在新的环境下生存。

目前对古菌的研究较少，主要作为系统发育、微生物生态学及进化、代谢等实验材料；作为寻找和开发全新结构生物活性物质的新资源等，比如，产甲烷古菌的开发，研究新型产甲烷古菌的甲烷代谢途径以及生态分布，为全球生态调节以及碳循环研究提供理论依据。

四、古菌与细菌、真核生物的异同

古菌是在地球开始形成的那种恶劣环境下形成的一种原始生命，现在也主要生活在地球的一些极端恶劣的环境下，如火山温泉里，海底深处，盐度很浓、强酸以及强碱的地方，而细菌主要生活在一般生命条件下；古菌有扁平直角几何形状的细胞，而在细菌中从未见过；呼吸类型上，严格厌氧是古菌的主要呼吸类型，在有氧的环境下，古菌是绝对不能生存的，但是绝大多数细菌是可以生存的。在细胞结构和代谢上，古菌在很多方面接近其他原核生物。然而在基因转录和翻译这两个分子生物学的中心过程上，它们并不明显表现出细菌的特征，反而非常接近真核生物。

古菌还与大多数细菌不同，它们只有一层细胞膜而缺少肽聚糖细胞壁。而且，绝大多数细菌和真核生物的细胞膜中的脂类主要由甘油酯组成，而古菌的膜脂由甘油醚构成。这些区别也许是对超高温环境的适应。古菌鞭毛的成分和形成过程也与细菌不同。

古菌在菌体大小、结构及基因组结构方面与细菌相似，但其在遗传信息传递和可能标志系统发育的信息物质方面（如基因转录和翻译系统）却更类似于真核生物。古菌是细菌的形式，真核生物的内涵。

第五节　其他类型的原核微生物

上文介绍了细菌、放线菌、蓝细菌和古菌 4 个主要类群的形态结构，本节将简要介绍某些形态、结构或生理等特征较为特殊的其他原核生物类群。

支原体、立克次氏体和衣原体是主要在营生细胞内寄生的小型原核生物，同属 G^-菌，代谢能力差。从支原体、立克次氏体至衣原体其寄生性逐步增强，因此它们是介于细菌与病毒间的一类原核生物，表 2-3 为它们之间的比较。

黏细菌和蛭弧菌也属 G^-菌，但黏细菌能产生子实体，具有复杂的行为模型和生活周期；蛭弧菌可以寄生和裂解其他细菌。

表 2-3　　支原体、立克次氏体、衣原体与细菌、病毒的比较

特征	支原体	立克次氏体	衣原体	细菌	病毒
直径/μm	0.15~0.30	0.2~0.5	0.2~0.3	0.5~2.0	<0.25
过滤性	能过滤	不能过滤	能过滤	不能过滤	能过滤
革兰氏染色	G^-	G^-	G^-	G^+或 G^-	无
细胞壁	缺	有（含肽聚糖）	有（不含肽聚糖）	有坚韧的细胞壁	无细胞结构
繁殖方式	二均分裂	二均分裂	二均分裂	二均分裂	复制
培养方法	人工培养基	宿主细胞	宿主细胞	人工培养基	宿主细胞
核糖体	有	有	有	有	无
大分子合成	有	进行	进行	有	只利用宿主机器
产 ATP 系统	有	有	无	有	无
入侵方式	直接	昆虫媒介	不清楚	多样	决定宿主细胞性质
对抗生素	敏感（青霉素例外）	敏感	敏感	敏感	不敏感
对干扰素	不敏感	有的敏感	有的敏感	某些菌敏感	敏感

一、支原体

支原体（mycoplasma）又称类菌质体，是介于细菌与病毒之间的一类无细胞壁的，也是已知可以独立生活的最小的细胞生物。1898 年 E. Nocard 等首次从患肺炎的牛胸膜液中分离得到，后来人们又从其他动物中分离到多种类似的微生物。

支原体的特点有：①无细胞壁，菌体表面为细胞膜，故细胞柔软，形态多变。②球状体直径在 150~300nm，能通过细菌滤器，对渗透压、表面活性剂和醇类敏感，对抑制细胞壁合成的青霉素、环丝氨酸等抗生素不敏感，革兰氏染色阴性。③菌落微小，直径 0.1~1.0mm，呈特有的“油煎荷包蛋”状，中央厚且色深，边缘薄而透明，色浅。④一般以二均分裂方式进行繁殖。

支原体广泛分布于土壤、污水、温泉等温热环境，以及昆虫、脊椎动物和人体中。一般为腐生或无害共生菌，少数为致病菌。支原体可寄生在人或脊椎动物黏膜表面，并导致肺炎、关节炎等疾病。

大部分支原体繁殖速度比细菌慢，适宜生长温度为 35℃，最适 pH 7.8~8.0。支原体抵抗力较弱，对热、干燥敏感，对 75%乙醇、煤酚皂溶液敏感，对红霉素、四环素、螺旋霉素、链霉素、卡那霉素等药物敏感，但对青霉素类的抗生素不敏感。

二、立克次氏体

立克次氏体（Rickettsia）是一类专性寄生于真核细胞内的 G^- 原核生物，是介于细菌与病毒之间，接近于细菌的一类原核生物。1909 年美国医生 H. T. Ricketts（1871—1910 年）首次发现落基山斑疹伤寒的独特病原体，并于 1910 年殉职于此病，故后人称这类病原菌为立克次氏体。

立克次氏体特点：细胞呈球状、杆状或丝状，球状直径 0.2～0.5μm；有细胞壁，G^-；通常在真核细胞内专性寄生；二均分裂方式繁殖；对青霉素和四环素等抗生素敏感；具有不完整的产能代谢途径；不耐热，但耐低温。

立克次氏体主要寄生于节肢动物，如虱、蚤、蜱、螨等，传入人体能引起斑疹伤寒、战壕热等。立克次氏体的寄生过程包括 2 个阶段，先寄生于啮齿动物或节肢动物中，然后再通过这些介体动物的叮咬或排泄物感染人和其他动物，可引起疾病。如普氏立克次氏体（*R. Prowazeki*）借虱传播斑疹伤寒，恙虫热立克次氏体（*R. Tsutsugamushi*）借螨传播恙虫热。

立克次氏体在虱等节肢动物的胃肠道上皮细胞中增殖并大量存在其粪中。人受到虱等叮咬时，立克次氏体便随粪从抓破的伤口或直接从昆虫口器进入人的血液并在其中繁殖，从而使人感染得病。当节肢动物在叮咬人吸血时，人血中的立克次氏体又进入其体内增殖，如此不断循环。

立克次氏体对热、干燥、光照和化学药剂的抗性较差，在室温中仅能存活数小时至数日，100℃时很快死亡；对一般的消毒剂及四环素、氯霉素、红霉素、青霉素等抗生素敏感，但耐低温，-60℃时可存活数年。立克次氏体随节肢动物粪便排出，在空气中自然干燥后，其抗性显著增强。

与人类关系密切的立克次氏体主要有 4 种，普氏立克次氏体（*Rickettsia prowazekii*）、莫氏立克次氏体（*Rickettsia mooseri*）、立克次氏立克次氏体（*Rickettsia rickettsi*）和恙虫病立克次氏体等。不同的立克次氏体能引起不同的疾病，预防这类疾病时，首先应对昆虫等中间或储存宿主加以控制和消灭，比如灭鼠、灭虱等。

三、衣　原　体

衣原体（chlamydia）是一类在真核细胞内营专性能量寄生的小型革兰氏阴性原核生物。1907 年两位捷克学者在患沙眼病人的结膜细胞内发现了包涵体，1970 年在美国波士顿召开的沙眼及有关疾病的国际会议上，正式将这类病原微生物称为衣原体。

衣原体是一种比细菌小但比病毒大的生物，是专性细胞内寄生的、近似细菌与病毒的病原体，具有两相生活环。它没有合成高能化合物（ATP）、三磷酸鸟苷（GTP）的能力，必须由宿主细胞提供，因而成为能量寄生物，多呈球状、堆状，有细胞壁、细胞膜，属原核细胞，一般寄生在动物细胞内。目前区分为沙眼、肺炎、鹦鹉与家畜四种衣原体。其特点有：①具有细胞构造，有胞壁但缺肽聚糖。②细胞内同时含有 DNA 和 RNA。③酶系统不完整。④二均分裂方式繁殖。⑤通常对抑制细菌的一些抗生素如青霉素和磺胺等都很敏感。⑥衣原体可以培养在鸡胚卵黄囊膜、小白鼠腹腔或组织培养细胞上。

衣原体具有特殊的生活史。具有感染力的细胞称为原体，呈小球状，细胞厚壁、致密，不能运动和生长，抗干旱，有传染性。能通过接触或排泄物等方式，经胞饮作用进入寄主细胞，并随之转化成无感染力的细胞，称为始体或网状体，呈大形球状，细胞壁薄而脆弱，易变形，无传染性，生长较快，通过二分裂可在细胞内繁殖成一个微菌落即“包涵体”，随后每个始体细胞又重新转化成原体。整个生活史约需48h。

衣原体一般不需要媒介而能直接感染人或动物。例如，鹦鹉热衣原体（*Clamydia psittaci*）能引起鸟的鹦鹉热；沙眼衣原体（*C. trachomatis*）是人类沙眼的病原菌；肺炎衣原体（*C. pneumoniae*）能引起各种呼吸综合征。传播途径主要有：性传播、间接传播、母婴垂直传播等。

四、黏 细 菌

黏细菌（myxobacteria），又称子实黏细菌，为滑行、产子实体细菌（gliding fruiting bacteria）。在原核生物中，表现出最为复杂的模式和生活周期，即典型黏细菌的生活周期可以分为营养细胞和休眠体（子实体）2个阶段。特点是具有独特的生活史，细胞DNA中含有很高的（G+C）%（67%~71%）。

黏细菌的营养细胞呈单细胞、杆状，有的细长、弯曲和顶端逐渐变细，称为细胞Ⅰ型；或是圆柱形，较坚韧，具有钝圆的末端，称为细胞Ⅱ型。除营养细胞缺乏坚硬的细胞壁外，其他均类似于细菌。菌体直径<1.5μm，无鞭毛，G^-，菌体能向体外分泌多糖黏液，将细胞团包埋于黏液中，并借助黏液在固体或气液界面上滑行。在适宜条件下，一群流动的营养细胞彼此向对方移动（可能是趋化反应），在一定的位置聚积成团，形成肉眼可见的子实体。子实体的颜色因菌种而异，但常为红、黄等鲜艳的颜色。

黏细菌是专性好氧的化能有机营养型细菌，是土壤中常见的腐生菌，主要分布在土壤表层、树皮、腐烂的木材、堆厩肥和动物粪便上。由于黏细菌的黏孢子和子实体有很强的抗逆性，在海水、酸性泥沼、低氧条件、极地温度等条件下也有黏细菌的分离。草食动物的粪粒是几乎所有黏细菌生长的良好基质，因此常把灭菌的兔粪置于土壤上以分离黏细菌。

黏细菌是原核生物中生活周期和群体变化最为复杂的类群，在研究微生物的进化发育等方面有重要价值。黏细菌是尚未得到有效重视和充分利用的微生物资源，其分离、纯化的困难和方法的特殊性使研究受到限制。此外，黏细菌在常用的培养基，如营养肉汤培养基上不能生长或生长很弱，也使它们容易被“埋没”。在生物活性物质合成方面，黏细菌的抗生素产生菌比例甚至高于放线菌，如纤维堆囊菌（*Soranguim cellulosum*）甚至高达近100%，能够代谢产生许多全新结构的抗性物质；黏细菌丰富的胞外黏液质和特殊的酶蛋白等，能分解纤维素、琼脂、几丁质、溶解其他真核和原核生物；有些菌株能产生类胡萝卜素（尤其是叔糖苷类）、黑色素和原卟啉，这些都具有极好的应用价值。

五、蛭 弧 菌

蛭弧菌（*Bdellovibrio*）是寄生于其他细菌并能导致其裂解的一类细菌，是一类能“吃掉”细菌的细菌，有类似于噬菌体的作用，但不是病毒，具有细菌的基本特征。在1962年首次发现于菜豆叶烧病假单胞菌体中，随后从土壤、污水中都分离到了这种细菌。根据其基本特性，命名为*Bdellovibrio bacteriovorus*。

菌体大小为（0.3~0.6）μm×（0.8~1.2）μm，菌体弧状、逗点状，有时螺旋状。蛭弧菌有一根粗的鞘鞭毛，比其他细菌鞭毛粗3~4倍。菌体DNA中（G+C）%为42%~51%。蛭弧菌 DNA 的合成是在宿主细胞 DNA 完全裂解后进行，宿主细胞中 80%的 DNA 都并到寄生菌中去了，其机制还不是很清楚。

蛭弧菌借助一根极生的鞭毛运动，菌体很活跃，能吸附在寄生细胞的表面，借助于特殊的“钻孔”效应，进入寄主细胞。蛭弧菌侵入后就杀死寄主细胞，失去鞭毛，形成螺旋状结构，然后均匀进行分裂，形成许多带鞭毛的子细胞。蛭弧菌的生活史有两个阶段。既有自由生活的、能运动、不进行增殖的形式；又有在特定宿主细菌的周质空间内进行生长繁殖的形式。这两种形式交替进行。

蛭弧菌是专性好氧菌，能侵染各种 G^-菌，但不侵染 G^+菌，对寄主细菌的寄生具有特异性。寄生型蛭弧菌生长，要求 pH 6. 0~8. 5；温度 23~37℃，低于 12℃，高于 42℃时均不生长；能稳定分解蛋白质，一般不直接利用碳水化合物，而以肽、氨基酸作为碳源和能源；能液化明胶；严格好氧；在人工培养基上则产生黄色色素、细胞色素 a、细胞色素 b、细胞色素 c，还能产生各种酶类。

蛭弧菌广泛存在于自然界的土壤、河流、近陆海洋水域及下水道污水中。蛭弧菌的溶菌作用在动植物细菌性病害的防治以及环境污水的净化方面具有一定的应用价值。其生活方式多样，有寄生型，也有兼性寄生，极少数营腐生。寄生型必须在生活宿主细胞或在有其提取物中得到营养或生长因子时才能生长繁殖，并表现出严格的特异性；非寄生型营腐生生活，或者至少是兼性腐生，可在蛋白胨和酵母提取物培养基上生长繁殖，它们中绝大多数都丧失了寄生性，只有十几分之一可恢复寄生性。

由于上述特性，使蛭弧菌具有很大的潜在应用价值，很可能成为生物防治有害细菌的一种有力武器，首先，它有可能用于净化水体和清除工、农、医等方面的有害细菌。在农业上，有人将水生蛭弧菌跟引起水稻白叶枯病的黄杆菌混合在一起，加入农田灌溉水中，由于蛭弧菌以黄杆菌为“食料”，使灌溉水中该致病菌大大减少。在医学上，有的蛭弧菌对伤寒杆菌、副伤寒杆菌、痢疾杆菌等人畜致病菌也有很强的裂解作用。

第六节　原核微生物的分类系统

原核生物包括古菌与细菌两个域，其中古菌域至今已记载过 208 种，细菌域为 4727 种（2000 年）。编制一部原核生物的分类手册学术意义十分重大，同时又是一件艰难且工作量极其浩大的基础性工作。在整个 20 世纪中，原核生物分类体系的权威著作比较少，主要有 19 世纪末德国 Lehmann 和 Neumann 的《细菌分类图说》；美国的《伯杰氏鉴定细菌学手册》；苏联的克拉西尔尼可夫的《细菌与放线菌的鉴定》；法国普雷沃的《细菌分类学》；由 M. P. Starr 等编写介绍原核生物的生境、分离和鉴定等内容的大型手册《原核生物》（1981 年第 1 版，1992 年第 2 版）等。

目前比较全面的分类系统为美国宾夕法尼亚大学的细菌学教授伯杰（D. Bergy）及其同事编写的《伯杰氏鉴定细菌学手册》（*Bergey's Manual of Determinative Bacteriology*），简称《伯杰氏手册》，是目前国际较通用的细菌分类方法。

由于各种现在微生物分类鉴定新技术的发明和新指标的引入，使原核生物的分类体系逐渐转向利用鉴定遗传型的系统进行分类的新体系。从1984年开始至1989年，《伯杰氏手册》又组织了国际上近20个国家300多位专家，合作编写了4卷本的新手册陆续出版，并改名为《伯杰氏系统细菌学手册》（第1版），简称《系统手册》（第1版）。《系统手册》（第2版）对其第1版又进行了修订，更多地依靠系统发育资料对细菌分类群的总体安排进行了较大的调整，内容极其丰富，从2000年开始分成5卷陆续发行。

这节简单介绍《伯杰氏鉴定细菌学手册》和《伯杰氏系统细菌学手册》。

一、《伯杰氏鉴定细菌学手册》简介

从1923年出版第1版以来，现在这个手册已有9版。1974年出版的第8版，有美、英、德、法、日等15个国家，多达130多位细菌学家参与撰写，被认为是一个较有代表性和参考价值的分类系统。

第8版和以前的版本有所不同，没有从纲到种的分类，只是从目到种进行了分类，并对每一属和每一个种都做了较详尽的属性描述。在目之上，根据形态、营养型等分成19个部分，把细菌、放线菌、黏细菌、螺旋体、支原体和立克次氏体等2000多种微生物都归于原核生物界细菌门。

近年来，由于细胞学、遗传学和分子生物学的渗透，大大促进了细菌分类学的发展，使分类系统与真正反映亲缘关系的自然体系日趋接近。《伯杰氏手册》第9版于1994年正式发行。该版手册对细菌属的编排顺序严格地以细菌表型排列，有助于对细菌的鉴定。著者将细菌分为4大类目、35个群。这4大类目是：①革兰氏阴性有细胞壁真细菌（1~16群）。②革兰氏阳性有细胞壁真细菌（17~29群）。③缺乏细胞壁的真细菌（支原体群）。④古菌（31~35群）。

二、《伯杰氏系统细菌学手册》简介

（一）《系统手册》（第1版）

《系统手册》（第1版）是在《伯杰氏鉴定细菌学手册》（第8版）的基础上，根据10多年来细菌分类所取得的进展修订的。在一些类群中增加了不少有关系统发育方面的资料，特别是许多新分类单元的规划，都是经过核苷酸序列比较后提出的。但《系统手册》（第1版）未按照界、门、纲、目、科、属、种系统分类体系进行安排，分为4卷，从实用需要的角度出发，主要根据表型特征将整个原核生物（包括蓝细菌）划分为33组。每个组细菌有少数容易鉴定的共同特性，每个组题目或描述这些特征或给出所含细菌的俗名，用来定义组的特性是普通特性，如一般形态和形态学、革兰氏染色性质、氧关系、运动性、内生孢子的存在、产生能量方式等。细菌类群按以下方式分成4卷：①普通、医学或工业革兰氏阴性菌；②除放线菌纲外的革兰氏阳性菌；③具显著特征的革兰氏阴性菌，蓝细菌和古菌；④放线菌纲（革兰氏阳性丝状菌）。

在这种表型性分类中革兰氏染色特性扮演一个格外重要的角色；它们甚至决定一个种放进哪卷中。革兰氏染色通常反映出细菌细胞壁结构的基本特征，革兰氏染色特性也与许多细菌其他特性相关联。典型G^-菌、G^+菌和支原体有许多不同特征。由于这些及其他原因，细菌传统地分为G^+菌和G^-菌，这个方法在许多系统分类中以某种程度保留着，并且是一个考虑细菌分化的有效方法。

（二）《系统手册》（第 2 版）

自从 1984 年《伯杰氏系统细菌学手册》（第 1 版）发表以来，原核生物分类学已经取得了巨大进步。特别是核糖体 DNA（rDNA）、DNA 和蛋白质的测序已使原核生物的系统发育分析变得可行，《伯杰氏系统细菌学手册》（第 2 版）很大程度上依据系统发育而不是表型性的特征，因此与第 1 版相当不同，在这里描述它的一般特性，无疑随着工作的进展将改变细节，但是能概括新的《系统手册》的一般结构。

《系统手册》（第 2 版）分为 5 卷，它有更多单个分类单元的生态信息。不会如第 1 版那样将所有临床上重要的原核生物聚在一起，取而代之的是致病菌种依系统发育分类，因此它们分布在以下的 5 卷中：

第 1 卷——古菌、深分支的属和光合细菌；

第 2 卷——变形杆菌；

第 3 卷——低（G+C）含量的革兰氏阳性菌；

第 4 卷——高（G+C）含量的革兰氏阳性菌；

第 5 卷——泛霉状菌，螺旋体，丝杆菌，拟杆菌和梭杆菌。

第 2 版的第 5 卷与第 1 版做不同的安排，其中改变最大的是革兰氏阴性菌。第 1 版将所有的革兰氏阴性菌放在 2 卷中。第 1 版中第 1 卷包括普通的、医学或工业上重要的革兰氏阴性菌；第 3 卷描述古菌、蓝细菌和剩下的革兰氏阴性菌。第 2 版将革兰氏阴性细菌放在第 3 卷中，第 2 卷保留变形杆菌。这 2 版处理革兰氏阳性菌有更多相似性。虽然第 1 版的第 2 卷有一些高（G+C）含量细菌，它涵盖的大部分在第 2 版第 3 卷中得以体现。第 1 版的第 4 卷描述放线菌不如第 2 版的第 4 卷的范围广。表 2-4 总结了第 2 版的组织。

表 2-4　《伯杰氏系统细菌学手册》（第 2 版）的组织

分类等级	代表属
第 1 卷　古菌、深分支的属和光合细菌	
古菌域	
泉古菌门	热变形菌属、热网菌属、硫化叶菌属
广古菌门	
纲Ⅰ甲烷杆菌纲	甲烷杆菌属
纲Ⅱ甲烷球菌纲	甲烷球菌属
纲Ⅲ盐杆菌纲	盐杆菌属、盐球菌属
纲Ⅳ热原体纲	热原体属、嗜酸菌属
纲Ⅴ热球菌纲	热球菌属
纲Ⅵ古球菌纲	古球菌属
纲Ⅶ甲烷嗜高热菌纲	甲烷嗜高热菌属
细菌域	
产液菌门	产液菌属、氢杆菌属、
栖热袍菌门	栖热袍菌属、地孢菌属

续表

分类等级	代表属
热脱硫杆菌门	热脱硫杆菌属
异常球菌-栖热菌门	异常球菌属、栖热菌属
金矿菌门	金矿菌属
绿屈挠菌门	绿屈挠菌属、滑柱菌属
热微菌门	热微菌属
硝化螺菌门	硝化螺菌属
铁还原杆菌门	地弧菌属
蓝细菌门	原绿蓝细菌属、聚球蓝细菌属、宽球蓝细菌属、颤蓝细菌属、鱼腥蓝细菌属、念珠蓝细菌属、真枝蓝细菌属
绿菌门	绿菌属、暗网菌属
第2卷　变形杆菌	
变形杆菌门	
纲Ⅰα-变形杆菌	红螺菌属、立克次氏体属、柄杆菌属、根瘤菌属、布鲁氏菌属、硝化杆菌属、甲基杆菌属、拜叶林克氏菌属、生丝微菌属
纲Ⅱβ-变形杆菌	奈瑟氏球菌属、伯克霍尔德氏菌属、产碱杆菌属、丛毛单胞菌属、亚硝化单胞菌属、嗜甲基菌属、硫杆菌属
纲Ⅲγ-变形杆菌	着色菌属、亮发菌属、军团菌属、假单胞菌属、固氮菌属、弧菌属、埃希氏菌属、克雷伯氏菌属、变形菌属、沙门氏菌属、志贺氏菌属、耶尔森氏菌属、嗜血杆菌属
纲Ⅳδ-变形杆菌	脱硫弧菌属、蛭弧菌属、黏球菌属、多囊菌属
纲Ⅴε-变形杆菌	弯曲杆菌属、螺杆菌属
第3卷　低（G+C）含量的革兰氏阳性菌	
厚壁菌门	
纲Ⅰ梭菌纲	梭菌属、消化链球菌属、真杆菌属、脱硫肠状菌属、韦荣氏球菌属、螺旋杆菌属
纲Ⅱ柔膜菌纲	支原体属、尿原体属、螺原体属、无胆甾原体属
纲Ⅲ芽孢杆菌纲	芽孢杆菌属、显核菌属、类芽孢杆菌属、高温放线菌属、乳杆菌属、链球菌属、肠球菌属、李斯特氏菌属、明串珠菌属、葡萄球菌属
第4卷　高（G+C）含量的革兰氏阳性菌	
放线杆菌门	

续表

分类等级	代表属
放线杆菌纲	放线菌属、微球菌属、节杆菌属、棒杆菌属、分枝杆菌属、诺卡氏菌属、流动放线菌属、丙酸杆菌属、链霉菌属、高温单孢菌属、弗兰克氏菌属、马杜拉放线菌属、双歧杆菌属
第5卷　泛霉状菌，螺旋体，丝杆菌，拟杆菌和梭杆菌	
浮霉状菌门	浮霉状菌属、出芽菌属
衣原体门	衣原体属
螺旋体门	螺旋体属、疏螺旋体属、密螺旋体属
丝状杆菌门	丝状杆菌属
酸杆菌门	酸杆菌属
拟杆菌门	拟杆菌属、卟啉单孢菌属、普雷沃氏菌属、黄杆菌属、鞘氨醇杆菌属、屈挠杆菌属、噬纤维菌属
梭杆菌门	梭杆菌属、链杆菌属
疣微菌门	疣微菌属
网球菌门	网球菌属

资料来源：布瑞德．伯杰氏系统细菌学手册：第2版，2004。

CHAPTER 3

第三章 真核微生物

真核微生物，又称真核生物，是指细胞核具有核膜，能进行有丝分裂，细胞质中存在线粒体或同时存在叶绿体等细胞器的微小生物。真核微生物包括真菌、显微藻类和原生动物。真菌是一类重要的真核微生物。真菌的种群繁多、分布广泛，与人类的生活密切相关，尤其在食品行业中具有重要的应用。

真菌具有以下特点：①陆生性强。大部分真菌为陆生，生长在土壤或死亡的植物材料上。有些为水生，生活在淡水或海水中。②营养方式为异养型。对于自然界中有机碳的矿化起重要作用。③细胞壁多含有几丁质。④不含有叶绿素，无法进行光合作用。⑤繁殖方式为产生无性和（或）有性孢子。

真菌中的酵母、霉菌广泛应用于食品工业、酿造行业及医药等领域，例如面包、酱油、食醋、各种酒类酿造、有机酸生产、酶制剂等，给人类带来了巨大利益。

第一节　酵　母　菌

酵母菌（yeast）是一类单细胞真菌，泛指能发酵糖类并以芽殖或裂殖进行无性繁殖的一类低等真菌。酵母菌在分类上主要隶属于子囊菌亚门和半知菌亚门，在自然界分布广泛，种类繁多，已发现共56个属500多种，是人类应用较早的一类微生物。

酵母菌主要分布在偏酸性、含糖量较高的环境，例如水果、蔬菜、叶片、树皮和果园的土壤中。酵母菌不能利用 CO_2，必须以有机碳化合物作为碳源，主要是葡萄糖等单糖作为碳源和能源，因此，酵母菌的营养类型属于化能异养型。

酵母菌被称为人类的第一种“家养微生物”，是人类实践中应用较早的一类微生物。人们利用酵母发面，做馒头和烤面包，利用酵母酿造白酒、啤酒、葡萄酒及各种果酒，利用酵母制作酱油、食醋等，利用酵母进行工业酒精发酵、甘油发酵、有机酸发酵等。酵母菌细胞含有的蛋白质可达细胞干重的50%，同时富含甾醇、维生素以及各种酶等，因此，可以作为医药、化工和食品发酵工业的重要原料。例如利用酵母可以生产单细胞蛋白（single cell protein，SCP）、帮助消化的酵母片麦角甾醇、辅酶 A、细胞色素 C 等。

尽管酵母菌给人类生活带来了便利，但是酵母菌在发酵过程中，也会给食品发酵行业带来不利影响，引发产品腐败变质，污染发酵工业。

酵母菌是结构最简单的真菌，因此，酵母菌是研究真核微生物的优良模式生物，广泛应用于分子生物学和分子遗传学研究。酿酒酵母（*Saccharomyces cerevisiae*）是第一个完成全基因组序列测定的真核生物。

一、酵母菌的形态

（一）酵母菌的个体形态

酵母菌为典型的单细胞真核微生物，一般没有鞭毛，不运动。酵母菌的个体形态是多种多样的，大多数为球形，还有椭圆形、卵圆形和圆柱形等。酵母细胞形态随着培养条件的变化而变化，例如培养时间、营养状况等。

如果酵母菌在出芽繁殖的旺盛期，出芽形成的子细胞与母细胞尚未完全脱离，会形成成串的细胞，细胞间连接处的横隔面小于细胞直径，形成的藕节状的细胞串为假菌丝（图 3-1）。细胞间连接处的横隔面等于细胞直径，形成的类似竹节的细胞串为真菌丝。

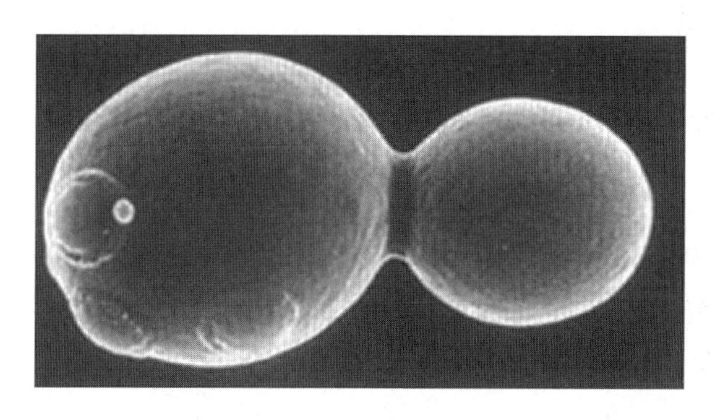

图 3-1 酿酒酵母的电镜扫描照片

酵母菌细胞一般大小为（1~5）×（5~30）μm，发酵工业中通常培养的酵母菌细胞平均直径为 4~6μm，最长的酵母菌可达 100μm。酵母菌比细菌大 10~100 倍左右。酵母菌细胞大小与菌种、培养方式和菌龄有关，例如成熟酵母菌细胞比幼龄酵母菌细胞大。

（二）酵母菌的群体形态——菌落

酵母菌在适宜的固体培养基上生长繁殖形成菌落，酵母菌的菌落与细菌相似，菌落表面湿润、黏稠、易被挑起、边缘整齐、不透明、正反面颜色一致。由于酵母菌细胞比细菌尺寸大，所以酵母菌落较细菌菌落要大、要厚。酵母菌菌落颜色，大多数都是乳白色，少数呈红色（如红酵母 *Rhodotorula* 和掷孢酵母 *Sporobolomyces roseus*），极个别为黑色。但是，能形成假菌丝的假丝酵母的菌落表面和边缘都比较粗糙。

二、酵母菌的细胞构造

酵母菌具有典型真核细胞结构，含有细胞壁、细胞膜、细胞核、细胞质、液泡、线粒体等细胞器。

（一）细胞壁

酵母菌的细胞壁是位于细胞膜外的一层较为坚韧、略具弹性的结构（图 3-2），可以通过普通光学显微镜观察到。酵母菌细胞壁厚约 25nm，占细胞干重的 18%～25%。酵母菌细胞壁的主要生理功能包括：①维持细胞形状，跟细菌类似，当酵母菌细胞壁失去后，会变成球形的原生质体。②细胞壁允许水和葡萄糖等营养物质的通过，能够阻挡大分子物质和一些有毒物质进入细胞。③细胞壁具有特定的抗原性、致病性以及对抗生素和噬菌体的敏感性。许多抗生素的作用位点就是细胞壁。

酵母菌的细胞壁，又称“酵母纤维素”，呈现三明治结构。酵母菌的细胞壁由 3 部分构成：①最外层是甘露聚糖，占细胞壁干重的 30%。甘露聚糖以甘露糖为单体，主链通过 α-1，6 糖苷键结合，支链则通过 α-1，2 或 α-1，3 糖苷键结合；②内层为葡聚糖，占 30%～34%。葡聚糖以葡萄糖为单体，主链通过 β-1，6 糖苷键结合，支链则以 β-1，3 糖苷键结合。葡聚糖是酵母菌细胞壁主要结构成分；③中间为蛋白质，约占 10%，包括葡聚糖酶、甘露聚糖酶等多种酶，起着连接甘露聚糖和葡聚糖的作用。此外，酵母菌细胞壁还包含 8.5%～13.5%脂类，某些酵母细胞壁还含有少量几丁质，几丁质一般存在于出芽后的芽痕处。

酵母细胞壁三明治状
- 内层：葡聚糖(主要结构成分)
- 外层：甘露聚糖
- 中层：蛋白质(大多与多糖结合)

图 3-2　酵母细胞壁结构

蜗牛酶可以水解酵母细胞壁，制备酵母原生质体。蜗牛酶由玛瑙螺胃液制成，它是一种混合酶，包括甘露聚糖酶、葡聚糖酶、几丁质酶、脂酶和纤维素酶等 30 多种酶类。蜗牛酶还可以水解酵母菌的子囊壁，从而获得其中的子囊孢子。

（二）细胞膜

酵母菌细胞膜（图 3-3）与原核生物类似，主要由蛋白质、脂类、糖类构成。酵母菌细胞膜比原核生物增加了甾醇这一化学成分。甾醇能够增加酵母菌细胞膜的强度，同时也是多烯大环内酯类抗生素的作用位点。酵母菌细胞膜的生理功能：①选择性的吸收胞外营养物质、分泌胞内代谢物质。②调节渗透压。③参与合成细胞成分。

酵母菌细胞膜的主要成分
- 蛋白质(包括吸收糖和氨基酸的酶)
- 脂类
  - 甘油的单、双、三酯
  - 甘油磷脂
    - 磷脂酰胆碱
    - 磷脂酰乙醇胺
  - 甾醇
    - 麦角甾醇(居多)
    - 酵母甾醇
- 糖类(少量，多为甘露聚糖)

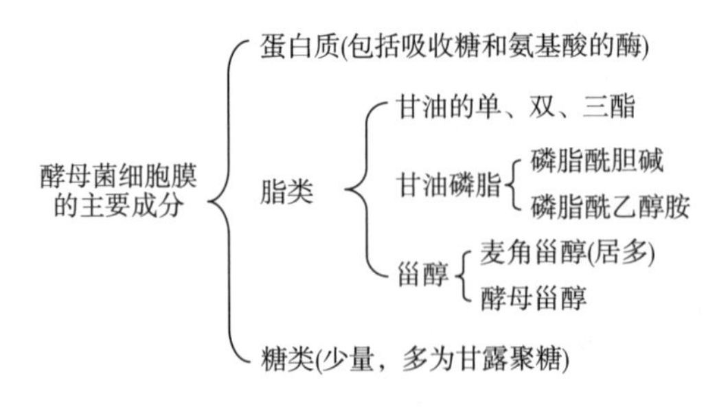

图 3-3　酵母细胞膜主要成分

（三）细胞核

酵母菌细胞核具有完整的核膜、核仁和染色体。染色体的线性双链 DNA 与组蛋白紧密结合，组蛋白含有许多碱性氨基酸，在进化上高度保守。酵母菌细胞核储存酵母菌细胞的遗传信息。有核膜包被的细胞核，是真核生物区别于原核生物的主要特征之一。

细胞核由核膜包裹，核膜由内外两层平行但不连续，厚度为 7~8nm 的膜构成，两个膜中间有宽 10~50nm 的空间，称为核周间隙。核膜上有许多的核孔，核孔是细胞核与细胞质之间物质交流运输通道。核仁通常是核内最明显、染色最深的结构。每个核中可含有一个或多个核仁。核仁中富含 RNA 和蛋白质，是合成核糖体 RNA（rRNA）和装配核糖体的场所。核仁的大小伴着细胞中蛋白质合成的强弱而变化。

酿酒酵母基因组有 17 条染色体，基因组全序列已于 1996 年测定完毕，DNA 总长度为 12052kb，共有约 6500 个基因。酵母除了细胞核内的染色体外，还存在核外遗传物质，例如酵母细胞线粒体中的 DNA、2μm 质粒等。酵母细胞线粒体中的 DNA 呈环状，占总 DNA 含量的 15%~23%。2μm 质粒是封闭环状的双链 DNA 分子，长度约为 2μm（6318bp）。2μm 质粒在酿酒酵母细胞中有较高的拷贝数，有 60~100 个拷贝，该质粒只携带与复制和重组有关的四个蛋白质基因，对细胞不赋予表型，属隐秘性质粒。2μm 质粒是酵母菌分子克隆和基因工程的重要载体，是研究真核基因调控和染色体复制的理想模型。

（四）细胞质

细胞质是酵母细胞中重要的结构，细胞质中有许多细胞器，例如线粒体、内质网、微体等。因此，细胞质为细胞器提供适宜的环境条件。细胞质中含有大量的水，细胞质的 pH 呈中性，在 6.8~7.1。一般情况下，幼龄细胞的细胞质比较均匀、稠密，老龄细胞的细胞质会出现一个大的液泡。酵母作为真核微生物，细胞质里面还有多种细胞器，例如液泡、线粒体、核糖体、内质网、高尔基体、溶酶体、微体。

1. 液泡（vocuole）

酵母菌的液泡是一个由单层膜包围的泡状细胞器。液泡形态、大小及其化学组成会收到细胞年龄和生理状态的影响。在酵母菌生长旺盛时期或者幼龄细胞中，液泡通常比较小、内含物也比较少。在老龄细胞中，液泡会变得很大，在光学显微镜下可以很明显地观察到，同时液泡中出现肝糖粒、异染粒、脂肪滴、鸟氨酸和精氨酸等碱性氨基酸、蛋白酶、DNA 酶等各种酶类。因此，液泡的生理功能具有调节细胞渗透压，储藏营养物质，溶酶体的功能。

2. 线粒体（mitochondria）

酵母菌的线粒体是能量产生的场所，又称细胞的“动力站”。在线粒体内部可以发生多种代谢，例如通过电子传递产生 ATP、氧化磷酸化和三羧酸循环。参与电子传递和氧化磷酸化的电子载体和酶位于线粒体内膜上。参与三羧酸循环和脂肪酸 β-氧化途径所需的酶系位于线粒体基质中。

酵母菌的线粒体由内膜和外膜包围（图 3-4），内膜向内折叠形成板层状嵴（cristae），增加线粒体内膜的表面积。嵴的数量与细胞生理状态具有一定相关性。线粒体内膜的表面有很多成串的球状小体，直径大小约为 8.5nm，称为基粒（elementary particle）或 F1 粒子。基粒在细胞呼吸过程中起着合成 ATP 的作用。

线粒体内膜包裹着基质，基质中含有线粒体 DNA、线粒体核糖体、磷酸钙颗粒。线粒体 DNA 为闭合环状 DNA 分子。线粒体中的核糖体的沉降系数为 70S，和细菌核糖体沉降系数相同，比细胞质核糖体（80S）小。线粒体核糖体在很多方面都与细菌核糖体相似，包括大小和亚基组成。

3. 核糖体（ribosome）

酵母菌的核糖体以两种形式存在：一种是以游离形式，存在于细胞质基质中；另一种是以结合形式，连接内质网。酵母菌的核糖体直径约为22nm，相对分子质量400万u，沉降系数为80S，由60S和40S两个亚单位构成，大于细菌核糖体70S。核糖体是细胞中蛋白质合成的场所，和原核微生物相似，多个核糖体还会串联在同一条信使RNA（mRNA）上，形成多聚核糖体，能够更加高效地合成肽。

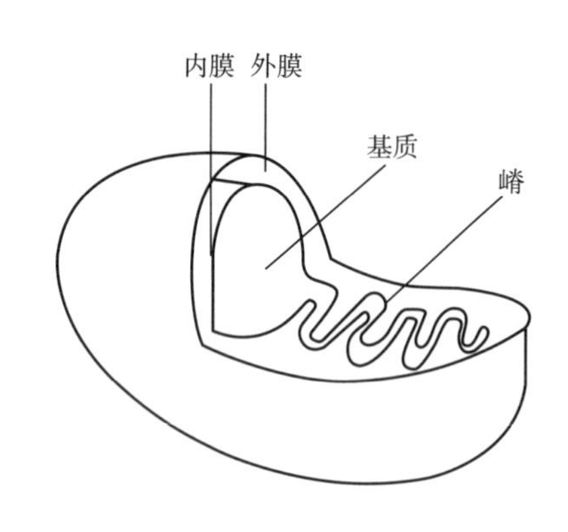

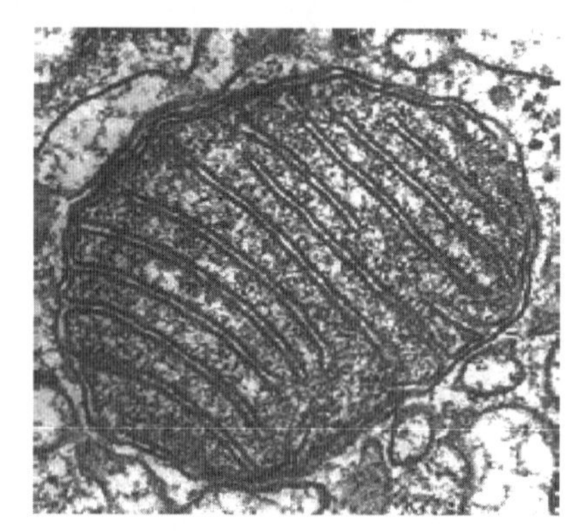

图3-4 线粒体结构

4. 内质网（endoplasmic reticulum，ER）

酵母菌的内质网存在于细胞质中，内质网是由封闭的膜系统及其围成的腔形或相互沟通的网状结构。内质网分为粗糙内质网和光滑内质网，这与细胞功能和生理状态有关。细胞正在合成大量的蛋白质，内质网的外表面分布有核糖体，称为粗糙内质网（RER）或颗粒内质网（GER）。细胞正在产生大量脂类，内质网上没有核糖体，称为光滑内质网（AER）或无颗粒内质网（SER）。因此，内质网的生理功能主要是合成脂类和蛋白质，运输脂类、蛋白质等物质进出细胞，是细胞膜合成的主要场所。

5. 高尔基体（Golgi apparutus）

酵母菌的高尔基体存在于细胞质中，高尔基体是由一些平行堆叠的扁平膜囊和大小不等的囊泡组成的膜聚合体。高尔基体的主体结构，通常由4~8个扁平膜囊堆积在一起构成。膜囊周围还有大量的囊泡（直径20~100nm）（图3-5）。高尔基体的生理功能是参与细胞膜的形成和细胞产物的包装。高尔基体与内质网紧密相连，粗面内质网合成的蛋白质进行包装，合成糖蛋白、脂蛋白和蛋白原酶切加工，然后将蛋白质运送到适当的场所，为分泌到胞外做准备。

6. 溶酶体（lysosome）

酵母菌的溶酶体是由单层膜包裹的球形或囊泡状的细胞器，存在于细胞质中。溶酶体中含有各种水解酶类，所以溶酶体最主要的生理功能是细胞内的消化作用，可以水解DNA、RNA、多糖、蛋白质、脂质等大分子物质。尤其在pH 3.5~5.0微酸性条件下，溶酶体的水解作用是最强的。溶酶体是由内质网和高尔基体共同合成的，其中粗面内质网合成消化酶，

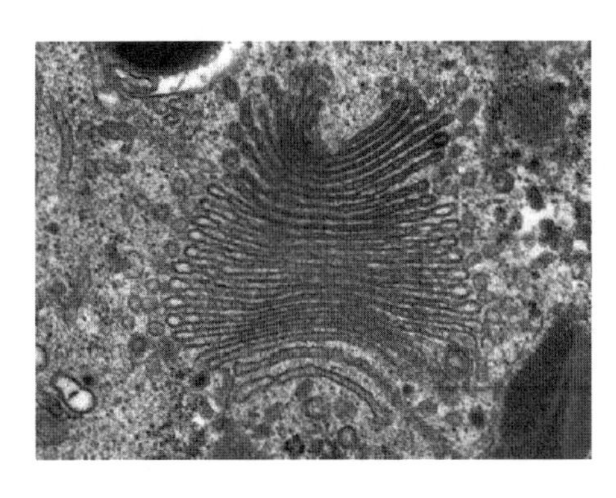

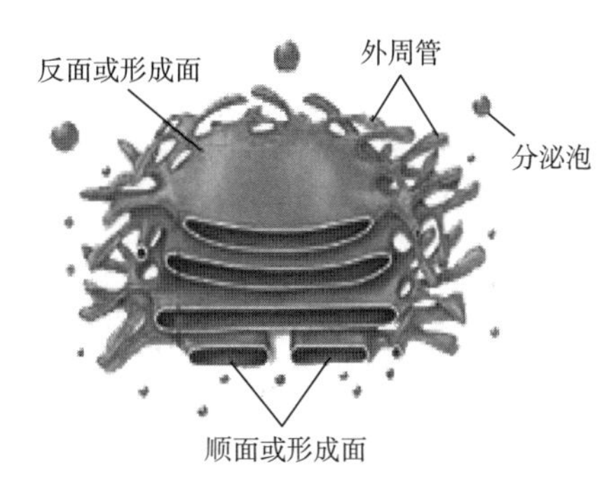

图 3-5　高尔基体示意图

随后通过高尔基体包装形成。溶酶体可以分为初级溶酶体、次级溶酶体和后溶酶体。细胞中的溶酶体膜破裂，释放溶酶体中的水解酶，会导致细胞自溶。

7. 微体（microbody）

酵母菌的微体是由单层膜包围的球形细胞器，与溶酶体相似。但是微体所含有的酶与溶酶体不同，微体内部含有氧化酶和过氧化氢酶，因此又称过氧化物酶体（peroxisome）。微体的生理功能是氧化分解脂质，分解过氧化氢，使细胞避免遭受过氧化氢的毒害。

三、酵母菌的繁殖方式和生活史

酵母菌的繁殖方式有两种（图 3-6），分别为无性繁殖方式和有性繁殖方式。无性繁殖方式包括芽殖、裂殖、芽裂和产生无性孢子，例如节孢子、掷孢子、厚垣孢子，酵母菌的无性繁殖以芽殖为主。有性繁殖方式是形成子囊和子囊孢子。

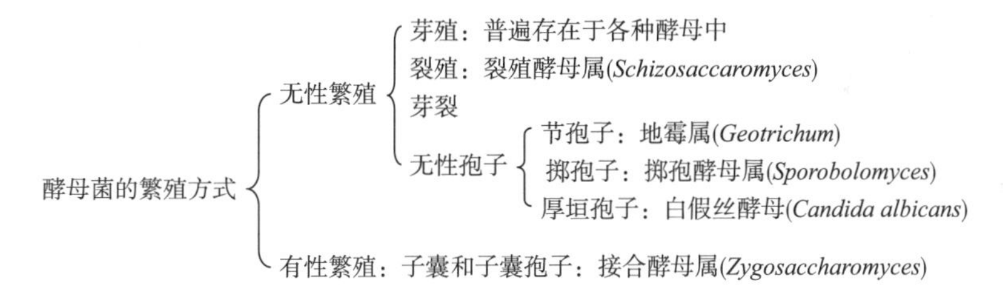

图 3-6　酵母菌的繁殖方式

（一）酵母菌的无性繁殖方式

1. 芽殖（budding）

芽殖即出芽繁殖，是酵母菌中最常见、最主要的繁殖方式，芽殖的过程见图 3-7。出芽繁殖开始时，在靠近细胞核的中心体产生一个小的突起，同时细胞表面向外突出，冒出一个小芽；母细胞中的部分核物质、细胞质、线粒体等细胞器和进入芽体，芽细胞逐渐长大，芽细胞与母细胞之间的细胞壁收缩；芽细胞和母细胞分开，芽细胞形成一个新的独立细胞。在这个过程中，母细胞表面留下一个芽痕（bud scar）（图 3-8），在子细胞表面留下一个蒂痕（birth scar）。因此，母细胞的牙痕数量可以推测出，该细胞产生的子细胞数量，可以用来判断母细胞的年龄。

酵母菌的出芽方式是多种多样的，有多边出芽的、三边出芽的，还有两端出芽的，所以导致细胞形态有所不同。

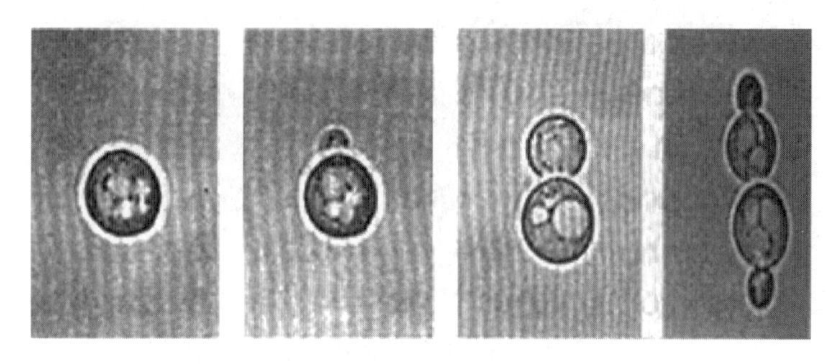

图 3-7 酿酒酵母的芽殖生长繁殖过程（相差显微照片）

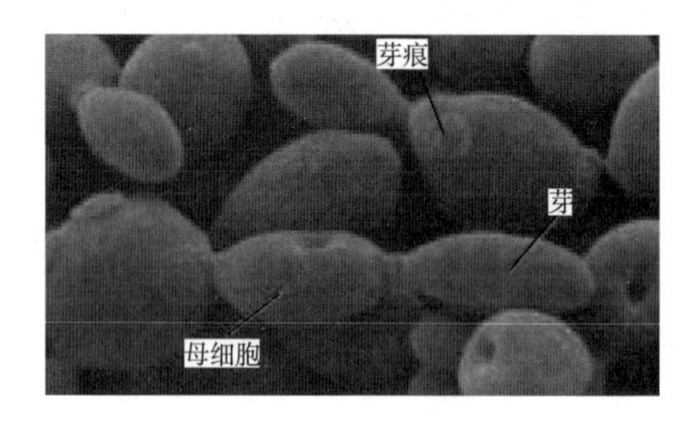

图 3-8 酵母细胞及芽痕

2. 裂殖

裂殖是八孢裂殖酵母（*Schizosaccaromyces octosporus*）的无性繁殖方式。裂殖和细菌的二分裂方式类似，酵母菌细胞拉长细胞核分裂，细胞中间出现隔膜，酵母菌细胞分裂，形成两个具有单核的子细胞。

3. 芽裂

使用芽裂繁殖方式的酵母菌很少见。芽裂繁殖过程是，母细胞在出芽的同时，在芽基处产生横隔膜。酵母菌在出芽的同时又产生横隔的方式称为芽裂或半裂殖。

4. 无性孢子

还有一些酵母菌，通过形成无性孢子进行繁殖。例如，地霉属的细菌可以形成节孢子。掷孢酵母属可以形成掷孢子。掷孢酵母在其卵圆形的营养细胞上生出的小梗，在小梗上形成肾状的小孢子，小孢子成熟后，通过一种特殊的喷射方式射出孢子，这种孢子被称为掷孢子。白假丝酵母可以形成厚垣孢子，主要形成部位在假菌丝的顶端。厚垣孢子厚壁，具有较强的抗逆特性。

（二）酵母菌的有性繁殖

酵母菌的有性繁殖方式是形成子囊（ascus），生成子囊孢子（ascospore）。以子囊进行有性繁殖的酵母菌种由两个形态相同、接合型或性别不同的单倍体细胞完成（图 3-9）。两个酵母细胞互相慢慢靠近，首先各伸出一个小管状的原生质突起，然后接触、融合形成一条通道，在融合的通道里面，细胞质先进行质配，随后两个单倍体核发生核配，变成了二倍体的接合子。接合子通过减数分裂，形成 4~8 个子核，每个子核与其周围的细胞质结合，表面形成子囊孢子壁，最终形成了单倍体的子囊孢子。原来的酵母菌营养细胞形成了子囊，酵母菌细胞壁变成了子囊壁。酵母菌的子囊孢子萌发可以形成单倍体的营养细胞。

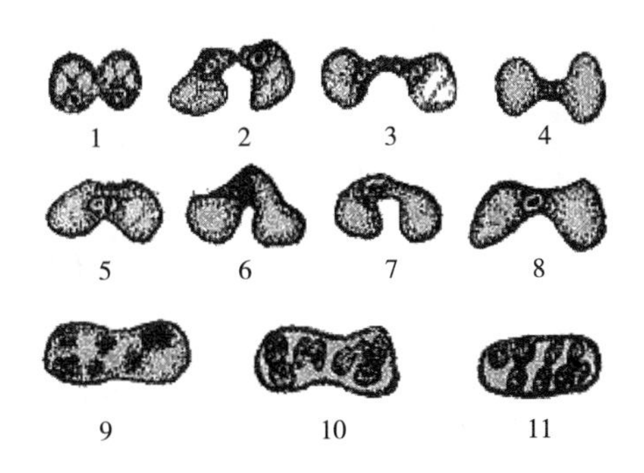

图 3-9　酵母菌子囊孢子的形成过程

1~4—两个细胞结合　5—接合子　6~9—核分裂　10~11—形成孢子

酵母菌的有性繁殖需要满足以下条件：①酵母菌是二倍体细胞；②强壮的幼龄酵母细胞；③适当生长环境，例如25℃的温度、80%的相对湿度；④氧气充足，空气要流通；⑤需要有适当的生孢子培养基，例如棉籽糖乙酸钠培养基、石膏块等。

酵母菌的有性繁殖方式在分类鉴定学上具有重要的意义。酵母菌是否具有有性繁殖阶段、形成子囊孢子的数目和形状，是酵母种、属的鉴定依据。酵母菌的有性繁殖方式在生产实践中也具有重要意义。利用单倍体的子囊孢子可以进行有性杂交，进而选育优良的菌种。在啤酒工业生产上，可以利用酵母菌子囊孢子，来判断培养过程是否污染了野生酵母。啤酒工业生产应用的酵母，经过长期的驯化，基本丧失了形成子囊孢子的能力。生产酵母菌株即使能产生子囊孢子，时间比较长，一般也需要 72h 以上，并且形成的子囊孢子可能少于 4 个。但是，野生酵母一般会生成 4 个子囊孢子，并且很容易在短时间内形成子囊孢子。

（三）酵母菌的生活史

生活史（life history）又称生命周期，是指生物个体经过一系列的生长、发育阶段（包括无性繁殖过程和有性繁殖过程）产生新个体的全部过程。酵母菌的生活史有三种类型，分别是单、双倍体型，单倍体型，双倍体型。

1. 单、双倍体型

单、双倍体型生活史的代表性酵母菌是酿酒酵母（*Saccharomyces cerevisiae*）。这种类型的特点是：生活史中单倍体营养细胞和二倍体营养细胞，都可以借芽殖进行无性繁殖；营养体细胞既可以单倍体形式存在，又可以二倍体形式存在；有性繁殖只有在特定的条件下才能进行。

酿酒酵母的生活史包括以下 5 个过程（图 3-10）：①单倍体营养细胞进行无性繁殖，主要通过芽殖，即单倍体细胞能独立存在；②两个接合型或者性别不同的单倍体营养细胞相互接合，经过质配、核配，形成二倍体营养细胞；③二倍体细胞不进行核分裂，而是进行无性繁殖，同样也是通过出芽繁殖，继续生成二倍体的营养细胞，即二倍体细胞能独立存在；④在适宜的生孢子条件下，二倍体营养细胞形成子囊，细胞核进行减数分裂，形成 4 个单倍体子囊孢子；⑤子囊破壁释放子囊孢子，单倍体的子囊孢子萌发，形成单倍体营养细胞。

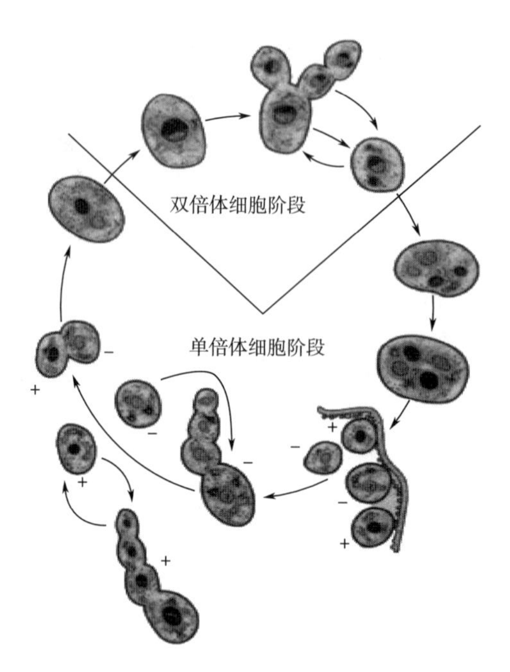

图 3-10 酿酒酵母的生活史

2. 单倍体型

单倍体型生活史的代表性酵母菌是八孢裂殖酵母代表。这种类型的特点是：生活史中单倍体营养细胞阶段较长，二倍体阶段比较短；营养体细胞以单倍体形式存在。

八孢裂殖酵母的生活史包括以下 4 个过程（图 3-11）：①单倍体营养细胞进行无性繁殖，主要通过裂殖，即单倍体细胞能独立存在；②两个接合型或者性别不同的单倍体营养细胞相互接合，经过质配、核配，形成二倍体营养细胞；③二倍体细胞营养不能独立存在，细胞核进行三次分裂。第一次是减数分裂，形成 4 个单倍体子囊孢子。第二次是裂殖，形成 8 个单倍体子囊孢子；④子囊破壁释放子囊孢子，单倍体的子囊孢子萌发，形成单倍体营养细胞。

3. 双倍体型

双倍体型生活史的代表性酵母菌是路德类酵母（*Sacchoromycodes ludwigii*）。这种类型的特点是：生活史中二倍体营养细胞阶段较长，单倍体阶段较短；营养细胞以二倍体形式存在。

路德类酵母的生活史包括以下 4 个过程（图 3-12）：①二倍体营养细胞进行无性繁殖，主要通过芽殖，即二倍体细胞能独立存在；②二倍体的营养细胞形成子囊，细胞核进行减数分裂，生成 4 个单倍体的子囊孢子；③单倍体子囊孢子在子囊内就成对接合，发生质配和核配；④子囊破壁释放结合后的二倍体细胞，二倍体细胞萌发，形成二倍体营养细胞。

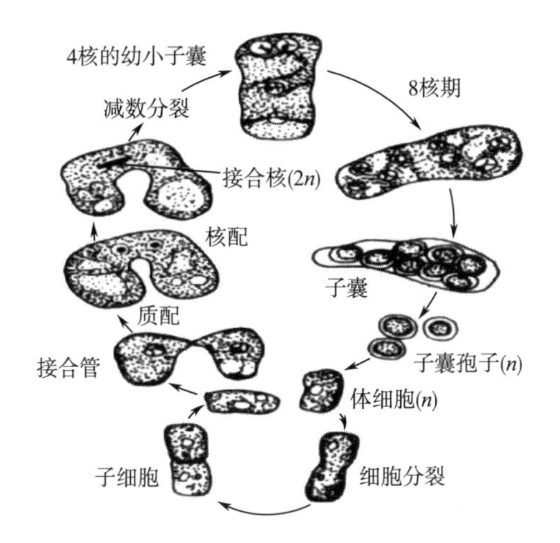

图 3-11 八孢裂殖酵母的生活史

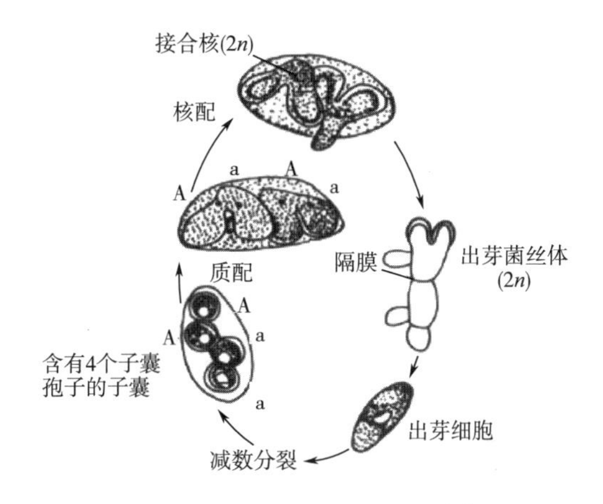

图 3-12 路德类酵母的生活史

四、食品发酵工业常用酵母菌

（一）酿酒酵母（*Saccharomyces cerevisiae*）

在食品工业生产应用最为重要的一种酵母菌就是酿酒酵母。酿酒酵母不仅广泛应用于传统发酵行业和现代生物技术领域，如面包、白酒、啤酒、果酒、食醋、酒精等。酿酒酵母菌体中含有多种生理活性物质和营养成分，例如蛋白质、膳食纤维、氨基酸、维生素以及微量元素等。因此，酿酒酵母具有营养、保健和医疗等功能，在医药保健、工业酶制剂、饲料添加剂、生物能源等行业起着重要的作用。酿酒酵母作为最简单的真核生物，与动植物具有很多相同的细胞结构，酿酒酵母具有生长繁殖快、代谢周期短、易于分离和培养等特点，在科学研究中被用作真核生物研究的模式生物，广泛应用于生命科学研究。

酒类酿造是利用酿酒酵母的发酵特性，在厌氧条件下，能够将葡萄糖转化为乙醇。酵母菌自溶物或者浸提物可以作为增鲜剂。酵母菌体内的蛋白质含量比较高，并且酵母菌易于培养，所以啤酒酵母可以生产单细胞蛋白（SCP），酵母单细胞蛋白用途广泛，可以食用、药用和饲用。此外，酿酒酵母可以用于提取麦角甾醇、细胞色素 c、核酸等。

（二）假丝酵母（*Candida*）

假丝酵母属顾名思义，能形成假菌丝。个别种类能引起人或动物的疾病。

解脂假丝酵母（*C. lipolytica*）或热带假丝酵母（*C. tropicalis*）氧化正烷烃能力强，可以将正烷烃作为碳源，应用于石油脱蜡领域。假丝酵母可以发酵正烷烃生产长链二元酸、木糖醇等化工原料，长链二元酸主要用于香料、医药、农药、高性能尼龙等领域。

产朊假丝酵母（*Candia utilis*）是饲料添加剂工业中一个非常重要的微生物。产朊假丝酵母增殖密度高，并且菌体富含蛋白质、谷胱甘肽等多种氨基酸、核苷酸、维生素类、促生长因子和一些酶类。产朊假丝酵母能够刺激反刍动物瘤胃生成大量有益微生物，调控其胃肠菌群环境，增强机体免疫力，是理想的菌体蛋白饲料添加剂。产朊假丝酵母能够利用非食用的工业资源或者废弃资源生产单细胞蛋白。

假丝酵母的蛋白质和 B 族维生素含量比啤酒酵母高，能利用尿素和硝酸盐作为氮源，能利用五碳糖和六碳糖。因此假丝酵母可以利用食品废水、造纸工业中的亚硫酸废液、甘蔗糖蜜废液、木材水解液等，应用于处理农副产品加工业和工业的废弃物。此外，假丝酵母还是脂肪酶工业制剂的生产菌种。

（三）球拟酵母（*Toruiopsis*）

球拟酵母是工业应用的一个重要酵母属。球拟酵母不仅能将糖转化成乙醇，还能有生成甘油、多元醇（例如赤藓醇、D-阿拉伯糖醇及甘露醇）、有机酸、油脂等。球拟酵母也能利用烃类生产单细胞蛋白。球拟酵母也广泛应用于传统食品发酵行业，比如酱油发酵。

嗜盐球拟酵母（*Torulopsis halophilus*）在食盐浓度 12%以下时生长良好，食盐浓度 18%时能生长。球拟酵母在产香成分方面非常重要，能产生乙醇、苯乙醇等醇类、酯类、有机酸等风味物质，还能够产生 4-乙基愈创木酚和 4-乙基苯酚等酚类物质，这些酚类物质能够赋予酱油丁香味和烟熏味，增加酱油的风味和品质。

（四）毕赤酵母（*Pichia*）

酵母菌是真核生物遗传学、生物化学、分子生物学以及代谢调控等方面研究的重要模式系统。毕赤酵母的基因表达系统已成为较完善的外源基因表达系统，具有外源基因遗传稳定、细胞生长繁殖速率快，工程菌株易于高密度培养；过氧化物酶体，外源表达的蛋白可储存细胞内，不容易受到蛋白酶的降解。因此，毕赤酵母广泛应用于合成生物学的研究。此外，毕赤酵母还具有多种优点：产物表达效率高，表达产物能够有效分泌；并进行准确的糖基化、磷酸化、二硫键形成等加工修饰；不受到内毒素和噬菌体影响；目标基因可稳定整合在宿主基因组中。毕赤酵母也广泛应用于酶制剂工业化生产，例如木聚糖酶、果糖酶、植酸酶、β 葡聚糖酶。目前，毕赤酵母已经被美国食品药物监督管理局（FDA）认定为 GRAS（generally recognized as safe）微生物，为其在食品和医药上的应用。

（五）红酵母（*Rhodotorula*）

红酵母具备较高的产脂能力，合成β-胡萝卜素、谷氨酸、丙氨酸、甲硫氨酸等。红酵母可以氧化烷烃，因此，可以利用烷烃为原料，利用黏红酵母黏红变种生产高水平的脂肪，含量可达生物量干重的 50%~60%。海洋红酵母是存在与海洋环境中的海洋酵母中的优势菌群，是可以应用于饲料添加剂行业的酵母。海洋红酵母细胞具有高水平的碳水化合物、高水平的不饱和脂肪酸、中等水平的蛋白质，其中必需氨基酸含量丰富。

（六）汉逊酵母（*Hansenula*）

汉逊酵母是一种酯香型酵母，多能产生乙酸乙酯。多用于酒类酿造、酱油酿造和食品工业，增加产品香气风味。

面包是一种营养丰富、易于消化吸收的方便食品。它以小麦粉、酵母、食盐、水为主要原料，经面团调制、发酵、整型、醒发、烘烤等工序制成的食品。在发酵过程中，经过酵母菌的代谢活动，产生有机酸、醇类、醛类、酯类等风味物质和二氧化碳；在高温焙烤过程中，二氧化碳受热膨胀，面包形成了多孔的海绵结构和松软的质地，并产生独特的风味。在稳定的天然酵母体系中常见的酵母有以下 6 类：啤酒酵母、少孢酵母、梅林假丝酵母、毕赤酵母、戴尔凯氏有孢圆酵母、异常威克汉姆酵母，其中最为常见的优势菌群为酿酒酵母，又称商业酵母或面包酵母。酿酒酵母，具有多种发酵特性，例如发酵能力强、耐热、风味良好、耐酒精等特性。

在酒类酿造过程中，酒的风味与原料来源与品质、酵母菌种、酿造工艺、陈酿条件等很多因素相关。酒类酿造菌种主要以酿酒酵母为主，但也存在着许多的非酿酒酵母（non-*Saccharomyces*），并且非酿酒酵母同样发挥着重要的作用。非酿酒酵母不仅可以将糖类物质转化成为酒精、二氧化碳，还可以生成酯类、醛类、甘油、杂醇等香气成分。因此，非酿酒酵母在酿造过程，通过代谢产生的小分子代谢物可以改善酒的口感、香气、风味。非酿酒酵母包括假丝酵母（*Candida*）、汉逊酵母（*Hansenula*）、克勒克酵母（*Kloeckera*）、孢汉生酵母（*Hanseniaspora*）。在今后的酿酒领域研究中，非酿酒酵母可能会成为热点之一。

在传统食品酿造工业化生产中，根据原料特点和产品要求，通常会选取不同的菌种，可以单一菌、混合菌或天然菌群发酵，形成了发酵产品多样的酿造工艺和风味品质。如酱油酿造中的酵母主要是鲁氏酵母和球拟酵母等；葡萄酒发酵由尖端酵母、星形球拟酵母、葡萄酒酵母、卵形酵母、裂殖酵母合作参与完成；啤酒酿造中常用菌株有萨士酵母、道脱蒙酵母、卡尔斯伯酵母等。

第二节　霉　　菌

霉菌（mold）是一类丝状真菌，凡生长在营养基质上形成绒毛状、蜘蛛网状或棉絮状菌丝体的一类真菌。霉菌在自然界中分布广泛，霉菌在日常生活中随处可以观察到，例如放置一段时间的发霉馒头、面包、水果、奶酪等，霉菌普遍存在于土壤、空气、水、植物表面、生物体内等处。霉菌同样不能利用 CO_2，必须以有机碳化合物作为碳源，因此，酵母菌的营养类型属于化能异养型，在自然界物质转化中具重要作用。

霉菌又称“家养微生物”，由此可见，霉菌与人类生活密切相关。人们很早就将霉菌应用于传统食品发酵，比如酒类酿造、酱类酿造、奶酪制作等。霉菌除了应用于食品发酵行业，现在也应用于医药行业、酶制剂行业、纺织行业、皮革行业等方面。例如生产抗生素（青霉素、头孢霉素、灰黄霉素）、甾体药物转化、淀粉酶、糖化酶、果胶酶、纤维素酶、柠檬酸等。

尽管霉菌对人类生活产生许多有益方面影响，同样会带来一些不利影响。霉菌能够引发粮食、水果、工业原料的霉变，造成巨大的经济损失。部分霉菌能够产生毒素，引起人和动物发生食物中毒，引起植物病害，并最终危害人类健康。

一、霉菌的个体形态

霉菌的个体形态呈菌丝状。霉菌营养体由菌丝构成，菌丝（hypha）是指单个的丝状体。菌丝是管状细胞结构，外面是硬壁包围，里面含有可以流动的细胞质。菌丝能够没有限制地伸长和分枝。菌丝体（mycelium）是分枝的菌丝相互交错在一起形成的。菌丝直径一般大于细菌的直径，为5~10μm。菌丝的大小与霉菌种类有关，与环境条件的关系不大。

根据菌丝中是否具有隔膜，霉菌菌丝分为两类：无隔菌丝（aseptate hyphae）和有隔菌丝（septate hyphae）（图3-13）。低等霉菌是无隔菌丝，菌丝没有隔膜，是单细胞微生物。无隔菌丝的细胞质内含有多个细胞核。因此，低等霉菌是多核单细胞微生物，例如毛霉、根霉和犁头霉等。高等霉菌是有隔菌丝。菌丝中具有隔膜（septa）或横隔壁（cross wall），每两个横隔之间的一段被认为是一个细胞，是多细胞微生物。横隔上有一个或多个小孔，被称为隔膜孔，隔膜孔是极细的，但可以让隔膜分开的两个相邻细胞进行细胞质流通。菌丝隔膜孔周围具有一些蛋白质晶体和伏鲁宁体，如果菌丝收到机械损伤，蛋白质晶体和伏鲁宁体会快速堵塞隔膜孔，防止细胞质流失。有隔菌丝的霉菌包括曲霉、青霉和木霉等。隔膜可能是为了适应陆地环境，而逐渐进化形成的，有隔膜的菌丝能够抵抗干旱环境，隔膜的生理功能包括支持菌丝的作用。

图3-13 营养菌丝

1—无隔菌丝的一部分 2—有隔菌丝的一部分

二、霉菌的菌丝体

霉菌在固体培养基培养生长类似于放线菌，霉菌的菌丝体分为两类：营养菌丝体和气生菌丝体。在培养培养过程中，一部分霉菌菌丝伸入培养基内，吸收营养物质和排出代谢物，称为营养菌丝体（vegetable mycelium）；一部分菌丝向空间伸展，称为气生菌丝体（aerial mycelium）。气生菌丝发育到一定阶段，分化成繁殖菌丝，是霉菌的繁殖器官。

（一）营养菌丝体的特化形态

霉菌的营养菌丝在长期适应不同外界环境条件的过程中，特化成不同形态，如假根、匍匐菌丝、吸器、附着胞和侵染垫、菌环和菌网、菌索、菌核等。

1. 假根

在培养基内或附着于器壁上形成多根有分枝的根状菌丝，称为假根（rhizoid）（图 3-14）。假根的生理作用有固着霉菌菌体，吸取养料。

2. 匍匐菌丝

假根之间呈延伸匍匐状的菌丝，称为匍匐菌丝（stolon）或匍匐枝。能够产生匍匐菌丝和假根的代表性霉菌是毛霉目的根霉属（*Rhizopus*）、犁头霉属（*Absidia*）。

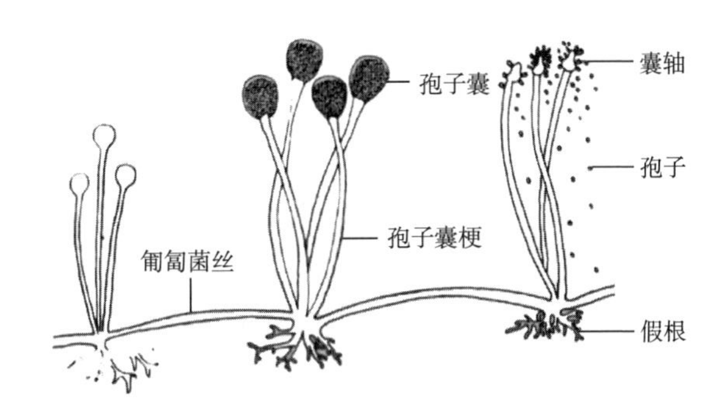

图 3-14　根霉的匍匐菌丝和假根

3. 吸器

吸器（haustorium）是寄生性真菌的菌丝产生的一种旁枝，能够侵入寄主细胞内吸收养料的菌丝特化结构。吸器具有各种形状，这和菌种有关系，例如霜霉菌吸器是丝状，白粉菌吸器是指状，白锈菌吸器是球状。

4. 附着胞和侵染垫

寄生真菌在穿透完整的植物表面的过程中产生了附着胞（appressorium）和侵染垫（infection cushion）等相应的特殊结构（图 3-15）。附着胞由孢子萌发形成芽管，芽管延伸或形成膨大的附着胞，附着胞通过分泌黏液附着寄主的表面，同时附着胞的下面产生侵染菌丝，能够穿透寄主细胞的细胞壁，侵染菌丝随后可以膨大成正常粗细的菌丝。而侵染垫是菌丝顶端受到重复阻塞后，构成了多分枝，分枝菌丝顶端膨大而发育成一种垫状的组织结构。

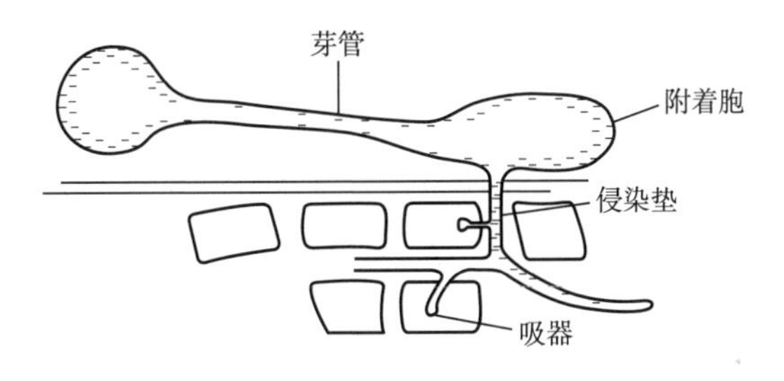

图 3-15　吸器和附着胞结构图

5. 菌环和菌网

捕虫菌目的霉菌的菌丝，通常会分化成环状或网状的菌丝组织，主要用来捕捉线虫类原生动物和其他一些微小动物。另外，从环上或网上还会生出菌丝，侵入线虫等动物体内吸收养料。

6. 菌索

菌索（rhizomorph）一般由高等丝状真菌，如伞菌，生成的一种白色或其他颜色的根状结构，一般生于树皮下或地下，生理功能为运输和吸收营养。菌索还能够营养匮乏时，为菌体生长提供基本的营养来源。

7. 菌核

菌核（sclerotium）是一种休眠体，由菌丝聚集和黏附而形成的，菌核能够储存糖类和脂类营养物质，例如猪苓、雷丸、麦角等。菌核具有多种多样的形态、色泽和大小。

（二）气生菌丝体的特化形态

霉菌的气生菌丝，能够特化成不同形态的子实体，如子座、分生孢子头、孢子囊、子囊果等。

1. 子座

子座（stroma）是一种子实体结构，是指有隔菌丝在生长发育到一定阶段，产生的膨大而结实的团块状组织的菌丝聚集物。子座成熟后，在它的内部或上部发育出各种无性繁殖产孢子和有性生殖产孢子的结构。子座的形态多样，一般呈垫状、柱状、棍棒状、头状等。子座可由菌丝单独组成，也可由菌丝与寄主组织构成。其中菌丝与寄主组织构成的一般称为假子座（图 3-16）。

冬虫夏草（*Ophiocordyceps sinensis*）中的“夏草”其实就是子座。冬虫夏草是一种虫生真菌，是由蝙蝠蛾科幼虫寄主和冬虫夏草菌的子座共同形成的复合体。冬虫夏草的形成过程如下：在冬季的时候，冬虫夏草菌侵染蝙蝠蛾幼虫，同时在蝙蝠蛾幼虫的体内菌丝生长，形成菌核，蝙蝠蛾幼虫僵死，这就是“冬虫”。等到转年的夏季时候，气温回升，在温暖、潮湿的环境下，冬虫夏草菌体持续生长，已经僵死的蝙蝠蛾幼虫的头部脱落，菌体从头部位形成一个有柄的律状子座，子座的外形跟草很相似，所以取名为“夏草”。

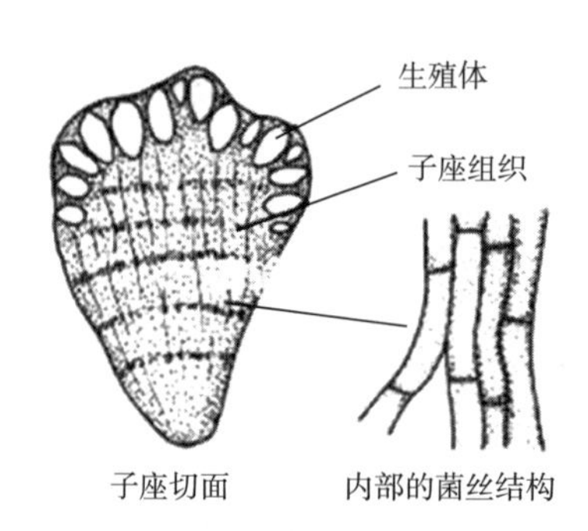

图 3-16　子座的结构示意图

2. 分生孢子头和孢子囊

分生孢子头和孢子囊都是产生无性孢子的子实体，结构比较简单。曲霉属或者青霉属等产生分生孢子头（图 3-17），毛霉属和根霉属等产生孢子囊。

3. 子囊果

子囊果是产生有性孢子的子实体，结构比较复杂（图 3-18）。两个同一或相邻的菌丝细胞形成雌器和雄器，二者进行质配和核配，形成子囊。子囊果是指包围子囊的膜，由雌器和雄器下方的细胞长出的菌丝形成的。子囊果主要有三种类型：一种为完全封闭式，呈球形

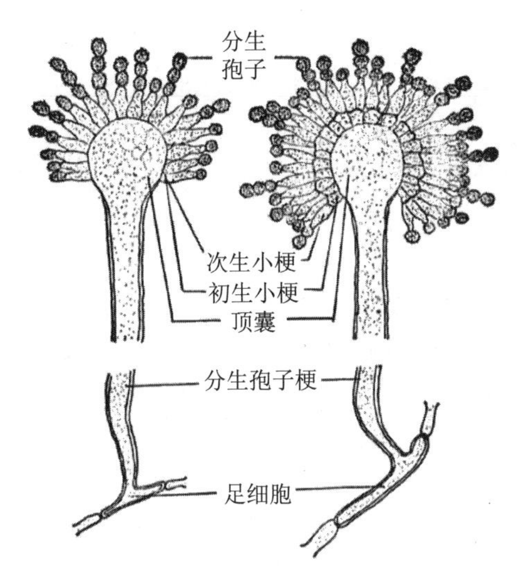

图 3-17　曲霉的分生孢子头

的，称为闭囊壳；一种是瓶形有孔口，称为子囊壳；一种是开口的、呈盘状的，称为子囊盘。

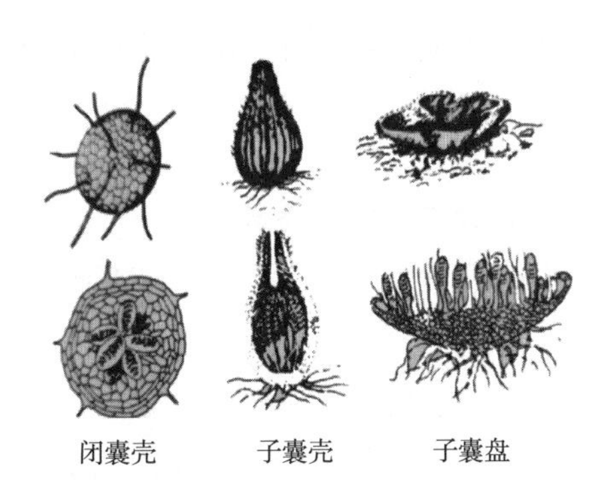

图 3-18　子囊果结构

三、霉菌的群体形态——菌落

霉菌的菌落外观具有明显的特征，比较容易辨认。霉菌菌落形态比较大，或呈现局限性生长（青霉和曲霉），或呈现蔓延性生长（毛霉、根霉、犁头霉）；质地疏松；表面干燥，不透明；呈现棉絮状、蜘蛛网状、毯状或绒毛状；霉菌菌丝与培养基间的连接较紧密，不易挑起；菌落的颜色多样，正反颜色、构造通常不一致；具有霉味。霉菌的菌落特征对于菌种分类鉴定具有十分重要的意义。

四、霉菌的细胞构造

霉菌细胞具有典型的真菌细胞结构（图 3-19），包括细胞壁、细胞膜、细胞质和细胞核，细胞质中同样含有细胞器。

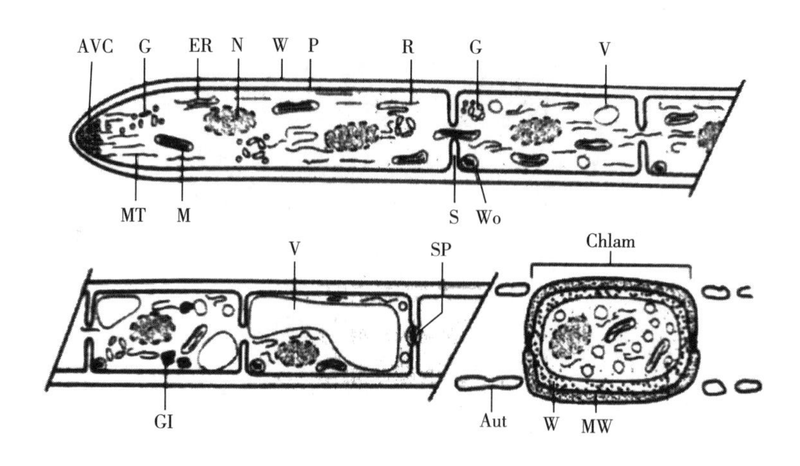

图 3-19 真菌菌丝结构

AVC—顶部泡囊簇 MT—微管 G—高尔基体 M—线粒体 ER—内质网 N—细胞核 W—细胞壁 P—原生质膜 S—隔膜 Wo—沃罗宁体 V—液泡 Gl—糖原 SP—隔膜塞 Aut—自溶 Chlam—厚垣孢子

注：从顶端至逐渐老化部分的菌丝结构示意图。

（一）细胞壁

霉菌的细胞壁的主要成分是几丁质，还含有少量的蛋白质、葡聚糖蛋白以及葡聚糖。几丁质是由 *N*-乙酰葡萄糖胺为单体，通过 β-1，4 糖苷键连接而成的高分子聚合物。霉菌的菌丝顶端是圆锥形，被称为伸展区（extension zone）。在霉菌的菌丝快速生长时，伸展区是细胞壁生长的活跃区域，在这个区域之后，细胞壁逐渐加厚而不再生长。

霉菌的原生质体制备，需要使用几丁质酶，有时需补纤维素酶等。

（二）细胞膜

霉菌的细胞膜同酵母菌类似，是有磷脂双分子膜组成，内部镶嵌蛋白质，包含甾醇。霉菌的细胞膜通常紧贴、某些部位坚固地附着在菌丝的细胞壁，因此，霉菌的菌丝比较难发生质壁分离。

（三）细胞核

霉菌的菌丝细胞内有典型的细胞核，由双层膜包裹。不同的霉菌，细胞核的排列是不同。通常情况下，在菌丝顶端的细胞中含有几个细胞核，而亚顶端细胞中仅有 1~2 个核。

（四）细胞质

细胞质是霉菌菌丝细胞的重要结构，细胞质中有许多细胞器。霉菌菌丝中的细胞器与酵母相似，含有线粒体、内质网、液泡、核糖体、高尔基体。霉菌的液泡一般位于菌丝顶端之后的部位。最初霉菌的液泡比较小，伴随着菌丝的生长、变老，液泡开始逐渐变大，最后会充满整个菌丝细胞。液泡变大产生的压力，使得细胞质向菌丝顶端方向流动。一般在菌丝细胞最老的地方，液泡极易发生自溶（autolysis），细胞壁被降解掉。

此外，霉菌还具有一些特殊的细胞器，例如膜边体、壳质体、伏鲁宁体等。

1. 膜边体（lomasome）

膜边体位于细胞壁与细胞膜之间，细胞膜的某些部位增生而形成管状或卷绕状的特殊的膜结构，被称为膜边体，又称边缘体、须边体、质膜外泡。膜边体的生理功能，可能与分泌水解酶或合成细胞壁有关。

2. 壳质体（chitosome）

壳质体，又称几丁质酶体，是存在于霉菌菌丝顶端的微小泡囊，直径为40~70nm，里面含有几丁质合成酶。壳质体在霉菌菌丝里面，不断生成，同时移向菌丝顶端，因此，壳质体含有的几丁质合成酶被运输到细胞壁表面，能够促进霉菌菌丝的延伸、生长。

3. 伏鲁宁体（Woronin body）

伏鲁宁体是霉菌的菌丝细胞中存在的一类较小的、呈现球状的细胞器（直径为200nm）。伏鲁宁体是一个单层膜结构，单层膜包裹着电子密集的基质。伏鲁宁体存在于霉菌菌丝的隔膜孔附近，起到一种“塞子”的作用。如果菌丝受到机械损伤，伏鲁宁体会快速堵塞隔膜孔，防止细胞质流失。在正常情况下，伏鲁宁体起到调节作用，可以调节两个相邻菌丝细胞之间的细胞质的流动。伏鲁宁体的组成成分目前还不十分清楚。

五、霉菌的繁殖方式与生活史

霉菌的繁殖主要通过形成各种各样的孢子进行的，霉菌的繁殖方式主要分别两类：无性孢子繁殖方式和有性孢子繁殖方式。其中无性孢子包括孢子囊孢子、分生孢子、厚垣孢子、节孢子、芽孢子、游动孢子。有性孢子包括卵孢子、接合孢子、子囊孢子、担孢子（图3-20）。

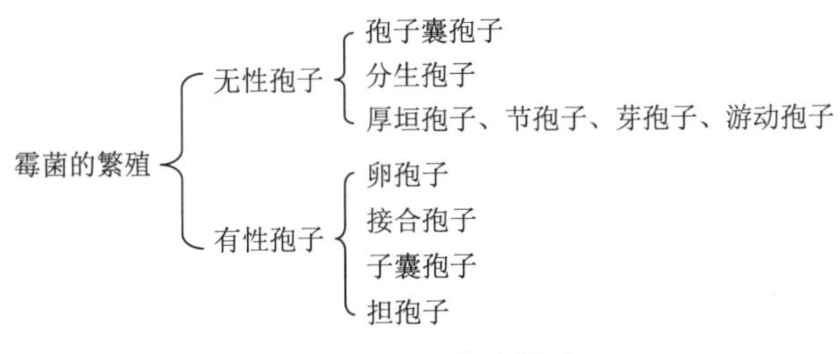

图3-20　霉菌的繁殖

（一）霉菌的无性孢子

霉菌的主要繁殖方式是利用无性孢子。无性孢子具有分散、量大的特点，非常适用于接种和扩大培养。因而，广泛应用于发酵工业中。无性孢子的形态和颜色多种多样，是菌种鉴定的重要依据。无性孢子还可以应用于菌种保藏。

1. 孢子囊孢子（sporangiospore）

孢子囊孢子是一种内生孢子。以孢子囊孢子作为主要的无性孢子繁殖的代表性霉菌，为毛霉属、根霉属、犁头霉属等。

孢子囊孢子形成过程如下：当气生菌丝生长发育到一定时期，菌丝顶端的细胞开始膨大，就形成圆形、椭圆形或梨形等不同形状的孢子囊。气生菌丝膨大的部分与菌丝间形成隔膜，生成的孢子囊里面的原生质分割成许多块，每一块原生质里面都含有1~2个核，随后每一小块原生质会由一层膜包裹起来，形成许多个孢子囊孢子。孢子囊成熟后，会破裂，孢子囊里面包裹的孢子囊孢子就会释放、散落出来。孢子囊孢子在适宜的条件下，可以萌发发芽，生成新的菌丝体。

孢子囊膨大的下方，形成孢子囊的菌丝，称为孢子囊梗或者孢囊梗。孢囊梗深入到孢子囊内的部分，称为囊轴。

2. 分生孢子（conidium）

分生孢子是一种外生孢子，以分生孢子作为主要的无性孢子繁殖的代表性霉菌为曲霉属和青霉属等。

分生孢子形成过程如下：霉菌的气生菌丝，生长发育到一定时期，菌丝顶端的细胞形成了分生孢子梗，分生孢子梗顶端的细胞会分割，形成单个或成簇的孢子，即为分生孢子。在不同的霉菌，分生孢子着生的情况也是不同的。例如，曲霉菌的分生孢子梗顶端，会膨大生成顶囊，顶囊的四周或上半部分，着生一排的初生小梗或两排的次生小梗，在小梗末端形成了分生孢子链。青霉的分生孢子梗顶端不膨大，不形成顶囊。青霉的分生孢子梗能够通过多次分枝，最终形成扫帚状，在扫帚分枝的顶端着生小梗，在小梗上生成成串的分生孢子。

有部分霉菌不生成分生孢子梗，分生孢子直接着生在菌丝，或其分枝的顶端，分生孢子呈现单个、成链、成簇，例如红曲霉（*Monascus*）、交链孢霉（*Alternaria*）等。

3. 其他无性孢子

霉菌除了生成子囊孢子、分生孢子以外，还可以生成其他的一些无性孢子。例如毛霉属可以形成厚垣孢子，尤其是以总状毛霉（*Mucor racemosus*）为代表。总状毛霉能够在菌丝中间形成厚垣孢子。

少数的霉菌的菌丝中间会形成横隔，断裂形成一个个的节孢子（arthrospore）（图3-21）。

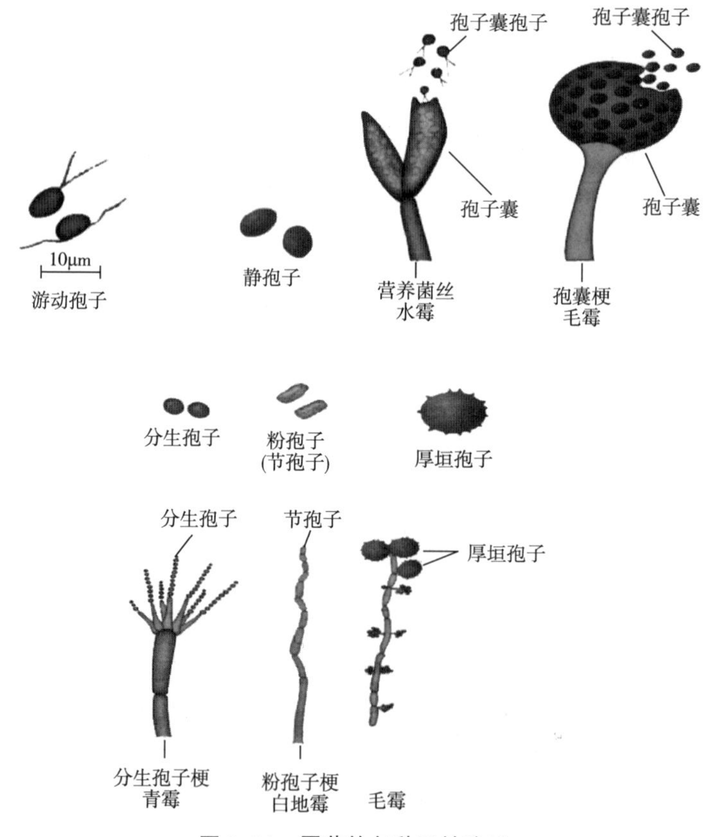

图 3-21 霉菌的各种无性孢子

还有一些霉菌在液体培养时，能够形成芽孢子（budding spore），例如毛霉或根霉。霉菌在液体培养基中，菌丝细胞类似发芽，产生一个个的小突起结构，小突起结构的细胞壁逐渐紧缩，形成一种形似酵母的球状的细胞，这种细胞就被称为酵母型细胞，又称芽孢子。

（二）霉菌的有性孢子

霉菌的有性繁殖方式，需要的特定的环境条件下才能进行。因此，霉菌的有性繁殖方式不是霉菌的主要繁殖方式。霉菌的有性繁殖主要分为3个阶段：首先是两个性别不同的细胞结合，细胞质配合（质配）；然后细胞核配合（核配）；核配后马上进行减数分裂。

不同的霉菌，有性繁殖方式也存在差异。对于多数霉菌而言，通常都是由霉菌的菌丝分化形成特殊的性器官，称为配子囊，部分霉菌也由配子囊产生的配子来完成交配，生成有性孢子。霉菌的有性繁殖可以是同一个菌丝体上的菌丝可自身结合，称为同宗配合，也可以是两种不同菌系的菌丝结合，称为异宗配合。

霉菌的有性繁殖是通过形成有性孢子进行的。霉菌有性孢子一般归纳为以下类型：卵孢子、接合孢子、子囊孢子。

1. 卵孢子（oospore）

卵孢子是由雄器和藏卵器结合，雄器中的细胞质和细胞核，通过受精管进入藏卵器，与卵球配合，完成质配、核配、减数分裂，卵球的外面形成细胞壁，成为卵孢子。雄器和藏卵器是两个大小不同的配子囊，小型的配子囊就是雄器，大型的配子囊就是藏卵器。

2. 接合孢子（zygospore）

接合孢子是由霉菌的菌丝分化形成的相同形态或略有不同的配子囊接合生成的。两个挨着或者相邻的霉菌菌丝，互相向对方伸出一个的侧枝，称为原配子囊。两个原配子囊相互接触一周，两个原配子囊的顶端同时膨大，形成配子囊。与此同时，两个接触的配子囊之间的隔膜消失，细胞质配合、细胞核配合，形成一个色深、壁厚和较大的接合孢子（图3-22）。接合孢子可以是同宗配合，也可以是异宗配合。

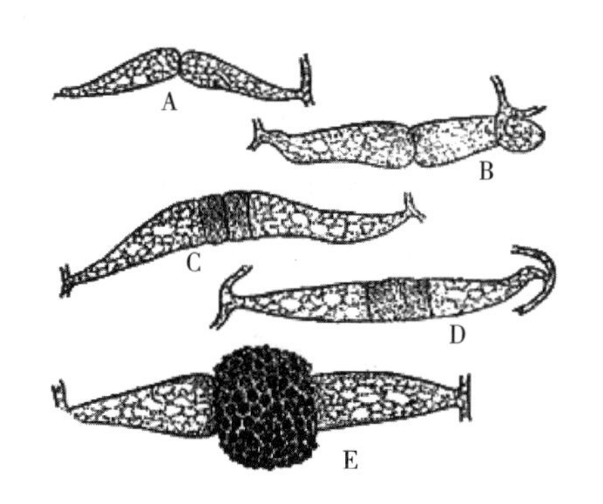

图3-22　接合孢子的形成

A—原配子囊　B—配子囊　C、D、E—接合孢子

3. 子囊孢子（ascospore）

霉菌的子囊孢子是有性孢子的一种，它的形成过程比较复杂（图3-23）。同一个或两个相邻的菌丝细胞，形成了两个异形配子囊，分别称为产囊器和雄器。产囊器和雄器两者相互配合，先是质配、再是核配，然后形成子囊。子囊孢子是指在子囊内的孢子。子囊里面的子

囊孢子数量通常是 2 的倍数，一般为 8 个。霉菌的子囊孢子的形态是多种多样的，形状、大小、纹饰、颜色都不同，因而，子囊孢子通常可以作为菌种分类鉴定的依据。

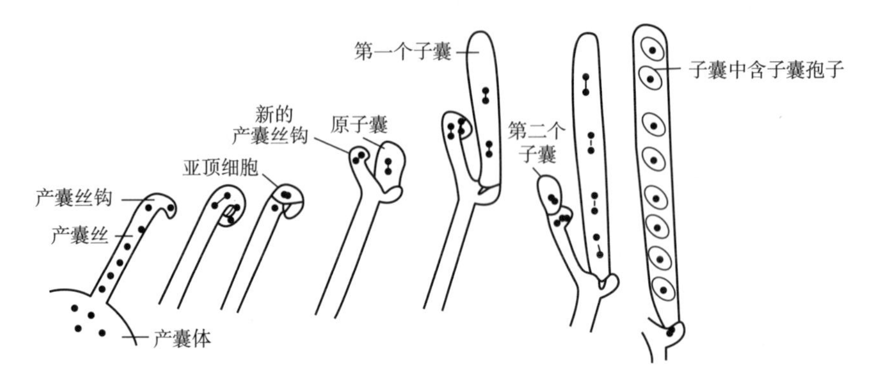

图 3-23　子囊的形成

（三）霉菌的生活史

霉菌的生活史是指霉菌从孢子开始，一系列的生长和发育，最后又产生同一种孢子的过程，包括无性繁殖阶段和有性繁殖阶段两个部分。

（1）无性繁殖阶段　霉菌的菌丝体通过无性繁殖方式产生无性孢子，在适宜环境条件下，无性孢子可以萌发、生长形成新的菌丝体，如此循环，形成霉菌生活史的无性繁殖阶段。

（2）有性繁殖阶段　霉菌在生长发育的后期，性别的两个菌丝可以分化形成配子囊，通过质配、核配、减数分裂，生成单倍体的孢子，完成有性繁殖阶段。孢子在适宜的环境条件下萌发，又可以形成新的菌丝体。

六、食品发酵工业常用霉菌

（一）毛霉属（*Mucor*）

毛霉属于低等真菌，菌丝是无隔膜、多核的单细胞。毛霉无假根，无匍匐枝，有孢囊梗。毛霉的孢囊梗直接由菌丝体生出，孢囊梗分枝情况可分为（图 3-24）：①单生，不分枝；②单轴式分枝或者总状分枝；③假轴状分枝。孢囊梗分枝的顶端都有膨大的呈球形的孢子囊。囊轴与孢子囊柄相连处无囊托。

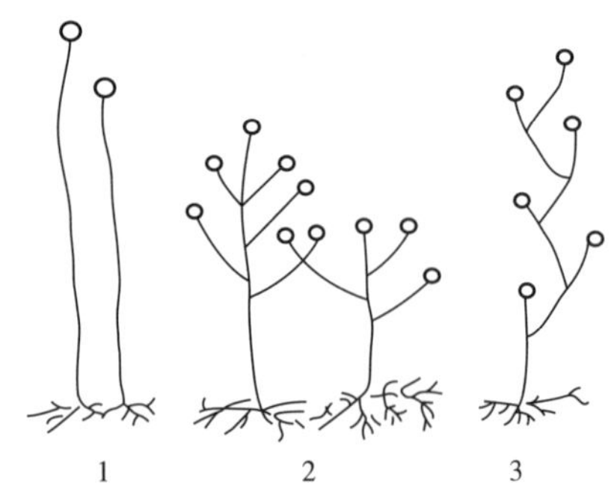

图 3-24　毛霉的分枝类型

1—单柄　2—总状分枝　3—假轴状分枝

毛霉无性繁殖方式是孢子囊孢子，有性繁殖方式为接合孢子。毛霉的菌落特征为白色，在基质上或基质内广泛的蔓延性生长，外观呈现棉絮状。

常见的毛霉菌有：鲁氏毛霉（*Mucor rouxianus*）、总状毛霉（*Mucor Racemosus*）、高大毛霉（*Mucor mucedo*）。

毛霉广泛应用于食品发酵领域。毛霉能分泌胞外淀粉酶、糖苷酶、纤维素酶、脂肪酶，能够糖化淀粉，转化生成少量乙醇。因此，毛霉应用于白酒、黄酒等酒类的酿造；毛霉能产生蛋白酶，具有分解大豆的能力。因此，毛霉应用于制作豆腐乳、豆豉等大豆发酵制品。腐乳依据生产使用菌种不同可分为细菌型、根霉型和毛霉型，腐乳发酵工业生产中使用最多的菌种是毛霉。毛霉的菌丛（菌丝体）细长柔软，能够完整地包裹豆坯，使腐乳形成块状；毛霉分泌的复合酶系比较丰富，含有内肽酶和端肽酶，水解大豆蛋白的产物，无苦味、无毒无害、不产生怪味等。毛霉菌种的生产性能对于腐乳的产量和质量至关重要。

此外，很多毛霉都可以产生草酸、柠檬酸、乳酸、琥珀酸、甘油等，能够应用于有机酸发酵行业。部分毛霉能产生淀粉酶、果胶酶、凝乳酶、脂肪酶等酶制剂，可以应用于酶制剂行业。

（二）根霉属（*Rhizopus*）

根霉属于低等真菌，菌丝是无隔膜、多核的单细胞。根霉有假根，有匍匐枝，有假根处对生成簇的孢囊梗。孢囊梗的顶端膨大形成球形或近球形的孢子囊，孢子囊内囊轴明显。囊轴基部与柄相连处有囊托。根霉的孢子囊孢子形状多样，例如球形、卵形或不规则。

毛霉无性繁殖方式是孢子囊孢子，有性繁殖方式为接合孢子。毛霉的菌落特征为白色，在基质上或基质内广泛地蔓延性生长，外观呈现蜘蛛网状或棉絮状。

常见的根霉菌有：米根霉（*Rhizopus oryzae*）、黑根霉（*Rhizopus nigricans*）、华根霉（*Rhizopus chinensis*）、匐枝根霉（*Rhizopus stolonifer*）等。

根霉产酶种类繁多，且酶活力高，其中尤以淀粉酶最为突出，能将淀粉近乎理论值地转化为葡萄糖，因此可以用于转化淀粉质原料。例如酿酒工业上采用米根霉作糖化菌，水解来做淀粉质原料酿酒的。与此同时，根霉有一定的产酒精的作用，所以能进行边糖化边发酵，而且在发酵过程中能产生乳酸、琥珀酸、苹果酸和延胡索酸等有机酸，此外，在一定的条件下还能产生如乙醛、乙酸乙酯、异丁醇、异戊醇、乳酸乙酯、乙酸、苯乙醇等风味物质。因此，根霉对产酒及其风味物质具有非常重要的影响。

我国是最早利用根霉糖化淀粉生产酒精的国家，创立了淀粉菌法（即阿明诺法）生产酒精。根霉在医药领域也具有非常重要的应用，例如中华根霉能够发酵产生血栓溶酶、脂肪酶等，黑根霉通过羟化作用将黄体酮转化为11α-羟基黄体酮，应用于甾族化合物的转化。

（三）梨头霉属（*Absidia*）

犁头霉属于低等真菌，与根霉相似，菌丝是无隔膜、多核的单细胞。梨头霉有假根，有匍匐枝。与根霉不同，犁头霉的孢囊梗大都是2~5成簇，并且孢囊梗散生在匍匐枝中间。犁头霉的孢子囊多数为洋梨形，孢子囊基部有明显的囊托，为囊轴锥形、近球形或其他形状。

犁头霉无性繁殖方式是孢子囊孢子，有性繁殖方式为接合孢子，接合孢子着生在匍匐枝上。犁头霉的菌落特征，在基质上或基质内广泛地蔓延性生长，外观呈现蜘蛛网状。

常见犁头霉菌有：蓝色梨头霉（*Absidia coerulea*）、分枝犁头霉（*Absidia ramosa*）等。

犁头霉常存在于酿酒的大曲中，被认为是生产的污染菌。部分犁头霉能够应用于医药领域，对甾族化合物有转化作用，例如，蓝色梨头霉（*Absidia coerulea*）可以将莱氏化合物S

的11位进行β-羟基化生成氢化可的松。氢化可的松是一种糖皮质激素，具有抗炎作用、抗毒作用、免疫抑制作用、抗休克作用等。

（四）曲霉属（*Aspergillus*）

曲霉属于高等真菌，菌丝是有隔膜、多核的多细胞。曲霉无假根，有足细胞。足细胞是特化了的菌丝细胞，足细胞上长出分生孢子梗，分生孢子梗顶端膨大形成棍棒形、椭圆形、半球形或球形的顶囊。顶囊表面会生长辐射状单层或双层的小梗，小梗顶端形成分生孢子串。曲霉的分生孢子形态不一样，具有各种形状、颜色和纹饰。曲霉的顶囊、小梗以及分生孢子构成分生孢子头，分生孢子头也是多种多样的，具有各种不同颜色、形状等。分生孢子头、顶囊的形态（形状、大小）；分生孢子梗的长度和表面特征；小梗的构成；分生孢子的形态和颜色在分类鉴定上具有重要的意义。

曲霉无性繁殖方式是分生孢子，曲霉菌的大多数有性阶段不明，归为半知菌类。少数曲霉可形成子囊孢子，归为子囊菌亚门。毛霉的菌落特征，在基质上或基质内广泛地局限性生长，外观呈现绒毡状，颜色多种多样，有黄、黑、绿、褐、橙等颜色。米曲霉的菌落形态在分类鉴定上具有重要的意义，是分类的主要特征之一。

常见的曲霉菌有：米曲霉（*Aspergillus oryzae*）、黄曲霉（*Aspergillus flavus*）、黑曲霉（*Aspergillus niger*）、泡盛曲霉（*Aspergillus awamori*）等。

曲霉在食品酿造方面的应用历史悠久，用于豆酱、酱油酿造、食醋酿造、酒曲制作等。酱油生产中常用的霉菌有米曲霉（*Aspergillus oryzae*）、黑曲霉（*Aspgerillus niger*）、黄曲霉（*Aspergillus flavus*）等。用于酱油生产的曲霉菌株应符合如下条件：不产生真菌毒素；具有较高的产蛋白酶、淀粉酶、谷氨酰胺酶的能力；生长快速、培养条件粗放、抗杂菌能力强；不产生异味，制曲酿造的酱制品风味好。

曲霉应用于生产蛋白酶、淀粉酶、果胶酶、脂肪酶、葡萄糖氧化酶等酶制剂，近些年在饲料加工方面的研究也日趋深入。此外，曲霉还应用于生产柠檬酸、葡萄糖酸、衣康酸、五倍子酸等有机酸以及甘露醇等。

米曲霉是美国食品药物监督管理局（FDA）和美国饲料公司协会1989年公布的40余种安全微生物菌种之一，也是世界保健组织公布的绝对安全食品。米曲霉具有很强的糖化淀粉和分解蛋白质的能力，这和米曲霉能分泌大量的胞外酶有关，米曲霉能分泌蛋白酶、淀粉酶、谷氨酰胺酶、果胶酶、半纤维素酶、纤维素酶等。其中蛋白酶、淀粉酶和谷氨酰胺酶与酱油酿造关系最大。目前，我国较好的酱油酿造菌种有米曲霉沪酿3.042、米曲霉AS3.863、米曲霉AS3.591、961米曲霉、广州米曲霉、WS2米曲霉、10B1米曲霉等。其中，在酱油生产中，最为常用的是沪酿3.042菌株。米曲霉3.042容易培养、繁殖力强、生长速度快、适应性强、孢子多。而且，米曲霉3.042的大曲制作时间短，可以由传统工艺的48~72h缩短为24~28h。应用米曲霉沪酿3.042发酵的酱油，风味、香气、滋味优良，并且不产生黄曲霉毒素和其他有毒物质。

（五）青霉属（*Penicillium*）

青霉属于高等真菌，菌丝是有隔膜、多核的多细胞。青霉无假根，无足细胞。分生孢子梗从菌丝生出，分生孢子梗有横隔，光滑或粗糙。分生孢子梗顶端不形成顶囊，而是经过多次分枝产生几轮小梗，形成扫帚状的分枝，称为帚状枝。根据青霉菌帚状体分枝方式的不同，分为4类：①单轮生青霉群，帚状枝由单轮小梗构成；②对称二轮生青霉群，帚状枝二列分枝，左右对称；③多轮生青霉群，帚状枝多次分枝且对称；④不对称生青霉群，帚状枝做二次或二次以上分枝，左右不对称（图3-25）。在小梗顶端形成成串的分生孢子，分生孢子形状不同，有球形、椭圆形、短柱形或梭形，有的光滑，有的粗糙。

青霉无性繁殖方式是分生孢子，曲霉菌的大多数有性阶段不明，归为半知菌类。少数曲霉可形成子囊孢子，归为子囊菌亚门。青霉菌的菌落特征，在基质上或基质内广泛地局限性生长，外观呈现地毯状。

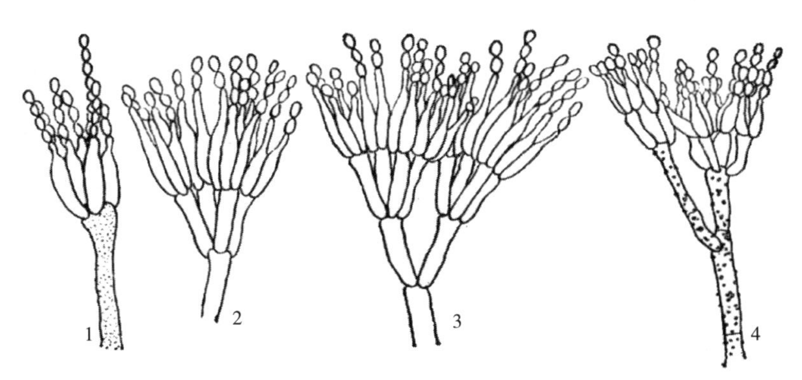

图3-25　青霉帚状体分枝方式

1—单轮生青霉群　2—对称二轮生青霉群　3—多轮生青霉群　4—不对称生青霉群

常见的青霉菌有：点青霉（*Penicillium motatum*）、产黄青霉（*Penicillium chrysogenum*）、灰黄青霉（*Penicillium griseofulvum*）、展青霉（*Penicillium patulum*）、顶头孢霉（*Cephslosporium acremonium*）等。

青霉菌应用于奶酪制作工业，青霉菌与奶酪结合，形成一个非常著名的奶酪，称为蓝纹奶酪。蓝纹奶酪是成熟过程中，内部生长蓝绿霉菌的一类奶酪的总称。蓝纹奶酪主要品种包括法国的罗奎福特奶酪（Roquefort cheese）、英国的斯提耳顿奶酪（Stilton cheese）、意大利的古冈佐拉奶酪（Gorgonzola cheese）。用于蓝纹奶酪生产的霉菌是娄地青霉，娄地青霉在生长过程中，颜色会由绿变青，再由青变蓝，成熟后奶酪内部会形成蓝色的霉纹，由此得名。蓝纹奶酪最早的原料是绵羊乳，现在也使用牛乳作为原料。蓝纹奶酪一般为传统制作工艺，对于自然环境要求高，蓝纹奶酪的生产或成熟只限于某些特定的地区。

青霉在医药行业上具有很重要的应用和很高的经济价值。例如点青霉（*Penicillium motatum*）和产黄青霉（*Penicillium chrysogenum*）是青霉素的主要生产菌种。青霉素是一种细菌广谱抗生素。青霉素对细菌有抗菌作用，能够抑制其细胞壁合成，作用于细胞壁合成中的转肽酶和羧肽酶。灰黄青霉（*Penicillium griseofulvum*）是产生灰黄霉素的生产菌种，灰黄霉素可以用于治疗真菌感染。此外，青霉还能够产生丙二酸、甲基水杨酸，应用于甾族化合物的生物转化。有一些青霉菌还可以产生一些酶制剂，例如纤维素酶、磷酸二酯酶等。

第三节　真核微生物的分类系统

真核生物主要包括各类真菌，还有黏菌等。真菌分类的基本原则是以形态特征为主，生理生化、细胞化学和生态等特征为辅。丝状真菌主要根据其孢子产生的方法和孢子本身的特征，以及培养特征来划分各级的分类单位。真菌有性繁殖方式的特点具有较大的差异，这些特征都是真菌的分类依据。目前为学术界广泛采用的是Ainsworth分类系统（真菌字典，第8版，1995）。该系统将真核生物域分成原生生物界（Protozoa）、假菌界（Chromista）和真菌界（Fungi）。真菌界又分成五个门，分别为子囊菌门（Ascomycota）、担子菌门（Basidiomycota）、壶菌门（Chytridiomycota）、接合菌门（Zygomycota）、有丝孢真菌类（Mitosporic Fungi）（图3-26）。

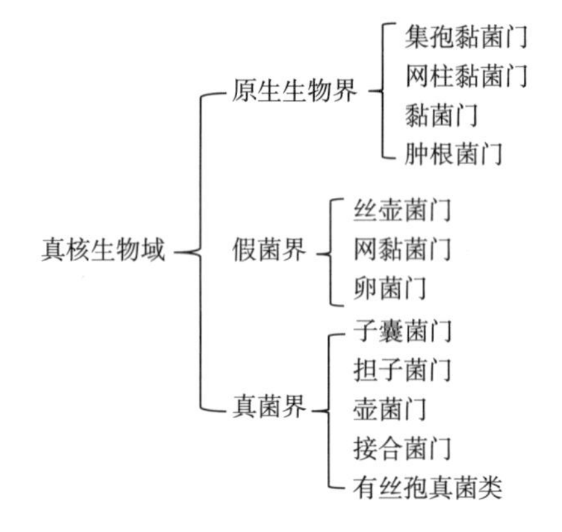

图3-26　真核生物域

1. 子囊菌门

子囊菌门（Ascomycota）的有性繁殖过程通过形成子囊子，产生子囊孢子实现的。子囊菌门的真菌结构复杂，属于高等真菌。子囊菌是真核生物中最多样化的类群之一。子囊菌门还是真菌中种类最多的一个门，至少有65000个种。

2. 担子菌门

担子菌门（Basidiomycota）的有性繁殖过程通过形成担子，产生担孢子实现的。担子菌门是真菌中最为高等的一个门。担子菌门有超过30000个种，担子菌门分为锈菌纲、黑粉菌纲、层菌纲。层菌纲的真菌多为可食用、可药用，例如茯苓、灵芝、木耳、银耳、各种蘑菇。

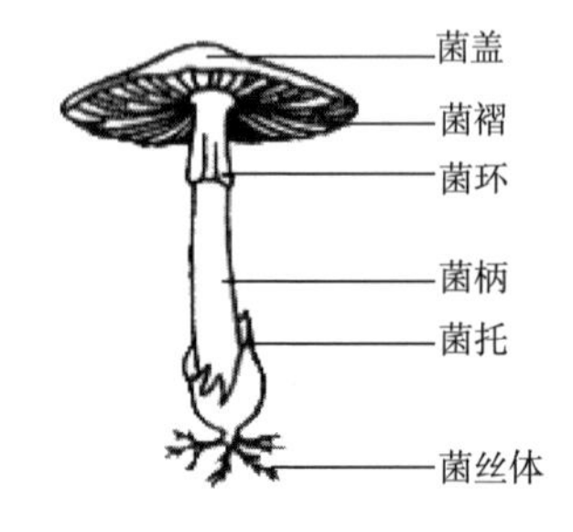

图3-27　蕈菌的典型结构

蕈菌，又称伞菌，是指能形成大型肉质子实体的真菌。大多数蕈菌被归于担子菌门，极少数归于子囊菌门。蕈菌的代表性特征是可以形成形状、大小、颜色不同的大型肉质子实体，结构如图3-27所示，包括菌盖（表皮、菌肉、菌褶）、菌柄（菌环、菌托）、菌丝体。蕈菌的营养体是发达的有隔菌丝体。蕈菌的繁殖方式是形成担子和担孢子（图3-28）。

蕈菌的生活史可以分为初生菌丝、次生菌丝、三生菌丝。初生菌丝是有担孢子萌发形成的菌丝，菌丝是单核细胞。次生菌丝是由不同性别的初生菌丝结合、质配后，形成的双核细胞。三生菌丝是由次生菌丝分化形成的菌丝束。菌丝束会继续分化、膨大、形成子实体。

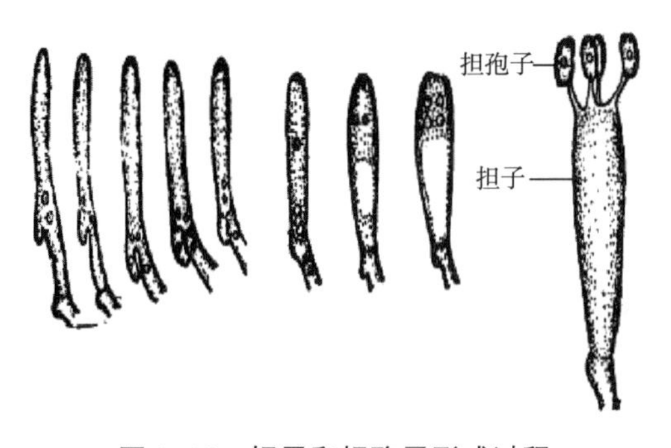

图3-28　担子和担孢子形成过程

3. 壶菌门

壶菌门（Chytridiomycota）的菌丝体是无隔膜，具有多个细胞核的，单细胞或者分枝的菌丝体。单细胞菌体有假根。可以产生一根光滑的、后生尾式鞭毛的游动孢子。壶菌门的有性繁殖过程是通过游动孢子的融合实现的。壶菌门的真菌分为 5 个目，种类约有 800 多种。

4. 接合菌门

接合菌门（Zygomycota）有性繁殖方式是通过配子囊融合，形成接合孢子实现的。接合菌门的营养体多为无横隔、多细胞核的菌丝体。接合菌门的无性繁殖方式是形成孢子囊和孢子囊孢子。

接合菌门分为接合菌纲和毛菌纲。接合菌纲有毛霉目、虫霉目、捕虫菌目共计 900 多个种。毛霉目中常见的属，包括毛霉属、根霉属、犁头霉属等。毛菌纲有 200 多个种。

5. 有丝孢真菌类

半知菌是一类缺乏有性阶段的真菌，也可以认为是一类尚未发现或已消失有性阶段的真菌。在安斯沃思（Ainsworth）分类系统（第 8 版）中，半知菌被称为有丝孢真菌（Mitosporic fungi）。

酵母菌（yeasts）也不是分类学名词。它是指以芽殖为主，大多数为单细胞的一类真菌。在分类学上，它分属于子囊菌门、担子菌亚门和半知菌门。

霉菌（molds）不是分类学名词，而是俗名。是一类在营养基质上生长形成绒毛状、蜘蛛网状和絮状的真菌的统称。霉菌分属于鞭毛菌亚门、接合菌亚门、子囊菌亚门和半知菌亚门。真菌分类的重要依据是有性孢子特征。

CHAPTER 4

第四章 病　毒

第一节 病　毒

一、病毒的定义和特点

病毒是一类个体极其微小、结构简单，只含有一种类型核酸（DNA 或 RNA），仅能在活的专性细胞内生长增殖的非细胞形态微生物。

与其他微生物相比，病毒具有其独特的特征，具体来说：①个体极其微小，绝大多数能通过细菌滤器，需要借助电子显微镜才能观察；②不具有细胞构造，与原核和真核细胞不同，其仅由核酸和蛋白质两种主要成分构成；③只含有一种类型核酸，DNA 或 RNA，并且由其编码相应病毒的全部遗传信息；④自身缺乏完整酶系和能量合成系统，不能独立进行生命代谢活动，必须依靠寄生于宿主细胞，利用宿主细胞内代谢系统合成核酸和蛋白质；⑤严格的细胞内寄生，在细胞外环境以成熟的病毒颗粒形式——病毒粒子（virion）存在，不表现出任何生命特征，但保持感染性。只有在宿主细胞内才能进行生命活动；⑥对抗生素不敏感，能抵抗多种抗生素，但对干扰素敏感。

二、病毒的形状和大小

病毒个体十分微小，常用纳米（nm）来表示。病毒大小差异较大，直径在 20~200nm，多数直径在 100nm 上下，因此，只有在电子显微镜下才能够观察到。较大的病毒，如牛痘病毒大小为 210nm×260nm，最近在原生动物阿米巴变形虫中发现的米米病毒是目前发现的最大病毒，其直径达 800nm，与黏质沙雷氏细菌（750nm）直径相当。最小的病毒例如菜豆畸矮病毒，大小仅 9~11nm，比血蓝蛋白分子（直径 22nm）还小。

病毒因宿主不同，种类呈上千种，但它们形态大体可以分为球状、杆状和复杂形状等。动物病毒大多呈球状、砖状或弹状，植物病毒多呈杆状或线状，细菌病毒称为噬菌体（bacteriophage），多为蝌蚪状，部分为线状或球状。

三、病毒的基本结构和化学组成

（一）病毒粒子的基本结构

病毒属于非细胞生物，故病毒个体不能被称为“单细胞”，通常称为病毒粒子（virion）或病毒颗粒（virus particle），它们是病毒（virus）的同义词。病毒粒子是由蛋白质亚基组成的衣壳（capsid）包裹着核酸构成。衣壳是由 5~6 个蛋白质亚基聚集成的壳粒规则排列而形成的外壳。核酸位于衣壳中心，称为病毒核心（core）。核心和衣壳结合而成核衣壳（nucleo-capsid），它是病毒的基本结构，有些结构较复杂的病毒，其核衣壳外还包裹着双层脂质膜，称为包膜（envelope）。病毒粒子的结构见图 4-1。由于壳粒组合排列方式不同，病毒形成了 3 种对称结构。

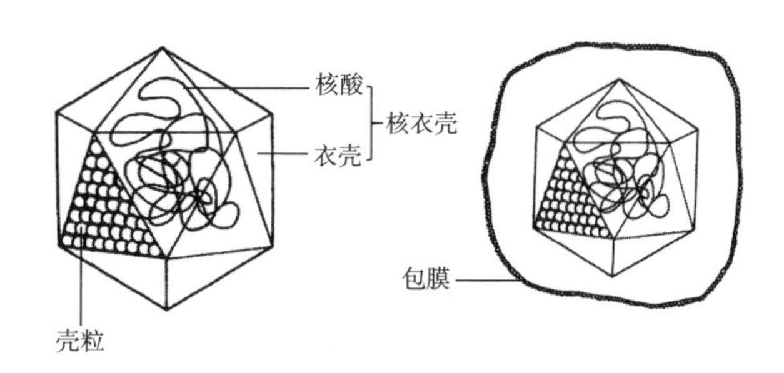

图 4-1　病毒粒子的基本结构

1. 螺旋对称

具有螺旋对称的病毒衣壳，是由壳粒沿着轴心进行螺旋形排列形成的高度有序、对称结构（图 4-2）。以烟草花叶病毒（tobacc mosaic virus，TMV）为代表，外形呈杆状，长约 300nm，直径 15~18nm，内部中空，孔径 4nm，壳体由 2130 个壳粒排列形成 130 个螺旋，螺距为 2. 35nm。核衣壳内含有一条单链 RNA（ssRNA），由 6390 个核苷酸构成，螺旋状共轴盘绕。

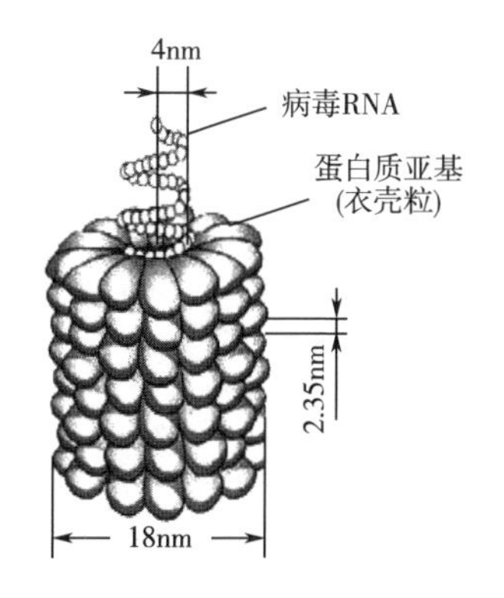

图 4-2　烟草花叶病毒螺旋壳体结构

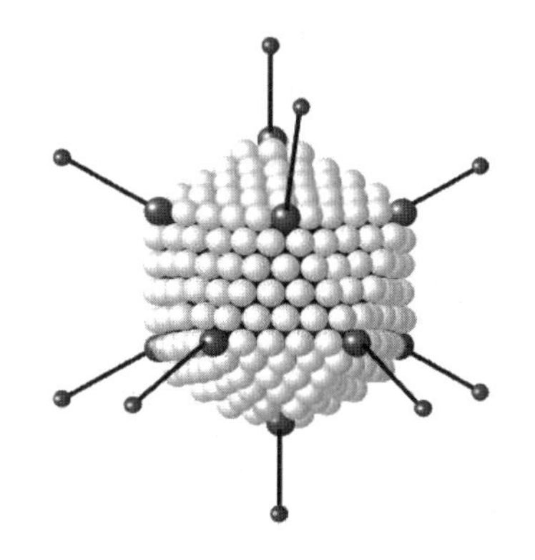

图 4-3　腺病毒结构

2. 二十面体对称

病毒粒子是具有球状外形的多面体对称结构。许多动物病毒为多面体病毒，如腺病毒

(adenovirus, ADV)，其外形看似呈球状，电子显微镜下观察实为二十面体对称结构。直径为70~80nm，无包膜。其有12个顶点、30条棱和20个等边三角形面，衣壳由252个壳粒排列成二十面对称体，核心由36500bp（碱基对）线状双链DNA（dsDNA）盘绕折叠而成(图4-3)。

3. 复合对称

病毒粒子由两种结构组成，既有螺旋对称，又有立方体对称的复合对称结构。典型的如大肠杆菌T4噬菌体（图4-4）。T4噬菌体呈蝌蚪状，头部衣壳是由8种蛋白质构成的椭圆形二十面体，尾部呈螺旋对称的杆状结构。头部衣壳含有212个壳粒，蛋白质外壳内包裹着双链DNA（dsDNA）。T4噬菌体尾部衣壳含有144个壳粒，外面包围着尾鞘（tail sheath），可收缩，内部不含有核酸，尾部中央为一空髓，称为尾髓，是注射核酸的通道。此外，T4噬菌体还有颈环（collar）、基板（tail plate）、尾钉（tail pin）和尾丝（tail fiber）。

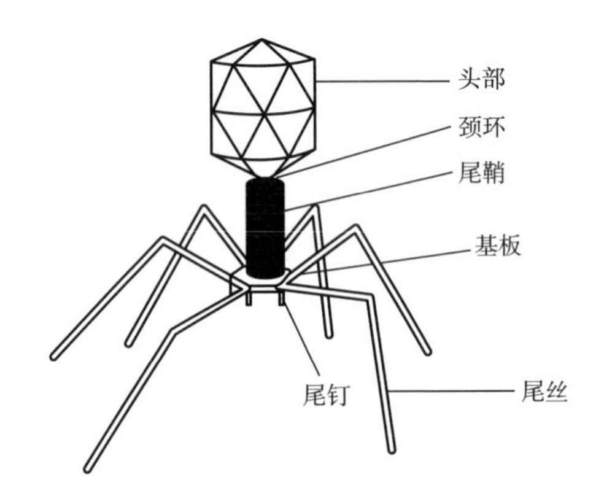

图4-4 T4噬菌体结构

（二）病毒的化学组成

病毒的基本化学组成是核酸和蛋白质，少数较复杂的大型病毒还含有糖类和脂类。

1. 病毒的核酸

核酸是病毒粒子的重要成分，一种病毒只含有一种类型的核酸（DNA或RNA），是病毒遗传信息的载体和传递体，是分类鉴定的主要依据。病毒的核酸有单链DNA（ssDNA）、双链DNA（dsDNA）、单链RNA（ssRNA）、双链RNA（dsRNA）4种主要类型，多数植物病毒核酸为ssRNA，少数为DNA。动物病毒有些为DNA，有些为RNA。噬菌体多数含有dsDNA，少数含有ssDNA或ssRNA。此外，除dsRNA，其他类型核酸都有线状和环状形式，单链核酸还有正链和负链极性之分。

2. 病毒的蛋白质

蛋白质是病毒粒子另一主要成分，约占病毒粒子总量的70%以上。病毒粒子含有一种或几种蛋白质，根据是否存在于毒粒中，将病毒蛋白质分为结构蛋白（structure protein）和非结构蛋白（non-structure protein）。结构蛋白是指构成一个形态成熟的具有感染性病毒粒子所必需的蛋白质，包括衣壳蛋白（capsid protein）、包膜蛋白（envelope protein）和毒粒中的酶（virion enzyme）等。这些蛋白质发挥着保护病毒的基因组，吸附细胞受体或参与病毒侵入、释放和大分子合成等的功能。非结构蛋白是由病毒基因组编码，在病毒复制过程中产生并具有一定功能，但不结合于毒粒中。

3. 病毒的糖类和脂类

含有包膜的病毒，除含有蛋白质和核酸，还含有糖类和脂类等成分。它们均来源于细胞，所以其组成和含量均与宿主细胞有特异性关系。其中，糖类主要是葡萄糖、半乳糖、龙胆二糖等，它们以寡糖侧链存在于病毒糖蛋白和糖脂中，或以糖胺聚糖的形式存在。脂类主要是磷脂、胆固醇和中性脂肪，其中磷脂占70%，它们构成病毒包膜的脂双层结构。

四、病毒的主要类群

迄今，已经发现了4800多种病毒，病毒学家们一直在不断地探索和完善病毒的分类方法，但仍不够成熟。依据病毒对宿主感染的特异性，将病毒按照宿主不同划分为两大类：原核生物病毒和真核生物病毒。

（一）原核生物病毒

1. 细菌病毒

几乎所有的细菌都有发现相应的病毒，即噬菌体的存在。噬菌体的宿主范围跟细菌类群之间的分类一致，不会跨越分类界限。比如侵染链球菌的噬菌体不会在小球菌中增殖，侵染假单胞菌的噬菌体不会在沙门氏菌中增殖。这种界限在同种菌株间也有存在，如内蒙古地区分离到的志贺氏菌病毒和辽宁地区的志贺氏菌病毒不能交叉感染。病毒学中以大肠杆菌中发现的噬菌体种类最多，研究得最为详尽。

2. 放线菌病毒

放线菌也同细菌一样，被感染的病毒间特异性明显，如能感染产生链霉素的放线菌的噬菌体，却不能感染只产生卡那霉素的放线菌。

此外，病毒还能感染立克次氏体，并使之裂解。病毒也可以感染蓝细菌，这些噬菌体结构上都含有dsDNA，它们可以抑制淡水湖中蓝细菌的污染。

（二）真核生物病毒

1. 植物病毒

植物病毒形态为杆状、球状和丝状等，核酸多为ssRNA，少数病毒核衣壳外含有包膜。植物病毒的宿主专一性不强，一种病毒可以感染一个至多个不同种属的植物，如：TMV可以感染10多个科的草本、木本植物。植物病毒往往感染植物后，会造成植物的病害，如蘑菇病毒、黄瓜花叶病毒、菜豆金色花叶病毒等。

2. 无脊椎动物病毒

无脊椎动物病毒起步相对较晚，但发展较迅速。在无脊椎动物病毒中，以昆虫病毒研究得最多，已报道的昆虫病毒有2000多种。昆虫病毒研究始于家蚕的病害，随后从有一昆虫病害扩展到有害昆虫病的研究。1975年以杆状病毒研制的病毒杀虫剂获得注册，并在市场上出售。杆状病毒科研究逐渐获得重视，已知该科中的几种核多角病毒的宿主范围较广，这在防治虫害方面有很大的发展潜力。如从苜蓿银纹夜蛾分离到的苜蓿银纹夜蛾病毒，可以感染30多种鳞翅目异体昆虫；芹菜夜蛾中分离到的芹菜夜蛾核多角体病毒，能够感染30多种病毒。这些对于制备杀虫剂，作为农业上的病虫害防治，具有巨大的经济意义。

3. 脊椎动物病毒

脊椎动物病毒性疾病很多，在人类、哺乳动物、畜禽和鱼类等，都会因感染不同的病毒而发生病症。如感染牛、猪的口蹄疫病毒，感染羊、鸡的痘病毒，感染犬、皮毛动物的瘟热病毒等。目前研究较为广泛的是与人类健康直接或间接相关的脊椎动物病毒，如肝炎、艾滋病、狂犬病、流脑、腮腺炎、猪瘟、禽流感等。据统计，人类恶性肿瘤中，有15%是由病毒所引发的，对人体健康造成很大威胁。畜禽病毒也有很强的传播性，一旦发生，会造成畜禽大量死亡，造成经济损失。病毒的发现，对某些疾病的研究和疫苗的制备等提供了良好的材料。

五、亚病毒因子

前面所述的病毒，是指含有一种核酸和一种或几种蛋白质构成的病毒粒子，称为真病毒（euvirus），简称病毒。此外，还有一类病毒，1981年法国科学家Lwoff提出，只含有核酸或蛋白质中的一种，不具有完整病毒的结构或功能，称为亚病毒因子（subviral agents）。经国际病毒分类委员会（ICTV）批准的亚病毒分类为：类病毒（viroid）、朊病毒（prion）、卫星病毒（satellite virus，sat-virus）、卫星核酸（satellite nucleic acid）。

（一）类病毒

类病毒是一类只含有单链RNA、环状的病毒，通常由246~399个核苷酸分子组成，外部无蛋白质衣壳，专性寄生于活的宿主细胞内的分子病原体，依赖于宿主细胞内的酶进行自我复制，不需要辅助病毒。1971年，Diene首次报道了在马铃薯纺锤形块茎病（potato spindle tuber disease，PSTD）中发现了致病性病原体马铃薯纺锤形块茎病类病毒（potato spindle tuber viroid，PSTVd），它是一种相对分子质量相对较低的RNA，呈棒状，裸露闭环，不含蛋白质衣壳，被其感染的植物组织中也未检测到病毒状粒子。因其结构与已知病毒结构不同，所以称为类病毒。

迄今已经发现的类病毒有20多种，耐热，对脂溶剂有抗性，可以通过营养繁殖、花粉传播、汁液接触等传播。类病毒的发现，为研究人类和动、植物传染性疑难杂症病因，以及研究功能性生物大分子提供良好的材料。

（二）朊病毒

朊病毒是一类不具有病毒粒子结构，不含有核酸的传染性蛋白质分子，大小为（10~250）nm×（100~200）nm，约有250个氨基酸组成。朊病毒是由美国科学家Prusisiner在1982年研究引起羊的瘙痒病症（scrapie syndrome of sheep）因子时，发现的一种有侵染性的蛋白质粒子。这类疾病还包括人的库鲁病（Kuru disease）、克-雅氏病（Creutzfeldt-Jakob disease，CJD）、格-史综合征（Gerstmann-Straussler syndrome，GSS）及牛海绵状脑病（bovine spongiform encephalitis，BSE，俗称“疯牛病”），这些病原因子能影响人和动物中枢神经系统功能，脑细胞减少，大脑海绵状变性，神经退化性症状。因这类病毒与其他病毒有不同的生物性质和理化性质，故一直是神经学和病毒学研究者关注的焦点。关于朊病毒致病机制，主要认为是由存在于宿主细胞内的正常细胞朊蛋白（PrP^c）发生折叠异常而变成了致病形态朊蛋白（PrP^{Sc}）所引起的，这种引起的疾病又称为“构象病”。由此可知，PrP^c和PrP^{Sc}二者均来自于宿主同一编码基因，氨基酸序列相同，只是三级结构发生了变化。

（三）卫星病毒

卫星病毒是依赖某些形态较大的专一辅助病毒提供复制酶，才能复制和表达的基因组缺陷型伴生病毒。首先被发现的是烟草坏死病毒（tobacco neorosis virus，TNV）和其卫星烟草坏死病毒（satellite tobacco necrosis vivus，STNV）间的伴生关系，两种核酸和蛋白成分无同源性，TNV 直径为 28nm，具有独立的感染能力，STNV 直径为 17nm，不具备独立感染能力，所含遗传信息仅能够编码自身蛋白衣壳。卫星病毒可以不依赖于辅助病毒吸附进入到宿主细胞内，在有辅助病毒存在时，可以产生具有感染能力的卫星病毒；若无辅助病毒存在时，则只能与宿主基因组整合，并以前噬菌体形式使宿主细胞溶源化。

（四）卫星核酸

卫星核酸是存在于病毒粒子的衣壳内，并依赖病毒粒子复制自身小分子核酸的病原因子。1969 年，Schneider 在烟草环斑病毒（tobacco ringspot nepovirus，TRSV）中发现了卫星 RNA；1997 年，Dry 等发现了番茄曲叶病毒卫星 DNA（tomato leaf curl virus satellite DNA，TLCV sat-DNA）。卫星核酸对宿主细胞没有独立侵染性，依赖于辅助病毒进行复制成熟，与辅助病毒无同源性，可以干扰辅助病毒的复制，从而降低辅助病毒的增殖速率。利用卫星核酸可以减轻辅助病毒对植物的病害，因此可以培育抗相应的病毒转基因植物，从而预防、降低病害。

第二节 噬 菌 体

噬菌体（phage）是侵染原核生物，如细菌、放线菌、蓝细菌的微生物病毒，它们广泛分布于自然界中，凡有原核生物的地方都有相应噬菌体存在。因其是一个单细胞宿主和简单的寄生物，所以是研究病毒增殖、生物合成、基因表达以及感染性等相关问题的良好模型和工具。

一、噬菌体的形态类型

噬菌体同其他病毒一样，由蛋白质和核酸组成。噬菌体种类多样，基本形态分为 3 种：蝌蚪形、微球形和线形。依据结构又可划分为 6 种类型：①A 型，dsDNA，蝌蚪形收缩性长尾；②B 型，dsDNA，蝌蚪形非收缩性长尾；③C 型，dsDNA，蝌蚪形非收缩性短尾；④D 型，ssDNA，六角大顶衣壳粒；⑤E 型，ssRNA，六角小顶衣壳粒；⑥F 型，ssDNA，丝状，无头部（图 4-5）。

二、一步生长曲线

病毒是专性寄生于宿主细胞内，只能在活细胞内繁殖的非细胞生物。病毒进入宿主细胞后，感染性毒粒消失，仅以病毒基因组的形式存在，并在基因组的控制下合成自身核酸和蛋白质，并装配、释放到宿主细胞外，这是病毒独特的增殖方式——复制。

一步生长曲线（one-step growth curve），是定量描述毒性噬菌体生长规律的实验曲线。该实验起初是为研究噬菌体复制而建立的实验，现也推广应用于动物病毒、植物病毒的复制研究中。该曲线能够反映出 3 个特征参数：潜伏期（latent phase）、裂解期（rise phase）和

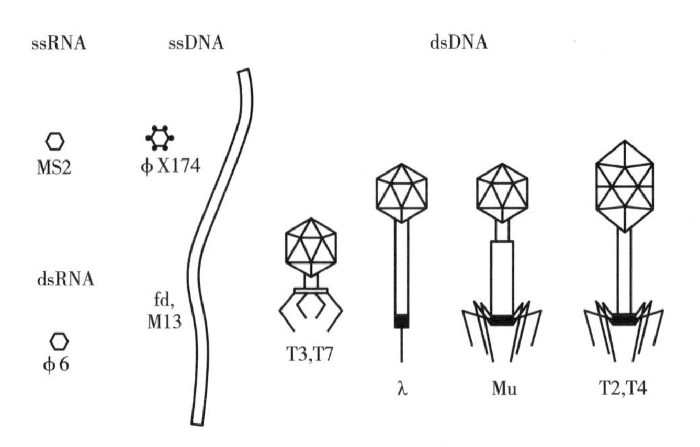

图 4-5　噬菌体的形态

裂解量（burst size）。具体的实验测定方法为：将适量的噬菌体与对数生长期敏感细胞按约10∶1 比例混合，待数分钟，噬菌体吸附敏感细胞，向混合液中加入该噬菌体的抗血清，处理未吸附的噬菌体。用培养液进行高倍稀释，避免发生二次吸附。继续培养，定时取样，将噬菌体培养液与高浓度敏感菌混合，倾倒在平板培养基上培养，经 10 个多小时培养后，计算噬菌斑数。以感染时间为横坐标，噬菌斑数为纵坐标，绘制一步生长曲线。该曲线描绘出3 个阶段：潜伏期、裂解期、平稳期（plateau）（图 4-6）。

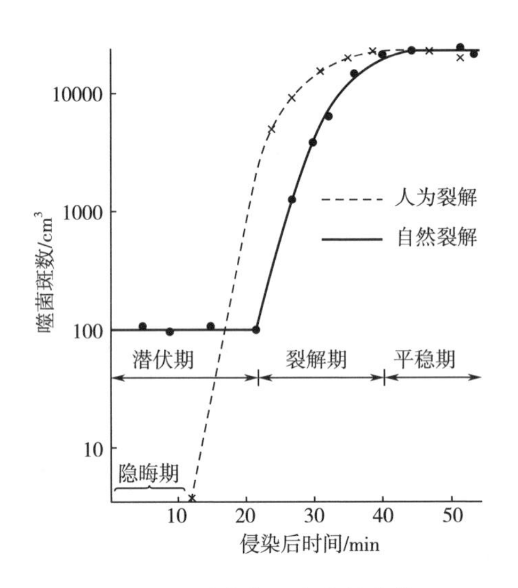

图 4-6　T4 噬菌体一步生长曲线图

潜伏期：是指噬菌体侵染敏感细胞到释放出第一个子代噬菌体所需的时间。具体又分为2 个阶段：

①隐晦期（eclipse phase）：是在潜伏期前一阶段，人为加入氯甲烷裂解宿主细胞后，在裂解液中检测不到具有感染性噬菌体的一段时间。说明这个阶段，毒粒正在宿主细胞内进行核酸的复制和蛋白质衣壳的合成；

②胞内累积期（intracellular accumulation phase）：又称潜伏后期，感染性噬菌体在宿主细胞内急剧增加，如人为地裂解细胞，其裂解液可以呈现出侵染性的一段时期，这表明细胞内

已经开始装配噬菌体。

裂解期：经过了潜伏期，粒子装配成熟，宿主细胞迅速裂解，溶液中感染性噬菌体急剧增加的一段时期。从理论上看，噬菌体各部分装配完成后会迅速裂解细胞，时间上应具有一致性，但实际上，因群体环境中各个宿主细胞的裂解不可能是同步进行的，故裂解期时间是有持续性的。

平稳期：受感染的细胞全部裂解，释放出子代噬菌体，此时裂解液的效价达到最高。这个时期，每个宿主细胞所释放出的子代噬菌体的平均数量，即为裂解量。噬菌体的裂解量随种类而有所差异，一个宿主细胞可释放 10~10000 个噬菌体粒子。

$$裂解量=\frac{裂解期平均噬菌斑数}{潜伏期平衡噬菌斑数}$$

在敏感细菌培养液中，细菌被噬菌体感染后，细胞裂解，原来浑浊的细菌悬液会变得透明。在固体双层平板培养基上，涂布敏感宿主细胞，并接种稀释的噬菌体悬液，每个噬菌体粒子就会侵染一个细胞并裂解，以此感染点为中心，反复侵染和裂解周围细胞，就会在长出的菌苔上形成一定形状、大小、规则的透明空斑，称为噬菌斑（plaque）。

三、毒性噬菌体

不同于其他细胞型微生物，噬菌体和其他病毒粒子都不具有生长过程，只是在宿主细胞内合成核酸和蛋白质，并进行装配的过程，所以病毒粒子没有老幼之分。

噬菌体的繁殖过程一般包括：吸附、侵入、复制、成熟（组装）和裂解（释放）5 个阶段（图 4-7）。大肠杆菌的 T4 噬菌体就是一种毒性噬菌体，研究较早也较深入，其繁殖过程与其他多数噬菌体较为相似，因此以 T4 噬菌体为模式，来介绍噬菌体的繁殖过程。

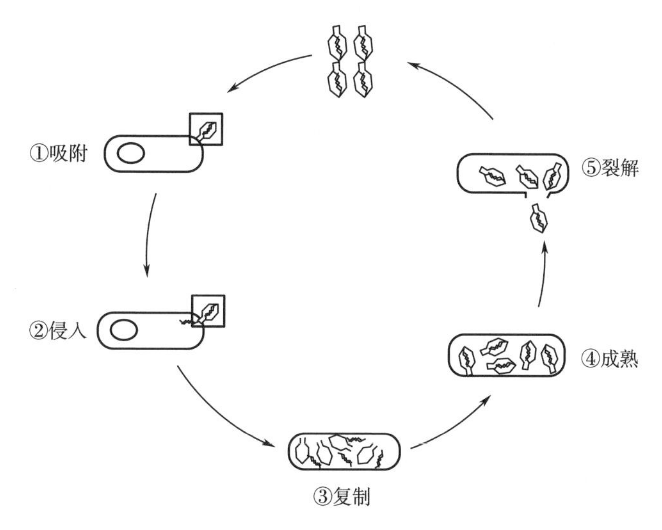

图 4-7 噬菌体的侵染复制过程

①吸附（attachment）：噬菌体与其敏感宿主细胞接触后，噬菌体尾丝末端与宿主细胞表面受体（多糖、蛋白质或脂蛋白-多糖复合物等）特异性结合，随即 T4 噬菌体尾丝牢固吸附在受体细胞表面，从而尾钉、基板固定于表面。不同噬菌体在同一宿主细胞表面有不同的识别位点，因此同一细菌可被多种不同噬菌体吸附。如大肠杆菌被 T4 噬菌体吸附后，仍可被

T6 噬菌体吸附。不同噬菌体的吸附速率有很大差别，这些影响因素主要有细胞代谢抑制物、糖苷酶、抗体、噬菌体数量、离子浓度和 pH 等。

②侵入（injection）：T4 噬菌体吸附到宿主细胞表面后，尾鞘中的蛋白质亚基发生位移而收缩，推出尾髓并刺入细胞壁和膜中。尾髓端所含有的少量溶菌酶使细胞壁肽聚糖水解，产生小孔。头部的核酸迅速通过中空尾髓及胞壁上的小孔注入宿主细胞内，蛋白质衣壳留在细胞外。整个吸附到侵入的过程时间很短，仅需 15s。

③复制（replication）：T4 噬菌体核酸注入宿主细胞后，会控制宿主细胞的合成系统，使细菌自身 DNA、mRNA、蛋白质的合成停止。与此同时，噬菌体以自身 DNA 为模板，借助宿主细胞原有的核酸、代谢物、储存物等，大量复制出自身所需的核酸，合成装配所需的蛋白质。

④成熟（maturity）噬菌体的成熟过程即是将各个已经合成的“部件”，组装成头部、尾部等，再装配成完整噬菌体粒子的过程。T4 噬菌体整个装配过程，约有 47 个基因和 30 种蛋白质参与，其装配过程见图 4-8，主要步骤有：a. 衣壳包裹 DNA 形成完整的头部；b. 与颈部装配后的头部；c. 无尾丝的尾部独立装配后，与头部相结合；d. 单独装配的尾丝与前已装配好的颗粒相连。

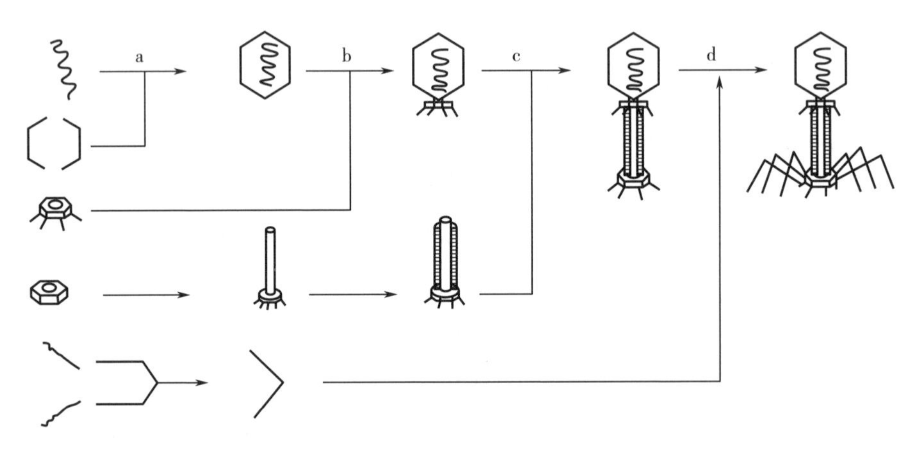

图 4-8　噬菌体装配过程示意图

⑤裂解（lysis）：宿主细胞内的 T4 子代噬菌体成熟后，由成熟过程中产生的噬菌体编码蛋白破坏细胞膜，由另一种产生的噬菌体溶菌酶穿过细胞膜，水解细胞壁的肽聚糖层，细胞壁逐渐变薄，最终破裂，子代噬菌体以裂菌爆发式的方式释放出来。此外，有些噬菌体，例如丝状噬菌体的释放过程，不裂解宿主细胞，而是以分泌的方式穿过细胞释放出来，不影响宿主细胞正常生活。

四、温和噬菌体

当噬菌体侵入相应宿主细胞后，不同于毒性噬菌体的反应过程，它们是将自身的基因组整合到宿主细胞基因组上，并随着宿主细胞的复制进行同步复制，不引起宿主细胞的裂解，这种现象称为溶源现象或溶源性。引起溶源现象的噬菌体称为温和噬菌体或溶源性噬菌体（temperate phage）。含有噬菌体基因组的宿主细胞称为溶源性细菌（lysogenic bacteria）。整合到宿主细胞染色体上的噬菌体核酸称为前（原）噬菌体（prophage）。

温和噬菌体侵入宿主细胞后，有两种可能情况：一种是绝大多数会产生溶源现象，宿主细胞不发生裂解。自然界中分离到的很多细菌都有一个或多个温和噬菌体存在，因此溶源性具有很重要的生态性。除噬菌体外，溶源性在动物体中也有存在。另一种是极少数的溶源菌中的前噬菌体会从宿主细胞 DNA 上脱落，并能进行大量复制，装配成熟，引起宿主细胞裂解，释放出成熟噬菌体粒子，这种由溶源现象转变为裂解的现象，称为自发裂解。发生这种现象的频率较低，约 10^{-6}的发生率，即大约每 10^{6}个溶源性细菌中才有一个细菌恢复噬菌体裂解的状态，从而导致宿主细胞裂解，此时少数溶源菌中的温和噬菌体转变为毒性噬菌体。溶源性反应是一种比裂解反应更有利于噬菌体生存的方式，这种噬菌体不会因迅速杀死宿主细胞，而丧失传播的机会。温和噬菌体侵染宿主细胞后，可能发生的侵染过程见图 4-9。

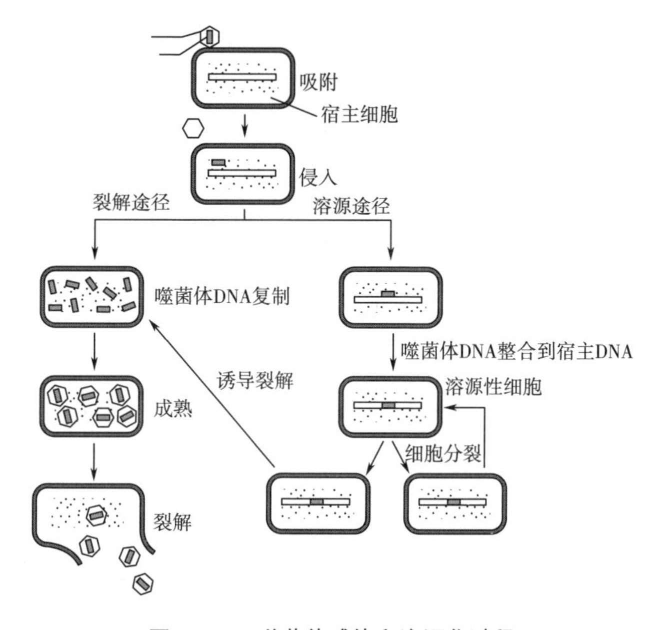

图 4-9　λ 噬菌体感染和溶源化过程

溶源菌的检测方法，是将少量的溶源菌与大量敏感指示菌（易受溶源菌裂解释放的噬菌体侵染而发生裂解循环的宿主细胞）混合，倒入营养琼脂平板上，经培养后，溶源菌生长成菌落，极少数的溶源菌会发生自发裂解，释放出的病毒粒子会反复感染溶源菌周围的宿主细胞，这样就形成了中间有溶源菌菌落，周围为透明裂解圈的特殊噬菌斑（图 4-10）。

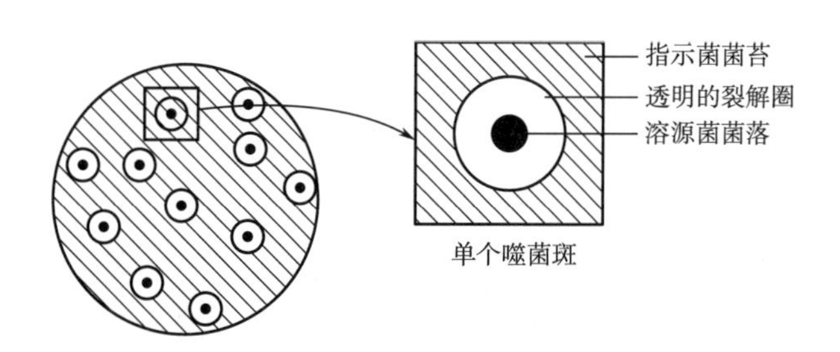

图 4-10　溶源菌及其噬菌斑形态

对溶源性细菌采用物理或化学方法处理，如X射线、紫外线、丝裂霉素C等，会诱发原噬菌体从宿主细胞DNA上脱离，变为具有侵染力的噬菌体粒子，经过裂解途径，使宿主细胞裂解。这种现象称为溶源细胞的诱发裂解（induction lysis）。

有时溶源细胞的原噬菌体会从宿主细胞DNA上脱落下来，但其并不进行复制，不会合成具有感染性的病毒粒子，不影响宿主细胞正常的生长和繁殖，不会发生自发或诱发溃溶现象，溶源性细菌中的原噬菌体消失，使其变为非溶源性细菌，这种现象称为溶源细菌复愈。

关于溶源性研究最为详细的是大肠杆菌K12的λ噬菌体。λ噬菌体是一种温和噬菌体，其基因组进入到宿主细胞，能够在整合酶的作用下，整合到宿主细胞DNA的特定位点，特异性重组，随着宿主细胞的复制而复制。此外，原噬菌体含有*cI*基因，编码产生一种λ阻遏蛋白，可以抑制原噬菌体在宿主细胞内转变为烈性噬菌体，也可阻止外来的同源噬菌体或自身产生的噬菌体在该宿主细胞内复制，不会产生裂解，但不能阻止溶原菌被别种类型的温和噬菌体或烈性噬菌体所侵染。我们把溶源菌的这种不敏感现象称为“免疫性”。

五、噬菌体的危害与应用

自1892年，俄国科学家伊万诺夫斯基（Iwanowski）研究烟草花叶病病原菌，发现了烟草花叶病毒以来，人们常将病毒和危害联系到一起，病毒可以感染多种生物，包括微生物、植物、动物，而且还会引起病害，危害人类的健康也对畜牧业、种植业和发酵工业带来不利影响。但若对病毒的某些特性加以掌握，进行调控和引导，还可化害为利，服务于人类。

（一）噬菌体的危害

噬菌体对于发酵工业和食品工业的危害主要是污染发酵菌种，导致发酵菌种裂解，轻则会发生代谢产物积累少，菌体增长缓慢现象，严重时会发生倒罐、停止生产等后果，常见有在谷氨酸发酵、抗生素生产、丙醇、丁醇等发酵生产中，危害企业生产。

（二）噬菌体分离检查与防治

1. 发酵液出现异常现象

在发酵过程中，当检测到发酵液光密度初期不上升或下降，发酵消耗底物缓慢，产生大量气泡并伴随发酵液黏稠，代谢产物积累少，显微镜检测发现菌体比接种时明显减少时，即可初步判断发酵液中污染了噬菌体。

2. 噬菌体的分离检查

噬菌体的分离检查最直接的方法就是检查是否有噬菌斑存在。具体方法为：取10~20g或20mL样品于增菌液中培养12~24h增殖，离心分离取上清液制备裂解液，进行噬菌体检测，即制备2%琼脂培养基浇注平板作为底层培养基，再将上清裂解液和敏感宿主细胞混合加入1%营养琼脂培养基中，倒在底层培养基上铺平待冷凝，于37℃下培养10多小时后，观察，若平板上出现透明或浑浊噬菌斑，说明原发酵液中有噬菌体存在（图4-11）。

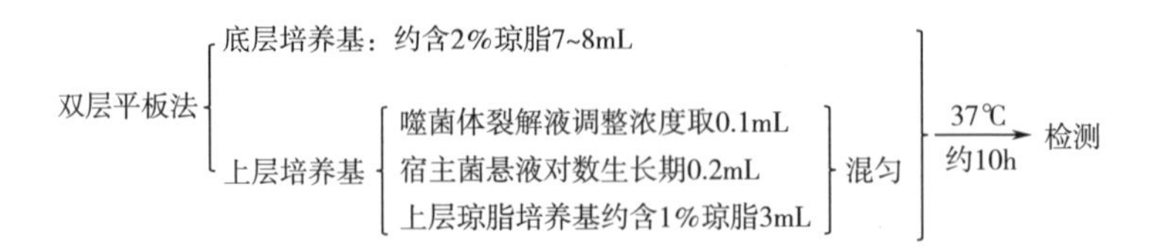

图4-11　双层平板法

3. 噬菌体防治措施

①杜绝噬菌体赖以生存的环境条件，对怀疑含有噬菌体的废液要经过灭菌处理再排放，对发酵罐、排气、排水管等要用高锰酸钾、漂白粉水等消毒，工厂车间、实验室内用药物（硫黄+高锰酸钾+甲醛）等熏蒸，墙壁、地面用药物（石灰水）等消毒。②工业发酵中选育、使用抗噬菌体的菌种代替敏感菌种。③发酵菌种轮流使用，避免长期使用单一菌种。④采用药物法进行防治。既能够抑制噬菌体，又不影响发酵菌种的生长繁殖，不影响产物积累，药物要价廉，用量要少，可以供应生产，不影响发酵产品的提取，产品符合卫生要求。

（三）噬菌体的应用

1. 作为分子生物学研究的工具

噬菌体因其基因数目少，其变异或遗传性缺陷株又较容易辨认、选择和进行遗传性分析，因此采用物理或化学的方法对噬菌体进行诱变，使其能够产生多种噬菌体的蚀斑型突变株和条件致死型突变株，通过这些突变株的基因重组试验，可以研究噬菌体某些基因的排列顺序和功能。

2. 基因工程的载体

噬菌体是除原核生物的质粒外最好的载体。可以将外源核酸片段传递到另一个细胞中，从而改变该细胞的遗传特性，获得目的性状，如大肠杆菌的 λ 噬菌体。

3. 用于鉴定未知菌，可以将菌株确定到型

由于噬菌体侵染敏感菌株具有高度的种、型特异性，即某种噬菌体只能侵染和它相应的细菌的某一型，因此可以用于细菌的分型鉴定，这在流行病学调查上，对追查和分析这些细菌性感染的传染源有很大帮助。目前利用该特性将伤寒杆菌分为 72 型，将金黄色葡萄球菌分为 132 型。

4. 用于临床治疗疾病

噬菌体可以感染敏感细菌，并迅速繁殖产生大量子代噬菌体。可以利用这种特性，将已知噬菌体接触待检测样本中，如出现噬菌体效价增加，可以说明样本中有相应的敏感细菌存在。在治疗疾病时可以使用该噬菌体裂解细菌，特别是对于抗生素产生抗性的细菌，用相应噬菌体裂解致死致病菌是最好的方法。

第三节　病毒的分类和命名

一、病毒的分类原则

1950 年和 1962 年分别提出的病毒分类原则是世界公认的，并得到了国际病毒分类委员会（International Committee on Taxonomy of Viruses，ICTV）的认可，有以下 8 条：

1. 病毒的大小、形态

病毒粒子的长、宽和直径，形状呈球状、杆状或蝌蚪状等。

2. 病毒粒子结构

包括螺旋对称、二十面体对称或复合对称；以及螺旋壳体的直径，二十面体对称中壳粒的大小、数目等。

3. 基因组

包括病毒核酸类型是DNA还是RNA，单链还是双链，线状还是环状形式，单链核酸是正链还是负链，核酸的大小、相对分子质量以及占病毒体总量的百分比数，整个还是分段以及数目，核苷酸序列等。

4. 流行病学特点

包括宿主范围，在自然环境中传播的媒介以及传播方式，分布地域性、致病性和病原学特性等。

5. 对脂溶剂的敏感性

利用病毒对三氯甲烷、乙醚等脂溶剂的敏感性，检测病毒包膜中是否有脂质的存在。

6. 病毒抗原性质

利用血清学性质和抗原关系，可以区分病毒间的亲缘关系，是病毒分类的基本判断指标，用该指标可以将病毒划分到型、亚型，有的可以区分到株系（strain）水平。

7. 病毒在细胞培养上的特性

包括对宿主细胞的特异性，感染细胞的过程，在细胞内成熟的部位和成熟的情况，细胞内包涵体的产生和细胞的病理变化等。

8. 对除脂溶剂外的理化因子的敏感性

包括对酸、热等条件的耐受性，对二价阳离子的稳定性，以及其他化学试剂的影响等。

二、病毒的分类系统

病毒的分类系统一直在不断修订和完善。1971年，ICTV在第一次分类报告中对病毒分类，仅包括了2个科、43个属、290个种，此后，分别在1976年、1979年、1982年、1991年、1995年、1999年、2005年、2009年陆续发布了第二到第九次病毒分类报告。在2017年发表的《ICTV的病毒分类与命名第十次报告》中，将目前ICTV所承认的4853种病毒，分别归入9个目、131个病毒科、46个病毒亚科、803个病毒属。这次报告较之前出现了较大变化，新增加了布尼亚病毒目（Bunyavirales）、线状病毒目（Ligamenvirales）、反转录病毒目（Caudovirales），加上原有的6个目，即有尾噬菌体目（Caudovirales）、疱疹病毒目（Herpes-virales）、单股负链RNA病毒目（Mononegavirales）、成套病毒目（Nidovirales）、小RNA病毒目（Picornavirales）和芜菁黄化叶病毒目（Tymovirales），将病毒分为9个目，其他不能列入9个目的病毒还是单独列入未分类目。布尼亚病毒目中汉坦病毒属、内罗病毒属、番茄斑萎病毒属直接升至科，正布尼亚病毒属修订为周布尼亚病毒科。新增的线状病毒目由原来的脂毛噬菌体科和古噬菌体科组成。反转录病毒目由原来的花椰菜花叶病毒科、转座病毒科、伪病毒科、反转录病毒科和新增的*Bel/pao*病毒科组成，种的数量也较第九次报告中的2285个种有显著增加。

三、病毒的命名规则

病毒最初是由于引起宿主的病害，而被发现和认识的，所以最初以病害作为命名的依据。如第一个被发现的病毒，烟草花叶病毒（tobacco mosaic virus，TMV），即是以烟叶上出现深浅不一的花斑症状特征和宿主名组合命名，称为俗名法。1927 年 Johnson 提出，采用以宿主植物的名称加上病毒“virus”以及顺序号组成，称为目录法，如 tobacco virus 1（烟草花叶病毒 1 号），即烟草花叶病毒。1939 年，Holmes 提出以拉丁双名法命名，如 *Marmor tobaci*（花叶属+烟草种名，即烟草花叶病毒）。尽管，如烟草花叶病毒命名法较多，但很多植物学家仍以采用俗名法居多。

由于这些历史原因，病毒命名方式一直多种多样，以地名命名，如布尼亚病毒、仙台病毒；以症状或疾病命名的水痘-带状疱疹病毒、人类免疫缺陷病毒；以毒粒形态命名的轮状病毒；以人名命名，如 EB 病毒、劳斯氏肉瘤病毒；以字母或数字命名，如 T2、T4、T6 噬菌体等。这些名称多来自于科研实践中的习惯命名，但完全不能反映病毒的种属特征。随着人们对病毒知识认识的提高，有必要将病毒归类定名，以求统一。后在已有工作基础上，于 1998 年，经过 ICTV 批准，由 M. A. Mayo 等提出了 41 条新的病毒分类和命名规则，共分为九个部分，包括：①一般规则；②分类单元的命名规则；③关于种的规则；④关于属的规则；⑤关于亚科的规则；⑥关于科的规则；⑦关于目的规则；⑧关于亚病毒因子的规则；⑨关于书写的规则。

主要内容为：①通用病毒分类系统依次采用目（order）、科（family）、属（genus）、种（species）为分类单元，对病毒种以下的分类单元不作统一规定；②当未设立病毒“目”的情况时，采用“科”为最高的病毒分类单元；③病毒分类系统中的“种”是最小分类单元，在每个已知确定的种下面含有至少一个，多至几十个不同的病毒型或者病毒分离株；④病毒“种”是指构成一个复制谱系，占据特定的生态小环境，并具有多个原则分类特征（包括毒粒结构、理化特性、基因型和血清学性质等）的病毒；⑤病毒种的命名应由短少，而有明确意义的词组成，种名与病毒株名一起应用，不应涉及属或科名，字母、数字及其组合可以作为种名的形容词语，种的书写采用斜体，第一词的首字母大写，专有名词全部大写；⑥病毒“属”是一群具有某些共同特征的种，属名是以“*-virus*”为结尾的词，通过一个新属的同时，必须承认一个代表种；⑦病毒“科”是一群具有某些共同特征的属（不需考虑这些属是否组成了亚科），科名是以“ - *viridae* ”结尾的词，承认一个新科的同时，必须承认一个代表属；⑧“科”与“属”之间可设或不设亚科，只有在解决复杂等级结构问题时才采用亚科，亚科是以“ - *virinae* ”结尾的词；⑨病毒“目”是一群具有某些共同特征的科，目名是以“ - *virales* ”结尾的词；⑩类病毒命名与病毒同样，科名以“ - *viroidae* ”结尾的词，属名是以“ - *viroid* ”结尾，种名是以“ - *viroid* ”结尾。

第五章 微生物的营养

营养是指生物体从外部环境中吸收生命活动所需物质和能量，以满足其生长和繁殖的一个过程。参与营养过程并具有营养功能（如提供结构物质、能量、代谢调节物质和生理与生存环境）的物质称为营养素，它是微生物新陈代谢的物质基础。微生物通过多种方式从环境中吸收营养素，不同类型的营养素往往通过不同的运输途径进入细胞。要想深入地研究微生物、培养微生物，就必须了解微生物的细胞组成、营养需求，并针对微生物种类和培养目标，配制适宜的培养基。

第一节　微生物细胞的化学组成

微生物的化学组成与含量基本反映了微生物生长繁殖所需营养物质的种类与数量，是了解微生物营养需求、配制微生物培养基以及调控微生物生长繁殖过程的重要理论基础。

微生物细胞中水分含量在70%~90%，其余10%~20%为干物质。干物质主要由有机物和无机盐组成，有机物主要有蛋白质、碳水化合物、脂类、维生素和代谢产物等，有机物占细胞干重的90%以上（表5-1）。

表5-1　微生物细胞的化学组成

主要成分	细菌/%细胞干重	酵母/%细胞干重	霉菌/%细胞干重
水分/%细胞鲜重	75~85	70~80	85~90
蛋白质	50~80	32~75	14~15
碳水化合物	12~28	27~63	7~40
脂肪	5~20	2~15	4~40
核酸	10~20	6~8	1
无机盐	2~30	3.8~7	6~12

与其他生物细胞的化学组成类似，微生物细胞主要由宏量元素（碳、氢、氧、氮、磷、

硫、钾、钙、镁、铁）及微量元素（锰、钴、锌、钼、镍、铜、硼、碘等）组成。宏量元素占细胞干重的95%以上（表5-2），其中碳、氢、氧、氮、磷、硫在微生物细胞构造上是十分重要的，是碳水化合物、脂质、蛋白质和核酸的组分。而钾、钙、镁、铁对微生物的生长也起着重要的作用（表5-3）。例如，钾（K^{+}）参与酶的活动，钙（Ca^{2+}）除了发挥其他功能外还与细菌内生孢子的耐热性相关。镁（Mg^{2+}）作为许多酶的辅助因子，与ATP复合从而稳定核糖体和细胞膜。铁（Fe^{2+}和Fe^{3+}）是电子传输过程中参与ATP合成的一些分子的组成部分等。微量元素虽然在细胞中含量很低，但是通常是酶的一部分和辅助因子，它们有助于催化反应和维持蛋白质结构。例如，锰（Mn^{2+}）有助于酶催化磷酸盐的转移，钴（Co^{2+}）是维生素B_{12}的成分之一。锌（Zn^{2+}）存在于某些酶的活性位点，也可以与多聚体蛋白质的不同亚基发生联系。

表5-2　微生物细胞中几种主要元素的相对含量　单位:%干重

主要元素	细菌	酵母菌	霉菌
C	50.0	49.8	49.7
N	15.0	12.4	5.2
H	8.0	6.7	6.7
O	20.0	31.1	40.2
P	3.0	—	—
S	1.0	—	—

表5-3　部分无机元素的来源及其生理功能

元素	来源	生理功能
p	PO_4^{3-}	核酸、核苷酸、磷脂组分，参与能力转移，缓冲pH
S	SO^{2-}、H_2S、S、$S_2O_3{}^{2-}$有机硫化物	参与含硫氨基酸、辅酶A、生物素、硫辛酸的组成，硫化细菌的能源，硫酸盐还原细菌代谢中的电子受体
Mg	Mg^{2+}	许多酶的激活剂，组成光合菌中的细菌叶绿素
K	K^{+}	酶的激活剂，物质运输
Ca	Ca^{2+}	酶辅助因子，激活剂，细菌芽孢的组分
Fe	Fe^{2+}、Fe^{3+}	细胞色素组分，Fe^{2+}是铁细菌的能源，酶辅助因子，激活剂
Mn	Mn^{2+}	酶辅助因子，激活剂
Zn	Zn^{2+}	参与醇脱氢酶、醛缩酶、RNA聚合酶及DNA聚合酶活动
Na	Na^{+}	嗜盐菌所需
Cu	Cu^{2+}	细胞色素氧化酶所需

微生物细胞中的化学元素随着微生物种类不同、菌龄、培养条件等的不同而存在差异。如霉菌的含氧量比细菌、酵母菌高，而细菌、酵母菌的含氮量比霉菌高。在特殊生长环境中的微生物细胞内会富集少量特殊化学元素，如铁细菌细胞内积累较高的铁，硅藻在外壳中积累硅、钙等化学元素。

第二节　微生物的营养物质及生理功能

微生物需要不断从外部环境中吸取所需要的各种营养物质，合成自生的细胞物质和提供机体进行各种生理活动所需要的能量，才能使机体进行正常的生长与繁殖，保证其生命的连续性，并进一步合成有益的各种代谢产物。微生物所需要的营养物质因种类和个体的不同而有千差万别，但是按照生理作用的不同可以将其分为6种，即碳源、氮源、生长因子、无机盐、水和能源。

一、碳　　源

碳源（carbon source）是指能够被微生物用来构成细胞物质或代谢产物中碳架来源的营养物质。碳源在微生物体内通过一系列复杂的化学变化合成细胞物质和一些代谢产物并为机体提供生理活动所需要的能量。综观整个微生物界，微生物所能利用的碳源种类远超过动植物，至今人类已发现的能被微生物利用的含碳有机物有700多万种。

微生物能利用的碳源的种类及形式极其多样（表5-4），既有简单的无机碳源（CO_2、碳酸盐等），也有复杂的有机碳源（糖与糖的衍生物、醇类、有机酸、脂类、烃类、芳香族化合物以及各种含氮的有机化合物）。必须利用有机碳源的微生物称为异养微生物，大多数微生物属于这类，其最适碳源是“C·H·O”型，主要从有机化合物糖类、醇类、脂类、有机酸、烃类、蛋白质及其降解物获得碳源。在微生物的碳源中糖类是最广泛利用的碳源，但微生物对不同糖类的利用也有差别。其利用顺序一般为单糖优于双糖和多糖，己糖优于戊糖，葡萄糖、果糖优于甘露糖、半乳糖；在多糖中，淀粉明显优于纤维素或几丁质，同型多糖则优于杂多糖（如琼脂）和其他聚合物（如木质素）等。除糖类外，易于被微生物利用的是醇类、醛类、有机酸类和脂类等。微生物的种类不同，对各种碳源的利用能力也不相同，少数微生物能广泛利用各种不同类型的碳源，如假单胞菌属中的有些菌可利用90种以上的含碳化合物。少数微生物利用碳源物质的能力极为有限，如某些甲基营养型细菌只能利用甲醇或甲烷进行生长。自养微生物能利用CO_2或碳酸盐等无机碳源作为唯一碳源或主要碳源，将CO_2逐步合成细胞物质和代谢产物。这类微生物在同化CO_2的过程中需要日光提供能量，或者从无机物的氧化过程中获得能量。

对于微生物进行培养发酵时，实验室中常用碳源主要有葡萄糖、果糖、蔗糖、淀粉、甘露醇、甘油等。而发酵工业中主要采用糖类物质，如饴糖、谷类淀粉（大麦、小麦、玉米、大米等）、薯类淀粉（甘薯、马铃薯、木薯等）、野生植物淀粉，以及麸皮、米糠、酒糟、废糖蜜等，这些物质其成分以碳源为主，但也包含其他营养成分。目前研究以纤维素、石油、CO_2和H_2等作为碳源和能源来培养微生物也取得了显著进展。

表 5-4　　微生物利用的碳源

种类	碳源物质	备注
糖	葡萄糖、果糖、麦芽精、蔗糖、淀粉、半乳糖、乳糖、甘露糖、纤维二糖、纤维素、半纤维素、甲壳素、木质素等	单糖优于双糖，已糖优于戊糖，淀粉优于纤维素，纯多糖优于杂多糖
有机酸	糖酸、乳酸、柠檬酸、延胡索酸、低级脂肪酸、高级脂肪酸、氨基酸等	与糖类比效果较差，有机酸较难进入细胞，进入细胞后会导致 pH 下降。当环境中缺乏碳源物质时，氨基酸可被微生物作为碳源利用
醇	乙醇	在低浓度条件下被某些酵母菌和醋酸菌利用
脂	脂肪、磷脂	主要利用脂肪，在特定条件下将磷脂分解为甘油和脂肪酸而加以利用
烃	天然气、石油、石油馏分、石蜡油等	利用烃的微生物细胞表面有一种由糖脂组成的特殊吸收系统，可将难溶的烃充分乳化后吸收利用
CO_2	CO_2	为自养微生物所利用
碳酸盐	$NaHCO_3$、$CaCO_3$、白垩等	为自养微生物所利用
其他	芳香族化合物、氰化物、蛋白质、肽、核酸等	当环境中缺乏碳源物质时，可被微生物降解。利用这些物质的微生物在环境保护方面有重要作用

二、氮　源

氮源（nitrogen source）是指在微生物生长过程中构成微生物细胞或代谢产物中氮素来源的营养物质，其生理功能是用于合成细胞物质和代谢产物中的含氮化合物（如蛋白质和核酸），一般不作为能源。只有少数自养微生物能利用铵盐和硝酸盐作为氮源的同时还可作为能源。

与碳源相似，微生物能利用的氮源种类也是十分广泛的。氮源物质包括蛋白质及胨、肽、氨基酸等降解产物、尿素、尿酸、铵盐、硝酸盐、亚硝酸盐、分子态氮、嘌呤、嘧啶、脲、胺、酰胺、氰化物等（表 5-5），可以将其分为三类：

（1）空气中分子态的氮　只有少数具有固氮能力的微生物能利用（如固氮菌、根瘤菌）。

（2）无机氮化合物　如铵态氮（NH_3^+）、硝态氮（NO_3^-）。大多数微生物（氨基酸自养型微生物）可以利用，将无机氮源合成所需要的氨基酸。

（3）有机氮化合物　包括尿素、胺、酰胺、嘌呤、嘧啶、蛋白质及其降解产物，大多数寄生性微生物和一些腐生性微生物（氨基酸异养型微生物），需要有机氮化合物为必需的氮源。

不同微生物对氮源的利用差别很大。铵盐和硝酸盐几乎可被所有微生物吸收利用，固氮微生物能以空气中氮分子作为唯一氮源，也能利用化合态的有机和无机氮。霉菌和少数细菌具有蛋白质分解酶，能以蛋白质或蛋白胨作为氮源。

实验室中常用的氮源有硫酸铵、硝酸盐、尿素及牛肉膏、蛋白胨、酵母膏、多肽、氨基酸等。在发酵工业中常用鱼粉、蚕蛹粉、黄豆饼粉、花生饼粉、玉米浆、酵母粉等作氮源。对于不同种类的氮源其作用及微生物对其利用方式不同，铵盐、硝酸盐等水溶性无机氮化物易被细胞吸收后直接利用，玉米浆、牛肉膏、蛋白胨等其所含的氨基酸也可通过转氨作用直接被机体利用，称为速效性氮源，这类氮源有利于菌体的生长。而豆粕中的氮主要以蛋白质形式存在，需降解成小分子的肽和氨基酸后才能被微生物吸收利用，称为迟效性氮源，其有利于代谢产物的形成。

表 5-5　　微生物利用的氮源

种类	氮源物质	备注
蛋白质类	蛋白质及其不同程度的降解产物（胨、肽、氨基酸等）	大分子蛋白质难进入细胞，一些真菌和少数细菌能分泌胞外蛋白酶，将其降解利用，而少数细菌只能利用蛋白质降解产物
氨基铵盐	NH_3、$(NH_4)_2SO4$ 等	易被微生物吸收利用
硝酸盐	KNO_3 等	易被微生物吸收利用
分子氮	N_2	固氮微生物可利用，但当环境中有化合态氮源时，固氮微生物就失去固氮能力
其他	嘌呤、嘧啶、脲、胺、酰胺和氰化物	可不同程度地被微生物作为氮源利用。大肠杆菌不能以嘧啶作为唯一氮源，在氮限量的葡萄糖培养基上生长时，可通过诱导作用先合成分解嘧啶的酶，然后再分解并利用嘧啶

三、无 机 盐

无机盐是除碳源、氮源以外为微生物生长提供的各种必需矿物元素。无机盐在调节微生物生命活动中起着重大作用，包括构成细胞的组成成分，维持生物大分子和细胞结构的稳定性；参与酶的组成，作为酶活性中心的组分，以及作为酶的辅助因子和激活剂；调节并维持细胞渗透压、pH 和氧化还原电位；作为某些自养微生物的能源物质和无氧呼吸时的氢受体。

微生物生长繁殖所需要的无机盐（mineral salts）一般是金属离子的化合物，按照其需要量的不同，可分为 S、P、K、Na、Ca、Mg、Fe 等常量元素（所需浓度 10^{-4} ~ 10^{-3} mol/L）和 Cu、Zn、Mn、Mn、Co、Ni、Sn、Se 等微量元素（所需浓度 10^{-8} ~ 10^{-6} mol/L）。部分矿物元素的来源及生理功能见表 5-3。如果微生物在生长过程中缺乏微量元素，会导致细胞生理活性降低，甚至使其停止生长。过量供应会有毒害作用，故供应的微量元素一定要控制在正常浓度范围内，而且各种微量元素之间要有恰当的比例。

四、生长因子

生长因子（growth factor）是微生物生长不可缺少的微量有机物质，其本身不能合成或合成量不足以满足机体生长需要。生长因子与碳源、氮源不同，它们既不提供能量，也不参与细胞的结构组成，而是作为一种辅助性的营养物质。各种微生物需求的生长因子的种类和数量不尽相同。根据生长因子的化学结构及其在机体内的生理作用，可将其分为维生素、氨基酸、嘌呤或嘧啶三大类。

（一）维生素类

维生素是最先被发现的生长因子，它作为酶的辅基或辅酶成分来参与新陈代谢。虽然一些微生物能合成维生素，但许多微生物仍然需要外界提供才能生长。

（二）氨基酸类

许多微生物缺乏合成某些氨基酸的能力，必须在培养基中补充这些氨基酸才能使微生物正常生长。不同微生物合成氨基酸的能力相差很大。大肠杆菌（*E. coli*）能合成自身所需的全部氨基酸，不需外源补充，而伤寒沙门氏菌（*Salmonella typhi*）能合成所需大部分氨基酸，仅需补充色氨酸，肠膜明串珠菌（*Leuconostoc mesenteroides*）需要补充 17 种氨基酸和多种维生素才能生长。

（三）嘌呤、嘧啶及其衍生物

嘌呤和嘧啶的主要生理功能是作为合成核苷、核苷酸和核酸的原料，以及作为酶的辅酶或辅基的成分。多数微生物的生长需要嘌呤和嘧啶，有些微生物甚至需要供给核苷或核苷酸才能正常生长，这是因为其不仅缺乏合成嘌呤和嘧啶的能力，而且不能将它们正常结合到核苷酸上。

生长因子虽是一种重要的营养要素，但微生物获得生长因子的方式不一样（图 5-1）。

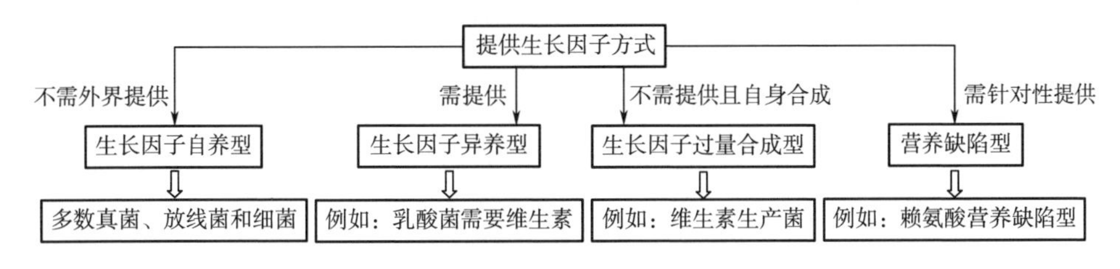

图 5-1　微生物与生长因子的关系

实验室中常用酵母膏、蛋白胨、牛肉膏等满足微生物对各种生长因子的需要，也可使用天然培养基麦芽汁、米曲汁、玉米浆等作为生长因子的来源添加到其他培养基中。

五、水

水作为微生物体内外的溶剂，绝大多数营养成分的溶解、吸收及代谢废物的排泄都需要水。水能够供给微生物 H 和 O 元素，且是微生物细胞的重要组成成分；水使原生质保持溶胶状态，保证了代谢活动的正常进行；水是物质代谢的原料，加水反应过程必须有水参与；同时水又是热的良好导体，能有效吸收、分散代谢过程中释放的热量，从而有效控制细胞内的温度变化。

微生物只有在水分活度（A_w）适宜的环境中，才能进行正常的生命活动。不同的微生物生长都有水分活度适应范围及最适水分活度。如果微生物生长环境的 A_w 大于菌体生长的最适 A_w，细胞就会吸水膨胀，甚至引起细胞破裂。反之，如果环境 A_w 小于菌体生长的最适 A_w，则细胞内的水分就会外渗，造成质壁分离，使细胞代谢活动受到抑制甚至引起死亡。一般细菌生长最适 A_w 比酵母菌、霉菌高，为 0.93~0.99；其次是酵母菌，其生长最适 A_w 多数在 0.88~0.91；霉菌比其他微生物更耐干燥，生长最适 A_w 通常在 0.80 左右。不同类群微生物的生长最低 A_w 范围见表 5-6。但是同一种微生物在不同的生长时期对 A_w 的要求会有所不同，且在不同溶质 pH、温度条件下生长所需的最低 A_w 也有所不同。例如霉菌生长时要求的 A_w 比孢子萌发时高，灰绿曲霉（*Aspergillus glaucus*）生长所需的 A_w>0.85，而孢子萌发时要求的 A_w 最低为 0.73。

表 5-6　　不同微生物生长的最低 A_w 范围

微生物类群	最低 A_w
大多数细菌	0.94~0.99
大多数酵母菌	0.88~0.94
大多数霉菌	0.73~0.94
嗜盐细菌	0.75
干性霉菌	0.65
嗜渗透压酵母	0.60

六、能　　源

能源是为微生物的生命活动提供最初能量来源的物质。微生物能利用的能源因种类的不同而不同，主要是化学物质（包括无机物和有机物）或光能。利用还原态的无机物质（例如 NH_4^+、NO_2^-、S、H_2S、H_2 和 Fe^{2+}等）作为能源的微生物称为化能自养微生物，包括硝化细菌、硫化细菌、氢细菌和铁细菌等。而化能异养微生物的能源就是其碳源。光能是光能自养微生物和光能异养微生物的能源。

第三节　微生物对营养物质的吸收方式

微生物营养物质的吸收和代谢产物的排出，都是依靠微生物细胞表面的扩散、渗透、吸收等作用来完成的。环境中的营养物质只有被吸收到细胞内才能被微生物利用，而营养物质进入微生物细胞的过程是一个复杂的生理过程。

微生物的细胞壁能阻挡分子质量>600u 的溶质进入，是营养物质进入细胞第一屏障。大分子的营养物质要想进入细胞壁必须首先被分解为小分子。另外，微生物在生长代谢过程中，进入细胞的物质一部分转变成细胞物质，另一部分转变成各种代谢产物。这些代谢产物必须及时分泌到细胞外，以保持机体内生理环境的相对稳定，保证机体能够正常生长。

细胞膜（原生质膜）是半渗透性膜，具有选择吸收的功能。细胞膜在控制营养物质进入细胞的作用中发挥着更为重要的作用。由于营养物质的多样性，细胞膜一般以四种方式控制物质的运送，即单纯扩散、促进扩散、主动运输和基团移位（图 5-2）。

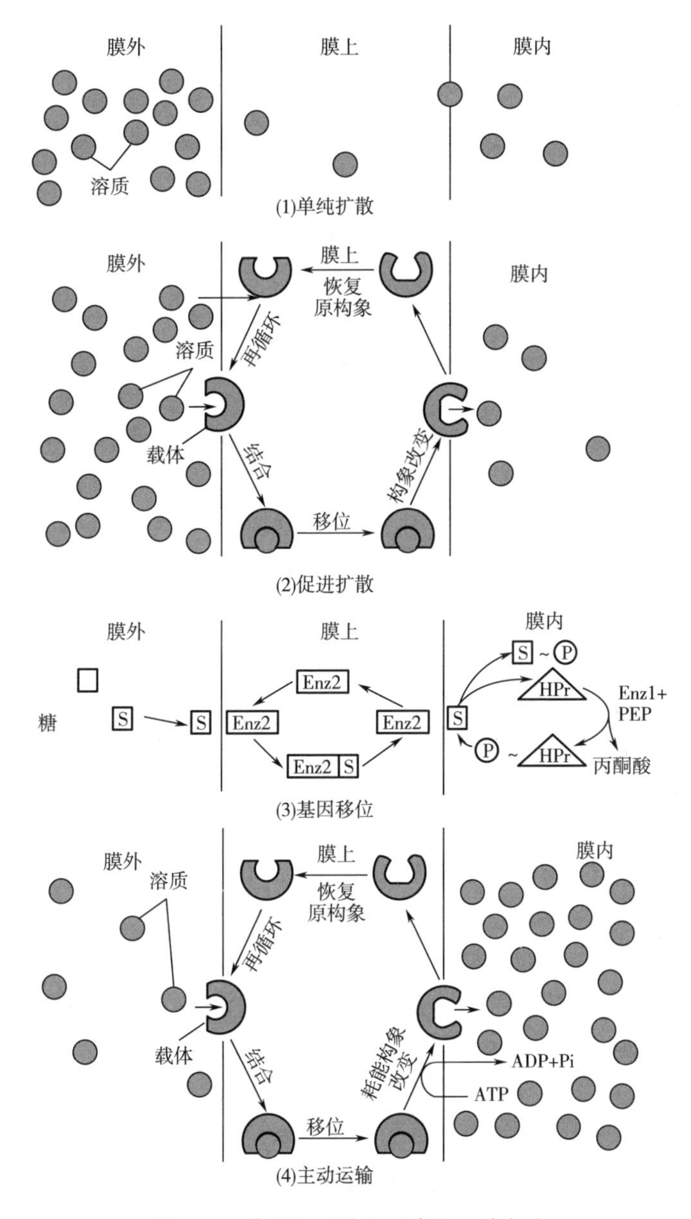

图 5-2　营养物质进入细胞的 4 种方式

一、单纯扩散

单纯扩散（simple diffusion）又称被动运输，是一种最简单的吸收营养物质的方式。营养物质由高浓度的胞外环境向低浓度的胞内环境扩散，通过细胞膜上的小孔进入微生物细胞。由于营养物质是依靠浓度差进行的物理扩散，不需要能量，营养物质也不与膜上的载体结合，当细胞内部和外部此物质浓度达到平衡时，扩散也达到动态平衡。

被动扩散的速度取决于其细胞内外之间的浓度梯度大小，故通过被动扩散获得足够的营养摄取需要大的浓度梯度。这种方式不是微生物细胞吸收营养物质的主要方式，只有一些相对分子质量小、脂溶性、极性小的营养物质，如气体分子（如 O_2、CO_2）、水、某些无机离子以及一些水溶性小分子（甘油、乙醇等）通过被动扩散进入细胞，而大分子、离子和极性物质必须通过其他机制进入细胞。

二、促进扩散

促进扩散（facilitated diffusion）的动力也是细胞内外营养物质的浓度差，但营养物质需要与细胞膜上的特异性载体蛋白结合形成复合物，借助于载体蛋白透过细胞膜进入细胞，从而大幅度提高其扩散速度。

促进扩散的特点是在运输物质过程中不需要代谢能，物质本身分子结构也不会发生变化，运送的速率随着细胞内外该物质浓度差的缩小而降低，直到膜内外浓度差消失，从而达到动态平衡。在此过程中需要细胞膜上专一性的载体蛋白——渗透酶（移位酶），它们大多是诱导酶，当外界存在所需的营养物质时，相应的渗透酶才会合成，每一种渗透酶能帮助一类营养物质的运输。这类载体蛋白的构象可以改变，当载体蛋白在膜的外侧时，它能与溶质分子结合，而在膜的内侧时载体可以改变构象并释放细胞内部的分子。载体随后变回其原始形状准备结合另一个分子。

在许多原核生物中促进扩散不是主要的吸收机制，因为通常在细胞外营养素的浓度较低，以致不能依靠促进扩散来吸收营养物质。而在真核细胞中各种糖和氨基酸的吸收是通过促进扩散方式完成的。

三、主动运输

前面介绍的单纯扩散和促进扩散都是将营养物质从高浓度环境运输到低浓度环境，而主动运输（active transport）可以进行逆浓度梯度的运送，因而可在低浓度的营养物环境中吸收营养物质，是微生物吸收营养物质的主要方式。

主动运输与促进扩散相似之处在于运输过程中同样需要载体蛋白，载体蛋白通过构象变化而改变与被运输物质之间的亲和力，使二者之间发生可逆性结合与分离，从而完成物质的跨膜运输。主动运输不仅需要特异性载体蛋白参与运送过程，而且需要提供能量（ATP 等）。所需能量来源因微生物不同而不同，好氧型微生物与兼性厌氧微生物直接利用呼吸能，厌氧型微生物利用化学能（ATP），光合微生物利用光能。

通过主动运输吸收的营养物质很多，主要有无机离子、有机离子（如谷氨酸、组氨酸及亮氨酸等氨基酸）和一些糖类（如乳糖、蜜二糖或葡萄糖）等。

四、基团移位

在四种跨膜输送方式中基团移位（group translocation）过程是最复杂的，需要由多种酶和特殊蛋白构成的复杂运输系统来完成物质运输。与主动运输相同，它可以完成逆浓度梯度的输送，在运送的过程中需要载体蛋白和能量（ATP 等），但是不同之处在于物质分子在运输过程中发生了化学结构的变化。

最常见的基团移位系统是磷酸烯醇式-己糖磷酸转移酶系统（phosphoenolpyruvate-sugar phosphotransferase system，PTS）。PTS 系统由磷酸烯醇式丙酮酸（PEP）、酶Ⅰ（EⅠ）、低分子热稳定蛋白（HPr）和酶Ⅱ（EⅡ）组成。酶Ⅰ是可溶性的细胞质蛋白，酶Ⅱ是一种结合于细胞膜上的蛋白，对底物具有特异性选择作用，细胞膜上可以诱导产生一系列与底物分子相应的酶Ⅱ。在运输过程中，在 EI 作用下，胞内高能化合物磷酸烯醇式丙酮酸 PEP 的磷酸基团将 HPr 激活传递到可溶性 EⅡ，EⅡ将一个糖分子运入胞内并将其磷酸化（图 5-3）。运输甘露醇的 PTS 中，EⅡA 附着在 EⅡB 上，而在葡萄糖的 PTS 中，二者是分开的。除此之外，EⅡ的几种组分还有其他的存在形式，例如 EⅡA 和 EⅡB 结合在一起形成一个可溶性复合物，而与膜上的复合物分开，即便如此，磷酸仍然是由 EⅡA传递给 EⅡB 后再转移到膜上复合物。

基团移位广泛存在于原核生物中，大肠菌属、沙门氏菌属和葡萄球菌属的细菌及其他兼性厌氧细菌具有 PTS，一些专性厌氧菌（如梭菌）也具有 PTS，芽孢杆菌属的某些种同时具有糖酵解和 PTS 系统。基团移位主要用于葡萄糖、果糖、甘露糖、蔗糖、*N*-乙酰葡萄糖胺、纤维二糖和其他碳水化合物的运输，脂肪酸、核酸、碱基等也可通过这种方式运输。

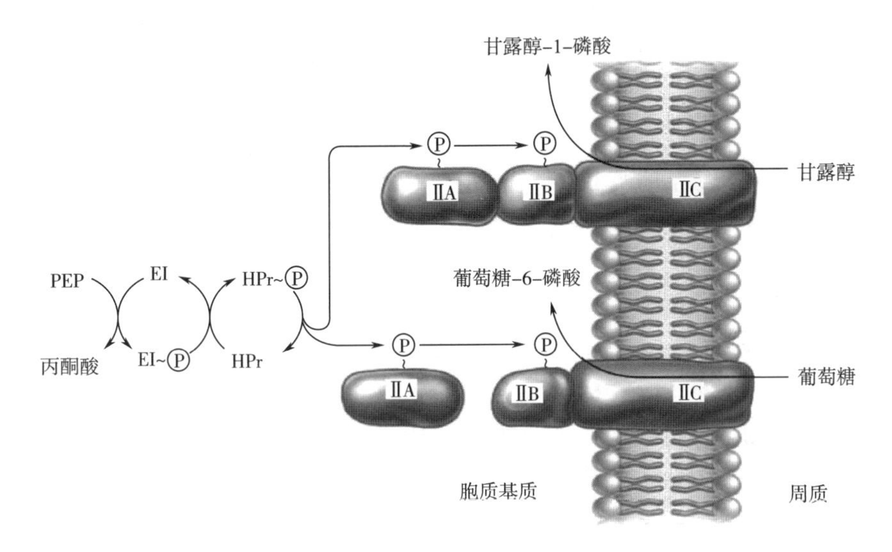

图 5-3　细菌 PTS 运输系统

营养物质进入细胞的四种跨膜输送方式不是互相矛盾的，实际上，一种或多种输送方式可能同时存在于一种微生物中，对不同的营养物质进行跨膜运输而互不干扰。

第四节 微生物的营养类型

微生物在生长过程中对营养物质的需求不同，根据这些不同的需求，可将它们分为不同的营养类型。根据微生物利用碳源的不同，可把微生物分为以 CO_2 为主要碳源或唯一碳源的自养型微生物和以有机物为主要碳源的异养型微生物。根据微生物利用能源的不同，可将其分为利用光能通过光化学反应产能的光能营养型和利用化合物通过氧化还原反应产能的化能营养型。根据电子来源不同，将微生物分成利用有机物作为电子来源的有机营养型与利用还原型无机物作为电子来源的无机营养型。根据合成氨基酸能力不同可以分为氨基酸自养型和氨基酸异养型，根据所需生长因子不同分为原养型和营养缺陷型等。

最普遍的分类方式是综合微生物生长所需碳源、能源和电子，将微生物营养类型划分为光能无机自养型、化能无机自养型、光能有机异养型和化能有机异养型（表 5-7）。至今已研究过的微生物中，光能无机自养型或化能有机异养型占大多数。相比之下，光能有机异养型和化能无机自养型微生物较少，但是它们常在生态学上非常重要。

一、光能无机自养型

光能无机自养型微生物以光为能源，以 CO_2 作为碳源，真核藻类、蓝细菌、紫硫细菌、绿硫细菌均属于此类型。其中藻类和蓝细菌以水为电子供体，并能释放氧，而紫硫细菌和绿硫细菌不能氧化水，而利用 H_2、H_2S 和 S 等无机物为电子供体。

二、化能有机异养型

化能有机异养型所需的能源、电子供体（氢供体）和碳源都来自有机物，这类微生物生长所需要的碳源主要是一些有机含碳化合物，如淀粉、糖类、纤维素、有机酸等。自然界中的原生动物、全部的放线菌和真菌、大多数非光合细菌（包括大多数致病菌）属于此类型。工业上应用的微生物绝大多数属于化能异养型微生物，它们以外界的有机化合物为碳源，在细胞内得到化学能和生物合成材料，实现生长繁殖。

按照微生物利用有机物的特点可将此类微生物分为腐生型和寄生型。腐生型微生物是从无生命的有机物获得营养物质，引起食品腐败变质的某些霉菌和细菌（如梭状芽孢杆菌、毛霉、根霉、曲霉等）就属这一类型。而寄生型微生物必须寄生在有生命的有机体内，从寄主体内获得营养物质才能生活，它们是引起人、动物、植物以及微生物病害的病原微生物，如病毒、噬菌体、立克次氏体。

三、光能有机异养型

光能有机异养型微生物通常生活在被污染的湖泊和河流中，可以利用光能并以有机物作为电子供体和碳源，如紫色非硫细菌、绿色非硫细菌。光能异养型微生物能利用低分子有机物迅速增殖，因此可用来处理废水。

四、化能无机自养型

化能无机自养型微生物以 CO_2 为碳源，通过氧化还原无机物（如 NH_3、H_2、NO_2、H_2S、S、Fe^{2+} 等）获得能源和电子用于生物合成。这类微生物仅限氢细菌、硫细菌、铁细菌、氯细菌和亚硝酸细菌 5 类细菌，其在产能过程中，都需要大量氧气参加，因此化能无机自养细菌大多为好氧菌。此类微生物在生态系中元素的化学转化过程中起着重要作用，如在氨转变为硝酸盐，以及硫转变成硫酸盐的过程中都有这类微生物的参与。

表 5-7　　微生物的营养类型

种类	光能无机自养型	光能有机异养型	化能无机自养型	化能有机异养型
能源	光	光	化学能（无机物）	化学能（有机物）
氢供体	无机物	有机物	无机物	有机物
碳源	CO_2	有机物（也可 CO_2）	CO_2	有机物

尽管某一特定微生物通常只属于上述四种营养类型中的一类，但某些微生物在代谢方面表现出很强的灵活性，会随环境条件的改变而改变其代谢类型。如氢细菌在完全无机营养的环境中，通过氢的氧化获取能量，同化二氧化碳，进行无机自养生活；而当环境中存在有机物时，可直接利用有机物而进行有机异养生活。例如紫色非硫细菌在有光和厌氧条件下生长时，可以利用光来还原 CO_2，这时它们属于光能自养型微生物，但当它们在有机物存在的条件时，又可以利用有机物与光能生长，此时它们属于光能异养型微生物。

第五节　培　养　基

微生物学的许多研究取决于在实验室培养和保存微生物的能力，而这必须借助于适宜的培养基。良好的培养基应包含微生物生长所需的营养要素（水分、碳源、氮源、无机盐和生长因子）和适宜的 pH、渗透压及氧化还原电位等，这样才可使微生物的生长和代谢达到最佳状态。

一、培养基配制的原则

（一）根据微生物的营养需要配制

不同的微生物对营养的需求不同，所以配制培养基时，首先要根据营养需要确定营养成分，综合考虑碳氮源的比例、pH、渗透压、生长因子需求、灭菌方法等，配制出适宜的培养基。

配制实验室培养用培养基时可尽量按天然培养基的要求来配制。配制微生物的生理、代谢或遗传等研究用培养基时应考虑配制合成培养基。配制种子培养基时营养成分应丰富些，尤其氮源的比例应高，还应考虑种子培养基中加入生产培养基中的某些成分。配制发酵工业生产用培养基则既要考虑成本，又要提供丰富的营养。若是发酵积累主流代谢产物，要根据代谢产物的特点设计培养基，如生产有机酸或醇类时，培养基中碳源的比例应高些，如生产氨基酸类代谢产物时，培养基中氮源的比例就应高些。发酵积累次生代谢产物，如抗生素、维生素等，还应考虑是否需要加入特殊元素（如维生素 B_{12} 中的 Co）或特定前体物质（如生产苄青霉素时加入苯乙酸）。

（二）营养物质的浓度和配比适宜

当微生物生长所需营养物的浓度比例合适时微生物才会良好生长，否则会抑制其生长。在大多数化能异养菌的培养基中，各营养物质间的比例大体符合以下规律：H_2O>（C+能源）>N 源>P、S>K、Mg>生长因子，并且碳氮源的比例（C/N）十分重要。一般培养基的 C/N 为 100/（0.5~2）；谷氨酸发酵培养基的 C/N 为 100/（11~21），放线菌蛋白酶培养基的 C/N 为 100/（10~20）。

不同的碳源和氮源种类对微生物生长代谢也有影响。快速利用的碳源能较快地参与微生物的代谢和菌体合成，有利于微生物的生长，但有些分解代谢产物往往对目的产物的合成起阻遏作用。而缓慢利用的碳源大多为聚合物（如淀粉），被菌体利用缓慢，但有利于延长代谢产物的合成时间。因此，选择合适的碳源对提高代谢产物的产量非常重要。在工业上，为了调节控制菌体的生长和产物的合成，发酵培养基中通常采用一定比例的快速利用碳源和缓慢利用碳源的混合物。氮源中氮基态氮的氨基酸（或硫酸铵等）和玉米浆等为快速利用的氮源（速效氮源），其易被菌体摄取代谢而有利于菌体生长，但对某些代谢产物的合成，尤其是对某些抗生素的合成产生负调节作用而影响其产量。黄豆饼粉、花生饼粉、棉籽饼粉等是缓慢利用的氮源（迟效氮源），其有利于延长次级代谢产物的分泌期，提高产物的产量。但其一次性投入会导致菌体细胞过早衰老而自溶，从而缩短产物的分泌期。因此发酵培养基一般选用速效氮源和迟效氮源的混合物。

（三）考虑最适的物理化学条件

各种微生物均有最适的生长 pH 范围，细菌最适 pH 在 7.0~8.0，酵母菌在 3.8~6.0，霉菌则在 5.0~5.8，放线菌在 7.5~8.5。将培养基的 pH 控制在适宜的范围之内，才能以利于微生物的生长繁殖或代谢产物的积累。且微生物生长繁殖的过程中会产生引起培养基 pH 改变的代谢产物，如不加以调节就会抑制生长或发酵，因而配制培养基时可以通过在培养基内添加缓冲剂或不溶性的碳酸盐（K_2HPO_3、KH_2PO_3 和 $CaCO_3$ 等）进行调节。此外也可以不断流加醛液或碱液来调节培养基 pH 的变化。

培养基的渗透压需要考虑，在低渗溶液中微生物细胞会吸水膨胀破裂，在高渗溶液中会发生质壁分离，均不利于微生物的生长。此外水分活度、溶液中氧化还原电位对微生物的生长都有影响。

（四）培养基应无菌

因为培养基中含有丰富的营养物质，因此配制后应彻底杀灭培养基中的杂菌，以利于后期目的微生物的纯培养。

（五）遵循经济节约原则

能满足微生物培养要求的前提下，尽可能选用价格低廉、资源丰富的材料作为培养基成分。应考虑以粗代精、以简代繁、以野生原料代替栽培植物原料。回收利用工农业生产中废弃物作为微生物培养基的原料更好。

二、培养基的种类

培养基种类很多，根据使用目的、营养成分以及物理状态等不同可以将其分成若干类型，以适应不同的需要。

（一）根据培养基化学成分分类

1. 合成培养基

合成培养基是完全用已知化学成分且纯度很高的化学药品配制而成的培养基，仅适用于做一些科学研究，如培养真菌的察氏培养基。合成培养基的优点是化学成分精确、重复性强；缺点是价格较贵、配制烦琐、微生物生长缓慢。

2. 半合成培养基

半合成培养基是用已知化学成分的试剂配制，同时又添加某种或几种天然成分，或者在天然成分中加入一种或几种已知成分的化学药品制成的培养基。如一般用于培养霉菌的马铃薯蔗糖培养基就属于半合成培养基。其优点是能适于大多数微生物的生长代谢，且操作简便、来源方便、价格较低。实验室和生产中使用的培养基大多数都属于半合成培养基。

3. 天然培养基

天然培养基是指用天然有机物质配制而成的培养基，常用的天然有机物有牛肉膏、蛋白胨、麦芽汁、豆芽汁、麸皮、牛乳等。实验室常用于培养酵母菌的麦芽汁培养基就属于此类培养基。天然培养基的优点是营养丰富、来源广泛、价格低廉，但其化学成分不清楚或不稳定，故只适合于一般实验室中菌种培养和工业上为提取某些发酵产物的培养基。

（二）根据培养基的功能分类

1. 基本培养基

基本培养基是指野生型微生物能生长，而有特殊营养需求的营养缺陷型微生物不能生长的培养基。这类培养基一般是合成培养基，主要用于筛选营养缺陷型突变体。

2. 基础培养基

基础培养基又称完全培养基，含有微生物生长繁殖所需的基本营养物质。基础培养基可作为某些特殊培养基的预制培养基，加入一些微生物的特殊营养物质要求就可以构成不同用途的其他培养基。牛肉膏蛋白胨培养基就是常用的基础培养基。

3. 加富培养基

加富培养基是指依据微生物特殊营养要求，在基础培养基中加入某些特殊需要的营养成分配制而成的营养丰富的培养基。一般用于培养对营养要求比较苛刻的微生物。在培养致病微生物时常采用加入血液、血清或动植物组织液等的加富培养基。富集和分离微生物时采用加富培养基更有利于欲分离目标微生物的生长繁殖从而达到分离的目的。

4. 选择培养基

选择性培养基用于从混杂的微生物群落中选择性地分离某种微生物，是根据某一类微生物特殊的营养需求配制而成，或加入某种物质以抑制非目的微生物生长繁殖的培养基。在配制培养基时添加某种特定成分为培养基主要或唯一的营养物，就可以分离能利用此营养物的微生物。如把纤维素作为选择培养基的唯一碳源，凡能在该培养基上生长繁殖的微生物即为能利用纤维素的微生物。在培养基中加入微生物生长抑制剂抑制非目的微生物，就可以从混杂的微生物群体中分离目标微生物。如在选择培养基中加入青霉素以抑制细菌，从而分离霉菌与酵母菌；加入抗生素的选择培养基可以筛选带有抗生素标记的基因工程菌株。

5. 鉴别培养基

鉴别培养基是指培养基中加入某种化学药品，使微生物经培养后呈现明显表观差别而得以快速鉴别，主要用于微生物的分类鉴定和分离或筛选某种代谢产物的产生菌株。最常见的鉴别培养基是伊红美蓝乳糖培养基，在食品的细菌学检验以及遗传学研究上有着重要的用途。在这种培养基上，大肠杆菌发酵乳糖产酸，菌体带 H^+，故可染上酸性染料伊红，又因伊红与美蓝结合，所以大肠杆菌形成带有金属光泽的深紫黑色菌落。

（三）根据培养基物理状态分类

1. 液体培养基

液体培养基是指呈液体状态的培养基。其营养成分分布均匀，无论在实验室是生产实践中，液体培养基被广泛应用，适用于微生物生理代谢研究，也适用于现代化大规模食品发酵生产。尤其是工业生产上，液体培养基被用于培养微生物细胞或获得代谢产物等。

2. 半固体培养基

液体培养基中加入少量凝固剂而制成的坚硬度较低的培养基。一般常用 0.2%～0.7%的琼脂。半固体培养基在微生物研究工作中有许多用途，如穿刺接种观察被培养微生物的运动性，双层平板法检测噬菌体的效价，各种厌氧菌的培养以及菌种保藏等。

3. 固体培养基

固体培养基是指外观呈固体状态的培养基。在液体培养基中添加琼脂、明胶等可逆凝固剂可以制作固体培养基，其特点为遇热可融化、冷却后则凝固。琼脂的用量一般为 1.5%～2%，明胶的用量一般为 5%～12%。而医药微生物分离培养中常用的血清培养基及化能自养细菌分离、纯化用硅胶培养基等凝固后是不可再融化的，属于非可逆性凝固培养基。还有一些固体培养基由天然固态营养基质制备而成的，如培养真菌用的米糠、木屑、纤维素、稻草粉等配制成的固体培养基。

固体培养基在科学研究和生产实践上应用很广，可用于菌种的分离、鉴定、菌落计数、菌种保藏等。

4. 脱水培养基

脱水培养基又称预制干燥培养基，是指含有除水以外的一切成分的商品培养基。使用时只要加入适量水分并加以灭菌即可。其特点是成分精确、使用方便。

（四）根据培养微生物种类及营养类型分类

根据所需培养的微生物种类可区分为：细菌培养基、酵母菌培养基、放线菌和霉菌培养基等。

根据微生物的营养类型也可以将培养基进行分类，常用的异养型细菌培养基是牛肉膏蛋白胨培养基；常用的自养型细菌培养基是无机的合成培养基；常用的酵母菌培养基为麦芽汁培养基；常用的放线菌培养基为高氏 1 号合成琼脂培养基；常用的霉菌培养基为察氏合成培养基。

CHAPTER 6

第六章 微生物的生长及影响生长的因素

第一节　微生物的生长繁殖及测定方法

一、微生物的生长

（一）微生物生长的概念

微生物细胞在合适的外界环境条件下，不断吸收营养物质，并按其自身的代谢方式进行新陈代谢。若同化作用大于异化作用，即合成作用超过分解作用时，细胞的原生质总量（包括质量、体积、大小）就会不断增加，称为生长。生长达到一定程度，由于细胞结构的复制与再生，细胞开始分裂，使个体数目增加，即称为繁殖。若异化作用大于同化作用，即大分子分解速度超过合成速度时，细胞便趋于衰亡。由此可知，生长是逐步发育的量变过程，繁殖则是产生新的生命个体的质变过程。从生长到繁殖是微生物细胞经历的一系列从量变到质变的过程，即为发育。群体中各个个体的生长和繁殖，构成了群体生长。

即：　个体生长→个体繁殖→群体生长

群体生长=个体生长+个体繁殖

与高等生物不同的是，对于低等微生物细胞而言，生长和繁殖是紧密联系的过程。因此，除特定目的外，在研究微生物生长时，常将两个过程放在一起进行讨论，即微生物学中提到的“生长”一般指群体生长。

不同微生物细胞的生长周期是完全不同的，它与很多因素有关，如微生物的遗传特性、营养条件、所处环境等。因此，可将微生物生长繁殖情况作为研究各种生理、生化、遗传等问题的重要指标。不同培养目的，其对微生物生长的要求也不尽相同。如在发酵工业中，常需为微生物提供最适条件，以利于其生长、繁殖和发酵；但在食品加工和贮藏中，常需要选择最佳灭菌方法和抑制微生物生长的方法来消除或减缓微生物在食品中的生长和繁殖，达到保证食品安全、延长货架期的目的。

（二）微生物生长量的测定

通过检测微生物的生长可以客观地评价培养条件、营养物质等对微生物生长的影响，或评价不同抗菌物质对微生物产生的抑制或灭活效果。因此，测定微生物生长情况在理论和实践上都有重要的意义。

测定微生物生长量的方法有很多，可用于一切微生物，一般常根据研究目的和条件选择适宜的测定方法。

1. 直接法

（1）体积法 该方法适用于初步的比较，是一种较为粗放的方法。例如，可将待测微生物培养液放在有刻度的离心管进行一定时间的自然沉降或适当离心，然后观察微生物细胞沉降的体积。该方法简单可行，利于直接观察结果。

（2）干重法 一般微生物细胞的菌体干重是湿重的10%~20%，可采用离心法或过滤法测定。

①离心法：将待测培养液放入离心管中，离心洗涤3~5次后，收集并干燥菌体沉淀。干燥温度可采用100℃或105℃，可采用红外线烘干，也可在较低温度（80℃或40℃）下进行真空干燥，然后称干重。

②过滤法：如丝状真菌可用滤纸过滤，细菌可用醋酸纤维膜等滤膜过滤。过滤后，细胞用少量水洗涤，然后再在40℃或80℃条件下真空干燥，称干重。

2. 间接法

（1）比浊法 微生物菌体在其生长时，由于原生质及菌体数量的增加，会使培养液的浊度增高。最古老的方法是采用McFarland比浊管，用不同浓度$BaCl_2$与稀H_2SO_4配制形成10个浓度梯度的$BaSO_4$溶液，分别代表10个相对的细菌浓度（预先用相应的细菌测定）。在透射光下，用肉眼将待测菌液与某一比浊管比较，若两者透光度相近，则可目测该菌液的大致浓度。

精确测定时，可采用分光光度计测定。在可见光为450~650nm的波段均可测定。如要对某一培养物内的菌体生长做定时跟踪，可采用侧壁三角烧瓶来进行。测定时，只要把瓶内的培养物倒入侧壁管中，然后将此管插入待测的光电比色计的比色座孔中，即可随时检测微生物菌体的生长情况，无须取样。

（2）生理指标法 与微生物生长量相平行的生理指标较多，均可用于作为检测微生物生长量的相对指标。

①含氮量：蛋白质作为细胞的主要成分，含量比较稳定，其中氮是蛋白质的重要组成元素。检测含氮量时，可从一定体积的样品中分离出细胞，洗涤后，按凯氏定氮法测出总氮量。大多数细菌的含氮量是其干重的12.5%，酵母菌为7.5%，霉菌为6.0%。微生物细胞的含氮量乘以6.25即为其粗蛋白的含量，然后再换算为生物量。该方法适用于细胞浓度较高的样品，因其操作过程较为烦琐，主要用于科学研究之中。

②含碳量：微生物进行新陈代谢时，必然要消耗或产生一定量的物质，可用其来表示微生物的生长量。一般生长旺盛时消耗的物质多，积累某种代谢产物也相应增加。可将少量干重为0.2~2.0mg的生物材料混入1mL水或无机缓冲液中，用2mL 2%重铬酸钾溶液在100℃下加热30min，冷却后，加水稀释至5mL，在580nm波长下测定吸光度（用试剂做空白对照，并用标准样品作标准曲线），即可推算出生长量。

③测定其他物质含量：其他物质包括磷、DNA、RNA、ATP和*N*-乙酰胞壁酸等的含量，以及产酸、产气、产CO_2（用标记葡萄糖作基质）、呼吸强度、耗氧量、酶活力、生物热等

指标，均可用于生长量的测定。

三磷酸腺苷（ATP）生物发光法目前广泛用于食品加工条件快速评价和食品微生物快速检测中，同时在危害分析和关键控制点管理中也被用于关键控制点的检测。该方法可在几分钟内获得检测结果，且便携式的荧光光度计使用方便，适合现场检测，既可用于微小污染物水平的检测，也可用于食品加工设备及其表面清洁度的检测。

3. 计数法

计数法通常用来测定样品中所含细菌、酵母菌等单细胞状态的微生物或丝状微生物所产生的孢子的数量。该方法又分为直接计数法和间接计数法两类。

（1）直接计数法　直接计数法是利用特定的细菌计数板或血细胞计数板，将一定稀释度的菌悬液加到计数板的计数室内，在显微镜下计算一定容积里菌悬液中微生物的数量。此法的优点是简便、快捷，缺点是不能区分死菌与活菌，所以又称总菌计数。计数板是一块特制的载玻片，上面有一个特定的面积 $1mm^2$ 和高 0.1mm 的计数室，在 $1mm^2$ 的面积里又被分为 25 个（或 16 个）中格，每个中格进一步划分成 16 个（或 25 个）小格，计数室都是由 400 个小格组成。

将稀释的样品滴在计数板上，盖上盖玻片，然后在显微镜下计算 4~5 个中格的细菌数，并求出每个小格所含细菌的平均数，再按下面公式求出每毫升样品所含的细菌数。

$$每毫升原液所含细菌数 = 每小格平均细菌数 \times 400 \times 10000 \times 稀释倍数$$

为了区别死活细胞，可采用特殊染色方法对活菌进行染色后计数，如美蓝染色法对酵母菌染色后，光学显微镜下观察活菌为无色，死菌为蓝色；细菌经吖啶染色后，在紫外光显微镜下可观察到活细胞发出橙色荧光，死细胞发出绿色荧光，可分别进行活菌和总菌的计数。

此外，还有一种较为粗放的比例计数法。将已知颗粒（如霉菌的孢子或红细胞等）浓度的液体与待测细胞浓度菌液按一定比例混合均匀，镜检各自的数目，求出未知菌液的细胞浓度。

（2）间接计数法　间接计数法是一种活菌计数法，其原理是活菌在液体培养基中生长繁殖使液体浑浊，在固体培养基中形成肉眼可见的菌落，然后计数活菌的方法。

①平板菌落计数法：根据国家标准方法，将待测样品经一系列 10 倍梯度稀释后，选择连续三个稀释度的菌悬液，通过倾注法或涂布法对平板中的菌落总数进行计数。倾注法是将适宜稀释度的一定量的样品与固体培养基混匀，凝固后培养，每个活细胞就可形成一个单菌落，即“菌落形成单位”（colony forming unit，CFU）。计数平板上出现菌落后，根据国标方法计算菌落数，再与样品稀释倍数相乘，即可计算出样品的菌落总数。涂布法是将一定量适宜稀释度样品接种于凝固的固体培养基上，后续方法同倾注法。该法的优点是检测结果比较精确，缺点是方法烦琐，获得检测结果的时间长。目前，国内外已经出现多种微型、快速、商品化的菌落计数纸片或密封琼脂板，其原理是在培养基中加入指示剂 2，3，5-氯化三苯基四氮唑（TTC），它可使菌落在很微小时就染为玫瑰红色；法国生物-梅里埃基团公司还开发了细菌总数快速测定仪，但设备成本高。

②液体稀释法：对未知样品进行 10 倍系列稀释。各取适宜的 3 个连续稀释度的稀释液 3mL，接种到 3 组共 9 支液体培养基试管中，每管接入 1mL，培养一定时间后，记录每个稀释度出现生长的试管数，然后查最近似数（most probable number，MPN）表，根据样品的稀

释倍数可计算出其中的活菌含量。

③膜过滤培养法：对于饮用水、湖水或海水等菌数较低的样品，可将一定体积样品通过膜过滤器，然后将膜转到相应培养基上培养，对形成的菌落进行计数。例如，饮用水中的肠球菌、产气荚膜梭菌等的检测。

随着科学技术的快速发展，出现了一些快速检测方法，如小型纸片法（1~10cm^2，圆形或长方形）。原理是在滤纸上有适宜的培养基和无色活菌指示剂——2，3，5-氯化三苯基四氮唑（triphenyl tetrazolium chloride，TTC）。用移液枪或有刻度的移液管吸取一定量的样品液于滤纸上或浸取样品液，置于密封包装袋中，经短期培养，在滤纸上会出现一定密度的玫瑰红色微小菌落。通过计数小红菌落可计算出样品的含菌量。此外，还有 DNA 指纹技术和聚合酶链式反应（PCR）扩增技术等快速测定方法。

二、微生物的群体生长规律

微生物的生长规律和大生物有所不同，大生物通常是以个体为对象，而微生物的生长通常是指细胞数目的增加。如果把单细胞微生物（如细菌、酵母菌）接种到一定体积的液体培养基中，将其置于适宜培养条件下培养，这些单细胞微生物就会不断增殖，细胞数目会不断增加，如果将这种增加情况画一条对数曲线，就会呈现出一定的规律。大多数霉菌为多细胞微生物，菌体呈丝状，其在液体培养基中的生长繁殖情况与单细胞微生物不同，如采取摇床培养，则其在液体培养基中的生长繁殖情况与单细胞微生物相似。因液体被搅动，菌丝处于分布比较均匀的状态，且菌丝在生长繁殖过程中不会像在固体培养基上那样有分化现象，孢子产生也较少。

（一）单细胞微生物的典型生长曲线

将少量纯种非丝状单细胞微生物接种到恒定容积的新鲜液体培养基中，在适宜的温度、通气等条件下培养，定时取样测定单位体积细胞数，以单位体积细胞数的对数作为纵坐标，以培养时间为横坐标，绘制曲线，即为非丝状单细胞微生物的典型生长曲线。它定量描述了非丝状单细胞微生物在新的适宜环境中，生长繁殖至衰老死亡全过程的一般规律。

根据微生物的生长速率常数 R（即每小时的分裂次数），可把典型生长曲线分为四个时期，即延滞期、对数期、稳定期、衰亡期（图 6-1）。

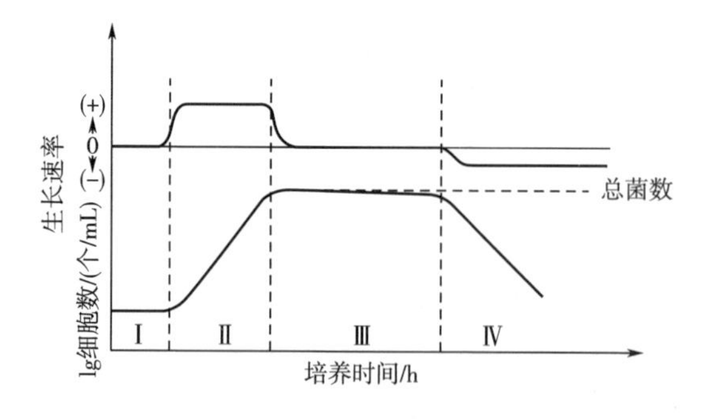

图 6-1　微生物的典型细菌生长曲线

Ⅰ—延滞期　Ⅱ—对数期　Ⅲ—稳定期　Ⅳ—衰亡期

研究生长曲线对微生物的研究工作和生产实践有指导意义。如在研究细菌代谢和遗传时，需采用生长旺盛的对数期细胞；在发酵生产时，使用的发酵剂最好是将对数期的种子菌接种到发酵罐内，缩短延滞期，延长对数期，可在短时间内获得大量培养物（菌体细胞）和发酵产物，缩短发酵周期，提高生产率。

1. 延滞期

延滞期（lag phase），又称迟滞期、延迟期、适应期、调整期、缓慢期。是将少量微生物接种到新鲜液体培养基中后，在最初始的一段时间内细胞数目不增加的时期。该时期有如下特点：①生长速率常数 R 为零；②细胞体积增大，DNA 含量增多，为分裂做准备；③细胞内 RNA，尤其是 rRNA 含量增多；④合成代谢活跃，核糖体、酶类合成加快，以产生诱导酶；⑤对外界不良条件（如温度、pH、NaCl 溶液浓度、抗生素等）敏感。

该时期出现的原因，可能是微生物在重新调整代谢。当接种到新的环境中，微生物细胞需要重新合成必需的酶类、辅酶或某些中间代谢产物，以适应新的环境。

影响延滞期长短的因素有很多，主要包括菌种、接种菌龄、接种量、培养基成分等。在发酵工业生产中，为了提高生产效率，常采取措施缩短该时期。主要措施包括：

①以对数期的菌体做种子菌。由于对数期的菌体生长代谢旺盛，繁殖力强，抗不良环境和噬菌体能力强。因此，以对数期的微生物为菌种，其延滞期短。反之亦然。

②适当增加接种量。接种量的多少明显影响延滞期的长短。在一定范围内，接种量增加可相应缩短延滞期。一般采用3%～8%的接种量，可根据实际情况制定，但最高不超过10%。

③调整培养基成分，使种子培养基尽量接近发酵培养基。培养基成分应适当丰富些，通常微生物在营养丰富的天然培养基中比营养单调的组合培养基中生长旺盛。

2. 对数期

对数期（exponential phase），又称指数期，是指生长曲线中紧接延滞期的一段细胞数目以几何级数增长的时期。该时期有如下特点：①生长速率常数 R 最大且为常数，细胞每分裂一次所需时间，即代时、世代时间或倍增时间（generation time，G）最短且稳定；②细胞进行平衡生长，菌体各部分成分均匀；③酶系活跃，代谢旺盛；④细胞群体的形态与生理特征最一致；⑤微生物细胞抗不良环境的能力最强。

该时期的微生物是用作代谢、生理研究的良好材料，也是用作种子菌的最佳材料。该时期的生长速率受营养成分、环境条件和菌株自身遗传特性的影响，一般原核微生物比真核微生物生长快，小的真核微生物比大的真核微生物生长快。

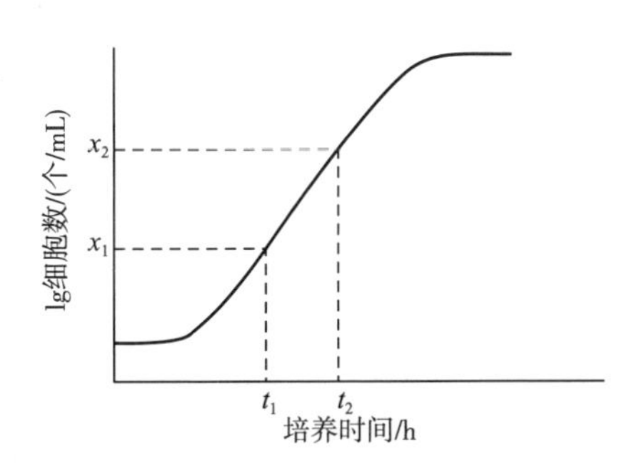

图 6-2　对数期

在对数期中，以下3个参数尤为重要，包括繁殖代数（n）、生长速率常数（R）、代时（G）。

设对数期开始时的时间为 t_1，菌数为 X_1，对数期结束时的时间为 t_2，菌数为 X_2。由图6-2可知：

（1）繁殖代数（n）

$$X_2 = X_1 \cdot 2^n \quad (6-1)$$

以对数表示：

$$\lg X_2 = \lg X_1 + n\lg 2 \quad (6-2)$$

故：

$$n = 3.322\ (\lg X_2 - \lg X_1) \quad (6-3)$$

（2）生长速率常数（R）　根据定义，生长速率常数可用式（6-4）计算：

$$R = \frac{n}{t_2 - t_1} = \frac{3.322\ (\lg X_2 - \lg X_1)}{t_2 - t_1} \quad (6-4)$$

（3）代时（G）　根据平均代时的定义，代时可用式（6-5）计算：

$$G = \frac{1}{R} = \frac{t_2 - t_1}{3.322\ (\lg X_2 - \lg X_1)} \quad (6-5)$$

影响微生物对数期代时的因素较多，主要包括菌种、营养成分、营养物浓度、培养温度等。

（1）菌种　不同微生物的代时不同，各种微生物的代时是相对稳定的，大多为20~30min，有的长达33h，有的仅为9.8min，如表6-1所示。

表6-1　各细菌的代时

细菌	培养基	温度/℃	代时/min
漂浮假单胞菌（*Pseudomonas natriegenes*）	肉汤	27~37	9.8
大肠杆菌（*Escherichia coli*）	肉汤	37	17
蜡状芽孢杆菌（*Bacillus cereus*）	肉汤	30	18
嗜热芽孢杆菌（*Bacillus thermophilus*）	肉汤	55	18.3
枯草芽孢杆菌（*Bacillus subtilis*）	肉汤	25	26~32
巨大芽孢杆菌（*Bacillus megaterium*）	肉汤	30	31
乳酸链球菌（*Streptococcus lactis*）	牛乳	37	26
嗜酸乳杆菌（*Lactobacillus acidophilus*）	牛乳	37	66~87
伤寒沙门氏菌（*Salmonella typhi*）	肉汤	37	23.5
金黄色葡萄球菌（*Staphylococcus aureus*）	肉汤	37	27~30
霍乱弧菌（*Vibrio cholerae*）	肉汤	37	21~38
丁酸梭菌（*Clostridium butyricum*）	玉米醪	30	51
大豆根瘤菌（*Rhizobium japonicum*）	葡萄糖	25	344~461
结核分枝杆菌（*Mycobacterium tuberculosis*）	合成	37	792~932

续表

细菌	培养基	温度/℃	代时/min
活跃硝化杆菌（*Nitrobacter agilis*）	合成	27	1200
梅毒密螺旋体（*Treponema pallidum*）	家兔	37	1980
褐球固氮菌（*Azotobacter chroococcum*）	葡萄糖	25	240

（2）营养成分　同一微生物，在营养丰富的培养基中生长，代时较短，反之则长。如同为37℃条件下培养，大肠杆菌在牛乳中代时为12.5min，而在肉汤培养基中则为17.0min。

（3）营养物浓度　一定范围中，菌株的生长速率与营养物浓度成正比。在较低浓度范围便可影响微生物生长速率的营养物为生长限制因子。代时与生长限制因子浓度有关。

（4）培养温度　培养温度是影响微生物生长的重要环境因素。在最适温度范围培养时，微生物的代时最短。表6-2为大肠杆菌在不同温度下的代时。

表6-2　　大肠杆菌在不同温度下的代时

温度/℃	代时/min	温度/℃	代时/min
10	860	35	22
15	120	40	17.5
20	90	45	20
25	40	47.5	77
30	29		

3. 稳定期

稳定期（stationary phase）又称最高生长期或恒定期。处于该时期的微生物的新繁殖细胞数与衰亡细胞数几乎相等，即正增长与负增长达到动态平衡，此时生长速率常数逐渐趋于零。

虽然稳定期细胞数目恒定，但是许多细胞功能仍在继续，如能量代谢、某些生物合成等。出现该时期的主要原因有：①在一定容积的培养基中，某些营养物质，特别是生长限制因子耗尽，营养物质比例失调，如C/N比值不合理等；②酸、醇、毒素、过氧化氢等有害代谢产物积累；③pH、无机离子浓度、氧化还原电位等环境条件越来越不适宜微生物的生长等。

进入稳定期后，细胞内开始积累糖原、异染颗粒和脂肪等内含物；芽孢杆菌一般可在此时形成芽孢；有些微生物开始以初级代谢产物为前体，通过复杂的次生代谢途径合成抗生素等对人类有益的各种次级代谢产物。

稳定期的生长规律对生产实践有重要意义。该时期是生产菌体或与菌体生长相平行的代谢产物（例如单细胞蛋白、乳酸等）的最佳收获期，处于该时期的微生物在数目上达到了最高水平，产物积累量也达到了高峰。对维生素、碱基、氨基酸等物质进行生物测定来说，稳定期也是最佳的测定时期。此时，菌体的总产量与所消耗的营养物质间存在一定关系。此外，分析稳定期出现的原因，促进了对连续培养原理的提出和工艺、技术的创建。生产上常通过补料、调节温度和 pH 等措施，延长稳定期，以积累更多代谢产物。

4. 衰亡期

衰亡期（decline phase 或 death phase）中，环境更加不适合微生物生长，引起细胞内分解代谢明显超过合成代谢，微生物个体的衰亡速度超过新生速度，整个群体呈现负增长状态（R 为负值）。此时，细胞形态发生多形化，可能会出现膨大或不规则的退化形态；有的微生物还会因蛋白水解酶活力增强而发生自溶，使工业生产中后处理时过滤困难；有的微生物会在该时期进一步合成或释放对人类有益的抗生素等次生代谢产物；一些芽孢杆菌还会在此时期释放芽孢。

（二）丝状真菌的非典型生长曲线

将少量丝状真菌纯培养物在液体振荡培养或深层通气培养中，定时取样，以细胞物质干重（mg）为纵坐标，培养时间为横坐标，即可绘制丝状真菌的非典型生长曲线。该生长曲线与单细胞微生物的典型生长曲线差异显著。丝状真菌的非典型生长曲线没有对数生长期，类似于此时期的只是培养时间与菌丝干重的立方根呈直线关系的一段快速生长期。根据丝状真菌生长繁殖后细胞干重的不同，可将曲线大致分为迟缓期、快速生长期和生长衰亡期 3 个阶段。由于丝状微生物包括丝状真菌和放线菌，因此该曲线对描述放线菌群体生长规律同样适用。

（1）迟缓期　是指在培养初始阶段，菌丝干重没有明显增加的时期。造成生长停滞的原因有两个方面：其一是孢子萌发前的真正停滞期；其二是生长已经开始但却因菌丝生长量少而无法检测。目前，对真菌细胞生长迟缓期的特性的详细研究仍然十分有限。

（2）快速生长期　该时期菌丝干重迅速增加，菌丝干重的立方根与时间呈直线关系。因为真菌不是单细胞，其繁殖不以几何级数增加，故而没有对数生长期。真菌的生长常表现为菌丝尖端的伸长和菌丝的分枝，因此会受到邻近细胞竞争营养物质的影响。尤其在静置培养时，许多菌丝在空气中生长，必须从其邻近处吸收营养物质以满足生长需要。在快速生长期中，碳、氮、磷等元素被迅速利用，呼吸强度达到顶峰，可能出现有机酸等代谢产物。静置培养时，在快速生长期后期，菌膜上将出现孢子。

（3）生长衰亡期　当菌丝体干重开始下降时，意味着真菌生长进入该时期。该时期的特点是：菌丝干重在短期内失重很快，以后则不再变化；有些真菌会发生菌丝体自溶，其自身所产生的酶类可催化几丁质、蛋白质、核酸等分解，同时释放氨、游离氨基酸、有机磷化合物和有机硫化合物等。处于该时期的菌丝体细胞，除顶端较幼龄细胞的细胞质稍稠密均匀外，其余大多数细胞都出现大的空泡。

此时期生长的停止可能由下列因素导致：一是高浓度培养基中，可能由于有毒代谢产物积累抑制了真菌生长，如在高浓度碳水化合物培养基中可积累有机酸，在含有机氮多的培养基中则可能积累氨，多数次级代谢产物（如抗生素等）也是在生长后期合成；二是在较稀释的营养物质平衡良好的培养基中，由于碳水化合物的耗尽导致生长停止。当生长停止后，菌丝体自溶裂解程度因菌种特性和培养条件而异。

（三）微生物的连续培养

1. 连续培养的概念

分批培养（batch culture）又称密闭培养，是将微生物置于一定容积的培养基中，不补充也不再更换，经过一段时间的培养，最后一次性的收获。在分批培养中，随着微生物的活跃生长，培养基营养物质逐渐消耗，有害代谢产物积累，其对数生长期难以长期维持。在培养容器中连续添加新鲜培养基，使微生物的液体培养物长期维持稳定、从而保持微生物高速生长状态的一种溢流培养技术，称为连续发酵（continuous fermentation）。具体说，连续培养是指当微生物以分批培养方式培养到对数生长期后期时，在培养容器中以一定速度连续添加新鲜培养基和通入无菌空气（除厌氧菌）并立即搅拌均匀达到动态平衡，同时利用溢流的方式以同样速度不断流出培养物（菌体和代谢产物），使培养容器中细胞数量和营养状态达到动态平衡，其中的微生物可长期保持在对数期的平衡生长状态与恒定生长速率上。该方式对生产单细胞蛋白或获得与微生物生长相平行的代谢产物可起到积极作用。该培养方式既可以随时为微生物研究工作提供一定生理状态的实验材料，还可提高发酵工业的生产效益和自动化水平。

2. 连续培养的方法

（1）恒浊连续培养　恒浊连续培养是一种使培养液中细胞的浓度恒定，以浊度为控制指标的培养方法。其原理是根据培养器内微生物的生长密度，用光电控制系统（浊度计）来检测培养液的浊度（即菌液浓度），并不断调节培养液的流速，从而获得菌体密度高、生长速度恒定的微生物细胞连续培养液。当培养基中浊度增高时，通过光电控制系统的调节，可促使培养液流速加快，反之则慢，以此达到恒定细胞密度的目的。在发酵生产中，需获得大量菌体或与菌体生长相平行的某种代谢产物（如乳酸、乙酸）时，可利用此方法，该方法涉及的培养和控制装置称为恒浊器。

该方法的特点是培养基基质过量，微生物始终以最高生长速率生长，并可在允许范围内控制不同的菌体密度，但工艺较为复杂、烦琐。

（2）恒化连续培养　恒化连续培养是控制微生物培养液流速恒定，使培养物始终以低于最高生长速率的条件进行生长繁殖的一种连续培养方法。培养基中某种限制性营养物质（如氨基酸、氨和铵盐等氮源，或葡萄糖、乳糖等碳源，或无机盐、生长因子等物质）通常被作为控制细胞生长速率的生长限制因子，而其他营养物均多于需要量，使菌体的生长速率由限制性因子的浓度决定。随着菌体生长，限制性生长因子浓度降低，菌体生长速率将受到抑制，同时通过自动控制系统不断补充生长限制因子，使其浓度保持恒定。通过这种方法，可以得到不同生长速率的培养物。该方法常用于微生物学研究，特别适用于与生长速率相关的各种理论研究中，该方法涉及的培养和控制装置称为恒化器。

该方法的特点是维持营养成分的亚适量，使菌体生长速率恒定，菌体均一，密度稳定，产量低于最高菌体产量。

（3）多级连续培养　连续培养也可以分级进行。若要获取菌体或与菌体生长同步产生的代谢产物，单级连续培养器即可满足研究与生产需求。若要获取与菌体生长不同步的次级代谢产物，则应根据菌体和产物的产生规律，设计与其相适应的多级连续培养装置，第一级发酵罐以培养菌体为主，后几级发酵罐则以大量生产代谢产物为主。

3. 连续培养的优缺点

连续培养如用于发酵工业中，则称为连续发酵（continuous fermentation），其与分批发酵相比有如下特点：

（1）优点

①自控性：便于利用各种仪表进行控制。

②高效：简化了装料、灭菌、出料、清洗发酵罐等工艺，缩短生产时间，提高设备利用效率。

③产品质量较稳定。

④节约了大量动力、人力、水和蒸汽，减少了水、汽、电的负荷。

（2）缺点

①菌种容易退化：由于微生物长期处于高速繁殖状态，即便是自发突变率很低的菌种，也难以避免变异的发生。

②容易污染：在连续发酵中，要保持各种设备无渗漏，同期系统无故障是比较困难的。因此，所谓的“连续”有时间限制，可能数月，也可能一年、两年。

③连续培养对营养物质的利用率低于分批培养。

（四）微生物的同步培养

在上述培养方式中，微生物群体能以一定速率生长，但所有细胞并非处于同一生长阶段，其生理状态和代谢活性也不完全一致，且微生物细胞极为微小，因此无法研究其个体生长情况。为了解决这一难题，就必须设法使微生物群体细胞均处于同一生长阶段，使群体行为一致，所有细胞同时生长、同时分裂，即单细胞的同步培养（synchronous culture）技术。通过同步培养方法获得的细胞称为同步培养物，常用于研究微生物的生理、遗传特性，或作为工业发酵的种子。同步培养的方法主要有以下几种：

1. 过滤分离法

将不同步生长的微生物细胞用滤器过滤，使处于细胞周期较早阶段的小细胞通过，并对其进行收集，将其转入新鲜培养基中，即获得同步细胞。

2. 滤膜洗脱法

这是一种选择法。根据某些细菌会黏附在硝酸纤维微孔滤膜上的原理，设计具体选择方法：将不同步的细菌液体培养物通过微孔滤膜，使其吸附，然后将滤膜反置，再以新鲜培养液滤过。一些没有牢固黏附的细胞先被冲洗掉，然后即可获得新分裂形成的同步细胞。

3. 密度梯度离心分离法

将不同步的细胞悬浮在不被该细菌利用的蔗糖或葡聚糖的不同梯度溶液中，用密度梯度离心法将大小不同细胞分为不同区带，每一区带的细胞大致处于同一生长时期，分别取出培养，即获得同步生长细胞。

4. 控制培养基成分

培养基中的碳源、氮源或生长因子不足，可使细菌缓慢生长，甚至停止生长。将不同步的细胞培养物在营养不足的条件下培养一段时间后，将其转移到营养丰富培养基中培养，即可获得同步生长细胞。或将不同步生长营养缺陷型细胞在缺少主要生长因子的培养基中饥饿培养一段时间后，使细胞均不能分裂，再转接到完全培养基中，即可获得同步生长细胞。

5. 控制温度

通过最适生长温度和允许生长的亚适应温度交替处理可使不同步生长的细胞转为同步分裂。亚适温度条件下，细胞物质可正常合成，但细胞不能分裂，可使群体中分裂准备较慢的个体赶上其他分裂较快细胞，再换到最适温度时，即可得到同步分裂的细胞。

此外，还可通过加入代谢抑制剂、控制光照、加热处理等方法获得同步分裂细胞。需注意，菌种同步生长时间因菌种和培养条件发生变化。由于同步群体内细胞个体的差异，同步生长最多只能维持2~3代，然后很快丧失其同步性并随机生长。

（五）微生物的高密度培养

高密度培养（high cell density culture，HDCC）又称高密度发酵，一般是指在液体培养时，细胞群体密度超过常规培养10倍以上的生长状态或培养技术。现代高密度培养技术主要是在利用基因工程菌生产多肽类药物（如人生长激素、胰岛素、白细胞介素类和人干扰素等）的生产实践中逐步发展起来的。

与常规培养相比，高密度培养具有如下优点：①实现微生物的高密度和高生产率；②可使生物反应器的体积缩小，过程更加安全；③简化下游产物的分离纯化步骤；④缩短发酵周期，实现产物的高效价；⑤减少设备投资，缩小成本。高密度培养技术还可用于工程菌发酵，降低生产成本。

高密度培养的具体方法主要包括以下几种。

（1）培养基成分比例的优化　碳源、氮源、生长因子等是细胞生长所必需的营养成分，在培养菌体时，这些营养成分的比例必须恰当，且浓度不会抑制细胞生长。以唾液乳杆菌FDB86为例，当将MRS培养基成分优化为蛋白胨5.0g/L，酵母粉7.5g/L，牛肉膏10.0g/L，葡萄糖15.0g/L，无水乙酸钠8.0g/L，七水合硫酸镁1.0g/L，四水合硫酸锰0.1g/L，柠檬酸氢二铵2.0g/L，磷酸二氢钾2.0g/L，吐温-80 1.0g/L时，其活菌数较未优化前基础培养基中提高了2.1倍。

（2）优化培养条件　影响微生物生长的培养条件有很多，包括发酵温度、pH、溶氧量等。温度可通过改变酶的反应速度来控制微生物生长。以枯草芽孢杆菌NS178产芽孢发酵工艺为例，当其培养温度为33℃时，其活菌数是优化前的7倍左右。pH可影响生物量和菌体的生长代谢。以温带发光杆菌突变菌株K122为例，当通过分批发酵和补料发酵等方式控制pH为7.0时，可将活菌密度提高38.6%。提高溶氧量是好氧菌和兼性厌氧菌进行高密度培养的重要手段。具体可采用提高氧浓度、用纯氧或加压氧培养微生物等。

（3）补料　补料也是高密度培养的重要手段之一。补料分批发酵是在发酵过程中补入新鲜发酵液，以免造成营养成分不足而导致菌体生长不好甚至失活，同时可以稀释部分代谢有害物。在供氧不足时，过量葡萄糖会引起“葡萄糖效应”，并导致有机酸过量积累，从而使菌体生长受到抑制。因此，一般采用逐量流加的方式进行补料。例如，在大肠杆菌中优化高密度发酵工艺生产重组腈水解酶时，利用连续补料的方法，细胞干重浓度达到19.5g/L，腈水解酶产量为4.19×10^5U/L。与普通分批培养相比，这种补料分批的策略可使生物量提高8倍。

（4）防止有害代谢产物的生成　以大肠杆菌为例，乙酸是其在代谢过程中产生的对自身生长有抑制作用的产物，为防止乙酸生成，可选用天然培养基，降低培养基的pH，以甘油代替葡萄糖作为碳源，加入甘氨酸、甲硫氨酸，降低培养温度（从37℃下降至26~30℃），或采用透析培养法去除乙酸等。

第二节　影响微生物生长的主要因素

生长是微生物与外界环境因素共同作用的结果。影响微生物生长的外界因素很多，包括营养物质以及许多物理、化学因素。培养环境的改变，可引起微生物形态、生理、生长、繁殖等特征的改变或抵抗、适应环境条件的某些改变；当环境条件的变化超过一定界限时，将致死微生物。研究环境条件与微生物之间的相互关系，有助于了解微生物在自然界的分布及作用，可为微生物在实际生产生活中的使用，以及有害微生物的控制提供理论依据。由于篇幅限制，本部分重点讨论温度、水分活度、渗透压、pH、氧化还原电位因素的影响。

一、温　　度

微生物的生命活动由一系列复杂的生物化学反应组成，而这些反应受温度的影响极其明显，因此温度被认为是影响微生物生长繁殖的主要因素之一。不同温度对微生物生命活动表现出不同作用，适宜温度利于微生物的生长发育，温度过高或过低都会影响微生物的新陈代谢，抑制其生长发育，甚至使其死亡。一定温度范围内，机体的代谢活动与生长繁殖随温度的升高而加快，但超过其最适生长温度时，微生物的生长将会受到抑制。如黄萍发现部分细菌在 30℃时 72h 以内生长速度都非常缓慢。

温度对微生物生长的影响主要表现为：

（1）影响酶的活性　每种酶都有其最适的酶促反应温度，温度变化将影响酶促反应速率，进而影响细胞物质的合成。一定范围内，酶活性随温度的上升而提高，细胞的酶促反应与生长速率加快。一般来说，每升高 10℃，生化反应速率将增加一倍。

（2）影响细胞膜的流动性　在一定温度范围内，随着温度的升高，细胞膜的流动性加大，有利于营养物质的运输；反之，随着温度的降低，细胞膜的流动性降低，将抑制营养物质的运输。因此，温度影响微生物细胞对营养物质的吸收与利用。

（3）影响物质的溶解度　营养物质只有溶解才能被机体吸收。除气体外，温度上升，物质的溶解度增加；反之，物质的溶解度降低，会影响微生物生长。

（4）影响机体生物大分子的活性　核酸、蛋白质等对温度较敏感，随着温度的升高，大分子物质将会遭受不可逆的破坏。

在低温条件下，微生物的生长繁殖停止，当微生物的原生质结构未被破坏时，微生物可在较长时间内保持活力，当温度升高时，可以恢复正常的生命活动，低温保藏菌种就是利用这个原理。但是，当温度过低，微生物细胞内水分冻结可能导致细胞质浓缩，或者由冰晶造成细胞膜的物理性损伤，使部分微生物细胞失活。一般来说，快速冷冻时，细胞内形成的冰晶较小，其对细胞膜的物理损伤较为细微。另外，添加一些保护剂，如甘油（0.5mol/L）、二甲基亚砜等可防止冰冻时形成过大冰晶，降低细胞的失水作用，从而大大减轻冷冻对细胞的损伤。

在高温条件下，微生物细胞的蛋白质将会发生不可逆变性，膜受热出现小孔，破坏细胞结构。微生物对热的耐受力与微生物种类及生长阶段有关，一般来说，嗜热型微生物比其他类菌体更抗热；有芽孢的细菌比没有芽孢的细菌抗热；微生物的繁殖结构比营养结构抗热；老龄菌比幼龄菌抗热。此外，微生物对热的耐受力还与环境条件密切相关，主要表现为：培养基中蛋白质含量高时，比较耐热；pH 适宜时，比较耐热；水分含量较低时，比较耐热；含菌量高时，比较耐热；热处理时间短时，比较耐热。

总的来说，微生物生长的温度范围较广，已有报道在-20～100℃均有微生物可以生长，但是每种微生物只能在一定的温度范围内生长。各种微生物都有其生长繁殖的最低生长温度、最适生长温度、最高生长温度和致死温度。

①最低生长温度：是指微生物能够进行生长繁殖的最低温度界限。处于这种温度条件下的微生物生长速率均很低，如果低于该温度，微生物的生长将完全停止。不同微生物的最低生长温度不同，这与其原生质的物理状态和化学组成有关，同时也与微生物所处的环境条件密切相关。

②最适生长温度：在最适生长温度下，微生物的生长速率最快。不同微生物的最适生长温度不同。需要明确的是，最适生长温度不一定是所有代谢活动最为活跃的最佳温度。最适生长温度与发酵最适温度、积累代谢产物的最适温度或积累某一代谢产物的最适温度不同。温度较高时，细胞分裂虽然较快，但不能长时间维持，菌种容易老化。相反，在较低温度下，细胞分裂虽然较慢，但维持时间较长，结果细胞总产量反而较高。因此，生产上要根据微生物不同生理代谢过程温度的特点，采用分段式变温培养或发酵。如，嗜热链球菌（*Streptococcus thermophilus*）的最适生长温度是37℃，最适发酵温度为47℃，积累产物的最适温度是37℃。

③最高生长温度：是指微生物能够进行生长繁殖的最高温度界限。一般来说，最高生长温度只比最适生长温度高几度。处于这种温度条件时，微生物细胞极易衰老和死亡。微生物所能适应的最高生长温度与其细胞内酶的性质有关，例如细胞色素氧化酶及各种脱氢酶（表6-3）。

表6-3　微生物生长与温度的相关性　单位:℃

细菌	最高生长温度	最低破坏温度		
		细胞色素氧化酶	过氧化氢酶	琥珀酸脱氢酶
蕈状芽孢杆菌（*Bacillus mycoides*）	40	41	41	40
单纯芽孢杆菌（*Bacillus simplex*）	43	55	52	40
蜡状芽孢杆菌（*Bacillus cereus*）	45	48	46	50
巨大芽孢杆菌（*Bacillus megaterium*）	46	48	50	57
枯草芽孢杆菌（*Bacillus subtilis*）	54	60	56	51
嗜热芽孢杆菌（*Bacillus thermophilus*）	67	65	67	59

④致死温度：最高生长温度若进一步升高，便可使微生物死亡。能够杀灭微生物的最低温度界限即为致死温度。该温度与处理时间有关，在一定温度下处理时间越长，死亡率越高。严格地说，一般以10min为标准时间，即微生物在10min内被完全杀死的最低温度为致死温度，其测定一般在生理盐水中进行，以减少有机物质的干扰。

在微生物的生长温度范围内，温度的变化会影响微生物生长迟滞期的长短，以及微生物的生长速率、营养需求、细胞的酶和化学组成。一般来说，随着温度的升高，微生物的世代时间迅速缩短（生长速率迅速提高），最适生长温度附近，世代时间较稳定，且最高生长温度比最低生长温度更接近最适生长温度。

根据微生物的最适生长温度不同，可将微生物划分为低温型微生物、中温型微生物、高温型微生物。

①低温型微生物：该类微生物又称嗜冷型微生物，一般可在0℃甚至更低温度下生长，超过30℃将抑制其生长。该类微生物主要分布在地球的两极、冷泉、深海、冷冻场所及冷藏食品中。如引起冷藏食品腐败变质的假单胞菌属、微球菌属等，引起冷冻食品腐败变质的荧光假单胞菌等。

嗜冷型微生物在室温条件很可能会失活，所以对其进行采样、运输、实验室接种等研究时要非常注意防止温度升高。

嗜冷型微生物在低温下生长的机理还未研究透彻，但至少有以下两个原因：一是该类微生物体内的酶在低温下可被有效激活，高温下酶活丧失；二是其细胞膜内的不饱和脂肪酸含量高，低温也能保持半流动的状态，从而进行物质的传递。

②中温型微生物：绝大多数微生物属于中温型微生物，其生长温度一般为10~45℃，最适生长温度为20~40℃。该类微生物可进一步细分为室温型微生物和体温型微生物。室温型微生物普遍分布于土壤、水、空气及动植物表面和体内，是自然界中种类最多、数量最大的温度类群。而体温型微生物则主要寄生在人和动物体内。

③高温型微生物：微生物的最适生长温度在45℃以上的被称为嗜热微生物，在80℃以上的被称为嗜高温微生物。嗜热微生物在自然界主要分布在温泉、日照充足的土壤表层、堆肥、发酵饲料等腐烂有机物中，如芽孢杆菌属、梭状芽孢杆菌属、高温放线菌属等。

该类微生物在高温下生长的机制可能有以下几点：①菌体内的酶、蛋白质有较强的抗热性，如嗜热脂肪芽孢杆菌的α-淀粉酶经70℃处理24h后仍保持酶的活性；②能产生多胺、热亚胺和高温精胺，起到稳定核糖体结构和保护大分子免受高温损害的作用；③核酸具有较高的热稳定性结构，其核酸中（G+C）含量变化很大，转运RNA（tRNA）在特定的碱基对区含较高的（G+C），因而有较多的氢键形成，增加其热稳定性；④细胞膜中的饱和脂肪酸与直链脂肪酸含量较多，可形成更强的疏水键，在高温可保持膜的半流动状态，发挥正常功能；⑤在较高温度下，嗜热型微生物的生长速率较快，合成生物大分子物质迅速，能及时弥补被热损伤的大分子物质。

高温型微生物在生长曲线的各个时期均较为短暂，所以在腐败食品中不易检出，需在食品检验中引起注意。该类微生物给食品发酵工业、罐头生产带来了一定的安全隐患。但在发酵工业中，如将该类微生物作为发酵剂菌种，将可能缩短生产周期，防止杂菌污染。

二、水分活度

作为微生物生命活动的必要条件，微生物细胞组成不能缺少水分。细胞内所进行的各种生理生化反应均以水分为溶剂，因此如环境缺水，将会抑制微生物的新陈代谢，最终使微生物失活。

食品中能够被微生物利用的水是游离状态的水，以结合状态存在的水分不能被微生物利用。因此，用水分活度（或水分活性）表示食品中可被微生物实际利用的自由水或游离水含量。水分活度是指在相同温度和压力下，食品的蒸汽压与纯水蒸气压之比，用A_w表示，其最大值为1，最小值为0。

环境中A_w低时，微生物要做更多的功才能从基质中吸收水分，当其降低到一定程度时，会抑制微生物的生长。不同种类的微生物能够生长的最低A_w有较大差异（表6-4），即使同一类群的菌种，其生长繁殖的最低A_w也有一定不同。

表 6-4　　各种微生物生长的最低 A_w

细菌	最低 A_w	真菌	最低 A_w
大肠杆菌	0.93~0.96	黄曲霉	0.90
沙门氏菌	0.94	黑曲霉	0.88
枯草芽孢杆菌	0.95	酿酒酵母	0.94
八叠球菌	0.91~0.93	假丝酵母	0.94
金黄色葡萄球菌	0.90	鲁氏酵母	0.60
嗜盐杆菌	0.75	耐旱真菌	0.60

各种微生物生长繁殖的 A_w 基本在 0.60~0.99。当 A_w 接近 1 时，微生物生长较好；当 A_w 低于一定界限时，其生长会受到抑制。由上表可知，细菌对 A_w 的要求较高，除嗜盐细菌外，A_w 均大于 0.90，当 A_w 低于 0.90 时几乎不能生长。多数酵母菌生长所需要的 A_w 值在 0.87~0.91，但个别耐高渗酵母（如鲁氏酵母）在 A_w 为 0.60 时还可生长。多数霉菌所需要的 A_w 比细菌、酵母菌低，其最低为 0.80，个别霉菌（如双孢旱霉）在 A_w 为 0.65 时可以生长。随着 A_w 的降低，微生物的代谢活动减弱，当 A_w 低至 0.60 时，一般认为微生物停止生长。干燥食品就是降低了水分活度从而抑制微生物生长繁殖达到延长保质期的目的，如程义平利用低温脱水的方法降低腊香鹅的水分活度，延长了其货架期。

三、渗　透　压

微生物的细胞膜为选择性透膜，可调节细胞内外渗透压平衡，使微生物在不同渗透压环境中发生不同的渗透现象。

①等渗溶液（0.85%~0.90%NaCl 溶液）中，微生物的代谢活动正常进行，微生物细胞保持原状。

②低渗溶液中，由于压力差的作用，使外界水分迅速进入细胞，细胞吸水膨胀，由于细胞壁的保护作用，很少发生细胞破裂现象。但在 5×10^{-4}mol/L $MgCl_2$低渗溶液中，细胞可能膨胀破裂，导致失活。

③高渗溶液中，细胞内的水分渗透到细胞外，细胞原生质因脱水收缩而发生质壁分离现象，抑制细胞代谢活动，甚至使细胞灭活。

食品中形成渗透压的主要是食盐和食糖物质，多数细菌不能在高渗透压食品中生长，仅能生存一个时期或迅速失活。虽有少数细菌能适应较高渗透压，但其耐受力远不如霉菌和酵母菌，少数霉菌和酵母菌能耐受较高的渗透压。

①嗜盐微生物：是指可在 2%以上食盐溶液中生长的微生物，根据不同食盐浓度（质量分数）食品中的生长情况，可将其分为低度嗜盐细菌、中度嗜盐细菌、高度嗜盐细菌。

低度嗜盐细菌适宜在含 2%~5%食盐的食品中生长。如多数嗜冷细菌、假单胞菌属、无色杆菌属、黄杆菌属和弧菌属中的一些种，多发现于海水和海产品中。高度嗜盐细菌适宜在含 5%~18%食盐的食品中生长，如假单胞菌属、弧菌属、无色杆菌属、芽孢杆菌属、四联球菌属（如嗜盐四联球菌）、八叠球菌属、微球菌属中的某些种，其中最为典型的是盐脱氮微球菌和腌肉弧菌。高度嗜盐细菌适宜在含 20%~30%食盐的食品中生长，如盐杆菌属、盐球菌属和微球菌属中的一些种，它们均可产生类胡萝卜素，常引起腌制鱼、肉、菜发生赤变现象和盐田的赤色化。该类微生物又称极端嗜盐菌，只有当 NaCl 接近饱和时才能生长。除个别菌种外，嗜盐细菌生长速度均较慢，嗜盐杆菌的代时为 7h，嗜盐球菌为 15h。

②耐盐微生物：是指能在 2%~10%的食盐浓度的食品中生长的微生物，如芽孢杆菌属和球菌类几个属中的一些种。其与嗜盐菌不同，高盐分并不是其生长所必需条件，但是菌体可以耐受高盐分。如葡萄球菌可在 0.1g/mL 的 NaCl 溶液内生长，但其正常生长时并不需要这么高浓度的盐分。

③耐糖微生物：是指能在含高浓度糖的食品中生长的微生物，如少数细菌（肠膜明串珠菌等)、部分酵母菌（鲁氏酵母、膜毕赤氏酵母等)、部分霉菌（灰绿曲霉、匍匐曲霉、青霉属等)。耐受高糖分的酵母菌可引起糖浆、果酱、浓缩果汁等的变质，耐受高糖的霉菌则可引起高糖分食品、腌制品、干果类、低水分粮食的变质。

四、pH

环境中的 pH 对微生物的生命活动影响较大，其主要在于：引起微生物细胞膜电荷的变化，进而影响微生物对营养物质的吸收；影响代谢过程中酶的活性；引起代谢途径的变化；引起细胞一些成分的破坏；改变生长环境中营养物质的解离及有害物质的毒性。

与温度相似，每种微生物都有与其生长有关的最低、最适、最高 pH 范围。在最适 pH 范围内，微生物的酶活性最高，如其他条件适宜，其生长速率也最高。一般来说，细菌生长的最适 pH 7.0~7.6，放线菌为 7.5~8.5，霉菌为 4.0~5.8，酵母菌为 3.8~6.0。

根据微生物最适生长 pH，可将其分为嗜碱微生物、耐碱微生物、中性微生物、嗜酸微生物、耐酸微生物。凡是最适生长 pH 偏于酸性的微生物，为嗜酸微生物，如氧化硫硫杆菌、黑曲霉、酵母菌等；凡是最适生长 pH 偏于碱性的微生物，为嗜碱微生物，如硝化单胞菌、根瘤菌、放线菌等。嗜酸微生物在酸性环境中，细胞膜可阻止 H^+ 进入细胞；嗜碱微生物在碱性环境中，细胞膜可阻止 Na^+ 进入细胞。部分微生物不在酸性或碱性条件生长，但是可耐受酸性或碱性条件，将其称为耐酸微生物（如乳酸杆菌、醋酸杆菌)、耐碱微生物（如链霉菌)。中性微生物是指最适生长 pH 为中性，偏酸或偏碱均会抑制其生长，如大多数细菌、少部分真菌。

不同微生物有其最适的 pH 范围，同一微生物在不同生长阶段和不同的生理、生化过程中也有不同的最适 pH，这对发酵工业中酸碱度的控制、代谢产物的积累尤为重要。以黑曲霉为例，其最适生长 pH 5.0~6.0；在 pH 2.0~3.0 时有利于产柠檬酸；在 pH 7.0 左右时，利于合成草酸。再如啤酒酵母在酸性条件下（pH 3.5~4.5）发酵以产乙醇为主，而在偏碱性条件下（pH 7.6）则以产甘油为主。

需要注意的是，尽管微生物的生长需要一定的 pH，最适生长所需 pH 仅代表环境中的 pH，其细胞内 pH 必须接近中性，以防止酸或碱对细胞内大分子的破坏。极端的嗜酸菌或嗜碱菌，其内部 pH 可从中性改变至 1~1.5，大多数微生物生长的最适 pH 6~8，其细胞质膜保持中性或极接近中性。微生物在代谢时，细胞内 pH 较为稳定，一般都接近中性，以保护核酸不被破坏，确保酶活性，但是随着微生物的生长，环境的酸碱度会发生变化（图 6-3)，主要是由于：糖类和脂肪代谢产酸；蛋白质代谢产碱；其他物质代谢产酸碱。

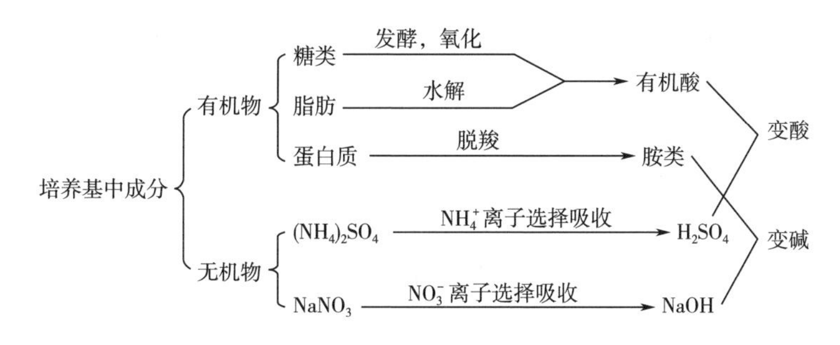

图 6-3　微生物引起外环境 pH 变化的反应

五、氧化还原电位

氧化还原电位（Eh）又称氧化还原电势，与氧分压有关，氧气浓度越高，Eh 越高，反之越低。Eh 是一种物质供给电子的趋势。由于微生物要利用环境中各类物质供给电子时产生的能量才能生长，因此其所处环境的氧化还原电位对其生长有显著影响。

微生物仅能在一定 Eh 范围内生长，一般好氧菌在 Eh 为+0.1V 以上可以生长，以+0.3V～+0.4V 为宜；厌氧菌在 Eh+0.1V 以下生长，如厌氧梭菌需要大约-0.2V 才能生长；兼性厌氧菌在+0.1V 以上进行有氧呼吸，在+0.1V 以下进行发酵；微好氧菌（如乳酸杆菌、乳酸乳球菌等）在 Eh 稍偏低时，+0.05V 左右生长良好。

根据微生物与环境 Eh 及 O_2的关系，可将其划分为以下 5 类：

①专性好氧菌：该类微生物必须在有 O_2的条件下才能生长，包括绝大多数的真菌、藻类和部分细菌，如米曲霉、醋酸杆菌、铜绿假单胞菌等。专性好氧菌有完整的呼吸链，以分子氧作为最终氢受体，细胞有超氧化物歧化酶（superoxide dismutase，SOD）和过氧化氢酶，它们只能通过氧化磷酸化产生能量，不能通过发酵产能，而且在甾醇类和不饱和脂肪酸合成中均需要分子氧的参与。

②兼性厌氧菌：该类微生物可在有氧或无氧条件下生长，但有氧的情况下生长得更好，包括许多酵母菌和部分细菌，如酿酒酵母、大肠杆菌等。兼性厌氧菌细胞中含有 SOD 和过氧化氢酶，有氧时通过有氧呼吸产能，无氧时通过发酵或无氧呼吸产能。

③微好氧菌：该类微生物只能在较低的氧分压（1～3kPa，正常大气压为 20kPa）下才能正常生长，如霍乱弧菌、部分氢单孢菌、发酵单孢菌属、拟杆菌属等。微好氧菌也通过呼吸链，以氧为最终氢受体而产能。其在厌氧条件下不能生长，但在正常空气中不如在 O_2浓度稍低的环境中长得好。

④耐氧菌：该类微生物是一类可在分子氧存在时进行厌氧呼吸的厌氧菌。换言之，该类微生物的生长不需要 O_2，仅可耐受分子氧，如乳链球菌、乳酸乳杆菌、粪链球菌、雷氏丁酸杆菌等。耐氧菌中不具有呼吸链，仅依靠专性发酵获取能量。其细胞内存在 SOD 和过氧化物酶，没有过氧化氢酶。

⑤专性厌氧菌：该类微生物只能在深层无氧或低氧化还原电势的环境中生长，如肉毒梭状芽孢杆菌、嗜热梭状芽孢杆菌、双歧杆菌，以及各种光合细菌和产甲烷菌等。分子氧对其有毒，即使短期接触，也会抑制其生长甚至使其失活。专性厌氧菌生命活动所需能量是通过发酵、无氧呼吸、循环光合磷酸化或甲烷发酵等提供的，其细胞内缺乏 SOD 和细胞色素氧化

酶，大多数还缺乏过氧化氢酶。该类微生物的培养必须采取一定措施去除环境中的 O_2并与空气隔离。

值得注意的是，好氧菌在代谢时不断消耗培养基质中的 O_2，并产生抗坏血酸、硫化氢、含巯基（—SH）化合物等还原性物质降低 Eh 值，此时可向培养基中加入高铁化合物等氧化剂或通入无菌氧气或空气，以维持适宜的 Eh 值培养好氧菌。对于厌氧菌而言，可加入抗坏血酸、硫化氢、铁等还原剂降低环境 Eh 值，利于其生长。

第三节　控制微生物生长繁殖的方法

自然界中的微生物，绝大多数是对人类有益的，但也有一小部分对人类有害。这些有害微生物可通过气流、水流、接触等方式，传播到合适的营养基质或生物对象上，进而造成种种危害。如有些可引起食品或工农业产品的腐败变质，有些可引起发酵工业的杂菌污染，有些可使人或动植物患各种疫病等。因此，必须采取有效措施杀灭或抑制有害微生物的生长，消除或降低其危害。下面介绍几个在微生物控制方面常用到的基本概念。

防腐（antisepsis）：是指利用一些理化因素使物体内外的微生物暂时处于不生长繁殖但又未死亡的状态。食品工业中常利用防腐剂防止食品的腐败变质，如常用的山梨酸钾、苯甲酸钠等。此外，还可采用低温、高温、干燥、隔氧、高渗等物理方法。

消毒（disinfection）：是指杀灭所有病原微生物的措施。消毒以防止疾病传播为目的。例如，物体在 60~70℃ 加热 30min 或在 100℃ 煮沸 10min 可灭活病原体的营养体，但无法灭活芽孢。食品加工厂的厂房和加工工具都要定期进行消毒，操作人员的手也应进行消毒。具有消毒作用的物质称为消毒剂。

灭菌（sterilization）：是指用物理或化学因子，使存在于物体中的所有微生物，永久性地丧失其生活力，如高温灭菌、辐射灭菌等。灭菌后的物体不再有存活的微生物，包括病原菌、非病原菌、细菌的芽孢和霉菌的孢子。

杀菌（bacteriocidation）：是指菌体虽死，但形体仍然存在。

溶菌（bacteriolysis）：是指菌体杀死后，其细胞发生溶化、消失的现象。

抑制（inhibition）：在亚致死剂量因子作用下导致微生物生长停止，移去这种因子后，生长仍可以恢复的生物学现象。

商业灭菌（commercial sterilization）：是从商品角度对某些食品所提出的灭菌方法，是指食品经过杀菌处理后，按照所规定的微生物检验方法，在所检食品中无活的微生物检出，或仅能检出极少数的非病原微生物，并且它们在食品保藏过程中，不可进行生长繁殖。

食品工业中常使用的“杀菌”包括上述的灭菌和消毒。例如，牛乳的杀菌是指消毒；罐藏食品的杀菌是指商业灭菌。

无菌（asepsis）：是指没有活的微生物存在。例如，发酵工业中发酵剂制备采用的无菌操作技术、食品加工中采用的无菌罐装技术等。

无菌操作（aseptic technique）：是指防止微生物进入人体或其他物品的操作方法。

化疗（chemotherapy）：是指利用具有高度选择毒力（即对病原菌具有高度毒力，而对其宿主基本无毒）的化学物质，抑制宿主体内病原微生物的生长繁殖，以达到治疗宿主传染病的一种措施。这类具有高度选择毒力，可用于化学治疗目的的化学物质称为化学治疗剂，包括磺胺类等化学合成药物、抗生素、生物药物素，以及中草药中有效成分等。

不同微生物具有不同的生物学特性，其对各种理化因子的敏感性存在一定差异。因此，在了解和应用任何一种理化因素控制微生物生长时，还需考虑多种因素的综合效应。灭菌、消毒、抑菌都是常见的控菌方法，它们之间的关系如图 6-4 所示。

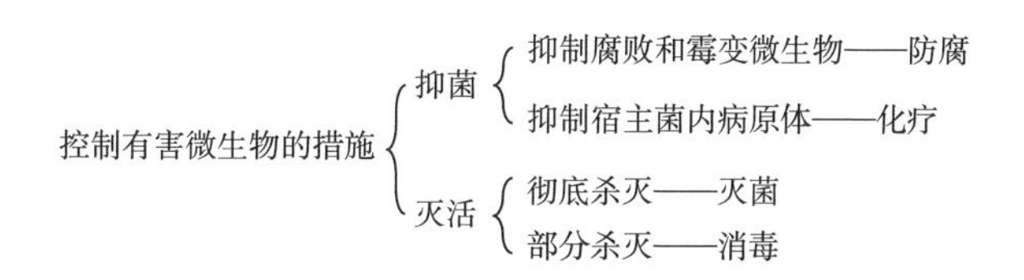

图 6-4 控制有害微生物的措施

一、高温灭菌

具有杀菌效应的温度范围较广。高温可使微生物的蛋白质和核酸等重要生物高分子发生变性、破坏，例如，高温可使核酸发生脱氨、脱嘌呤或降解，并且破坏细胞膜上的类脂质成分等。

食品工业中常用的利用高温灭菌的方法比较多，大致可分为干热灭菌法和湿热灭菌法。同一温度条件下，湿热灭菌比干热灭菌效果好，其原因包括：湿热菌体蛋白易于吸收水分，更易凝固变性；湿热的蒸汽穿透力比干热空气大；湿热的蒸汽有潜热存在，水由气态变为液态时放出潜热 2255J/g（100℃），提高物体温度，加速微生物死亡。

（一）微生物耐热性的表示方法

（1）热力致死时间（thermal death time，TDT）　在特定条件和特定温度下，杀灭一定数量微生物所需要的时间。

（2）*D* 值（decimal reduction time，*D* value）　在一定温度下加热，活菌数减少一个对数周期（即杀灭 90%的活菌）所需要的时间（min）（图 6-5）。测定 *D* 值时的加热温度，在 *D* 值的右下角注明。例如，含菌数为 10^6CFU/mL 的菌悬液，在 100℃ 的水浴温度中，活菌数降低至 10^5CFU/mL，所需时间为 10min，则该菌的 D_{100} 为 10min。如果加热温度为 121.1℃，其 *D* 值常用 *D*r 表示。

（3）*Z* 值（*Z* value）　在加热致死曲线中，时间降低一个对数周期（即缩短 90%的加热时间）所需要升高的温度（℃）（图 6-6）。例如，采用 105℃ 处理菌液时，TDT 为 70min，而在 7min 内需用 115℃ 加热处理才能达到同样效果，此时 *Z* 值为 10℃。

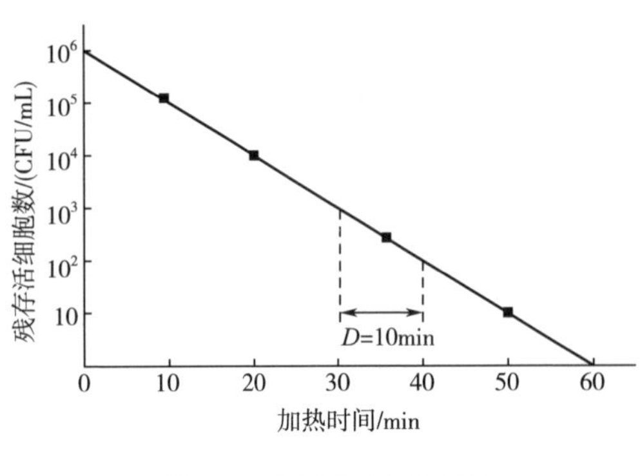

图 6-5 残存活细胞曲线

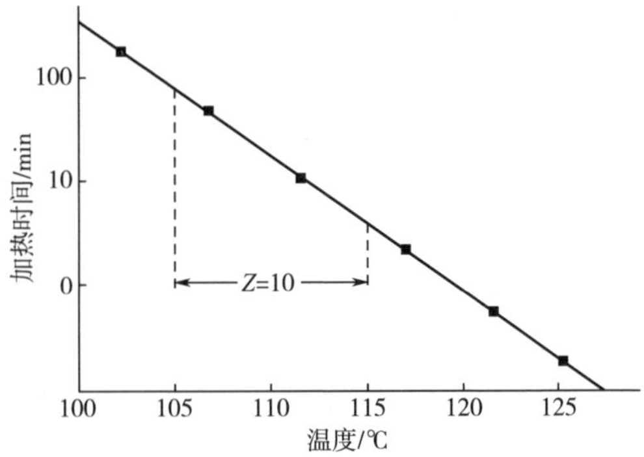

图 6-6 加热致死时间曲线

(4) *F* 值（*F* value） 在一定基质中，温度为 121.1℃条件下加热杀死一定数量微生物所需要的时间（min）。

（二）影响微生物对热抵抗力的因素

(1) 菌种 不同微生物由于细胞结构和生物学特性不同，对热的抵抗力也不同。一般来说，嗜热菌比其他类型的菌体抗热，有芽孢的细菌比无芽孢的细菌抗热，球菌比非芽孢杆菌抗热，G^+菌比 G^-菌抗热，霉菌比酵母菌抗热，霉菌和酵母菌的孢子比其菌丝体抗热，细菌的芽孢和霉菌的菌核对热的耐受力特别强。如枯草芽孢杆菌 90℃处理 10min 后存活率仍为 80%，而大多乳酸菌仅能耐受 70℃的高温。杨锋等用 90℃处理植物乳杆菌 N3，其存活率仅为 4.3%。

(2) 菌龄 不同菌龄的同种微生物对热的抵抗力也不同。在相同条件下，对数生长期的菌体抗热力较差，老龄菌比幼龄菌抗热。

(3) 菌体数量 含菌量越多，其抗热性越强。这主要是由于微生物聚集在一起，内部菌体受到外围保护，且可分泌一些具有保护作用的蛋白等。菌数越多，分泌的保护物质也越多，其抗热性相应增强。

(4) 基质的因素 微生物对热的耐受性随含水量的减少而增大，同一种微生物在干热环境中比在湿热环境中抗热力强；基质中的脂肪、糖、蛋白质等物质对微生物有保护作用，随着这类物质的增多，微生物对热的耐受能力增强；微生物在 pH 7 左右时，抗热力最强，pH 升高或下降都会降低其对热的抵抗能力，特别是在酸性环境下。

(5) 加热的温度和时间 对于同一种微生物而言，加热的温度越高，时间越长，其热致死作用越强。在一定高温范围内，温度越高，所需的灭菌时间越短。

（三）常用的高温灭菌方法

1. 干热灭菌法

(1) 火焰灭菌法 即灼烧法，是直接用火焰烧灼杀灭微生物的方法。该方法灭菌迅速、彻底、简便，但是使用范围有限。常用于金属性接种工具，以及污染物品、实验材料等废弃物的处理。

(2) 干热灭菌法 即干烤法，是在干燥箱中利用高热空气进行灭菌的方法。通常 160～170℃处理 1～2h 达到灭菌的目的，该方法可杀灭包括芽孢在内的一切微生物，适用于高温下不变质、不损坏、不蒸发的物品，如一般玻璃器皿、金属工具等。使用此方法进行灭菌时，需注意避免包装纸与棉花等纤维物品燃烧。此外，玻璃器皿必须洗净烘干，不许粘有油脂等有机物。如果被处理物品传热性差、体积较大或堆积过挤，需适当延长时间。李炎等发现在高温（干热）反应罐中 170～200℃，80kPa 下处理 20min，可使置于医疗废物中不锈钢载体和塑料管腔内污染的枯草杆菌黑色变种芽孢降低 5 个对数级以上。

细菌芽孢是耐热性最强的生命形式，因此，干热灭菌时间常以几种有代表性的细菌芽孢的耐热性作为参考标准（表 6-5）。

表 6-5　　一些细菌芽孢干热灭菌所需时间

菌名	不同温度下的灭活时间/min						
	120℃	130℃	140℃	150℃	160℃	170℃	180℃
肉毒梭菌（*C. botulinum*）	120	60	15～60	25	20～25	10～15	5～10
破伤风梭菌（*C. tetani*）	—	20～40	5～15	30	12	5	1
产气荚膜梭菌（*C. perfringens*）	50	15～35	5	—	—	—	—
炭疽杆菌（*Bacillus anthracis*）	—	—	180	60～120	9～90	—	3
土壤细菌（soil bacteria）	—	—	—	180	30～90	15～60	15

2. 湿热灭菌法

如上所述，湿热灭菌法与干热灭菌法相比更为有效。一般而言，多数细菌和真菌的营养细胞在 60℃左右处理 5～10min 后即可被杀灭，酵母菌和霉菌的孢子稍耐热些，要用 80℃以上的温度处理才能杀灭，而细菌的芽孢最为耐热，一般需要 120℃处理 15min 才能灭活（表 6-6）。

表 6-6　　一些微生物湿热灭菌所需时间

菌名	不同温度下的灭活时间/min							
	100℃	105℃	110℃	115℃	120℃	125℃	130℃	134℃
破伤风梭菌（*C. tetani*）	5～90	5～25	—	—	—	—	—	—
肉毒梭菌（*C. botulinum*）	300～530	40～120	32～90	10～40	4～20	—	—	—
产气荚膜梭菌（*C. perfringens*）	5～45	5～27	10～15	4	1	—	—	—
产孢梭菌（*C. sporogenes*）	150	45	12	—	—	—	—	—
枯草芽孢杆菌（*B. subtilis*）	数小时	—	—	40	—	—	—	—
炭疽杆菌（*B. anthracis*）	2～15	5～10	—	—	—	—	—	—

续表

菌名	不同温度下的灭活时间/min							
	100℃	105℃	110℃	115℃	120℃	125℃	130℃	134℃
一种腐败厌氧菌	780	170	41	15	5.6	—	—	—
一种嗜热菌	—	400	100~300	40~110	11~35	3.9~8	3.5	1
一种土壤细菌	数小时	420	120	15	6~30	4	—	1.5~10

(1) 煮沸法　物品在100℃煮沸15min以上，可杀灭细菌的营养细胞和部分芽孢。如果在水中加入1%~2%碳酸氢钠，则可使沸点增高至105℃，加速芽孢失活，可在提高杀菌力的同时，防止金属器械的生锈。该方法可用于注射器、胶管、食具、饮用水等的消毒。

(2) 巴氏消毒法　该方法是一种较低温度的消毒法，主要针对食品中的无芽孢病原菌（例如牛乳中的结核杆菌或沙门氏菌）。常见的巴氏消毒法包括以下两类：a. 低温长时间消毒法（low temperature long time，LTLT），即在63℃处理30min；b. 高温短时间消毒法（high temperature short time，HTST），即在72℃处理15s。该方法适用于不宜进行高温灭菌的食品，如牛乳、酱腌菜类、果汁、啤酒、果酒、蜂蜜等，可在延长产品货架期的同时，最大限度保持食品的色、香、味等品质。

(3) 瞬时高温巴氏消毒法　该方法采用较高的温度处理液体样品，如135~137℃处理3~5s。该方法可灭活微生物的营养细胞和耐热性强的芽孢细菌，杀菌效果好、时间短、成本低，可延长保质期。现广泛用于各种果汁、牛乳、花生乳、酱油等液态食品的灭菌。但是，其在食品营养与风味方面的保留程度不如巴氏消毒法。

(4) 间歇灭菌法　该方法是利用反复多次的流通蒸汽消毒法灭活细菌的繁殖体和芽孢。将物品置于Arnold流通蒸汽灭菌器或普通蒸笼内，利用100℃的水蒸气处理15~30min，灭活其中的细菌繁殖体，但是芽孢仍然存活。取出物品后，将其置于37℃恒温培养箱中过夜培养，使芽孢萌发为繁殖体，次日再用同样方法重复灭菌。如此连续3次，既可将所有繁殖体和芽孢全部杀灭，又不破坏被灭物品的成分。该方法适用于某些不耐高温的培养基，如含有血清、蛋黄等的培养基。

(5) 常规高压蒸汽灭菌法　该方法是灭菌效果最好，目前应用最广泛的方法。在密闭的高压蒸汽灭菌锅内，加热时蒸汽不能外溢，随着饱和蒸汽压力的增加，温度也随着增高，杀菌力大大增强，可迅速灭活繁殖体和芽孢。为达到良好的灭菌效果，一般要求温度达到121℃（压力为103.5kPa），时间维持15~20min，也可采用较低温度113~115℃（即55.2~68.9kPa）维持20~30min的方法。灭菌所需时间和温度取决于被灭菌物品的性质、体积与容器类型等。对体积大、热传导性较差的物品，加热时间需适当延长。该方法适合一切微生物实验室、医疗保健机构或发酵工厂中培养基、缓冲液及多种器材、物料的灭菌。

(6) 连续加压灭菌法　连续加压灭菌法又称“连消法”。该方法适用于大规模发酵工厂培养基的灭菌。将培养基在发酵罐外连续不断地进行加热、维持和冷却，再进入发酵罐。培养基一般在135~140℃处理5~15s。其优点包括：由于采用高温瞬时灭菌，可最大限度减少营养成分的破坏；适于自动化操作，降低了操作人员的劳动强度；与分批灭菌时间相比，总灭菌时间明显减少，缩短了发酵罐占用周期，提高了利用率；因为蒸汽负荷均匀，提高了锅炉利用率。

二、干　燥

水是微生物细胞的重要成分，占活细胞的90%以上，参与细胞内的各种生理活动，可以说没有水就没有生命。通过干燥降低食品中的水分含量，可以达到抑制微生物生长、防止食品腐败变质的目的。

不同微生物对干燥的抵抗力不同，如醋酸菌失水后很快失活；酵母菌失水后可保存数月；产荚膜细菌的抗干燥能力比不产荚膜细菌强；长形、壁薄的细菌对干燥敏感，而个体小、壁厚的细菌抗干燥能力较强；细菌的芽孢、酵母菌的子囊孢子、霉菌的有性孢子或厚壁孢子的抗干燥能力就更大。

干燥时温度越高，微生物越容易失活；低温下进行干燥，微生物的失活率降低。将干燥后存活的微生物低温保藏，可长期保持其活力。相同的微生物在不同基质中干燥，存活率也不同。如蒸馏水中的微生物干燥后存活时间较短，基质中如含有糖、淀粉、蛋白质等物质时，微生物干燥后存活时间较长。若在菌悬液中加入少量保护剂（如脱脂牛乳等）于低温冷冻条件干燥，所得冻干微生物可在低温下保持长达数年甚至10年的生命力。例如，在制作风干牛肉时，随着风干处理的进行，肉干中大肠菌群、菌落总数及霉菌、酵母菌的数量在不断减少，当水分含量≤20%时，致病菌（金黄色葡萄球菌、单增李斯特氏菌及沙门氏菌）可完全失活。

此外，干燥过程中的失水速度也会影响微生物的灭活量。失水速度快，微生物不易失活；缓慢干燥，加速失活。

三、高渗作用

细胞质膜是一种半透膜，可调节细胞中渗透压的平衡。如本章第二节所述，当将微生物置于高渗溶液中，细胞中的水分将通过细胞膜进入环境，细胞原生质因脱水收缩出现质壁分离现象，抑制细胞代谢活动，甚至使细胞失活。食品工业中，常使用腌渍来提高食品渗透压，达到延长保质期的目的。

各种微生物具有不同的耐盐能力。多数杆菌在超过10%的盐溶液中停止生长，而大肠杆菌、沙门氏菌等耐盐性差的微生物在6%~8%盐溶液中完全处于抑制状态；球菌在15%盐溶液中被抑制生长；霉菌在20%~25%盐溶液中才可被抑制；酵母菌一般对盐敏感。总体来说，需要18%~25%的盐溶液才能完全阻止微生物的生长。

食品工业中还可使用糖类来增加渗透压，以抑制微生物生长。相同质量浓度的糖溶液和盐溶液所产生的渗透压不同，蔗糖要达到与食盐相同的抑菌效果，其浓度必须比食盐浓度大6倍以上。一般50%的糖液才可抑制大多数酵母和细菌的生长。

糖的种类不同，所产生的渗透压不同，抑菌效果存在明显差异。一般来说，糖类相对分子质量越小，渗透压越大，对微生物的抑制作用越大。

一般微生物不能耐受高渗透压，所以日常生活中常用高浓度的盐或糖保存食物，如腌渍蔬菜、肉类及蜜饯等。糖通常为50%~70%，盐为10%~15%。由于盐的相对分子质量小，并能解离，在二者百分浓度相等的情况下，盐的保存效果要优于糖。

四、辐　射

辐射是指通过空气或外层空间以波动方式从一个地方传播或传递到另一个地方的能源。

它们或是离子或是电磁波。电磁辐射包括可见光、红外线、紫外线、X 射线和 γ 射线等。光量子所含能量随不同波长而改变，一般波长越短，所含能量越高，反之则低。在辐射能中无线电波最长，对生物效应最弱；红外线的波长为 0.78~1000μm，光合细菌可利用其作为能源；可见光部分的波长为 390~770nm，是蓝细菌等进行光合作用的主要能源；紫外辐射的波长为 100~400nm，可杀菌。可见光、红外辐射、紫外辐射的最强来源是太阳。由于大气层的吸收，紫外辐射与红外辐射不能全部到达地面；而波长更短的 X 射线、γ 射线、β 射线和 α 射线、宇宙射线等辐射，可引起 H_2O 与其他物质的电离，对微生物可起到有害作用，可作为一种灭菌措施。

（一）红外线辐射

红外线是指波长在 0.77~1000μm 的电磁波，在 1~10μm 波长段热效应最强。在其照射处，能量可被直接转化为热能，可通过提高环境中的温度引起水分蒸发而使细胞干燥，间接影响微生物的生长。

（二）紫外辐射

紫外线是非电离辐射，它们可使被照射物的分子或原子中的内层电子提高能级，但不引起电离。紫外辐射可明显致死微生物，是强杀菌剂，以波长 265.0~266.0nm 的紫外线杀菌力最强，这与核酸吸收光谱范围一致。已有专门制作的紫外杀菌灯管，在医疗卫生和无菌操作中广泛应用。但是，紫外线穿透能力差，不易透过不透明的物质，普通玻璃、纸、有机玻璃、一般塑料薄膜、尘埃和水蒸气等均对其有阻挡作用，紫外杀菌常用于空气及物体表面的消毒杀菌。杀菌波长的紫外线对人体皮肤、眼睛均有损伤作用，使用时应注意防护。

紫外辐射对细胞的有害作用，是由于细胞中许多物质吸收紫外线造成的，如细胞原生质中的核酸及其碱基对紫外线吸收能力特别强。核酸紫外光吸收峰为 260nm，而蛋白质的紫外光吸收峰为 280nm。当这些辐射能作用于核酸时可引起核酸的变化，轻则引起细胞代谢机能的改变而发生变异，重则破坏其分子结构，妨碍 DNA 的复制、蛋白质和酶的合成。

紫外辐射对细菌、真菌、病毒、立克次氏体、螺旋体、原虫等多种微生物有灭活作用，但不同种类、不同生理状态的微生物对紫外线的耐受效果不同。最为敏感的是革兰氏阴性菌，其次为革兰氏阳性球菌，细菌的芽孢和真菌孢子对紫外线的抵抗力最强。此外，紫外辐射的灭菌效果也与照射时间和剂量大小有关。经短时间的紫外照射后，受损伤的微生物若再次暴露于可见光中，一部分可恢复正常，称为光复活现象。光复活的程度与受紫外线辐射强度、时间、温度等条件有关。

此外，适量的紫外线辐射，可使微生物的遗传物质发生变化，用于培育新性状的菌种。因此，紫外线常作为诱变剂用于菌种选育工作中。

（三）电离辐射

高能电磁波 X 射线、γ 射线、β 射线和 α 射线的波长更短，足以使受照射分子发生电离现象，称为电离辐射。电离辐射是间接通过射线引起水分子等吸收能量后电离所产生的自由基而发挥作用的，这些游离基团可与细胞中的敏感大分子反应并使其失活。

电离辐射具有较强的穿透力和杀菌效果，其具有以下优点：①能量大、穿透力强，可彻底杀灭物品内部的微生物，灭活效果不受物品包装、形态限制；②不需加热，有“冷灭菌”之称，可用于不耐热物品或受热易变质、变味物品的灭菌和消毒；③方法简便，不污染环境，无残留毒性，多用于医疗卫生用品的消毒灭菌，也可用于保藏食品、污水污泥处理等。需要注意的是，电离辐射可造成人体损伤，应注意防护。

五、超声波及微波

（一）超声波

超声波是频率在20000Hz以上的机械波，可使细胞破裂，引起细胞内含物外溢，几乎所有的微生物都可被其破坏。科学研究中，常使用此方法破碎细胞，用于研究微生物细胞的化学组成及结构、抗原结构、酶活性等。

其对微生物的灭活效果及对细胞的影响与超声波频率、处理时间、微生物种类、细胞大小、形状、数量等有关。一般来说，杆菌比球菌、丝状菌比非丝状菌、体积大的菌比体积小的菌更容易受超声波破坏，病毒较难被破坏，细菌芽孢大多不受超声波影响。

（二）微波

微波是波长在1~1000mm的电磁波，可使介质内极性分子呈现有节律的运动，通过分子间的互相碰撞和摩擦，产生热量，使微生物失活。微波的频率较高，穿透力较强，可穿透玻璃、塑料薄膜、陶瓷等，但是不能穿透金属。常用于食品、药品、非金属器械及餐具的消毒，但灭菌效果不可靠。

六、滤过作用

过滤除菌是用滤器去除气体或液体中微生物的方法，常用的有硅藻土滤器、玻璃滤器、膜滤器等，其原理是利用滤器孔径大小阻截液体、气体中的微生物。此法适用于一些不耐热，也不能用化学方法处理的物品，如维生素、酶等的除菌。但是，病毒、支原体、衣原体等可通过滤器，不能通过此法去除。

七、消毒剂和防腐剂

许多化学试剂均可抑制微生物生长或使微生物失活，根据其作用效果，可分为：消毒剂、防腐剂、灭菌剂。这三者之间，没有严格界限，很多时候与用量有关。

（一）作用机制

（1）破坏微生物的细胞壁、细胞膜 如戊二醛可与细菌细胞壁脂蛋白发生交联反应，与胞壁酸中的D-丙氨酸残基相连形成侧链，封闭细胞壁，使微生物细胞内外物质交换发生障碍；表面活性剂可使革兰氏阴性菌的细胞壁解聚；醇类和酚类可使微生物细胞膜结构紊乱并干扰其正常功能，使小分子代谢物质溢出胞外。

（2）引起菌体蛋白变性或凝固 酸碱、醇类、醛类、染料、重金属盐和氧化剂等消毒防腐剂可引起菌体蛋白变性或凝固。如乙醇可引起菌体蛋白质构型改变而扰乱多肽链的折叠方式，造成蛋白质变性；二氧化氯能与细菌细胞质中酶的巯基结合，使其失活。

（3）改变核酸结构，抑制核酸合成 部分醛类、染料和烷化剂可影响核酸的生物合成和功能，从而发挥其抑菌杀菌作用。如甲醛可与微生物核酸碱基环上的氨基结合；环氧乙烷能使微生物核酸碱基环发生烷基化。这列化学消毒剂除可杀菌抑菌，还可杀灭病毒。

化学消毒剂、防腐剂的作用常以上述机制中的一种为主，同时也有其他方面的综合作用，故也可对人体组织造成损害，仅能外用或用于环境消毒。

（二）影响消毒与灭菌效果的因素

（1）微生物的种类、生活状态与数量　不同种类微生物对各种化学试剂的敏感性不同，如细菌的繁殖体、真菌在湿热 80℃、5~10min 可失活，而乙型肝炎病毒在 85℃需作用 60min 才能失活。生长成熟的微生物抵抗力强于未成熟的微生物。当物体上的微生物数量多时，需要更高浓度的化学试剂才可将其杀灭。

（2）消毒灭菌的方法、强度及作用时间　不同消毒灭菌方法，对微生物的作用也有差异。例如，干燥痰液中的结核分枝杆菌经 70%乙醇溶液处理 30s 即失活，在 0.1%苯扎溴铵中可长时间存活。同一种消毒灭菌方法，不同强度可产生不同效果。如，甲型肝炎病毒在 56℃湿热处理 30min 仍可存活，但在煮沸后 1min 即失去活性。大多数消毒剂在高浓度时可杀菌，低浓度则只能抑菌，醇类例外。70%~75%乙醇的消毒效果最好。同种消毒方法，作用时间越长，效果也越好。

（3）被消毒物品的性状　被处理物品的性状可影响灭菌效果。物品的体积过大、包装过严，均会妨碍其内部消毒作用。例如，880mg/L 环氧乙烷在 30℃作用 3h 可完全杀灭布片上的细菌芽孢，但对玻璃上的细菌芽孢，同样条件处理 4h 也不能达到灭菌目的。

（4）消毒环境　存在于蛋白质等有机物中的微生物对消毒剂的抵抗效果会有所增强。例如，杀灭牛血清中的细菌繁殖体所需的过氧乙酸浓度比无牛血清的细菌繁殖体高 5~15 倍。因此在消毒皮肤及物品器械前应先将其清洗干净。

消毒灭菌的效果还受环境中温度、湿度及 pH 的影响。随温度上升，微生物灭活效果加快。例如，用 2%戊二醛杀灭 10^4CFU/mL 炭疽芽孢杆菌，20℃需要 15min，40℃需要 2min，56℃仅需 1min。用紫外线消毒空气时，空气的相对湿度低于 60%时灭活效果较好，相对湿度过高时，空气中的小水滴增多，可阻挡紫外线。用气体消毒剂处理小件物品时，30%~50%相对湿度较为适宜；处理大件物品时，相对湿度为 60%~80%较好。pH 对消毒剂的消毒效果影响明显。醛类、季铵盐类表面活性剂在碱性环境中灭活效果较好，酚类和次氯酸盐类则在酸性条件下发挥较强的杀菌作用。

（三）常见化学消毒剂

（1）酸类　盐酸、磷酸等强酸可通过 H^+产生杀菌效应，但其腐蚀性强，不宜作为消毒剂；乳酸、乙酸等有机酸的电离度比无机酸小，却具有较强的杀菌效应。这是由于酸类对微生物的作用与 H^+浓度有关，也与酸游离的阴离子和未电离的分子本身有关。食品工业广泛应用这些有机酸进行防腐和消毒的同时，还能改善某些食品风味，如酸乳发酵、酸渍蔬菜等。乳酸的杀菌作用强于苯甲酸、酒石酸或盐酸。

（2）碱类　碱类的杀菌能力取决于电离后的 OH^-浓度，浓度越高，杀菌力越强。氢氧化钾的电离度最大，杀菌力最强；氢氧化铵的电离度小，杀菌力也弱。其杀菌机理是 OH^-在室温条件下可水解蛋白质和核酸，使微生物的细胞结构和酶系统受到破坏，同时还可分解菌体中的糖类，引起细胞失活。食品工业常用 1%~3%的石灰水、5%~10%生石灰乳、2%~3%纯碱溶液等作为环境、冷库、机械设备与用具等的消毒剂。

（3）氧化剂　依靠氧化作用进行杀菌。氧化剂可释放游离氧或新生态氧作用于蛋白质结构中的氨基、羧基或酶的活性基团，导致细胞代谢障碍而失活。常用强氧化剂有：高锰酸钾、氯气、漂白粉、过氧乙酸、碘液、臭氧等。

高锰酸钾是常见的氧化消毒剂，一般用0.1%质量分数对皮肤、水果、炊具等进行消毒，但在使用时需注意现用现配。

氯气具有较强的杀菌作用，可在水中产生新生态的氧。新生态氧和氯气均可氧化菌体细胞使其灭活。氯气常用于城市生活用水，以及饮料工业中水的消毒。

漂白粉中有效氯为28%~35%。当质量分数为0.5%~1%时，5min可灭活大多数细菌，5%的质量分数时可在1h灭活细菌芽孢，漂白粉常用于饮用水消毒，以及蔬菜和水果的消毒。

过氧乙酸可快速灭活细菌、酵母、霉菌和病毒，是一种高效的广谱杀菌剂，可分解产生乙酸、过氧化氢、水和氧。过氧乙酸适用于各种塑料、玻璃制品、棉布等制品的消毒，食品包装材料如超高温灭菌乳、饮料的利乐包等的灭菌，也适用于蔬菜、水果、禽蛋表面的消毒。0.2%的过氧乙酸消毒皮肤，0.3%~0.5%消毒餐具和注射器。过氧乙酸虽然有强杀菌力，但几乎无毒，但是由于其较强的腐蚀性和刺激性使其使用受限。

碘液具有强穿透力，可灭活细菌、芽孢、真菌，是强杀菌剂。通常将3%~7%碘溶于70%~83%的乙醇中配制称为碘酊，即成为皮肤、小伤口和医用器械的有效消毒剂。1%的碘酒或1%的碘甘油液可杀灭一般细菌、真菌、病毒。

臭氧灭菌技术近年在纯净水生产中应用较广，灭菌的效果与浓度有一定关系，但浓度过高会使水产生异味。

（4）有机化合物　常用的有醇类、酚类、醛类等可使细胞蛋白质变性的有机化合物。

①醇类：以乙醇为例，乙醇可侵入菌体细胞，破坏蛋白质表面水膜，使其失去活性，引起代谢障碍；此外，乙醇还可通过溶解细胞膜脂类物质而破坏细胞膜。常用于消毒的乙醇浓度为70%~75%，用于皮肤、医疗器械、玻璃棒等的消毒。

②酚类及其衍生物：该类有机化合物可使蛋白质变性，破坏细胞膜的通透性，使细胞内容物溢出导致细胞失活。2%~5%的酚溶液可在短时间内灭活细菌繁殖体，如需灭活芽孢，则需要较长时间。此外，细菌芽孢和霉菌孢子对酚有耐受力。以来苏尔为例，可用2%消毒皮肤，5%消毒医疗器械和地面。酚类及其衍生物适用于医院的环境消毒，不适用于食品加工场所。

③醛类：以甲醛为例，甲醛可破坏蛋白质氢键，并与菌体蛋白质的氨键结合，引起蛋白质变性而使菌体失活。一般来说，37%~40%的甲醛溶液对细菌和真菌都有杀菌能力。0.1%~0.2%的甲醛溶液能杀灭细菌的繁殖体，5%的甲醛溶液可杀灭芽孢。一般用10%的溶液熏蒸无菌室、接种箱空间和物体表面的消毒。但由于甲醛有毒，且刺激性强，不适用于食品生产场所。

（5）表面活性剂　即可降低液体表面张力效应的物质。根据表面活性剂的解离特性，可将其分为3类，即阴离子表面活性剂（如肥皂、十二烷基磺酸钠、十二烷基硫酸钠等）、阳离子型表面活性剂（如季铵盐类化合物等）、非离子型表面活性剂。

肥皂的杀菌作用较弱，主要用于清洁，通过使物质表面的油脂乳化，形成无数小液滴，在清除物体表面污物的同时，除去表面微生物。

苯扎溴铵、杜灭芬等季铵盐类化合物，杀菌谱广，可杀灭G^+菌、G^-菌、真菌的营养细胞和病毒，但仅可抑制芽孢杆菌的生长。其水溶液不能灭活结核杆菌、绿脓假单胞菌。该类阳离子型表面活性剂通过形成的正电荷与菌体表面负电荷结合，破坏细胞膜结构，改变细胞膜通透性，促使细胞内含物外溢，抑制酶活性，并引起菌体蛋白变性，但其杀菌作用可被有机物和阴离子表面活性剂降低。以苯扎溴铵为例，常将5%原液稀释，以0.05%进行创面消毒，0.1%进行皮肤和手术器械等的消毒。对设备进行消毒时，要求其浓度达到150~250mg/L，温度可高于40℃，消毒时间长于2min。

（6）抗代谢物　是指那些在化学结构上与微生物体内产生的某些代谢物相似，竞争性的与特定酶结合，从而干扰正常代谢，抑制微生物生长的物质。例如，磺胺是叶酸组成部分对氨基苯甲酸的结构类似物。磺胺的抑菌作用是因为很多细菌在生长过程中需要自身合成叶酸。磺胺对人体细胞无毒性，因为人缺乏从对氨基苯甲酸合成叶酸的关键酶——二氢叶酸合成酶，必须直接利用叶酸为生长因子。

与之类似的，对氟苯丙氨酸、5-氟尿嘧啶、5-溴胸腺嘧啶分别是苯丙氨酸、尿嘧啶和胸腺嘧啶的结构类似物，可在取代正常成分后造成代谢紊乱，抑制机体生长，因此在治疗由病毒和微生物引起的疾病上有重要作用。

（7）抗生素　抗生素是一类主要的化学治疗剂，可在低浓度时有选择地抑制或杀灭目标微生物。它是由微生物或其他生物在生命活动中合成的次级代谢产物或由其半合成的人工衍生物，具有抑制或干扰其他种生物（如病原菌、肿瘤细胞等）生长或灭活其他种微生物的作用。

自从1929年首次发现青霉素以来，已有10000余种抗生素被发现，对其化学结构进行修饰和改造后而产生的新的半合成抗生素也达70000余种，但在临床经常使用的仅有50~60种。根据抗生素的抑菌范围，可将其分为广谱抗生素和窄谱抗生素。广谱抗生素是指某一抗生素可抑制的微生物种类较多，如土霉素、四环素等可抑制G^-菌、立克次氏体、衣原体的生长。窄谱抗生素仅能抑制某一类的微生物，如青霉素主要抑制G^+的生长、链霉素主要对G^-菌起作用、抗分枝杆菌素只能抑制分枝杆菌生长等。

抗生素对微生物的生长抑制作用主要表现为以下5个方面：

①抑制细胞内新的蛋白质合成：许多抗生素可与菌体核糖体的30S小亚基或50S大亚基结合，抑制菌体蛋白质合成。例如链霉素、庆大霉素、卡那霉素等氨基糖苷类抗生素可与30S小亚基结合，使密码子错误翻译，抑制肽链延伸；氯霉素可与50S大亚基结合，抑制氨基酰-tRNA与核糖体结合。

②影响细胞膜的通透性，抑制细胞壁的合成，引起膜损伤：青霉素、头孢霉素、万古霉素等可作用于G^+菌细胞壁中*N*-乙酰胞壁酸上的短肽与另一条短肽的相连处（肽桥），抑制肽尾与肽桥间的转肽作用，阻止肽聚糖肽链间的交联，从而抑制细胞壁肽聚糖的合成，使细菌因失去细胞壁保护在高渗或低渗溶液中失活。多黏菌素可与G^-杆菌细胞膜中带负电荷的多价磷酸根基团结合，释放细胞膜上的蛋白质，提高膜的通透性，使氨基酸、核苷酸等细胞内含物外漏，导致菌体失活。

③干扰细胞内DNA或RNA的合成或功能：放线菌素D可与DNA中的鸟嘌呤结合，抑制RNA聚合酶活力，阻止依赖于DNA的mRNA的合成；灰黄霉素可抑制真菌有丝分裂纺锤体的功能，抑制DNA的合成。

④抑制或阻断细胞内生物大分子的合成或功能。

⑤直接作用于呼吸链以干扰氧化磷酸化的进行。

作为临床上经常使用的化学治疗剂，多次重复使用抗生素，可使致病菌产生耐药性而影响其作用效果。因此，用抗生素治疗由细菌引起的疾病时，为避免耐药菌株的形成，需注意以下几点：

①第一次使用的药物剂量要充足；

②不同的抗生素（或与其他药物）同时使用，可增强药效；

③避免在一个时期或长期多次使用同种抗生素；

④对现有的抗生素进行改造，提高药效；

⑤筛选新的更有效的抗生素，不仅可提高治疗效果，还可避免细菌产生耐药性。

CHAPTER 7

第七章 微生物代谢与调节

第一节 概　　述

代谢（metabolism）是生命存在的前提，是生物最基本的属性和特征之一，是细胞中发生的所有化学反应的总和。微生物是地球上最成功的有机体，能够在几乎所有的可能条件下生长。微生物一方面不断地从环境中摄取营养物质，通过一系列生化反应，转变为自己的组成成分和生命活动所需的能量。另一方面，将原有的组分经过一系列的生化反应，分解为不能再利用的物质排出体外，不断地进行自我更新（图 7-1）。

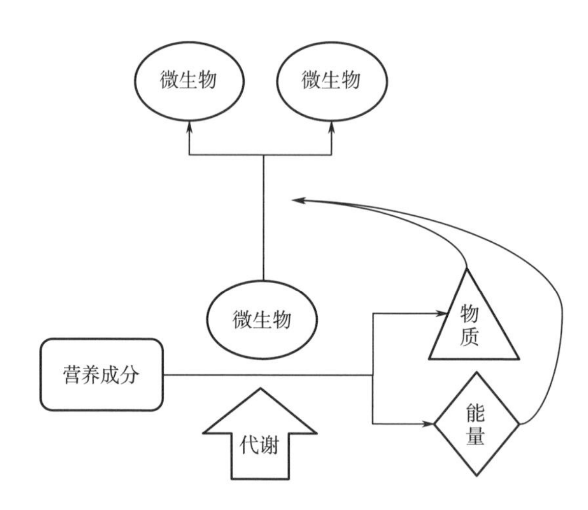

图 7-1　微生物代谢示意图

一、微生物代谢特点

微生物因体积小、吸收转化和生长繁殖速度快等特点而不同于高等生物，其代谢有以下特点：

①代谢效率高：微生物细胞微小，尤其单细胞微生物相对表面积很大，物质交换效率高。

②代谢类型和代谢产物多样化：各种微生物的营养要求、能量来源、酶系统各不相同，可形成多种多样的代谢类型，以适应复杂的外界环境。同时这一特点也使微生物在食品中发挥着重要的作用，如形成多样化的风味物质。

③代谢调节具有高度的精确性和灵活性：微生物细胞体积微小，而所处的环境条件却繁杂多变。在长期进化过程中微生物发展出一整套十分精确和可塑性极强的代谢调节系统，以保证在复杂的环境条件下生存。

二、微生物代谢的分类

微生物在漫长进化过程中，为了适应环境进化出了多样化的代谢类型。微生物代谢在大的分类方式上可分为物质代谢（material metabolism）和能量代谢（energy metabolism），合成代谢（anabolism）和分解代谢（catabolism），初级代谢（primary metabolism）和次级代谢（secondary metabolism）等。

（一）物质代谢和能量代谢

蛋白质、核酸、糖、脂类等物质的变化称为物质代谢。上述分解代谢与合成代谢的总和即为物质代谢，微生物细胞内的化学能、光能等能量的相互转化和代谢变化称为能量代谢。微生物细胞在进行物质代谢的过程中总伴随着能量代谢的进行，二者是不可分割的统一体。微生物的能量代谢包括产能代谢和耗能代谢。一般而言，在物质代谢所包括的分解代谢和合成代谢中，前者伴随着产能代谢，而后者伴随着耗能代谢。在分解代谢中产生的能量一部分以热的形式散失，一部分以高能磷酸键的形式储存在腺苷三磷酸（ATP）中，这些能量主要用于维持微生物的生理活动或供合成代谢需要。

（二）合成代谢与分解代谢

分解代谢是指复杂的有机物经过分解代谢酶系的催化，产生简单分子物质、ATP 形式的能量和还原力的作用。分解代谢的三个阶段：第一阶段是将蛋白质、多糖及脂类等大分子营养物质降解成为氨基酸、单糖及脂肪酸等小分子物质。第二阶段是将第一阶段产物进一步降解成更为简单的乙酰辅酶 A、丙酮酸以及能进入三羧酸循环的某些中间物，在这个阶段会产生一些 ATP、烟酰胺腺嘌呤二核苷酸（NADH）及黄素腺嘌呤二核苷酸递氢体（$FADH_2$）。第三阶段是通过三羧酸循环将第二阶段产物完全降解生成 CO_2，并产生 ATP、NADH 及 $FADH_2$。第二和第三阶段产生的 ATP、NADH 及 $FADH_2$通过电子传递链被氧化，可产生大量的 ATP。合成代谢与分解代谢正好相反，是指在合成代谢酶系的催化下，由简单小分子、ATP 形式的能量和［H］式的还原力一起合成复杂大分子的过程。因此，在细胞中分解代谢与合成代谢是同时存在，偶联进行，二者既紧密相连，又存在明显差异。分解代谢为合成代谢提供了能量和原料，而合成代谢又为分解代谢提供了物质基础。

（三）初级代谢与次级代谢

所谓初级代谢是指微生物通过相同的代谢途径生成细胞生长和繁殖所必需的化合物的过程。初级代谢的产物包括细胞生物合成的各种小分子前体物质、单体与多聚物以及在能量代谢和调节中起作用的各种物质，如氨基酸、核苷酸等。而次级代谢是指微生物在一定的生长时期（一般是稳定生长期），以初级代谢产物为前体，合成一些对微生物的生命活动没有明确功能物质的过程。这一过程的产物即为次级代谢产物。次级代谢产物主要有抗生素、生长激素、毒素和色素等。微生物代谢产物是食品工业中重要的目的产品或生产原料。因此，物质代谢与能量代谢、分解代谢与合成代谢、初级代谢和次级代谢之间是不可分割的，是相互联系、相互依存而又相互制约的，组成了微生物体内的代谢系统。

第二节　微生物的物质代谢

微生物从周围环境中吸取营养物质，通过代谢作用一系列的转化以后，使一部分营养物同化为新的组成部分，或以储藏物质的形式暂时存储于细胞中，以备必要之需。另一部分营养物或细胞物质经过一定转化后成为微生物的代谢产物，这些代谢产物随着微生物种类和发育阶段以及所处环境条件的不同而有所不同。按照上述分类方法，合成代谢与分解代谢，初级代谢与次级代谢都是物质代谢的一部分。

微生物的细胞主要是由蛋白质、核酸、碳水化合物和类脂等组成。合成这些大分子有机化合物需要大量能量和原料。其中原料一部分是微生物从外界吸收的小分子化合物，一部分是从营养物质分解中获得。从这里可以看到分解作用与合成作用之间相互依赖的紧密关系，由于它们相互依赖，偶联进行，微生物才能具有旺盛的生命活动和正常的生长繁殖。因为能够在多变的自然环境中得以生存，微生物的种类很多，其合成途径也比较复杂多样。这里仅介绍几个微生物物质代谢基本途径。

一、分解代谢

（一）EMP 途径

微生物分解糖类的研究开始于 1897 年，Buchner 发现酵母菌细胞提取物能够进行蔗糖到乙醇的发酵。在 21 世纪前半叶，许多生物化学家逐步阐明了使糖类发酵产生乙醇和二氧化碳的十多个连续的化学反应。为了纪念其中三位最杰出的科学家，就将构成糖酵解途径的这一系列反应称为 EMP 途径（Embden-Meyerhof Pathway）。EMP 途径是生物体内 6-磷酸葡萄糖转变为丙酮酸的最普遍的反应过程（EMP 途径的物质代谢途径如图 7-2 所示）。

如果从能量代谢角度考虑，可以将 EMP 途径划分为两个阶段。在第一阶段中，葡萄糖在消耗 ATP 的情况下被磷酸化，形成葡萄糖-6-磷酸。葡萄糖-6-磷酸进一步转化为果糖-6-磷酸,然后再次被磷酸化，形成果糖-1，6-二磷酸。在醛缩酶催化下，果糖-1，6-二磷酸裂解成两个三碳化合物，3-磷酸甘油醛与磷酸二羟丙酮。在丙糖异构酶的作用下，磷酸二羟丙酮可转变为 3-磷酸甘油醛。在第二个阶段，3-磷酸甘油醛最终被氧化为丙酮酸。首先 3-磷酸甘油醛脱氯酶将 3-磷酸甘油醛氧化为 1，3-二磷酸甘油酸，1，3-二磷酸甘油酸在磷酸甘油酸激酶作用下转化为3-磷酸甘油酸。接着，3-磷酸甘油酸在变位酶作用下转化为 2-磷酸甘油酸，2-磷酸甘油酸在烯醇化酶作用下（脱去一分子水）变为磷酸烯醇式磷酸丙酮酸。最终磷酸烯醇式磷酸丙酮酸在丙酮酸激酶作用下变为丙酮酸。

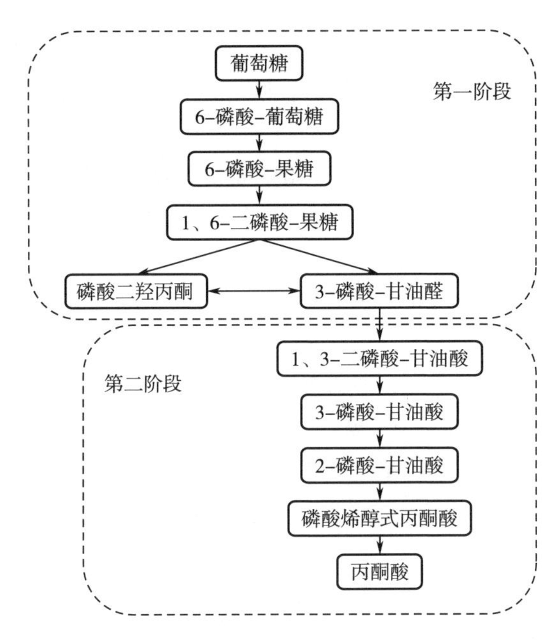

图 7-2 EMP 途径的主要物质代谢

丙酮酸是 EMP 途径的终产物，也是其他代谢产物的前体物质。在不同微生物的细胞内丙酮酸能够被转化为多种代谢产物，如在厌氧条件在酿酒酵母能够代谢丙酮酸产生乙醇，在乳酸菌中代谢产生乳酸等。图 7-3 展示了几种丙酮酸继续代谢的途径。其中丙酮酸经过两步转化生成乙酰辅酶 A（CoA），在有氧的条件下进入下面将要介绍的三羧酸循环（tricarboxylic acid cycle，TCA cycle）。

而在缺氧的条件下一些微生物可以进行发酵作用将丙酮酸转化为各种发酵产物。

1. 酒精发酵

酒精发酵是丙酮酸在无氧条件下生成酒精的过程，典型的酒精发酵是指酵母菌，尤其是啤酒酵母菌的酒精发酵，其产物较纯，产生酒精和二氧化碳，发酵途径由葡萄糖经 EMP 途径产生丙酮酸后第一步丙酮酸脱羧生成乙醛和 CO_2，第二步乙醛接受来自糖酵解的烟酰胺腺嘌呤二核苷酸递氢体（$NADH_2$）的氢还原成乙醇。

典型的酒精发酵以葡萄糖为底物在厌氧条件下发生，又称第一型酒精发酵。此外，尚有第二型和第三型酒精发酵，它们的发生都是由于环境条件不正常，若有亚硫酸钠存在或条件在碱性时都容易产生甘油或乙酸。某些细菌的酒精发酵与酵母菌的酒精发酵主要不同在于所经途径，前者是经 2-酮-3-脱氧-6-磷酸葡萄糖酸途径（ED 途径）生成丙酮酸，产能较后者少一半。

2. 乳酸发酵

乳酸发酵是葡萄糖经酵解途径产生丙酮酸后，丙酶酸直接接受 $NADH_2$的氢，而还原成乳酸。乳酸发酵有同型和异型两种类型。它们在菌种、发酵途径和产物种类上均不相同。同型乳酸发酵生成的产物较纯，发酵的细菌菌种有德氏乳杆菌（*Lactobacillus delbrueckii*）、保加利亚乳杆菌（*L. bulgaricus*）和干酪乳杆菌（*L. casei*）等。同型乳酸发酵是在完全厌氧条件下发生的。若为兼性厌氧或需氧菌经糖酵解产生乳酸时，在产物中常加杂有乙醇和其他有机酸。

异型乳酸发酵则通过磷酸酮糖裂解途径，途径中产生的5-磷酸木酮糖由磷酸戊糖解酮酶催化生成3-磷酸甘油醛和乙酰磷酸。3-磷酸甘油醛转变成丙酮酸后可以通过还原丙酮酸生成乳酸，而乙酰磷酸则被还原成乙醇。因而异型乳酸发酵产物中除乳酸外，还有乙醇和CO_2，产能水平也只有同型乳酸发酵的一半。进行异型乳酸发酵的细菌菌种有肠膜状明串珠菌（*Leuconostoc mesenteroides*）、短乳杆菌（*L. brevis*）和番茄乳杆菌（*L. lycopersici*）等。

3. 丁酸发酵

这是葡萄糖经EMP途径产生丙酮酸后在厌氧条件下产生丁酸的过程，丁酸发酵的代表菌为丁酸梭菌（*Clostridium butyricum*）。其具体步骤为：由丙酮酸先生成乙酰CoA、H_2和CO_2。乙酰CoA有两个去向，二分子乙酰辅酶A缩合成乙酰乙酸CoA，再进一步还原成丁酰CoA，然后转化成丁酸。另外，生成乙酰磷酸，这是个高能化合物，它可以将磷酸转移给二磷酸腺苷（ADP），生成乙酸和ATP，所以在丁酸发酵的产物中有丁酸、乙酸、H_2和CO_2。与丁酸发酵有关的还有丙酮-丁醇发酵和丁醇-异丙醇发酵等。其中丙酮由乙酰乙酸CoA脱羧产生，丁醇由丁酸还原产生，异丙醇由丙酮还原产生。微生物进行哪种类型的发酵，首先决定于菌种，其次是环境条件。

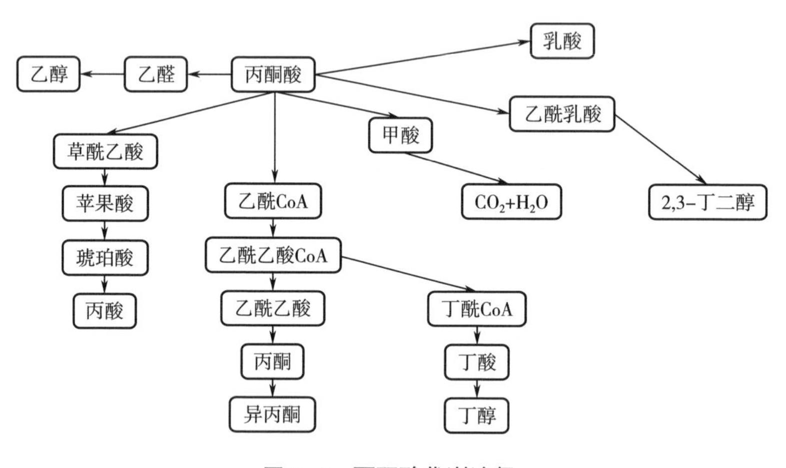

图7-3 丙酮酸代谢途径

（二）三羧酸循环

三羧酸循环是需氧生物体内普遍存在的代谢途径。因为在这个循环中几个主要的中间代谢物是含有三个羧基的有机酸，例如柠檬酸（C_6），所以称为三羧酸循环，或者以发现者Hans Adolf Krebs（英国，1953年获得诺贝尔生理学或医学奖）的姓名命名为Krebs循环。

首先，乙酰辅酶（CoA）与草酰乙酸结合在柠檬酸合成酶的作用下生成六碳的柠檬酸，放出CoA。柠檬酸先失去一个H_2O而变成顺-乌头酸，再结合一个H_2O转化为异柠檬酸。异柠檬酸在异柠檬酸脱氢酶作用下发生脱氢、脱羧反应，生成5碳的a-酮戊二酸，放出一个CO_2。a-酮戊二酸在酮戊二酸脱氢酶的作用下发生脱氢、脱羧反应，并和CoA结合，生成含高能硫键的4碳琥珀酰CoA，放出一个CO_2。碳琥珀酰CoA脱去CoA和高能硫键，生产琥珀酸。琥珀酸在琥珀酸脱氢酶的作用下脱氢生成延胡索酸。延胡索酸和水化合而成苹果酸，在苹果酸脱氢酶的作用下苹果酸氧化脱氢，再生成草酰乙酸，完成一个循环。图7-4展示了三羧酸循环中主要物质的代谢途径。

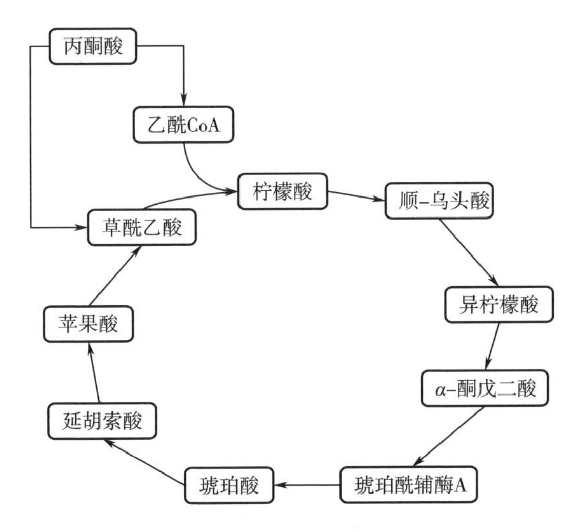

图 7-4 三羧酸循环主要物质的代谢途径

三羧酸循环是三大营养物质（糖类、脂类、氨基酸）的最终代谢通路，又是糖类、脂类、氨基酸代谢联系的枢纽。如 α-酮戊二酸和草酰乙酸是进一步合成谷氨酸和天冬氨酸的前体物质。

（三）HMP 途径

HMP 途径（hexose monophosphate pathway），又称戊糖磷酸途径，是微生物在利用葡萄糖分解代谢过程中，首先转化葡萄糖为6-磷酸葡萄糖，再转化为6-磷酸葡萄糖酸，最后合成5碳化合物，为合成其他物质及能量代谢提供底物（具体物质代谢途径如图 7-5 所示）。HMP 途径的特点是微生物不经过 EMP 途径和三羧酸循环而得到能量和中间代谢产物。HMP 途径能够为微生物提供大量的不同长度的碳骨架原料，如 5-磷酸核糖用于合成核苷酸、核酸及烟酰胺腺嘌呤二核苷酸（$NADP^+$）、黄素腺嘌呤二核苷酸（FAD）和 CoA 等，4-磷酸赤藓糖用于合成苯丙氨酸、酪氨酸、色氨酸和组氨酸等。有 HMP 途径的微生物往往同时存在 EMP 途径，单独具有 HMP 途径的微生物少见，已知的有弱氧化醋酸杆菌和氧化醋单胞菌。

（四）多糖的分解

多糖包括淀粉、纤维素、几丁质、果胶质和肽聚糖等大分子化合物。微生物要首先将这些大分子分解为小分子后才能利用。下面简要介绍淀粉和纤维素的微生物分解。

1. 淀粉的分解

淀粉是由葡萄糖分子以 α-1，4 键相连的长链，若有分支则分支处以 α-1，6 键相连。能够利用淀粉的微生物都具有淀粉酶，淀粉酶有几种不同种类。第一种为 α 淀粉酶，能任意切割直链淀粉，使淀粉链在 α-1，4 处断开，产物为葡萄糖和麦芽糖。水解后的淀粉黏滞度降低，液体变清，所以这种淀粉酶又称液化酶。第二种为 β-淀粉酶，分解产物为麦芽糖和极限糊精，所以这种淀粉酶又称糖化酶。第三种为葡萄糖淀粉酶，可将淀粉分解成单个分子葡萄糖，糖化率极高。此外，还有一种能分解支链淀粉的酶，称为支链酶淀粉酶，可以用于液化脱浆、糖化和生产葡萄糖。在食品加工，尤其是传统白酒酿造领域就是利用各种微生物产生

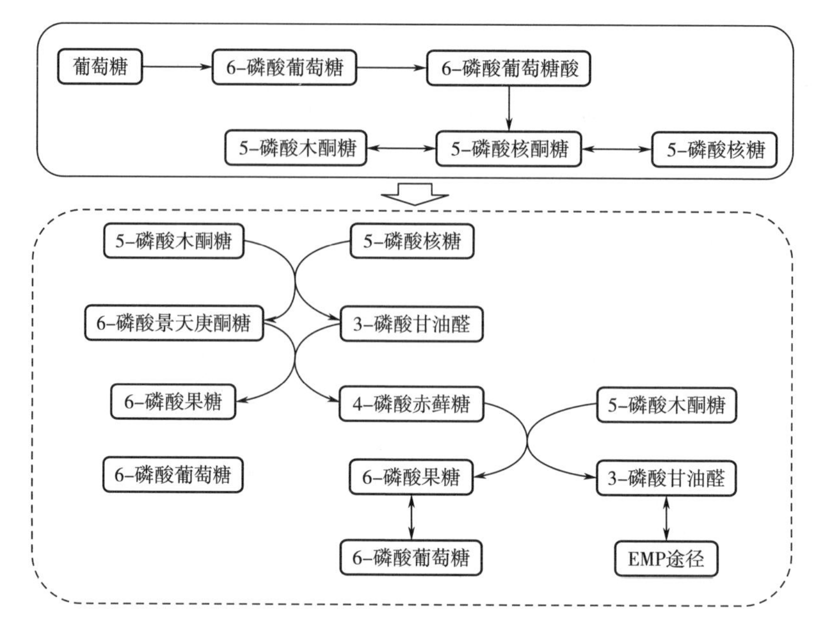

图 7-5 HMP 途径的主要物质代谢

的各种淀粉酶水解谷物中的淀粉为葡萄糖等简单的糖，而后被酵母等其他微生物转化为乙醇及其他风味物质。

2. 纤维素的分解

它是葡萄糖分子以 β-1，4 键相连的长链。在细菌和真菌中都有能分解纤维素的菌种，它们具有纤维素酶，能将纤维素分解成纤维二糖，并再经纤维二糖酶分解成葡萄糖。真菌的纤维素酶悬胞外酶，它们分解纤维素的能力较强。细菌的纤维素酶位于细胞表面，只有接触菌体的纤维质物质才能被分解，所以它们分解纤维素的能力较弱。在酱油的酿造过程中微生物产生的纤维素酶可使大豆类原料的细胞膜膨胀软化破坏，使包藏在细胞中的蛋白质和碳水化合物释放，这样既可提高酱油浓度、改善酱油质量，又可缩短生产周期、提高产率，并且使其各项主要指标提高。

二、合成代谢

营养物质的分解与细胞物质的合成是微生物生命活动的两个主要方面。微生物或从物质氧化或从光能转换过程中获得能量，主要用于营养物质的吸收、细胞物质的合成与代谢产物的合成和分泌、机体的运动、生命的维持，还有一部分能量用于发光与产生热。能量、还原力与小分子前体碳架物质是细胞物质合成的三要素。微生物细胞物质合成中的还原力主要是指 $NADH_2$和 $NADPH_2$。小分子前体碳架物质通常是指糖代谢过程中产生的中间体碳架物质，是指不同个数碳原子的磷酸糖（如磷酸丙糖、磷酸四碳糖、磷酸五碳糖、磷酸六碳糖等）、有机酸（如 α-酮戊二酸、草酰乙酸、琥珀酸等）和乙酰 CoA 等。这些小分子前体碳架物质主要是通过 EMP、HMP 和 TCA 循环等途径产生，然后又在酶的作用下通过一系列反应合成氨基酸、核苷酸、蛋白质、核酸、多糖等细胞物质，使细胞得以生长与繁殖。下面主要介绍氨基酸和核苷酸的合成。

（一）氨基酸及含氮物质的合成

蛋白质、核酸是分别由氨基酸、核苷酸组成的一大类含氮大分子有机物。这些含氮有机物中的氮原子，可来自有机与无机含氮化合物，也可来自大气中的分子氮。

1. 氨的同化和氨基酸的合成

氨同化途径是先合成谷氨酸（或谷氨酰胺）、丙氨酸和天冬氨酸，然后由这几种氨基酸作为氨基供体，合成其他氨基酸。例如氨与α-酮戊二酸结合，形成谷氨酸。反应式如下：

$$\alpha\text{-酮戊二酸}+NH_4^++NADH+H\overset{GDH}{\Leftrightarrow}L\text{-谷氨酸}+NAD^+$$

$$\alpha\text{-酮戊二酸}+NH_4^++NADH+H\overset{GDH}{\Leftrightarrow}L\text{-谷氨酸}+NADP^+$$

谷氨酸脱氢酶（GDH）有两种：烟酰胺腺嘌呤二核苷酸（NAD）-GDH和烟酰胺腺嘌呤二核苷酸磷酸（NADP）-GDH。谷氨酸和其他不含氮有机酸交换氨基可以形成多种氨基酸，称为转氨基作用，例如：

$$L\text{-谷氨酸}+\text{丙酮酸}\rightarrow\alpha\text{-酮戊二酸}+\text{丙氨酸}$$

$$L\text{-谷氨酸}+\text{草酰乙酸}\rightarrow\alpha\text{-酮戊二酸}+L\text{-天冬氨酸}$$

$$L\text{-谷氨酸}+\text{苯丙酮酸}\rightarrow\alpha\text{-酮戊二酸}+L\text{-苯丙氨酸}$$

多种微生物可经上述类似反应从氨合成所需的各种氨基酸，有些种类或突变株则因缺乏某种或某几种必需的酶，而不能合成一种或几种氨基酸，培养基中有无相应的氨基酸就成为它们能否生长的关键。在食品工业方面，氨基酸衍生物已广泛用作食品调味剂、添加剂和抗氧防腐剂，如6-氮色氨酸的甜度比蔗糖高1300倍，低热量的二肽甜味剂（L-天门冬氨酰-L-苯丙氨酸甲酯）比蔗糖甜150倍。我国研制的L-天门冬氨酰氨基丙二酸甲葑酯的甜度超过蔗糖2万~3万倍。补钙食品——氨基酸螯合钙和天门冬氨酸钙已商品化。

2. 硝酸和N_2的同化

NO_3^-是微生物的良好氮素养料，NO_3^-首先通过同化型硝酸还原作用还原成NH_3，再进入含氮有机化合物的合成作用：

$$NO_3^-\xrightarrow{\text{硝酸盐还原酶}}NO_2^-\xrightarrow{\text{亚硝酸盐还原酶}}NH_3$$

N_2通过生物固氮作用还原为氨，这是原核固氮微生物特有的生理功能，生物固氮在自然界氮素物质转化和农业生产中具有重要意义。

3. 核苷酸的合成

核苷酸在生物体内主要用来合成核酸和参与某些酶的组成，它由碱基、核糖和磷酸三部分组成。核糖部分是从1-焦磷酸-5-磷酸核糖（PRPP）产生，后者又是从糖代谢的HMP途径产生：HMP途径→5-磷酸核糖。

$$5\text{-磷酸核糖}+ATP\xrightarrow{PRPP\text{合成酶}}PRPP+AMP$$

PRPP经过一系列酶的催化合成作用产生次黄嘌呤核苷酸（IMP），再产生腺膘呤核苷酸（AMP）和鸟嘌呤核苷酸（GMP）（图7-6）。IMP和GMP具有呈味性，且与谷氨酸钠有协同效应，二者混合制成的强力味精鲜味可提高数倍至数十倍。故IMP和GMP又称呈味核苷酸。核苷酸营养的作用机制不是针对某一症状、某一疾病，而是通过改善每一细胞的活力而提高机体各系统的自身功能和自我调节能力，来达到最佳综合状态和生理平衡，因此具有广泛而稳定的营养保健作用。

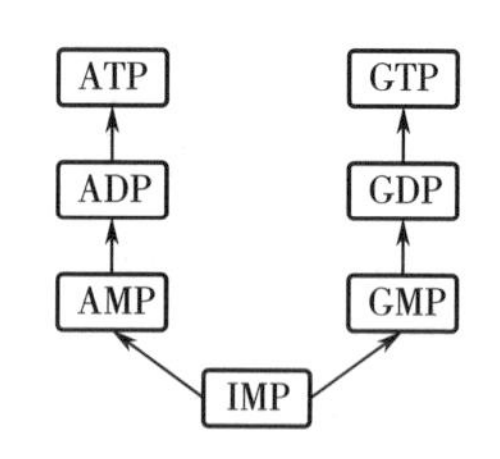

图 7-6 IMP 代谢途径

4. 核酸与蛋白质的合成

核酸是由碱基、戊糖和磷酸组成的一类与生物遗传信息储存与传递密切相关的大分子化合物。核酸有两类，一类是脱氧核糖核酸（DNA），另一类是核糖核酸（RNA）。DNA 以四种脱氧核糖核苷酸（A、G、T、C）和 D-2-脱氧核糖为基本单位，RNA 以四种核糖核苷酸（A、G、U、C）和 D-核糖为基本单位，二者都是通过 3，5-磷酸二酯键连接起来的大分子化合物。有关核酸的合成机理参见生物化学或分子生物教材。

蛋白质生物合成中主要有二种 RNA 起作用，它们是 mRNA，tRNA 和 rRNA。mRNA（信使 RNA）携带从 DNA 转录的遗传密码，在 mRNA 多核苷酸链上，每三个相邻的碱基代表一个氨基酸密码。此外，还包含有起始密码和终止密码。mRNA 作为模板指导蛋白质的合成，把核酸的信息翻译成蛋白质的氨基酸排列顺序。tRNA（转运 RNA）的结构中有能够和氨基酸结合的部位，起搬运氨基酸的作用。tRNA 结合了氨基酸，其上的反密码与 mRNA 的密码“对号入座”。rRNA（核糖体 RNA）在蛋白质生物合成中起装配机作用。蛋白质生物合成是合成代谢，需要能量，能量的供给来自 GTP。

（二）多糖的合成

微生物多糖主要包括细菌、药用真菌在代谢过程中所产的一类由多个单糖或其衍生物聚合而成的大分子物质。根据形态学上的分类，可以分为细胞壁多糖、细胞外多糖和细胞内多糖。细菌多糖可作为食品工业中的添加剂（如乳酸菌胞外多糖、海藻酸盐、黄原胶等）。细菌多糖的合成主要是单糖在糖基转移酶的作用下，从糖核苷酸供体上按照一定的顺序转移至脂类载体上，形成重复的糖单位，之后糖单位可能会发生一些聚合反应，随后被转运出胞外，也可能是运送到胞外之后发生聚合。总体来说，细菌多糖的合成步骤主要包括：糖链合成的起始，糖链的延伸、翻转和聚合，多糖的输出。参与细菌多糖生物合成的主要基因包括：糖苷合成酶基因、糖基转移酶基因及调节多糖合成的基因。

微生物多糖中，黄原胶应用比较广泛，其分子构成主要为 D-葡萄糖和乙酸等物质，其中一级结构以 D-葡萄糖基为主链，分子的侧链末端以丙酮酸为主，丙酮酸的含量影响着多糖的性质。黄原胶结构比较独特，具有良好的增黏协效性和低浓度高黏性，良好的分散特性，使其在食品加工业的应用比较广泛。如可用于制作蛋糕，改善蛋糕结构，使蛋糕缝隙均匀，更具有弹性，延长蛋糕保质期。在奶油和乳制品中，黄原胶可以使乳制品结构更加坚实，香味散发更好，品尝起来更加细腻。在饮料中黄原胶会使饮料有爽口的感觉，果汁中可以使液体更加分明。

（三）油脂类的合成

微生物产生油脂类的过程，本质上与动植物产生过程相似，都是从利用乙酰羧化酶的羧化催化反应开始，经过多次链的延长，或再经去饱和酶的一系列去饱和作用等，完成整个生化过程。微生物油脂除含有甘油三酯外，还富含亚油酸、γ-亚麻酸、花生四烯酸等多种多不饱和脂肪酸。参与脂肪酸的合成过程主要有两个酶系，丙二酰为中心的酶系和线粒体酶系。其中，丙二酰为中心的酶系的特征是乙酰与酰基载体蛋白（CAP）在乙酰转移酶的作用下结合，同时，乙酰在乙酰羧化酶的催化作用下生成丙二酰，丙二酰再经丙二酰单酰基转酰酶活化生成丙二酰后，合成饱和脂肪酸。

由于微生物油脂中富含大量多不饱和脂肪酸，是人体必需的营养物质，可作为营养强化剂用于各种食品中如婴幼儿乳粉、鲜乳、饮料和饼干中，为智力发育提供必需脂肪酸。在婴幼儿配方食品中添加多不饱和脂肪酸是食品发展的趋势。

三、合成代谢与分解代谢的关系

以上分别介绍了合成代谢和分解代谢，但在微生物体内，这两种代谢是紧密相连和互相交错的。一些物质分解，一些物质产生，伴随着能量结和还原力的产生和利用。其中丙酮酸和乙酰 CoA 在整个物质代谢中起到重要的作用。

第三节　微生物的能量代谢与还原力的获得

在微生物的生物生命活动过程中，能量代谢是伴随着物质代谢发生的。微生物的产能有多种方式，如底物水平磷酸化、氧化磷酸化和光合磷酸化，但能量的去向大致可分为四个部分，一是以热的形式散失，二是供合成代谢，三是储存于腺苷三磷酸（ATP）中，四是用于物质的运输（图 7-7）。下面就微生物的产能和耗能两个方面介绍微生物的能量代谢。

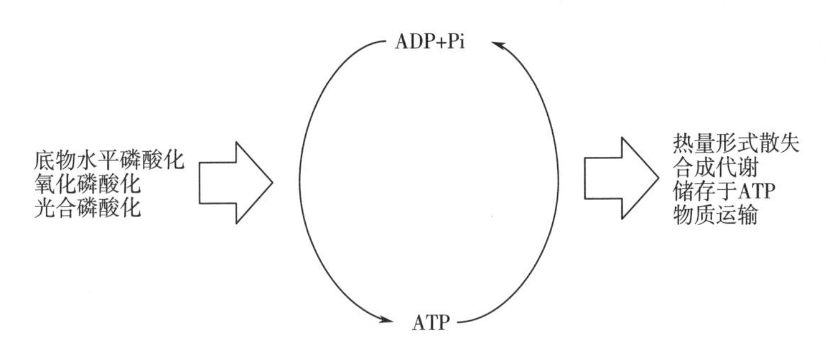

图 7-7　微生物能量代谢示意图

在微生物的物质代谢中，分解代谢伴随着产能代谢，分解代谢和产能代谢密不可分。代谢是生命活动能力的来源，微生物生命活动的能量来源主要依赖于氧化还原反应。化学上物质的氧化、脱氢失去电子被定义为氧化，反之为还原。发生在生物细胞内的氧化还原反应通常被称为生物氧化。微生物的产能代谢即细胞内化学物质经过一系列的氧化还原反应而逐步分解，同时释放能量的生物氧化过程。

不同的微生物，其产能方式也不同。如化能营养型微生物都是从物质的氧化分解过程中获得生长所需要的能量，而光能营养型微生物则是通过光能转换获得生长所需要的能量。不论是化能营养型微生物还是光能营养型微生物，它们生长所需要的能量基本上都是通过某种高能化合物的形式提供的，其中 ATP 在代谢过程中起着重要的作用。ATP 含有两个高能磷酸键，这种高能磷酸键在水解时可放出较多的能量，同时在形成这种高能磷酸键时，又可以将反应过程中放出的能量储存起来。在产能代谢过程中，微生物通过底物水平磷酸化和氧化磷酸化，将某种物质氧化而释放的能量储存于 ATP 等高能分子中，而光合微生物则可通过光合磷酸化将光能转变为化学能储存于 ATP 中。

营养物质分解代谢释放的能量，一部分通过合成 ATP 等高能化合物而被捕获，另一部分能量以电子与质子的形式转移给一些递能分子如 NAD、NADP、黄素单核苷酸（FMN）、FAD 等形成还原力 NADH、NADPH、FMNH 和 FADH，参与生物合成中需要还原力的反应，还有一部分以热的方式释放。

微生物产能代谢具有丰富的多样性，但可归纳为两类途径和三种方式，即发酵、呼吸（含有氧呼吸和无氧呼吸）两类通过营养物分解代谢产生和获得能量的途径，以及通过底物水平磷酸化（substratelevel phosphorylation）、氧化磷酸化（oxidationphosphorylation，又称电子转移磷酸化，electrontransferphosphorylation）和光合磷酸化（photo-phosphorylation）三种化能与光能转换为生物通用能源物质（ATP）的转换方式。下面结合上一部分中三种物质代谢途径介绍微生物能量代谢。

一、EMP 途径中的能量代谢

EMP 途径以葡萄糖为起始底物，丙酮酸为其终产物，整个代谢途径历经 10 步反应，分为两个阶段。第一阶段为耗能阶段。在这一阶段中，不仅没有能量释放，还在以下两步反应中消耗 2 分子 ATP。在葡萄糖被细胞吸收运输进入胞内的过程中，葡萄糖被磷酸化，消耗了 1 分子 ATP，形成6-磷酸葡萄糖。6-磷酸葡萄糖进一步转化为6-磷酸果糖后，再一次被磷酸化，形成 1，6-二磷酸果糖，此步反应又消耗了 1 分子 ATP。而后，在醛缩酶催化下，1，6-二磷酸果糖裂解形成 2 个三碳中间产物 3-磷酸甘油醛和磷酸二羟丙酮。在细胞中，磷酸二羟丙酮为不稳定的中间代谢产物，通常很快转变为 3-磷酸甘油醛而进入下步反应。因此，在第一阶段实际是消耗了 2 分子 ATP，生成 2 分子 3-磷酸甘油醛。

第二阶段中，3-磷酸甘油醛接受无机磷酸被进一步磷酸化，此步以 NAD^+ 为受氢体发生氧化还原反应，3-磷酸甘油醛转化为 1，3-二磷酸甘油酸，同时，NAD^+ 接受氢被还原生成 NADH。与磷酸己糖中的有机磷酸键不同，二磷酸甘油酸中的 2 个磷酸键为高能磷酸键。在 1，3-二磷酸甘油酸转变成 3-磷酸甘油酸及随后发生的磷酸烯醇式丙酮酸转变成丙酮酸的 2 个反应中，发生能量释放与转化，各生成 1 分子 ATP（EMP 途径见图 7-2）。

综上所述，EMP 途径以 1 分子葡萄糖为起始底物，历经十步反应，产生 4 分子 ATP。由于在反应的第一阶段消耗 2 分子 ATP，故净得 2 分子 ATP。同时生成 2 分子 NADH 和 2 分子丙酮酸。EMP 途径是微生物基础代谢的重要途径之一。

二、三羧酸循环中的能量代谢

在三羧酸循环（TCA）中，1 分子丙酮酸经三羧酸循环被彻底氧化，共释放出 3 分子 CO_2，生成 4 分子的 $NADH_2$ 和 1 分子的 $FADH_2$，通过底物水平磷酸化产生 1 分子的 GTP。而

每分子 $NADH_2$经电子传递链，通过氧化磷酸化产生 3 分子 ATP，每分子 $FADH_2$经电子传递链通过氧化磷酸化产生 2 分子 ATP。因此，1 分子的丙酮酸经有氧呼吸彻底氧化，生成 ATP 分子的数量为 15 个。

在有氧的条件下，微生物首先利用葡萄糖经 EMP 途径生成 2 分子丙酮酸，并经底物水平磷酸化产生 4 分子 ATP 和 2 分子 $NADH_2$。EMP 途径中生成 2 分子 $NADH_2$可进入电子传递链，经氧化磷酸化产生 6 分子 ATP。因此，在有氧条件下，微生物经 EMP 途径与 TCA 循环，通过底物水平磷酸化与氧化磷酸化，彻底氧化分解 1mol 葡萄糖，共产生 40mol ATP。

三、HMP 途径中的能量代谢

HMP 途径与 EMP 途径密切相关，因为 HMP 途径中的 3-磷酸甘油醛可以进入 EMP，因此该途径又称磷酸戊糖支路。HMP 途径的反应过程见图 7-5。HMP 途径也可分为两个阶段。第一阶段即氧化阶段，从 6-磷酸葡萄糖开始，经过脱氢、水解、氧化脱羧生成 5-磷酸核酮糖和二氧化碳。第二阶段即非氧化阶段，为磷酸戊糖之间的基团转移，缩合（分子重排）使 6-磷酸己糖再生。HMP 途径能够为能量代谢（EMP）提供底物，大多数好氧和兼性厌氧微生物中都具有 HMP 途径，而且在同一种微生物中，EMP 和 HMP 途径常同时存在。EMP 和 HMP 途径的一些中间产物也能交叉转化和利用，以满足微生物代谢的多种需要。

微生物代谢中 ATP 的生成是能量代谢的重要反应，而并非能量代谢的全部。HMP 途径在糖被氧化降解的反应中，部分能量转移，形成大量的 $NADPH_2$，为生物合成提供还原力，同时输送中间代谢产物。虽然 6 个 6-磷酸葡萄糖分子经 HMP 途径，再生成 5 个 6-磷酸葡萄糖分子，产生 6 分子 CO_2和磷酸基团（Pi），并产生 12 个 $NADPH_2$，这 12 个 $NADPH_2$如经呼吸链氧化产能，最终可得到 36 个 ATP。但是 HMP 途径的主要功能是为生物合成提供还原力和中间代谢产物，同时与 EMP 途径一起，构成细胞糖分解代谢与有关合成代谢的调控网络。

第四节 微生物代谢调节和控制

生物体内存在着相互联系、相互制约的代谢过程，微生物的代谢也是一样。生长和繁殖是细胞内所有反应的总和。不难想象，生物体内成千上万种代谢反应都是井然有序地进行，如果这些反应出现杂乱无章，生物的生长繁殖就受到影响或出现突变。要维持这么多反应有序、有度地进行，生物体内的调控就显得尤为重要。生物体内的调控主要是由酶来完成的，从表型上看，培养基的成分、外界环境条件、生成的产物都具有一定的调控作用，但这些因素最终还是通过酶的作用来实现代谢调控的。尽管微生物细胞内的代谢多种多样，但基本可以将这些代谢分为初级代谢和次级代谢两种类型，它们既有区别又相互联系，组成了微生物体内的代谢系统。

目前已知，微生物的代谢调控发生在 DNA 的复制，基因的转录、翻译与表达，酶的激活或活性抑制等多个水平上。也有在细胞（细胞壁与细胞膜）水平上的调节。调控的进行还常表现为多水平的协同作用，如 *E. coli* 利用乳糖是多层次协同代谢调控的代表之一。关于代谢调控在生物化学、分子生物学、遗传学等多门课程中均有所讨论。作为一门应用性较强的学科，微生物学对代谢调控的研究侧重在发酵工程应用领域，如初级代谢中的酶合成与酶活性的调节，通过改变细胞壁与细胞膜的通透性的调节，以及次级代谢产物的诱导与碳、氮、磷等营养物质的调节等。

细胞代谢中生化反应的进行都是以酶的催化为基础的。酶量的有无与多少、酶活性的高低是一个反应能否进行与反应速率高低的决定因素。因此，对催化某个具体反应的酶的合成与活性的调节，即可调控该步生化反应。在这里，酶量的有无与多少的调节主要是指发生在基因表达水平上的以反馈阻遏与阻遏解除为主的调节。酶活性的调节主要是指发生在酶分子结构水平上的调节，包括酶的激活和抑制两个方面。在代谢调节中，酶活性的激活是指在分解代谢途径中，后步的反应可被较前面的中间产物所促进，称为前体激活。酶活性的抑制主要是反馈抑制。主要表现在某代谢途径的末端产物（即终产物）过量时，这个产物可反过来直接抑制该途径中关键酶的活性，促使整个反应减慢或停止，从而避免末端产物的过多累积。反馈抑制具有作用直接、快速以及当末端产物浓度降低时又可自行解除等特点。下面以氨基酸为例介绍微生物的代谢调控机理。

（一）单一终端产物途径的反馈抑制

大肠杆菌（*E. coli*）在由苏氨酸合成异亮氨酸时，终端产物（E）异亮氨酸过多可抑制途径中第一个酶——苏氨酸脱氨酶的活性，导致异亮氨酸合成停止，这是一种较为简单的终端产物反馈抑制方式（图 7-8）。

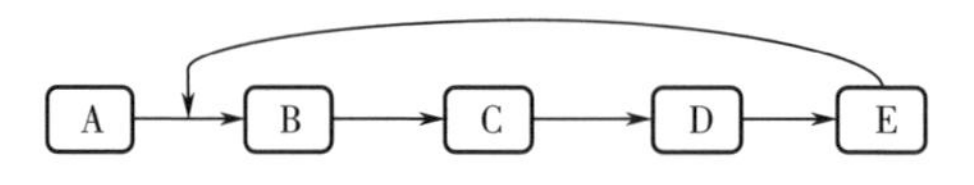

图 7-8 单一终端产物途径的反馈抑制

（二）多个终端产物对共同途径同一步反应的协同反馈抑制

合成途径的终端产物 E 和 H 既抑制在合成过程中共同经历途径的第一步反应的第一个酶，也抑制在分支后第一个产物的合成酶。如谷氨酸形成谷氨酰胺的第 1 步反应中起催化作用的酶，即谷氨酰胺合成酶受到 8 种产物的反馈抑制。谷氨酰胺合成酶是催化氨转变为有机含氮物的主要酶。该酶活性受到机体对含氮物需求状况的灵活控制。大肠杆菌的谷氨酰胺合成酶结构及其调控机制已得到阐明。该酶由相对分子质量为 51600 的 12 个相同的亚基对称排列成 2 个六面体环棱柱状结构。其活性受到复杂的反馈控制系统以及共价修饰调控。已知有 8 种含氮物以不同程度对该酶发生反馈别构抑制效应。每一种都有自己与酶的结合部位。这 8 种含氮物是葡萄糖胺-6-磷酸、色氨酸、丙氨酸、甘氨酸、组氨酸、胞苷三磷酸、AMP 及氨甲酰磷酸。谷氨酰胺合成酶的调节机制，是氨基酸生物合成调控机制复杂性的典型例子（图 7-9）。

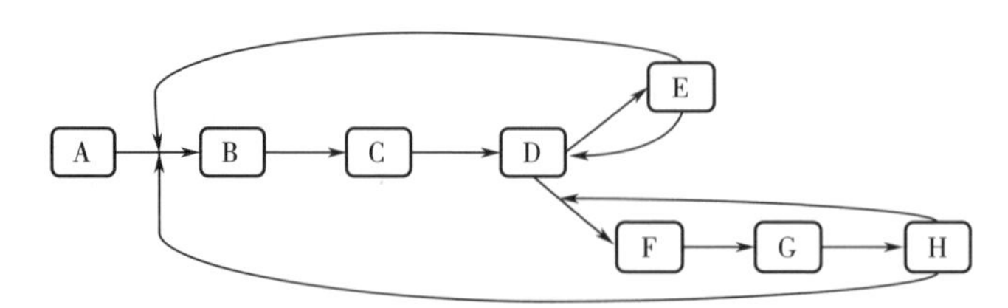

图 7-9 多个终端产物对共同途径同一步反应的协同反馈抑制

（三）不同分支产物对多个同工酶的特殊抑制

不同分支产物对多个同工酶的特殊抑制，又称酶的多重性抑制。如 A 形成 B 由两个酶分别合成，两个酶分别受不同分支产物的特殊控制。两个分支产物又分别抑制其分道后第一个产物 E 和 F 的形成。由赤藓糖-4-磷酸和磷酸烯醇式丙酮酸形成 3 种芳香族氨基酸的途径中可见这种多重性抑制（图 7-10）。

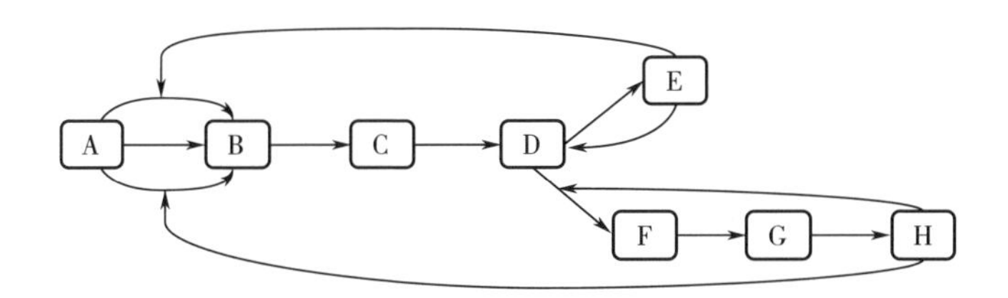

图 7-10　不同分支产物对多个同工酶的特殊抑制

（四）连续反馈控制

连续反馈控制又称连续产物抑制或逐步反馈抑制。反应途径的终端产物 E 和 H 只分别抑制分道后分支途径中第一个酶 e 和 f 的活性。共经途径的终端产物 D 抑制全合成过程第一个酶的作用。这种抑制的特点是由于 E 对 e 酶的抑制致使 D 产物增加，D 的增加促使反应向 D→F→G→H 方向进行，而使产物 H 增加，而 H 又对酶 f 产生抑制，结果也造成 D 物质的积累，D 物质反馈抑制 a 酶的作用，而使 A→B 的速度减慢（图 7-11）。

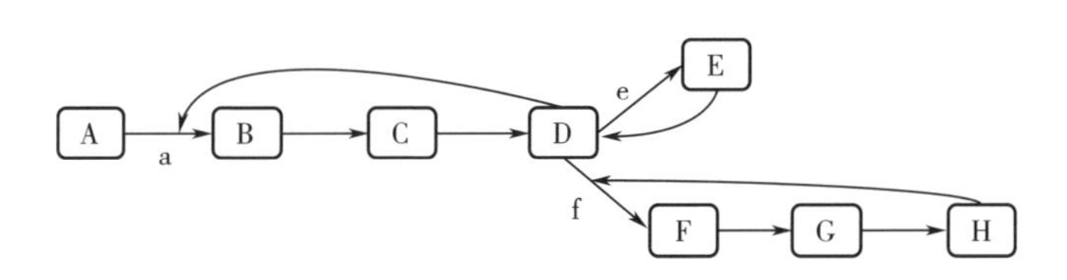

图 7-11　连续反馈控制

但是，并非所有氨基酸的生物合成都受最终产物的反馈抑制，丙氨酸、天冬氨酸、谷氨酸这 3 种在中心代谢环节中的关键中间产物就是例外。这 3 种氨基酸是靠与其相对应的酮酸的可逆反应来维持平衡的。另有甘氨酸的合成酶也不受最终产物抑制，它可能受到一碳单位和四氢叶酸的调节。

（五）酶对氨基酸合成的调节

在某些氨基酸的生物合成中，如某一氨基酸合成的量超过需要量时，则该氨基酸合成的关键酶的编码基因转录受阻遏，从而酶的合成也被抑制。而当合成的氨基酸产物浓度下降时，则这一氨基酸合成有关酶的基因转录阻遏被解除，关键酶的合成又开始，随后氨基酸的生物合成也随之重新开始。可见这种调控主要是通过对有关酶的编码基因的活性调节来实现的。它是发生在基因表达水平上的调节，而不是通过酶分子的变构来调节。

氨基酸的生物合成途径中，有些酶能够受到细胞内相应氨基酸合成量的间接调控，这种酶称为阻遏酶。例如，大肠杆菌由天冬氨酸衍生的几种氨基酸的合成过程中（图 7-12），A、B、C 的 3 种酶属于阻遏酶，而不属于变构酶，它们的调控靠细胞对该酶的合成速度的改变来实现。当甲硫氨酸的量足够时，控制同工酶 A 和 B 合成的相关基因的表达受到阻遏。同样当异亮氨酸的合成足够时同工酶 C 的合成速度就受到阻遏。通过阻遏与去阻遏调控氨基酸的生物合成，一般比酶的别构调控缓慢。

在生物细胞内，20 种氨基酸在蛋白质生物合成中的需要量都以准确的比例提供，故生物机体不仅有个别氨基酸合成的调控机制，还有各种氨基酸在合成中合成量比例的相互协调的调控机制。

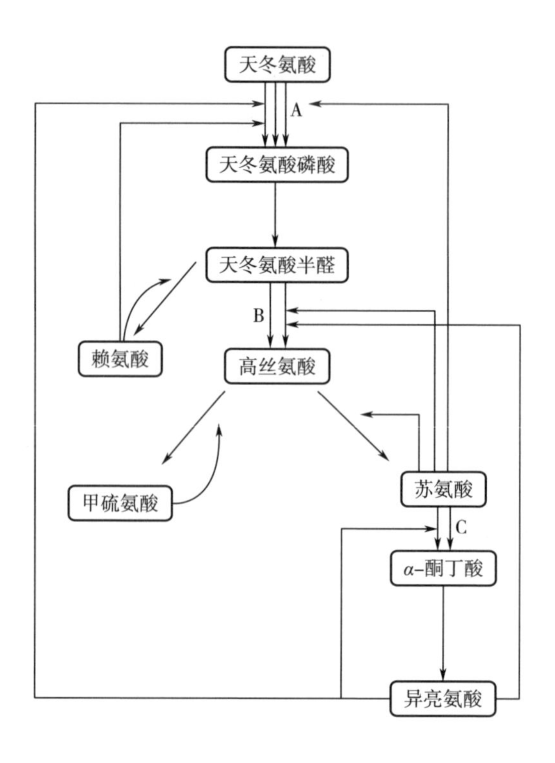

图 7-12　五种氨基酸的反馈控制

CHAPTER 8

第八章

微生物的遗传变异和育种

第一节　遗传变异的物质基础

一、DNA 是遗传物质

（一）DNA 的定义

脱氧核糖核酸（deoxyribonucleic acid，DNA）是分子结构复杂的有机化合物。作为染色体的一个成分而存在于细胞核内。功能为储藏遗传信息。DNA 分子巨大，由核苷酸组成。核苷酸的含氮碱基为腺嘌呤、鸟嘌呤、胞嘧啶及胸腺嘧啶；戊糖为脱氧核糖。1953 年美国的沃森、英国的克里克描述了 DNA 的结构：由一对多核苷酸链围绕一个共同的中心轴盘绕构成。糖-磷酸链在螺旋形结构的外面，碱基朝向里面。两条多核苷酸链通过碱基间的氢键相连，形成相当稳定的组合。

最早分离出 DNA 的弗雷德里希・米歇尔是一名瑞士医生，他在 1869 年从废弃绷带里所残留的脓液中，发现一些只有显微镜可观察的物质。由于这些物质位于细胞核中，因此米歇尔称为“核素”（nuclein）。到了 1919 年，菲巴斯・利文进一步辨识出组成 DNA 的碱基、糖类以及磷酸核苷酸单元，他认为 DNA 可能是许多核苷酸经由磷酸基团的联结，而串联在一起。不过他所提出概念中，DNA 长链较短，且其中的碱基是以固定顺序重复排列。1937 年，威廉・阿斯特伯里完成了第一张 X 光绕射图，阐明了 DNA 结构的规律性。

（二）证明 DNA 是遗传物质的实验

DNA 是遗传物质的确立由三个以微生物为研究对象的实验来确立的。分别是：肺炎双球菌的转化实验、噬菌体感染实验、病毒重建实验。

肺炎双球菌的转化实验：转化是指受体细胞直接摄取供体细胞的遗传物质（DNA 片段），将其同源部分进行碱基配对，组合到自己的基因中，从而获得供体细胞的某些遗传性状，这种变异现象，称为转化。肺炎双球菌的转化现象最早是由英国的细菌学家格里菲斯（Griffith）于 1928 年发现的。

格里菲斯以 R 型和 S 型菌株作为实验材料进行遗传物质的实验，他将活的、无毒的 R 型（无荚膜，菌落粗糙型）肺炎双球菌或加热杀死的有毒的 S 型肺炎双球菌注入小白鼠体内，结果小白鼠安然无恙；将活的、有毒的 S 型（有荚膜，菌落光滑型）肺炎双球菌或将大量经加热杀死的有毒的 S 型肺炎双球菌和少量无毒、活的 R 型肺炎双球菌混合后分别注射到小白鼠体内，结果小白鼠患病死亡，并从小白鼠体内分离出活的 S 型菌。格里菲斯称这一现象为转化作用，实验表明，S 型死菌体内有一种物质能引起 R 型活菌转化产生 S 型菌（表 8-1，图 8-1）。

表 8-1　　格里菲斯肺炎双球菌的转化实验结果分析表

注入宿主的细菌类型	细菌特征	宿主感染后反应
S（平滑型）	有荚膜	死亡
R（粗糙型，由 S 突变成 R）	无荚膜	存活
死的 S		存活
死的 S（加热杀菌）+活的 R		死亡

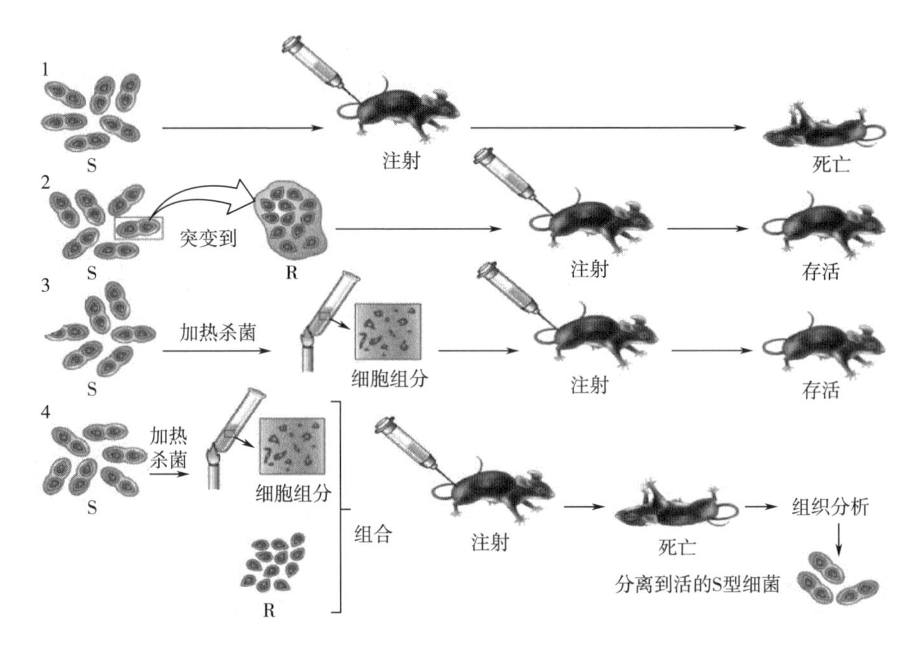

图 8-1　格里菲斯肺炎双球菌的转化实验

1944 年美国的埃弗雷（O. Avery）、麦克利奥特（C. Macleod）及麦克卡蒂（M. Mccarty）等人在格里菲斯工作的基础上，对转化的本质进行了深入的研究（体外转化实验）。他们从 S 型活菌体内提取 DNA、RNA、蛋白质和荚膜多糖，将它们分别和 R 型活菌混合均匀后注射入小白鼠体内，结果只有注射 S 型菌 DNA 和 R 型活菌的混合液的小白鼠才死亡，这是一部分 R 型菌转化产生有毒的、有荚膜的 S 型菌所致，并且它们的后代都是有毒、有荚膜的。证明了 S 型细菌中含有一种转化因子，将 R 型细菌转化成了 S 型细菌，实际转化因子就是 DNA，但是当时并没有提出 DNA 这个名词。另外，关于肺炎双球菌转化实验有两个，一个是格里菲斯的体内转化实验，另一个是体外转化实验（艾弗里的体外转化实验），前者证明了转化因子（即 DNA）是遗传物质，没有得出蛋白质与遗传物质的关系。

构成蛋白质的氨基酸中，甲硫氨酸和半胱氨酸含有硫，DNA 中不含硫，所以硫只存在于 T2 噬菌体的蛋白质。相反，磷主要存在于 DNA 中，至少占 T2 噬菌体含磷量的 99%。Alfed Hershey 和 Martha Chase（1952）将宿主大肠杆菌细胞分别放在含放射性同位素^{35}S或^{32}P的培养基中，用^{35}S标记 DNA，^{32}P标记蛋白质。宿主细胞在生长过程中就被^{35}S或^{32}P标记上了。然后用 T2 噬菌体分别感染被^{35}S或^{32}P标记的细菌，并在这些细菌中复制增殖。宿主菌裂解释放出很多子代噬菌体，这些子代噬菌体也被标记上^{35}S或^{32}P。

接着，用分别被^{35}S或^{32}P标记的噬菌体去感染没有被放射性同位素标记的宿主菌，然后测定宿主菌细胞带有的同位素。被^{35}S标记的噬菌体所感染的宿主菌细胞内很少有^{35}S，而大多数^{35}S出现在宿主菌细胞的外面。也就是说，^{35}S标记的噬菌体蛋白质外壳在感染宿主菌细胞后，并未进入宿主菌细胞内部而是留在细胞外面。被^{32}P标记的噬菌体感染宿主菌细胞后，测定宿主菌的同位素，发现^{32}P主要集中在宿主菌细胞内。所以噬菌体感染宿主菌细胞时进入细胞内的主要是 DNA（图 8-2）。

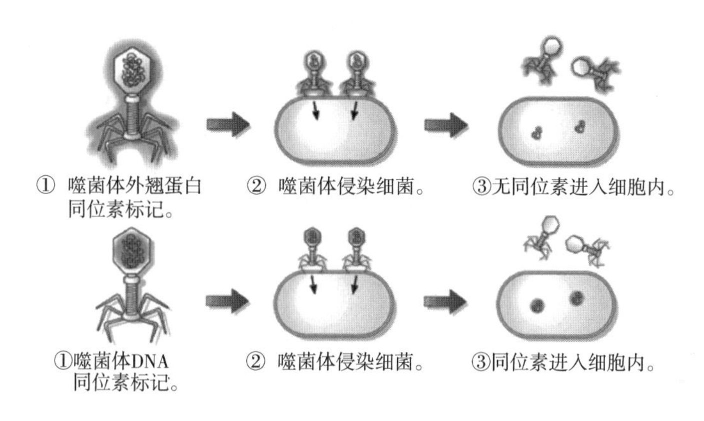

图 8-2　噬菌体感染实验

二、DNA 在微生物当中的存在形式

（一）染色体

染色体是细胞核中载有遗传信息的物质，在显微镜下呈圆柱状或杆状，主要由 DNA 和蛋白质组成，在细胞发生有丝分裂时期容易被碱性染料（例如龙胆紫和醋酸洋红）着色，因此而得名。1879 年德国生物学家弗莱明把细胞核中的丝状和粒状的物质，用染料染红，观察发现这些物质平时散漫地分布在细胞核中，当细胞分裂时，散漫的染色物体便浓缩，形成一定数目和一定形状的条状物，到分裂完成时，条状物又疏松为散漫状。1883 年美国遗传学家、生物学家沃尔特·萨顿提出了遗传基因在染色体上的学说。1888 年正式被命名为染色体。

染色体的主要化学成分是脱氧核糖核酸（DNA）和蛋白质，染色体上的蛋白质有两类：一类是低相对分子质量的碱性蛋白质即组蛋白（histones），另一类是酸性蛋白质，即非组蛋白蛋白质（non-histone proteins）。非组蛋白蛋白质的种类和含量不十分恒定，而组蛋白的种类和含量都很恒定，其含量大致与 DNA 相等。所以人们早就猜测，组蛋白在 DNA-蛋白质纤丝的形成上起着重要作用。Kornberg 根据生化资料，特别是根据电镜照相，最先在 1974 年提出绳珠模型（beads on-a-string model），用来说明 DNA-蛋白质纤丝的结构。纤丝的结构单位是核小体，它是染色体结构的最基本单位。

原核生物的染色体可以进行复制，但大多数细胞容易存活多份。所有必需的细菌基因存在于细胞质中的单个环状双链 DNA（dsDNA）染色体中。细菌染色体与质膜相附着。细菌染色体（bacterial chromosome）依其种类不同可编码 1000 个或 5000 个蛋白质（图 8-3）。由 DNA、蛋白质和 RNA 构成的细菌染色体是高度浓缩的。它不仅通过拓扑异构酶（topoisomerase）形成超螺旋，并且，环绕在由 RNA 和蛋白质形成的“核”的内外。许多 DNA 的负电荷被多胺，如精胺（spermine）和亚精胺（spermidine），和 DNA 缠绕着的碱性蛋白质所中和。通过柔和地裂解细菌细胞得到的 DNA 外观呈串珠状。虽然细菌染色体也是高度浓缩的，但是，在光学显微镜下它们不能被看到。在透射电子显微镜下，细菌染色体的外观与非分裂的真核细胞核内的染色质（chiromatin）非常相像。

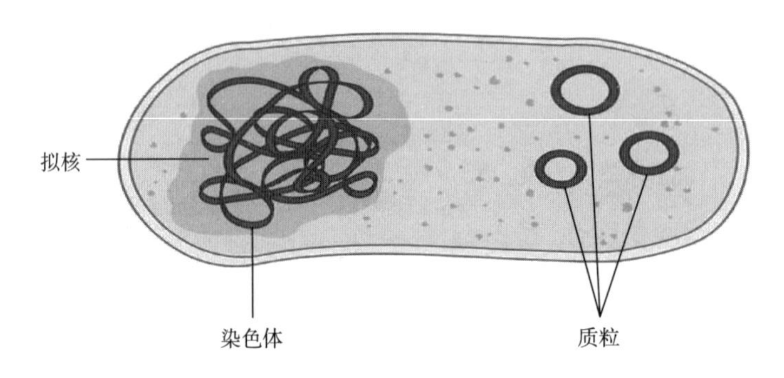

图 8-3　细菌染色体与质粒

（二）质粒

细菌除了染色体以外，还可有一个或多个较小的染色体，称为质粒，质粒是游离于原核生物染色体外，具有独立复制能力的小型共价闭合环状 dsDNA 分子。它一般指定 20~100 个蛋白质。质粒是环状双链 DNA 分子，它可与或不与质膜附着。1984 年后，发现线形质粒（图 8-3）。目前仅发现于原核微生物和真核微生物的酵母菌。质粒编码的大多数或全部蛋白质在正常环境条件下并不是细胞生存所绝对必需的。许多质粒编码的蛋白质使其把一些遗传信息向其他细胞转移成为可能，并促进稀有化合物的代谢，或使细胞可抵抗某些化学物质或重金属。

（1）质粒的结构　超螺旋结构，麻花状，线状。

（2）质粒的大小　相对分子质量 10^6~10^8，相当于基因组的 1%大小。

（3）质粒的类型

①严谨型质粒：其复制过程与核染色体的复制同步，一般细胞中只含有 1~2 个质粒。

②松弛型质粒：其复制过程与核染色体的复制不同步，在细胞中一般有 10~15 个质粒。

（4）质粒的可整合性　质粒可以与核染色体发生整合与脱离，如 F 因子，这种质粒称为附加体，整合是指质粒或温和噬菌体、病毒、转化因子等小型非染色体 DNA 插入核基因组等大型 DNA 分子中的现象。

（5）质粒的重组性　质粒与质粒之间、质粒与核染色体之间的基因重组功能进行细胞间接合，并带有一些基因，如产生毒素、抗药性、固氮、产生酶类、降解功能。

（6）质粒消除的因素　在一些化学和物理的作用之下质粒会被丢失，例如：吖啶类染料、丝裂霉素 C、紫外线、利福平、重金属离子、高温等。

（7）质粒基因可编码多种重要的生物学性状

①致育质粒（F 质粒）与有性生殖功能关联。

②耐药性质粒：编码细菌对抗菌药物或重金属盐类的耐药性。接合性耐药质粒（R 质粒）。

③毒力质粒（Vi 质粒）：编码与该菌致病性有关的毒力因子。

④细菌素质粒：编码细菌产生细菌素。

⑤代谢质粒：编码产生相关的代谢酶。

（8）质粒在基因工程中的应用　质粒具有很多有利于基因工程操作的优点：体积小，便于 DNA 的分离和操作；呈环状，性能稳定；独立的复制；拷贝数多，使外源 DNA 可很快扩增；存在抗药性基因等选择性标记，便于含质粒克隆的检出和选择。

（9）代表性质粒

①致育因子或性因子——F 因子（fertility factor）：双链 DNA，足以编码 94 个中等大小多肽，其中 1/3 基因（*tra* 区）与接合作用有关。与有性生殖有关，带有 F 质粒的为雄性菌，能长出性菌毛；无 F 质粒的为雌性菌，无性菌毛；存在于肠细菌属、假单胞菌属、嗜血杆菌、奈瑟氏球菌、链球菌等细菌中，决定性别。

②降解性质粒：只在假单胞菌属中发现。它们的降解性质粒可为一系列能降解复杂物质的酶编码，从而能利用一般细菌所难以分解的物质作碳源。这些质粒以其所分解的底物命名，分解 CAM（樟脑）质粒，分解 XYL（二甲苯）质粒，分解 SAL（水杨酸）质粒，分解 MDL（扁桃酸）质粒，分解 NAP（奈）质粒，分解 TOL（甲苯）质粒等。降解性质粒可以用来污水处理与环境保护。

③细菌素质粒——Col 因子（colicinogenic factor）：编码各种细菌产生的细菌素。Col 质粒编码大肠埃希菌产生大肠菌素，大肠杆菌素是由 *E. coli* 的某些菌株所分泌的细菌素，能通过抑制复制、转录、转译或能量代谢等而专一地杀死其他肠道细菌。其分子质量为（4～8）$\times10^4$u。大肠杆菌素都是由 Col 因子编码的。凡带 Col 因子的菌株，由于质粒本身编码一种免疫蛋白，从而对大肠杆菌素有免疫作用，不受其伤害。

④Ti 质粒（tumor inducing plasmid）诱癌质粒：存在于根癌土壤杆菌（*Agrobacterium tumefaciens*）中，可引起许多双子叶植物的根癌，Ti 质粒长 200kb，是一个大型质粒。当前，Ti 质粒已成为植物遗传工程研究中的重要载体。一些具有重要性状的外源基因可借 DNA 重组技术设法插入到 Ti 质粒中，并进一步使之整合到植物染色体上，以改变该植物的遗传性，达到培育植物优良品种的目的。

三、DNA 的结构

1953 年 2 月，沃森（Watson）、克里克（Crick）通过维尔金斯看到了罗萨琳・富兰克林（Rosalind Franklin）在 1951 年 11 月拍摄的一张十分漂亮的 DNA 晶体 X 射线衍射照片，这激发了他们的灵感。他们不仅确认了 DNA 一定是螺旋结构，而且分析得出了螺旋参数。他们采用了富兰克林和威尔金斯的判断，并加以补充：磷酸根在螺旋的外侧构成两条多核苷酸链的骨架，方向相反；碱基在螺旋内侧，两两对应。1953 年 2 月，建立了第一个 DNA 双螺旋结构的分子模型。

富兰克林（1920—1958）拍摄到的 DNA 晶体照片，为双螺旋结构的建立起到了决定性作用。是真正从实验的角度发现 DNA 结构的科学家。富兰克林生于伦敦一个富有的犹太人家庭，15 岁就立志要当科学家，但父亲并不支持她这样做。她早年毕业于剑桥大学，专业是物理化学。1945 年，当获得博士学位之后，她前往法国学习 X 射线衍射技术。她深受法国同事的喜爱，有人评价她“从来没有见到法语讲得这么好的外国人”。

1951 年，她回到英国，在伦敦国王学院取得了一个职位。那时人们已经知道了脱氧核糖核酸（DNA）可能是遗传物质，但是对于 DNA 的结构，以及它如何在生命活动中发挥作用的机制还不甚了解。就在这时，富兰克林加入了研究 DNA 结构的行列，然而当时的环境相当不友善。她开始负责实验室的 DNA 项目时，有好几个月没有人干活。同事威尔金斯不喜欢她进入自己的研究领域，但他在研究上却又离不开她。他把她看作搞技术的副手，她却认为自己与他地位同等，两人的私交恶劣到几乎不讲话。当时的剑桥，对女科学家的歧视处处存在，女性甚至不被准许在高级休息室里用午餐。她们无形中被排除在科学家间的联系网之外，而这种联系对了解新的研究动态、交换新理念、触发灵感极为重要。

富兰克林在法国学习的 X 射线衍射技术在研究中派上了用场。X 射线是波长非常短的电磁波。医生通常用它来透视人体，而物理学家用它来分析晶体的结构。当 X 射线穿过晶体之后，会形成样一种特定的明暗交替的衍射图形。不同的晶体产生不同的衍射图样，仔细分析这种图形人们就能知道组成晶体的原子是如何排列的。富兰克林精于此道，她成功地拍摄了 DNA 晶体的 X 射线衍射照片。

主链（backbone）由脱氧核糖和磷酸基通过酯键交替连接而成（图 8-4）。主链有两条，它们似“麻花状”绕一共同轴心以右手方向盘旋，相互平行而走向相反形成双螺旋构型。主链处于螺旋的外侧，这正好解释了由糖和磷酸构成的主链的亲水性。DNA 外侧是脱氧核糖和磷酸交替连接而成的骨架。所谓双螺旋就是针对二条主链的形状而言的。碱基对（base-pair），碱基位于螺旋的内侧，它们以垂直于螺旋轴的取向通过糖苷键与主链糖基相连。同一平面的碱基在两条主链间形成碱基对。配对碱基总是 A 与 T 和 G 与 C。碱基对以氢键维系，A 与 T 间形成两个氢键，G 与 C 间形成三个氢键。DNA 结构中的碱基对与 Chatgaff 的发现正好相符。从立体化学的角度看，只有嘌呤与嘧啶间配对才能满足螺旋对于碱基对空间的要求，而这两种碱基对的几何大小又十分相近，具备了形成氢键的适宜键长和键角条件。每对碱基处于各自自身的平面上，但螺旋周期内的各碱基对平面的取向均不同。碱基对具有二次旋转对称性的特征，即碱基旋转 180°并不影响双螺旋的对称性。也就是说双螺旋结构在满足两条链碱基互补的前提下，DNA 的一级结构并不受限制。这一特征能很好地阐明 DNA 作为遗传信息载体在生物界的普遍意义。大沟和小沟分别是指双螺旋表面凹下去的较大沟槽和较小沟槽。小沟位于双螺旋的互补链之间，而大沟位于相毗邻的双股之间。这是由于连接于两条主链糖基上的配对碱基并非直接相对，从而使得在主链间沿螺旋形成空隙不等的大沟和小沟。在大沟和小沟内的碱基对中的 N 和 O 原子朝向分子表面。结构参数，螺旋直径 2nm；螺旋周期包含 10 对碱基；螺距 3. 4nm；相邻碱基对平面的间距 0. 34nm。

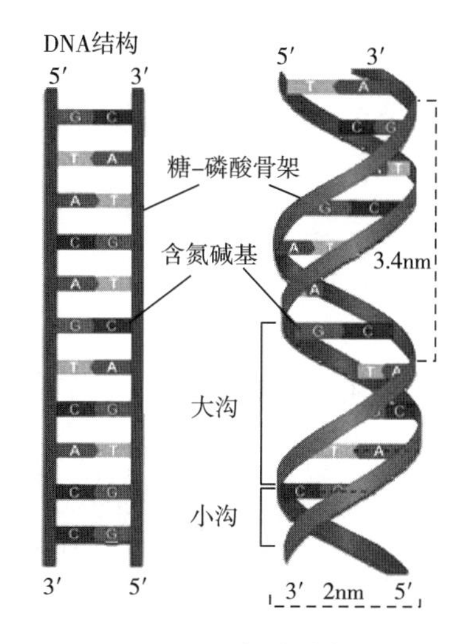

图 8-4　DNA 双螺旋结构与特征

第二节　基 因 突 变

一、基因突变的定义

基因突变是指基因在结构上发生碱基对组成或排列顺序的改变。基因组 DNA 分子发生的突然的、可遗传的变异现象（gene mutation）。一个基因内部遗传结构或 DNA 序列的任何改变，包括一对或少数几对碱基的缺失、插入或置换，而导致的遗传变化称为基因突变，其发生变化的范围很小，所以又称点突变（point mutation）或狭义的突变。广义的突变又称染色体畸变（chromosomal aberration），包括大段染色体的缺失、重复、倒位。

从分子水平上看，基因虽然十分稳定，能在细胞分裂时精确地复制自己，但这种稳定性是相对的。在一定的条件下基因也可以从原来的存在形式突然改变成另一种新的存在形式，就是在一个位点上，突然出现了一个新基因，代替了原有基因，这个基因称为突变基因。于是后代的表现中也就突然地出现祖先从未有的新性状。广义的突变包括染色体畸变。狭义的突变专指点突变。实际上畸变和点突变的界限并不明确，特别是微细的畸变更是如此。野生型基因通过突变成为突变型基因。突变型一词既指突变基因，也指具有这一突变基因的个体。

基因突变可以发生在发育的任何时期，通常发生在 DNA 复制时期，即细胞分裂间期，包括有丝分裂间期和减数分裂间期；同时基因突变和脱氧核糖核酸的复制、DNA 损伤修复、癌变和衰老都有关系，基因突变也是生物进化的重要因素之一，所以研究基因突变除了本身的理论意义以外还有广泛的生物学意义。基因突变为遗传学研究提供突变型，为育种工作提供素材，所以它还有科学研究和生产上的实际意义。

二、基因突变的特点

不论是真核生物还是原核生物的突变，也不论是什么类型的突变，都具有随机性、低频性和可逆性等共同的特性。

（一）普遍性

基因突变在自然界各物种中普遍存在。

（二）随机性

托马斯·亨特·摩尔根（Thomas Hunt Morgan）在饲养的许多红色复眼的果蝇中偶然发现了一只白色复眼的果蝇。这一事实说明基因突变的发生在时间上、在发生这一突变的个体上、在发生突变的基因上，都是随机的。以后在高等植物中所发现的无数突变都说明基因突变的随机性。在细菌中则情况远为复杂。在含有某一种药物的培养基中培养细菌时往往可以得到对于这一药物具有抗性的细菌，因此曾经认为细菌的抗药性的产生是药物引起的，是定向的适应而不是随机的突变。萨尔瓦多·卢里亚（Salvador Luria）和M·德尔布吕克在1943年首先用波动测验方法证明在大肠杆菌中的抗噬菌体细菌的出现和噬菌体的存在无关。J·莱德伯格等在1952年又用印影接种方法证实了这一论点。方法是把大量对于药物敏感的细菌涂在不含药物的培养基表面，把这上面生长起来的菌落用一块灭菌的丝绒作为接种工具印影接种到含有某种药物的培养基表面，使得两个培养皿上的菌落的位置都一一对应。根据后一培养基表面生长的个别菌落的位置，可以在前一培养皿上找到相对应的菌落。在许多情况下可以看到这些菌落具有抗药性。由于前一培养基是不含药的，因此这一实验结果非常直观地说明抗药性的出现不依赖于药物的存在，而是随机突变的结果，只不过是通过药物将它们检出而已。

（三）稀有性

在第一个突变基因发现时，不是发现若干白色复眼果绳而是只发现一只，说明突变是极为稀有的，也就是说野生型基因以极低的突变率发生突变。在有性生殖的生物中，突变率用每一配子发生突变的概率，也就是用一定数目配子中的突变型配子数表示。在无性生殖的细菌中，突变率用每一细胞世代中每一细菌发生突变的概率，也就是用一定数目的细菌在分裂一次过程中发生突变的次数表示。据估计，在高等生物中，10^5~10^8个生殖细胞中，才会有1个生殖细胞发生基因突变。虽然基因突变的频率很低，但是当一个种群内有许多个体时，就有可能产生各种各样的随机突变，足以提供丰富的可遗传的变异。

（四）可逆性

野生型基因经过突变成为突变型基因的过程称为正向突变。正向突变的稀有性说明野生型基因是一个比较稳定的结构。突变基因又可以通过突变而成为野生型基因，这一过程称为回复突变。从表中同样可以看到回复突变是难得发生的，说明突变基因也是一个比较稳定的结构。不过，正向突变率总是高于回复突变率，这是因为一个野生型基因内部的许多位置上的结构改变都可以导致基因突变，但是一个突变基因内部只有一个位置上的结构改变才能使它恢复原状。

（五）少利多害性

一般基因突变会产生不利的影响，被淘汰或是死亡，但有极少数会使物种增强适应性。

（六）不定向性

例如控制黑毛 A 基因可能突变为控制白毛的 $a+$或控制绿毛的 $a-$基因。

（七）有益性

一般基因突变是有害的，但是有极为少数的是有益突变。例如一只鸟的嘴巴很短，突然突变变种后，嘴巴会变长，这样会容易捕捉食物或水。

一般基因突变后身体会发出抗体或其他修复体进行自行修复。可是有一些突变是不可回转性的。突变可能导致立即死亡，也可以导致惨重后果，如器官无法正常运作，DNA 严重受损，身体免疫力低下等。如果是有益突变，可能会发生奇迹，如身体分泌中特殊变种细胞来保护器官、身体，或在一些没有受骨骼保护的部位长出骨骼。基因与 DNA 就像是每个人的身份证，可它又是一个人的先知，因为它决定着身体的衰老、病变、死亡的时间。

（八）独立性

某一基因位点的一个等位基因发生突变，不影响另一个等位基因，即等位基因中的两个基因不会同时发生突变。

（1）隐性突变　当代不表现，F2 代表现。

（2）显性突变　当代表现，与原性状并存，形成镶嵌现象或嵌合体。

（九）重演性

同一生物不同个体之间可以多次发生同样的突变。

三、基因突变的类型

（一）按发生方式

1. 自发突变

自发突变是指未经诱变剂处理而出现的突变。从诱变机制的研究结果来看，自发突变的原因不外乎以下几种。①背景辐射和环境诱变：短波辐射在宇宙中随时都有，实验说明辐射的诱变作用不存在阈效应，即任何微弱剂量的辐射都具有某种程度的诱变作用，因此自发突变中可能有一小部分是短波辐射所诱发的突变，有人估计果蝇的这部分突变约占自发突变的 0.1%。此外，接触环境中的诱变物质也是自发突变的一个原因。②生物自身所产生的诱变物质的作用：过氧化氢是一种诱变剂。在用过氧化氢作诱变处理时加入过氧化氢酶可以降低诱变作用，如果同时再加入氰化钾（KCN）则诱变作用又重新提高。这是因为 KCN 是过氧化氢酶的抑制剂。另外又发现在未经诱变处理的细胞群体中加入 KCN 时，可以提高自发突变率，说明细胞自身所产生的过氧化氢是一部分自发突变的原因。在一些高等植物和微生物中曾经发现一些具有诱变作用的物质，在长久储藏的洋葱和烟草等种子中也曾经得到具有诱变作用的抽提物。③碱基的异构互变效应：天然碱基结构类似物 5-溴尿嘧啶所以能诱发碱基置换突变，是因为 5 位上的溴原子促使 BU 较多地以烯醇式结构出现。在正常的情况下酮式和烯醇式之间的异构互变也以极低的频率发生着，它必然同样地造成一部分并不起源于环境因素的自发突变。此外，推测氨基和亚氨基之间的异构互变同样是自发突变的一个原因。严格地讲，这才是真正的自发突变。核苷酸还可以有其他形式的异构互变，它们同样可能是自发突变的原因。

2. 诱发突变

通过诱发使生物产生大量而多样的基因突变，从而可以根据需要选育出优良品种，这是基因突变的有用的方面。在化学诱变剂发现以前，植物育种工作主要采用辐射作为诱变剂；化学诱变剂发现以后，诱变手段便大大地增加了。在微生物的诱变育种工作中，由于容易在短时间中处理大量的个体，所以一般只是要求诱变剂作用强，也就是说要求它能产生大量的突变。对于难以在短时间内处理大量个体的高等植物来讲，则要求诱变剂的作用较强，效率较高并较为专一。所谓效率较高便是产生更多的基因突变和较少的染色体畸变。所谓专一便是产生特定类型的突变型。以色列培育“彩色青椒”关键技术就是把青椒种子送上太空，使其在完全失重状态下发生基因突变来育种。

定向诱变，利用重组 DNA 技术使 DNA 分子在指定位置上发生特定的变化，从而收到定向的诱变效果。例如将 DNA 分子用某一种限制性核酸内切酶处理，再用分解 DNA 单链的核酸酶 S1 处理，以去除两个黏性末端的单链部分，然后用噬菌体 T4 连接酶将两个平头末端连接起来，这样就可得到缺失了相应于这一限制性内切酶的识别位点的几个核苷酸的突变型。相反地，如果在四种脱氧核苷三磷酸（dNTP）存在的情况下加入 DNA 多聚酶Ⅰ，那么进行互补合成的结果就得到多了相应几个核苷酸的两个平头末端。在 T4 连接酶的处理下，便可以在同一位置上得到几个核苷酸发生重复的突变型。

在指定的位置上也可以定向地诱发置换突变。诱变剂亚硫酸氢钠能够使胞嘧啶脱氨基而成为尿嘧啶，但是这种作用只限于 DNA 单链上的胞嘧啶而对于双链上的胞嘧啶则无效。用识别位点中包含一个胞嘧啶的限制性内切酶处理 DNA 分子，使黏性末端中的胞嘧啶得以暴露（例如 *Hin*dⅢ的识别位点是，经限制酶 *Hin*dⅢ处理后得到黏性末端，中间的这一胞嘧啶便暴露了）。经亚硫酸氢钠处理后胞嘧啶（C）变为尿嘧啶（U）。通过 DNA 复制原来的碱基对 C：G 便转变成为 T：A。这样一个指定位置的碱基置换突变便被诱发。还可以把人工合成的低聚核苷酸片段引入基因组中，以一定的方式改变某一基因等。

（二）按突变表型

1. 营养缺陷型（auxotroph）

营养缺陷型是指微生物等因丧失合成某些生活必需物质的能力，不能在无机盐类和碳源组成的基本培养基中增殖，必须补充一种或一种以上的营养物质才能生长。如胸间氮苯缺陷型所表现的那样。另外对这样的性质则称为营养缺陷性。营养缺陷型是作为原养型的对应词来使用。

2. 抗药性突变型（resistant mutant）

抗药性突变型是由于基因突变使菌株对某种或某几种药物，特别是抗生素，产生抗性的一种突变，普遍存在于各类细菌中，也是用来筛选重组子和进行其他遗传学研究的重要正选择标记。这类突变类型常用所抗药物的前 3 个小写斜体英文字母加上“r”表示。

3. 条件致死突变型（conditional lethal mutant）

条件致死突变型是某菌株或病毒经基因突变后，在某种条件下可正常地生长、繁殖并呈现其固有的表型，而在另一种条件下却无法生长、繁殖，这种突变类型称为条件致死突变型。

4. 形态突变型（morphological mutant）

形态突变型是微生物中在菌落类型、细胞形态等方面分离到的各种形态的突变型。这类突变型无特殊营养要求，在基本培养基上能生长繁殖。据报道形态变异的原因是由特定的生化反应遗传的阻断的结果。推测基本上是与生物化学的突变具有共同点。

（三）按遗传物质的结构改变

1. 染色体畸变（chromosomal aberration）

染色体畸变是指生物细胞中染色体在数目和结构上发生的变化。每种生物的染色体数目与结构是相对恒定的，但在自然条件或人工因素的影响下，染色体可能发生数目与结构的变化，从而导致生物的变异。染色体畸变包括染色体数目变异和染色体结构变异。

2. 基因突变

基因突变是指基因组 DNA 分子发生的突然的、可遗传的变异现象（gene mutation）。从分子水平上看，基因突变是指基因在结构上发生碱基对组成或排列顺序的改变。基因虽然十分稳定，能在细胞分裂时精确地复制自己，但这种稳定性是相对的。在一定的条件下基因也可以从原来的存在形式突然改变成另一种新的存在形式，就是在一个位点上，突然出现了一个新基因，代替了原有基因，这个基因称为突变基因。于是后代的表现中也就突然地出现祖先从未有的新性状。

（四）按碱基变化与遗传信息的改变

1. 同义突变（same sense mutation）

碱基置换后，虽然每个密码子变成了另一个密码子，但由于密码子的简并性，因而改变前、后密码子所编码的氨基酸不变，故实际上不会发生突变效应。例如，DNA 分子模板链中 GCG 的第三位 G 被 A 取代，变为 GCA，则 mRNA 中相应的密码子 CGC 就变为 CGU，由于 CGC 和 CGU 都是编码精氨酸的密码子，故突变前后的基因产物（蛋白质）完全相同。同义突变约占碱基置换突变总数的 25%。

2. 错义突变（missense mutation）

碱基对的置换使 mRNA 的某一个密码子变成编码另一种氨基酸的密码子的突变称为错义突变。错义突变可导致机体内某种蛋白质或酶在结构及功能发生异常，从而引起疾病。如人类正常血红蛋白 β 链的第六位是谷氨酸，其密码子为 GAA 或 GAG，如果第二个碱基 A 被 U 替代，就变成 GUA 或 GUG，谷氨酸则被缬氨酸所替代，形成异常血红蛋白 HbS，导致个体产生镰形细胞贫血，产生了突变效应。

3. 无义突变（nonsense mutation）

某个编码氨基酸的密码突变为终止密码，多肽链合成提前终止产生没有生物活性的多肽片段，称为无义突变。例如，DNA 分子中的 ATG 中的 G 被 T 取代时，相应 mRNA 链上的密码子便从 UAC 变为 UAA，因而使翻译就此停止，造成肽链缩短。这种突变在多数情况下会影响蛋白质或酶的功能。

4. 终止密码突变（terminator codon mutation）

基因中一个终止密码突变为编码某个氨基酸的密码子的突变称为终止密码突变。由于肽链合成直到下一个终止密码出现才停止，因而合成了过长的多肽链，故又称延长突变。例如，人血红蛋白 α 链突变型 Hb Constant Spring 比正常人 α 珠蛋白链多 31 个氨基酸。

四、基因突变自发性和不对应性的证明实验

Luria 的变量实验、Newcombe 的涂布实验、Lederberg 等的影印平板实验。

（一）Luria 的变量实验

变量试验（fluctuation test）又称波动试验或彷徨试验。1943 年，Luria 和 Delbrück 据统计学的原理。取对噬菌体 T1 敏感的大肠杆菌对数期肉汤培养物，用新鲜培养液稀释成浓度为 10^3/mL 的细菌悬液，然后在甲、乙两试管中各装 10mL。接着把甲管中的菌液先分装在 50 支小试管中（每管装 0.2mL），保温 24~36h 后，即把各小管的菌液分别倒在 50 个预先涂有 T1 的平板上，经培养后计算各皿上所产生的抗噬菌体的菌落数；乙管中的 10mL 菌液不经分装先整管保温 24~36h，然后分成 50 份加到同样涂有噬菌体的平板上，适当培养后，分别计算各皿上产生的抗性菌落数。

来自甲管的 50 皿中，各皿间抗性菌落数相差极大［图 8-5（1）］，而来自乙管的则各皿数目基本相同［图 8-5（2）］。这就说明，*E. coli* 抗噬菌体性状的突变，不是由所抗的环境因素——噬菌体诱导出来的，而是在它接触到噬菌体前，在某一次细胞分裂过程中随机地自发产生的。这一自发突变发生得越早，则抗性菌落出现得越多，反之则越少，噬菌体在这里仅起着淘汰原始的未突变的敏感菌和鉴别抗噬菌体突变型的作用。利用这一方法，还可计算出突变率。

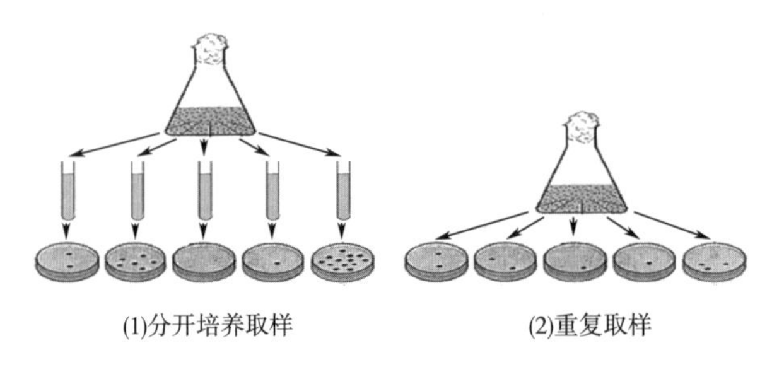

图 8-5　Luria 的变量实验

（二）Newcombe 的涂布实验

涂布试验（newcombe experiment）是 1949 年 Newcombe 设计的一个经典的实验，其目的是证明微生物性状的变异是由自发突变引起的，而不是由环境诱导的。与变量试验不同，该试验用的是固体平板培养法，其具体操作如下：

先在 12 只培养皿平板上各涂以数目相等（5×10^4）的大量对噬菌体 T1 敏感的大肠杆菌，经 5h 的培养，约繁殖 12.3 代，于是在皿上长出大量微菌落（这时每一菌落约含 5100 个细胞）。取其中 6 皿直接喷上 T1 噬菌体，另 6 皿则先用灭菌玻棒把上面的微菌落重新均匀涂布一次，然后同样喷上相应的 T1。经培养过夜后，计算这两组培养皿上所形成的抗噬菌体菌落数。结果发现，在涂布过的一组中，共有抗性菌落 353 个，要比未经涂布过的（仅 28 个菌落）高得多。这也意味着该抗性突变发生在未接触噬菌体前。噬菌体的加入只起甄别这类突变是否发生的作用，而不是诱导突变的因素。

（三）Lederberg 等的影印平板实验

影印培养（replica plating）实验：1952 年，Lederberg 夫妇设计了一种更为巧妙的影印培养法，直接证明了微生物的抗药性突变是自发产生，与相应的环境因素毫不相关的论点。所谓影印培养法，实质上是使在一系列培养皿的相同位置上能出现相同菌落的一种接种培养方法。

其基本过程是（图 8-6）：把长有许多菌落（可多达数百个）的母种培养皿倒置于包有灭菌丝绒布的木圆柱（直径略小于培养皿）上，然后可把这一“印章”上的细菌一一接种到不同的选择性培养基平板上，待培养后，对各皿相同位置上的菌落做对比后，就可选出适当的突变型。用这种方法，可把母平板上 10%~20%的细菌转移到绒布上，并可利用它接种 8 个子培养皿。因此，通过影印培养法，可以从在非选择性条件下生长的细菌群体中，分离出各种类型的突变种。

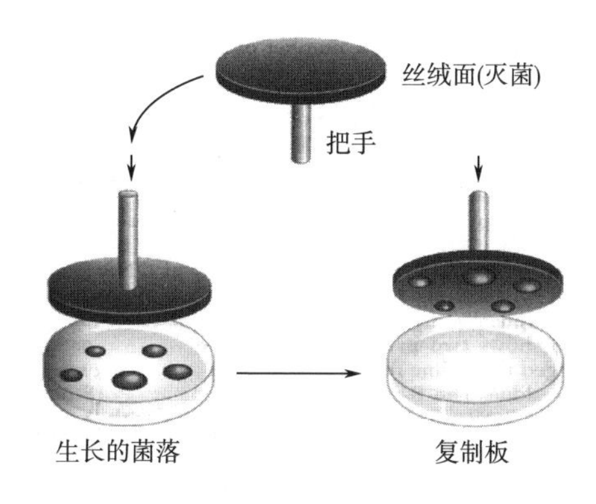

图 8-6　影印平板实验

五、紫外线对 DNA 损伤及修复

紫外线对 DNA 损伤：嘧啶对紫外线比嘌呤敏感得多，其光化学反应产物主要是嘧啶二聚体和水合物，相邻嘧啶形成二聚体后，造成局部 DNA 分子无法配对，从而引起微生物的死亡或突变。

紫外线对 DNA 损伤的修复：光复活作用、切除修复。

第三节　诱 变 育 种

一、微生物的诱变育种概念

微生物的诱变育种，是以人工诱变手段诱变微生物基因突变，改变遗传物质的结构和功能，通过筛选，从多种多样的变异体中筛选出产量高、性状优良的突变株，并且找出发挥这个变株最佳培养基和培养条件，使其在最合适的环境下合成有效产物。诱变育种和其他育种方法相比，具有速度快、收益大、方法简单等优点，是当前菌种选育的一种主要方法，在生产中使用的十分普遍。但是诱变育种缺乏定向性，因此诱变突变必须与大规模的筛选工作相配合才能收到良好的效果。

人们用于诱变育种的诱变因素有物理因素和化学因素，前者包括紫外线、激光、X 射线、γ射线和中子等；后者主要是烷化剂［包括甲基磺酸乙酯（EMS），乙烯亚胺（EI），*N*-亚硝基-*N*-乙基脲烷（NEU），亚硝基甲基脲（NMU），硫酸二乙酯（DES），甲基硝基亚硝基胍（MNNG），亚硝基胍（NTG）等］，天然碱基类似物，亚硝酸和氯化锂等。在物理诱变因素中，紫外线比较有效、适用、安全，其他几种射线都是电离性质的，具有穿透力，使用时有一定的危险性，化学诱变剂的突变率通常要比电离辐射的高，并且十分经济，但这些物质大多是致癌剂，使用时必须十分谨慎。多种诱变剂的诱变效果、作用时间、方法都已基本确定，人们可以有目的、有选择地使用各种诱变剂以达到预期的育种效果。诱变育种也可采用复合诱变，即两种或多种诱变剂的先后使用；同种诱变剂的重复作用；两种或多种诱变剂的同时使用。普遍认为复合诱变具有协同效应，如果两种或两种以上诱变剂合理搭配使用，复合诱变较单一诱变效果好。虽然复合因子较单一因子诱变效果有很大优势，但因为大多微生物，尤其是抗生素产生菌的遗传背景不清楚，往往对诱变剂，特别是复合诱变剂的选择使用，带有很大的盲目性。

通过诱变处理，在微生物群体中，会出现各种突变型个体，但从产量变异的角度来讲，其中绝大多数都是负变株。要从中把极个别的、产量提高较显著的正变株筛选出来，可能要比沙里淘金还难。因此突变株的分离和筛选是诱变育种的关键，体现了突变不定向性和筛选定向性。为了获得我们所需的突变株，使得突变株的新表型得以表达，淘汰原养型或负变株，必须设计一个良好的筛选培养基和确定合适的培养条件。筛选的步骤主要分初筛和复筛，初筛以量为主，选留较多有生产潜力的菌株，复筛以质为主，对少量潜力大的菌株的代谢产物量进行精确测定。筛选的方法依据目的物不同而异，常用的方法有浓度梯度法、影印平板法、生长谱法、琼脂平板活性圈法、纸片法、夹层培养法、循环筛选法以及与电脑化、智能化的高效筛选技术相结合的现代方法。

二、诱变育种原则

简便有效诱变剂、优良出发菌株、单孢处理、最适诱变量、利用复合处理的协同效应、注意形态生理和产量的相关指标、设计高产筛选方案、运用高效筛选方法。

三、诱变育种在食品微生物育种中的运用

（一）紫外线诱变

DNA 和 RNA 的嘌呤和嘧啶有很强的紫外光吸收能力，最大的吸收峰在 260nm。紫外线可使 DNA 分子形成嘧啶二聚体，阻碍碱基正常配对，引起突变或死亡。嘧啶二聚体的形成还会妨碍 DNA 双链的解开，影响其复制和转录。紫外线诱变是食品微生物育种中最常用的技术，因为它操作简单且效果明显。谷氨酸棒杆菌，经过紫外线诱变，定向选育出具有磺胺胍抗性的突变株，其 L-色氨酸产量比原菌株产量提高了约 110%。同时，很多研究者将紫外诱变结合其他诱变方式配合使用，更是产生了突出的效果。将紫外线与硫酸二乙酯结合使用进行复合诱变，筛选到了巨大芽孢杆菌突变株，其 α-淀粉酶和蛋白酶活性较出发菌株分别提高 96.41%和 126.58%。交叉采用紫外线照射和光复活法对酒精酵母进行诱变，获得 1 株耐高温型酒精酵母，在 40℃下，其产酒率比出发菌提高了 11.1%，且对温度、酸度和盐度变化的耐受力也更好。芽短梗霉通过采用紫外线照射结合亚硝酸处理和硫酸二乙酯处理，得到多糖产量达到 20.22g/L 的突变菌株，多糖产量是出发菌株的 2.77 倍。通过紫外线-氯化锂-

硫酸二乙酯复合诱变，筛选出酸性蛋白酶高产突变株，其酶活力比出发菌提高 129.3%。

（二）空间诱变育种

空间诱变育种是指利用返回式卫星、火箭或高空气球将生物材料搭载到太空，利用太空特殊的环境对生物材料进行诱变，再返回地面选育新种质、培育新品种的生物育种新技术。高空条件下的微重力水平、真空度、质子与电子辐射强度均较高，其大气结构、气温、空气密度、压力、地磁强度、辐射流均与地面有很大差异，另外还有强烈的紫外线照射等。这些空间条件都有可能引起微生物发生遗传性变异。一般认为太空辐射和微重力是空间育种的主要诱变因素。空间突变的最大特点是突变频率高、突变谱广、变异幅度大、变异性状稳定快，可获得传统诱变难以得到的有益突变，从而明显改良微生物某些特性。研究人员提取经太空飞行的 4 株 *Ganoderma lucidum* 菌株的 DNA，用扩增片段长度多态性（AFLP）方法分析遗传性状的改变情况，结果发现 4 株菌均出现正突变；分析了太空环境中微重力对大肠杆菌和酿酒酵母的作用效果，结果发现经太空飞行后，菌种 DNA 均出现不同程度的突变，暗示微重力在菌种 DNA 复制或修复过程中诱发了菌株变异的产生；对经历了太空飞行的利用木糖产 L-乳酸的野生菌株进行筛选后，得到 1 株正向突变菌株，其 L-乳酸产量较出发菌株提高约 12.0%；对经航天诱变的啤酒酵母菌进行复壮和筛选，得到了 1 株发酵力、生长速度都优于出发菌株的突变体。可见空间诱变是提高酵母菌株细胞壁多糖含量的一种有效手段，但不同酵母菌株对空间环境的敏感性不同。随着空间诱变机理研究的深入，相信这一技术将会更好地为食品工业微生物育种服务。

（三）离子注入诱变

离子注入对生物体的诱变作用就是荷能离子束本身所具有的质量、能量和电荷对生物体所产生的直接作用，其中包括能量沉积、质量沉积、电荷中和与交换、电子溅射、离子溅射等作用。除此之外，通过直接作用在生物体内所产生的自由基或特殊的化学物质再对生物体产生间接的作用，也会引起细胞内的遗传物质发生变异。这些直接和间接的作用引起生物体的染色体重复、易位、倒位或 DNA 分子断裂、损伤、碱基缺失等多种生物学效应，致使生物体发生遗传性变异。离子束比紫外线、γ 射线、X 射线等辐射具有更广泛的生物学效应，在低剂量范围内，经紫外线、γ 射线、X 射线等诱变技术处理所得的菌体存活曲线随着诱变剂量的增加呈现指数型或肩型下降。而离子注入诱变的存活曲线则为先降后升，因此可在较高的注入剂量下保持较高的突变率和存活率，大大增加突变谱。利用离子注入进行食品微生物菌种改良已在生产实践中得到广泛的应用。研究者们通过对高耐铬性啤酒酵母菌株进行N+注入诱变，得到 1 株高产 GTF 的啤酒酵母菌株 M11-1A11，其富铬能力较诱变前提高了 22.4%，且遗传性能稳定；将 N+注入棘孢曲霉 L22，筛选得到 1 株突变株 NIP35，其β-葡萄糖苷酶活性提高 1 倍，产酶水平最终提高了近 2 倍；为了获得可用于原位分离耦联发酵的耐乳酸菌株，以米根霉为出发菌株，在投糖浓度为 50g/L、氮源为 3g/L 尿素的条件下，进行离子注入选育，得到 L（+）-乳酸耐酸菌株 RK4002，不添加中和剂，经 30h 的摇瓶发酵，其 L（+）-乳酸产量为出发菌株的 1.7 倍，且可在 24g/L 的耐乳酸平板上生长。传统的离子诱变技术主要使用单一的离子源进行诱变，而人们用 Ti+注入和 N+注入交替对番茄红素生产菌株三孢布拉霉进行诱变选育，得到 1 株高产菌株，其产番茄红素的能力提高了 25%，因此认为不同种类离子源交替诱变的效果优于单一离子诱变。

（四）激光诱变育种

激光辐射通过产生热效应、压力效应、光效应和电磁场效应，对生物体进行作用，直接或间接地引起生物有机体 DNA 或 RNA 改变。其中，人们普遍认为起主要作用的是光效应和电磁场效应。激光诱变技术具有操作简单、安全、变异率高、辐射损伤轻等优点，已成为食品微生物育种中的另一有效的诱变技术。依据波长的不同，大量试验表明，620nm 左右波长的激光对不同的微生物都有明显的刺激作用，因此波长接近 620nm 的 He-Ne 激光（波长为 632.8nm）成为进行此类试验的理想武器。研究人员用 He-Ne 激光辐照乳酸菌菌株，选育出耐高温且产酸能力强的菌株，其菌株数量是原始菌株的 12 倍；将出发菌株采用紫外-激光复合方式进行诱变选育，得到突变株，其叶酸产量与原始菌株相比提高了 66%。

第四节　基因重组和杂交育种

一、基因重组育种

（一）基因工程育种概念

基因工程育种是在基因水平上，运用人为方法将所需的某一供体生物的遗传物质提取出来，在离体条件下用适当的工具酶进行切割后，与载体连接，然后导入另一细胞，使外源遗传物质在其中进行正常复制和表达，与前几种育种技术相比，基因工程育种技术是人们在分子生物学指导下的一种自觉的、能像工程一样可预先设计和控制的育种新技术，它可实现超远缘杂交，因而是最新最有前途的一种育种新技术。这种使 DNA 分子进行重组，再将受体细胞内无性繁殖的技术又称分子克隆。通过基因工程改造后的菌株称为“工程菌”。这项技术不仅是生命研究发展的里程碑，也使现代生物技术产业发生了革命性的变化。

（二）基因工程育种的一般步骤

（1）目的基因的获得　一般通过化学合成法、物理化学法（包括密度梯度离心法、单链酶法、分子杂交法）、鸟枪无性繁殖法、酶促合成法（逆转录法）、Northern 杂交分析法、cDNA 文库筛选法、杂交筛选法、编码序列富集（磁珠捕获）、产物导向法、Nod 连接片段筛选法、外显子捕获法及外显子扩增法、剪接位点筛选法、作图克隆法、杂交细胞克隆法、消减杂交法、相同序列克隆法、差异显示逆转录 PCR 法、显微克隆与微克隆法和插入诱变法等方法获得目的基因。

（2）载体的选择　基因工程载体主要是质粒和病毒。载体一般为环状 DNA，其要求有自我复制能力、分子小、拷贝数多、易连接和易筛选等特点。

（3）重组子体外构建　主要方法有黏性末端连接法、平端连接法、人工接头连接法和同聚物加尾连接法。

（4）重组载体导入受体细胞　其主要途径有转化、转导、显微注射、电穿孔法、快速冷冻法和碳化硅纤维介导法等。

(5) 重组体筛选和鉴定　以合适的筛选方法选择具有最佳性能的突变重组子，重组体筛选和鉴定主要通过表型法、DNA 鉴定筛选法、选择性载体筛选法、分子杂交选择法、免疫学方法和 mRNA 翻译检测法等方法来实现。

以 DNA 重组为核心内容的基因工程技术是一种新兴的现代生物技术。利用基因工程技术不但可以提高食品的营养价值，去除食物原料中的有害成分，同时还可以通过对农作物品种改良，减少种植过程中农药、化肥等化学品的使用量。目前，经基因工程改造的产品已经在农业、医药、环保等领域据了重要的地位，特别是在食品工业中越来越显示发展前景。基因工程技术在食品领域的应用也取得了丰硕的成果，并使食品的概念从农业食品、工业食品发展到了基因工程或微生物食品。

基因工程是在分子水平上对基因进行操作的技术体系，是将某一种生物细胞的基因提出或者人工合成的基因，在体外进行酶切或连接到另一种生物的 DNA 分子中。由此获得的 DNA 称为重组 DNA，将重组 DNA 导入到自身细胞或其他生物细胞中进行复制和表达等实验手段，使之产生符合人类需要的遗传新特征，或制造出新的生物类型。

(三) 基因工程的发展史

基因工程是在分子生物学和分子遗传学综合发展的基础上逐步发展起来的，现代分子生物学领域理论上的三大发现和技术上的系列发明对基因工程的诞生起了决定性的作用。

1857 年至 1864 年，孟德尔通过豌豆杂交试验，提出生物体的性状是由遗传因子控制的。1909 年，丹麦生物学家约翰生首先提出用基因一词代替孟德尔的遗传因子。1910 年至 1915 年，美国遗传学家莫尔根通过果蝇试验，首次将代表某一性状的基因同特定的染色体联系起来，创立了基因学说。直到 1944 年，美国微生物学家埃坲利等通过细菌转化研究，证明基因的载体是 DNA 而不是蛋白质，从而确立了遗传的物质基础。1953 年，美国遗传学家沃森和英国生物学家克里克揭示 DNA 分子双螺旋模型和半保留复制机制，解决了基因的自我复制和传递问题，开辟了分子生物学研究的时代。之后，1958 年克里克确立的中心法则、1961 年雅各和莫诺德提出的操纵子学说以及所有 64 种密码子的破译，成功揭示了遗传信息的流向和表达问题，为基因工程的发展奠定了坚实的基础。

DNA 分子的切除与连接、基因的转化技术，还有诸如核酸分子杂交、凝胶电泳、DNA 序列结构分析等分子生物学实验方法的进步为基因工程创立和发展奠定了强有力的技术基础。

1972 年，美国斯坦福大学的 Berg 构建了世界第一个重组分子，发展了 DNA 重组技术，并因此而获得 1980 年度诺贝尔奖。1973 年，美国斯坦福大学 S. Cohen 等人也成功地进行了另一个体外 DNA 重组实验并实现细菌间性状的转移。这是基因工程发展史上第一次实现重组转化成功的例子，基因工程从此诞生。

基因工程问世近 30 年，无论是基因理论研究领域，还是在生产实际应用方面，都已取得了惊人的成绩。给国民经济的发展和人类社会的进步带来了深刻而广泛的影响。

二、基因工程在改良食品微生物上的应用

发酵工业关键是优良菌株的获取，除选用常用的诱变、杂交和原生质体融合等传统方法外，还与基因工程结合，大力改造菌种，给发酵工业带来生机。食品工业如酒类、酱油、酱类、食醋、乳酸菌饮料等的发展，关键在于是否有优良的微生物菌种，应用基因工程、细胞

融合及传统微生物突变育种技术从事发酵菌种的改良研究已为数不少。

（一）乳酸菌的改良和应用

乳酸菌（lactic acid bacteria）常被用于食品发酵加工上，不但富含营养且具有降低胆固醇、低热量等优点。Rugter 等人将噬菌体中的 *lyt*A 及 *lyt*H 基因和 *nis*A 启动子连接后，转移至 1Lacbis（ACBIS 就是经由粒状陶瓷球流动相互碰撞之后产生微弱的电子能量，并且依流动电解法的原理，使水的渗透力、表面张力、氧化还原电位等物性改变的活水装置）中，得到一株安定的转性株。当乳酸链球菌素（乳链菌肽）加入后，就会启动 *nis*A 启动子，使之产生溶菌酶 LytA 及穿孔素蛋白质 LytH。LytH 会使细胞膜形成孔洞，而 LytA 由这些孔洞渗透出来后即可行使分解细胞壁的功能，最后导致细胞壁快速有效分解。将此基因与形成风味剂的基因（如肽酶、酯酶及氨基酸转化酶）合用，在食品工业应用上具有很大的吸引力，其商业化指日可待。

（二）改善酱油的品质与风味的应用

酱油风味的优劣与酱油在酿造过程中所生成氨基酸的量密切相关，而参与此反应的羧肽酶和碱性蛋白酶的基因已克隆并转化成功，在新构建的基因工程菌株中碱性蛋白酶的活力可提高 5 倍，羧肽酶的活力可大幅提高 13 倍。酱油制造中和压榨性有关的多聚半乳糖醛酸酶、葡聚糖酶和纤维素酶、果胶酶等的基因均已被克隆，当用高纤维素酶活力的转基因米曲霉生产酱油时，可使酱油的产率明显提高。

另外，在酱油酿造过程中，木糖可与酱油中的氨基酸反应产生褐色物质，从而影响酱油的风味。而木糖的生成与制造酱油用曲霉中木聚糖酶的含量与活力密切相关。现在，米曲霉中的木聚糖酶基因已被成功克隆。用反义 RNA 技术抑制该酶的表达所构建的工程菌株酿造酱油，可大大降低这种不良反应的进行，从而酿造出颜色浅、口味淡的酱油，以适应特殊食品制造的需要。

（三）啤酒的风味品质改造

啤酒制造中对大麦醇溶蛋白含量有一定要求，如果大麦中醇溶蛋白含量过高就会影响发酵，容易使啤酒产生混浊，也会使其过滤困难。采用基因工程技术，使另一蛋白基因克隆到大麦中，便可相应地使大麦中醇溶蛋白含量降低，以适应生产的要求。

双乙酰是影响啤酒风味的重要物质，当啤酒中双乙酰的含量超过阈值时，就会产生一种令人不愉快的馊酸味，严重破坏啤酒的风味与品质。双乙酰的产生与还原贯穿整个啤酒发酵过程，在正常的发酵过程中，双乙酰是由啤酒酵母细胞产生的 A2 乙酰乳酸经非酶促的氧化脱羧反应自发产生的。去除啤酒中双乙酰的有效措施之一就是利用 A2 乙酰乳酸脱羧酶。但由于酵母细胞本身没有该酶活性，因此，利用转基因技术将外源 A2 乙酰乳酸脱羧酶基因导入啤酒酵母细胞，并使其表达，是降低啤酒中双乙酰含量的有效途径。

Sone 等用乙醇脱氢酶的启动子和穿梭质粒载体 Yep13 将产气肠杆菌 A2 乙酰乳酸脱羧酶基因导入啤酒酵母，并使其表达。当用此转基因菌株进行啤酒酿造时，可使啤酒中的双乙酰含量明显降低，且不影响其他的发酵性能和啤酒中的正常风味物质。但由于用此法所构建的基因工程菌株中 A2 乙酰乳酸脱羧酶基因是存在于酵母的质粒而不是染色体上，因而使该基因易于随着细胞分裂代数的增加而发生丢失，造成性能的不稳定。因此，Yamano 等将外源的 A2 乙酰乳酸脱羧酶整合入啤酒酵母的染色体中，从而构建了能稳定遗传的转基因啤酒酵母。使用这种转基因酵母酿制啤酒，也能明显降低啤酒中的双乙酰含量，而且不会对啤酒酿造过程中的其他发酵性能造成不良影响。

三、杂交育种

杂交是指在细胞水平上进行的一种遗传重组方式。杂交育种是利用两个或多个遗传性状差异较大的菌株，通过有性杂交、准性杂交、原生质体融合和遗传转化等方式，而导致其菌株间的基因的重组，把亲代的优良性状集中在后代中的一种育种技术。通过杂交育种可以实现不同的遗传性状的菌株间杂交，使遗传物质进行交换和重新组合，改变亲株的遗传物质基础，扩大变异范围，获得新的品种。同时不仅可克服因长期诱变造成的菌株活力下降，代谢缓慢等缺陷，也可以提高对诱变剂的敏感性，降低对诱变剂的“疲劳”效应、本小节将从有性杂交、准性杂交和原生质体融合三种常见的育种技术来介绍杂交育种。

（一）有性杂交

有性杂交是指不同遗传型的两性细胞间发生的接合和随之进行的染色体重组，进而产生新遗传型后代的一种育种技术。凡能产生有性孢子的真菌，原则上都能像高等动、植物杂交预育种相似的有性杂交方法来进行育种。一般方法是把来自不同亲本、不同性别的单倍体细胞通过离心等方式使之密集地接触，就有更多的机会出现种种双倍体的有性杂交后代。在这些双倍体杂交子代中，通过筛选，就可以得到优良性状的杂种。

（二）准性杂交

准性杂交是在无性细胞中所有的非减数分裂导致 DNA 重组的过程，微生物杂交仅转移部分基因，然后形成部分重组子，最终实现染色体交换和基因重组，在原核和真核生物中均有存在。准性杂交的方式主要有结合、转化和转导，其局限性在于等位基因的不亲合性。

（三）原生质体融合

原生质体融合就是把两个不同亲本菌株的细胞壁，分别经酶解作用去除，而得到球状的原生质体，然后将两种不同的原生质体置于高渗溶液中，由聚乙二醇（PEG）助融，促使两者高度密集发生细胞融合，进而导致基因重组，就可由此再生细胞中获得杂交重组菌株。原生质体融合技术具有许多常规杂交方法无法比拟的独到之处：由于去除了细胞壁，原生质体膜易于融合，即使没有接合、转化和转导等遗传系统，也能发生基因组的融合重组；融合没有极性，相互融合的是整个胞质与细胞核，使遗传物质的传递更为完善；重组频率高，易于得到杂种；存在着两株以上亲株同时参与融合并形成融合子的可能；较易打破分类界限，实现种间或更远缘的基因交流；同基因工程方法相比，不必对试验菌株进行详细的遗传学研究，也不需要高精尖的仪器设备和昂贵的材料费用等。由于以上优点，迄今这项技术不仅在基础研究方面，而且在实际应用上，均取得了引人注目的成绩。随着生物学研究手段的不断创新，该技术的基本实验方法逐步完善，经过多年的实际应用，证明微生物原生质体融合确是一项十分有用的育种技术。通过原生质体融合改良工业微生物菌株的遗传本质是培育高产、优质、抗逆性强的良种的一种行之有效的手段，可以与诱变育种等结合使用，同时还需要不断积累有关基础资料，克服育种盲目性，以期达到工业生产的新需求。

原生质体融合育种基本步骤为：标记菌株的筛选和稳定性验证→原生质体制备→等量原生质体加聚乙二醇促进融合→涂布于再生培养基，再生出菌落→选择性培养基上划线生长，分离验证，挑取融合子进一步试验、保藏→生产性能筛选。

第五节　菌种的衰退、复壮和保藏

微生物长期受到外界的影响，遗传性状必然发生某些变异。如果没有变异，则生物就没有进化。但在一定条件下，微生物的遗传特性还是稳定的。但是在变异概率中，退化性的变异是大量的。而进化性的变异却是个别的。通过人工筛选可以选出有益菌株。如果不进行人工筛选，取其精华，去其糟粕，则大量的自发劣变菌株必会蔓延，使生产菌种衰退，造成发酵力下降，产品质量和数量均降低。对产量性状而言，菌种的负变就是衰退。此外菌种原有的典型性变得不典型也是衰退。容易检查出的是菌落形态和细胞形态改变的菌。衰退后必然导致生产性能下降。例如产 α-淀粉酶的枯草芽孢杆菌，由于菌种自发衰退，使产酶水平降低；又如苏云金芽孢杆菌由于菌种衰退，使新生的菌体芽孢和伴孢晶体都小，毒力降低，杀虫能力减退。菌种衰退是一个从量变到质变的逐步演变过程。开始时，在群体中只有个别细胞发生负变，这时如不及时发现，并采取有效措施，而一味继续移种传代，则群体中负变个体的比例逐步升高，最后由负变个体占了优势，从而使整个群体表现出严重衰退。所以开始时所谓纯的菌株，实际上已包含着一定程度的不纯；同样到后来，虽然多数菌株衰退了，但是整个群体仍是不纯，即其中尚有少数尚未衰退的个体存在，如把它进行分离，仍可获得高产菌株。

了解衰退原因之后，就可以提出防止衰退的对策和进行菌种复壮的措施。狭义的复壮是指一种被动的措施，即在菌种已发生衰退之后，再通过纯种分离和性能的测定。从衰退的群体中找出尚未衰退的个体，以达到恢复原有生产能力的菌种。另一种是积极的措施，即在群体未衰退之前，就经常地、主动地进行纯种分离和测定生产能力，使得菌种的生产能力不但不会降低，反而有所提高。这样实际上是利用菌种的正突变，从生产中不断进行选种工作。

一、防止衰退

（一）控制传代次数

控制传代次数即尽量避免不必要的移种和传代，把必要的传代降低到最低的水平，以减少突变概率。微生物存在着自发突变，而突变都是在繁殖过程中发生或表现出来的，DNA 在复制过程中，碱基发生差错的概率低于 5×10^{-4}，一般自发突变率在 $10^{-9}\sim10^{-8}$，从这里可以看出，菌种的传代次数越多，产生突变的概率就越大，因而菌种发生衰退的机会就越多，所以不论在实验室还是在生产实践中，必须严格控制菌种的传代次数。有了良好的菌种保存方法就可以大大减少移种传代次数，如果把优良的原种保藏在冷冻干燥的条件下，在使用时将一支冷冻菌粉移种在数支斜面试管中，这种试管就可直接用于生产。

（二）创造良好的培养条件

实验人员在实践中发现，创造一个适合原种生产的条件可以防止菌种衰退。例如用大豆煮汁培养米曲霉就可以防止产蛋白酶能力的衰退；用大米饭加新鲜草木灰可以防止米曲霉分生孢子颜色的改变；用麦芽汁培养酒精酵母可以防止发酵能力的衰退。

（三）利用不同类型的细胞进行接种传代

如果霉菌、放线菌用菌丝移种比用分生孢子容易衰退，因为菌丝是多核而且有异核存在，所以移种曲霉最好用孢子而不用菌丝。

（四）采用有效的菌种保藏方法

工业生产用的菌种都属于大量接种，大量繁殖，恰恰是容易衰退的。即使在最好的保藏条件下，还是存在着衰退的情况。有人发现链霉素生产菌以冷冻干燥孢子的形式保藏，只经 3 个月保藏，发酵效价就降低 23%。因此除研究更有效的保藏方法外，还要采取复壮措施。

二、菌种的复壮

（一）纯种分离

所说群体退化，不是 100%的个体都退化了，其中必有一部分仍保持原有的生产能力和生长健壮的特征，如果能进行纯种分离，最好是单细胞分离。从退化群体中把个别优秀者挑选出来，经过生产能力的检定，接种到斜面用于生产。这样就可保持生产的稳定性。菌种分离的复壮工作应做在未出现退化之前，这样就可以避免生产上受损失。

（二）通过寄主进行复壮

这类是指那些寄生性微生物，如苏云金芽孢杆菌，经过多次传代，就发现该菌生产的伴孢晶体减少，杀虫效力降低。如把菌体接到青虫身体上，让它在青虫体内繁殖，俟青虫死后进行分离，则毒力不但可以恢复，而且可以逐步提高。

三、菌种保藏

（一）菌种保藏的必要性

菌种是国家的一个重要资源，做好菌种保藏是微生物工作者的一项重要任务。国家的菌种保藏机构广泛收集和生产科研菌种，把它们保藏好，使之不死亡，不衰退，达到便于使用和交换的目的。很多国家都设有菌种保藏机构。许多大工厂都设有菌种保藏室，这是一种技术储备，在容易受噬菌体污染的工业（如味精工厂）更应该收集多种抗不同噬菌体类型的菌种。

（二）菌种保藏的原则和方法

菌种保藏的方法很多，原理也大同小异。首先要挑选优良纯种，最好采用它们的休眠体（如分生孢子、芽孢）；其次要创造一个有利于休眠的环境条件，如低温、缺氧、干燥、缺营养以及添加保护剂或中和酸度剂等，一种好的保藏方法，首先应能长期保持原种的优越性能不变，同时还要考虑方法本身的经济实惠。

水分对生命活动是重要的因素，因此干燥在保藏中的地位就显得重要。除水分外，低温是保藏中另一重要因素，微生物温度的低限约为-30℃，可是在水溶液中能进行酶促反应的低限为-140℃。这可能是在有水分的情况下，即使把微生物保藏在较低温下，还难以长期保存的主要原因。在低温保藏中，细胞体积大相对于体积小的对低温要敏感。而无细胞壁则比有细胞壁敏感。其原因是低温会使细胞内的水分结晶，从而引起细胞结构的损伤。如果在低温冷冻时，采用速冻的方法，则因减小冰晶体积，就会减少细胞的损伤。当然不同的微生物的最适冷冻和升温速度也是不同的，使用时最好进行预测。冷冻介质对细胞所受损伤有显著的影响。甘油和二甲亚砜可透入细胞，并通过强烈的脱水作用而保护细胞。大分子糊精、血清白蛋白、脱脂乳粉等均对细胞有保护作用。在实践中证明，用更低的温度保藏效果更好。如-195℃液氮比-70℃好，-70℃又比-20℃好，当然温度越低，设备越复杂。还应当指出，降温和升温速度与细胞损伤的关系很大，降温和升温速度越快越好。

（1）低温保藏法　主要利用低温对微生物生命活动有抑制作用的原理来进行菌种保藏。根据所用温度高低可分两类：一是4℃左右，利用一般冰箱即可达到目的。菌种可用斜面、半固体（0.6%琼脂）穿刺、悬浮液均可。如在这些培养物上盖一层灭过菌的液蜡，隔绝空气就更好。另一类是利用低温进行冻结保藏。例如用-20℃低温冰箱或干冰、液氮进行保藏。

（2）干燥保藏法　主要是把微生物接种到适当载体上，在干燥条件下，进行保藏。能做载体的材料很多，如土壤、细沙、硅胶、瓷球、滤纸片等。如果把些干燥载体同时放在低温或真空密封保存则效果更好。这些方法中最常用的为沙土管保藏法。此法适用于产生分生孢子的曲霉、青霉和链霉菌的保藏，芽孢杆菌也可以用。具体做法是选取细沙用1% HCl浸泡一天，用清水洗至不含氯离子，晒干或烘干。另取生土若干，晒干或烘干，用160目筛子筛过。然后取40份细土，取60份细沙混匀，盛入试管中，每管盛1g，2g，塞棉塞，先用蒸汽灭菌1h，然后160℃干燥灭菌3次备用。接种时每管接菌悬液0.1mL混匀，放入真空干燥器中，抽干放入冰箱中保藏。

（3）隔绝空气保藏法　这类方法比较简便，有时也能达到良好的效果。如液体石蜡封藏法就是一例。应用橡皮塞封试管口，效果也很好，即将斜面生长好的菌种在无菌条件下，将棉花塞改为灭过菌的橡皮塞，塞紧放在室温下暗处保藏。

（4）冻干保存法　即真空冷冻干燥保藏法。在这类保藏中，几乎应用了一切有利于保藏的因素，是目前最好的综合保藏法。

CHAPTER 9

第九章 微生物的生态

生态系统（ecosystem）是指在自然界的一定空间内，生物与环境所构成的相互作用、相互依存的统一整体。微生物是生态系统的重要成员，微生物推动着自然界中有机物分解及元素矿化等生化进程，如碳循环、氮循环、硫循环、磷循环。微生物生态学（microbial ecology）主要研究微生物之间，微生物与环境之间的相互关系及作用机理。微生物生态学在食品加工与保存、环境修复、农业生产、医疗预防等方面都起着举足轻重的作用。

第一节　微生物在自然界中的分布与菌种资源的开发

一、微生物在自然界中的分布

微生物个体微小、种类繁多、代谢类型多样，且增殖快、适应力强，故而广泛分布于自然界，无论是土壤、水体、空气、动植物以及人的体表和内部器官，甚至在一些极端环境中都有微生物的存在。

（一）土壤中的微生物

土壤是由矿物质、有机质、土壤水分和土壤空气等物质组成的多孔介质。土壤中的有机和无机营养物可被微生物利用，土壤为微生物提供了生长繁殖所需要的各种基本要素，土壤还具有保温性能好、缓冲性强等优点，保障了微生物的生存。因此，土壤是微生物的大本营，是人类最丰富的菌种资源库。土壤中微生物数量庞大、种类多样，其中细菌最多，放线菌、霉菌、酵母菌次之，藻类和原生动物等较少（表 9-1）。土壤微生物通过其代谢活动进行物质循环，改变土壤的理化性质，因此，土壤微生物是构成土壤肥力的重要因素之一。

表 9-1　　农耕土壤中微生物数量和生物量

微生物	数量/（个/g 土壤）	生物量/（kg/亩土壤）
细菌	10^8	150

续表

微生物	数量/（个/g 土壤）	生物量/（kg/亩土壤）
放线菌	10^7 ~ 10^8	75
霉菌	10^6	150
酵母菌	10^5 ~ 10^6	15
藻类	10^4	10
原生动物	10^3	15

注：1 亩 = 666.67m^2。

土壤微生物的数量和分布主要受土壤的营养状况、温度、pH、含水量、氧等因子的影响。在有机质含量丰富的黑土、草甸土和植被茂盛的暗棕壤中，微生物的数量较多，而在滨海盐土中，微生物的数量较少。此外，由于土壤不同深度的水分、营养、通气、温度等环境因子存在差异，在土壤的不同深度的微生物分布也不相同。土壤微生物集中分布在土壤表层，尤其在 5~20cm 土层中微生物数量最多。土壤中微生物的数量与分布还和季节变化有关。冬季气温低，北方一些地区的土壤甚至几个月为冻土，其中的微生物数量明显减少；春季气温回升，植物生长、根系分泌物增加，微生物的数量也迅速增加。

（二）水体中的微生物

水体环境包括江、河、湖泊等淡水环境以及海洋等咸水环境。水中溶解或悬浮着多种无机物和有机质，可供给微生物生长繁殖所需要的营养。因此，水体环境是微生物栖息的第二天然场所。水体中的微生物，除一些光合细菌、铁细菌、硫细菌等水体固有微生物外，大多来自于土壤、污水、空气等介质中的微生物，特别是土壤中的微生物被雨水冲刷带入河流、湖泊等水体中。

水体中微生物的数量和分布主要受到营养物质、温度、溶氧、光照和盐分等影响。水体内有机物含量高，则微生物数量大；中温水体内微生物数量比低温水体内多；深层水中的厌氧微生物较多，而表层水中好氧微生物较多。受生活污水、工业污水污染的水体，有机物含量高，微生物数量可高达 10^7 ~ 10^8个/mL，其中的微生物多数为腐生型细菌和原生动物，有时甚至还含有病原微生物。在远离人们居住地区的湖泊、池塘和水库中，有机物含量少，微生物也较少，以自养型细菌和光合细菌为主，如硫细菌、铁细菌以及蓝细菌、绿硫细菌和紫细菌等。一些霉菌、藻类及原生动物常生长在水面上，它们的数量一般不大。

海水含有相当高的盐分，一般为 3.2% ~ 4%。海洋微生物能够耐受高渗透压，主要是一些藻类和细菌，如芽孢杆菌属、假单胞菌属、弧菌属以及一些发光细菌等。海底厌氧沉积物中分布着大量的厌氧微生物，如脱硫弧菌、甲烷菌等。海水中有机物含量越丰富，则含微生物的数量越高。一般在入海口和海湾处，海水中细菌数量很多，而远洋、深海中数量很少。

（三）空气中的微生物

空气中没有微生物生长繁殖所需要的营养和充足水分，甚至日光中的紫外线还具有很强的杀菌作用，因此空气不是微生物的良好生存场所。但是空气中仍能找到多种微生物，这主要是由于土壤、水体、各种腐烂的有机物以及人和动植物体上的微生物，都可以以尘埃、微粒等形式随着气流被携带到空气中去。空气中微生物的分布很不均匀，含尘埃越多或越贴近地面的空气，其中的微生物含量越高。空气中微生物的种类和数量，还与地区、海拔高度、季节、气候等条件有关（表9-2）。一般在畜舍、公共场所、医院、宿舍、城市街道等的空气中，微生物数量最多；在海洋、高山、森林地带，终年积雪的山脉或高纬度地带的空气中，微生物数量则甚少。在人口稠密、污染严重的城市，尤其是在医院或患者的居室附近，空气中还可能有较多的病原菌。

表9-2　　不同地点空气中的微生物数量

地点	微生物数量（个/m^3）
北极	0
海洋上空	10^1
市区公园	10^2
城市街道	10^3
宿舍	10^4
畜舍	10^5～10^6

空气中的微生物主要有各种球菌、芽孢杆菌以及对干燥和射线有抵抗力的真菌孢子等，也可能有病原菌，例如结核分枝杆菌、白喉杆菌等。空气中的微生物以气溶胶的形式存在，与动、植物病害的传播、发酵工业的污染以及工农业产品的霉腐变质有很大关系。通过减少菌源、尘埃源以及采用空气过滤、灭菌，可降低空气中微生物的数量。

（四）工农业产品中的微生物

1. 食品上的微生物

食品是用营养丰富的动、植物原料经过人工加工制成，是微生物生长繁殖的天然培养基。食品的主要营养成分是碳水化合物、蛋白质和脂肪。绝大多数微生物都能利用比较简单的碳水化合物。多数细菌和霉菌能分解蛋白质，分解力强的细菌如芽孢杆菌属、假单孢菌属等，霉菌如毛霉属、根霉属等，多数酵母对蛋白质分解能力较弱。大部分霉菌具有一定的脂肪分解能力，细菌中荧光假单胞菌和酵母菌中解脂假丝酵母具有较强的脂肪分解能力。在食品的加工、包装、运输和储藏等过程中，都可能被微生物污染，在合适的温度、湿度、氧气条件下，它们可以迅速生长，产生各种毒素，从而引起食物中毒或其他严重疾病的发生。

2. 工业产品上的霉腐微生物

许多工业产品是部分或全部由有机物组成，工业产品中的微生物大多来源于原料和成品对环境中微生物的吸附，在一定条件下微生物代谢活动造成产品生霉、腐烂、腐蚀、老化、变形与破坏，使产品的品质、性能、精确度等下降，给国民经济带来巨大的损失。芽孢杆菌、放线菌、木霉等产生的纤维素酶，能破坏棉、麻、竹、木产品；枯草芽孢杆菌、放线菌、曲霉等的蛋白酶，能破坏皮革制品；黑曲霉、焦曲霉、橘青霉等的代谢活动，可使涂料、塑料、橡胶、黏接剂等老化；硫酸盐还原菌及其H_2S代谢产物能导致或加速金属的腐蚀。

3. 农产品上的微生物

农产品上存在着大量的微生物，其中粮食尤为突出。花生、玉米、大米和麦类受霉菌污染产生霉菌毒素是农产品霉腐的突出问题，常引起食物中毒或癌变。农产品上的微生物主要是一些霉菌，如曲霉属、青霉属和镰孢霉属等，其中曲霉危害最大。部分黄曲霉菌株产生的黄曲霉毒素是一种强烈的致肝癌毒物，对热稳定（300℃时才能被破坏），对人、牲畜的健康危害极大，受黄曲霉毒素污染最多的食品是花生及花生制品和玉米。

（五）人及动、植物体上的微生物

在人和动物体上的微生物种类复杂、数量庞大、生理功能多样，从环境位置可分为体表微生物和体内微生物。对人和动物有害的微生物，称为病原微生物，包括病毒、细菌、真菌和原生动物的一些种类。生活在健康动物各部位、数量大、种类较稳定且一般是有益无害的微生物，称为正常菌群，如肠道中生存的大肠杆菌、双歧杆菌、乳杆菌等，在皮肤、毛发上的葡萄球菌、链球菌等。但是当机体的防御功能减弱，如皮肤大面积烧伤、黏膜受损、过度疲劳时，或者正常菌群的生长部位改变，或者长期服用抗生素等药物后，会引起正常菌群的失调，导致某些原先不致病的正常菌群成员，如大肠杆菌、白色假丝酵母等，趁机转移或大量繁殖，成为致病菌。这类特殊的致病菌，被称为条件致病菌。

在植物的体表和体内，也存在着种类复杂、功能多样的微生物。生存在植物茎叶、果实等表面，依靠植物的外渗物质为营养的微生物，称为附生微生物。有的附生微生物能促进植物发育、提高种子品质等，也有的引起植物腐烂、致病等。生存在植物根系周围土壤，依赖根系分泌物而生长的微生物，称为根际微生物。一些根际微生物能增加土壤中矿质营养的溶解性，还可合成维生素、氨基酸、生长素、赤霉素等有益于植物的物质，如根瘤菌、真菌形成的菌根等；也有一些根际微生物和植物竞争水分和营养，甚至有的是植物病原菌。

（六）极端环境中的微生物

在自然界中，存在着一些绝大多数生物所不能生存的极端环境，如高温、低温、高酸、高碱、高盐、高压、高辐射强度等环境，但是在这些极端环境下存在着一些能够正常生长繁殖的微生物，它们被称为极端环境微生物，简称极端微生物。研究极端微生物，在理论和实践上都具有重要的意义，可为微生物生理、遗传和分类，生物进化和生命起源等提供新的材料和线索；还可开发新的微生物资源，培育更有用的微生物菌种。

1. 嗜热微生物（thermophiles）

嗜热微生物简称嗜热菌，嗜热菌广泛分布在热泉、草堆、厩肥、煤堆、火山地、地热区土壤及海底火山等处。嗜热菌的最适生长温度一般在65~70℃，40℃以下不能生长。能够耐受生长温度45~55℃，最低生长温度<30℃的微生物，只能被称为耐热微生物。有些嗜热菌的最适生长温度在80~110℃，最低生长温度在65℃左右，称为超嗜热菌。嗜热菌的嗜热机制是细胞膜成单分子层，细胞内酶的耐热性高，保证其在高温下的生长代谢活性。

嗜热菌的代谢快、酶促反应温度高、增代时间短等特点是中温菌所不及的，在科研和应用领域发挥着重要作用。在基因工程中，嗜热菌可提供特异性基因资源、耐高温酶类，如PCR用的DNA聚合酶；在发酵工业中，嗜热菌高温发酵可避免杂菌污染、提高发酵效率；嗜热菌还可用于固体废弃物的高温处理，如堆肥等。但是嗜热菌因其良好抗热性，也是加热保藏食品的主要腐败菌，例如芽孢杆菌属和梭状芽孢杆菌属的某些嗜热菌，可残存于经过高温灭菌的食品中，例如罐藏食品、牛乳、火腿肠包衣等。

2. 嗜冷微生物（psychrophiles）

嗜冷微生物简称嗜冷菌，嗜冷菌主要分布在南北极地区、冰窖、高山、深海和冻土等低温环境中。分离到的嗜冷微生物主要有针丝藻、黏球藻和假单胞菌等。嗜冷菌的最高生长温度不超过 20℃，最低生长温度低于 0℃。可在低温下生长，但也可以在高于 20℃环境中生长的微生物只能称为耐冷微生物。嗜冷菌的嗜冷机制是细胞膜中含有大量不饱和、低熔点脂肪酸，以保证低温下细胞膜的流动性和通透性，细胞内的酶在低温下具有较高活性。

嗜冷菌是导致低温保藏食品腐败的根源，嗜冷菌可存在于冰箱中的肉、乳、蔬菜和水果等食品中，如单核细胞增生李斯特菌、沙门氏菌、假单胞菌、弧菌、酵母菌和霉菌等。在食品中，微生物生长的最低温度记录是-34℃，它是一种红色酵母。此外，嗜冷微生物在环境、工业和日常生活中也具有潜在的应用价值，如嗜冷菌对污染物低温降解和转化，用于低温环境污染修复；低温发酵可节约能源，减少杂菌污染；提取自嗜冷菌的酶制剂，可应用于洗涤剂等。

3. 嗜酸微生物（acidophiles）

嗜酸微生物生长最适 pH 在 4 以下，在中性 pH 条件下不能生长的微生物，称为嗜酸微生物。嗜酸微生物分布在酸性矿水、酸性热泉和酸性土壤等处，分离到的嗜酸微生物主要有硫氧化菌、硫杆菌和硫化叶菌等。在 pH 低于 4 下能生长，在中性 pH 下也能生存的微生物，称为耐酸微生物。嗜酸微生物的嗜酸机制可能是其细胞壁、细胞膜具有排阻 H^+，或具有把 H^+ 从胞内排出的能力。嗜酸微生物被广泛用于微生物冶金、生物脱硫。

4. 嗜碱微生物（alkalinophiles）

嗜碱微生物一般最适生长 pH 在 9 以上，而不能生存在中性条件下的微生物，称为嗜碱微生物。而耐碱微生物除在 pH 在 9 以上碱性条件下生存，在中性甚至酸性条件下也能生存。嗜碱微生物主要分布在盐碱湖、盐碱土壤中。嗜碱微生物的嗜碱机制可能是细胞具有排出 OH^- 的能力。嗜碱微生物中提取的碱性酶，被广泛用于洗涤剂或作其他用途。

5. 嗜盐微生物（halophiles）

嗜盐微生物简称嗜盐菌，一类必须在高盐浓度下才能够生长的微生物。嗜盐菌主要分布在盐湖，盐场、盐矿、腌制海产品等处，如嗜盐菌盐杆菌、盐球菌、富盐菌、杜氏藻和红螺菌等。大多数海洋微生物生存在 0.2~0.5mol/L NaCl 的海洋环境中，属于低度嗜盐菌；中度嗜盐菌可以生活在 0.5~2.5mol/L 的 NaCl 中；极端嗜盐菌必须生活在含 2.5~5.2mol/L NaCl 的环境中，如盐杆菌属的某些种可以在饱和 NaCl（5.5mol/L）中生长。嗜盐细菌的紫膜具有质子泵和排盐的作用，紫膜由细菌视紫红质蛋白和脂质组成，由于其独特的特性，目前正探索研究其作为电子器件和生物芯片的可能性，以及来制造海水淡化装置。

在食品中，嗜盐菌常出现在高盐、腌制食物中，如咸鱼中。嗜盐菌的生长活动，除了影响食物外观以外，还可能引起食物中毒。然而，有些嗜盐菌的生长代谢活动又是十分重要的，如嗜盐乳酸菌球菌和嗜盐酵母在酱油高盐稀态发酵阶段的代谢产物是酱油风味的主要来源。某些嗜盐菌中含有丰富的类胡萝卜素、γ-亚油酸等成分，可望用于开发保健食品。嗜盐菌中提取的耐盐酶可用于工业上，嗜盐菌在高盐污水处理方面也发挥着重要作用。

6. 嗜压微生物（barophiles）

嗜压微生物简称嗜压菌，是一类需要在高静水压环境中才能良好生长的微生物。既能在正常压力下生长，又能在高压下生长的微生物，只能称为耐压微生物。嗜压菌主要分布在深海底部和油井深处等地方。例如从油井深部约 400 标准大气压（40.53MPa）处，分离到耐压的硫酸盐还原菌；从深海底部 1000 标准大气压（101.325MPa）处，分离到一种嗜压的假单胞菌。由于研究嗜压菌需要特殊的加压设备，将大洋底部的水样或淤泥等样品转移到高压容器内是非常困难的，使得对嗜压菌的研究工作受到一定限制，有关嗜压菌和耐压菌的耐压机制目前还不清楚。

7. 抗辐射的微生物

与上述极端微生物不同的是，抗辐射微生物只是对高辐射环境有抗性或耐受性，而不是“嗜好”。与微生物有关的辐射有可见光、紫外线、X 射线和 Y 射线，其中太阳光中的紫外线是生物接触最多的。总体来说，病毒抗辐射能力高于细菌，细菌高于藻类，革兰氏阳性菌强于革兰氏阴性菌，芽孢菌的耐辐射力远大于无芽孢菌。1956 年美国教授首次在俄勒冈经大剂量辐射灭菌的肉罐头中分离出耐辐射奇异球菌（*Deinococcus radiodurans*）。此后，又从辐射杀菌处理的食品、医疗器械或饲料等样品中，分离出各种耐辐射细菌。虽然辐射灭菌是一种理想的冷杀菌方式，也要注意抗辐射微生物对食品腐败的影响。抗辐射微生物可作为生物抗辐射机制研究的极好材料，也可能为因辐射过量所致疾病的治疗提供新的线索。

二、菌种资源的开发

微生物菌种资源开发利用涉及食品、医药、能源、环境、工业、农业、海洋、肥料、纺织等广阔领域。菌种资源的开发利用主要包括微生物菌体的生产利用，如食用菌、单细胞蛋白、活性酵母等；活性代谢产物的生产利用，如酶，氨基酸、多糖、维生素、抗生素等；特殊功能基因的开发利用，如苏云金芽孢杆菌的毒蛋白基因用于培育抗虫作物；微生物功能特性的开发利用，如微生物降解污染物质、微生物冶金等。

自然界中微生物数量庞大、种类繁多，要设法从其中筛选到较为理想的菌种也并不是十分容易的。当前借助先进的科学理论和自动化的实验设备，菌种筛选效率已大为提高，其一般步骤仍为：采集菌样，富集培养，纯种分离和性能测定。

（一）采集菌样

根据待筛选微生物分布特性和代谢功能特性，采集合适条件下的含菌样品，往往会使菌种筛选工作事半功倍。例如在牛乳中乳酸菌较多，在果实、蜜饯表面酵母菌较多，在谷物种子上曲霉、青霉和镰孢霉较多，在动物肠道和粪便中肠道细菌较多，在腐木上纤维素和木质素分解菌较多，而在油田、炼油厂附近的土壤中，则以分解石油的微生物居多。

（二）富集培养

根据待筛选菌种的特殊营养需求（取其所好），或者其对某些化学、物理、生物因素的抗性（取其所抗），设计选择性培养基，使待筛选菌种很快在数量上占优，达到富集的目的。例如，添加石油可以促使分解石油的微生物得到富集，添加纤维素可以富集纤维素分解菌，添加抗生素等抑制剂富集具有某种抗性的微生物。

（三）纯种分离

尽管通过富集培养使待筛选菌种得到很好的富集，但是得到的微生物还是混合微生物，需要进行纯种分离，常用分离方法主要有平板划线分离法和稀释涂平板分离法。平板划线分离法由接种环以无菌操作蘸取少许待分离的材料，在无菌平板表面进行连续划线，使微生物细胞逐步分散开来，如果划线合适，经培养后，可在平板表面得到单菌落。稀释涂平板分离法是利用无菌溶剂对待分离的含菌溶液进行逐级稀释，稀释液涂布无菌平板，如果稀释梯度合适，经培养后，可在平板上得到单菌落。

（四）性能测定

获得单个菌落后，需要对各个菌落的有关性状进行初步测定，从中选出性状优良的菌落。对抗生素产生菌来说，选出抑菌圈大的菌落；对蛋白酶产生菌来说，选出透明圈大的菌落。有时还需对初筛菌的有关性状进行精确的定量分析，如测定抗生素产生菌的抗生素产量。

菌种资源开发还包括对现有的微生物菌种进行选育，获得性能更加优良的菌种资源，如提高活性物质的产量、提高污染物降解活性、改变生物合成途径获得新产品等。育种方法包括诱变育种、原生质体融合育种和基因工程育种。诱变育种是利用各种诱变剂处理微生物细胞，提高基因的随机突变频率，扩大变异幅度，通过一定的筛选方法，获得所需要的优良菌株。原生质体融合育种是通过制备遗传性状不同的两种微生物的细胞原生质体，使两种细胞原生质体进行融合，通过一定的筛选方法，获得兼有双亲遗传性状的稳定融合子。基因工程育种是在分子水平上，利用基因工程技术对微生物特定代谢途径进行精确的基因操作，改变微生物原有的代谢调控网络，从而使菌株获得新性状或性能更加优良。

第二节　微生物之间及与环境间的关系

在自然界中，微生物极少单独存在，总是多种不同微生物类群生存一起。它们之间互为环境，对某种微生物来说，其他微生物或高等生物就构成了它的生物环境。微生物与微生物之间，微生物与其他生物之间彼此联系、相互影响，既有相互依赖又有相互排斥，表现出复杂多样的相互关系。这种彼此之间的相互关系大体上可分为六大类，即互生、共生、寄生、拮抗、竞争和捕食。

（一）互生

互生（metabiosis）：两种独生的生物生活在一起时，各自代谢活动有利于对方或偏利于一方的生活方式，这是一种“可分可合，合比分好”的相互关系。

微生物之间的互生，如在土壤中，纤维素分解菌与好氧自生固氮菌生活在一起时，固氮菌可将固定的有机氮化物供给纤维素分解菌，而纤维素分解菌分解纤维素产生的有机酸可作为固氮菌的营养物质，二者相互为对方创造有利的条件，促进了各自的生长繁殖。

微生物与动物间的互生，如人体肠道正常菌群与人的互生关系，人体为肠道微生物提供了良好的生态环境，保证了微生物在肠道内的生长繁殖；而肠道内的正常菌群可以完成多种代谢反应，如硫胺素、核黄素等维生素的合成，促进人体的生长发育。此外，人体肠道中的正常菌群还可抑制或排斥外来肠道致病菌的侵入。

微生物与植物间的互生，如根际微生物与高等植物。植物根的脱落物及分泌物为根际微生物提供有机质；根际微生物加速有机质分解转化，为植物提供无机盐营养。

（二）共生

共生（symbiosis）：两种生物共同生活在一起，相互依赖，在生理代谢中相互分工协作，不能独立生存，合二为一的相互依存关系。

地衣是微生物间共生的典型，地衣是真菌与藻类或真菌与蓝细菌的共生体。地衣中的真菌一般属于子囊菌，而藻类则为绿藻。藻类或蓝细菌进行光合作用，为真菌提供有机营养，真菌则以其产生的有机酸分解岩石中的某些成分，为藻类或蓝细菌提供所必需的矿质元素。

微生物与植物间的共生，如根瘤菌与豆科植物共生形成根瘤共生体。根瘤菌固定大气中的氮气，为植物提供氮素养料，而豆科植物根的分泌物能刺激根瘤菌的生长，同时，还为根瘤菌提供稳定的生长条件。

微生物与动物的共生，如牛、羊等反刍动物与瘤胃微生物的共生。反刍动物只有通过与瘤胃微生物的共生，才能够消化植物的纤维素。反刍动物为瘤胃微生物提供纤维素和无机盐等养料、水分，以及合适的温度、pH 等纤维素分解环境；瘤胃微生物则协助反刍动物分解纤维素转化成有机酸，并产生大量菌体蛋白供应反刍动物。

（三）寄生

寄生（parasitism）：一般是指一种小型生物生活在另一种较大型生物的体内或体表，从中获得营养，进行生长繁殖，同时使后者蒙受损害甚至被杀死的相互关系。前者称为寄生物，后者称为寄主或宿主。有些寄生物一旦离开寄主就不能生长繁殖，这类寄生称为专性寄生。有些寄生物在脱离寄主以后营腐生生活，这类寄生称为兼性寄生。寄生还分为细胞内寄生和细胞外寄生。

噬菌体与宿主细菌的关系是微生物间寄生的典型。噬菌体从其宿主菌中获取生长繁殖的核酸、蛋白质等，宿主菌也会因噬菌体引发的裂解作用而溶菌死亡。

微生物与动物间的寄生关系，例如动物病原微生物寄生在动物体内或体表，引物动物患病，动物病原微生物包括病毒、细菌、真菌和原生动物。在农业上，寄生于有害动物（如害虫）上的微生物，可用来开发微生物农药或微生物杀虫剂。真菌寄生于昆虫也可能形成名贵中药，如冬虫夏草。

微生物寄生于植物之中，常引起植物病害。其中以真菌病害最为普遍，受侵染的植物会发生腐烂、溃疡、根腐、叶腐、叶斑、萎蔫、过度生长等症状。

（四）拮抗

拮抗（antagonism）：共居在一起的生物，由于某种生物代谢产生拮抗物而抑制或杀死他种生物，这是一种“排除异己”的相互关系。

在制造泡菜、青贮饲料过程中，乳酸菌产生大量乳酸导致环境的 pH 下降，抑制了其他腐败微生物的生长发育，从而保证了泡菜和青贮饲料的质量和良好保藏性能。这种拮抗作用没有特定专一性，对不耐酸的细菌均有抑制作用，属于非特异拮抗关系。许多微生物能产生某种抗生素，具有选择性地抑制或杀死某种微生物的作用，属于特异性拮抗关系，如青霉菌产生的青霉素抑制革兰氏阳性菌等。

（五）竞争

竞争（competition）：当两种微生物需要相同的生长基质或对某种环境因子有相同的要求时，就会发生争先摄取该种因子以满足自身生长代谢的需要，其结果是对两个种群都不利，这是一种“两败俱伤”的相互关系。

由于微生物的群体密度大，代谢强度大，所以竞争十分激烈。在一个小环境内，微生物所需要的共同营养越缺乏，竞争就越激烈。竞争的结果是某些微生物处于局部优势，另外的微生物处于劣势。但处于劣势的微生物并不是完全死亡，仍有少数细胞存活，环境一旦发生改变，变得适合于劣势的微生物的生长时，它又将可能变成优势菌，不同的时间会出现不同的优势种群。微生物间的竞争导致微生物种群的交替改变，对于土壤和水体中的各种物质的分解转化具有重要的作用。

（六）捕食

捕食（predation）：又称猎食，一般是指一种大型的生物直接捕捉、吞食另一种小型生物以满足其营养需要的相互关系。微生物间的捕食，如原生动物捕食细菌和藻类，是水体生态系统中食物链的基本环节，对污水的净化处理具有重要的作用。此外，一些捕食真菌，如少孢节丛孢菌等，能够捕食土壤线虫，这对于生物防治具有一定意义。

第三节 微生物与环境保护

随着工业、农业的高度发展，人口的急剧增长，大量生活废弃物，工业三废（废气、废渣和废水）及农业废弃物、农药残留物等进入环境中，严重影响了自然界原有的自净能力，打破了正常的生态平衡，造成环境污染。微生物以其在环境中的广泛分布、营养和代谢类型多样、易于变异等优点，在降解和转化环境污染物中发挥重要作用。

一、微生物对污染物的降解与转化

（一）环境中的主要污染物

环境污染物是指由于人类的活动进入环境，使环境正常组成和性质发生改变，有害于生物生长、发育和繁殖，或造成自然生态环境衰退的物质的总称。污染物往往原本是生产生活中的有用物质，如氮和磷是植物的营养元素，但是如果没有被充分利用而大量排放，或不加以回收和重复利用，就会成为环境中的污染物。环境污染物种类繁多，按受污染物影响的环境介质可分为大气污染物、水体污染物、土壤污染物等，按污染物的形态可分为气体污染物、液体污染物和固体污染物，按污染物的性质可分为化学污染物（有机和无机污染物）、物理污染物（噪声、微波辐射、放射性污染物等）和生物污染物（病原体等）。

（二）微生物降解与转化污染物的巨大潜力

污染物的生物降解是微生物（也包括其他生物）对污染物的分解作用，使大分子污染物变成更小分子的过程。污染物的生物转化是指污染物在环境中通过微生物的吸收和代谢作用改变其形态或转变为另一种物质的过程。由于微生物代谢类型多样，其降解和转化污染物的能力极强。一般情况下，只要有合适的微生物和诱导物、并提供适当的环境和营养条件，微生物可以通过氧化、还原、水解、脱酸、脱氨、酯化等各种化学反应，将大分子污染物降解或转化为小分子化合物。几乎世界上一切天然存在的有机物质都能被某种相应的微生物分解。对于难降解的污染物，微生物可以发挥共代谢联合降解机制，即先通过一些微生物将污染物转化为可供另一些微生物利用的化合物，然后再由另一些微生物将其彻底分解或转化。许多人工合成的新化合物进入环境中，也可引起环境污染。由于微生物适应性强、易变异等特点，受环境影响，菌株发生突变，可能形成诱导酶，具备新的代谢功能，从而降解和转化这些人工合成的新污染物。大量事实证明微生物有着降解、转化污染物的巨大潜力，微生物的这种巨大潜力在环境污染控制与修复中发挥重要作用。

（三）微生物对有机污染物的降解

微生物是引发有机污染物生物降解的主体，好氧微生物、厌氧微生物和兼性厌氧微生物均能对有机污染物产生降解作用。有机污染物分子经过微生物的水解、氧化、脱卤、脱烃或其他的微生物作用，变成更小或简单的化合物分子。有机污染物经过微生物降解后，若是变成 CO_2、H_2O 和其他对环境无害的简单小分子，则为完全降解；否则，为不完全降解。有机污染物的降解过程还受环境温度、湿度、pH 以及营养物组成等因素的影响。

有机污染物按其化学组成主要包括糖类污染物、蛋白类污染物、脂肪类污染物、烃类污染物以及如农药等复杂污染物，几类常见有机污染物的微生物降解过程如下：多糖、脂肪、蛋白质在微生物胞外酶作用下分别水解为单糖、脂肪酸和氨基酸，然后被微生物摄入细胞中；然后经一系列酶促反应转化为丙酮酸，丙酮酸形成乙酰辅酶 A，进入三羧酸循环变为 CO_2和 H_2O。烷烃经末端氧化或次末端氧化，逐步生成醇、醛、脂肪酸，脂肪酸如前面所述过程转化为 CO_2和 H_2O；芳香烃中的苯环经过氧化形成儿茶酚，进一步氧化形成顺-顺黏糠酸，再逐步转化为乙酰辅酶 A，进入三羧酸循环变为 CO_2和 H_2O。微生物降解农药主要是通过脱卤、脱烃、环裂解、缩合等作用改变农药分子的一些化学结构，然后使中间产物发生水解、氧化、还原等作用，最终转化为 CO_2和 H_2O。

（四）重金属的微生物转化

重金属污染是指由重金属或其化合物造成的环境污染，主要由采矿、废气排放、污水灌溉和使用重金属超标制品等人为因素所致。环境污染中的重金属一般是指铅、汞、砷、镉、铬等，如日本的水俣病是由汞污染所引起。重金属危害程度取决于其在环境、食品和生物体中存在的浓度和化学形态。微生物特别是细菌和真菌在重金属的生物转化中起重要作用。微生物虽然不能降解重金属，但是可以改变重金属在环境中的存在状态，使其在有机和无机形态下转变，导致其生物毒性增强或降低。汞所造成的环境污染最早受到关注，汞的微生物转化包括三个方面：无机汞的甲基化，有机汞还原成汞，甲基汞和其他有机汞化合物裂解并还原成汞。此外，微生物的直接和间接作用还可以富集重金属，并通过食物链积累重金属，通过收集重金属富集生物，可以从环境中部分去除重金属。

二、微生物与污水处理

水污染是危害最大、最广的环境污染。污水处理方法有物理法、化学法和生物法。污水处理中，常用的两个概念如下：BOD_5（biochemical oxygen demand）：即“五日生化需氧量”，它是一种表示水中有机物含量的间接指标，一般是指在 20℃下，1L 污水中所含的有机物，在进行微生物氧化分解时，5 日内所消耗的分子氧的毫克数。COD（chemical oxygen demand）：即“化学需氧量”，也是水中有机物含量的间接指标，一般是指利用强氧化剂（如 $K_2Cr_2O_7$、$KMnO_4$）使 1L 污水中的有机物质迅速进行化学氧化时，所消耗氧的毫克数。测定 COD 较测定 BOD_5 更为快速简便。

目前污水生物处理中最常用的方法是微生物处理法。微生物处理污水的原理是利用不同生理、生化功能微生物类群间的群落演替、相互配合，降解或转化污染物，而进行的一种物质循环过程。依污水处理过程中氧气的需求状况，生物处理可分为好氧处理与厌氧处理。

（一）好氧生物处理

微生物在有氧条件下，吸附污水中的有机物，并将有机物氧化分解，使污水得到净化，同时合成细胞物质。在好氧生物处理过程中，微生物主要以活性污泥和生物膜等形式存在。

1. 活性污泥法

活性污泥法又称曝气法，是利用含有好氧微生物（或兼性微生物）的活性污泥，在通气条件下，使污水净化的生物学方法。此法自 1914 英国人 Ardern 和 Lockett 创建以来，至今已有 100 多年的历史。所谓活性污泥是指由菌胶团形成菌、原生动物、有机和无机胶体及悬浮物组成的絮状体。在污水处理过程中，它具有很强的吸附、氧化和分解有机物的能力。在静止状态时，又具有良好的沉降性能。活性污泥是一种特殊的、复杂的生态系统，在多种酶的作用下进行着复杂的生化反应。活性污泥中的微生物主要是细菌，占微生物总数的 90%～95%。常见的细菌主要有生枝动胶杆菌、假单胞菌属、无色杆菌属、黄杆菌属、节杆菌属、亚硝化单胞菌、原生动物以钟虫属最为常见。

活性污泥法处理污水的装置主要包括曝气池和沉淀池。污水进入曝气池后，活性污泥中的细菌、动胶菌等微生物增殖，形成菌胶团絮体，原生动物附着上面，丝状细菌和真菌交织在一起，形成颗粒状的活跃微生物群体。曝气池内不断充气、搅拌，污水中的有机物很快被吸附到活性污泥上，大分子有机物则被微生物产生的胞外酶分解成为小分子物质后渗入细胞内，然后在胞内酶的作用下，经一系列生化反应，转化为 CO_2 和 H_2O 等简单无机物。微生物利用有机物降解产生的能量和中间产物，完成菌体繁殖。微生物不断进行生物氧化，有机物不断降解，污水不断得到净化。曝气池中混合物以低 BOD_5 溢流入沉淀池。在沉淀池中，活性污泥通过静止、凝集、沉淀与处理后的水发生分离，上清液是处理好的水、排放到系统外；沉淀的活性污泥一部分回流曝气池，重复上述过程，剩余污泥排放出去。

2. 生物膜法

生物膜法是利用生物膜上的微生物来净化污水的生物处理法。生物膜是指微生物附着在介质或载体表面，通过生长而形成的一层由微生物构成的膜，随着微生物的不断生长繁殖而使生物膜逐渐加厚。生物膜的形成有一定规律，包括初生、生长、老化、剥落，剥落后，介质上再形成新的生物膜，这是生物膜的正常更新。生物膜法根据介质与水接触方式不同，可分为生物转盘法、塔式生物滤池法等。

生物膜法与活性污泥法类似，都是利用好氧微生物的氧化作用，降解污染物。在氧气充足情况下，污水流经生物膜，其中的有机物被生物膜中的微生物吸附、吸收，然后氧化分解。在此过程中微生物利用污水中的污染物进行新陈代谢，一方面分解污水中的污染物，一方面获取充足的营养和能量完成自身增殖。随着微生物的增殖，生物膜变厚，其内部的微生物处于缺氧或厌氧状态，发生微生物死亡和生物膜剥落。介质上形成新的生物膜开始一个新的循环，污水在不断的循环过程中得到净化。

（二）厌氧生物处理

厌氧生物处理是在缺氧条件下，利用厌氧微生物和兼性厌氧微生物分解污水中的有机物。厌氧生物处理过程中，微生物分解有机物后还能产生有能源价值的甲烷（CH_4）气体，因此，该方法既能消除环境污染，又能开发生物能源。相比较好氧生物处理法，厌氧生物处理法无须搅拌和供氧、能耗低，占地小，污泥产率低，成本低，资源回收利用率高。厌氧生物处理技术通常被用来处理高浓度工业有机废水，城镇污水、污泥等。

污水厌氧处理系统中包含多种交替作用的菌群，各类菌群需求不同的基质和条件，形成复杂的生态体系。污水厌氧处理主要包括 4 个阶段：水解阶段、发酵阶段、产氢产乙酸阶段和产甲烷阶段。在水解阶段，复杂的不溶性聚合物（如纤维素、淀粉），在细菌胞外酶作用下转化为简单的溶解性单体或二聚体。发酵阶段是由厌氧或兼性厌氧的细菌将溶解性有机物分解转化为有机酸、醇等。产氢产乙酸阶段是指由产氢产乙酸菌群利用发酵阶段产生的各种脂肪酸、醇等进一步转化为乙酸、H_2和 CO_2等。产甲烷阶段是指产甲烷菌利用乙酸、甲酸、甲醇、H_2和 CO_2等，形成甲烷的过程。厌氧处理后的污水和污泥，分别从厌氧消化池的上部和底部排出，所产生的沼气则由顶部排出，可作为能源加以利用。

（三）稳定塘

稳定塘又称氧化塘或生物塘，是一种利用自然生态系统的天然净化能力对污水进行处理的构筑物的总称，通常是将土地进行适当的人工修整，建成池塘，并设置围堤和防渗层，依靠塘内生长的微生物来处理污水。细菌分解污水中有机物产生的无机物和小分子有机物供藻类生长代谢，藻类光合作用产生的氧气又供细菌生长代谢，如此不断循环，使有机物逐渐减少，污水得以净化。稳定塘并不是完全的需氧生物处理过程，在稳定塘中较深部，污水中有机物浓度较高和供氧不足，此时厌氧生物处理便成为主要过程。

根据塘内微生物的类型和供氧方式，稳定塘可分为好氧塘、兼氧塘、厌氧塘。好氧塘为浅塘，整个水层处于有氧状态；兼氧塘为中深塘，上层有氧、下层厌氧；厌氧塘为深塘；除表层外绝大部分厌氧。稳定塘污水处理系统具有基建投资低、维护简单、无须污泥处理等优点。稳定塘法适宜处理城镇污水和一些工业废水，如制革、造纸、石油化工等废水，还可以利用污水中有机物在生物氧化过程中转化成的藻类蛋白，养鱼、养鸭等。

三、微生物与固体废物处理

固体废物的微生物处理技术是利用微生物分解固体废物中的有机物，完成固体废物稳定化、减量化和无害化，还可以使有机固体废物转化为肥料、能源、食品和饲料，或可以从废品和废渣中提取金属，从而实现固体废物资源化。目前，堆肥法和厌氧消化法是大规模处理固体废物的常用方法。

（一）堆肥法

固体废弃物堆肥主要是在固体废物中添加微生物进行堆沤，使固体废物分解成有机肥，堆肥根据氧气情况可以分为好氧堆肥和厌氧堆肥两种方式。好氧堆肥是在通气条件好，氧气充足的条件下，好氧微生物对固体废物进行吸收、氧化以及分解的过程。通常，好氧堆肥的堆温较高，最高能达到 80~90℃，因此又称高温堆肥。高温堆肥可以最大限度地杀灭病原菌，同时有机质的降解速度快，堆肥所需天数短。厌氧堆肥法是指在不通气条件下，微生物通过厌氧发酵将有机弃废物转化为有机肥料，使固体废物无害化的过程。堆制方式与好氧堆肥法基本相同。但此法不设通气系统、有机废弃物在堆内进行厌氧发酵，由于温度较低，腐熟及无害化所需时间较长。

（二）厌氧消化法

固体废物厌氧消化法是在无氧条件下，由兼性菌和厌氧细菌将固体废物中可生物降解的有机物分解为 CH_4、CO_2和 H_2O 的处理技术，该技术可以去除废物中 30%~50%的有机物，是固体废弃物减量化、稳定化的常用手段之一。厌氧消化法是一个多阶段的复杂过程，与污水厌氧发酵处理方法类似，也是包括水解、发酵、产氢产乙酸、产甲烷4个阶段。各阶段之间既相互联系又相互影响，各个阶段都由独特的微生物群体参与。

四、微生物与废气处理

废气是指人类在生产和生活过程中排出的有毒有害的气体，特别是化工厂、炼化厂等排放的气体，严重污染环境。废气的微生物处理是指利用微生物的生物化学作用，使气态污染物分解，转化为无害或少害的物质。由于生物降解作用难以在气相中进行，因此首先需要将污染物由气相转入液相中，然后污染物在液相中被微生物降解。

常见的废气微生物处理法有生物洗涤法、生物过滤法和生物滴滤法。生物洗涤法是利用微生物、营养物和水组成的微生物吸收液处理废气，该方法适合于吸收可溶性气态污染物。生物过滤法净化系统由增湿塔和生物过滤塔组成，废气先在增湿塔中增湿后进入过滤塔，与已经接种挂生物膜的滤料接触而被降解，最终生成 CO_2、H_2O 和微生物基质，净化气体由顶部排出。生物滴滤法是指废气由塔底进入，在流动过程中与生物膜接触而被净化，净化后的气体由塔顶排出，循环喷淋液从填料层上方进入滤床，流经生物膜表面后在滤塔底部沉淀，上清液加入 N、P、pH 调节剂等循环使用，沉淀物排出系统。

五、微生物与环境监测

微生物不但能处理环境污染物，还可用于环境监测。所谓生物监测就是利用生物应答环境污染所发生的各种信息，作为判断环境污染状况的一种手段。由于微生物细胞与环境接触的直接性以及微生物对环境污染反应的多样性和敏感性，使得微生物成为环境污染检测中的重要指示生物。

（一）粪便污染指示菌

粪便污染指示菌的存在是水体受过粪便污染的指标，通常采用大肠菌群的数量作为指标，来判断水源被人、畜粪便污染的程度。大肠菌群是指一大群与大肠杆菌相似的能够发酵乳糖产酸产气的革兰氏阴性无芽孢杆菌，包括埃希氏菌属、柠檬酸杆菌属、肠杆菌属等。大肠菌群数量的表示方法有两种，其一是“大肠菌群数”，又称“大肠菌群指数”，即1L水中含用的大肠菌群数量。其二是“大肠菌群值”是指水样中可检出1个大肠菌群数的最小水样体积（mL数），该值越大，表示水中大肠菌群数越小。根据我国卫生部门的饮用水标准规定，1L水中总大肠菌群数不得超过3个（37℃，培养48h），即大肠菌群值不得小于333mL。

（二）水体污染指示生物

在各种不同污染程度的水体中，存在着一定的生物种类和组成。水污染指示生物是在一定水质条件下生存，对水体环境质量的变化反应敏感而被用来监测和评价水体污染状况的水生生物，如微生物、浮游生物、大型底栖无脊椎动物、硅藻、小球藻等。根据水域中的动物、植物和微生物区系，利用指示生物可以对水体污染程度做出综合判断并进行定性分析。

（三）致突变物与致癌物的微生物检测

人们在生活过程中不断与环境中的各种化学物质相接触，具有致突变作用或疑似具有致癌效应的化合物数量巨大，采用传统的动物实验法和流行病学调查法已远远不够，需要发展快速准确的检测方法。微生物具有生长快、易变异的特点，非常适合用于致突变物的检测，这类微生物有沙门氏菌、大肠杆菌、脉胞菌、酿酒酵母、构巢曲霉等。目前以沙门氏菌致突变试验（Ames 试验）应用最广。Ames 试验是美国 Ames 教授于 1975 年研究与发表的致突变试验法，其原理是利用鼠伤寒沙门氏菌组氨酸营养缺陷型菌株发生回复突变的性能，来检测物质的致突变性。Ames 试验准确性较高、周期短、方法简便，可用于检测食品、饮料、药物、农产品中是否含有致突变物质。

（四）发光细菌检测

微生物的生长、繁殖量和其他生理、生化反应也是鉴定其生存环境质量优劣的常用指标，如生物发光是监测环境污染的一个灵敏方法。发光细菌（iuminescent bacteria）是一类能够进行生物发光的细菌，多数为海生，其中研究和应用最多的是明亮发光杆菌。在正常的生理条件下发光细菌能发出波长在 450~490nm 的蓝绿色可见光，当环境不良或者有毒物质存在时，发光能力会受抑制而减弱。发光细菌的发光强度的减弱程度与毒物的毒性和浓度有关。利用发光细菌的发光强度作为指标来监测有毒物质，灵敏、准确、省时、简便，在国内外环境监测中的应用越来越广泛。

CHAPTER 10

第十章

传染与免疫

传染与免疫主要是研究病原微生物与其宿主（高等脊椎动物为主）间相互关系的学科，是免疫学研究的主要内容之一，也是微生物及微生物生态学中的主要研究内容。

第一节 传 染

一、传染与传染病

传染（infection）是指病原体通过一定的媒介从患病动物或带菌动物转移到健康动物，且在其体内一定部位定居、生长繁殖，引起机体一系列病理反应的过程。

疾病是机体在一定条件下，由致病因素所引起的一种复杂且有一定表现形式（或症状）的病理状态。传染病（infectious diseases）是由病原体（细菌、病毒、真菌、原虫等）引起的，具有一定的潜伏期和临床表现并具有传染性的疾病。

（一）传染病的基本特征

1. 由病原体引起

每种传染病都有其特异的病原体，包括细菌、真菌、病毒等。

2. 传染性

病原体通过一定方式，到达新的易感动物体内，呈现出一定传染性，其传染强度与病原体种类、数量、毒力、传播途径及易感动物免疫状态等有关。

3. 流行性、地方性和季节性

流行性，传染病根据病原体感染能力、毒性强弱以及环境因素的不同，流行性表现不同，可群发，也可散发；地方性，某些传染病的中间宿主，受地理条件、气温条件的影响，常局限于一定的地理范围内发生，如虫媒传染病、自然疫源性疾病；季节性，是指传染病的发病率在年度内有季节性变化规律，与温度、湿度的变化有关。

4. 免疫性

传染病痊愈后，动物对同一种传染病病原体产生不感受性，称为免疫。不同的传染病，病后免疫状态有所不同，有的传染病患病一次后可终身免疫，有的还可感染。感染又分为：再感染；重复感染；复发；再染。

5. 预防

通过控制传染源，切断传染途径，增强动物抵抗力等措施，可以有效预防传染病的发生和流行。

（二）传染病流行的基本条件

传染病的流行，必须有传染源、传播途径和易感动物三个环节的协同作用。这三个基本环节存在以后，是否发生流行，以及流行过程的性质与强弱，还与当时的自然因素及社会因素有关。

（1）传染源是传染病病原体（如细菌、病毒等）的来源，见于患病动物或带菌动物。

（2）传播途径是经接触、飞沫等引起传染病流行、播散的途径，这些传播途径主要可概括为：经空气飞沫传播；经动物机体传播；经水传播；经食物传播；经环境器具等传播。此外，还有经土壤、胎盘传播等。

（3）易感动物是免疫力低下，接触传染源后容易发生传染病的动物，如新出生动物幼仔。

二、传染的主要因素

当病原体侵入机体后，病原体与机体互相作用。病原体能否引起传染病，主要取决于三个因素：一是病原本身，二是机体的抵抗力，三是环境因素。

1. 病原

病原引起传染的能力大小，即毒力或致病性。毒力的有无和强弱主要取决于它的侵袭力、产毒特性、侵入数量及其途径、变异性等方面。

2. 机体的抵抗力

同种生物的不同个体，当与病原体接触后，有的患病，有的则安然无恙，原因在于不同个体的免疫力不同。

3. 环境因素

良好的环境因素有利于提高机体的抵抗力，有助于限制、消灭自然疫源和控制病原体的传播，防止传染病的发生。

三、传染后的几种状态

病原微生物侵入机体后，在病原菌、宿主、环境条件三方面因素综合作用的基础上，机体被感染的结局主要有以下三种情况。

1. 隐性感染

隐性感染（inapparent infection），又称亚临床感染。是指病原体侵入机体后，由于机体有较强的免疫力，或入侵的病原菌数量不多、毒力较弱时，感染对机体损害较轻，仅引起特异性的免疫应答，不引起或只引起轻微的组织损伤。在临床上不显出任何症状、体征，甚至生化改变，只能通过免疫学检查才能发现，其在防止同种病原菌感染上有重要意义，如流行性脑脊髓膜炎等大多由隐性感染而获得免疫力。

2. 显性感染

显性感染（apparent infection）又称临床感染，是指病原体侵入机体后，不但引起机体发生免疫应答，而且通过病原体本身的作用或机体的变态反应，导致组织损伤，引起病理改变和临床表现。

显性感染临床上按病情缓急分为急性感染和慢性感染；按感染的部位分为局部感染和全身感染。

3. 带菌（毒）状态

在隐性感染或传染痊愈后，病原体在体内持续存在，并不断排出体外，形成带菌状态。处于带菌状态的机体称为带菌者（carrier）。带菌者体内带有病原体，但无临床症状，能不断排出病原菌，不易引起注意，常成为传染病流行的重要传染源。

第二节 免　疫

免疫（immunity）是指动物机体对自身和非自身物的识别，并清除非自身的大分子物质，从而保持机体内外环境平衡的一种生理学反应。

一、免疫的基本特性与基本功能

（一）免疫的基本特性

1. 识别自身与非自身物质

动物机体都具有免疫功能，即能识别自身与非自身的大分子物质，这是机体产生免疫应答的基础。动物机体识别的物质基础是存在于免疫细胞（T 淋巴细胞、B 淋巴细胞）膜表面的抗体受体，它们能识别并能与一切大分子抗原物质的表位结合。

2. 特异性

机体的免疫应答和由此产生的免疫力具有高度的特异性（specificity），即具有很强的针对性，如人接种流感疫苗可使人产生对流感病毒的抵抗力，而对其他病毒如轮状病毒无抵抗力。

3. 免疫记忆

免疫具有记忆功能。机体对某一抗原物质或疫苗产生免疫应答，体内产生体液免疫（抗体）和细胞免疫，而经过一定时间，这种抗体消失，但免疫系统仍然保留对该抗原的免疫记忆，若用同种抗原物质或疫苗加强免疫时，机体比初次接触抗原时产生更多的抗体，产生的免疫应答更快，这就是免疫记忆现象。

（二）免疫的基本功能

1. 免疫防御

免疫防御是指动物机体抵御病原微生物感染和侵袭的能力。动物的免疫功能正常时，就能充分发挥对从呼吸道、消化道、皮肤和黏膜等途径进入动物体内的各种病原微生物的抵抗力。

2. 免疫稳定

免疫的第二个功能就是把机体内衰老和死亡的细胞清除出体内，以维护机体的生理平衡，这种功能称为自身稳定。若此功能失调，可导致自身免疫性疾病。

3. 免疫监视

机体内的细胞常因物理、化学和病毒等致癌因素的作用突变为肿瘤细胞，机体免疫功能正常时即可对这些肿瘤细胞加以识别、清除，这种功能即为机体的免疫监视。若此功能低下或失调，则会增加人（或动物）患肿瘤的风险。

二、免疫系统

机体的免疫功能是在组织器官中，由各种淋巴细胞、单核细胞和其他免疫细胞及其产物（如抗体、细胞因子和补体等免疫分子）相互作用下完成的。由这些具有免疫作用的细胞及其相关组织和器官构成了机体的免疫系统。免疫系统是机体执行免疫功能的组织机构，是产生免疫应答的物质基础。免疫系统包括免疫器官、免疫细胞及免疫分子三大类（图 10-1）。

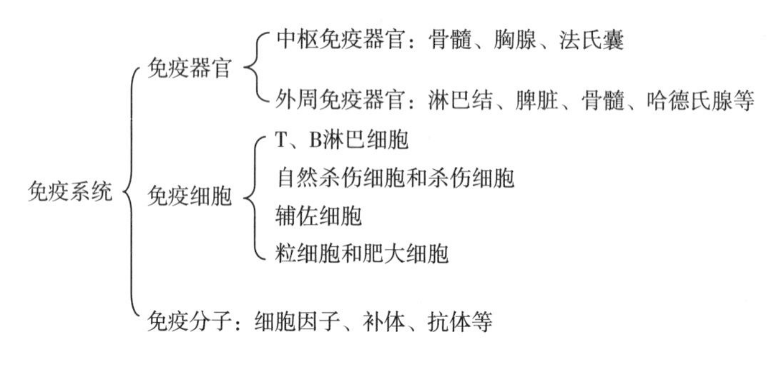

图 10-1　机体的免疫系统

（一）免疫器官

机体执行免疫功能的组织结构称为免疫器官（immune organ）。它们是淋巴细胞和其他免疫细胞发生、分化、成熟、定居和增殖以及产生免疫应答的场所。根据其功能的不同可分为中枢免疫器官和外周免疫器官（表 10-1）。

表 10-1　中枢免疫器官与外周免疫器官的比较

级别	中枢免疫器官	外周免疫器官
器官名称	骨髓、胸腺	法氏囊、脾脏、淋巴结
起源	内外胚层连接处	中胚层
形成时间	胚胎早期	胚胎晚期
存在时间	性成熟后退化	终生
切除后的影响	淋巴细胞缺失、免疫应答缺失	无影响或只有微小影响
对抗原刺激	无反应	有充分反应

（二）免疫细胞

免疫细胞（immunocyte），包括各类淋巴细胞、单核细胞、巨噬细胞和粒细胞等与免疫有关的细胞。最主要的参与免疫应答的细胞是免疫活性细胞。免疫活性细胞（immunologically competent cell）是指能特异地识别抗原，即能接受抗原的刺激，并随后增殖、分化和产生抗体或淋巴因子，以发挥特异性免疫应答的一类细胞群。主要是指 T 细胞和 B 细胞，在免疫应答过程中起核心作用；淋巴细胞还包括 K 细胞、NK 细胞等。此外，单核吞噬细胞和树突状细胞，在免疫应答过程中起重要的辅佐作用，称为免疫辅佐细胞（accessory cell），具有捕获、处理抗原以及把抗原递呈给免疫活性细胞的功能。

1. T 细胞和 B 细胞

T 细胞和 B 细胞均来源于骨髓的多能造血干细胞。多能造血干细胞中的淋巴干细胞分化为前体 T 细胞和前体 B 细胞。前体 T 细胞进入胸腺发育为成熟的 T 细胞，称为胸腺依赖性淋巴细胞（thymus dependent lymphocyte），又称 T 淋巴细胞，简称 T 细胞。成熟的 T 细胞经血液循环分布到外周免疫器官的胸腺依赖区定居和增殖，或再经血液或淋巴循环，进入组织，经血液和淋巴再循环到机体全身各部位。其一旦被抗原刺激后就被活化，进一步增殖，最后分化成为效应性 T 细胞，具有细胞免疫功能，杀伤或清除抗原物。

前体 B 细胞在哺乳类动物的骨髓或鸟类的腔上囊分化发育为成熟的 B 细胞，又称骨髓依赖性淋巴细胞（bone marrow dependent lymphocyte）或囊依赖性淋巴细胞（burse dependent lymphocyte）。主要分布在外周淋巴器官的非胸腺依赖区。B 细胞接受抗原刺激后，活化、增殖和分化，最终成为浆细胞，浆细胞产生特异性抗体，形成机体的体液免疫。T 细胞和 B 细胞的区别见表 10-2。

表 10-2　T 细胞和 B 细胞的区别

特性	B 细胞	T 细胞
来源	骨髓	骨髓
成熟	骨髓	胸腺
寿命	几天至十几天	几年
占白细胞总数	20%	80%
功能	体液免疫（抗体）	细胞免疫

2. K 细胞和 NK 细胞

K 细胞和 NK 细胞直接来源于骨髓，其分化过程不依赖于胸腺或囊类器官。

杀伤细胞（killer cell，K cell），简称 K 细胞，特点是细胞表面具有免疫球蛋白（IgG）的可结晶片段（Fc）受体。主要存在于腹腔渗出液、血液和脾脏，且其在抗肿瘤免疫、抗感染免疫和移植物排斥反应、清除自身衰老死亡细胞等方面均有作用。

自然杀伤细胞（natural killer cell，NK cell），简称 NK 细胞，直接与靶细胞结合而发挥杀伤靶细胞的作用。NK 细胞主要存在于外周血液和脾脏，对肿瘤细胞的杀伤作用是广谱的。因此可能是机体免疫监视的重要组成部分，是消灭癌变细胞的第一道防线。

3. 辅佐细胞

在免疫应答过程中，参与协助，对抗原进行捕捉、加工和处理的细胞称为辅佐细胞（accessory cell），简称 A 细胞。常见的有单核吞噬细胞（mononuclear phagocyte）、树突状细胞（dendritic cell，D cell）、朗罕氏细胞（langerhans cell），红细胞也兼有辅佐细胞功能。

4. 其他免疫细胞

胞浆中含有颗粒的白细胞统称为粒细胞（granulocyte）。用吉姆萨染色后，粒细胞可被分为中性粒细胞、嗜酸性粒细胞和嗜碱性粒细胞。它们来源于骨髓，寿命较短。

（三）细胞因子

细胞因子（cytokine，CK）是指由免疫细胞和某些非免疫细胞合成和分泌的一类高活性多功能蛋白质多肽分子。细胞因子多属于小分子多肽或糖蛋白，可在细胞间传递信号，主要介导和调节免疫应答及炎症反应，刺激造血功能，参与组织修复等。常见的有白细胞介素（interleukin，IL）；干扰素（interferon，IFN）；肿瘤坏死因子（tumor necrosis factor，TNF）；集落刺激因子（colony stimulating factor，CSF）。

三、免疫的类型

免疫是动物机体抵抗病原体感染的能力，分为非特异性免疫（先天性免疫）和特异性免疫（获得性免疫）两大类。非特异性免疫包括屏障结构、组织和体液中的抗微生物物质、吞噬细胞、自然杀伤细胞；特异性免疫包括体液免疫和细胞免疫。

（一）非特异性免疫

在生物进化过程中形成的天生即有、相对稳定、无特殊针对性的对病原微生物的天然抵抗力即非特异性免疫。在人和高等动物中，非特异性免疫对外来异物起着第一道防线的防御作用，主要由宿主的屏障结构、吞噬细胞的吞噬功能、正常组织和体液中的抗菌物质、炎症反应等组成。正常体液中的抗菌物质有：补体和干扰素、溶菌酶、乙型溶素、吞噬细胞杀菌素、组蛋白、白细胞素、血小板素、正铁血红素、精素、精胺碱和乳素等。

1. 屏障结构

皮肤和黏膜：①机械阻挡与排除作用：皮肤和黏膜是机体防御外物的第一道防线。健康完整的皮肤和黏膜有阻挡和排除微生物等异物的作用，体表上皮细胞的脱落和更新，可清除大量黏附于其上的微生物。②分泌液的作用：皮肤皮脂腺分泌的饱和脂肪酸，汗腺分泌的乳酸都有杀菌作用。③正常菌群的拮抗作用：动物体内、体表的正常菌群具有屏障作用，是重要的非特异性免疫因素之一。

血脑屏障是防止中枢神经系统发生感染的重要防御结构，主要由软脑膜、脑毛细血管壁和包在血管壁外的胶质膜所构成。血脑屏障是个体在发育过程中逐步成熟的，由于婴幼儿血脑屏障未发育完善，所以易发生脑部感染。

血胎屏障是保护胎儿免受感染的一种防御结构，不妨碍母胎之间的物质交换，但能防止母体内病原微生物的通过。

另外，机体还存在血睾屏障和血胸腺屏障，都是保护机体正常生理活动的重要屏障结构。

2. 组织和体液中的抗微生物物质

组织和体液中存在有多种抗微生物物质，如补体、溶菌酶、干扰素等。这些物质对微生物分别有抑菌、杀菌或溶菌作用，若配合抗体、细胞及其他免疫因子则可表现出较强的免疫作用。

3. NK 细胞

NK 细胞在抗病毒感染中有重要的功能，能直接杀伤病毒感染细胞。在病毒感染早期，NK 细胞主要通过自然杀伤来控制病毒感染；当机体产生了针对病毒抗原的特异性抗体后，

NK 细胞还可通过抗体依赖的细胞介导的细胞毒性作用（ADCC）途径来杀伤感染靶细胞。NK 细胞在抗寄生虫感染和胞内病原菌感染方面也有作用。

4. 吞噬细胞

主要分为两大类：一类是小吞噬细胞，是血液中的中性粒细胞；另一类为大吞噬细胞，即单核吞噬细胞系统，包括血液中的单核细胞和淋巴结、脾、肝、肺的巨噬细胞、神经系统内的小胶质细胞等。

（二）特异性免疫

个体在出生后经主动或被动免疫方式而获得的抵抗力即特异性免疫。其特点是：①出生后受抗原刺激产生；②具有特异性（针对性）；③一般不能遗传；④个体差异大；⑤具有记忆性。特异性免疫包括人工被动免疫和人工主动免疫两种类型（图 10-2）。

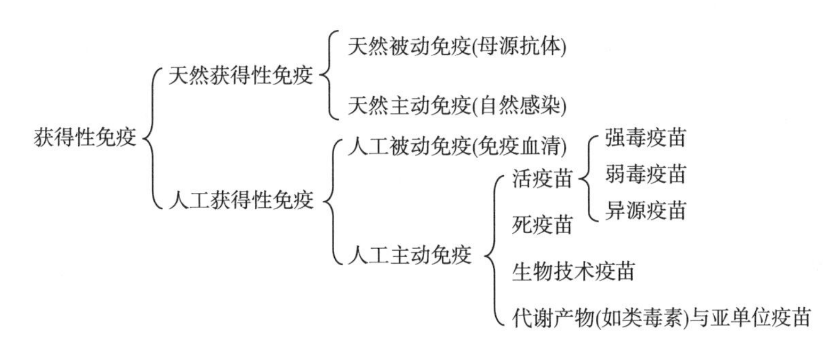

图 10-2　获得性免疫分类

获得性免疫在抗微生物感染中起关键作用，其效应比先天性免疫强，分为体液免疫和细胞免疫。

1. 体液免疫

体液免疫的作用主要是通过抗体来实现的。抗体在动物体内可发挥中和作用、对病原体生长抑制作用、局部黏膜免疫作用、免疫溶解作用、免疫调理作用和抗体依赖性细胞介导的细胞毒作用。

2. 细胞免疫

参与特异性细胞免疫的效应性 T 细胞主要是细胞毒性 T 细胞（CTL）和迟发型变态反应 T 细胞（TDTH）。CTL 可直接杀伤被微生物感染的靶细胞。TDTH 细胞激活后，能释放多种细胞因子，使巨噬细胞被吸引、聚集、激活，引起迟发型变态反应，最终导致细胞内寄生菌的清除。特异性细胞免疫对慢性细菌感染（如布氏杆菌、结核杆菌等）、病毒性感染及寄生虫病均有重要防御作用。

3. 体液免疫与细胞免疫的关系

进入体内尚未进入细胞的抗原（如细菌的外毒素、少量的细菌或病毒等）主要由体液中的抗体发挥体液免疫作用；而这些抗原一旦进入细胞内部，就要靠细胞免疫来将它们消灭、清除。体液免疫过程和细胞免疫过程见图 10-3。

体液免疫过程和细胞免疫过程基本都包括 3 个阶段。感应阶段：抗原的处理、呈递和识别阶段；反应阶段：B 细胞、T 细胞增殖分化以及记忆细胞形成的阶段；效应阶段：效应细胞及抗体与抗原结合，消灭抗原的阶段。细胞免疫与体液免疫的主要不同是在第 3 阶段。

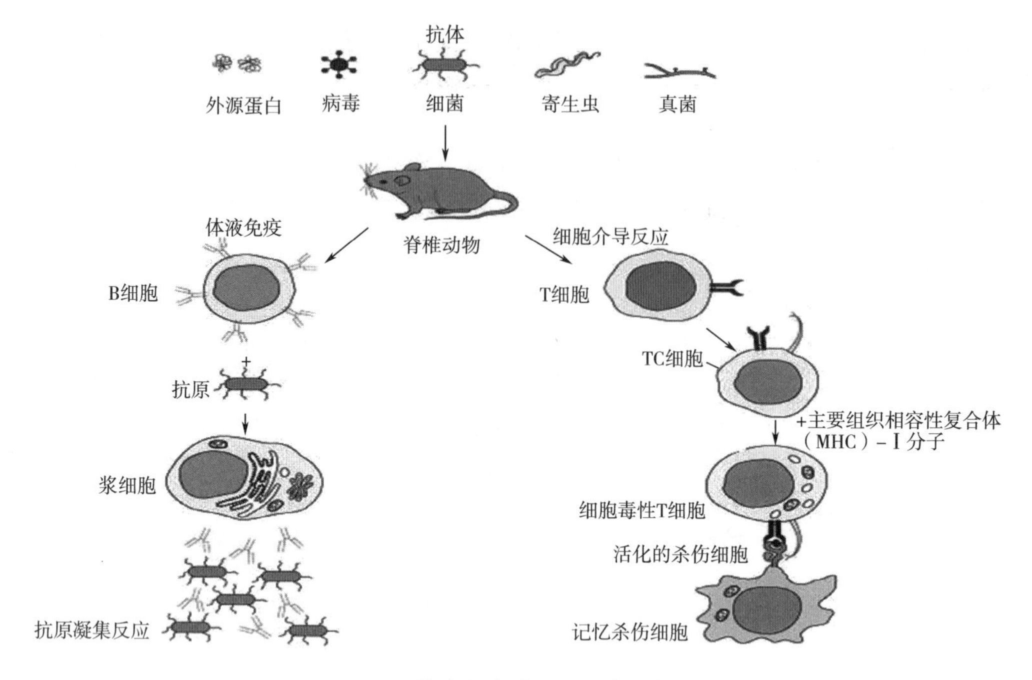

图 10-3　体液免疫过程和细胞免疫过程

第三节　抗原与抗体

一、抗　　原

（一）抗原的定义

凡是能够刺激机体产生抗体和致敏淋巴细胞，并能与之结合引起特异性免疫反应的物质称为抗原（antigen，Ag）。一个完整的抗原具有两方面的特性，免疫原性和反应原性。免疫原性（immunogenicity）是指抗原能够刺激机体产生抗体和致敏淋巴细胞的特性；反应原性（reactogenicity）是指抗原与抗体或效应性淋巴细胞在体内或体外发生特异性结合的特性，又可称为免疫反应性（immunoreactivity）。

（二）抗原的特性

1. 异源性

异源性（foreignness）又称异物性或异质性，是指某种物质的化学结构与机体本身之间的差异或与机体的免疫细胞从未接触过，是抗原物质的主要性质。

2. 大分子质量

抗原物质的免疫原性与其分子大小有直接关系。免疫原性良好的物质分子质量一般都在10ku，且在一定范围内，分子质量越大，免疫原性就越强。

3. 结构的复杂性

相同大小的分子在空间构象、化学组成和分子结构不同的情况下，其免疫原性也有一定的差异。一般而言，免疫原性越强的物质分子结构和空间构象越复杂。

（三）抗原的种类

抗原物质可以根据理化性质、亲缘关系、抗原来源和化学组成等将抗原分成许多类型。

1. 根据抗原的性质分类

完全抗原：是指具有免疫原性又有反应原性的物质，又称免疫原，如大多数蛋白质、细菌、病毒、外毒素等。

半抗原：是指具有反应原性而没有免疫原性的物质，又称不完全抗原。半抗原多为简单的小分子物质（分子质量<1ku），单独作用时无免疫原性，但与蛋白质或多聚赖氨酸等载体结合后可成为完全抗原，具有免疫原性。大多数的多糖、类脂、某些药物等属于半抗原。半抗原又分为简单半抗原和复合半抗原。

2. 根据抗原加入和递呈的关系分类

可分为外源性抗原和内源性抗原。外源性抗原是指存在于细胞间，自细胞外被抗原递呈细胞吞噬、捕获或与 B 细胞特异性结合后而进入细胞内的抗原。内源性抗原是指在自身细胞内合成的抗原，如肿瘤细胞合成的肿瘤抗原，自身隐蔽抗原等。

3. 根据机体与抗原之间的亲缘关系分类

异种抗原：是指与不同动物种属生物来源的抗原性物质。如各种微生物及代谢产物对畜禽来说都是异种抗原；鸡的血清蛋白对牛属于异种抗原。

同种异型抗原：同种动物的不同个体之间由于基因型的不同，某些组织的化学结构也有很大的不同，具有一定的抗原性，这种抗原性物质称为同种异型抗原，如血型抗原、同种移植物抗原等。

自身抗原：是指能引起自身免疫应答的自身组织成分。如动物的自身组织细胞、蛋白质在特定条件下形成的抗原。

4. 根据对胸腺（T 细胞）的依赖性分类

在免疫应答过程中依据是否有 T 细胞参加，将抗原分为胸腺依赖性抗原和非胸腺依赖性抗原。

5. 根据微生物结构组成

细菌抗原：通常可根据细菌各部分构造和组成成分的不同将细菌抗原分为鞭毛抗原（flagellar antigen）、菌体抗原（somatic antigen）、荚膜抗原（capsular antigen）和菌毛抗原（pili antigen）。

病毒抗原：不同病毒的结构会有所不同，因此其抗原成分也很复杂，且每种病毒都有相应的抗原结构。一般有囊膜抗原、衣壳抗原、核蛋白抗原等。

毒素抗原：细菌外毒素具有很强的抗原性，细菌（例如破伤风杆菌和肉毒梭菌）所产生外毒素的成分为糖蛋白或蛋白质。毒素抗原（toxin antigen）可刺激机体产生抗体，即抗毒素。

其他微生物抗原：真菌、寄生虫及其虫卵都有特异性抗原，但免疫原性较弱，特异性也不强，交叉反应较多。

保护性抗原：微生物所具有的多种抗原成分中只有一两种抗原成分能刺激机体产生抗体，进行免疫保护，因此将这些抗原称为保护性抗原或功能抗原，例如口蹄疫病毒的 VP1，肠毒素抗原［如耐热肠毒素（ST），大耐热肠毒素（LT）等］。

超抗原：某些细菌或病毒的产物可大量使T细胞被激活。因其具有强大的刺激T细胞活化的能力，只需极低数量（1～10ng/mL）即可诱发最大的免疫效应，故被称为超抗原（super antigen，SAg）。

二、抗　体

动物机体在受到抗原物质的刺激后，由B淋巴细胞转化为浆细胞产生的，能在体内、体外与相应抗原发生特异性结合反应的免疫球蛋白，称为抗体（antibody，Ab）。抗体是机体对抗原物质产生免疫应答的重要产物，其本质是免疫球蛋白，具有多种免疫功能。抗体主要存在于动物的血液（血清）、淋巴液、组织液及其他外分泌液。此外，B细胞的细胞膜上也存在抗体。本质上抗体与免疫球蛋白是一致的，但仍有区别。抗体的化学本质是免疫球蛋白，具有针对性；而免疫球蛋白并不都具有抗体的活性，是结构和化学本质上的概念。从分子的多样性方面来看，抗体分子的多样性极多，动物机体可产生针对不同抗原的抗体，它们的特异性均不相同；而免疫球蛋白分子的多样性则很少。

第四节　免疫学方法及应用

免疫学检测技术具有快速、灵敏、成本低、适用于大批量检测等优点，目前被广泛应用于食品安全、疾病诊断、环境监测等众多领域。它的应用主要有两方面：一是免疫预防与治疗，即通过免疫学的原理进行疾病的预防与治疗的过程；二是免疫检测与诊断，即利用抗原抗体反应的特异性进行化学成分的检测或者疾病的诊断的过程。

一、抗原、抗体反应原理

抗原与抗体的特异性结合基于两种分子间结构的互补性与亲和性，这两种特性是由抗原与抗体分子的一级结构决定的。抗原抗体反应可分为两个阶段：第一阶段为抗原与抗体发生特异性结合，此阶段具有反应快的特点，但不出现可见反应；第二阶段为可见反应，抗原抗体复合物在环境因素（如电解质、pH、温度、补体）的影响下，进一步交联和聚集，表现为凝集、沉淀、溶解、补体结合介导的肉眼可见的反应，但反应较慢。

（一）亲水胶体转化为疏水胶体

蛋白质中含有大量的氨基和羧基，这些残基在溶液中都带有电荷，在静电作用的影响下，在蛋白质分子周围会出现带着相反电荷的电子云，同时由于相反电荷之间的排斥，就可以保证蛋白质不会自行聚合而产生沉淀。

抗原抗体的结合会造成电荷的减少或消失，电子云也消失，蛋白质由亲水胶体转化为疏水胶体。若此时再加入NaCl等电解质就可进一步使疏水胶体物相互聚拢，从而形成可见的抗原抗体复合物。

（二）抗原抗体结合力

抗原与抗体之间具有结合特异性强的特性，但牢固程度较弱，不会形成化学键，参与并促进抗原抗体间的特异性结合的主要有 4 种分子间引力：电荷引力（库伦引力或静电引力）；范德华力；氢键结合力；疏水作用。

二、抗原、抗体反应特性

抗原-抗体反应（antigen-antibody reaction）是指抗原和相应抗体在一定条件下特异结合形成可逆抗原-抗体复合物的过程。由于抗原的物理性状、抗体的特点、参与反应的介质和实验条件的不同，抗原-抗体反应可分为凝集反应、沉淀反应、补体结合反应或嗜细胞反应等。

1. 特异性

抗原抗体的结合实质上是抗原表位与抗体超变区中抗原结合点之间的结合。两者在化学结构和空间构型上呈互补关系，因此抗原与抗体的结合具有高度的特异性。

2. 可逆性

抗原抗体间的结合仅是一种物理结合，在一定条件下是可逆的。其反应遵循生物大分子热动力学反应原则，其反应式如下，各反应项的单位以 mol 表示；

$$[Ab\text{-}Ag] / \{[Ab][Ag]\} = k_1/k_2 = k \tag{10-1}$$

式中　k_1——反应速率常数；

k_2——逆反应速率常数；

k——反应平衡时的速率常数。

k 反映抗原抗体间的结合能力，所以抗体亲和力通常以 k 表示。

3. 阶段性

抗原与抗体的反应一般具有两个明显的阶段，第一阶段的特征为时间短（一般仅数秒），不可见；第二阶段的特征为时间长（从数分钟至数小时或数天）。第二阶段的出现会受到多种因子影响，如抗原抗体的比例、pH、温度等。两个阶段之间并没有严格的界限。

4. 条件依赖性

抗原抗体间在最佳条件：pH 6~8，温度 37~45℃，适当振荡增加抗原抗体分子接触机会，以及用生理盐水作电解质等时可出现可见反应。电解质、酸碱度以及温度的变化均会影响到抗原抗体的结合反应。

三、常用的免疫学技术介绍

（一）凝集反应

颗粒性抗原（完整的细菌细胞或红细胞等）与相应抗体在合适条件下结合后，使抗原凝集出肉眼可见的团块现象，称为凝集反应（agglutination）。凝集试验是一个定性的检测方法。凝集反应中的抗原称为凝集原（agglutinogen），抗体称为凝集素（agglutinin）。如 IgG 分子有 2 个抗原结合位点可以同时与 2 个抗原决定簇结合。

凝集反应可分为直接凝集反应和间接凝集反应。直接凝集反应（direct agglutination）是指细菌、螺旋体和红细胞等颗粒抗原，在适当电解质参与下可直接与相应抗体结合出现凝集的现象。常用的直接凝集试验有玻片法和试管法两种。间接凝集反应（indirect agglutination）是指将可溶性抗原（或抗体）先吸附于适当大小的颗粒性载体的表面，然后与相应抗体（或抗原）作用，在适宜的电解质存在的条件下，出现特异性凝集现象。此反应适用于各种抗体和可溶性抗原的检测，且敏感度高于沉淀反应，因此被广泛应用于临床检验。

（二）沉淀反应

沉淀反应（precipitation test）是指可溶性抗原与相应抗体特异性结合，在电解质存在的条件下，经过一段时间，形成肉眼可见的沉淀物。一般将反应中的抗原称为沉淀原，抗体称为沉淀素。沉淀反应由两个阶段组成，第一阶段抗原抗体特异性结合，第二阶段形成可见的免疫复合物。经典的沉淀反应在第二阶段观察或测量沉淀线或沉淀环等来判定结果，称为终点法；而快速免疫浊度法则在第一阶段测定免疫复合物形成的速率，称为速率法。沉淀反应是免疫学方法的核心技术。

（三）补体结合实验

人类的补体系统成分属于非特异性免疫的一部分，相当复杂且不耐热。抗体分子［IgG，免疫球蛋白 M（IgM）］的 Fc 片段含有补体受体，当抗体没有与抗原结合时，抗体分子的抗原结合片段（Fab 片段）向后卷曲，掩盖 Fc 片段上的补体受体，补体无法结合。但当抗体与抗原结合时，两个 Fab 片段向前伸展，Fc 片段上的补体受体暴露，补体的各种成分相继与之结合使补体活化，从而导致一系列免疫学反应。它们能够被抗原抗体复合物激活，增强防御效果，然后通过补体是否激活来证明抗原与抗体是否相对应，从而对抗原或抗体做出检测。

补体参与的试验分为以下两类，一类是补体与细胞的免疫复合物结合，直接引起溶细胞的可见反应，如溶血反应、杀菌反应。另一类是补体与抗原抗体复合物结合后不引起可见反应（可溶性抗原与抗体），但可用指示系统如溶血反应来测定补体是否已被结合，从而间接地检测反应系统是否存在抗原抗体复合物，如补体结合试验等。其中补体结合试验最为常用。

（四）中和反应

中和反应（neutralization test，NT）是指毒素或病毒与相应抗体结合后，失去了对易感动物的致病性或丧失了对易感细胞的毒性。中和反应可在易感动物或组织培养细胞上进行。IgG 抗体解除病原体的活性是通过阻断病原体与宿主细胞的接触来完成的。

四、免疫学生物制品及其应用

免疫学理论和技术在生命科学的多个领域被广泛应用。它不仅可用于传染病的特异性诊断、预防、治疗中；也可用于变态反应性疾病、免疫缺陷病、肿瘤、移植免疫等非传染性疾病的诊断、预防和治疗；还可用于内分泌、遗传育种、动物血型、微生物抗原结构分析及微生物感染后在体内的定位等研究。

（一）人工自动免疫类生物制品

人工自动免疫是给动物接种疫苗，利用机体的免疫系统，使其发生免疫应答，从而产生针对某种病原体的免疫力。这种免疫力具有持续时间长的特点，免疫期可达数月甚至数年，是预防传染病的主要方法。

疫苗具有抗原性，接种于机体可产生特异性自动免疫力，可抵御感染病的发生或流行，主要是以微生物或其成分或其代谢产物制成的。疫苗的种类有活疫苗、灭活疫苗、生物技术疫苗、联合疫苗和多价疫苗等。

（1）活疫苗　是将病原微生物（细菌或病毒）在人工训育的条件下，促使产生定向变异，使其极大程度地丧失致病性，但仍保留免疫原性、一定的剩余毒力和繁衍能力。目前用的主要有弱毒苗和异源苗两种。

（2）异源苗　是利用具有共同保护性抗原的不同病毒制成的疫苗，如用鸽痘病毒预防鸡痘等。

（3）灭活疫苗　一般是指用免疫原性好的强毒菌株或毒株（细菌、病毒或立克次氏体的培养物），经大量培养后，经化学（用适量甲醛）或物理方法处理灭活，加适量佐剂制成，使之完全丧失对原来靶器官的致病力，而仍保存相应免疫原性的疫苗，如甲肝疫苗。具有安全性好、生产方便、易保存和运输的优点。

（4）生物技术疫苗　生物技术疫苗是利用生物技术制备的分子水平的疫苗，包括基因工程亚单位疫苗、基因工程活疫苗、合成肽苗、抗独特型疫苗以及 DNA 疫苗。

（二）人工被动免疫类生物制品

人工被动免疫是指给动物注射免疫血清、卵黄抗体等制剂，使其获得对某种病原体的抵抗力的免疫方法。通常用于尚未进行疫苗接种但发生疫情爆发的紧急免疫接种。这种免疫产生速度快，但维持时间短，仅 2~3 周，通常适用于紧急情况下。

免疫血清又称抗血清，是指含有特异性抗体的血清，可分为抗菌血清、抗病毒血清和抗毒素血清三类。用疫苗免疫动物所得到的抗体效价很高的血清称为高免血清，从患传染病康复动物得到的血清称为康复血清，二者都为免疫血清。免疫血清可用于被动免疫和传染病治疗。

用疫苗免疫母鸡，其产生的抗体可进入卵黄，用这种卵黄制备的制剂称为高免卵黄液或卵黄抗体，其作用同免疫血清。

此外，其他生物制品尚有胸腺素、转移因子、胎盘球蛋白、免疫核糖核酸、干扰素等，这些生物制品也都可用于被动免疫或治疗病原微生物感染。

CHAPTER 11

第十一章 微生物在食品生产上的应用

第一节　微生物与食品生产的关系

微生物用于食品制造是人类利用微生物最早、最重要的一个方面，在我国已有数千年的历史。人类在长期的实践中积累了丰富的经验，利用微生物制造了种类繁多、营养丰富、风味独特的许多食品。概括起来，微生物在食品制造中的应用有以下几种方式：微生物代谢产物的应用，有的微生物产生的代谢产物成为我们的食品。许多食品都是经过微生物发酵过程中的代谢产物，如酒类、食醋、谷氨酸（味精）、有机酸、维生素；微生物酶的应用，如豆腐乳、酱油及酱类就是利用微生物产生的酶将原料中的成分分解而制成的食品；微生物菌体的利用，有的微生物菌体本身就是美味食品，如乳酸菌可用于蔬菜和乳类及其他多种食品的发酵。利用酵母菌生产单细胞蛋白（single cell protein，SCP），可提高某些食品的营养价值或物理性能；还有一些微生物能够变废为宝，经过酿造加工，生产出受人们喜爱的食品（表11-1）。

表 11-1　　微生物在食品工业中的应用

类别	名称	产物	用途
细菌	枯草芽孢杆菌（*Bacillus subtilis*）	蛋白酶	酱油速酿、水解蛋白、饲料等
		淀粉酶	酒精发酵、啤酒制造及葡萄糖、糊精、糖浆制造等
	巨大芽孢杆菌（*Bacillus megaterium*）	葡萄糖异构酶	由葡萄糖制造果浆
	德氏乳杆菌（*Lactobacillus delbruckii*）	乳酸	酸味剂
	醋化醋杆菌（*Acetobacter aceti*）	乙酸	食用
	费氏丙酸杆菌（*Propionibacterium freud-erreichu*）	丙酸	食品酸味剂
	谷氨酸微球菌（*Micrococcus glutamic*）	谷氨酸	食用

续表

类别	名称	产物	用途
	短杆菌（*Brevibacterium*）	琥珀酸	酱油等增味剂
	葡萄糖醋酸菌（*Gluconobacter liquefaciens*）	葡萄糖酸	δ-内酯可作豆腐凝固剂等
酵母菌	产朊假丝酵母（*Candida utilis*）	菌体蛋白	食品、饲料
	酿酒酵母（*Saccharomyces cerevisiae*）	酒精	啤酒、黄酒、白酒、葡萄酒、酒精等
霉菌	黑曲霉（*Aspergillus niger*）	柠檬酸	酸味剂
		酸性蛋白酶	啤酒防浊剂、消化剂、饲料
		糖化酶	淀粉糖化用
		葡萄糖酸	食用
	绿色木霉（*Trichoderma viride*）	纤维素酶	淀粉及食品加工

一、利用微生物代谢产物生产食品

代谢产物一般分为初级代谢产物和次级代谢产物。初级代谢产物主要包括有机酸、氨基酸、酒精、核苷酸、脂肪酸和维生素等，以及由这些化合物聚合而成的高分子化合物如多糖、蛋白质、酶类和核酸等。初级代谢产物的量往往和营养成分的消耗量成正比，和微生物的生长、繁殖甚至生命活动有关。次级代谢是指微生物以初级代谢产物为前体物质，通过复杂的代谢途径，合成一些对微生物生命活动无明确功能的物质的过程，抗生素、毒素、激素、色素等是重要的次级代谢物。下面列举部分可作食品的代谢产物。

1. 氨基酸类

几乎所有的氨基酸都能用微生物发酵方法生产，如谷氨酸、赖氨酸、苯丙氨酸等 10 多种氨基酸都已经实现了工业化生产。这些氨基酸常作为调味料或营养强化剂添加到食品中，改善食品品质。

2. 有机酸类

利用微生物发酵方法可以生产多种有机酸，如常用作酸味剂的柠檬酸、苹果酸，用作强化剂和酸味剂的乳酸，用于烹饪的乙酸，用作缓冲剂、强化剂的葡萄糖酸等都是微生物发酵生产的。

3. 饮料酒类

用微生物发酵方法可以生产各种酒类如啤酒、黄酒、葡萄酒和白酒等都离不开微生物的作用。

4. 核苷酸类

在食品工业上常用作鲜味剂的鸟苷酸、肌苷酸等都是用微生物发酵方法生产的。

5. 维生素类

用微生物发酵方法可以生产多种维生素，如维生素 A、维生素 C、维生素 B_2、维生素 B_{12} 等。它们多用来强化食品，提高食品的营养价值。

6. 多肽类细菌素

有些细菌能产生抑菌物质，称为细菌素。它是一种多肽或多肽与糖、脂的复合物。目前已经发现了几十种细菌素，其中乳酸链球菌素（Nisin）作为一种天然食品防腐剂，在食品工业上得到了很好的应用，防腐效果很好。

7. 天然食用色素

红曲色素广泛用于腐乳、肉制品加工中。近年来，由于合成色素的安全性问题，天然色素引起人们的重视，受到消费者青睐。目前已有红曲色素和β-胡萝卜素用于食品加工，它们都可以用微生物发酵方法生产，特别是红曲色素已完全大规模工业化生产。我国是红曲的发明国，也是红曲的生产大国。

二、利用微生物酶促转化生产食品

1. 酿造食品

微生物在合适的基质上生长，分泌出各种酶类，通过复杂的生化反应，将原料中的蛋白质和碳水化合物分解，从而生产不同风味的酿造食品。通过微生物发酵农产品、畜产品及水产品，不仅改变了原料的色香味，改善了质地、风味、营养价值，增加了稳定性，更重要的是大大提高了原产品的经济价值。酱油、食醋、豆腐乳、各种酱类、腌菜、乳酪等都是微生物酿造食品，在食品工业中具有重要地位。

2. 食品酶制剂

用微生物发酵生产酶制剂是发酵工业的重要组成部分，不少酶制剂已用于食品加工，如蛋白酶、淀粉酶、脂肪酶、纤维素酶、乳糖酶、果胶酶、葡萄糖异构酶和葡萄糖氧化酶等。这些酶在制糖工业酒类生产、面包制造、蛋白分解咖啡、可可和茶叶加工等方面都得到了广泛的应用。

三、用微生物菌体蛋白开发食品

除植物源和动物源蛋白质之外，微生物菌体蛋白也含有人体所需要的各种营养，可用于提高食品中氨基酸、B族维生素的比例。利用微生物菌体蛋白的生产特性可大量获得单细胞蛋白（SCP），这是解决蛋白质供需矛盾的重要途径。

1. 用食用真菌生产菌体蛋白保健食品

食用真菌菌体含有高质量的蛋白质，提取菌体蛋白可制成营养价值高、多糖和维生素含量丰富的防癌食品，如猴菇营养粉、云芝糖肽、灵芝猴头羹等。香菇具有预防糖尿病、高血压的功效。

2. 开发藻体蛋白食品

单细胞和一些结构简单的多细胞藻类也是开发菌体蛋白的微生物资源库。黄燕娟等利用实验提出小球藻有特殊的促生长因子，其蛋白质含量比大豆更高，可达50%~70%，有良好的生物学潜能。

3. 微生态制剂

随着人类对微生物学的不断研究探索，微生态制剂得到迅速发展，逐渐运用到食品、饲料、医疗等领域中。微生态制剂分为益生菌、益生元和合生元3种类型，应用的微生物主要有酵母菌、乳酸杆菌、双歧杆菌等，由于具有增加肠道中有益菌、调节人体微生态平衡、增强机体免疫力、防止胃肠疾病等作用，微生态制剂在食品加工中的应用越来越广。

第二节　细菌性发酵食品

一、醋酸菌与食醋发酵

（一）醋酸菌

醋酸菌（*Acetobacter*）不是细菌分类学上的名词，是一类具有氧化酒精生成乙酸能力的细菌。按照其生理生化特性，可将醋酸菌分为醋酸杆菌属和葡萄糖氧化杆菌属两大类。酿醋用醋酸菌株，大多属醋酸杆菌属，仅在传统酿醋醋醅中发现有葡萄糖氧化杆菌属的菌株。

1. 醋酸菌的特性

醋酸菌是两端钝圆的杆状菌，单个或呈链状排列，有鞭毛，无芽孢，属革兰氏阴性菌。在高温或高盐浓度或营养不足等不良培养条件下，菌体会伸长，变成线形、棒形或管状膨大等。

醋酸菌为好氧菌，必须供给充足的氧气才能进行正常发酵。在实施液态静置培养时，会在液面形成菌膜，但葡萄糖氧化杆菌除外。在含有较高浓度乙醇和醋酸的环境中，醋酸杆菌对缺氧非常敏感，中断供氧会造成菌体死亡。醋酸菌生长繁殖的适宜温度为28~33℃，不耐热，在60℃下经10min即死亡。醋酸菌生长的最适pH为3.5~6.5，一般的醋酸杆菌菌株在醋酸含量达1.5%~2.5%的环境中，生长繁殖就会停止，但有些菌株能耐受7%~9%的乙酸。醋酸杆菌对酒精的耐受力颇高，通常可达5%~12%（体积分数），但对盐的耐受力很差，食盐质量分数超过1.5%时就停止生长。在生产中当乙酸发酵完毕就添加食盐，其目的除调节食醋的滋味外，也是防止醋酸菌继续将乙酸氧化为二氧化碳的有效措施。

醋酸菌最适的碳源是葡萄糖、果糖等六碳糖，其次是蔗糖和麦芽糖等。醋酸菌不能直接利用淀粉等多糖类。酒精也是很适宜的碳源，有些醋酸菌还能以丙三醇、甘露醇等多元醇为碳源。蛋白质水解产物、尿素、硫酸铵等都适宜于作为醋酸菌的氮源。生长繁殖必须有磷、钾、镁等元素。

2. 常用和常见的醋酸菌

（1）奥尔兰醋酸杆菌（*Acetobacter oleanene*）　它是法国奥尔兰地区用葡萄酒生产醋的主要菌株。生长最适温度为30℃。该菌能产生少量的酶，产醋酸的能力弱，能由葡萄糖产5.3%葡萄糖酸，耐酸能力较强。

（2）许氏醋酸杆菌（*Acetobacter schutenbachii*）　它是国外有名的速酿醋菌株，也是目前制醋工业重要的菌种之一。在液体中生长的最适温度为28~30℃，最高生长温度为37℃。该菌产酸高达11.5%，对醋酸没有进一步的氧化作用。

（3）恶臭醋酸杆菌（*Acetobacter rancens*）　它是我国醋厂使用的菌种之一。该菌在液面形成菌膜，并沿容器壁上升，菌膜下液体不浑浊。一般能产酸6%~8%，有的菌株副产2%的葡萄糖酸，能把乙酸进一步氧化为二氧化碳和水。

（4）攀膜醋酸杆菌（*Acetobacter scandens*） 它是葡萄酒、葡萄醋酿造过程中的有害菌，在醋醅中常能分离出来。最适生长温度为31℃，最高生长温度44℃。在液面形成易破碎的膜，菌膜沿容器壁上升得很高，菌膜下液体很浑浊。

（5）胶膜醋酸杆菌（*Acetobacter xylinus*） 它是一种特殊的醋酸菌，若在酿酒醪液中繁殖，会引起酒酸败、变黏。该菌生成醋酸的能力弱，又会氧化分解乙酸，因此是酿醋的有害菌。在液面上，胶膜醋酸杆菌会形成一层皮革状类似纤维样的厚膜。

（6）AS1.41醋酸菌 它属于恶臭醋酸杆菌，是我国酿醋常用的菌株之一。该菌生长适宜温度为28~30℃，生成醋酸的最适温度为28~33℃，最适pH 3.5~6.0，耐受酒精体积分数为8%，最高产乙酸7%~9%，产葡萄糖酸能力弱，能氧化分解乙酸为二氧化碳和水。

（7）沪酿1.01醋酸菌 它是从丹东速酿醋中分离得到的，是我国食醋工厂常用菌种之一。该菌由酒精产醋酸的转化率平均达到93%~95%。

醋酸菌有相当强的醇脱氢酶、醛脱氢酶等氧化酶系活性，因此，除氧化酒精生成乙酸外，也有氧化其他醇类和糖类的能力，生成相应的酸、酮等物质。例如，丁酸、葡萄糖酸、葡萄糖酮酸、木糖酸、阿拉伯糖酸、丙酮酸、琥珀酸、乳酸等有机酸，以及氧化甘油生成二酮、氧化甘露醇生成果糖等。醋酸菌也有生成酯的能力，接入产生芳香酯多的菌种发酵，可以使食醋的香味倍增。上述物质的存在对形成食醋的风味有重要作用。

（二）食醋

食醋（vinegar）是我国传统发酵的酸性调味品，它赋予食品以特有的酸味、香味和鲜味。食醋按加工方法可分为合成醋、酿造醋、再制醋3类。我国酿醋已有3000多年的历史，食醋种类繁多，按生产原料分为米醋、糖醋、酒醋、果醋、醋酸醋。米醋是以高粱、碎米、玉米等淀粉质原料酿造的醋，糖醋是以糖稀、糖渣、甜菜废丝等糖质原料酿制而成，酒醋是以白酒、果酒、酒精等含酒精原料氧化制成的醋，果醋是以水果等原料酿制的醋，乙酸醋则是以乙酸为原料兑制而成。其中米醋和果醋的质量最佳，风味好、香气浓、酸味柔和、深受大众欢迎，例如镇江香醋、山西老陈醋、北京的熏醋、福建的红曲醋、上海的米醋、河南的柿子醋、山楂醋、苹果醋等。近年来，我国食醋酿造工艺有了较大改进，生料制醋、固定化细胞连续发酵酿醋等新工艺已成功用于工业化生产。

1. 食醋酿造微生物

（1）淀粉液化、糖化微生物 甘薯曲霉AS3.324：因适用于甘薯原料的糖化而得名，该菌生长适应性好、易培养、有强单宁酶活力，适合于甘薯及野生植物等酿醋。东酒一号：它是AS3.758的变异株，培养时要求较高的湿度和较低的温度，上海地区应用此菌制醋较多。曲霉AS3.4309（UV-11）：该菌糖化能力强、酶系纯，最适培养温度为32℃。宇佐美曲霉（*Aspergillus usamii*）：AS3.758是日本在数千种黑曲霉中选育出来的糖化力强、耐酸性较高的糖化型淀粉酶菌种，能同化硝酸盐，其生酸能力很强，对制曲原料适宜性也比较强。此外还有米曲霉菌株：沪酿3.040、沪酿3.042（AS3.951）、AS3.863等。黄曲霉菌株：AS3.800、AS3.384等。

（2）酒精发酵微生物 生产上一般根据原料来选择酵母菌（yeast）。适用于淀粉质原料的有AS2.109、AS2.399；适用于糖蜜原料的有AS2.1189、AS2.1190。另外，为了增加食醋的香气，有的生产厂家还添加产酯能力强的产酯酵母进行混合发酵，使用的菌株有AS2.300、AS2.338等。

（3）乙酸发酵微生物　醋厂选用的醋酸菌的标准为：氧化酒精速度快、耐酸性强、不再分解乙酸制品、风味良好。目前国内外在生产上常用的醋酸菌有：奥尔兰醋酸杆菌（*A. oleanene*）、许氏醋酸杆菌（*A. schutzenbachii*）、恶臭醋酸杆菌（*A. rancens*）、AS1.41 醋酸菌、沪酿 1.01 醋酸菌。

2. 酿醋工艺

酿醋的方法多种多样，大致可分为固态法、液态法等。

（1）固态法食醋生产　固态发酵酿醋一般是以粮食为主要原料，以麸皮、谷糠等为填充料，以大曲和麸曲为发酵剂，经过糖化、酒精发酵、醋酸发酵而制成的食醋。

醋酸菌在充分供给氧的情况下生长繁殖，并把基质中的乙醇氧化为乙酸，总反应式为：

$$C_2H_5OH+O_2 \rightarrow CH_2COOH+H_2O$$

①醋酸菌种制备工艺流程：斜面原种→斜面菌种（30~32℃，48h）→三角瓶液体菌种（一级种子 30~32℃，振荡 24h）→种子罐液体菌种（二级种子）→（30~32℃，通气培养 22~24h）→醋酸菌种子。

②食醋生产工艺流程：原料→原料处理→酒精发酵→醋酸发酵→淋醋→灭菌→灌装。

③食醋发酵工艺要点：原料冷却后，拌入麸曲和酒母，并适当补水使盛料水分达 60%~66%，缸品温度以 24~28℃为宜，室温在 25~28℃。入缸 3d 后，品温升至 38~40℃时，应进行第一次倒缸翻醅，然后盖严维持温度 33℃进行糖化和酒精发酵。入缸后 5~7d 酒精发酵基本结束，醅中可含 7%~8%酒精，此时拌入砻糠和醋酸菌种子，同时倒缸翻醅，此后每天翻醅 1 次，温度维持 37~39℃。约经 12d 乙酸发酵，醅温开始下降，乙酸含量达 7.0%~7.5%时，乙酸发酵基本结束。此时应在醅料表面加食盐。一般每缸醋醅夏季加盐 3kg，冬季加盐 1.5kg。拌匀后再放两天，醋醅成熟即可淋醋。

（2）液体深层发酵制醋　液体深层发酵制醋是利用发酵罐通过液体深层发酵生产食醋的方法，通常是将淀粉质原料经液化、糖化后先制成酒醪或酒液，然后在发酵罐里完成乙酸发酵。

乙酸液体深层发酵温度为 32~35℃，通风量前期为（1∶0.13）$m^3/(h \cdot m^3)$；中期为（1∶0.17）$m^3/(h \cdot m^3)$；后期为（1∶0.13）$m^3/(h \cdot m^3)$。罐压维持 0.03MPa。连续进行搅拌。乙酸发酵周期为 65~72h。经测定已无酒精、残糖极少、测定酸度不再增加说明乙酸发酵结束。液体深层发酵制醋也可采用半连续法，即当乙酸发酵成熟时，取出 1/3 成熟醪，再加 1/3 酒醪继续发酵，如此每 20~22h 重复 1 次。

二、乳酸菌与发酵乳制品生产

（一）乳酸菌

乳酸菌（lactic acid bacteria）是一类能利用可发酵性碳水化合物（主要为葡萄糖）产生大量乳酸细菌的通称，在自然界广泛存在，从人和动物的消化道到多种食物、果、蔬类物表面以及土壤、污水中都可分离得到。其中绝大多数乳酸菌对人、畜健康有益。近年来对其应用与研究及新资源的开发，已成为我国工、农、医、食品、饲料化工等领域中重要的课题，其丰富的资源对国民经济发挥着重要作用。

发酵乳制品生产中的乳酸菌分属于乳杆菌属、链球菌属、明串珠菌属、片球菌属和双歧杆菌属。根据其代谢产物可以分为同型乳酸发酵、异型乳酸发酵。同型乳酸发酵主要包括保加利亚乳杆菌（*Lactobacillus bulgaricus*）、乳酸乳杆菌（*Lactococcus lactis*）、植物乳杆菌（*Lactobacillus plantarum*）等，通过 EMP 途径生成乳酸；异型乳酸发酵包括肠膜明串珠菌（*Leuconostoc mesenteroides*）、短乳杆菌（*Lactobacillus brevis*）、发酵乳杆菌（*Lactobacillus fermentum*）、两歧双歧杆菌（*Bifidobacterium bifidum*）等，通过 HMP 途径形成代谢产物，终产物除乳酸外还有一部分乙醇、乙酸和 CO_2。

1. 常用乳酸菌种类

（1）乳杆菌属（*Lactobacillus*）　在发酵乳中应用的主要有：①专性异型发酵乳杆菌：主要有短乳杆菌、发酵乳杆菌和开菲尔乳杆菌（*Lactobacillus* Kefir）；②专性同型发酵乳杆菌：有德氏乳杆菌（*L. delbruckii*）、瑞士乳杆菌（*Lactobacillus helveticus*）和嗜酸乳杆菌（*Lactobacillus acidophilus*）；③兼性异型发酵乳杆菌：主要有干酪乳杆菌（*Lactobacillus casei*）及其亚种（如干酪乳杆菌鼠李糖亚种）。

（2）链球菌属（*Streptococcus*）　目前已在发酵乳中应用的有乳链球菌（*Streptococcus lactis*）和嗜热链球菌（*Streptococcus thermophilus*）等。

（3）明串珠菌属（*Leuconostoc*）　在发酵乳中应用的主要包括肠膜明串珠菌、类肠膜明串珠菌、乳明串珠菌（*Leuconostoc lactis*）和酒明串珠菌（*Leuconostoc oenos*）等。

（4）片球菌属（*Pediococcus*）　仅有戊聚糖片球菌（*Pediococcus pentosans*）和乳酸片球菌（*Pediococcus acidilactici*）与其他乳酸菌结合用于发酵乳生产。

（5）双歧杆菌属（*Bifidobacterium*）　目前所知道的 24 个种中，有 9 个存在于人体肠道，在发酵乳中应用的主要有两歧双歧杆菌（*Bifidobacterium bifidum*）、长双歧杆菌（*Bifidobacterium longum*）、婴儿双歧杆菌（*Bifidobacterium infantis*）和短双歧杆菌（*Bifidobacterium breve*）。

2. 微生物与发酵乳制品中风味物质的形成

（1）乳糖的乳酸发酵　乳酸菌产生的乳酸是发酵乳制品中最基本的风味化合物。乳液中一般含 4.7%~4.9%的乳糖，是乳液中微生物生长的主要能源和碳源。具有乳糖酶的乳链球菌、嗜热链球菌（*S. thermophilus*）和乳杆菌等能在乳液中正常生长，并在与其他菌的竞争生长中成为优势菌群。

（2）柠檬酸转变为双乙酰　乳脂明串珠菌（*Leuconostoc cremoris*）、乳链球菌丁二酮亚种等可将发酵牛乳中产生的柠檬酸转变为双乙酰，成为乳制品中极其重要的风味物质，使发酵乳制品具有奶油特征。还有一种类似坚果仁的香味和风味。

（3）乙醛的产生　嗜热链球菌（*S. thermophilus*）和保加利亚乳杆菌（*L. bulgaricus*）在乳酸的代谢过程中产生的乙醛，能增进酸牛乳的风味。但发酵酸性奶油时，乙醛的存在会有害，带来一种不良的风味，故酸性奶油的生产中禁用这些菌株。

（4）乙醇的产生　乳脂明串珠菌在异型乳酸发酵中可形成少量的乙醇，也是发酵乳制品中重要的风味物质之一，同时乳脂明串珠菌有较强的乙醇脱氢酶活性，能将乙醛转变为乙醇，故又称风味菌、香气菌或产香菌。但酸奶酒中的乙醇则是由酵母菌产生的，不同乳制成的酸奶酒由不同的酵母菌产生乙醇，如牛乳酒由开菲尔酵母（Kefir yeast）和开菲尔圆酵母（Torula Kefir）产生，而马奶酒则由乳酸酵母（*Saccharomyces lactis*）产生的。

（5）甲酸、乙酸和丙酸的产生　丁二酮链球菌亚种利用酪蛋白水解物形成甲酸、乙酸和丙酸等挥发性脂肪酸，是构成发酵乳制品风味物质的重要化合物，对成熟干酪口味形成是有益的。

（二）发酵乳制品

发酵乳制品是指良好的原料乳（包括牛乳、羊乳、浓缩乳、乳粉等）经过杀菌或灭菌、降温、接种特定的微生物（乳酸菌或酵母菌）发酵剂，利用发酵剂将乳中的乳糖转化生成乳酸、乙酸、丁二酮、乙醇及其他相关物质。发酵乳制品是一个综合性的名称，包括酸乳，酸奶酒、酸奶油及干酪等，其中发酵乳和干酪生产量最大。

1. 酸乳

酸乳是新鲜乳经过乳酸菌发酵后制成的发酵乳饮料；根据生产方式的不同可分为凝固型、搅拌型、饮料型三种。

（1）菌种的选择和发酵剂的制备　发酵剂是指生产发酵乳制品过程中用于接种的特定的微生物培养物。通常用于酸牛乳生产的发酵剂菌种是保加利亚乳杆菌（*L. bulgaricus*）和嗜热链球菌（*S. thermophilus*）混合发酵剂。两菌株的混合比例对酸乳风味和质地起重要作用。常见的杆菌和球菌的比例是1∶1或1∶2。

酸乳发酵剂制备的工艺流程为：菌种活化→母发酵剂→中间发酵剂→工作发酵剂。

技术要点如下：

①菌种活化：将液体菌种或冻干菌种接种于115℃，10 min灭菌后的复原脱脂乳试管培养基中，42℃、6~8h凝乳，即为活化完毕。

②母发酵剂的制备：将活化菌种接种量为验，12℃培养，凝乳后即为母发酵剂。

③中间发酵剂的制备：利用中间发酵剂接种量1%，42℃培养，凝乳后制成中间发酵剂。

④工作发酵剂的制备：利用中间发解剂接种量1%~3%，42℃培养，凝乳后即为工作发酵剂。

（2）凝固型酸牛乳的生产　凝固型酸牛乳在生产时以新鲜牛乳为主要原料，经过净化、标准化、均质、杀菌、接种发酵剂、分装后，通过乳酸菌的发酵作用，使乳糖分解为乳酸，导致乳的pH下降，酪蛋白凝固，同时产生醇、醛、酮等风味物质，在经历冷藏和后熟制成凝乳状的酸牛乳。

凝固型酸牛乳的生产工艺流程为：

原料鲜乳→净化→标准化→均质→杀菌→冷却→接种→分装→发酵→冷却→冷藏后熟→成品。

（3）搅拌型酸乳（纯酸奶）的生产　搅拌型酸乳即为纯酸奶，其生产工艺与凝固型酸奶基本相同，不同的是：前者先发酵后搅拌再分装；后者先分装再发酵不搅拌。

搅拌型酸乳的生产工艺流程为：

原料鲜乳→净化→标准化调制→均质→杀菌→冷却→接种发酵剂→发酵→搅拌破乳→冷却→分装→冷藏后熟→成品。

（4）饮料型酸乳（活性乳）的生产　饮料型酸乳的生产是酸凝乳与适量无菌水、稳定剂和香精混合，再经均质处理、分装、冷却后制成的凝乳粒子直径在0.01mm以下、液体状的酸牛乳。

饮料型酸乳的生产工艺流程为：

原料鲜乳→净化→标准化调制→均质→杀菌→冷却接种发酵剂→发酵→混合（无菌水、稳定剂、香精）→均质→分装→冷却→成品→入库冷藏。

2. 干酪

干酪（cheese）是在乳中（牛乳、羊乳及其脱脂奶油、稀奶油等）加入适量的乳酸菌发酵剂和凝乳酶，使蛋白质（主要是酪蛋白）凝固后排除乳清，并将凝块压成块状而制的产品。制成后未经发酵的产品称为新鲜干酪，经长时间发酵成熟而制成的产品称为成熟干酪，国际上将这两种干酪称为天然干酪。根据干酪的质地特性和成熟的基本方式，可将干酪分为硬干酪、半硬干酪和软干酪三类。它们可用细菌或霉菌成熟，或不经成熟。

（1）干酪生产菌种　主要菌群：用于干酪发酵的菌种大多数为乳酸菌，但有些干酪使用丙酸菌（*Propioni bacteria*）和霉菌（mould）。乳酸菌发酵剂大多是多种菌的混合发酵剂，根据最适生长温度不同，可将干酪生产的乳酸菌发酵剂菌种分为两大类：一类是适温型乳酸菌，包括乳酸链球菌（*Lactic streptococci*）、乳脂链球菌（*Streptococcus cremoris*）、乳脂明串珠菌（*Leuconostoc cremoris*）等，主要作用是将乳糖转化为乳酸和将柠檬酸转化成双乙酰；另一类是具有脂肪分解酶和蛋白质分解酶的嗜热型乳酸菌，包括嗜热链球菌（*S. thermophilus*）、乳酸乳杆菌（*L. lactis*）、干酪乳杆菌（*L. casei*）、短杆菌（*Brevibacterium*）、嗜酸乳杆菌（*L. acidophilus*）等。

次生菌群：霉菌是成熟干酪的主要菌种，如白地霉（*Geotrichum candidum*）和沙门柏干酪青霉（*Penicillium camemberti*），在实际生产过程中，一般是将这两种菌混合使用，使干酪表面形成灰白色的外皮。酵母菌（Yeast）是许多表面成熟干酪的微生物群的重要组成部分，酵母可水解蛋白质，又可水解脂类，产生多种挥发性的风味物质。在干酪次生菌群中特别重要的是微球菌（*Micrococcus*）、乳杆菌（*Lactobacillus*）、片球菌（*Pediococci*）、棒状杆菌（*Corynebacterium*）和丙酸杆菌（*Propionibacterium*），它们是干酪表面菌种的重要组成部分，在干酪成熟过程中发挥着重要的作用。

（2）干酪生产工艺　不同的品种干酪的风味、颜色、质地等特性不同，其生产工艺也不尽相同，但都有共同之处。

干酪生产一般工艺流程为：

原料乳检验→净化→标准化调制→杀菌→冷却→添加发酵剂、色素、$CaCl_2$和凝乳酶→静置凝乳→凝块切割→搅拌→加热升温、排出乳清→压榨成型→盐渍→生干酪→发酵成熟→上色挂蜡→成熟干酪。

压榨成型并腌渍后的干酪称为生干酪，可以直接食用，大多数干酪要经过发酵成熟，发酵成熟的温度10~15℃，相对湿度85%~95%。软质干酪需要1~4个月、硬质干酪需要6~8个月达到成熟。发酵成熟后的干酪具有独特的芳香风味和细腻均匀的自然状态。为了防止成熟干酪氧化、污染及水分散失，常在其表面保持一层石蜡，近年来改进为塑料膜包装。

3. 酸奶油

酸奶油（sour cream）是以合格的鲜乳为原料，离心分离出稀奶油（cream），经过标准化调制加碱中和杀菌冷却后添加发酵剂，通过乳酸菌的发酵作用使乳糖转化为乳酸，柠檬酸转化为羟丁酮，羟丁酮进一步氧化为丁二酮，同时生成发酵中间产物甘油和脂肪酸赋予产品特有的风味。再经过物理成熟、排出酪乳、加盐压炼、包装等工艺制成。乳脂肪含量≥80%。

（1）酸奶油发酵菌种 乳酸菌包括乳酸乳球菌（*Lactococcus lactis*）和乳酸乳球菌乳脂亚种（*Lactococcus lactis* subsp. *cremoris*），可将乳糖转化为乳酸，但乳酸生成量较低；产香菌种包括乳酸乳球菌丁二酮乳酸亚种（*Lactococcus lactis* subsp. diacetilactis）和肠膜明串珠菌乳脂亚种（*Lactococcus mesenteroid* subsp. cremoris）等，可将柠檬酸转化为羟丁酮再进一步氧化为丁二酮，赋予酸奶油特有的香味。

（2）酸奶油的生产工艺

①工艺流程：

原料乳→离心分离（脱脂乳）→稀奶油→标准化调制→加碱中和→杀菌→冷却→接种发酵剂→发酵→物理成熟→添加色素→搅拌→排出酪乳→洗涤→加盐压炼→包装→成品。

②操作要点：生产酸奶油的原料乳要求新鲜合格达二级以上标准。然后采用奶油分离机在温度35℃和转速5000r/min条件下分离出稀奶油。经过标准化调制，使稀奶油的含脂率达30%~35%。为了防止乳脂肪在酸性条件下氧化以及酪蛋白在杀菌时酸性条件下沉淀，常采用$Ca(OH)_2$或Na_2CO_3中和稀奶油使乳酸度达0.2%。85~90℃杀菌5min，迅速冷却至20℃。接种混合发酵剂3%~6%，20℃发酵2~6h，使乳酸度达0.3%，即可中止发酵。发酵结束后，在3~5℃低温条件下进行物理成熟3~6h，使乳脂肪结晶固化，有利于搅拌并排出酪乳。为了使产品质量均一，一般添加安那妥0.01%~0.05%。搅拌是为了破坏脂肪球膜以便形成大的脂肪球团。一般温度控制在10~15℃，搅拌5min后，排出酪乳，酪乳的含脂率要求小于0.5%。在低于搅拌温度1~2℃条件下，用纯净水洗涤2~3次除去脂肪表面的酪乳。然后在奶油粒中添加25%~30%的粉碎食盐，抑制杂菌生长并改善风味。再在压炼台上将奶油粒压制成奶油层，使水滴和食盐均匀分布于奶油层中。包装后在0℃以下贮藏，贮藏期0℃下2~3周，15℃下6个月。

三、谷 氨 酸

谷氨酸（glutamate），化学名称为α-氨基戊二酸，在生物体蛋白质代谢上具有重要意义，参与生物体内多种重要的化学反应。在食品工业上，谷氨酸主要用于味精的生产。L-谷氨酸单钠，俗称味精，具有强烈的肉类鲜味，被广泛用于食品菜肴的调味。我国于1963年开始采用谷氨酸发酵法生产味精。

（一）谷氨酸生产的微生物

1. 主要菌种

许多霉菌、酵母菌、细菌和放线菌等都能产生谷氨酸，应用最多的菌株为谷氨酸棒杆菌（*Corynebacterium glutamicum*），需要生物素作为生长因子、在通气条件下培养产生谷氨酸。我国企业使用的谷氨酸产生菌主要是北京棒杆菌As1.299、钝齿棒杆菌As1.542和天津短杆菌T6-13以及它们的突变菌株。

2. 谷氨酸菌种特性

（1）生产菌种为好氧或兼性厌氧，最适在25~37℃生长，最适生长pH 7~8。

（2）菌体生长时必须以生物素为生长因子，在没有生物素的合成培养基上不生长氨酸脱氢酶和异柠檬酸脱氢，酶活力强，有利于α-酮戊二酸还原氨基生成谷氨酸；而α-酮戊二酸脱氢酶活力微弱或丧失，使α-酮戊二酸不能继续氧化。

（3）脲酶活性强，能将发酵时流加的尿素分解为NH_3和CO_2，产生的NH_3或流加的氨水可作为合成菌体蛋白质的氮源与合成谷氨酸的原料。

（4）产菌种均为生物素缺陷型。培养基质和发酵基质中生物素的浓度决定菌体生长和积累谷氨酸。当生物素足量时，菌体蛋白质合成不受影响，谷氨酸不会渗漏到细胞外而有利于谷氨酸菌充分生长繁殖；当生物素亚适量（低于适量或限量）时，大量分泌谷氨酸并有利于谷氨酸向细胞膜外渗漏。

3. 谷氨酸发酵机理

合成谷氨酸的代谢途径是：葡萄糖经EMP途径（为主）和HMP途径（为辅）生成丙酮酸，丙酮酸进一步生成乙酰CoA而后进入TCA循环生成α-酮戊二酸，后者在谷氨酸脱氢酶作用下，在NH_4^+存在时，被还原氨基化生成谷氨酸。谷氨酸是菌体异常代谢产物，只有菌体正常代谢失调时才积累谷氨酸并在生物素限量时，因细胞膜的渗透性改变而使谷氨酸容易漏出。实际生产中通过添加玉米浆、甘蔗糖蜜和麸皮水解液等作为生长因子的来源，替代生物素加入到培养基和发酵基质中。

（二）谷氨酸发酵工艺

1. 谷氨酸钠（味精）生产的工艺过程

原料的预处理→淀粉水解糖制备→种子扩大培养→谷氨酸发酵→谷氨酸的提取→谷氨酸制取→味精成品加工

2. 谷氨酸发酵操作要点

在发酵中影响谷氨酸产量的主要因素是通气量、生物素、pH及氨浓度等。其中通气量和生物素影响较大，当通气量过大时，促进菌体繁殖，积累α-酮戊二酸，糖消耗量大；通气量过小时，则菌体生长不好，糖消耗量少，发酵液中积累乳酸，谷氨酸产量低。只有在适量通气情况下才能获得较高的产量。发酵培养基中生物素含量在“亚适量”时，谷氨酸发酵才能正常进行，实验表明，当发酵液中生物素含量为1μg/L时限制菌生长，但谷氨酸产量较高；当生物素含量为15μg/L时，微生物生长旺盛，但谷氨酸产量很少。因此，严格控制发酵条件是获得谷氨酸高产的关键。

第三节　真菌性发酵食品

一、酵母与食品制造

酵母菌（yeast）与人们的生活关系密切，几千年来劳动人民利用酵母菌制作出许多营养丰富、味道鲜美的食品和饮料，在食品工业中占有极其重要的地位。目前，利用酵母菌生产的食品种类繁多，下面仅介绍几种主要产品。

（一）面包

面包是一种营养丰富、组织蓬松、易于消化的焙烤食品。它以面粉、糖、水为主要原料利用面粉中的淀粉酶水解淀粉生成的糖类物质，经过酵母菌的发酵作用产生醇、醛、酸类物质和 CO_2。在高温焙烤过程中，CO_2受热膨胀使面包成为多孔的海绵结构以及具备松软的质地。

1. 面包生产菌种

酵母是生产面包必不可少的生物松软剂，由于酵母在发酵时利用原料中的葡萄糖、果糖、麦芽糖等糖类及 α-淀粉酶对面粉中淀粉进行转化后的糖类进行发酵作用，产生 CO_2，使面团体积膨大、结构疏松，呈海绵状结构；同时，酵母中的酶可催化面团中的各种有机物进行生化反应，将高分子的结构复杂的物质变成结构简单、相对分子质量较低、能为人体直接吸收的中间生成物和单分子有机物，不仅改善了面包的风味，而且增加了面包的营养价值。

面包酵母是一种单细胞生物，属真菌类，学名为啤酒酵母（*Saccharomyces cerevisiae*），是兼性厌氧型微生物，在有氧及无氧条件下都可以进行发酵。酵母生长与发酵的最适温度为26~30℃，最适 pH 5.0~5.8。酵母耐高温的能力不及耐低温的能力，60℃以上会很快死亡，而-60℃下仍具有活力。

生产上应用的酵母主要有鲜酵母（yeast cake）、活性干酵母（active dry yeast）及即发干酵母（instant dry yeast）。鲜酵母是酵母菌种在培养基中经扩大培养和繁殖、分离、压榨而制成。鲜酵母发酵力较低，发酵速度慢，不易贮存运输，0~5℃可保存 2 个月，其使用受到一定限制。活性干酵母是鲜酵母经低温干燥而制成的颗粒酵母，发酵活力及发酵速度都比较快，且易于贮存运输，使用较为普遍。即发干酵母又称速效干酵母，是活性干酵母的换代用品，使用方便，一般无须活化处理，可直接生产。

2. 面团发酵原理

面团发酵就是在适宜条件下，酵母利用面团中的营养物质进行繁殖和新陈代谢，产生 CO_2气体，使面团膨松，并使面团营养物质分解为人体易于吸收的物质。

单糖是酵母最好的营养物质，而面粉中单糖含量很少，不能满足酵母发酵的需要。但面粉中含有相当多的淀粉酶，它将淀粉分解为麦芽糖，麦芽糖及蔗糖在酵母本身分泌的麦芽糖酶及蔗糖酶作用下分解为单糖被酵母利用。面包用酵母是一种典型的兼性厌氧微生物，有氧时呼吸旺盛，酵母将糖氧化分解成 CO_2和水，并释放能量。随着发酵的进行，面团中氧气迅速减少，酵母的有氧呼吸转变为无氧呼吸，糖被分解为酒精和少量 CO_2及能量。实际生产中，上述两种作用是同时进行的，发酵初期，前者为主反应；发酵后期，为使发酵旺盛进行应排除面团中的 CO_2气体，补充空气。整个发酵过程中均有大量 CO_2气体产生，因而能使面团膨松，形成大量蜂窝。

3. 面包生产工艺

（1）面包生产工艺分类　面包生产有传统的一次发酵法、二次发酵法及新工艺快速发酵法等。一次发酵法和快速发酵法生产周期短，所需设备和劳力少，产品有良好的咀嚼感，有较粗糙的蜂窝状结构，但风味较差。目前我国面包生产多采用二次发酵法，二次发酵法即采取两次搅拌、两次发酵的方法，其特点是生产出的面包体积大、柔软，且具有细微的海绵状结构风味良好。

（2）面包生产工艺流程（二次发酵法）　二次发酵法流程如下所示。

配料→第一次发酵→面团→配料和面→第二次发酵→切块→揉搓→成型→放盘→醒发→烘烤→冷却→包装→成品。

二次发酵法第一次发酵即种子面团发酵，温度为25~30℃，时间2~4h，相对湿度75%；第二次发酵即生面团发酵，温度28~32℃，时间2~3h。

（二）酿酒

我国是一个酒类生产大国，也是一个酒文化文明古国。酿酒在我国具有悠久的历史，产品种类繁多，有黄酒、白酒、啤酒、果酒等品种，也形成了各种类型的名酒，如绍兴黄酒、贵州茅台酒、青岛啤酒等。酒的品种不同，酿酒所用的酵母以及酿造工艺也不同，而且同一类型的酒各地也有自己独特的工艺。

1. 中国白酒

白酒是以曲类、酒母等为糖化发酵剂，利用粮谷或代用原料经蒸煮、糖化发酵、蒸馏、储存、勾兑而成的蒸馏酒。

白酒的质量与风味，由于所用原料、糖化剂和发酵工艺的不同差异很大。按原料命名可分为高粱酒、玉米酒、米酒等；按发酵剂命名可分为大曲酒、小曲酒、麸曲酒等；根据发酵物料状态不同可分为固态发酵法、半固态发酵法和液态发酵法。我国传统工艺是以固态发酵法为主。

（1）常用酒精发酵菌种　酿酒酵母（*Saccharomyces cerevisiae*）和葡萄汁酵母（*Saccharomyces uvarum*）。一般酿酒用酵母菌种应具有繁殖速度快、耐醪液浓度、适宜温度为30~33℃、适宜pH 4~6发酵力强、产香好等特点。

（2）白酒的主要种类

①大曲酒：大曲是固态发酵法酿造大曲白酒的糖化发酵剂。它以小麦或大麦、豌豆为曲料，经过粉碎、加水拌料、踩曲制坯、堆积培养，依靠自然界带入的各种酿酒微生物（包括细菌、霉菌和酵母菌）在其中生长繁殖制成成曲，再经储存后制成陈曲。大曲有高温曲（制曲温度60℃以上）和中温曲（制曲温度不超过50℃）两种类型。一般是固态发酵，大曲酒所酿的酒质量较好，多数名优酒均以大曲酿成，如茅台、泸州、西凤、五粮液等。

②麸曲酒：麸曲是固态发酵法酿造麸曲白酒的糖化剂。它以麸皮为主要曲料，以新鲜酒糟为配料，经过润水、蒸煮、冷却后，接种黑曲霉和黄曲霉混合（混合比例为7∶3），再经通风培养制成成曲。

③小曲（米曲）酒：小曲（米曲）是半固态发酵法酿造小曲白酒（米酒）的糖化发酵剂。它以米粉或米糠为原料，添加或不添加中草药，经过浸泡、粉碎，接入纯种根霉（*Rhizopus*）和酵母菌或两者混合种曲，再经制坯、入室培养、干燥等工艺制成小曲。

小曲酒的工艺流程：

原料→泡粮→蒸粮（装甑、初蒸、闷水、复蒸）→出甑摊凉、翻粮、加曲加酶、进箱保温→配糟、出箱、摊凉、混合、入池、发酵→蒸馏。

④液体曲酒：液体曲可作为液态发酵法酿酒制醋的糖化剂。它是将曲霉菌的种子液接入发酵培养基中，在发酵罐中进行深层液体通气培养，得到含有丰富酶系的培养液称为液体曲。

（3）白酒工业生产方法　我国传统工艺是以固态发酵法为主。

①工艺流程（固态发酵法）：

淀粉质原料→粉碎→蒸煮→冷却→液体曲糖化→冷却→酒精发酵→蒸馏→陈酿→勾兑。

②工艺操作要点：

a. 低温双边发酵：采用较低的温度，让糖化作用和发酵作用同时进行，即采用边糖化边发酵工艺。生产上糖化和发酵处于同样的低温条件下，可防止发酵过程中的酸败，防止微生物产生酶的钝化，有利于酒香味的保存和甜味物质的增加。

b. 配醅蓄浆发酵：由于高粱、玉米等颗粒组织紧密，又处于固态发酵，所以淀粉不易充分利用。因此生产上常采用对蒸馏后的醅，添加一部分新料，配醅继续发酵，反复多次。这是我国所特有的白酒生产工艺，称为续渣发酵。这样做的目的是使淀粉充分利用，能调节酸度及淀粉的浓度，增加微生物营养及风味物质。

c. 多菌种混合发酵：固态法白酒生产，在整个生产工程中都是敞口操作，空气、水、工具、窖地等各种渠道都能把大量的、多种多样的微生物带入到料醅中它们与曲中的有益微生物协同作用，产生出丰富的香味物质，因此固态发酵是多菌种混合发酵。

d. 固态蒸馏：发酵后的酒醅采用固态蒸馏方式，不仅是浓缩酒精的过程，而且是香味的提取和重新组合的过程。

2. 啤酒

啤酒是以优质大麦芽为主要原料，大米或其他未发芽的谷物、酒花等为辅料，经过制备麦芽、糖化、啤酒酵母发酵等工序酿制而成的一种含有 CO_2、低酒精浓度和多种营养成分的饮料酒。它是世界上产量最大的酒种之一。

（1）啤酒酵母　啤酒酵母（*Saccharomyces cerevisiae*）菌种是影响啤酒风味及稳定性的主要因素。国外研究者在 1883 年开始分离培养酵母并用于啤酒酿造。啤酒酵母在麦芽汁琼脂培养基上的菌落为乳白色，有光泽，平坦，边缘整齐，无性繁殖以芽殖为主，能发酵葡萄糖、麦芽糖、半乳糖和蔗糖，不能发酵乳糖和蜜二糖。

根据酵母在啤酒发酵液中的性状，可将它们分成两大类：上面啤酒酵母（*S. cerevsiae*）和下面啤酒酵母（*S. carlsbergensis*）。上面啤酒酵母在发酵时，酵母细胞随 CO_2 浮在发酵液面上，发酵终了形成酵母泡盖，即使长时间放置，酵母也很少下沉。下面啤酒酵母在发酵时酵母悬浮在发酵液内，在发酵终了时酵母细胞很快凝聚成块并沉积在发酵罐底。按照凝聚力大小，把发酵终了细胞迅速凝聚的酵母，称为凝聚性酵母；而细胞不易凝聚的下面啤酒酵母，称为粉末性酵母。影响细胞凝聚力的因素，除了酵母细胞的细胞壁结构外，外界环境（例如麦芽汁成分、发酵液 pH、酵母排出到发酵液中的 CO_2 量等）也起着十分重要的作用。国内啤酒厂一般都使用下面啤酒酵母生产啤酒。

上面啤酒酵母和下面啤酒酵母，两者在细胞形态、对棉籽糖的发酵能力、凝聚性以及啤酒发酵温度等方面有明显差异。但当培养组分和培养条件改变时，两种酵母各自的特性也会发生变化。

（2）啤酒发酵优良酵母的评估及选育

①啤酒酵母应具有以下优良性状：生长繁殖力强，发酵活力高；代谢产物能够赋予啤酒

良好的风味；凝聚性强，沉降速度快，发酵结束易与发酵液分离，便于菌体回收。

②优良菌种的选育：菌种筛选；诱变育种；杂交育种。例如，通过杂交育种有可能获得凝聚性强、风味良好、发酵度比较高的新菌种；细胞融合育种。如凝聚性强但发酵度低的菌株和发酵度高但凝聚性弱的菌株通过细胞融合有可能产生凝聚性强和发酵度高的新型细胞。

（3）啤酒酵母的扩大培养

①工艺流程：

斜面原种 → 活化（25℃、1~2d） → 2个100mL富士瓶培养（25℃、1~2d） → 2个1000mL巴士瓶培养（25℃、1~2d） → 2个10L卡氏罐（25℃、1~2d），200L汉森式种母罐培养（15℃、1~2d）→2t扩大罐培养（10℃、1~2d）→10t繁殖槽培养（8℃、1~2d）→主发酵。

②技术要点：

a. 温度控制：培养初期，采用酵母菌最适生长温度25℃培养，之后每扩大培养1次，温度均有所降低，使酵母菌逐步适应低温发酵的要求。

b. 接种时间：每次扩大培养均采用对数生长期后期的种子液接种，一般泡沫达到最高将要回落时为对数生长期。

c. 注意及时通风供氧：从斜面原种至卡氏罐为实验室扩大培养阶段，应注意每天定时摇动容器，达到供氧目的；从汉森罐至酵母繁殖槽为生产现场扩大培养阶段，应定时通入无菌压缩空气供氧。

（4）啤酒酿造工艺

①工艺流程：

原料大麦→清洗→分级→浸渍→发芽→干燥→麦芽及辅料粉碎→糖化→过滤→麦汁煮沸→麦汁沉淀→麦汁冷却→接种→酵母繁殖→主发酵→后发酵→过滤→包装→杀菌→贴标→成品。

②啤酒发酵过程：冷却麦芽汁入酵母繁殖槽，接种6代以内回收的酵母泥5%（或扩大培养的种子液），控制品温6~8℃，好氧培养12~24h，待起发后入发酵池（罐）进行主发酵。在整个啤酒发酵过程中，酵母利用葡萄糖除了产生乙醇和CO_2外，还生成乳酸、乙酸、柠檬酸、苹果酸和琥珀酸等有机酸，同时有机酸和低级醇进一步聚合成酯类物质；经过麦芽中所含的蛋白酶将蛋白质降解成胨、肽后，酵母菌自身含有的氧化还原酶继续将低含氮化合物转化成氨基酸和其他低分子物质。这些复杂的发酵产物决定了啤酒的风味、泡持性、色泽及稳定性等各项指标，使啤酒具有独特的风格。

③发酵操作要点：

a. 主发酵：主发酵又称前发酵，可分为四个时期：入发酵池（罐）后4~5h，酵母菌产生的CO_2使麦芽汁饱和，在麦芽汁表面出现白色乳脂状气泡，称为起泡期此时不需人工降温，保持2~3d。随着发酵的进行，酵母菌厌氧代谢旺盛，使泡沫层加厚、温度升高，发酵进入高泡期。此时需开动冰水人工降温，最高发酵温度不超过9℃，保持2~3d。发酵5~6d后，泡沫开始回缩，颜色变深，称为落泡期。此时需开动冰水逐渐降温，维持2d。发酵7~

8d后，泡沫消退，形成泡盖（由酒花树脂、蛋白质多酚复合物、泡沫和死酵母构成），称为泡盖形成期。此时应急剧降温至4~5℃，使酵母沉降，并打捞泡盖，回收酵母，结束主发酵。

b. 后发酵：后发酵的主要作用是使残糖继续发酵，促进CO_2在酒液中饱和；同时利用酵母内酶还原双乙酰。

3. 葡萄酒

葡萄酒是由新鲜葡萄或葡萄汁通过酵母发酵作用制成的一种低酒精含量饮料。葡萄酒质量的好坏与葡萄品种及酒母关系密切。因此在葡萄酒生产中葡萄品种、酵母菌种选择很重要。

（1）葡萄酒酵母　葡萄酒酵母在植物学分类上为子囊菌纲的酵母属，啤酒酵母种。广泛用于酿酒、酒精、面包等生产中，各酵母的生理特性、酿造副产物、风味等有很大的不同。优良的葡萄酒酵母应具备以下特点：除葡萄本身的果香外，酵母也应产生良好的果香与酒香；能将葡萄汁中所含糖完全降解，残糖在4g/L以下；具有较高的对二氧化硫的抵抗力；具有较高的发酵能力，可使酒精含量达到16%以上；具有较好的凝聚力和较快的沉降速度；能在低温（15℃）或酒液适宜温度下发酵，以保持果香和新鲜清爽的口味。

葡萄酒酵母除了用于葡萄酒生产以外，还广泛用于苹果酒等果酒的发酵。世界上一些葡萄酒厂、研究所和有关院校优选和培育出各具特色的葡萄酒酵母亚种和变种，如我国张裕7318酵母、法国香槟酵母、匈牙利多加意（Tokey）酵母等。

葡萄酒酵母繁殖主要是无性繁殖，以单端（顶端）出芽繁殖。在条件不利时也易形成4个子囊孢子。子囊孢子为圆形或椭圆形，表面光滑，在显微镜下（500倍）观察，葡萄酒酵母常为椭圆形、卵圆形，一般为（3~10）μm×（5~15）μm，细胞丰满，在葡萄汁琼脂培养基上，25℃培养3d，形成圆形菌落，色泽呈奶黄色，表面光滑，边缘整齐，中心部位略凸出，质地为明胶状，很易被接种环挑起，培养基无颜色变化。

（2）葡萄酒酵母的制备

①葡萄酒酵母的来源：

a. 利用天然葡萄酒酵母：葡萄成熟时，在果实上生存有大量酵母，随果实破碎酵母进入果汁中繁殖、发酵，可利用天然酵母生产葡萄酒。此酵母为天然或野生酵母。

b. 选育优良的葡萄酒酵母：为保证发酵顺利进行获得优质的葡萄酒，利用微生物方法从天然酵母中选育优良的纯种酵母。

c. 酵母菌株的改良：利用现代科学技术（人工诱变、同宗配合、原生质体融合、基因转化）制备优良的酵母菌株。

②实际生产酵母扩大培养：

a. 天然酵母的扩大培养：利用自然发酵方式酿造葡萄酒时，每年酿酒季节的第一罐醪液一般需较长时间才开始发酵，这第一罐醪液起天然酵母的扩大培养作用。它可以在以后的发酵中作为种子液添加。

b. 纯种酵母的扩大培养：斜面试管菌种接种到麦芽汁斜面试管培养、活化后扩大10倍进入液体试管培养，后扩大12倍进入三角瓶培养，后扩大12倍进入卡氏罐培养，后扩大24倍左右进入种子罐培养制成酒母。

c. 活性干酵母的应用：酵母生产企业根据酵母的不同种类及品种，进行规模化生产（生产、培养工业用酵母等)，然后在保护剂共存下，低温真空脱水干燥，在惰性气体保护下包装成商品出售。这种酵母具有潜在活性，故称为活性干酵母。活性干酵母使用简便、易储存。

(3) 红葡萄酒的传统发酵　酿制红葡萄酒一般采用红葡萄品种。我国酿造红葡萄酒主要以干红葡萄酒为原酒，然后按标准调配成半干、半甜、甜型葡萄酒。

葡萄酒的传统发酵工艺流程如图 11-1 所示。

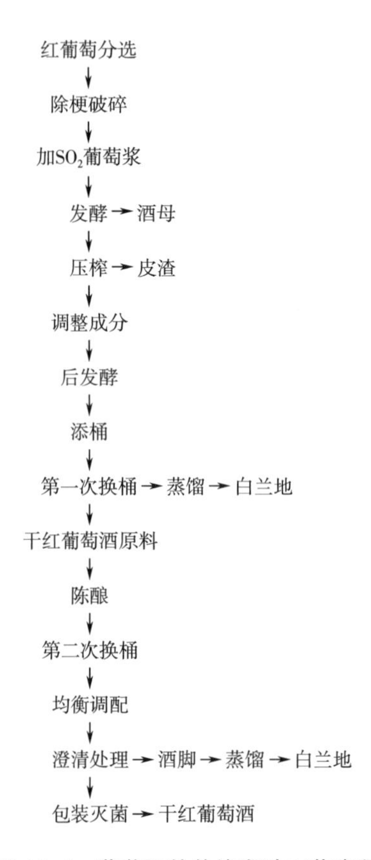

图 11-1　葡萄酒的传统发酵工艺流程

(4) 发酵工艺操作要点

①前发酵 (主发酵)：葡萄酒前发酵主要目的是进行酒精发酵、浸提色素物质和芳香物质。前发酵进行的好坏是决定葡萄酒质量的关键。红葡萄酒发酵方式按发酵中是否隔氧可分为开放式发酵和密闭式发酵。发酵容器过去多为开放式水泥池，近年来逐步被新型发酵罐所取代。接入酵母 3~4d 后发酵进入主发酵阶段。此阶段升温明显，一般持续 3~7d，控制最高品温不超过 30℃，在 25℃左右进行。当发酵液的相对密度下降到 1.020 以下时，即停止发酵，出池取新酒。

②后发酵：后发酵目的是使残糖继续发酵。前发酵结束后，原酒中还残留 3~5g/L 的糖分，这些糖分在酵母作用下继续转化成酒精与 CO_2。后发酵在葡萄酒酿造中有以下作用：a. 澄清作用：前发酵得到的原酒，还残留部分酵母及其他果肉纤维悬浮于酒液中，在低温中缓慢发酵，酵母及其他成分逐渐沉降，后发酵结束后形成沉淀即酒泥，使酒逐步澄清。b. 陈

酿作用：新酒在后发酵过程中，进行缓慢的氧化还原作用，并促使醇酸酯化。乙醇和水的缔合排列，使酒的口味变得柔和，风味上更趋完善。c. 降酸作用：有些红葡萄酒在压榨分离后诱发苹果酸-乳酸发酵，对降酸及改善口味有很大好处。

后发酵过程中需要注意后发酵的管理。一是补加 SO_2。前发酵结束后，压榨得到的原酒需补加 SO_2，添加量（以游离计）为 30~50mg/L；二是注意温度控制。原酒进入后发酵容器后，品温一般控制在 18~25℃。若品温高于 25℃，不利于新酒的澄清，给杂菌繁殖创造条件；三是隔绝空气及卫生管理。后发酵的原酒应避免与空气接触，工艺上常称为隔氧发酵。后发酵的隔氧措施一般在容器上安装水封前发酵的原酒中含有糖类物质、氨基酸等营养成分易感染杂菌，影响酒的质量。正常后发酵时间为 3~5d，但可持续 1 个月左右。

二、霉菌与食品制造

霉菌的应用历史非常悠久，早在古代，人们就会酿酒、制酱。随着社会的进步以及微生物学的发展，霉菌的优良特性已引起食品界的关注，霉菌也已广泛应用于乳制品、肉制品、果蔬制品等，在酿造食品行业中，霉菌也越来越受到人们的关注。中国是世界上食用和生产发酵调味品最早和最多的国家，其生产历史悠久，源远流长，酱油、食醋、酱、腐乳等是人们日常生活中经常食用的调味品，它们不仅具有基础调味、改善色香味的作用，还有一定的保健功效，其特有的风味和品质是多种微生物长时间共同作用的结果，在实际的发酵生产过程中，除了主导发酵菌株之外，霉菌是酿造过程中常用的微生物，对其产生的风味和品质起着一定的作用。

（一）酱油

酱油是我国传统发酵的豆制品，是一种常用调味品，以蛋白质原料和淀粉质原料为主，经微生物发酵酿制而成。酱油中含有多种调味成分，有酱油的特殊的香味、食盐的成味、氨基酸钠盐的鲜味、糖及其他糖醇物质的甜味、有机酸的酸味等，还有天然的红褐色色素。我国是世界上最早利用微生物酿造酱油的国家，据记载我国自周朝开始就有酱油的生产，后传到日本等国家，成为世界范围内受欢迎的调味品之一。

1. 酱油酿造中的微生物

（1）酱油生产主要用菌（米曲霉和酱油曲霉）　在酱油发酵过程中，对原料发酵成熟的快慢、成品颜色的浓淡以及味道的鲜美有直接影响的霉菌是米曲霉（*Aspergillus oryzae*）和酱油曲霉（*Aspergillus sojae*）。米曲霉是一类产复合酶的菌株，是曲霉属里的一个种，米曲霉菌丛一般呈黄绿色，成熟后为黄褐色。分生孢子头呈放射形，顶囊呈球形或瓶形，小梗般为单层。分生孢子呈球形，平滑，少数有刺。最适培养温度为 30℃左右，最适 pH 为 6.0 左右。我国酱油厂制曲大都使用米曲霉，其中使用最广泛的是由上海酿造科学研究所生产的沪酿 3042 号米曲霉（即中科 AS3951 米曲霉）。

米曲霉能分泌复杂的酶系，可分泌胞外酶（蛋白酶、α-淀粉酶、糖化酶、果胶酶、纤维素酶等）和胞内酶（氧化还原酶等）。这些酶类和酱油品质和原料利用率关系最密切的是蛋白酶和淀粉酶。

酿造酱油对米曲霉的要求有：不产黄曲霉毒素、蛋白酶和淀粉酶活力高、生长快速、培养条件粗放；抗杂菌能力强、不产异味、酿造酱油香气好。

（2）酵母菌　酱醅中的酵母菌有 7 个属 23 个种，其中对酱油风味和香气的形成起重要作用的是鲁氏酵母（*Saccharomyces rouxii*）和球拟酵母（*Torulopsis berlese*）。

鲁氏酵母是酱油酿造中的主要酵母菌。耐盐性强，抗高渗透压，在含食盐5%～8%的培养基中生长良好，在18%食盐下仍能生长，维生素、泛酸、肌醇等能促进它在高食盐浓度下生长。

（3）乳酸菌　酱油中的乳酸菌是一些耐盐乳酸菌，其代表菌有嗜盐片球菌（*Pediococcus halophilus*）、酱油微球菌（*Micrococcus sauce*）等。这些乳酸菌耐乳酸能力弱，因此，不会因产过量的乳酸使酱醅中的pH过低而造成酱醅质量变坏。适量的乳酸是构成酱油风味的因素之一。

（4）其他微生物　在酱油酿造中除上述优势微生物外，酱油曲和酱醅中还存在其他一些微生物，如毛霉（*Mucedo*）、青霉（*Penicillium*）、产膜酵母（Film yeast）、枯草芽孢杆菌（*Bacillus subtilis*）、小球菌（*Micrococcus*）等。若制曲条件控制不当或种曲质量差时，这些微生物会大量生长，不仅消耗曲料的营养成分，使原料利用率下降，而且使酶活力降低，产生异臭，造成酱油浑浊，风味下降。

在酱醅的发酵阶段，由于食盐的加入和氧气量的减少，米曲霉生长几乎完全停止，而耐盐性的乳酸菌和酵母菌等大量生长为优势菌群。在发酵初始阶段，乳酸菌大量繁殖，菌体浓度增高，酱醅pH开始下降，同时发酵产生乳酸，乳酸是形成酱油芳香和风味物质的重要成分之一。当pH下降到4.9左右，耐盐鲁氏酵母菌生长旺盛，酱醅中的酒精含量达到2%以上，同时生成少量的甘油等，也是酱油风味物质的重要来源之一。在发酵后期，随着糖浓度降低和酱醅的pH下降，鲁氏酵母自溶，酯香型的球拟酵母繁殖和发酵活跃，生成酱油芳香物质。

2. 酱油酿造原理

酱油酿造过程中，利用微生物产生的蛋白酶将原料中的蛋白质水解成多肽、氨基酸，成为酱油的营养成分以及鲜味的来源。另外，部分氨基酸的进一步反应，与酱油香气、色素的形成有直接的关系。因此蛋白质原料与酱油的色、香、味、体的形成有重要关系，是酱油生产的主要原料。一般选用大豆、脱脂大豆作为蛋白质的原料，也选用其他代用原料，如蚕豆、绿豆、花生饼等。

3. 酱油的生产工艺

《齐民要术》中最早记载了以大豆为原料，经霉菌作用而制成酱油的方法，酱油这一名称最早在宋代开始使用。明代万历年间，酱油生产技术随鉴真大师从福建传入日本后，逐渐扩大到东南亚和世界各地。目前，我国按照酿造工艺不同，将酱油分为低盐固态发酵酱油和高盐稀态发酵酱油两类。

低盐固态发酵酱油是目前广大酱油生产厂家普遍采用的一种生产工艺，具有发酵周期短、成品风味好、香味浓、色泽呈红褐色、透明澄清、原料利用率高、出品率稳定及生产成本低等优点。该工艺采用了前期“水解”和后期“发酵”这两个显然不同的生产阶段，从而解决了该工艺中“有利于蛋白酶、淀粉酶的水解而不利于酵母菌、乳酸菌作用”的矛盾。

①工艺流程：

蒸料→冷却接种→培养→成曲→拌盐水→入池→倒池封面→前期水解→倒醅→后期发酵→酱醅成熟→浸淋→头油→调配→灭菌→冷却沉淀→质量检验→灌装成品。

②工艺要求：制曲过程通常是采用人工接种米曲霉或混合霉菌的方法来获得高品质的酱曲。制曲时应控制前期温度32~35℃，有利于菌体生长；后期温度控制28~30℃，有利于蛋白酶的生成。

（二）豆酱

豆酱与酱油相似，具有独特的色、香、味、形，是人们日常生活中不可或缺的调味品，也是传统佐餐品。豆酱主要以大豆、面粉为原料，经过米曲霉为主的微生物发酵制成的一种风味独特的半固体黏稠状的调味品，其营养丰富、滋味鲜美，极易被人体吸收。此外，豆酱作为传统的大豆发酵食品，还具有一定的功能性。研究表明，豆酱具有预防肝癌、抑制血清胆固醇上升、抑制脂肪肝积蓄、去除放射性物质、降血压、抗氧化等功效。

1. 豆酱生产所用菌种

制曲是酱类酿造的关键环节，优良的菌种是生产优质产品的重要保证。豆酱生产所用的菌种一般为霉菌，包括米曲霉（*Aspergillus oryzae*）、黑曲霉（*Aspergillus niger*）、酱油曲霉（*Aspergillus sojae*）和高大毛霉（*Mucedo*）等。目前大多数厂家选用米曲霉和黑曲霉，这类菌种适合固态制曲工艺，产生的中性蛋白酶活力较高，菌种具有生长繁殖快、原料利用率较稳定等特点。

2. 豆酱生产工艺

①制曲工艺流程：

大豆→洗净→浸泡→蒸煮→冷却→与面粉混合→接种种曲→厚层通风培养→大豆曲。

②制酱工艺流程：

大豆曲→发酵容器→自然升温→加第一次盐水→酱醅保温发酵→加第二次盐水及盐→翻酱→成品。

（三）腐乳

腐乳是中国独创的调味品，在世界发酵调味品中独树一帜。腐乳是一类以霉菌为主要菌种的大豆发酵食品，是我国著名的具民族特色的发酵调味品之一。它起源于民间，植根于民间，并以其独特的工艺、细腻的品质、丰富的营养、鲜香可口的风味而深受广大群众的喜爱。

第四节　微生物菌体食品

由于微生物繁殖速度很快，而且可以进行工业化生产，因而可以在短时间内获得大量的菌体。这些菌体，有的含有丰富的营养物质，本身就是珍贵的食品。

一、食用真菌

食用菌（edible fungi，edible mushroom）是指可被人类食用的一类大型真菌，它具有肉质或胶质的子实体。这些菌类在现代生物分类学上属于真菌界的真菌门子囊菌亚门盘菌纲（Discomycetes）、担子菌亚门层菌纲（Hymenomycetes）和腹菌纲（Gasteromycetes），因为它们都是体形较大、肉眼可见的菌类，所以又称大型真菌或高等真菌。据统计，我国的食用菌至少有 350 种。人们所熟悉的有香菇、蘑菇、平菇、草菇、木耳、银耳、茯苓、灵芝、羊肚菌、牛肝菌等。

（一）食用菌的形态结构

食用菌的形态多种多样，但以伞状为多。伞菌一般由菌盖、菌柄及菌丝体等部分组成。菌丝体呈须状，是营养器官，它的主要功能是分解基质，吸收营养；菌柄是菌盖的支持部分；菌盖是食用菌的主要繁殖器官，也是我们食用的主要部分。

（二）食用菌的营养价值

食用菌之所以被称为珍贵食品，主要是因为食用菌含有丰富的蛋白质氨基酸和维生素等营养成分在食用菌中，蛋白质含量比一般蔬菜、水果要高得多。鲜蘑菇中的蛋白质含量为 3.5%，是大白菜的 3 倍多。故蘑菇在世界上被认为是“优质蛋白质来源”，并有“素中之荤”的美称。

食用菌富含多种生物活性物质，主要包括：食用菌多糖、抗氧化维生素、萜类化合物以及核酸降解物，对调节机体代谢、改善营养平衡和提高免疫力等方面具有重要作用。食用菌多具有抗氧化功能，能够清除体内自由基，增强机体免疫力、抑制细菌和病毒感染。食用菌多糖能够刺激巨噬细胞和淋巴 T 细胞的释放，激活机体的免疫系统，促进免疫因子的生成和释放，并且可以通过对免疫系统的调节间接抑制肿瘤。食用菌含有丰富的抗氧化维生素，如烟酸、B 族维生素和维生素 D 原等，这些抗氧化维生素能够消除体内自由基、增强机体免疫力。食用菌中最重要的活性物质是三萜类化合物，也是灵芝等药用菌类发挥药效的主要成分，三萜类化合物能够降低血脂、保护肝脏，具有镇静和止痛的功效，对于心血管、神经系统以及免疫系统都具有较强的调节功能。此外，食用菌所含的环磷酸核苷酸属于核酸降解物，能够有效地抑制细胞生长和分化，因此被广泛应用于治疗牛皮癣、冠心病等疾病。

（三）食用菌菌体生产

目前食用菌生产采用子实体固体栽培和菌丝体液体发酵两类。前者适用于农村、城镇的大面积栽培，后者为工厂在人工控制条件下的发酵罐液体深层培养。

1. 子实体固体栽培方法

（1）制种　一般制作三个层次的菌种：一级种是菌种，一般采用试管生产，用马铃薯葡萄糖琼脂培养基制作；二级种一般采用玻璃广口瓶生产，采用木屑米糠或棉籽壳培养基；三级种一般采用广口瓶，近年来大量使用塑料袋代替广口瓶生产三级种，可节约生产成本。

（2）制作菌棒（或菌袋）　将培育成熟、菌龄适宜的三级种接种于已准备好的段木或配制好的培养料上。接种后应注意堆码高度控制温度 25℃左右，并注意控制湿度。

（3）子实体培育　当菌棒、菌袋长满菌丝后，就可控制温度、湿度（相对湿度达 80%～95%），加强光照（自然光线），促进子实体原基形成并长大。当子实体充分长大尚未弹射孢子或刚开始弹射孢子时即可采收、干制。

2. 发酵罐液体培养

液体培养获得的食用菌的菌丝体可作为人类蛋白质食品、调味品等，并用其制备各种药物和提取有用的多糖类等代谢产物，制成各种口服液和其他保健品。

工艺流程：

保藏菌株→[斜面菌种]→[摇瓶种子]→[种子罐]→[繁殖罐]→[发酵罐]→[过滤]→菌丝体和滤清液→[提取（抽提、浓缩、透析、离心、沉淀、干燥）]→[深加工成为成品]。

采用发酵法生产食用菌能节省时间、劳力，并且菌龄一致，可实现大规模工业化生产。

二、单细胞蛋白

日常生活中常见的单细胞蛋白（single cell protein，SCP）主要为酵母菌体蛋白。在食品领域，单细胞蛋白主要作为营养强化剂和调味剂使用。由于酵母细胞富含蛋白质、维生素以及微量元素等营养物质，将其作为食品添加剂可有效提高食品的营养价值，如在面包、馒头和饼干等以淀粉为主要原料的食品中添加酵母菌体蛋白，能够使产品的营养成分更全面，更符合人体的营养需求。核酸类物质是二代味精的重要成分，酵母菌细胞中的核酸类物质占细胞干重的比例接近10%，因此，以自溶的酵母菌细胞制成的酵母膏或酵母浸出粉作为食品添加剂，不仅能够改善产品的营养组成，还具有提升产品风味的功效，例如在豆制品、膨化食品和加工肉类食品等产品中添加酵母浸出物，能够显著提升产品的风味和浓郁感。

（一）SCP培养原料

单细胞蛋白培养原料包括糖蜜、亚硫酸盐纸浆废液、谷氨酸发酵废液、稻草、稻壳、玉米芯、木屑等水解液，天然气、乙醇、甲醇、乙烷烃等。乳制品生产中的乳清也是培养酵母的很好原料。啤酒生产中的废渣也可以培养酵母菌作为饲料。总之，食品厂的许多废渣、废液均可以作为培养酵母菌的材料，以达到综合利用的目的。作为酵母菌体的工业化培养，大多采用深层通气培养法可以得到良好的效果，菌体的收获和处理方法是根据应用目的而确定的，若作为饲料可用粗制品，若作为食品或医药就需要精细的处理。

（二）SCP生产工艺

用糖蜜为原料利用啤酒酵母液体深层通气法生产SCP，工艺流程如下：

糖蜜→[水解（加硫酸、水）]→[中和（石灰乳）]→[澄清]→[流加糖液（配入硫酸铁、尿素、磷酸、碱水）]→[发酵（酒母、通入空气）]→[分离（去废液）]→[洗涤（加水）]→[压榨]→[压条]→[沸腾干燥]→[活性干酵母]。

发酵条件：发酵时间为12h，温度30~32℃，糖蜜浓度1.5~5.5°Bé，pH 4.2~4.4，发酵残糖（0.1~0.2）g/100mL，通风量（120~163）m^3/（h·m^3）。将压榨酵母加入水、植物油拌和后，切块、包装即为鲜酵母；而将压榨酵母保温自溶经离心喷雾干燥，可制成药用酵母粉。将压榨酵母压条后，经沸腾干燥，可制成活性干酵母粉。

三、益生菌剂

微生态调节剂包括益生菌（probiotics）、益生元（prebiotics）和合生元（synbiotics）三类。益生菌能够影响机体的新陈代谢，对于改善乳糖不耐受症、减缓急性湿疹症状以及预防结肠癌的发生具有一定作用；益生菌能够在肠道中长期生存，并持续产生一些代谢物，这些代谢物部分能够刺激人体免疫系统释放更多的免疫蛋白，帮助提高人体免疫力，部分能够抑制或激活人体相应的酶，从而影响人体自身代谢物的合成，如通过抑制胆固醇的合成帮助人体降低血浆中的胆固醇浓度；另外，益生菌寄生于肠道中，能够抑制有害菌群的生长，从而起到调节体内微生态的作用，对于预防和辅助治疗腹泻、便秘、消化不良以及细菌感染等疾病具有重要意义。目前可用于食品添加或者制成菌剂的益生菌主要包括：双歧杆菌属、乳杆菌属和链球菌属中的部分菌株，其中仅鼠李糖乳杆菌、动物双歧杆菌、乳双歧杆菌和嗜酸乳杆菌能够应用于婴儿食品的添加。

微生态调节剂按剂型，可分为液体剂型、固体剂型、半固体剂型和气体制剂型四类；按成分，可分为菌体（包括活菌体、死菌体），代谢产物和生长促进物质三类；按用途分，即以保健和疾病防治两类。

第五节　微生物与食品添加剂的生产

天然食品添加剂来源主要有动物、植物、微生物。但是由于动植物的生产周期较长，生产效率低，受环境的影响大，而且提高动植物生产食品添加剂的手段较难实现。而微生物由于自身的特点使其在生产食品添加剂方面具有许多独到的优点：生产周期短、效率高；生产原料便宜，一般为农副产品，成本低；培养微生物不受季节、气候影响；微生物反应条件温和，生产设备简单；有较易实现的提高微生物产品质量和数量的方法。因此，通过微生物生产食品添加剂成为极具前途的产业。在此简介采用发酵法规模化生产的几种食品添加剂。

一、柠　檬　酸

柠檬酸（citric acid）又称枸橼酸，是发酵法生产的最重要的、食品工业中用量最大的有机酸，在饮料、果酱、果冻、酿造酒、冰淇淋和人造奶油、腌制品、罐头食品、豆制品及调味品等食品工业中被广泛用作酸味剂、增溶剂、缓冲剂、抗氧化剂、除腥脱臭剂、螯合剂等，所以它被称为第一食用酸味剂。

柠檬酸生产原料包括淀粉质原料（甘薯、马铃薯、木薯、山芋等）、糖质原料（甘蔗和甜菜糖蜜）和正烷烃类（石油）原料，我国1968年以薯干为原料利用深层发酵法生产柠檬酸，至20世纪70年代中期柠檬酸工业已初步实现规模化，迄今已成为世界上仅次于美国的柠檬酸生产大国。

（一）生产菌种

工业上用于柠檬酸发酵的菌种包括曲霉、青霉、毛霉、木霉、解脂假丝酵母和细菌，但以曲霉为主。如黑曲霉（*Aspergillus niger*）、泡盛曲霉（*Aspergillus awamori*）、文氏曲霉（*Aspergillus wentii*）、宇佐美曲霉（*Aspergillus usamii*）等。其中以黑曲霉和文氏曲霉产酸能力较强。目前利用黑曲霉Co827液体深层发酵产酸率达14%以上，转化率95%以上，发酵周期64h；而利用黑曲霉Co860发酵产酸率达20%，转化率95%，发酵周期96h。此两种菌以薯干为原料，具有糖化力高、产酸力强、能耐高浓度的柠檬酸、发酵液中产物单一等特点。近年来，又实现了以正烷烃为碳源利用解脂假丝酵母PC71、B74等连续发酵生产柠檬酸。

（二）发酵机制

黑曲霉细胞内存在三羧酸循环和乙醛酸循环。为了大量累积柠檬酸，采取诱变改造菌种或在培养基中加入亚铁氰化钾（要加得适时适量），使顺乌头酸酶活力丧失或减弱，以阻断该酶（亚铁氰化钾与酶的Fe^{2+}生成络合物）的催化反应，这是积累柠檬酸的关键。葡萄糖经EMP途径生成丙酮酸在有氧条件下，一方面在丙酮酸脱氢酶作用下氧化脱羧生成乙酰CoA，另一方面在丙酮酸羧化酶作用下羧化（CO_2固定反应）生成草酰乙酸，乙酰CoA与草酰乙酸在柠檬酸合成酶作用下缩合生成柠檬酸。

（三）柠檬酸发酵菌种培养

1. 菌种扩大培养方法

根据最终获得黑曲霉菌丝体或孢子的不同，可分为麸曲种扩大培养和孢子种扩大培养两种方式。

（1）麸曲种扩大培养　用固体醅培养黑曲霉菌丝体，类似于我国白酒生产中的制曲。此法在我国柠檬酸生产中较为普遍。其优点是成本低、操作简便。麸曲中的孢子不单独收集，包含了菌丝体和孢子的曲块均用于发酵的种子。麸曲种扩大培养的过程如下：

原种→斜面种→茄子瓶种→麸曲种（菌丝体）。

（2）孢子种扩大培养　孢子种的一级扩大培养多采用固体斜面培养基，二级种和三级种的扩大培养多采用液体表面培养，最后将表面培养得到的菌膜干燥，收集黑曲霉干孢子备用。孢子种扩大培养的过程如下：

原种→斜面种→三角瓶液体种→金属器皿液体种→孢子种。

2. 生产用菌种的质量要求

显微镜下观察，菌丝呈菊花状小球，球体直径为25~100μm，菌球数量为（1~2）$\times10^4$个/mL，培养物应无杂菌污染，种龄18~30h，pH 2.0~2.5，滴定酸度为1.5%~2.0%。

（四）柠檬酸发酵工艺流程（以薯干粉为原料的液体深层发酵为例）

柠檬酸的发酵方式分液态发酵和固态发酵两大类。目前世界各国多采用液体深层发酵法，以薯干粉或糖蜜生产柠檬酸。固态发酵以薯渣为原料采用浅盘培养法生产柠檬酸。

1. 工艺流程

薯干粉→调浆（加水、α-淀粉酶）→液化→冷却→发酵（加黑曲霉种子培养液、通无菌空气）→发酵液→提取（过滤、中和、酸解分离）→柠檬酸液→精制（离子交换净化、浓缩结晶、干燥）→包装→成品。

2. 工艺要点

薯干经粉碎，加水调浆，α-淀粉酶液化成为液化醪后，与黑曲霉种子培养液同时进入发酵罐，于34~35℃保温发酵90~100h，薯干粉发酵的总用糖一般为140~160kg/m^3，柠檬酸产量为120~155kg/m^3，对糖的转化率达93%~97%。将成熟发酵液过滤去除菌体，所得滤液先用石灰水或碳酸钙中和制成柠檬酸钙，再用硫酸处理形成硫酸钙从而使柠檬酸分离，经活性炭脱色、树脂净化后，真空浓缩结晶，干燥包装即为成品。

二、苹 果 酸

L-苹果酸（malic acid）广泛存在于生物体中，是生物体三羧酸循环的成员，它在很多水果中是占优势的酸。微生物产生苹果酸的能力也早已被人们所认识，早在1928年，就有学者报道，在培养黄曲霉（*Aspergillus. flavus*）时，有少量苹果酸伴随琥珀酸和富马酸产生。1931年有报道，在丛花青霉的表面培养液中，生成的有机酸钙相当于耗糖的1/4，其中大部分是苹果酸钙。在蔗糖为碳源的黑曲霉发酵液中，除生成大量的柠檬酸之外，也有少量苹果酸生成。

（一）苹果酸发酵菌种

许多微生物都能产生苹果酸，但能在培养液中积累苹果酸并适合于工业生产的，目前仅限于少数几种，大致有：用于一步发酵法的黄曲霉（*Aspergillus flavus*）、米曲霉（*Aspergillus oryzae*）、寄生曲霉（*Aspergillus parasiticus*）；用于两步发酵法的华根霉（*Rhizopus chinensis*）、无根根霉（*Rhizopus arrhizus*）、短乳杆菌（*Lactobacillus brevis*）；用于酶转化法的短乳杆菌（*Lactobacillus brevis*）、大肠杆菌（*Escherichia coli*）、产氨短杆菌（*Brevibacterum ammoniagenes*）、黄色短杆菌（*Brevibacterium flavum*）。

（二）苹果酸发酵工艺

苹果酸发酵工艺有一步发酵法、两步发酵法、酶转化法。

1. 一步发酵法

以糖类为发酵原料，用霉菌直接发酵生产L-苹果酸的方法称为一步发酵法。

（1）菌种　一步发酵法采用黄曲霉A-114生产苹果酸。

（2）种子培养　将保存在麦芽汁琼脂斜面上的黄曲霉孢子用无菌水洗下并移接到装有100mL种子培养基的500mL三角瓶中，在33℃下静置培养2~4d，待长出大量孢子后，将其转入种子罐扩大培养，接种量为5%。种子罐的培养基与三角瓶培养基的组成相同，只是另外添加0.4%（体积分数）泡敌（聚醚）。种子罐的装液量为70%，罐压0.1MPa，培养温度33~34℃，通风量0.15~0.3m^3/（m^3·min），培养时间18~20h。

（3）发酵　发酵罐的装液量为70%，接种量10%，罐压0.1MPa，培养温度33~34℃，通风量0.7m^3/(m^3·min)，转速180r/min搅拌40h左右。发酵过程中由自动系统控制滴加泡敌，防止泡沫产生过多。当残糖在1%以下时，终止发酵，产苹果酸7%。

2. 二步发酵法

二步发酵法是以糖类为原料，由根霉菌发生成延胡索酸（富马酸）和苹果酸的混合物，然后接入酵母或细菌，将混合物中的富马酸转化为苹果酸。前一步称富马酸发酵，后一步称转换发酵。当华根霉6508发酵4~5d后，培养基中再接入10%膜醭毕赤酵母3130培养5d，苹果酸对糖的产率可达62.5%。

3. 酶转化法

酶转化法是国外用来生产L-苹果酸的主要方法。酶转化法是以富马酸盐为原料，利用微生物的富马酸酶转化成苹果酸（盐）。酶转化法可分为游离细胞酶法、固定化细胞酶法。

（1）游离细胞酶转化法　酶转化方法在pH 7.5含18%富马酸的溶液中接入2%湿菌体，于35℃、150r/min条件下转化24~36h。转化率达90%以上。

（2）固定化细胞酶转化法　目前，研究得最多的是以产氨短杆菌或黄色短杆菌为菌种，将化学法合成的富马酸钠作为底物，进行固定化细胞生产苹果酸。使用固定化细胞易于生成与苹果酸难以分离的琥珀酸。因此，细胞被固定以后必须经化学试剂处理，以防止这种副反应的发生。采用固定化技术必须注意以下几个问题：①细胞被固定前富马酸酶活力要高。当富马酸酶活力较高时，即使固定化细胞的酶活力有所下降，仍可以保证有较高的转化力；②使用的固定化方法对酶的损害应较小，细胞被固定后能保持较高的酶活力；③细胞被固定后不应引起副反应的发生；④固定化细胞应有高度的操作稳定性。

三、维 生 素 C

维生素 C（vitamin C）（L-抗坏血酸）是人类不可缺少的营养物质，也是食品重要的营养强化剂、抗氧化剂，同时也是重要的医药制品。20 世纪 70 年代，我国发明二步发酵法生产维生素 C 提高了产品产量，降低了成本，使我国成为维生素 C 生产和出口大国。

（一）发酵菌种

第一步发酵中所用菌种为生黑葡萄糖酸杆菌（*Gluconobacter melagenus*），简称黑醋菌，最常用的生产菌株为 R-30，其主要特征是：细胞椭圆至短杆状，革兰氏染色阳性，无芽孢，大小为（0.5~0.8）μm×（1.0~2.2）μm。端生草根鞭毛运动，菌落边缘整齐，微显浅褐色。生长最适温度为 33~35℃，氧化 D-山梨醇的发酵收率可达 98%以上。

第二步发酵采用的菌种为由大、小两株细菌组成的混合菌种。小菌为氧化葡萄糖酸杆菌（*Gluconobacter oxydans*），大菌可采用巨大芽孢杆菌（*Bacillus megateriam*），称 2980 菌；或蜡状芽孢杆菌（*Bacillus cereus*），称 152 菌；或浸麻芽孢杆菌（*Bacillus macerans*），称 169 菌。也可采用其他一些杆菌与小菌混合培养。但工业上使用最多的是 2980 及 152 菌混合菌。氧化葡萄糖酸杆菌的主要特征为：细胞椭圆至短杆状，革兰氏染色阳性，无芽孢。30℃ 培养 2d 后大小为（0.5~1.7）μm×（0.6~1.2）μm，单个或成对排列。在葡萄糖培养基上生长极微弱，甘露醇培养基上生长良好；氧化葡萄糖酸杆菌的主要特征为：细胞椭圆至短杆状，革兰氏染色阳性，无芽孢。30℃ 培养 2d 后大小为（0.5~1.7）μm×（0.6~1.2）μm，单个或成对排列。在葡萄糖培养基上生长极微弱，甘露醇培养基上生长良好。

（二）发酵机制

以葡萄糖为原料，采用弱氧仁醋酸杆菌（*Acetobacter suboxydans*）或生黑葡萄糖酸杆菌（*Gluconobacter melanogenes*）先将山梨醇氧化成 L-山梨糖，再利用氧化葡萄糖酸杆菌（*G. oxydans*）和巨大芽孢杆菌将 L-山梨糖氧化为 2-酮基-L-古龙酸，后者在碱性溶液中得到烯醇化合物，加酸后直接转化为 L-抗坏血酸。反应式如下：

$$\text{D-葡萄糖} \xrightarrow{+H_2\text{（加压）}} \text{D-山梨醇} \xrightarrow{\text{弱氧醋酸杆菌}} \text{L-山梨糖} \xrightarrow{\text{氧化葡萄糖酸杆菌}} \text{2-酮基-L-古龙酸}$$

$$\text{2-酮基-L-古龙酸} \longrightarrow \text{烯醇式 L-古龙糖酸} \longrightarrow \text{L-抗坏血酸}$$

（三）维生素 C 生产工艺流程（以二步发酵法为例）

第一步发酵：将弱氧化醋酸杆菌的二级种子转移至含有梨醇、玉米粉、磷酸盐、碳酸钙等组分的发酵培养基中，于 28~34℃ 发酵，得到的山梨糖发酵液经低温灭菌作为第二步发酵的原料。

第二步发酵：氧化葡萄糖酸杆菌和巨大芽孢杆菌的二级种子转移至含有第一步发酵液的培养基中，在 28~34℃ 条件下混菌发酵 60~72h，再将发酵液浓缩经化学转化和精制获得维生素 C。在利用氧化葡萄糖酸杆菌与巨大芽孢杆菌进行第二步发酵中，前者为产酸菌，单独传代培养时存活率及产酸能力较低，后者为伴生菌，虽本身不产酸，但混菌发酵时能使前者产酸能力显著提高。

四、黄 原 胶

微生物多糖由细菌、酵母菌和霉菌产生，故又称细菌多糖和真菌多糖。依据多糖在微生物细胞上存在的位置不同，可将其分为胞内多糖、胞壁多糖和胞外多糖。根据多糖分子结构的组成不同，也可将其分为同型多糖和异型多糖（又称杂多糖）。由细菌产生的多糖大多是荚膜和黏液层。产生的多糖种类有 20 余种，其中可大量生产的是黄原胶（xanthan gum）。

黄原胶是由黄单胞菌发酵产生的一种高分子胞外酸性异质多糖，是由 2 分子 D-葡萄糖、2 分子 D-甘露糖和 1 分子 D-葡萄糖醛酸组成的“五糖重复单元”聚合体。黄原胶作为乳化剂、增稠剂、稳定剂、悬浮剂、保湿剂等被广泛用于食品工业中，将它用作风味面包、调味料的乳化剂，用作饮料的果肉良好悬浮剂，淀粉食品的填充剂和稳定剂，牛乳、酸奶、冰淇淋、冰牛乳、冰冻食品的稳定剂或增稠剂，高温焙烤食品的保湿剂等。

（一）生产菌种

黄单胞菌属（*Xanthomonas*）中甘蓝黑腐病黄单胞菌（*Xanthomonas campestris*），又称野油菜黄单胞菌，在甘蓝提取物和人工培养基中发酵产生具有相同化学组成的多糖。目前我国已筛选的菌株有甘蓝黑腐病黄单胞菌 B-1459、N. K-01（南开大学）、S-152（山东大学）、008、NRRL、L_4和 L_5（中国科学院微生物研究所）等。这些菌株为 G-杆菌，产荚膜，在琼脂培养基平板上形成黄色黏稠菌落，液体培养可形成黏稠的胶状物。

（二）生产原料

碳源为 D-葡萄糖、蔗糖、葡萄糖浆、玉米糖浆或淀粉等，其起始质量分数一般为 2%～5%。氮源为蛋白胨、鱼粉、豆粕粉等，也可用硝酸盐或铵盐。无机盐为 $KHPO_4$、$MgSO_4$、$CaCO_3$微量元素有 Fe^{2+}、Mn^{2+}、Zn^{2+}。为促进菌体生长，还需提供含维生素的玉米浆和酵母膏。此外，研究表明，谷氨酸、柠檬酸、延胡索酸可促进黄原胶的生物合成。

（三）发酵工艺控制

1. 摇瓶发酵

接种量 1%～5%，旋转式摇床转速 220r/min，培养温度 28℃，发酵 72h 左右。发酵结束，黄原胶产酸能力为 20～30g/L，对碳源的转化率为 60%～70%。

2. 大罐发酵

由于培养基黏度高，需要高速搅拌和多级通气发酵的高通风量，一般为 0.6～1.0m/(m^3·min)。接种量 5%～8%，于 28～30℃发酵 72～96h。又因产生大量的酸性黄原胶，使发酵液 pH 下降至 5.0 以下，导致黄原胶产量急剧下降，故须加入磷酸盐缓冲液或用 KOH 控制发酵液 pH 维持在 7.2 左右，有利于生产菌株将全部糖源分解殆尽。

五、红 曲 色 素

红曲米是中国传统的药、食两用品。红曲产地分布于我国福建、浙江、广东、江苏和台湾等地，其中福建省是我国红曲主要产地，以古田红曲尤为著名。它是用红曲霉菌在大米中培养发酵而成，内含可作为食品添加剂的红曲色素、具有降脂作用的莫纳可林K等生物活性组分，在中国已有上千年的安全食用历史。

红曲色素是由红曲霉的菌丝产生的胞外色素。它分为三种结晶体：橙红色针状结晶、黄色片状结晶和紫红色针状结晶，分别称为红色色素、黄色色素和紫色色素。

红曲色素的特性：

①溶解性和着色性能好：在中性或藏性水溶液中溶解性较好，82%的乙醇溶液中溶解性最好。

②对热稳定：120℃、10min仍保持良好稳定性；在一定pH的水溶液和醇溶液中保持较好的稳定性。在pH 5~10的水溶液和pH 3~11的醇溶液中可保持稳定的红色。

③耐光性良好：醇溶性红曲色素对紫外光相对稳定；对Ca^{2+}、Mg^{2+}、Fe^{2+}、Cu^{2+}等金属离子具有较好稳定性。

④安全性高：小白鼠经口饲几乎无毒，腹腔注射LD_{50}为7g/kg。

由于红曲色素色泽鲜红，又具有上述优良特性，因而作为着色剂用于腐乳、蛋糕、鱼、肉、饮料、食醋、黄酒、配制酒等制作中。近年来研究发现，红曲霉的某些种能产生被称为红曲素（monacolin）的生理活性物质。经大量动物和临床试验表明，此类物质具有降血糖和阻碍胆固醇合成作用，若在血液中注射或口服一定量红曲素，对糖尿病和高胆固醇症有一定预防和治疗效果。

（一）生产菌种

生产曲霉色素的菌株常用的红曲霉有8种，包括黄色红曲霉（*Monascus ruber*）、紫色红曲霉（*Monascus purpureus*）、烟色红曲霉（*Monascus fuliginosus*）、安卡红曲霉（*Monascus anka*）、巴克红曲霉（*Monascus harker*）、锈红红曲霉（*Monascus rubiginosus*）、变红红曲霉（*Monascus serorubosecens*）、发白色红曲霉（*Monascus albidus*）。其中红色红曲霉和安卡红曲霉是我国生产红曲色素和红曲米的重要菌株。

（二）生产工艺

红曲的生产有固态发酵、液体发酵法、聚乙烯醇固定化红曲霉发酵生产法、半连续发酵法。

1. 固态法红曲色素生产工艺

固态法红曲色素又称红曲米或红米。它是利用红曲霉在蒸熟的米饭上繁殖后，经浸曲、烘干等工艺而制成的紫红大米。其生产工艺流程如下：

籼米→浸渍→蒸饭→摊晾→接种→曲房堆积培菌→通风制曲培养→出曲干燥。

操作要点说明：浸渍，吸水量在28%~30%；蒸饭，熟透但不烂，无白心；接种，接入液体红曲种，接种量0.5%~1.0%，温度控制在30℃左右；曲房堆积培菌，时间在16~22h；制曲培养：定期翻曲，定期喷水，温度在30~40℃，培养时间7~8d；出曲干燥的干燥温度在45℃以内，将水分降低至12%以下。

2. 液体发酵法

液体发酵法生产红曲红色素的生产工艺流程主要包括菌种培养、发酵、色素提取、分离和干燥等。

（1）菌种培养　选取少量完整、红透的红曲米，用酒精消毒后，在无菌条件下研磨粉碎，加到盛有无菌水的小三角瓶中，用灭菌脱脂棉过滤，使滤液中的菌体在20~32℃下活化24h。然后，取少量菌液稀释后涂平板，在30~32℃下培养，使其形成单菌落。再将红曲霉菌移至斜面培养基上。斜面培养繁殖7d后，再以无菌水加入斜面，将菌液移接于液体培养基中，在30~32℃及160~200r/min下旋转式摇瓶培养72h。

①斜面培养基：可溶性淀粉3%，饴糖水93%（6°Bé），蛋白胨2%，琼脂3%，pH 5.5，压力0.1MPa，灭菌时间20min。

②种子培养基：淀粉3%，硝酸钠0.3%，KH_2PO_4 0.15%，$MgSO_4 \cdot 7H_2O$ 0.10%，黄豆饼粉0.5%，pH 5.5~6.0，压力0.1MPa，灭菌时间30min，温度30~32℃，转速160~200r/min，培养时间72h。

③发酵摇瓶培养基：淀粉3%，硝酸钾0.15%，KH_2PO_4 0.15%，$MgSO_4 \cdot 7H_2O$ 0.10%，pH 5.5~6.0，压力0.1MPa，灭菌时间30min，温度30~32℃，转速160~200r/min，培养时间72h。

（2）操作要点　发酵发酵周期一般为50~60h，总糖分为45%~55%，残糖可控制在0.13%~0.25%。淀粉质量分数为5%时所获得色素浓度最高，残糖量最低，菌体干物质最多。当淀粉质量分数为5%及含有$NaNO_3$0.15%时，菌体细胞生长极为旺盛，菌体细胞数量增多。但是淀粉质量分数超过菌体生长极限时，残糖量增加，不仅造成原料浪费、周期延长，而且会令色素提取困难。红曲霉菌是好气性菌株，其细胞的生长与色素的生成都需要足够的氧气。因此，提供足够的溶解氧是很重要的，但通气量不宜过大，以免动力消耗过大。重金属离子特别是铁离子对菌体细胞原生质有毒害作用，通常铁离子质量浓度在μg/L级时就可以大大降低色素的产量。

将发酵液先行压滤或离心分离，滤渣用70%~80%的乙醇进行多次浸提，所得滤液与发酵液分离后所得澄清滤液合并，回收酒精后喷雾干燥。在喷雾干燥时往往添加适量辅料用作色素载体，并有利于干燥操作的进行。

3. 聚乙烯醇固定化红曲霉发酵生产法

在无菌条件下先将红曲霉种子培养液与三倍体积的含0.6%海藻酸钠的6%聚乙烯醇（PVA）溶液均匀混合，通过注射器注入含1%$CaCl_2$的5%硼酸固定液中，制成直径3mm的颗粒。浸泡4h以上，滤出固定化颗粒，用生理盐水洗三次后将固定化颗粒转入含发酵培养基的三角摇瓶中，30℃、180r/min于旋转摇床上避光培养。采用PVA为载体的固定化细胞颗粒机械强度高，产色素高，尤其通过添加活性炭解除产物抑制作用后，固定化细胞发酵产色素比游离细胞提高90.4%。

4. 半连续发酵法

将在30℃培养6d的斜面红曲霉（*Monascus purpureus*）用无菌水制备菌悬液，然后接种摇瓶培养，在30℃、180r/min的条件下，培养48h。培养液中的葡萄糖初始浓度为90g/L，发酵48h后流加30g/L的葡萄糖母液，发酵时间共72h。流加发酵比不流加发酵对照工艺的色素质量分数增加24.3%。

CHAPTER 12

第十二章 微生物与食品腐败变质

随着人们对微生物的认知，微生物与食品的关系越来越密切。微生物不但能够生产各种美味食品（酒类、焙烤食品、乳酸发酵食品等），也能够利用食品中营养组分导致食品发生腐败变质。自然界的微生物种类繁多，由于食品理化性质、所处环境条件及加工处理等因素的影响，存在于食品中的微生物仅是自然界微生物很小的一部分。食品中微生物主要包括用于生产食品的微生物（如酵母菌、乳酸菌、醋酸杆菌等）、腐败微生物（如细菌、霉菌）及食源性病原微生物（沙门氏菌、副溶血性弧菌、大肠杆菌等）。除食源性病原微生物外，存在于食品中的微生物（非致病微生物）一般不会引起人类疾病，但其中一部分为腐败菌能够导致食品腐败变质。食品腐败变质与微生物种类及数量、食品本身特性、环境因素等关系密切。食品是否发生腐败以及腐败的程度取决于各因素之间相互作用的结果。

第一节　食品的腐败变质

一、食品腐败变质与发酵

1. 食品腐败变质

腐败狭义上是指食品中的蛋白质受到腐败细菌产生的蛋白质分解酶的作用而被分解，依次向低分子化合物降解下去，生成各种有毒物质（如有毒的胺）和不愉快气味物质的过程。

腐败广义上是指动植物组织由于微生物的侵入和繁殖而被分解，从而转变为低级化合物的过程。有时厌氧菌分解碳水化合物、脂肪产生乙酸、丙酮、丁醇、异丙醇等具有异味的物质，这种分解作用称为酸败。

变质是物理、化学或生物因子的作用使食品的化学组成和感官指标等品质发生改变的过程。一般是指有害的变化，有时也泛指有益或有害的变化。

食品的腐败变质一般是指食品在一定的环境因素影响下，由微生物为主的多种因素作用下所发生的食品失去或降低食用价值的过程，包括食品成分和感官性质的各种变化。由微生物污染所引起的食品腐败变质是最为普遍和重要。

2. 发酵

发酵狭义上是指微生物在无氧条件下分解碳水化合物（蔗糖、淀粉类等）产生各种有机酸（乳酸、乙酸等）和乙醇等产物的过程。

发酵广义上是指人类利用微生物或微生物的成分（如酶等）等生产各种产品的有益过程。只要是利用微生物生产的产品，均属于发酵的范围。由发酵而生产的食品称为发酵食品。

3. 食品腐败变质与发酵的关系

食品腐败变质与发酵都属于变质过程，二者都是在微生物为主的作用导致食品变质。食品腐败变质使食品失去组织性状以及色、香、味，导致食品产生厌恶感、降低食品营养、引起中毒或潜在性危害，甚至会危及人的生命安全。而发酵则是人类利用微生物生产符合卫生要求、具备食品各种特性的食品的有益过程。

二、食品腐败微生物的污染源及污染途径

（一）食品腐败微生物的污染源

食品污染是指食品受到有害物质的侵袭，致使食品的质量安全性、营养性或感官性状发生改变的过程，分为物理性污染（如放射性物质的污染）、化学性污染（如重金属盐类、农药残留及工业“三废”等污染）和生物性污染（如由微生物、寄生虫和昆虫等污染）。微生物污染是引起食品腐败变质最主要的原因，也是最重要的卫生问题之一。食品的微生物污染是指食品在加工、运输、储藏、销售过程中被一种或多种微生物的污染。这些微生物主要有细菌、霉菌以及它们产生的毒素等。食品在原料、生产、加工、储藏、运输、销售、消费等各个环节，都不可避免地以各种方式与环境发生接触，导致食品直接或间接地被污染，除大部分腐败菌外，有些还是致病菌。

1. 土壤

土壤是微生物的大本营，也有微生物天然培养基之称，土壤中的微生物数量可达 10^7 ~ 10^9CFU/g。这主要是因为土壤具备了各种微生物繁殖、生长所需要的营养、水分、空气、酸碱度、渗透压和温度等条件。在地面下 3~25cm 是微生物最活跃的场所。土壤微生物种类，非常复杂。其中细菌占有比例最大，其次是真菌、藻类和原生动物。各种微生物含量之比大体有呈现这样一个规律：细菌（约为 10^8）、放线菌（约为 10^7，孢子）、霉菌（约为 10^6，孢子）、酵母菌（约为 10^5）、藻类（约为 10^4）、原生动物（约为 10^3）。土壤中的微生物除自身繁殖生长外，来自于空气、水及人和动物的排泄物也能导致土壤微生物数量及种类的变化。动物性食品及植物性食品的原料生产过程都会与土壤接触，因此，食品都会受到土壤中微生物污染的可能。

2. 水

自然界中湖泊、池塘、河流、水库、港湾和海洋等水域中都存在大量的微生物。但因不同水域所含有机物、无机物、氧、有害物质、光照、酸碱度、温度、水压、流速、渗透压和生物群体等存在一定差异，其各种水域中微生物种类和数量也存在一定差异。一般来说，水中有机物含量越多，水中微生物数量也就越大。

（1）淡水型水域的微生物　在湖泊、池塘、河流、水库等淡水中，若按其中有机物含量的多少及其与微生物的关系，可分为两类。

①有机物含量低的水域主要是清水型水生微生物，这类微生物以化能自养微生物和光能自养微生物为主，常见微生物如：硫细菌、铁细菌、蓝细菌和光合细菌等，有时贫营养细菌或寡营养细菌等少量异养微生物也可生长。

②含有大量外来有机物的水域，如流经城镇的河水、下水道污水、富营养化的湖水、被污染的水库等。在流入大量有机物的同时还夹带入大量腐生细菌，所以这里水域微生物主要是腐败型水生微生物，含菌量可达到 10^7 ~ 10^8CFU/mL，常见微生物主要有各种肠道杆菌、芽孢杆菌、弧菌和螺杆菌等。

在较深的江河、湖泊及水库等淡水生境中，因溶氧量、光线、温度、压力等的差异，微生物呈明显规律：在阳光充足和溶氧量大沿岸区或浅水区，适宜蓝细菌、光合藻类和好氧性微生物的生长；在光线微弱、溶氧量少和硫化氢含量较高深水区，只有某些厌氧光合细菌（紫色和绿色硫细菌）和一些兼性厌氧菌可以生长；在严重缺氧的污泥组成的湖底区，只有一些厌氧菌才能生长。

（2）海水型水域微生物　海水的含盐量一般为3%左右，因此在海洋中微生物主要是一些嗜盐的细菌，一般最适盐度为3.3%~3.5%，必须在含盐量为2%~4%的环境中才能生存。海水中微生物种类主要是一些藻类以及细菌中的某些发光细菌、弧菌属、假单胞菌属、无色杆菌、黄杆菌、微球菌属、芽孢杆菌属等。

海洋微生物分布伴随着海水深度有着明显的垂直分布规律。光线充足，水温高的透光区非常适合多种海洋微生物生长。在海平面 25m 以下直至 200m 间的无光区存在一些微生物。位于 200~6000m 深处，黑暗、寒冷和高压的深海区只有少量微生物存在。而黑暗、寒冷和超高压超深渊海区只有极少数耐压菌才能生长。

虽然水中微生物种类及数量不如土壤中多，但是二者中栖息的微生物有很多共同之处。土壤微生物在风的作用下进入空气，下雨时候进入水中。地表面的水流入水中，也可以把土壤微生物带入水中。同时水中的微生物通过灌溉等方式也会进入土壤。通过这样周而复始的循环使水和土壤中的微生物在很大程度上相同。但是像交替单胞菌是需要在海水中生长的水生微生物在土壤中无法存留。同时土壤中的那些不耐盐的微生物在海水中也不能生存。总的来看，来自于同类型的水产品带有的微生物种类和数量也会存在很大差异。

3. 空气

微生物不能在空气中生长，只能以浮游状态存在于空气中。主要是空气中不含有微生物生长繁殖所必需的各种营养物和其他生存条件，并且日光中的紫外线还有强烈的杀菌作用。但是空气中的确存在一定数量的微生物，空气中的微生物主要为霉菌、放线菌的孢子和细菌的芽孢及酵母。空气中微生物主要是来源于土壤、生物体和水体等的微生物。因此，不同环境条件，其空气中所含微生物数量和种类存在一定差异。一般来说，不同地区、同一地区不同季节，空气中微生物也会有差异。环境卫生条件好，微生物数量和种类就少，反之，微生物数量就多。如在医院及公共场所的空气中，微生物种类多、数量大；含尘埃越多或越贴近地面的空气，其中的微生物含量就越高。

以气溶胶的形式存在空气中的微生物是动植物病害的传播、发酵工业中的微生物污染以及工农业产品的霉腐、食品腐败等的重要根源之一。在食品等相关工业，往往会通过空气过滤、灭菌（如 UV 照射、甲醛熏蒸）等方式减少菌源、尘埃源，降低生产环境中微生物的数量。因此，环境空气中的微生物会在食品运输、加工等过程中均有可能污染食品。

4. 原料及辅料

（1）植物性原料　植物的果实和茎叶表面是微生物的良好生境，且健康的植物果实和茎叶在生长期与自然界广泛接触，因此在植物果实和茎叶体表存在大量的微生物。在植物产品中能保留的微生物具有能够附着在植物表面、能够在植物表面获得其所需的营养、不易被洗去等特点，所以收获后的植物性原料一般都含有其原来生活环境中的微生物。常见的与植物相关的病原菌如短小杆菌、棒杆菌、假单胞菌、黄单胞菌等属和几个霉菌属的植物真菌病原菌，还有酵母菌。

一般来说，植物组织内部应该是无菌或仅有极少数菌，但有时外观看上去是正常的水果或蔬菜，其内部组织中也可能存在某些微生物。研究报道表明在苹果、桃子、樱桃等组织内存在酵母菌等微生物。植物组织染病后，其内部会存在大量的病原微生物，这些病原微生物是在生长过程中通过根、茎、叶、花、果实等不同途径侵入植物组织内部的。加工制成的果蔬汁由于原料本身带有微生物、加工过程中再次感染，其中必然存在大量微生物。果汁的酸度高、pH 低（2.4~4.2），糖度较高（600~700g/L），因此，在果汁中生存的微生物主要是一些耐酸、耐高渗的微生物，如酵母菌、某些霉菌和极少数的细菌。在加工过程中，粮食经过洗涤和清洁处理，籽粒表面上的部分微生物可被除去，但在加工过程中可能导致二次污染。

（2）动物性原料　健康畜禽的免疫系统，能有效防御和阻止微生物的侵入及其扩散，一般来说，心、肝、肾等正常机体组织内部是无菌的，但畜禽体表、被毛、呼吸道、消化道等器官总存在一定微生物。动物皮毛上含有大量的微生物，如动物被毛、皮肤微生物数量可达 $10^5 \sim 10^6$CFU/cm^2，粪便微生物数量可达 10^7CFU/g，反刍动物瘤胃中微生物的数量可达 10^9CFU/g。如果屠宰过程中卫生管理不恰当，畜禽体表微生物、病畜禽携带的微生物就可以通过屠宰、挤乳等过程污染到肉或乳中。例如对于乳牛，若操作不当，鲜乳中微生物的类型很大程度上与牛乳房上的微生物以及动物生存环境中的微生物的群落一致。正常的禽蛋内部本应是无菌的，但是微生物经常在鲜蛋中存在。禽蛋中微生物污染的来源与卵巢内微生物（如雏沙门菌、鸡沙门菌等）、排泄腔（生殖道）内微生物及环境中的微生物。刚生产出来的鲜乳总是会含有一定数量的来源于乳房内微生物，特别是乳头管及其分支常生存着特定的乳房菌群（微球菌属、链球菌属、乳杆菌属等）。患乳房炎牲畜，乳房内还会含有引起无乳链球菌、化脓棒状杆菌、乳房链球菌和金黄色葡萄球菌等病原菌。鱼类体表、鳃、消化道内都有一定数量的微生物。一般情况下，活鱼体表附着的细菌有 $10^2 \sim 10^7$CFU/cm^2，肠液中细菌数为 $10^5 \sim 10^8$CFU/mL。因此，刚捕捞的鱼体所带有的细菌主要假单胞菌属、黄色杆菌属、无色杆菌属、产碱杆菌属、气单胞菌属和短杆菌属等来源于水中微生物。

5. 食品生产者

食品生产者的皮肤、毛发、口腔、消化道、呼吸道、手以及外套都会带有大量微生物，且这些种类和数量与食品生产者所在微环境和栖息特性有密切关系。这些微生物主要来自土壤、水、尘埃和与生产者有关的其他环境。在食品加工过程，如果生产不带口罩、不按规定消毒，其携带微生物就会污染食品，给食品腐败变质带来极大危害。

6. 昆虫

植物生长、动物饲养过程中和食品的运输、加工、储藏、销售等过程中，都可能会与相应昆虫接触。昆虫携带的大量微生物会污染食品，从而导致食品腐败变质。

7. 加工机械及设备

食品加工过程涉及的各类加工机械设备本身不适合微生物生产和繁殖。加工过程中食品的汁液或颗粒黏附于内表面，若清洗、消毒不符合要求，这些残留食品组分能够给微生物生长繁殖提供营养，微生物就会繁殖生长，成为食品腐败变质微生物的污染源。

8. 包装材料

如果处理不当，各种包装材料也会含有一定数量的微生物，如塑料包装材料常带有电荷会吸附灰尘及微生物。包装前不进行处理，这些微生物就会污染食品，导致食品腐败变质。

（二）食品腐败变质微生物的污染途径

食品在生产、加工、储藏、运输、销售以及食用过程中都可受到微生物的污染，其污染的类型有两大类。

1. 内源性污染

内源性污染（第一次污染）是指凡是作为食品原料的动物、植物在生活过程中，由于本身带有的微生物而造成食品的污染，称为内源性污染。例如：果蔬在生长阶段，其表面就会存在的大量微生物；畜禽在生活期间，其体表、消化道、呼吸道存在的微生物。

2. 外源性污染

外源性污染是食品在生产加工、运输、储藏、销售、食用过程中，通过水、空气、人、动物、机械设备及用具等使食品发生微生物污染。其污染途径有以下几个。

（1）通过水污染　水是食品加工过程中不可缺少的物质，水是很多食品的原料或配料成分，冷却、冰冻、食品原料及设备清洗也需要大量用水。地表水和地下水等天然水源不仅是微生物的污染源，也是微生物污染食品的主要途径。在食品生产加工过程中，如果生产用水不符合要求，就会导致微生物污染；此外即使水源符合卫生标准，若使用方法不当也会导致微生物的污染范围扩大。如在畜禽类屠宰过程中，畜禽体表、呼吸道、肠道内的微生物可通过用水的扩散而造成畜体之间的相互感染。生产用水如果被污染（如生活污水、医院污水或厕所粪便等），水中微生物种类发生变化、数量增加，用这种水进行食品生产会造成严重的微生物污染。

（2）通过空气污染　可能来自土壤、水、人及动植物的脱落物和呼吸道、消化道的排泄物中的微生物可随着灰尘、水滴的飞扬或沉降而污染食品。人体的口腔、呼吸道所含有的微生物，当有人咳嗽、打喷嚏或说话时均能直接或间接污染食品。如人在打喷嚏或说话时，1.5m 内为直接污染区。因此，暴露在空气中的食品被微生物污染是不可避免的。

（3）通过人及动物接触污染　从业人员个人卫生不当，在其手、衣帽会存有大量的微生物，这些微生物会通过皮肤、毛发、衣帽与食品接触而造成污染。在食品的加工、运输、储藏及销售过程中，如果被蝇、蟑螂、鼠等直接或间接接触，同样会造成食品的微生物污染。

（4）通过加工设备及包装材料污染　对于未经消毒或灭菌的加工食品的各种机械设备及包装材料总是会携带有一定数量的微生物，而这些微生物会通过食品的生产加工、运输、储藏、销售等过程中接触各种机械设备及包装材料被污染。使用不经消毒灭菌的设备越多，食品在加工过程中被微生物污染的机会也会越多。已经过消毒灭菌的食品，如果使用未经过无菌处理的包装材料，就会造成食品的再次污染。

（三）食品中微生物的消长

食品微生物消长现象是指食品中微生物在数量上出现增多或减少的现象。食品微生物的消长现象可以从加工前、加工过程中及加工后三个阶段进行分析。

1. 加工前

食品在加工前，无论是动物性原料或植物性原料，都已有不同程度的微生物污染，由于运输、储藏等原因，常造成食品污染机会的增多，这样就引起了原料中微生物不断增多的现象；虽然有些微生物污染食品后，因环境条件的不适应而引起了死亡，但是从所存在的微生物总数来看，一般并不见减少而只有增多。在新鲜鱼肉类和果蔬类食品原料中这一微生物消长特点表现比较明显，不管食品原料在加工前的运输和储藏等环节中采取了如何严格的卫生措施，但原料种养过程已被微生物污染，若不经过一定的灭菌处理它们仍会存在。因而，从食品加工前后来看，加工前原料食品中所含的微生物，无论在种类上还是数量上总是比加工后要多得多。

2. 加工过程中

食品加工过程中，有些条件如清洗、消毒、灭菌等对微生物的生存不利，可以使食品中微生物的数量明显下降，甚至可以使微生物完全清除。当然，原料污染的程度较为严重，会影响到加工过程中微生物的下降率。如果加工过程中卫生条件差，还会使食品加工过程中各个环节出现二次污染现象。但在一般卫生良好及生产工艺合理的条件下，只会少量污染。因而，食品中所含有的微生物的总数不会有明显的增多。当残存在食品中的微生物在加工过程中有生长繁殖机会时，就会导致微生物数量骤然上升。

3. 加工后

加工后的食品在储存过程中，微生物消长有两种情况：

①食品中残留的微生物或再度污染的微生物，在遇到适宜条件时，生长繁殖而导致食品变质。变质初期微生物数量会骤然增多，但当上升到一定数量时，就不再继续上升，相反的还会出现下降，这是由于微生物生长繁殖引起食品变质时，食品中营养被消耗，越来越不适宜微生物生长，所以到后期还会出现微生物数量的减少，甚至死亡。

②加工后的食品没有被再次污染，在加工后仅残留少数微生物，也得不到生长繁殖的适宜条件。因此，随着储藏日期的延长，微生物数量不断下降。

三、微生物引起食品变质的基本条件

虽然造成食品腐败变质的因素很多（例如：高温、高压和放射性物质的污染等物理因素；重金属、化肥、农药等化学性因素；啮齿动物、昆虫、寄生虫、微生物等生物性因素以及动植物体内本身的酶的作用）。原料自采收起，在运输、预处理、加工、储运、销售、消费等整个食物链中，所处的环节都可能导致微生物污染，如果条件适宜，食品很快就会发生腐败变质。因此，微生物是导致食品腐败变质的最为主要原因。

（一）食品理化性质

1. 食品营养组成

食品含有丰富的营养物质（如蛋白质、糖类、脂肪、无机盐、维生素和水分等），不仅可以满足人类对营养的需求，而且也是微生物的良好营养源。微生物污染食品后，在适宜的条件下容易在其中生长繁殖从而导致食品变质。不同食品因其含有的主要营养组分的差异，微生物导致其发生变质的机理不同。

（1）富含蛋白质的食品　肉类、鱼类、禽蛋类和豆制品等含有丰富蛋白质的食品，主要腐败特征是蛋白质的分解。

蛋白质+能分解蛋白质的微生物——→多肽——→氨基酸——→氨、胺、硫化氢等小分子化合物

在微生物产生的蛋白酶及肽水解酶作用下，蛋白质首先分解为肽，再分解为氨基酸。氨基酸在酶的作用下，会发生脱羧基、脱氨基、脱硫等反应，进一步被分解成有机胺、硫化酚、硫醇、吲哚、粪臭素、醛及各种碳氢类化合物等物质。该类食品变质的主要特征表现为：产生挥发性和特异性的恶臭味、颜色发生变化、组织变软及变黏、挥发性盐基总氮上升。

脱羧反应能是氨基酸脱羧基生成的碱性含氮化合物质（胺类），如胺、伯胺、仲胺及叔胺等具有挥发性及特殊的臭味。氨基酸种类不同其分解产物也不相同。络氨酸分解产生酪胺；组氨酸分解产生组胺；甘氨酸分解产生甲胺；色氨酸分解产生色胺；鸟氨酸分解产生腐胺；精氨酸分解产生色胺，进一步分解生成吲哚；甲硫氨酸等含硫氨基酸脱硫分解生产硫化氢、氨和乙硫醇等低分子化合物。氨基酸脱羧或脱硫产生的这些小分子化合物是蛋白质腐败产生的主要臭味物质。另外还存在氨基酸脱氨反应，氨基酸的氧化脱氨能够产生a-酮酸和羧酸，直接脱氨分解产生不饱和脂肪酸，还原脱氨分解产生有机酸。此外，细菌中的三甲胺还原酶能够使鱼贝类、肉类中正常成分（三甲胺氧化物）还原生产三甲胺。该反应过程需要有机酸、糖、氨基酸等供氢体满足细菌进行氧化代谢。

（2）富含碳水化合物的食品　食品中的碳水化合物主要有单糖、双糖、糖原、淀粉、半纤维素、纤维素等。一般来说水果、蔬菜、粮食和糖类及其制品含有碳水化合物较多。这类食品腐败变质的主要是酸败或者酵解。碳水化合物+分解该类物质的微生物——→有机酸+乙醇+气体等。食品中的碳水化合物能够被微生物产生的淀粉酶、糖化酶、纤维素酶等各种酶分解单糖、醇、醛、酮、羧酸、二氧化碳和水等低分子产物。有时会发生乙醇发酵、乳酸发酵、乙酸发酵等。该类食品腐败变质主要特征为酸度升高、产气，并稍带有甜味、醇类等气味。食品中碳水化合物种类不同，其分解产物（糖、醇、醛、酮及产气和水）也会有所改变。此外，果蔬中果胶会被微生物产生的果胶酶类分解，导致果蔬组织软化，甚至组织溃烂，给微生物的入侵和生产繁殖提供良好的条件，能够加速该类食品的腐败变质。

（3）富含脂肪的食品　富含不饱和脂肪酸特别是多不饱和脂肪酸的油脂或食品非常容易发生脂肪分解变质现象，并产生酸和特殊气味，这一脂肪变质过程称为酸败。

①水解型酸败：对于低级脂肪酸含量较高的油脂或食品，在其本身脂肪酶或微生物产生的脂肪酶作用下，使油脂水解，产生低分子游离脂肪酸、甘油、单酯酰或二酯酰甘油。$C_4 \sim C_{10}$的游离脂肪酸（如丁酸、已酸、辛酸等）具有特殊的臭味和苦涩滋味，导致油脂产生酸败臭。人造奶油、乳脂、椰子油、橄榄油、米糠油及富含短链脂肪酸甘油酯的油已发生水解型酸败。能够分解脂肪的微生物主要是霉菌，如曲霉属、白地霉、娄地青霉和芽枝霉属等，分解脂肪细菌不如霉菌多，主要有假单胞菌属、无色杆菌属、黄色杆菌属、产碱杆菌属和芽孢杆菌属中的某些种具有分解脂肪的特性。分解脂肪酵母菌的菌种不多，最常见的是解脂假丝酵母。

水解型酸败：食品中脂肪+脂肪酶——→脂肪酸+甘油+其他产物。

②酮型酸败：脂肪水解产生的饱和脂肪酸，在一系列酶的作用下氧化，最后产生有怪味的酮酸和甲基酮的结果。该类反应主要发生在饱和脂肪酸的α-碳位与β-碳位之间，又称β-

型氧化酸败，这里反应多是由微生物中的曲霉和青霉等产生的酶类所引起。食品或油脂若含有水和较多蛋白质时，较易引起该类酸败。

酮型酸败：饱和脂肪酸+微生物──→酮酸+甲基酮。

③氧化型酸败（油脂紫铜氧化）：食品或油脂中不饱和脂肪酸暴露在空气中，发生自动氧化，氧化产物经过一系列反应生成低级脂肪酸、醛、酮等，产生恶劣臭味及不良口味。这里反应是油脂及富含油脂食品变质的主要现象，主要发生在花生油、大豆油、橄榄油、茶籽油、玉米油等不饱和脂肪含量较高的油脂及食品中。加热，紫外线、放射线、金属物质、水分、脂肪酸不饱和度及油料残渣等能够促进该类反应。另外，食物中共存的维生素 C、维生素 E 等天然抗氧化物质及含量较高芳香化合物能够在一定程度上抑制该类反应。

氧化型酸败：食品中不饱和脂肪酸──→过氧化物──→低级的醛、酮、酸等。

由上可知，化学因素是引起脂肪变质的主要原因，但脂肪的变质也与微生物有着密切关系。该类食品变质主要特征为过氧化值及酸度上升，羰基（醛酮）反应阳性，具有特有的“哈喇”味，肉、鱼类食品脂肪会发生超期氧化变黄，鱼类还出现“油烧”现象。

2. 食品的基质条件

食品的基质条件，通常包括氢离子浓度（pH）、渗透压和水分含量等。

（1）食品 pH　食品 pH 高低是制约微生物生长、影响食品腐败变质的重要因素之一。各种食品都具有一定的氢离子浓度，其氢离子浓度不同，食品 pH 不同（表 12-1）。根据食品 pH 范围的特点，食品分为酸性食品和非酸性食品。pH 4.5 以上的食品属于非酸性食品，pH 4.5 以下的食品属于酸性食品。几乎所有的肉类、乳类及蔬菜及其加工制品都属于非酸性食品，绝大多数水果属于酸性食品，属于碱性食品较少。

表 12-1　　不同食品的 pH

动物食品	pH	蔬菜	pH	水果	pH
牛肉	5.1~6.2	卷心菜	5.4~6.0	苹果	2.9~3.3
羊肉	5.4~6.7	花椰菜	5.6	香蕉	4.5~5.7
猪肉	5.3~6.9	芹菜	5.7~6.0	柿子	4.6
鸡肉	6.2~6.4	茄子	4.5	葡萄	3.4~4.5
鱼肉	6.6~6.8	莴苣	6.0	柠檬	1.8~2.0
蟹肉	7.0	洋葱	5.3~5.8	橘子	3.6~4.3
虾肉	6.8~7.0	番茄	4.2~4.3	西瓜	5.2~5.6
牛乳	6.5~6.7	萝卜	5.2~5.5	草莓	3.0~3.5

微生物种类不同，其生长所需的 pH 不同（图 12-1）。微生物都存在其最适 pH、最小 pH 及最大 pH。而食品的 pH 一般在酸性到中性之间，非常适宜微生物的生长繁殖。大多数微生物最适生长 pH 在 7.0 左右，pH 越低的食品，适宜生长的微生物种类会越少。绝大多数细菌生长的最适 pH 为 6.5~7.5，非酸性食品适合于多数细菌生长；酵母菌生长最适 pH 为 4.0~5.8，霉菌最适生长 pH 3.0~6.0，酸性食品主要适合于酵母、霉菌和少数耐酸细菌的生长。因此，食品种类不同，导致其发生腐败变质的微生物不同。某些微生物分解食品中的糖

类产酸，结果引起食品的 pH 下降。某些微生物分解蛋白质产碱，结果导致食品的 pH 出现上升趋势。在含有糖和蛋白质的食品中，经常见到的现象是：首先是 pH 下降，而后出现上升。这种食品变质过程中酸和碱的积累会在一定程度上抑制微生物的活动，导致食品腐败变质过程微生物的种类和数量发生变化。

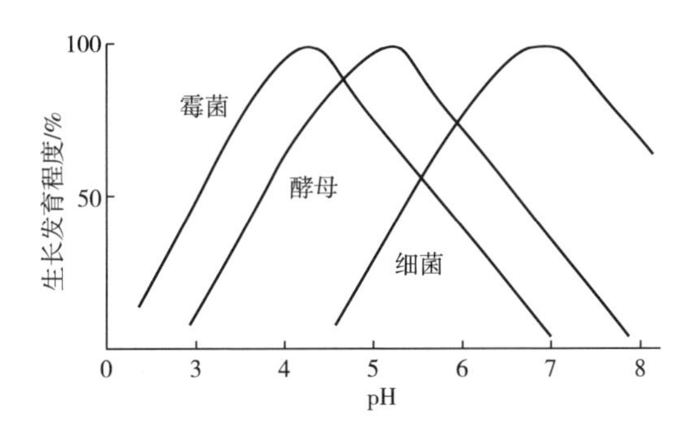

图 12-1 微生物生长与 pH 关系

（2）食品含水量 食品有固体状、半固体状和液体状之分，不同类型含水量存在较大差异。食品中的水分总是以结合水和游离水两种状态存在，而微生物只能利用游离水，因此，食品中含水量决定了微生物种类。一般来说，细菌较容易在含水量较多的食品中生产繁殖；酵母和霉菌能够在含水量较少的食品中繁殖。但有时会存在不同食品按照重量百分率来计算所得到的含水量有明显差别，但实际上能被微生物利用的水分浓度却是一致的。以细菌为例，有些食品的含水量为 60%时，细菌就不能生长，而有些食品的含水量则必须降至 40%时，细菌才不能生长。究其原因，在含有 60%水分的食品中，有较多的可溶性物质被溶解在水中，这样势必就会有较多的水分被可溶性物质夺去，微生物可利用的水分因此而减少；在 40%水分的食品中，虽然水含量较低，可是可溶性物质也较少，被微生物可利用的水分降低不多。又如，为了安全储藏食品，乳粉、大米、豆类、脱水蔬菜含水量应分别控制在 5%，13%，15%，14%以下。因此，水分含量并不能确切反映食品中能被微生物利用的实际含水量。

水分活度（A_w）是指食品在密闭容器内的水蒸气压（P）与纯水蒸气压（P_0）之比，其范围在 0~1。微生物在食品中生长繁殖取决于水分活度（表 12-2）。食品的 A_w 在 0.60 以下，微生物不能够生长繁殖。一般认为食品 A_w 在 0.65 以下对应的水分含量，是食品安全储藏的含水量。新鲜的果蔬、鱼、肉等 A_w（0.98~0.99）非常适合绝大多数微生物生长繁殖，若不采取合理的保藏措施或减低 A_w（0.60~0.70 以下），该类食品非常容易发生腐败变质。数据表明，干制食品（A_w 在 0.80~0.85）能够保存几天；A_w 在 0.72 左右，可以保存数月（2~3 月）；若 A_w 控制在 0.65 以下，能够保存数年（1~3 年）。

表 12-2 一般微生物生长繁殖的最低 A_w

微生物种类	生长繁殖的最低 A_w
革兰氏阴性杆菌，一部分细菌孢子和某些酵母菌	0.95~1.00
大多数球菌、乳杆菌、某些霉菌	0.91~0.95
大多数酵母菌	0.87~0.91

续表

微生物种类	生长繁殖的最低 A_w
大多数霉菌、金黄色葡萄球菌	0.80~0.87
大多数耐盐细菌	0.75~0.80
耐干燥霉菌	0.65~0.75
耐高渗透压酵母菌	0.60~0.65
任何微生物均不能生长	<0.60

一般来说微生物生长的 A_w 范围非常严格，但有些情况下，如温度、食品营养组分、氧气及抑制剂等都可以使得微生物生长的最适 A_w 发生变化。如霉菌处于最适温度时，其孢子的发育最低 A_w 可以比最适 A_w 低些。又如，兼性厌氧的金黄色葡萄球菌在无氧的条件下生长的最低 A_w 为 0.90，而在有氧的条件下其最适 A_w 可以为降低至 0.86。

食品中微生物的生长也会改变食品水分含量，导致其 A_w 发生变化。一种情况是微生物的呼吸产热会使水分蒸发而减少，导致原来能够生长的微生物不能够生长。另一种情况是微生物在其代谢过程中产生水分，这些水分有的是食品中结合水产生的，如枯草芽孢杆菌对淀粉的分解时就能够产生水分，会使得食品 A_w 升高，能够在食品中获得的微生物种类就有所变化。

（3）食品渗透压　食品种类不同，其渗透压也会不同。绝大多数微生物在低渗透压的食品中能够生长，在高渗透压的食品中，各种微生物的适应状况不同。在高渗溶液中大部分微生物会因脱水而亡，故这些微生物不能在高渗食品中生长繁殖。但也有些细菌具有较强的耐高渗能力。高度耐盐细菌最适宜在含有 20%~30% 食盐的食品中生长。这些细菌都能产生类胡萝卜素，所以菌落大都具有色素，如杆菌中的盐杆菌，球菌中的小球菌属等。中度耐盐细菌最适宜在含有 5%~10%食盐的食品中生长，如假单胞菌属、弧菌属、无色杆菌属、八叠球菌属、芽孢杆菌属和小球菌属，其中最突出的是盐脱氮微球菌和腌肉弧菌。低度耐盐细菌最适宜在含 2%~5%食盐的食品中生长，如假单胞菌属、无色杆菌属、黄杆菌属和弧菌属中的一些菌种。能在高度含糖食品中生长的细菌称为耐糖细菌，如肠膜明串珠菌等。引起高渗透压食品变质的酵母菌（如鲁氏酵母、蜂蜜酵母菌、异常汉逊氏酵母、膜蹼毕赤氏酵母等）常会引起高浓度糖分的糖浆、果酱、浓缩果汁等食品变质。引起高渗透压食品变质的霉菌（如灰绿曲霉、葡萄曲霉、咖啡色串孢霉、乳卵孢霉及芽枝霉属和青霉属等）能引起高渗透压食品变质。因此，多数霉菌和少数酵母能耐受较高的渗透压，绝大多数细菌不能在较高渗透压的食品中生长。

（二）食品完整性及食品的种类

食品完整性及食品的种类也是影响食品腐败变质的一个重要因素。

1. 食品完整性

食品完好无损，微生物难以入侵，则不易发生腐败变质，如果食品组织溃破或细胞膜碎裂，则易受到微生物的污染，容易发生腐败变质。

2. 食品的种类

一般不会腐败的天然食品及具有完全包装或固定储藏场所的食品，如粮食谷物、种子和无生命的原料如糖、淀粉和盐等，一般能够较好保藏，不易发生食品腐败变质。由于适当地处理和适当地储藏，相当长时间不腐败变质的天然食品及未包装的干燥食品，如柑橘、苹果和大多数块根类蔬菜等食品，也较易保藏，不易发生食品腐败变质。易腐败变质的食品是指不采取特别保存方法（冷藏、冷冻、使用防腐剂等）而容易腐败变质的食品，大部分天然食品属于这一类，例如畜禽类、鲜鱼、贝类、蛋类和牛乳等功物性蛋白食品，大部分水果和蔬菜等植物性生鲜食品，鱼、贝类及肉类的烹调食品、开过罐的罐头食品、米饭、面包和面类食品，鱼肉糊馅制品、馅类食品、水煮马铃薯、盒饭快餐、色拉类、凉拌菜等大部分日常食品。

（三）微生物的种类

理论上讲，对于一个彻底灭菌的食品，若储藏过程中不再受微生物污染，无论外部条件多适合微生物，食品也不会发生变质。因此，对于食品来讲，微生物的污染是导致食品发生腐败变质的根源。能引起食品发生变质的微生物种类很多，主要有细菌、酵母菌和霉菌。它们有的具有芽孢和非芽孢菌，有病原菌和非病原菌，有好气或厌气菌，有嗜热、嗜温和嗜冷菌。无论哪种微生物都是通过利用和分解食品中的组分（蛋白质、糖类、脂肪等营养物质）而引起变质。由于不同食品，其主要组分存在一定差异，所以，根据食品组分的特点能够大致推测引起食品变质的主要微生物类群。食品中占优势的微生物能产生选择性分解食品中特定成分的酶，从而使食品发生带有一定特点的腐败变质。食品种类不同，引起变质的微生物种类不同；环境条件不同，变质快慢程度不同；食品成分发生变化的同时，产生毒素或致病因子。

1. 细菌

食品中细菌生长或其所产生的酶类释放到食品环境中都会引起食品腐败变质。不同细菌分解产生不同酶类。

（1）分解蛋白质的细菌　一般来说，细菌具有分解蛋白质的能力，这类细菌多数是通过分泌胞外蛋白酶来完成。其中较强分解能力的属种有：芽孢杆菌属、梭状芽孢杆菌属、变形杆菌属、假单胞菌属、产碱杆菌属、黄杆菌属、肠球菌属、沙雷氏菌属等。如肉毒梭菌能引起罐藏食品腐败变质，假单胞菌、产碱杆菌、变形杆菌和黏质沙雷氏菌等能引起禽蛋腐败变质。另外，像葡萄球菌属、微球菌属、无色杆菌属、埃希氏菌属等细菌虽有蛋白质分解能力，但分解能力相对较弱。

（2）分解淀粉的细菌　有些细菌具有较强的淀粉分解能力，它们是通过分泌胞外淀粉酶来完成的。目前发现的细菌中具有淀粉分解能力细菌主要为芽孢杆菌属和梭状芽孢杆菌属，像枯草芽孢杆菌、马铃薯芽孢杆菌、地衣芽孢杆菌、巨大芽孢杆菌、蜡样芽孢杆菌、淀粉梭状芽孢杆菌等，这些细菌是导致米饭发酵、面包黏液化的主要菌种。对于细菌来说，大多数能够具有分解利用食品中糖的能力，特别是对一些单糖、双糖利用能力较强。同时，有些细菌还能够利用食品中有机酸及醇类，如某些乳酸菌、醋酸杆菌等。

（3）分解脂肪的细菌　一般分解蛋白质能力强的好氧性细菌，同时大多也具有脂肪分解能力。具有分解脂肪的特性细菌常见的有假单胞菌属、黄色杆菌属、无色杆菌属、产碱杆菌属、微球菌属、沙雷氏菌属和芽孢杆菌属。其中荧光假单胞菌分解脂肪能力较强。

（4）分解纤维素的细菌　虽然目前发现的分解纤维素的细菌比较少，但是芽孢杆菌属、梭状芽孢杆菌属、纤维素单胞菌属、八叠球菌属等微生物具有一定的纤维素分解能力。

(5) 分解果胶的细菌　主要有芽孢杆菌属、欧氏植病杆菌属、梭状芽孢杆菌属。

能够导致食品腐败变质的细菌种类和数量繁多，但从食品腐败变质角度讲，以下几个属应引起注意。

①假单胞菌属：革兰氏阴性无芽孢杆菌，需氧，嗜冷，pH 5.0下能够生长，是典型的腐败细菌，能够在肉、鱼等动物性食品及蔬菜中生产繁殖，极易导致食品腐败变质。

②微球菌属和葡萄球菌属：属于革兰氏阳性菌，嗜中温，对营养要求低。多见于动物性食品中，并使食品变色。

③芽孢杆菌属与梭状芽孢杆菌属：这类微生物分布比较广泛，尤其多见于肉和鱼中，嗜中温菌较多，是导致罐藏食品发生食品腐败变质主要微生物。

④肠杆菌科各属：除志贺氏菌属和沙门氏菌属外，这类菌多为腐败菌，革兰氏阴性，需氧及兼性厌氧，嗜中温菌，多见于水产品等动物性食品中。

⑤弧菌属与黄杆菌属：为革兰氏阴性兼性厌氧菌，主要生活在海水或淡水中，在低温和5%食盐中均能够繁殖生长。因此，会导致鱼类等水产品发生腐败变质。

⑥嗜盐杆菌属与嗜盐球菌属：革兰氏阴性需氧菌、嗜盐，能够在盐含量在12%甚至更高浓度的食品中生长。因此，可以导致咸鱼类食品腐败变质。

⑦乳杆菌属：革兰氏阳性杆菌，厌氧或微需氧，常会导致乳品发生腐败变质。

2. 霉菌

霉菌具有较强的分解利用有机物的能力，无论是蛋白质、脂肪、还是糖类，都有很多种霉菌能将其分解利用。像根霉属、毛霉属、曲霉属、青霉属等霉菌既能分解蛋白质，又能分解脂肪或糖类。造成食品腐败变质的霉菌以曲霉属和青霉属为主，根霉属和毛霉属的出现往往表示食品已经霉变。

(1) 具有蛋白质分解能力的霉菌　主要有曲霉属（黑曲霉、米曲霉、黄霉、红曲霉等）、青霉属（沙门柏干酪青霉、娄地青霉等）、根霉属、毛霉属（总状毛霉、微小毛霉）、木霉属等。

(2) 具有淀粉分解能力的霉菌　其中具有较强淀粉分解能力的有曲霉属、根霉属、毛霉属等。

(3) 具有脂肪分解能力的霉菌　以黑曲霉、白地霉、代氏根霉、娄地青霉和枝孢霉属等霉菌分解脂肪能力较强。

(4) 具有纤维素分解能力的霉菌　青霉属、曲霉属、木霉属等均具有较强纤维素分解能力，其中特强的分解纤维素能力常见霉菌为绿色木霉、康氏木霉和里氏木霉。

(5) 具有果胶分解能力的霉菌　曲霉属、毛霉属、枝孢霉属中的蜡叶枝孢霉等霉菌具有较强果胶分解能力。

(6) 具有醇类和有机酸的分解利用能力的霉菌　主要包括曲霉属、镰刀菌属和毛霉属等。

3. 酵母菌

酵母菌是人类利用最早的一类菌属，但与霉菌和细菌相比，该类菌对有机物的利用能力较差。多数酵母能够利用单糖或双糖，多数酵母具有利用有机酸的能力。

(1) 具有蛋白质分解能力的酵母菌　对于绝大多数酵母菌来说，其蛋白质的分解能力都比较弱。但毕赤酵母属、酵母属、红酵母属、汉逊酵母属、球拟酵母属、假丝酵母属等酵母能够在凝固的蛋白质缓慢生长，导致其分解。但在某些食品上，酵母菌没有细菌的竞争能力强，往往是细菌占优势。

（2）具有淀粉分解能力的酵母菌　一般来说，酵母菌不具备淀粉利用能力，目前发现仅有拟内孢霉属的个别种能使多糖分解。

（3）具有脂肪分解能力的酵母菌　具有脂肪分解能力酵母比较少，如解脂假丝酵母分解脂肪能力较强，但不具备糖类发酵能力。因此，有时候对于肉类食品、乳及乳制品中脂肪酸败可能是酵母而引起。

（4）具有果胶分解能力的酵母菌　具有果胶分解能力酵母菌数量极少，目前发现脆壁酵母有一定果胶分解能力。

（四）环境因素

影响食品变质的是多方面的，主要是温度、气体、湿度等因素影响食品生长繁殖的速度，从而对食品腐败变质有着重要的影响。

1. 温度

温度是影响食品质量变化最重要的环境因素之一，它对食品质量的影响主要表现：温度对食品化学变化的有影响、温度对食品酶促反应有影响、温度对微生物活力有影响、温度对鲜活食品（特别是果蔬）采收后呼吸作用有影响、温度对食品的水分含量及其水分活度等有影响。嗜温性微生物（细菌、酵母菌和霉菌）在20~40℃生长良好，能够快速生长繁殖，很容易引起食品腐败变质。但当食品处于高温或低温条件下也会有嗜热和嗜冷微生物生长，导致食品变质。

（1）低温　一般来说，低温对微生物的生长繁殖是不利的，尤其是冰点以下温度。当食品中的微生物处于冷冻状态时，细胞内的游离水分会形成冰晶，失去可以利用水分，A_w 下降，成为干燥状态，这样细胞内细胞质浓度增大会导致黏性增加，引起pH和胶体状态的改变。同时，冰晶的形成也会对微生物有一定的损伤。一般来说，20℃以下，微生物生长繁殖速度下降，菌体存货数量会下降。虽然低温对微生物的生长繁殖不利，但是微生物有一定适应性，因而对低温也有一定的抵抗力。因此，食品中在低温下（5℃左右）仍会有少量微生物生长，引起食品腐败变质。目前研究表明-10℃左右（甚至-20℃以下，最低温度为-34℃）仍会有少数嗜冷微生物繁殖生长。低温条件下微生物虽能生长，但并不是它们生长繁殖的最适温度，即它们生长繁殖的速度很慢，引起食品变质速度也较慢。低温下引起食品腐败变质的微生物主要有：

①革兰氏阴性无芽孢杆菌：假单胞菌属、黄杆菌属、产碱杆菌属、莫拉氏杆菌属、变形杆菌属、无色杆菌属、不动杆菌属等。

②革兰氏阳性菌：梭状芽孢杆菌属、芽孢杆菌属、乳杆菌属、微球菌属、小球菌属、链球菌属、肠球菌属（粪肠球菌）等。

③酵母菌：假丝酵母属、隐球酵母属、毕赤氏酵母属、丝孢酵母属、念珠菌属、红酵母属、圆酵母属等。

④霉菌：青霉属、毛霉属、葡萄孢属、枝孢霉属、芽枝霉属等霉菌等。不同微生物在食品中生长的最低温度见表12-3。一般认为，-10℃可抑制所有细菌生长，-12℃可抑制绝大多数霉菌生长，-15℃可抑制大多数酵母菌生长，-18℃可抑制所有霉菌与酵母菌的生长。所以，为了较好地防止微生物在食品中生长繁殖，食品最好保存在-18℃。

表 12-3　　食品微生物生长的最低温度

食品种类	微生物类型	最低生长温度/℃
肉类鱼	霉菌、酵母菌、细菌	-5~-1
鱼贝类	细菌	-7~-4
牛乳	细菌	-1~0
冰淇淋	嗜冷细菌	-20~-10
浓缩橘子汁	耐高渗酵母菌	-10
豆类	霉菌、酵母菌	-6.7~-4
苹果	霉菌	0

(2) 高温　一般来说，微生物对高温比较敏感，如果超过微生物所适应的最高温度，一般敏感的微生物就会死亡。故应用高温进行灭菌是最常用的方法。然而不同微生物对热的敏感程度不同，有些微生物对热的抵抗力较强。如嗜热微生物在45℃以上的温度下仍能生长繁殖。有报道表明温度有时超过110℃，极端为150℃仍有个别微生物生长。一般来说，芽孢菌对高温抵抗能力大于非芽孢菌；球菌大于无芽孢菌；革兰氏阳性菌大于革兰氏阴性菌；霉菌大于酵母菌；各种孢子大于其营养体。此外，某些嗜温微生物若长期处于高温环境下能被驯化，而逐渐变异成为具有适应高温生长特性的菌，如在50℃环境下有些枯草芽孢杆菌能够可以生长。

引起食品变质的嗜热微生物主要有：芽孢杆菌属、梭状芽孢杆菌、乳杆菌属、链球菌属，如嗜热乳杆菌、嗜热链球菌、肉毒梭菌、凝结芽孢杆菌、嗜热脂肪芽孢杆菌、热解糖梭菌、致黑梭菌等。这些微生物经常导致罐藏食品酸败。主要引起食品变质的耐热微生物包括：乳微杆菌、粪肠球菌、嗜热链球菌，以及乳杆菌属、节杆菌属、芽孢杆菌属、微球菌属、梭状芽孢杆菌属等属内的某些种。此外，丝衣霉属中的雪白丝衣霉和纯黄丝衣霉的也具有很强耐热能力。

高温条件下，嗜热微生物新陈代谢活动加快，所产生的酶对蛋白质、糖类和脂肪等物质的分解速度也比其他微生物快，因而导致食品发生腐败变质的时间缩短。由于这类微生物在食品中快速生长繁殖后很易死亡，因此，在进行食品检验时，为了能够精确检测，要做到及时分离培养。

2. 气体

空气的正常组成是氮气78%，氧气21%，二氧化碳0.03%，其他气体约1%。在各种气体成分中，氧气对食品质量变化的影响最大。空气中的氧气能都促进好氧性腐败菌的生长繁殖，从而加速食品的腐败变质。微生物根据对氧气的需求可分为好氧微生物、微需氧微生物、兼性厌氧微生物及厌氧性微生物四类。微需氧微生物仅需要少量的氧气就能生长繁殖，如乳酸杆菌等。兼性厌氧微生物在无氧和有氧环境中均能够生长，如大多数酵母菌、葡萄球菌属等细菌。厌氧性微生物如肉毒梭状芽孢杆菌，在无氧的环境中能够生长繁殖，并在适宜pH条件下产生毒素。

一般来讲，在有氧条件下，大多数兼性厌氧的酵母菌、兼性厌氧细菌、好氧的细菌、好氧的霉菌等微生物进行有氧呼吸，其生长、代谢速度较快，从而导致食品变质速度也快；缺氧环境中，引起的食品变质的厌氧菌生长繁殖速度较慢。而对于大多数兼性厌氧微生物在食品中的繁殖速度，存在两种情况。在有氧条件下比缺氧条件下生长繁殖要快得多。例如，当食品的 A_w 为 0.86 时，无氧条件下，金黄色葡萄球菌生长极其缓慢或不能生长，但在有氧条件下就能生长良好。对于某些好氧微生物来讲，在含氧量少的条件下，也能生长，但生长繁殖速度缓慢。新鲜的食品原料中含有还原性物质，例如，新鲜食品原料中含有维生素 C、还原糖等具有抗氧化能力的组分和原料的组织细胞呼吸作用均能够消耗食品原料中的氧气。因此，只能是厌氧微生物在食品组织内部生长。但食品一旦经过加工，随着物质结构的破坏和还原性组分减少，需氧微生物能够进入食品组织内部，使食品腐败变质较容易。

高浓度二氧化碳可以防止需氧性细菌和霉菌所引起的变质，便于食品保藏。当环境二氧化碳浓度达到 1%时，能够防止水果、蔬菜等食品及原料发生霉变。但不同微生物对二氧化碳的敏感程度不同，如乳酸菌和酵母菌对二氧化碳有较大的耐受力，液态食品（如果汁）装瓶时充入二氧化碳可抑制霉菌的生长，但对酵母菌的抑制效果很差。同时，也有个别微生物对二氧化碳非常敏感，如若不及时排出，曲霉等微生物在其呼吸过程中产生的二氧化碳，只要含量积累到一定浓度，就能抑制该类微生物的生长繁殖和酶的产生。

臭氧对微生物的生长有抑制作用。若把臭氧加入到食品及原料的储藏的空间，浓度<10mg/L时，就可以有效延长一些食品及原料的保存期。

3. 湿度

空气中的湿度高低对食品变质和微生物生长有着较大影响，特别是对于那些未经包装的食品。湿度直接影响食品的含水量和水分活度，从而对食品的质量产生较大的影响。食品水分活度（A_w）反映了作用物和溶液的水分状态，而相对湿度（RH）则反映了作用物和溶液环境中的空气状态。当两者处于平衡状态时，$A_w \times 100$ 就是作用物和大气平衡时的相对湿度。储藏环境的 RH 对食品的 A_w 及微生物生长繁殖影响较大。若环境太干燥，则易使食品失水萎谢或失水硬化。环境湿度大食品易受潮，食品水分快速增加，给微生物生长繁殖提供适宜条件。因此，对于易因霉菌、酵母和某些细菌的生长容易腐败变质的一类食品，应当严格控制其食品储藏环境处在较低湿度水平。

（五）机械损伤及压力

机械损伤能够在一定程度破坏食品的完整性，使得食品组分与外界环境接触，给微生物入侵带来极大便宜，在适宜的条件，微生物生长繁殖，就会导致食品发生腐败变质。压力主要是对罐藏食品影响较大，主要是罐藏食品在杀菌时，杀菌压力剧烈变化引起“跳盖”现象，降低了容器的密闭性，造成微生物侵染，从而导致食品发生腐败变质。

四、食品腐败变质的类型、危害及鉴定

（一）食品腐败变质的类型

食品腐败变质是一个非常复杂的生物化学反应过程，与食品内酶的作用、污染微生物的生长和代谢有着密切关系，但主要是由于微生物的生长繁殖而引起的。一旦食品发生腐败变质，就会对食品感官品质产生影响，从食品感官品质变化来看，食品腐败变质主要有以下几种类型。

1. 变黏

食品变黏常发生在以碳水化合物为主的食品中，主要是由于细菌生长代谢形成的多糖所

致。能够引起食品变黏的常见微生物有：类产碱杆菌、黏液产碱杆菌、无色杆菌属、乳酸杆菌、气杆菌属、明串珠菌等，此外，部分酵母也会引起食品腐败变黏。

2. 变酸

以碳水化合物为主的食品和乳制品发生食品腐败变质，经常会发生食品变酸，究其原因主要是腐败微生物生长代谢产酸所致。能够引起该类食品变酸的微生物常有：假单胞菌属、微球菌属、醋酸菌属、丙酸菌属、乳酸链球菌属和乳酸杆菌科各属细菌等；另外，如根霉等少数霉菌也会利用碳水化合物产酸，从而引起食品腐败变质。

3. 变臭

富含蛋白质类食品多发生该类现象。该类食品变臭主要是由于细菌分解蛋白质产生氨气、有机胺、三甲胺、甲硫醇及3-甲基吲哚等所致。使食品变臭常见细菌有：变形杆菌属、假单孢菌属、芽孢菌属、梭状芽孢杆菌属等。

4. 发霉和变色

食品发霉常发生在碳水化合物为主的食品中。能够引起该类变质类型微生物主要有：黑曲霉、红曲霉、黑根霉、青霉、毛霉、根霉、曲霉、赤霉菌、柑橘青霉等。除霉菌生长代谢能够引起的色素分泌导致食品变色外，某些细菌也能够导致食品发生该类变质类型。细菌可使碳水化合物为主的食品和蛋白质为主的食品产生色变，如黄细菌属、黄色微球菌、黑色假单胞菌、玫瑰色微球菌、荧光假单胞菌、嗜盐菌属黏质沙雷氏菌和变形杆菌属的细菌等均都可以引起食品腐败产生色变。

5. 变浊

食品变浊是一种复杂的变质现象，发生于各类食品中，主要是发生在液体食品。球拟酵母、假丝酵母和啤酒酵母等酵母菌能够在高酸性罐藏食品中生长繁殖，从而引起汁液浑浊和沉淀；酵母菌的酒精发酵能导致果蔬汁的混浊；细菌能够引起肉汁类液体食品的浑浊和沉淀。

6. 变软

变软主要发生在水果蔬菜及其制品中。变软是由于水果蔬菜内的果胶质等物质被微生物分解，导致组织结构变化。分解果胶的微生物包括：细菌如多黏芽孢杆菌、胡萝卜软腐欧氏杆菌、环状芽孢杆菌、软腐欧氏杆菌和费地浸麻梭状芽孢杆菌；霉菌如米曲霉、黑曲霉、大毛霉、灰绿青霉、爱氏青霉、蜡叶芽枝霉和灰绿葡萄孢霉等；此外，脆壁酵母也具有分解果胶的能力，能够引起水果蔬菜的变软。

一般来说，食品腐败变质会导致其感官特征发生变化，但也有可能不会呈现特殊感官特征变化；同时有些食品腐败变质的感官特征可能是上述几种类型的交叉反映。

（二）食品腐败变质的危害

到目前为止，还未见系统地研究报道食品腐败变质分解产物对人体的直接危害。但是，一些食品的腐败变质会产生组胺，从而引起食物中毒；富含油脂类食品的脂肪腐败变质产物能够引起人的不良反应和中毒；某些食品腐败过程产生的胺类为亚硝胺类的形成提供了前体物等，经过转化也能造成对人体的危害。腐败变质的食品中含有大量微生物及其产生的有害物质，这些大量微生物中可能存在致病菌，因此，进食腐败变质的食品，极易导致食物中毒。引起食物中毒的腐败变质食品多数属于轻度变质食品。对于严重腐败变质的食品，感官性状有明显异常（如发臭、变色、发酵、变酸、液体混浊等），很容易被识别，一般不会食用或继续销售。对于轻度变质食品来说，感官性状变化不明显，检查时不易被发现或虽被发现，但难判定其是否发生腐败变质，往往认为该类食品问题不大或不大可能会引起中毒，因此，容易疏忽大意引起食用后中毒。

食品腐败变质对人体健康影响主要体现在以下几个方面。

1. 产生厌恶感

由于微生物在生长繁殖过程中促使食品中蛋白质分解，蛋白质在分解过程中产生的有机胺、硫化氢、硫醇、吲哚、粪臭素等，这些物质具有蛋白质分解所特有的恶臭，使人嗅觉产生极其难受的厌恶感。细菌和霉菌在生长繁殖过程中能产生色素，使食品染上各种难看的颜色，并破坏了食品的营养成分，使食品失去原有的色香味，会使人产生不快的厌恶感。油脂酸败的“哈喇”味和碳水化合物分解后产生的特殊气味，人们往往也难以接受。

2. 降低食品营养

由于食品中的营养组分（蛋白质、脂肪、碳水化合物）因腐败变质后导致其结构发生变化，生产一系列低分子物质，从而丧失了原有的营养价值。例如富含蛋白质食品腐败能够产生一些低分子有毒物质，丧失了蛋白质原有的营养价值；富含油脂的食品发生腐败变质（脂肪腐败、水解、氧化）会产生过氧化物、羰基化合物、低分子脂肪酸与醛、酮等组分，失去了脂肪对人体的营养价值和生理作用；富含碳水化合物的食品腐败变质分解会产生醇、醛、酮、酯和二氧化碳等物质，也使得碳水化合物失去了原有的营养及生理功效。总之，不论哪种食品腐败变质都会导致大分子物质到小分子物质转化（营养成分分解），从而使食品中蛋白质、脂肪、碳水化合物失去原有营养价值。

3. 引起中毒或潜在性危害

食品从原料生产、采收、运输、生产加工、销售到消费的整个过程中，食品被污染的程度、途径和方式非常复杂，引起食品腐败变质微生物种类不明确，产生的有毒物质多种多样，所以腐败变质食品对人体健康造成的危害表现也不相同。

（1）急性毒性　一般情况下，急性中毒是腐败变质食品常引起食品中毒的一个主要类型之一，轻者多以急性肠胃炎症状出现，如腹痛、腹泻、呕吐、恶心、发烧等，经过治疗可以恢复身体健康；重者可出现呼吸、循环、神经等系统症状，若抢救及时可转危为安，但若耽误了时机就会危及生命。此外，还有一些急性中毒，尽管采用各种各样的治疗方法，但仍给中毒者留下后遗症。据不完全统计，目前食用霉变甘蔗引起急性中毒造成终身残疾者或死亡儿童就有数千名。

（2）慢性毒性或潜在危害　有些腐败变质食品中的有毒物质含量不足够多时，或者有些有毒物质本身毒性作用的特点，并不会引起急性中毒。但若长期食用，可能会造成慢性中毒，甚至具有致癌、致畸、致突变的作用。大量动物试验研究资料表明：食用含有黄曲霉毒素污染的食品（如霉变花生、粮食和花生油），能够导致动物慢性中毒、致癌、致畸和致突变。因此，食用腐败变质、霉变食品除了可以引起急性中毒外，还具有极其严重的潜在危害，危及人体健康和生命。

（三）食品腐败变质的鉴定

目前，对于食品腐败变质的鉴定方法主要是以感官性状并配合一定的物理、化学和微生物指标三方面进行判定。

1. 感官鉴定

感官鉴定是以人们的感觉器官（眼、鼻、舌、手、耳等）对食品的感官性状（色、香、味、形），进行鉴定的一种简便、灵敏、准确的方法，具有相当的可靠性。一般来说，食品初期腐败时，产生一种腐败臭（胺臭、氨臭、酒精臭、酸败臭、刺激臭、霉臭、粪便臭、酯臭等），颜色发生变化（褪色、变色、着色、失去光泽等），出现变软、变动等现象；食品味道淡薄，有异味、无味，有刺激性等。

（1）色泽　食品无论在加工前或加工后，本身均呈现一定色泽。微生物产生的色素有的在菌体细胞内，有的分泌到细胞外，而色素不断累积就会造成食品原有色泽的改变。如食品腐败变质时常出现紫色、橙色、黄色、褐色、红色和黑色的片状斑点或全部变色。此外，微生物代谢产物的作用促使食品发生某些化学作用也可引起食品色泽的变化。例如硫化氢与血红蛋白结合形成硫化氢血红蛋白会导致肉及肉制品的绿变。乳酸菌增殖过程中产生了过氧化氢促使肉色素能够使腊肠褪色或绿变。微生物种类、食品的性质和作用时间不同，在食品上出现的变色性状也有所差异。如有片状的、斑点状的，全部或局部等各种情况。

（2）气味　食品本身有一定气味，正常动物、植物原料及其制品因微生物繁殖而产生变质时，人们的嗅觉就能敏感地察觉到有不正常气味产生。如氨、三甲胺、乙硫醇、硫化氢、粪臭素以及乙酸等具有腐败臭味，这些物质即使在空气中浓度较低，人们的嗅觉也很容易可以察觉到。食品中产生的腐败臭味，通常不是单一的，而是多种臭味混合而成的。尽管如此，有时也能分辨出比较突出的不良气味，如霉味臭、酯臭、乙酸臭、胺臭、粪臭、硫化氢臭等。但有时果蔬腐败变质产生的有机酸及水果变坏产生的芳香味，人的嗅觉习惯不认为是臭味。所以，评定食品是否发现变质不能以香、臭味来划分，而是应该根据正常气味与异常气味来判定。

（3）口味　微生物引起的食品腐败变质常伴随着食品口味的变化。酸味和苦味是比较容易判别的两种口味。对于低酸的碳水化合物含量多的食品，变质初期产生酸是其主要的特征。但对于原有酸味本身就高的食品，如番茄、山楂及柠檬等制品，微生物造成酸败时，酸味增加不明显时，就会导致辨别比较困难。另外，微生物在食品中繁殖除产生酸味外，还有苦味及其他异味。变质食品可产生多种不正常的气味。某些假单孢菌可以导致消毒乳产生苦味；大肠杆菌、小球菌等微生物分解蛋白质也会产生苦味。一般来说，从卫生角度，口味的评定不符合卫生要求，并且评定人员不同，其结果也存在较大分歧，只能用来做大概比较，因此，口味的评定应借助仪器（如电子鼻、电子舌等）测试更为科学和准确。

（4）组织状态　固体食品在微生物酶的作用下组织细胞被破坏，能够造成细胞内容物外溢，这类食品的性状会出现变软、变形现象；而对于鱼肉类，则表现为肌肉松弛、弹性差，组织表面发黏等现象；对于粉碎后加工制成的食品如糕点、乳粉、果酱等食品在微生物作用下常会出现黏稠、结块等表面变形、湿润或发黏现象。对于液态食品来说，食品腐败变质后会出现浑浊、沉淀，表面出现浮膜、变稠等现象。微生物作用能够使鲜乳变质，可出现凝块、变稠、乳清析出等现象，并有时伴有气体产生。

2. 物理指标

食品腐败变质的本质是食品中大分子营养物质被分解成小分子物质。小分子物质多会导致食品的许多物理指标（浸出物量、浸出液电导度、折光率、冰点、黏度）发生变化。因此，测定食品浸出物量、浸出液电导度、折光率、冰点、黏度变化，能够反映食品是否被微生物分解，是否发生腐败变质。例如肉浸出液的黏度测定非常灵敏，能够反映肉类食品腐败变质的程度。

3. 化学指标

食品被微生物的代谢能够引起食品化学组成的变化，并伴随产生多种腐败产物，因此，直接测定相关腐败产物就能够作为判断食品质量的依据。对于氨基酸、蛋白质类等含氮高的食品（如鱼、虾、贝类及肉类等）来说，在需氧性败坏时，多以挥发性盐基氮含量的多少作为其评定的化学指标；对于含氮量少而含碳水化合物丰富的食品（如水果、蔬菜等），在缺氧条件下时，则以滴定酸的含量或 pH 变化作为食品腐败的判定指标。

（1）挥发性盐基总氮（TVBN） 挥发性盐基总氮是指肉、鱼类样品浸出液在弱碱性条件下能与水蒸气一起蒸馏出来的总氮量，主要是氨和胺类（三甲胺和二甲胺），常见测定方法为蒸馏法和 Conway 微量扩散法定量。目前，挥发性盐基总氮已列入我国食品卫生标准。如，一般在有氧、低温条件下，国标 GB 2733—2015《食品安全国家标准 鲜、冻动物性水产品》把挥发性盐基氮的含量达到 30mg/100g（海水鱼类）、25mg/100g（淡水鱼）作为鱼类变质的判定指标。食品中 TVBN 控制值：鲜（冻）畜禽肉卫生标准≤20mg/100g；鲜、冻片猪肉≤15mg/100g；分割鲜冻猪瘦肉≤15mg/100g；鲜冻四分体牛肉≤20mg/100g；鲜、冻胴体羊肉≤15mg/100g；熟肉制品≤20mg/100g。

（2）三甲胺 三甲胺是挥发性盐基总氮的胺类主要构成，是季胺类含氮物经微生物还原产生的产物。把它用蒸馏法或扩散法分离后，用气相色谱法进行定量，或者用简便法把三甲胺制成碘的复盐，用二氯乙烯抽取测定。新鲜鱼虾等水产品、肉中没有三甲胺，初期腐败时，其含量可达 4~6mg/100g

（3）组胺 在水产品（特别是鱼贝类）的腐败中，通过细菌的组胺酸脱氢酶使组氨酸脱羧生成组胺。组胺用正戊醇提取，遇偶氮试剂显橙色。通常用圆形滤纸色谱法（卢塔-宫木法）进行定量。当鱼肉中的组胺达到 4~10mg/100g，就会引起变态反应样的食物中毒。

（4）*K* 值 *K* 值是指鱼肉腺嘌呤核苷三磷酸（ATP）逐步依次分解为二磷酸腺苷（ADP）、磷酸腺苷（AMP）、次黄嘌呤核苷酸（IMP）、肌苷（HxR）及 Hx（次黄嘌呤），其中低级分解产物（HxR 和 Hx）与 ATP 及系列分解产物的（ADP、AMP、IMP、HxR 及 Hx）的比值（百分数）。*K* 值是反映鱼类鲜度的一项指标，适用于判定鱼类早期腐败。若 $K \leq 20\%$，说明鱼肉绝对新鲜；$K \geq 40\%$，说明鱼肉开始发生腐败。

（5）pH 食品中 pH 的变化，一方面可由微生物的作用或食品原料本身酶的消化作用，使食品中 pH 下降；另一方面也可以由微生物的作用所产生的氨而促使 pH 上升。一般来说，食品腐败开始时食品的 pH 略微降低，随后上升，多呈现 V 字形变动。pH 多用来反映富含碳水化合物的食品及脂类的酸败，也可以用来反应肉类及红肉的鱼腐败变质的变化。例如，牲畜和部分鱼在死亡之后，肌肉中因碳水化合物的消化作用，造成乳酸和磷酸在肌肉中积累，可以引起下降；随后由于腐败微生物繁殖，肌肉被分解，随着碱性物质（如氨类）积累，可以导致 pH 上升。借助被测定样品 pH 变化可评价食品变质的程度。但因食品的种类、加工方法不同、腐败微生物种类差异，pH 的变动差别不同，因此，一般不采用 pH 作为食品初期腐败的指标。

（6）酸度 对于含氮量少而含碳水化合物丰富的食品，在缺氧条件下，食品腐败则经常测定有机酸的含量作为指标。

（7）过氧化值（POV） 主要用于富含油脂的食品及油脂腐败变质鉴定。过氧化物在油脂氧化初期是衡量其酸败程度的尺度之一，油脂不饱和程度越大酸败越快。过氧化值是指1kg样品中的活性氧含量，用过氧化物的毫摩尔数表示，来说明样品是否已因氧化而变质。以油脂、脂肪为原料制作的食品，通过检测其过氧化值来判断其质量和变质程度。油脂的氧化为下一步微生物变质奠定基础。

（8）酸价（又称酸值） 油脂与空气接触一段时间后，油脂会在脂肪酶及微生物产生酶作用下，分解产生游离的脂肪酸，从而导致油脂变质酸败。因此，油脂的新鲜程度可以用油脂中游离脂肪含量（酸价）来表示。酸价是指中和1g油脂中的游离脂肪酸所需要的氢氧化钾毫克数。酸价越高，表明油脂中游离脂肪酸含量越高，油脂的质量越差。此外，在脂肪生产的条件下，酸价可作为水解程度的指标。

（9）羰基价 醛类和酮类化合物等是油脂酸败的最终产物，它们都含有羰基，羰基价系指1kg油脂中含羰基（醛类和酮类）化合物的毫摩尔数（mmol/kg）。羰基价的大小反应油脂的酸败程度高低。另外，高温加热能够显著提高油脂羰基价，因此，也可以用羰基价作为加热油劣化程度的指标。正常油脂羰基价≤20mmol/kg。

4. 微生物检验

通过对食品进行微生物菌数测定，不仅可以反映食品被微生物污染的程度，也能够辅助判定食品是否发生变质，此外，微生物数量也是判定食品生产的卫生状况以及食品卫生质量的一项重要依据。

（1）细菌总数 细菌总数是指被检样品的单位质量（g）、容积（mL）或表面积内（cm^2）所含在严格规定的条件下（培养基及pH、培养温度及时间、计数方法等）培养所生成的细菌菌落总数。以菌落形成单位（colony forming unit，CFU）。细菌总数可以作为食品被污染程度的标志；可以用来预测食品存放的期限程度；食品中细菌总数可估测出食品腐败状况。食品中细菌的种类繁多，各类微生物生理特性和所需要的培养条件不尽相同。若要采用培养的方法计数食品中所有的细菌种类和数量，必须特定方法。但是虽然食品中的细菌种类很多，但食品中的微生物以中以异养、中温、好氧或兼性厌氧的细菌占绝大多数，该类微生物对食品的影响也最大，因此，对食品的细菌总数检测时采用GB 4789.2—2016《食品安全国家标准 食品微生物学检验 菌落总数测定》规定的方法能够反映不同食品微生物数量的多少，而且已经得到公认。一般食品中的细菌总数达到10^8CFU/g时，则可认为该食品处于初期腐败阶段，可能会引起食物中毒。

（2）大肠菌群 一般用相当于每100mL或100g食品中的可能数来表示，简称大肠菌群最近似数（maximum probable number，MPN）。

（3）霉菌和酵母菌 食品中霉菌和酵母菌数是指食品检样经过处理，在一定条件下培养后，经计数所得1g或1mL检样中所含的霉菌和酵母菌菌落数（粮食样品则指1g粮食表面的霉菌总数）。霉菌为丝状真菌的俗称，在潮湿温暖的地方，能够在物品上长出一些肉眼可见的绒毛状、蛛网状或絮状的菌落。酵母菌是一些单细胞真菌，酵母专性或兼性好氧，其菌落特征与细菌相似，但比细菌菌落大而厚，菌落表面光滑、湿润、黏稠，易挑起、多为乳白色。霉菌污染食品后可导致食品的腐败变质，使食品变色，并产生霉味等异味，降低其食用价值，甚至完全不能食用，而且还可以导致食品原料的加工工艺品质下降，如出粉率、出米率、黏度等发生改变。霉菌污染粮食类及其制品而造成的损失最为严重，据估算，全世界每年平均至少有2%的粮食因霉菌污染发生霉变而不能食用。许多霉菌污染食品及其食品原料后，不仅可引起腐败变质，而且可产生毒素引起食物中毒。相对于细菌来讲，霉菌和酵母菌生长繁殖速度较慢，因此，霉菌常在不利于细菌生长繁殖的环境中形成优势菌群。酵母菌一般能引起水果、蜂蜜、蜜饯等食品的腐败，产生令人不快的气味或黏腻的触感。蔬菜是霉菌生长的良好生长基质，霉菌还能够导致谷物、面包、浆果、水果等变质。因此，霉菌和酵母菌可以作为评价食品卫生质量的指示菌，食品中霉菌和酵母菌数来判定食品被污染的程度。

（四）腐败变质食品处理原则

1. 腐败变质食品的卫生学意义

食品腐败变质能够使食品获得难以让人接受的不良感官性状，如异常臭味、刺激性气味、不良颜色、酸臭味等，导致食品组织溃烂、发黏等。食品的中大分子营养物质（蛋白质、脂肪、碳水化合物）被微生物分解利用，而且维生素、矿物质等也会大量流失或被破坏，导致其营养价值下降，有时甚至失去其食用价值。食品腐败变质一般都是大量微生物繁殖生长，这些微生物不仅只是腐败菌，有的是致病菌和产毒霉菌，会引起人体不良反应或食物中毒。

2. 腐败变质食品的处理原则

由于导致食品腐败变质的条件和原因相当复杂，并且食品成分分解过程及其形成的产物与食品表现的特征存在较大差异，因此，应考虑具体情况，来处理腐败变质食物。总体原则是在确保食用者健康前提下，最大限度地利用食物的经济价值，尽量减少经济损失。若食品严重腐败变质，销毁或工业用。轻度变质，适当处理，可以使用，如轻度腐败的肉类食品、鱼类食品，采用煮沸方式可以消除异常气味。食品局部变质，挑选除去变质部分，利用其完好部分，如部分腐烂的果蔬，可以进行挑拣处理；单纯感官性质发生变化的食品可以通过加工处理等。

五、各类食品的腐败变质

（一）果蔬及其制品的腐败变质

1. 微生物引起新鲜果蔬的变质

水果和蔬菜的表皮或表皮外覆盖着一层蜡质，这些物质具有防止微生物侵入的作用，所以，一般正常的新鲜果蔬内部组织是无菌的。但是当果蔬表皮受伤时，微生物就会从伤口侵入并进行繁殖，从而使果蔬的腐烂变质，特别是成熟度高的果蔬更易损伤。

果蔬的物质组成特点是以水和碳水化合物为主，营养丰富，水分含量高（水果 85%、蔬菜 88%），适合微生物的生长繁殖，这是果蔬容易腐败变质的一个重要因素；其次果蔬 pH 特点（水果 pH<4. 5，蔬菜 pH 5~7）决定了果蔬中能进行生长繁殖的微生物的类群。一般情况下，引起水果变质的微生物，开始只能是耐酸性微生物（如酵母菌、霉菌）；引起蔬菜变质的微生物常为霉菌（如指状青霉、扩张青霉等）、酵母菌和少数细菌。

果蔬变质的最常见的现象是首先霉菌在果蔬表皮损伤处繁殖或者在果蔬表面有污染物黏附的区域繁殖，侵入果蔬组织后，果胶、蛋白质、淀粉、有机酸、糖类被分解代谢，接着酵母菌和细菌开始繁殖。由于微生物繁殖，果蔬会出现深色的斑点、组织变软、发绵、凹陷、变形，并逐渐变成浆液状甚至是水液状，并伴随产生了各种不同的味道，如酸味、芳香味，酒味等。

2. 冷藏果蔬腐败变质

果蔬属于易腐败变质食品，不适宜冻藏，一般采用在 0~10℃的环境中贮存，从而延缓果蔬腐败变质。虽然低温能够降低果蔬呼吸作用、减缓酶的作用，具有抑制微生物生长的作用，但有些嗜冷菌仍能够生长繁殖。因此，即使低温保藏也不能长期保存果蔬。

3. 果蔬汁的腐败变质

果蔬原料携带一定数量的微生物，同时在果蔬汁生产过程中还会受到微生物的污染。因此，果蔬汁中存在一定数量的微生物。果蔬汁中存在的微生物能否生长繁殖，主要取决于果蔬的pH、糖含量的高低。一般情况下，果蔬汁的pH 2.4~4.2，且糖含量高，这些条件限制了某些微生物的生长繁殖。在果蔬汁中能够生长繁殖的微生物主要是酵母菌、霉菌和极少数的细菌。微生物引起果汁变质一般会出现浑浊、产生酒精和导致有机酸的变化。微生物引起果汁发生变质主要有三种现象，即酸化（细菌）、发酵（酵母）、发霉（霉菌）。

酵母菌也是果蔬汁中所含的微生物种类和数量最多的一类微生物，它们是来源于果蔬原料、加工设备及压榨环境，酵母菌能在pH>3.5的果蔬汁中繁殖生长。果蔬汁中主要有圆酵母菌属、隐球酵母属、假丝酵母菌属和红酵母属。此外，苹果汁保存于低CO_2气体中时，常会见到汉逊酵母菌生长，此菌可产生水果香味的酯类物质；柑橘汁中常出现有越南酵母菌、葡萄酒酵母、圆酵母属和醭酵母属的酵母菌，这些菌是在加工中污染的；浓缩果汁由于糖度高、酸度高，细菌的生长受到抑制，在其生长的是一些耐渗透压的酵母菌，如鲁氏酵母菌、蜂蜜酵母菌等。造成果蔬汁浑浊的原因大多数是由于酵母菌进行酒精发酵而造成的。引起果汁产生酒精而变质的微生物主要是酵母菌，常见的酵母菌有葡萄汁酵母菌、啤酒酵母菌等。酵母菌能耐受CO_2，但当果蔬汁含有较高浓度的CO_2时，酵母菌虽不能明显生长，但仍能保持活力，一旦CO_2浓度降低，就能恢复生长繁殖的能力。

植物乳杆菌、乳明串珠菌和嗜酸链球菌是能够在果蔬汁中的生长繁殖的细菌，它们可以利用果汁中的糖、有机酸繁殖生长，并产生乳酸、CO_2等物质。乳明串珠菌能产生黏多糖等增稠物质导致果蔬汁变质；当果蔬汁的pH>4.0时，酪酸菌容易生长而进行丁酸发酵。

霉菌引起果蔬汁腐败变质时会产生不愉快的气味。果蔬汁中存在的霉菌以青霉属最为多见，如皮壳青霉、扩张青霉，其次是曲霉属，如烟曲霉、构巢曲霉等。霉菌一般对CO_2敏感，故充入CO_2的果汁能够防止霉菌的生长。

（二）粮食及其制品的腐败变质

1. 粮食

粮食作物在生长期间就带有微生物，一般情况下会对作物造成伤害。收获后的粮食表面上常受霉菌、细菌和酵母菌的污染。新收获的粮食的微生物数量及种类与粮食的水分含量和品种有密切关系。枯草杆菌、乳酸杆菌和大肠杆菌等在黑麦和小麦（其平均水分含量分别为17.5%和9%）中被发现，细菌总数约1.5×10^6CFU/g，3.0×10^6CFU/g。青霉、曲霉、毛霉、镰刀菌属等霉菌能够污染粮食，粮食也可被酵母菌污染。在粮食的水分含量低、储藏粮食条件良好的情况下，粮食中存在不多的微生物对粮食的影响不大。如果粮食被严重污染，微生物数量大或粮食含水量高，适宜于微生物生长繁殖；或储存条件不好（如温度、湿度高）；均会对粮食造成不良的影响。微生物导致粮食营养品质的劣变、颜色发生变化（黑、褐、黄、绿、污白等颜色），同时还伴有霉味、酒味、臭味等不良气味，有的微生物（曲霉属等）产生毒素，影响人畜安全。

粮食的霉变过程主要包括3个时期：霉变初期粮食发热，表面湿润、软化、硬度下降，伴有轻微的霉味及不良气味，若能够及时进行适当处理，尚可食用。霉变中期粮食呼吸作用和微生物的繁殖会加速，温度进一步升高，出现斑点，明显变色，并伴有很重的霉味。是否能够食用必须经过检验后方能确定。霉变后期粮食本身的活力大大减弱或失去活力，粮食被微生物分解严重，产生酸、霉、臭等不良的气味，粮食变形、成团结块，此时粮食既不能食用，也不能作为饲料，完全失去了本身价值。

为防止霉菌及其毒素的污染，粮食的储藏必须降低其水分含量，同时控制其储藏环境的相对湿度必须保持在防霉湿度下，温度控制在10℃以下。

2. 面粉

面粉（小米粉、米粉、玉米粉等）在营养物质组成上与其谷物差异不大，在空气中对水分的吸湿性增强，透气性降低，更加有利于微生物的繁殖生长。一般面粉中水分含量控制在13%以下，才可避免微生物繁殖。若水分含量超过15%时，霉菌就能生长繁殖；面粉中水分含量超过17%时，霉菌、酵母菌、细菌均能生长能繁殖起来。霉菌使面粉水解后，则酵母菌可引起酒精发酵，继而引起乙酸发酵。其他如大肠杆菌、乳酸菌、球菌都能使面粉酸化。

霉菌、酵母菌、细菌是引起面粉变质的主要微生物，其种类与引起谷物变质的微生物基本相同。为防止面粉腐败变质，必须在其储藏过程中控制其水分含量及温度。

3. 粮食制品的变质

粮食制品除成品粮外，还包括如面条、米、糕点以及各种方便食品等。这些食品主要原料是粮食，同时还含有许多其他成分，如乳、蛋、油脂等。造成粮食制品污染的原因非常多，除生产、运输、储藏、销售中的不卫生条件造成污染外，原料被污染也是一个非常重要的原因。因此，要保证粮食制品的质量，符合食品卫生要求的原料尤为重要。粮食制品比较容易被霉菌和其毒素污染，降低氧含量和温度能够有效控制和减少霉菌的生长，阻止粮食制品的酸败变质。

（三）乳及乳制品的变质

1. 鲜乳的腐败变质

虽然各种不同的乳（如牛乳、羊乳、马乳等）成分有差异，但都含有丰富的营养组分，是微生物生长繁殖的良好天然培养基。在适宜条件下，被污染乳中微生物就会迅速繁殖生长，引起乳快速腐败变质，从而使乳失去食用价值、产生异味，甚至可能引起食物中毒。

（1）乳中微生物的污染来源　乳在挤乳过程中会受到外界和乳房微生物的污染，根据其来源通常分为两类。

①乳房内的微生物污染：即使健康动物的乳房，经常也会有细菌存在，特别是乳头管及其分枝。最为常见的微生物为小球菌属、链球菌属，其他的如棒状杆菌属、乳杆菌属。因此，牛乳在乳房内不是无菌状态，即使遵守严格无菌操作和挤乳操作，在1mL乳中也有约数百个细菌。乳畜感染后，体内的致病微生物可通过乳房进入乳汁而引起人类的传染。常见的微生物主要有：无乳链球菌、乳房链球菌、金黄色葡萄球菌、化脓棒状杆菌以及埃希氏杆菌等能够引起乳房炎的微生物及结核分枝杆菌、布鲁氏杆菌、炭疽杆菌、葡萄球菌、溶血性链球菌、沙门氏菌等人畜共患疾病的致病微生物。

②环境中的微生物污染：包括挤乳过程中细菌和挤后食用前的一切环节中的细菌污染。污染的微生物种类和数量直接受牛体表面卫生状况、牛舍的空气、饲料、挤乳工具、容器、牛体表卫生情况、挤乳人员等情况的影响。此外，挤出的乳若不及时加工或冷藏，不仅会增加新的污染机会，而且会使原来存在于鲜乳内的微生物繁殖生长，很容易导致鲜乳变质。

（2）牛乳中微生物种类及特点　第一类为乳酸菌：主要包括乳链球菌、乳脂链球菌、粪链球菌、液化链球菌、嗜热链球菌、嗜酸乳杆菌、干酪乳杆菌、乳酸乳杆菌等。第二类为胨化细菌：该类细菌具备分解蛋白质能力，能使不溶解状态的蛋白质变成溶解状态。常见微生物有：芽孢菌属的细菌、假单胞菌属、脂肪分解菌、酪酸菌、产气菌、产碱菌、酵母菌和霉菌。

（3）鲜乳中微生物的变化　一般情况下，鲜乳放置室温（10~20℃）中，由于微生物的活动，会逐渐使乳变质，其变质过程可以下几个阶段：

①抑制期（混合菌群期）：新鲜乳含有各种抗体物质（溶菌酶、乳素）等抗菌因素，能够抑制乳中的微生物的繁殖生长。但这种抗菌特性延续时间的长短，因乳汁温度高低和细菌的污染程度而存在差异。如迅速冷却到0℃可保持48h，5℃可保持36h，10℃可保持24h，25℃可保持6h，30℃仅可保持2h。因此，鲜乳置于室温中可保存一定时间而不出现变质现象。

②乳酸链球菌期：乳中抗菌物质减少或消失后，存在于乳中的微生物（链球菌、乳酸杆菌、大肠杆菌和一些蛋白质分解菌）即开始生长繁殖，其中乳酸链球菌占绝对优势，分解糖产生乳酸，使乳液酸性物质不断升高，乳液凝块。由于酸度增高，抑制了腐败菌、产碱菌的繁殖生长，当酸度进一步升高（pH 4.5），乳链球菌本身的生长也受到抑制。

③乳酸杆菌期：当乳酸链球菌生长受抑制时（pH<4.5），由于乳酸杆菌对酸有较强的耐酸能力，能继续生长繁殖并产酸。乳中可出现大量乳凝块，并析出乳清。

④真菌期：当酸度继续升高，pH 3.0~3.5时，绝大多数细菌生长被抑制，甚至死亡，仅霉菌和酵母菌能适应高酸性的环境，并能利用乳酸及其他一些有机酸作为营养来源而开始大量生长繁殖。由于酸被利用，乳液酸度会逐渐降低，pH为中性。

⑤胨化细菌期：经过以上几个阶段的变化，乳中的乳糖已基本被消耗掉，而蛋白质和脂肪含量相对升高。因此，能分解蛋白质和脂肪的细菌开始活跃，乳凝块逐渐被消化，pH不断上升，向碱性转化，并有腐败菌（芽孢杆菌属、假单胞菌属、变形杆菌属）生长繁殖，于是牛乳有异味。

2. 乳粉的腐败变质

原料污染是乳粉中微生物的主要来源。很多时候检查原料乳质量时，以理化指标的检查为主，较少做微生物检查。虽然生产中原料乳要经过净化、消毒等加工工序，但只能降低原料乳中微生物含量，况且降低的程度还与原料乳污染程度有密切关系。如果原料乳污染比较严重，且加工处理又不适当，乳粉中可能有一定数量微生物存在。一般来说，消毒乳浓缩前后及乳粉干燥前后的微生物的数量一般差别不大。在乳粉生产过程中也会受到空气、容器、包装材料等污染，因此，乳粉的包装应该在严格的无菌条件下进行。如果乳粉含水量降到一定程度（2%~3%），包装良好，乳粉中的微生物会逐渐减少，能够较长时间保存。

3. 炼乳腐败变质现象

（1）淡炼乳　淡炼乳是消毒牛乳经浓缩［（2.15~2.55）：1］而制成的乳制品（乳固体>25.5%，乳脂肪>7.8%），制成后装罐，再经15min、115~117℃高温灭菌，或经超高温灭菌。所以，淡炼乳不应含有病原菌和各种引起腐败变质的杂菌，可长期保存。但是淡炼乳也有腐败变质的现象，究其原因主要有加热不彻底、有抗热能力强的细菌残留、罐的密封条件不好而被污染。淡炼乳变质现象为：炼乳发生凝固，但酸度不升高，且凝块又会被逐渐消化成乳清状液体，枯草芽孢杆菌经常会引起该类现象发生。此外凝乳芽孢杆菌可使炼乳凝固、酸度升高，并出现干酪样的气味；耐热性的厌氧芽孢菌发酵会使淡炼乳产气，并伴随有凝固现象和不良气味出现；刺鼻芽孢杆菌和面包芽孢杆菌等少数微生物可分解炼乳中蛋白质产生苦味物质。

（2）甜炼乳　甜炼乳是在鲜乳中加入16%左右的蔗糖，经消毒并浓缩至原体积的33%～40%而制成，成品中蔗糖可达40%～50%，装罐后再灭菌，由于含糖量高，产品形成一个高渗环境能够抑制微生物的生长。有时因为原料乳污染严重或加工后再污染、蔗糖加入量不足等原因，往往会造成甜炼乳变质。主要表现出以下情况：由炼乳球拟酵母菌、球拟酵母菌等微生物繁殖产气而使甜炼乳罐头膨胀甚至爆裂；由微生物引起的变稠是在糖分不足时，由小球菌、葡萄球菌和枯草芽孢杆菌等细菌分泌的凝乳酶造成炼乳变稠不易倾出；匍匐曲霉、芽枝霉等在炼乳表面生长，形成纽扣状菌落，呈现红、黄、白、黑褐色等不同颜色。

（四）肉类及鱼类的腐败变质

1. 畜禽肉类的腐败变质

（1）污染来源及种类　健康的畜禽组织内部是无菌的，若畜禽屠宰时，由于刺杀放血、脱毛剥皮、除内脏、分割等环节中操作不慎，就可能造成多次污染机会，使胴体表面附有微生物。参与肉类腐败过程的微生物是多种多样的，一般常见的有腐生微生物和病原微生物。

①腐生微生物：腐生微生物包括有细菌、酵母菌、霉菌，这些微生物都有可能污染肉品，使肉品发生腐败变质。其中能引起肉类变质的主要有假单胞菌属、无色杆菌属、黄色杆菌属、产碱杆菌属等细菌；以及假丝酵母属、丝孢酵母属、交链孢酶属、芽枝霉属、卵孢霉属等。

②病原微生物：病畜、禽肉类可能携带有各种病原菌，如沙门氏菌、金黄色葡萄球菌、结核杆菌、布鲁氏杆菌和炭疽杆菌等。这些菌对肉的主要影响并不在于使肉腐败变质，而在于传播疾病，造成食物中毒。

（2）变质现象　一般来说，畜禽肉类在0℃下保存可达10d左右不会腐败，但如果温度高，湿度大时，则很快会发生腐败变质，在肉的表明产生明显感官变化。

①发黏：肉类表面发黏往往是微生物在肉表面大量繁殖后形成菌落以及微生物分解蛋白质的产物。常见的微生物除一些革兰氏阴性菌、乳酸菌、酵母菌外，还有一些需氧芽孢菌和球菌等。当肉切开时会出现发黏、拉丝现象，并有臭味产生，含菌量一般可达10^7CFU/cm^2。

②变色：肉类腐败变质，常伴有各种颜色变化。微生物分解肉类中含硫的氨基酸时能够产生硫化氢，硫化氢与机体中血红蛋白结合形成绿色的硫化氢血红蛋白，这些化合物积累在肌肉和脂肪的表面，即呈现暗绿色的斑点。或由于不同微生物产生色素不同而造成多种颜色的斑点。如深蓝色假单胞杆菌能产生蓝色斑点、黏质赛氏杆菌能在肉表面产生红色斑点、黄杆菌能在肉表面产生黄色斑点，还有一些酵母菌能产生白色、粉红色、灰色等斑点。

③霉斑：霉斑是由于霉菌在肉表面繁殖生长而造成的，呈现各种不同的颜色，与细菌产生斑点相比，该斑点是出现丝毛状物并带有各种颜色。如刺枝霉在肉表面产生羽毛状菌丝、白色侧孢霉和白地霉形成白色霉斑、草酸青霉产生在肉表面绿色霉斑、蜡叶芽枝霉在冷冻肉上形成黑色斑点。

④气味改变：除上述肉眼观察到的变化外，肉类腐败变质时可产生各种不同的气体，如

微生物分解蛋白质产生恶臭味、脂肪酸败产生哈喇味，乳酸菌和酵母菌发酵时产生挥发性有机酸而带有酸味，放线菌生长时产生泥土味，霉菌生长繁殖产生的霉味等。

2. 鱼类的腐败变质

一般情况下，相对于肉类，鱼类更容易发生腐败变质。新捕获的健康鱼类的组织内部和血液中常是无菌的，但在其表面的黏液、鳃以及肠道内存在着微生物。微生物的种类和数量与季节、渔场、种类有密切关系。引起鱼类腐败变质的微生物主要是水中的微生物，如假单胞菌属、无色杆菌属、黄杆菌属、不动杆菌属、拉氏杆菌属和弧菌属等。淡水鱼中还有产碱杆菌属、气单胞杆菌属和短杆菌属。此外，芽孢杆菌、大肠杆菌、棒状杆菌等也在鱼类中被发现过。

鱼类在捕获后，如果不适当处理，就容易发生腐败变质。鱼类变质首先表现混浊无光泽、表面组织疏松、鱼鳞脱落、鱼体组织溃烂，进而大分子物质分解产生吲哚、3-甲基吲哚、硫醇、氨、硫化氢等小分子物质。当鱼体刚察觉到腐败时，细菌总数一般约 10^8CFU/g，pH 7~8。

（五）鲜蛋的腐败变质

1. 鲜蛋中微生物的来源及类群

新蛋壳表面有一层黏液胶质层，具有防止水分蒸发，阻止微生物入侵的作用，因此鲜蛋应该是无菌的。禽蛋中蛋白质的强碱性（pH 8.0~9.0）也不适宜微生物生长，此外还含有溶菌酶具有一定抑菌作用。但在鲜蛋中经常被发现有微生物的存在，究其原因：细菌能够在卵巢内直接侵入蛋黄，如鸡伤寒沙门氏菌和鸡白痢沙门氏菌等病原菌；泄殖腔内的微生物可以上行至输卵管，能造成鲜蛋在蛋壳形成前的污染；微生物可以黏附到蛋壳的表面，当保存的温度和湿度过高时，微生物可逐渐从蛋壳气孔侵入内部。鲜蛋中常见的微生物有大肠菌群、假单胞菌属、无色杆菌属、变形杆菌属、产碱杆菌属、青霉属、毛霉属、枝孢属、枝霉属等。此外，鲜蛋中有时也存在沙门氏菌、金黄色葡萄球菌等病原菌。

2. 鲜蛋变质的现象

（1）腐败　鲜蛋的腐败变质主要是由细菌引起。当微生物在鲜蛋繁殖时，首先将蛋白系带分解断裂，进而蛋黄膜分解，蛋黄松乱，咸淡变成散黄蛋，这里变化主要是由荧光假单孢菌所引起。散黄蛋进一步被微生物利用，各组成成分（蛋白质、氨基酸）被分解，产生大量的硫化氢、氨、粪臭素等，使鲜蛋发生腐败和产生难闻的气味，这时蛋液变成了灰绿色，成为泄黄蛋。

（2）霉变　霉菌菌丝侵入蛋内后，能够在蛋壳膜上繁殖生长，逐渐形成一些斑点菌落，同时会造成蛋液黏壳，蛋内营养组分被分解，并伴有不愉快的霉变气味产生。

（六）罐藏食品的腐败变质

1. 罐藏食品的特性

罐藏食品是将食品原料经过预处理，装入容器，经杀菌、密封等一系列工序制成的一种特殊形式的食品，通常称为罐头。合格的罐头因罐内保持一定的真空度，罐底和罐盖是平的或略向内凹陷。罐头密封能够防止外界微生物侵入，而杀菌是要杀死存在罐内的腐败菌、致病菌和产毒菌。因此，罐藏食品能够保存较长时间而不发生腐败变质。

2. 罐藏食品变质的原因

罐藏食品虽然经过杀菌，但其杀菌时只是强调杀死病原菌和产毒菌，达到了商业无菌要求，还有一些微生物并没有被完全杀灭。如果储藏条件合适，并保持密封状态，残存微生物一般不会繁殖和生长。但如果条件发生改变，残存微生物就可能会繁殖生长，从而导致罐藏食品腐败变质。耐热的芽孢细菌是导致罐藏食品发现腐败变质的主要微生物。

如果罐头密封性能不好或杀菌后发生漏罐，则就会很容易被微生物的污染，条件适宜，微生物就会快速繁殖生长，导致其腐败变质。

3. 罐藏食品腐败变质的类型

造成罐藏食品腐败变质的微生物可分为嗜热芽孢细菌、中温芽孢细菌、不产芽孢细菌、酵母菌、霉菌等，不同微生物引起的变质类型存在较大差异。

（1）嗜热芽孢细菌

①平酸败坏：平酸败坏又称瓶盖败坏，该类变质罐头外观正常，食品在细菌作用下变质，呈酸味。嗜热脂肪芽孢杆菌，凝结芽孢杆菌等是引起该类腐败变质的主要微生物。平酸败坏从外观上是无法检查其是否腐败，必须开罐检查或分离培养才能判定。此外，中温菌（枯草芽孢杆菌、巨大芽孢杆菌和蜡样芽孢杆菌）、少数中温芽孢细菌（多黏芽孢杆菌、浸麻芽孢杆菌）也能引起平酸败坏。

②TA 腐败：TA 是不产硫化氢的嗜热厌氧菌的缩写。TA 菌是一种能分解糖、专性嗜热、并产芽孢的厌氧菌，特别是厌氧的肉毒梭状芽孢杆菌，该类微生物能产生毒性非常强的肉毒毒素。因此杀死肉毒梭菌的芽孢常被作为罐藏食品的灭菌标准。嗜热解糖梭菌是最常见的 TA 菌，该类微生物能够在中酸或低酸罐头中生长繁殖，产酸、产气（CO_2和 H_2），形成胖听。

③硫化物腐败：硫化物腐败是指微生物利用罐头营养物质，并导致罐头食品发生系列反应，产生大量黑色的硫化物，沉积于罐头的内壁和食品上，导致罐内食品变黑并产生臭味。罐头的外观保持正常，或出现轻胀或隐胀，敲击有混浊音。致黑梭菌是引起该类变质的主要微生物，原料被粪肥污染，杀菌不彻底是导致罐藏食品污染该菌的原因。

（2）中温芽孢细菌

①中温需氧芽孢细菌：该类菌耐热较差，其芽孢在 100℃或更低温度下，短时间就能被杀死。只有少数种类的芽孢能够耐受高压蒸汽处理而存活下来。枯草芽孢杆菌、巨大芽孢杆菌和蜡样芽孢杆菌等是这类细菌常见的微生物。该类微生物能分解蛋白质和糖类，一般情况不会产生气体。但有少数微生物（如多黏芽孢杆菌、浸麻芽孢杆菌等）也产生气体。

②中温厌氧梭状芽孢细菌：中温厌氧梭状芽孢细菌最适生长温度为 37℃，在 20℃或更低温度也能生长，其中少数能在 50℃或更高温度生长，属于厌氧菌。这类微生物中的丁酸梭菌和巴氏芽孢梭菌能分解糖类，也可以发酵分解丁酸，产生 H_2和 CO_2。还有魏氏梭菌、生芽孢梭菌及肉毒梭菌等分解蛋白质的菌种，这些微生物往往会产生毒素，造成食物中毒。

（3）不产芽孢细菌　该类微生物耐热性较差，常是因为漏气而造成的，冷却水为其重要的污染源。该类菌主要有大肠杆菌，链球菌，如嗜热链球菌、乳链球菌、粪链球菌等肠道细菌。

（4）酵母菌　酵母菌主要发生在酸性罐头或高酸性罐藏食品中，球拟酵母、假丝酵母和啤酒酵母等是常见微生物。漏罐是造成该污染的主要原因，杀菌不彻底也是导致该类污染发生的另一个原因。发生变质的罐藏食品经常出现混浊、沉淀、风味改变、爆裂膨胀等不良现象。

（5）霉菌引起的腐败　霉菌生长时需要一定的气体，属需氧微生物。如果罐头由霉菌引起变质，则表明罐头真空度不够，或者罐发生泄漏。多见于酸性罐头，该类变质后外观无异常变化，内容物却发生腐烂，果胶物质被分解，水果变软。该类菌主要有曲霉、青霉、橘霉属等。

第二节　腐败微生物的污染控制

食品的腐败变质不仅会降低食品的营养价值，严重时也会引起食物中毒，产生食品安全问题。因此，控制食品的腐败变质，对保证食品的安全和质量具有十分重要的意义。为了防止食品腐败变质，延长食品保质期，控制食品中微生物的活动是最为重要的手段。高温加热、罐藏、辐射、高压作用、低温贮藏、化学防腐、气调和水活度的控制等食品保藏措施能够杀死或减弱微生物繁殖生长。目前所有食品腐败变质控制技术都是建立在下述一种或几种原理的基础上：阻止或消除微生物的污染；停止食品中一切生命活动和生化反应，杀灭微生物，破坏酶的活性；抑制微生物和食品的生命活动及生化反应，延缓食品的腐败变质；促进生物体的生命活动，借助有益菌的发酵作用防止食品腐败变质。针对食品腐败变质的原因，采取不同技术即可有效减少甚至消除食品腐败变质。最有效的技术措施就是尽可能减少微生物的污染，控制微生物的生长繁殖。

一、控制腐败微生物繁殖生长

（一）低温保藏

低温保藏是一种最常用的控制食品微生物繁殖生产的食品保藏方法。低温保藏包括冻藏、微冻贮藏、冷凉贮藏和冷藏几种方法。食品冷冻是采用缓冻或速冻办法先将食品冻结，然后再保持冻结状态下贮藏的保藏方法。冷冻方式有两种，一是制冷剂冻结，液氮和液体二氧化碳是其常用制冷剂。二是机械式制冷方法，鼓风冻结、间接接触冻结法、浸液式冻结法等为其常用的冻结方法。常用冷冻温度为-23～-12℃，以-18℃为适用。微冻贮藏是将预冷后的食品在稍高于冰点温度中进行贮藏的方法，温度一般为-3～-2℃。冷凉贮藏温度一般为-1～1℃。4～8℃为常用冷藏温度，采用此贮藏温度贮藏食品，其保质期一般不会太长，为几天到数周。

食品在冷冻之前，新鲜产品应通过蒸煮使其酶类丧失活性，防止酶在低温条件下使产品发生改变。在食品保藏上，-32℃或更低温度的快速冷冻方法被认为是最为理想的方法。究其原因是：在这种情况下，形成冰晶体较小，一般不会破坏食品的细胞结构。但是，无论多么低的温度来冷冻或者贮藏食品都不可能杀死全部的微生物。食品污染的程度、加工厂的卫生条件、产品加工时的速度、管理情况与冷冻食品中存在的微生物数量和种类有密切关系。一般来说，大多数冷冻食品在保藏时微生物数量会逐渐减少，但是，也有许多微生物，甚至致病微生物，在较低的温度下仍能较长时间存活。虽然低温能够较好地保持食品的营养和质地，对一些生鲜食品，如水果、蔬菜等更适宜。但低温下保存食品仍有一定的期限，超过这一时间，保存的食品仍可能腐败变质，因为低温不能够杀死微生物，仍会有不少微生物缓慢生长，并能造成食品的腐败变质。

低温可以停止或降低食品微生物的生长增殖速度，也同时降低食品中酶活力和一切化学反应。尤其在食品中微生物受到冷冻时，细胞内的游离水形成的冰晶体对微生物细胞能够造成机械性损伤，同时由于游离水的冻结，细胞就失去可利用水分，造成干燥状态。

一般情况下，只有少数霉菌尚能在-10~-7℃条件下生长，在此温度下，所有细菌和酵母几乎都停止了生长。低温虽然不能杀死微生物，但可使微生物活力明显下降，在-30~-20℃下，微生物细胞内所有涉及的酶的反应实际上几乎停止。脂肪酸败是低温下食品的发生变质的主要原因，这主要是因为食品中的解脂酶在-20℃以下才能基本停止活动。因此，以-30~-20℃长期保藏肉类较为可靠。另外，食品冻结前，降温速率与微生物的死亡率有密切关系。一般情况下，食品降温速率越快，微生物的死亡率也越高。结合水分、过冷状态、介质性质等对微生物均有影响，如在高水分和低 pH 的介质中，微生物的死亡率会升高。

（二）降低水分

食品干燥和脱水保藏是指在自然条件或人工控制条件下，使食品中的水分降低到足以防止腐败变质的水平后并始终保持低水分的保藏方法，是一种传统的保藏方法。其原理是降低食品的含水量（水活性），使微生物得不到充足的水分而不能生长。食品干燥、脱水方法主要有晒干、阴干、风干、热风干燥、冷冻干燥、喷雾干燥、气流干燥、流化床干燥、仓储干燥真空干燥、冷冻干燥、红外线干燥、烟熏、盐糖渍等。

（三）降低 pH

当食品的 pH 4.5 时，除少数酵母菌、霉菌和乳酸菌等耐酸菌外，大部分致病菌可被抑制或杀死。醋渍等是一种安全实用降低 pH 的方法，但受到消费者嗜好的影响，因此，使用范围受到限制。

（四）增加渗透压

每种微生物都有其最适宜的渗透压。在低渗溶液中，微生物细胞吸水会发生膨胀；高渗溶液中，微生物细胞原生质脱水紧缩，导致细胞质壁分离。无论低渗溶液还是高渗溶液环境，微生物生产繁殖都会受到影响，甚至死亡。

腌渍和糖渍是食品增加渗透压的比较好的两种方法。让食盐或食糖渗入食品组织内，提高其渗透压，借以有选择地抑制微生物的活动和发酵，抑制腐败菌的生长，从而防止食品腐败变质，保持其食用品质，这样的保藏方法称为腌渍保藏。一般微生物在糖浓度超过 50%时，微生物的生长便受到抑制。但有些耐渗透性强的酵母菌和霉菌，在糖浓度高达 70%以上尚可生长。因而仅靠增加糖的浓度有一定的局限性。

（五）使用防腐剂

食品防腐剂，又称抗微生物剂，是指能防止由微生物引起的腐败变质、延长食品保质期的无毒或在添加剂量范围内对人体无害的一类物质，其兼具防止微生物繁殖引起食物中毒的作用。它可以对微生物细胞产生“毒害”作用，抑制微生物的生长繁殖。目前，我国允许使用的防腐剂有苯甲酸及其盐类、对羟基苯甲酸酯类及其钠盐、山梨酸及其钾盐、ε-聚赖氨酸及其盐酸盐等。此外还包括天然的乳酸链球菌素、纳他霉素、溶菌酶、海藻糖、甘露聚糖、辛辣成分等。由于化学防腐剂一般都有一定的毒性，其安全问题必须考虑。用在食品中的化学添加剂需符合食品添加剂的有关规定，不能超过使用限值。

（六）食品的气调保藏

食品气调保藏是指在冷藏的基础上，再通过调整环境气体的组成延长食品寿命和货架期的方法，该技术最初主要应用于果蔬保鲜，现在已经在肉、禽、鱼、焙烤食品及其他方便食品的保鲜中得到广泛应用。气调保藏通过调整环境气体组成能够降低果蔬组织的呼吸强度，降低果蔬对乙烯作用的敏感性，减轻果蔬组织在冷害温度下积累乙醛、醇等有毒物质，从而减轻冷害，延长叶绿素的寿命，防止虫害，抑制微生物的活力，抑制或延缓其他不良变化。如增加环境气体中氮气、二氧化碳的比例，降低氧气比例，在适宜的湿度、温度条件下，能够有效延长食品保质期。

目前能够用于气调储藏的方法比较多，不同技术组合的方式其效果也存在差异，每种方法都有其优缺点。果蔬种类不同所需要最佳气体比例也不相同。目前常见的方法主要有自然气调法、除氧法（氧气吸收剂封人包装）、置换气调法（氮气、二氧化碳置换包装）、涂膜气调法、减压（真空）保藏和充气包装等。如果辅以温度控制技术，可以达到综合控制效果。

（七）利用微生物发酵

利用益生菌的乳酸发酵、酒精发酵、乙酸发酵作用，不但可以产生抑菌物质，发酵产物也可降低 pH，抑制有害微生物生长。

（八）过滤除菌

对含有微生物、不含病毒的液体食品，可以采用过滤的方法除去食品中微生物，达到消除微生物污染、控制食品腐败变质的目的。

二、杀灭食品中的微生物

杀菌是指将所有微生物及孢子完全杀灭的加热处理方法，称为杀菌或绝对无菌法。商业杀菌是指将病原菌、产毒菌及造成食品腐败的微生物杀死，罐头内允许残留有微生物或芽孢，在常温无冷藏状况的商业储运过程中，在一定的保质期内，不引起食品腐败变质。杀灭微生物的方法可以分为加热杀菌和非加热杀菌。

（一）加热杀菌

加热杀菌法比较古老，其目的在于杀灭微生物，破坏食品中的酶类，可以明显控制食品的腐败变质过程，延长保存时间。在高温作用下，微生物体内的酶、细胞膜和脂质体被破坏，原生质构造中呈现不均一状态，导致蛋白质凝固，细胞内一切代谢反应停止。目前该类技术已经完善。传统的热杀菌法虽然能保证食品在微生物方面的安全，但热能会破坏对热敏感的营养成分，影响食品的质构、色泽和风味。因此，加热杀菌处理食品的主要问题是不可能完全保存食品的原有的美味和营养价值。

食品的加热杀菌方法很多，主要有常压杀菌（巴氏杀菌）、加压杀菌、超高温瞬时杀菌、微波杀菌、远红外加热杀菌和欧姆杀菌等方法。具体内容见第六章第三节。

（二）非加热杀菌

非加热杀菌是指不用热能来杀死微生物，杀菌过程中食品温度并不升高或升高很低，既有利于保持食品中功能成分的生理活性，又有利于保持色、香、味及营养成分，故又称冷杀菌。冷杀菌技术虽然起步较晚，但由于消费者要求营养、原法原味的食品的呼声日益高涨，冷杀菌技术日益受到重视并进展很快。

目前，非热杀菌技术主要研究方向有：超高压杀菌技术、脉冲电场杀菌技术、脉冲磁场杀菌技术、紫外杀菌技术、辐照杀菌技术、强光闪照技术、超声波杀菌技术以及以微滤或离心为主要手段的除菌技术等。

1. 超高压杀菌

食品的超高压杀菌技术是指将密封于弹性容器内的食品置于水或其他液体作为传压介质的压力系统中，经 100MPa 以上的压力处理，以达到杀菌、灭酶和改善食品的功能特性等作用。超高压处理通常在室温或较低的温度下进行，在一定高压下食品蛋白质变性、淀粉糊化、酶失活、生命停止活动，细菌等微生物被杀死。而在超高压作用下，蛋白质等生物高分子物质及色素、维生素、香气成分等低分子化合物的共价键却不发生变化，从而使超高压处理过的食品仍然保持其原有的营养价值、色泽和天然风味。超高压处理能在常温或较低温度下达到杀菌、灭酶的作用，与传统的热处理相比，减少了由于高热处理引起的食品营养成分和色、香、味的损失或劣化；传压速率快、均匀、不存在压力梯度，超高压处理不受食品的大小和形状的影响，使得超高压处理过程较为简单；超高压杀菌耗能也较少，处理过程中只需在升压阶段以液压式高压泵加压，而恒压和降压阶段则不需要输入。

2. 辐照杀菌

辐照杀菌是指利用核辐射产生的 γ 射线或电子加速器产生的电子射线对食品进行辐照处理，以达到杀灭食品中微生物的一种方法。它主要是利用高能射线的作用，使微生物的新陈代谢、生长发育受到抑制或破坏，从而杀死或破坏微生物的代谢机制，延长食品的保藏时间。适合于食品辐照的辐照源主要有电子加速器产生的两种辐照源，为产生 5MeV 的 X 射线和 10MeV 的加速电子；由放射性元素产生的两种辐照源是^{60}Co（1.17MeV 和 1.3MeV）和^{137}Cs（0.66MeV）产生的 γ 射线，运用广泛的辐照源是^{60}Co 或^{137}Cs。辐照杀菌具有以下几个方面优点：灭活微生物和害虫的效果显著，辐照剂量可根据需要调节，以获得不同杀菌灭虫的效果；无温度限制；到目前食品尚未发现任何放射残留物；消耗能源少；辐照处理的整个工序可连续操作，能处理带包装、不同规格的食品；辐照处理能改善某些食品的工艺和质量。食品辐射杀菌的目的不同，采用的辐射剂量也不同，完全杀菌的辐照剂量为 25~50kGy，其目的是杀死除芽孢杆菌以外的所有微生物。消毒杀菌的辐射剂量为 1~10kGy，其目的是杀死食品中不产芽孢的病原体和减少微生物污染，延长保藏期。对于不同的微生物，需要控制不同的辐射剂量和电子能量。

3. 脉冲强光杀菌

脉冲强光杀菌是利用脉冲的强烈白光闪照而使惰性气体灯发出与太阳光谱相近，但强度更强的紫外线至红外线区域光。随着闪照次数的增加，残余菌数明显减少。脉冲强光对微生物致死作用明显，可进行彻底杀菌。脉冲强光杀菌技术是近年来才开发的新型冷杀菌技术，能够抑制食品和包装材料表面、透明饮料、固体表面和气体中的微生物。这种技术采用强烈白光闪照的方法进行灭菌，它主要由一个动力单元和一个惰性气体灯单元组成。动力单元是用来提供高电压高电流脉冲的部件，为惰性气体灯提供所需的能量；惰性气体灯能发出波长由紫外线区域至近红外线区域的光线，其光谱与到达地球的太阳光谱相近，但强度却比太阳光强数千倍至数万倍。同时因脉冲光的波长较长，不会发生小分子电离，其灭菌效果明显比非脉冲或连续波长的传统紫外线照射好。该杀菌技术可以应用于包装材料和加工设备的表面、食品加工和医疗设备的表面杀菌，可以减少或取消化学消毒剂或防腐剂的应用。

4. 超声波杀菌

超声波杀菌是利用超声空穴现象产生的剪应力能机械地破碎细胞壁和加快物质转移的原理进行杀菌，所以超声波频率一般为20~100kHz，能量为104kW/cm^2，波长为3.0~7.5cm，是一种有效的非热处理杀菌方法。频率在20kHz/s以上的超声波，对微生物有破坏作用。它能使微生物细胞内容物受到强烈的震荡而使细胞破坏。一般认为在水溶液内，由于超声波作用，能产生过氧化氢，具有杀菌能力。也有人认为微生物细胞液受高频声波作用时，其中溶解的气体变为小气泡，小气泡的冲击可使细胞破裂，因此，超声波对微生物有一定的杀灭效应。超声杀菌的机理是基于超声生物、物理和化学效应。研究发现在含有空气或其他气体的液体中，在超声辐照下，主要由于空化的强烈机械作用能有效地破坏和杀死某些微生物病菌。在超声波作用于细菌时发现，在细菌死亡的同时，发生了细菌的自溶，即形态结构也受到破坏，以致作用后不仅培养物中的菌落数目减小，而且在形态上保留原状的细菌也减少。微生物悬浮液的浑浊程度也减小，透明度提高，这是由于单个细胞组成胶体的分散程度的减小和细胞的溶解所致。

5. 磁场杀菌

外磁场作用于生物体所产生的生物效应的机制有以下几个方面：①影响电子传递；②影响自由基活动；③影响蛋白质和酶的活性；④影响生物膜渗透；⑤影响生物半导体效应；⑥影响遗传基因的变化；⑦影响生物的代谢过程；⑧影响生物体的磁水效应。无论是恒定磁场还是脉冲磁场都能有效地抑制某些微生物和细菌的生长，当达到一定的磁场剂量时，还有很好的消毒杀菌功效。强磁场杀菌的主要机理是基于前述磁场的生物效应，主要有高能量的磁场可大大影响生物体，细菌体内电子的传递运动，从而影响和破坏与电子传递有关的生命过程；强磁场大大影响原子、分子和自由基活动，会产生电子自旋共振，影响或破坏微生物结构和生命过程；会导致酶、氨基酸、核酸与蛋白质等生物大分子降低活性；会打断生物分子中的某些化学键，造成细胞分裂、变性或死亡；强磁场会影响生物膜的渗透性，改变膜内外带电离子的分布和电位的突变、交变、形成不可逆的通孔，击穿生物细胞膜，使细菌致死；强磁场还大大影响微生物的代谢过程，影响生物的半导体效应，导致相关生命活动过程的剧烈变化；尤其是强烈的磁转矩、静磁力及洛仑兹力的作用会使细菌致死。日本三井以司将食品放在0.6T磁密度的磁场中，在常温下48h，达100%灭菌效果。磁力杀菌可用于饮料、调味品及各种包装的固体食品的杀菌。目前国内已对水、酸奶等制品进行了磁场杀菌的研究。

6. 脉冲电场杀菌技术

脉冲电场杀菌是将食品置于两个电极间产生的瞬间高压电场中，由于高压电脉冲能破坏细菌的细胞膜，改变其通透性，从而杀死细胞。杀菌用的高压脉冲电场强度一般为15~100kV/cm；脉冲频率为1~100kHz；放电频率为1~20kHz。

7. 射流破碎冷杀菌

超高压射流破碎技术作为一种潜在的可替代液态食品热杀菌的杀菌方法，从1990年开始受到研究人员的关注。目前的研究多集中于揭示现象、探讨应用方面的研究，分散于牛乳、果汁、微生物等领域。超高压射流破碎杀菌是使液态食品在高压作用下，以高速射流形式瞬间通过阀孔狭隙，微生物受到挤压、摩擦、剪切、空穴、震荡以及膨爆等多重动力作用，导致细胞破碎或损伤从而失去活性。超高压射流破碎杀菌技术能够有效的钝化微生物，延长食品的货架寿命，能够最大限度地保留食品中的营养与风味；并且可实现对液态物料的连续杀菌，符合工业化生产的需求。因此，超高压动力杀菌作为一种连续非热杀菌方法，具有广阔的应用前景。

8. 抗生酶杀菌

抗微生物酶在食品中杀菌的开发应用，正在日本、美国受到重视。如溶菌酶、壳多糖酶和葡萄糖酶，它们都可抑杀革兰氏阳性菌，其作用机理是破坏细胞的细胞膜。目前发现的抗微生物酶有四类：一是使细菌失去新陈代谢作用；二是对细菌产生有毒作用；三是破坏细胞的细胞膜成分；四是钝化其他的酶。

CHAPTER 13

第十三章 微生物与食品卫生和安全

第一节 食源性致病微生物

食品在生产、加工、运输和储藏过程中均有可能受到不同种类微生物的污染，除了引起食品腐败变质、丧失食用价值外，有少数微生物则可对人和动物产生毒害作用，这类微生物被称为病原微生物或致病微生物。存在于食品中或以食品为传播媒介的病原微生物称为食源性致病微生物。食源性致病微生物所导致的食源性疾病症状表现为轻度到重度胃肠炎甚至威胁生命，食源性疾病通常是急性的，但也有可能由于长期后遗症而演变成慢性疾病。不同时期的食源性疾病趋势以及由食源性致病菌引起的疾病构成的全球性公共卫生问题会受人口、食品生产和供应的工业化和集中化、旅游和贸易以及微生物的演变和适应等因素影响。过去几十年，由于经济全球化程度的提升，食源性疾病的流行病学发生了重大变化，由空肠弯曲菌、大肠杆菌 O_{157}：H_7、单核细胞增生李斯特氏菌及环孢子虫（*Cyclospora cayetanensis*）这些致病微生物所导致的食源性疾病呈增加趋势。

食源性致病微生物可分为食源致病病毒、食源致病细菌、食源致病真菌以及其他较为高等的食源致病病原虫等几大类型。目前食品和农产品中较为常见的致病微生物见表 13-1。

食源致病细菌中危害最大、分布最广的是金黄色葡萄球菌（*Staphylococcus aureus*）和大肠杆菌（*Escherichia coli*），此外还有产剧毒的肉毒杆菌（*Clostridium botulinum*）、鼠伤寒沙门氏菌（*Salmonella typhimurium*）和单增李斯特菌（*Listeria monocytogenes*）等也是威胁食物质量安全较为严重的致病菌；食源致病病毒中比较典型的有诺如病毒（Norwalk viruses，NV）、甲型肝炎病毒（Hepatitis A virus，HAV）以及轮状病毒（Rotavirus，RV）等，均能引起急性肠胃炎，导致严重腹泻等症状；食源致病真菌多数具有的共性危害特点是代谢真菌毒素，主要污染粮油等农作物及其产品，最为典型的有麦类作物中的脱氧雪腐镰刀菌烯醇（deoxynivalenol，DON，又称呕吐毒素）、油料作物中的黄曲霉毒素（aflatoxins，AFT）以及玉米中的玉米赤霉烯酮（zearalenone，又称 F-2 毒素）和伏马菌素（fumonisin，FB）等，均属剧毒高危致癌或致畸类生物毒素，严重危害人类和动物健康，也给粮油产业造成巨大浪费和损失。此外，动物性食品中还有一些寄生性致病微生物如隐孢子虫（*Cryptosporidium parvum*）、贾第虫（*Giardia*）、旋毛虫（*Trichinella spiralis*）、痢疾阿米巴虫（*Entamoeba histolytica*）等，也能引起机体肠道疾病，甚至诱发脏器衰竭导致致命风险。本章着重介绍常见的食源性致病细菌、真菌和病毒。

表 13-1　食源致病微生物常见种类及其主要危害风险

类型		常见种类	食源性污染特点	人类主要危害风险
致病细菌	革兰氏阳性	金黄色葡萄球菌（*Staphylococcus aureus*）	几乎涵盖所有食物，特别在淀粉类和肉制品中最常见	分泌肠毒素，引起食物中毒；也可诱发肺炎、肠炎、败血症、脓毒症等
		产气荚膜梭菌（*Clostridium perfringens*）	畜禽性食品中较为常见	产生外毒素，引起气性坏疽和食物中毒等
		蜡样芽孢杆菌（*Bacillus cereus*）	畜禽性食品中较为常见	产生肠毒素，引起食物中毒，导致呕吐、腹泻等症状
		肉毒杆菌（*Clostridium botulinum*）	所有肉制品中均可常见	产生肉毒素，引起食物中毒，导致视觉模糊、呼吸困难、肌肉乏力等症状
		草绿色链球菌（*Streptococcus viridans*）	畜禽性食品中较为常见	引发感染性心内膜炎以及败血症和脑膜炎等
		乙型溶血性链球菌（*Streptococcus beta-hemolyticus*）	畜禽性食品中较为常见	产生溶血毒素，引起皮肤化脓性炎症和呼吸道感染等，致病性强
		肺炎链球菌（*Streptococcus pneumonia*）	畜禽性食品中较为常见	可引起化脓、肺炎、脑膜炎、支气管炎等疾病
		无乳链球菌（*Streptococcus agalactiae*）	乳制品中较为常见	可造成孕妇产褥期脓毒血症和新生儿脑膜炎等
		单增李斯特菌（*Listeria monocytogenes*）	污染面较广，特别在冷藏食品中最为常见	是人畜共患病的病原菌，诱发败血症、脑膜炎等
	革兰氏阴性	大肠杆菌（致病株）（*Escherichia coli*）	几乎涵盖所有食物，特别在生鲜蔬菜中更为常见	产生肠毒素，引起严重腹泻乃至败血症
		鼠伤寒沙门氏菌（*Salmonella typhimurium*）	畜禽动物肉制品及家禽蛋类畜禽中较为常见	产生内毒素，引起食物中毒，引发急性肠胃炎导致腹泻，甚至危害肝、脾等
		副伤寒沙门氏菌（*Salmonella paratyphi*）	畜禽动物肉制品及家禽蛋类中较为常见	产生内毒素，引起食物中毒，引发急性胃肠炎导致腹泻，甚至危害肝、脾等

续表

类型		常见种类	食源性污染特点	人类主要危害风险
致病细菌	革兰氏阴性	猪霍乱沙门氏菌 (*Salmonella choleraesuis*)	猪肉制品中较为常见	产生内毒素，引起食物中毒，引发急性胃肠炎导致腹泻
		副溶血性弧菌 (*Vibrio parahaemolyticus*)	鱼、虾、蟹、贝类等水产品中较为常见	引起食物中毒，引发急性腹痛、呕吐、腹泻等症状
		霍乱弧菌 (*Vibrio cholera*)	霍乱病人排泄物污染的生鲜食物中较为常见	产生霍乱肠毒素，引发剧烈呕吐、腹泻、失水，具有极强传染性
		拟态弧菌 (*Vibrio mimetica*)	牡蛎、虾蟹等水产品中较为常见	引起腹泻、呕吐及腹痛等症状
		创伤弧菌 (*Vibrio vulnificus*)	鱼、虾、蟹、贝类等海鲜产品常见	引起肠胃炎，在伤口上繁殖，引发溃烂，甚至导致组织坏死
		变形杆菌 (*Proteus*)	动物性食品中较为常见	引起食物中毒，引发腹部绞痛、急性腹泻、恶心、呕吐等症状
		福氏志贺氏菌 (*Shigella flexneri*)	动物性食品中较为常见	引发细菌性痢疾
		小肠耶尔森氏菌 (*Yersinia enterocolitica*)	蔬菜、乳和肉类等均较为常见	引起食物中毒，诱发急性胃肠炎、败血症
		布鲁氏杆菌 (*Brucellae*)	活体羊、牛、猪和狗及其肉制品	引起长期发热、多汗、关节痛及肝脾肿大等
		铜绿假单胞菌 (*Pseudomonas aeruginosa*)	常见于饮料、饮用水中	引起急性肠道炎、脑膜炎、败血症和皮肤炎症等疾病
病毒		诺如病毒 (Norovirus) 和其他小圆结构病毒 (Small round structured virus)	几乎涵盖所有食品、食用农产品	诱发急性肠胃炎，引起严重腹泻，具极强传染性
		冠状病毒 (Coronavirus)	畜禽性食品中较为常见	引起肠胃炎，诱发呼吸和神经系统疾病，具传染性
		轮状病毒 (Rotavirus)	畜禽性食品中较为常见	主要危害婴幼儿，引起急性肠胃炎，诱发腹泻
		甲型肝炎病毒 (Hepatitis A virus)	可污染食物，特别是水产品	嗜肝病毒，引起甲型肝炎，具传染性
		环状病毒 (Orbivirus)	哺乳动物性食品中较为常见	危害心、肺、脾等器官
		禽流感病毒 (Avian influenza viruses)	禽类食品中较为常见	诱发呼吸道疾病，具传染性

续表

类型	常见种类	食源性污染特点	人类主要危害风险
病毒	口蹄疫病毒 (Foot-and-mouth disease virus)	偶蹄动物性食品中较为常见	引起发烧、呕吐、腹泻等
	朊病毒（Prion virus）	哺乳动物性食品中较为常见	主要引起中枢神经系统退化性病变，具传染性
	腺病毒（Adenovirus）	畜禽性食品中较为常见	诱发呼吸道和胃肠等疾病
	细小病毒（Parvovirus）	犬类动物性食品中较为常见	诱发出血性肠炎以及剧烈呕吐等症状
真菌	黄曲霉 (*Aspergillus flavus*)	花生、核桃等油料食物中最常见	产生黄曲霉毒素，属 1 类强致癌物质
	禾谷镰刀菌 (*Fusarium graminearum*)	谷物、玉米及其制品中较为常见	产生呕吐毒素和 F-2 毒素，扰乱神经，致癌、致畸
	串珠镰刀菌 (*Fusarium moniliforme*)	玉米、小麦、大米等粮食及其制品中较为常见	产生伏马毒素，属 2B 类致癌物
	拟分枝镰刀菌 (*Fusarium sporotrichioides*)	麦类、玉米等食物中较为常见	产生 T-2 毒素，引发呕吐腹泻，甚至引起脏器衰竭
	鲜绿青霉 (*Penicillium viridicatum*)	谷物及其制品中较为常见	产生赭曲霉毒素，损伤肝肾等脏器，致畸
	展青霉 (*Penicillium patulum*)	水果及其制品中较为常见	产生展青霉毒素，损伤生殖免疫系统，致畸、致突变
	岛青霉 (*Penicillium islandicum*)	谷物及其制品中较为常见	产生岛青霉毒素和黄天精，均可致癌
	橘青霉 (*Penicillium citrinum*)	大米及其制品中较为常见	产生橘青霉毒素，损伤肾脏
	酵母 (*Saccharomyces*)	发酵糖类食物中较为常见	过量摄入，会引发腹泻，甚至诱发消化和呼吸道疾病
病原虫	钩端螺旋体 (*Leptospira*)	鼠及猪类动物性食品中较为常见	引发钩端螺旋体病，导致高热、全身酸痛、软弱无力、结膜充血等症状
	隐孢子虫 (*Cryptosporidium*)	哺乳动物肉及其制品中较为常见	人畜共患性病原寄生虫，引发肠道疾病
	贾第虫 (*Giardia*)	带虫者粪便污染的食物	人小肠寄生虫，引发肠道、胆囊等疾病

续表

类型	常见种类	食源性污染特点	人类主要危害风险
病原虫	弓形虫（*Toxoplasma gondi*）	家畜、禽肉及其制品中较为常见	人畜共患性病原寄生虫，损伤脏器，干扰免疫系统
	旋毛虫（*Trichinella spiralis*）	哺乳动物及其制品中较为常见	人畜共患性病原寄生虫，危害小肠黏膜，诱发腹痛、腹泻、恶心、呕吐等症状
	异尖线虫（*Anisakid nematode*）	海洋动物及其制品中最为常见	引发剧烈腹痛或过敏反应等症状
	结肠小袋虫（*Balantidium coli*）	猪肉及其制品中较为常见	人畜共患性病原寄生虫，引发结肠炎症
	痢疾阿米巴虫（*Amoeba dysenteriae*）	哺乳动物及水产品中较为常见	引发痢疾，损害肠壁、肝、脑等组织

第二节　食品卫生的微生物学标准

食品卫生是为防止食品污染和有害因素危害人体健康而采取的综合措施。世界卫生组织对食品卫生的定义是：在食品的培育、生产、制造直至被人摄食为止的各个阶段中，为保证其安全性、有益性和完好性而采取的全部措施。食品卫生标准是检验食品卫生状况的依据，是判断食品、食品添加剂等是否符合食品卫生法的主要衡量标志。致病性微生物引起的食源性疾病是包括中国在内的全世界各国头号食品安全问题，所以食品卫生的微生物学标准对提高食品卫生质量、保障食品安全、预防食源性疾病等方面有极其重要的作用。

目前，食品卫生标准中的微生物指标一般分为菌落总数、大肠菌群、肠球菌和致病菌等。其中菌落总数、大肠菌群和致病菌为主要检测指标，有些食品对霉菌和酵母也提出了具体的要求。

一、菌落总数

菌落总数（aerobic plate count）是指食品检样经过处理，在一定条件下（包括培养基、培养温度和培养时间等）培养后，所得 1g 或 1mL 检样中形成的微生物菌落总数。目前执行标准为 GB 4789.2—2016《食品安全国家标准　食品微生物学检验　菌落总数测定》，菌落总数的检验程序见图 13-1。在菌落计数时需遵循以下原则：①若所有稀释度的平板上菌落数均大于 300CFU，则对稀释度最高的平板进行计数，其他平板可记录为多不可计，结果按平均菌落数乘以最高稀释倍数计算；②若所有稀释度的平板菌落数均<30CFU，则应按稀释度最低的平均菌落数乘以稀释倍数计算；③若所有稀释度（包括液体样品原液）平板均无菌落生长，则以小于 1 乘以最低稀释倍数计算；④若所有稀释度的平板菌落数均不在 30~300CFU，

其中一部分<30CFU 或>300CFU 时，则以最接近 30CFU 或 300CFU 的平均菌落数乘以稀释倍数计算；⑤菌落数报告为 CFU/g 或 CFU/mL。

自然界细菌的种类很多，各种细菌的生理特性和所要求的生活条件不尽相同。如果要检验样品中所有种类的细菌，必须用不同的培养基及不同的培养条件，这样工作量将会很大。从实践中得知、尽管自然界细菌种类繁多，但异养、中温、好气性细菌占绝大多数，这些细菌基本代表了造成食品污染的主要细菌种类，因此，实际工作中，细菌总数就是指能在营养琼脂上生长、好氧性嗜温细菌的菌落总数。菌落总数在食品中有两方面的食品卫生意义：一方面作为食品被污染，即清洁状态的标志；另一方面可以用来预测食品可能存放的期限。

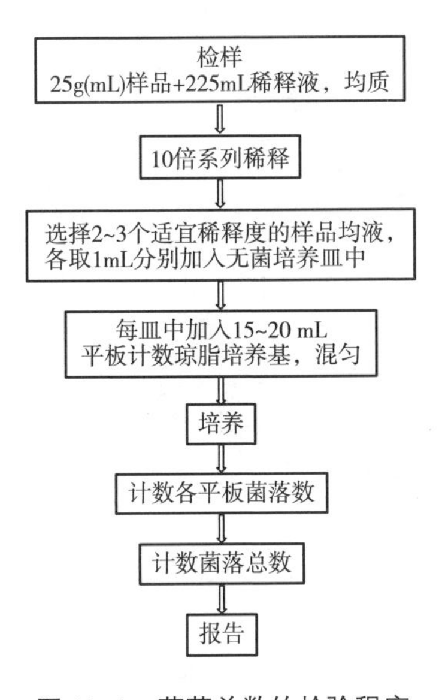

图 13-1 菌落总数的检验程序

二、大肠菌群

大肠菌群（Coliforms）是指在一定培养条件下能发酵乳糖、产酸产气［通常于（36±1）℃培养（48±2）h 能产酸产气］的好氧和兼性厌氧革兰氏阴性无芽孢杆菌。由于大肠菌群都是直接或间接来自人与温血动物的粪便，所以，大肠菌群作为食品卫生标准的意义在于它是较为理想的粪便污染的指示菌群。另外，肠道致病菌如沙门氏菌属和志贺氏菌属等，对食品安全性威胁很大，逐批或经常检验致病菌有一定困难，而食品中的大肠菌群较易检验出来，肠道致病菌与大肠菌群的来源相同，而且在一般条件下大肠菌群在外环境中生存时间也与主要肠道致病菌一致，所以大肠菌群的另一重要食品卫生意义是作为肠道致病菌污染食品的指示菌。

在 GB 4789. 3—2016《食品安全国家标准 食品微生物学检验 大肠菌群计数》中给出了两种方法来检验大肠菌群总数，第一法适用于大肠菌群含量较低的食品中大肠菌群的计数，检验程序见图 13-2（1）。第二法适用于大肠菌群含量较高的食品中大肠菌群的计数，检验程序见图 13-2（2）。这两种方法的具体实验步骤可见 GB 4789. 3—2016。

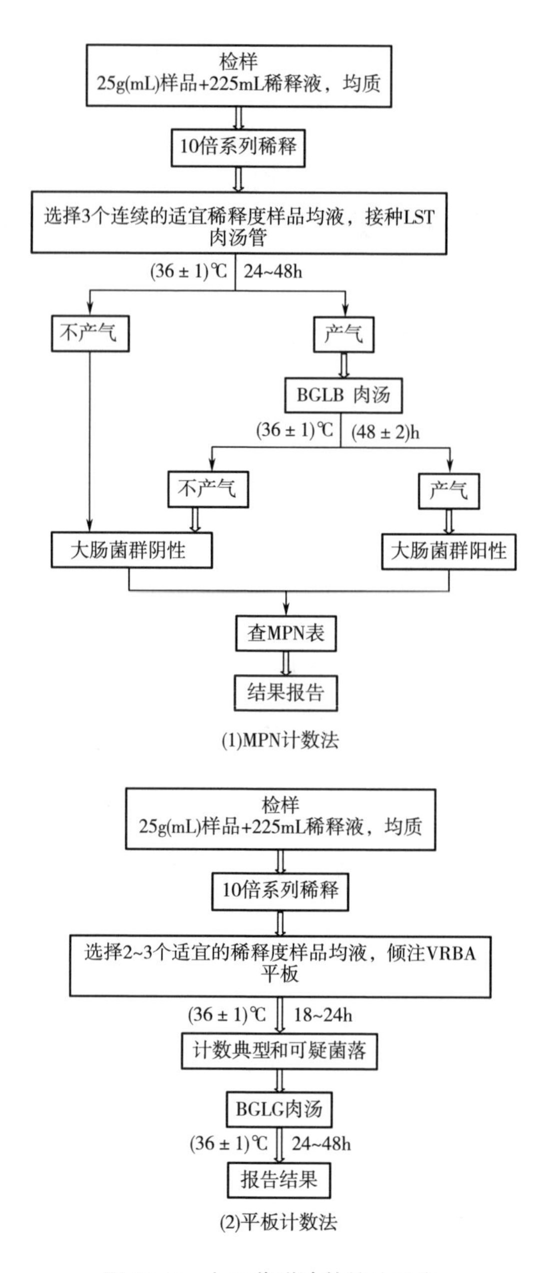

图 13-2 大肠菌群计数检验程序

注：MPN，most probable number，最可能数；LST 肉汤，lauryl sulfate tryptose，月桂基硫酸盐胰蛋白胨肉汤；BGLB 肉汤，brilliant green lactose bile，煌绿乳糖胆盐肉汤；VRBA，violet red bile agar，结晶紫中性红胆盐琼脂。

三、致 病 菌

食品中不允许有致病菌（pathogenic bacteria）存在，这是食品卫生质量指标中必不可少的标准之一。致病菌种类繁多，随食品的加工、储藏条件各异，因此被致病菌污染的情况是不同的。如何检验食品中的致病菌，只有根据不同食品可能污染的情况来做针对性的检查。例如禽、蛋、肉类食品必须做沙门氏菌的检查；酸度不高的罐头必须做肉毒梭菌的检查；发生食物中毒时必须根据当时当地传染病的流行情况，对食品进行有关致病菌的检查，如沙门氏菌、志贺氏菌、变形杆菌、副溶血性弧菌、金黄色葡萄球菌等的检查；果蔬制品还应进行霉菌计数。这些病原菌检测可参考 GB 4789 系列国家标准有关部分。

此外，有些致病菌能产生毒素，毒素的检查也是一项不容忽视的指标，因为有时当菌体死亡后，毒素还继续存在。毒素的检查一般以动物实验法，测定其最小致死量、半数致死量等指标。总之，病原微生物及其代谢产物的检查都属致病菌检验内容。

四、其他指标

在一般食品标准中，并没有包括这些指标，但由这些微生物引起的食物中毒或传染病越来越多，特别是在肉及其制品中，如肝炎病毒、猪瘟病毒、鸡新城疫病毒、马立克氏病毒、口蹄疫病毒、狂犬病病毒、猪水疱病毒，还有一些寄生虫如旋毛虫、囊尾蚴、猪肉孢子虫、蛔虫、肺吸虫、螨、姜片吸虫等也应该引起重视。

第三节 微生物污染与食物中毒

一、概 述

（一）食物中毒的概念及类型

食物中毒是指摄入了含有生物性、化学性有毒有害物质的食品或者将有毒有害物质当作食品摄入后，引起的非传染性的急性、亚急性疾病的总称。对于摄入非可食状态的食物（未成熟的水果、蔬菜），非正常数量的食物（暴饮暴食），以及某些食物虽可引起疾病，临床症状与食物中毒类似，但不属于食物中毒的范围，可以有下几种情况：①经食品而感染的肠道传染病（如痢疾、伤寒病、霍乱等）、寄生虫病（如旋毛虫病等）、人畜共患性疾病等；②特异体质者食入某种食品（如鱼、虾、牛乳、花生等）所发生的变态反应（食物过敏）；③因暴饮暴食而引起的急性胃肠炎；④因长期摄入少量被有毒物质污染的食物而造成的慢性中毒，包括致畸、致突变和致癌等对人体的危害；⑤因食用刺激性食品所引起的局部刺激症状；⑥营养缺乏病或过多症，如维生素缺乏引起的胃肠障碍。

食物中毒有多种多样，按食物中毒的病因分成：微生物性食物中毒、动植物自然毒食物中毒、化学性食物中毒，其中微生物性食物中毒最为常见。根据引起食物中毒的微生物类群不同，主要包括细菌性食物中毒和霉菌性食物中毒两大类。根据引起食物中毒的机理不同可分为感染型、毒素型和混合型。感染型食物中毒：病原细菌污染食物，并在食物中大量繁殖，这种含有大量活菌的食物被摄入人体，会引起人体消化道的感染而造成中毒。毒素型食物中毒：食物中污染某些产毒微生物后，在适宜的条件下，这些微生物在食物中繁殖并产生毒素，由于毒素的作用而引起的中毒，即称为毒素型食物中毒。混合型食物中毒是由毒素型和感染型两种协调作用所致的食物中毒。

（二）食物中毒的特点

有毒食物进入人体内发病与否、潜伏期、病程、病情轻重和愈后的效果主要取决于进食有毒食物的种类、毒性和数量，同时也与食者胃肠空盈度、年龄、体重、抵抗力、健康与营养状况等有关。食物中毒常集体性爆发，其种类很多，病因也很复杂，从流行病学的调查结果来看，一般具有下列共同特点：①潜伏期短，来势急剧，一般由几分钟到几小时，在短时间内有很多人同时发病；②发病和食入某种共同的有毒食品有关。凡进食此种有毒食品的人大都发病，未进食者不发病，或者停止食用此种食品后，发病很快控制；③病人都有大致相同的临床症状，最常见的症状是腹痛、腹泻、恶心和呕吐等胃肠道症状；④发病率高而且集中，人与人之间不直接传染，一般无传染病流行时的余波。

二、细菌性食物中毒

细菌性食物中毒在食物中毒中最为常见，占食物中毒事件的30%~90%，人数占食物中毒总人数的60%~90%，通常有明显的季节性，多发生在气候炎热的季节，一般以5~10月份最多。一方面由于较高的气温为细菌繁殖创造了有利的外界条件，另一方面，这一时期内人体防御能力的降低，也是造成细菌性中毒事件发生的诱因。细菌性食物中毒死亡率较低，如能及时抢救，一般愈后良好，仅肉毒杆菌毒素中毒例外。

2018年第三季度我国食物中毒事件流行特征分析结果显示细菌性食物中毒事件数和中毒人数最多，分别占当季度食物中毒事件总数和中毒总人数的42.20%（50/119）和69.29%（2417/3488）；致病因素主要为沙门氏菌、致病性大肠埃希菌、蜡样芽孢杆菌、副溶血性弧菌、金黄色葡萄球菌肠毒素和变形杆菌，6种致病菌引起的事件数和中毒人数分别占细菌性食物中毒事件数和中毒人数的82.00%（41/50）和89.37%（2160/2417）。下面就将这些常见而重要的细菌性食物中毒进行介绍。

（一）沙门氏菌食物中毒

1. 病原

沙门氏菌属是肠杆菌科的一个重要菌属。沙门氏菌属根据抗原构造分类，国际上已发现有2600多个血清型菌株，分为6个亚属。不同血清型菌株的致病力和侵染对象均不相同。有些专门引起人伤寒病，如伤寒沙门氏菌，甲、乙、丙型副伤寒沙门氏菌；有些专门引起动物致病，如马流产沙门氏菌（*Salmonella abortusequi*）、鸡白痢沙门氏菌；也有些对人和动物都致病。引起人类食物中毒的沙门氏菌包括十几个血清型菌株，主要有猪霍乱沙门氏菌（*Salmonella choleraesuis*）、鼠伤寒沙门氏菌（*Salmonella typhimurium*）、肠炎沙门氏菌（*Salmonella enteritidis*）、纽波特沙门氏菌（*Salmonella Newport*）、都柏林沙门氏菌（*Salmonella Dublin*）、德尔比沙门氏菌（*Salmonella Delby*）、山夫顿堡沙门氏菌（*Salmonella senftenberg*）、汤普逊沙门氏菌等（*Salmonella thompson*）。其中前三种引起食物中毒次数最多。

2. 生物学特性

（1）形态与染色特性　沙门氏菌是革兰氏阴性、两端钝圆的短杆菌，大小为（1~3）μm×（0.4~0.9）μm，不产生荚膜和芽孢，除鸡白痢沙门氏菌和鸡伤寒沙门氏菌外，均具有周身鞭毛，能运动，多数细菌具有菌毛，能吸附于细胞表面或凝集豚鼠的红细胞，形态上均与大肠杆菌相似。

（2）培养特性　沙门氏菌为需氧及兼性厌氧菌。生长的温度范围6.7~45.6℃，最适生长温度37℃。生长的pH 4.1~9.0，最适生长pH 6.8~7.8。营养要求不高，在普通琼脂培养上能生长良好，培养24h后，形成中等大小、圆形、表面光滑、无色、半透明、边缘整齐的菌落。沙门氏菌在选择性培养基上的生长特征见表13-2。

表13-2　　沙门氏菌在选择性培养基上的生长特征

培养基	菌落特征
沙门氏菌 志贺氏菌琼脂 [*Salmonella-Shigella*（SS） agar]	粉红背景、无色菌落
亚硫酸铋琼脂 [bismuth sulfite（BS） agar]	略显金属光泽的黑色菌落，有棕色到黑色过渡的晕圈
亮绿琼脂 [brilliant green（BG） agar]	粉红色菌落，红色晕圈
木糖赖氨酸脱氧胆酸盐（XLD）琼脂 [xylose lysine desoxycholate（XLD） agar]	如果是产生H_2S的菌株，菌落中心带黑色；如果不产生H_2S，呈现红色菌落
麦康基氏琼脂 [MacConkey（MA） agar]	无色透明的菌落
HEKTOEN肠杆菌琼脂 [Hektoen Enteric（HE） agar]	蓝色到蓝绿色过渡菌落，大部分菌落中心带黑色（产生H_2S的菌株）
伊红美蓝琼脂 [eosin-methylene blue（EMB） agar]	半透明的琥珀色到无色菌落

（3）生化特性　致病性的沙门氏菌的生化特性比较一致，但也有个别菌株的个别特性有差异。一般特性是：它们可发酵葡萄糖、麦芽糖、甘露醇和山梨醇产酸产气；不发酵乳糖、蔗糖和侧金盏花醇，不产生吲哚和乙酰甲基原醇（V-P反应阴性），不水解尿素和对苯丙氨酸不脱氨。

（4）抵抗力　水中存活2~3周，粪便中1~2个月，牛乳及肉类中存活数月，在冷冻、脱水、烘焙食品中存活时间更长，如鼠伤寒沙门氏菌在-17.8℃的冷冻鱼中能存活一年。不耐受高浓度的食盐，在9%盐溶液以上可致死；pH 9.0以上和pH 4.5以下可抑制其生长，亚硝酸盐在较低pH下也能有效抑制。在含氯气的水中很快死亡。对胆盐和煌绿等染料有抵抗力，可用之制备沙门氏菌的选择性培养基。不耐热，60℃经30min，或65℃经15~20min可被杀死，100℃立即致死。但水煮或油炸大块食物时，因食物内部未达杀菌和破坏毒素的温度，有细菌残留或毒素存在，易引起食物中毒的发生。

（5）抗原结构　本属细菌具有复杂的抗原结构，主要由三种抗原组成，即O抗原、鞭毛H抗原和表面Vi抗原（荚膜或包膜抗原）。

①O抗原：主要是由沙门氏菌细胞壁的脂多糖构成，主要组成成分为脂质A、核心寡糖和O特异性多糖。其多糖主链是由重复排列的寡糖链（2到6个糖基）构成，侧链则是一些特殊的单糖，这些组成决定了O抗原的特异性。目前至少有67种O抗原，以阿拉伯数字1，2，3……顺序排列表示。每个沙门氏菌可含有一种或数种O抗原，不同菌株的沙门氏菌可能含有相同的O抗原。O抗原是沙门氏菌分群（组）的依据，凡含共同抗原成分的血清型归为

一个群，可根据主要O抗原（为一些菌群独有，而其他菌群没有的抗原）的不同，将沙门氏菌属分为A、B、C、C_1、C_2、C_3、D、E_1、E_4等67个血清群。对人类致病的沙门氏菌99%属于A~E群。O抗原刺激机体产生的抗体以IgM为主，与相应的抗血清反应时呈颗粒凝集状。

②H抗原：主要是由沙门氏菌的鞭毛蛋白质构成，其特异性主要是由鞭毛蛋白中氨基酸的排列顺序和空间构型以及蛋白高级结构共同决定的。沙门氏菌H抗原有两个相。第一相抗原特异性较高，仅为少数沙门氏菌所独有，称为特异相，用英文小写字母a、b、c……表示。第二相抗原特异性较弱，为沙门氏菌所共有，称为非特异相，用阿拉伯数字1、2、3……表示。同时有第一相和第二相H抗原的细菌称双相菌，仅有一相者称为单相菌。极个别菌株还会表达一些附加H抗原，被定名为3型或R型H抗原，但这些抗原不稳定，容易丢失。H抗原是沙门氏菌定型的依据。H抗原刺激机体产生的抗体定以IgG为主，与相应的抗血清做玻片凝集试验呈絮状反应。

③Vi抗原：由聚-*N*-乙酰-D-半乳糖胺糖醛酸组成，主要是由伤寒沙门氏菌、丙型副伤寒沙门氏菌和都柏林沙门氏菌具有。与O抗原和H抗原相比、Vi抗原的抗原性较弱。Vi抗原位于菌体的最表层，可保护沙门氏菌免受人体吞噬细胞的吞噬作用，以及保护细菌免受相应抗体和补体的溶菌作用。Vi抗原可阻止O抗原与抗体结合，因此要进行凝集反应，必须先去掉Vi抗原。经多次传代、60℃热处理或苯酚处理可使Vi抗原消失。

各种沙门氏菌分别具有1~2种或更多菌体抗原和特定鞭毛抗原，可分别列出抗原结构式，在本属细菌的鉴别上具有重要意义。例如：鼠伤寒沙门氏菌的抗原结构式为1，3，5，12∶i∶1，2，表示该菌含有O抗原1，3，5，12四种，H抗原第一相是i，第二相是1和2。

（6）致病因素　主要有3种：①内毒素：该属各菌株均有具较强毒性的内毒素，由脂类、多糖和蛋白质的复合物组成。被人体吞噬细胞吞噬并杀灭的沙门氏菌因细胞裂解释放内毒素，引起发热、中毒性休克等；②肠毒素：鼠伤寒沙门氏菌、肠炎沙门氏菌在适宜条件下代谢分泌肠毒素。此种肠毒素为蛋白质，在50~70℃时可耐受8h，不被胰蛋白酶和其他水解酶所破坏，并对酸碱有抵抗力；③侵袭力：沙门氏菌有菌毛，因而对肠黏膜细胞有侵袭力。有Vi抗原的沙门氏菌也具有侵袭力，能穿过小肠上皮细胞到达黏膜固有层。

（7）毒力相关基因　沙门氏菌毒力基因存在其染色体和质粒中。在沙门菌染色体中编码毒力相关基因的特定区域被称为毒力岛（salmonella pathogenicity islands，SPI），含有许多与毒力有关的基因，还编码与细菌侵袭力直接相关的Ⅲ型分泌系统（Type III secretion system，T3SS）。除染色体中毒力岛编码的毒力基因外，还有小部分毒力基因位于质粒中。

目前，已经有12个毒力岛在各种不同血清型的沙门氏菌上被发现，其中一部分毒力岛在不同血清型都广泛存在，相对保守；另外一些毒力岛则是某种血清型所特有，如在伤寒沙门氏菌（如鼠伤寒沙门氏菌、丙型副伤寒沙门氏菌）中新鉴定出的SPI-6、SPI-7、SPI-8、SPI-9、SPI-10、SPI-11、SPI-12等。除此之外，一些位于染色体上的大片段，具有和毒力岛类似的特征，但其在致病机制上的功能还有待研究。目前为止，研究最透彻的5个毒力岛分别是SPI-1、SPI-2、SPI-3、SPI-4、SPI-5。

SPI-1位于沙门菌染色体上、下游分别为*fhl*A和*mut*S的63′位点处，至少含29个基因与Ⅲ型分泌系统各组分的编码相关；SPI-1编码的蛋白可以侵入宿主细胞并诱导巨噬细胞凋亡，在沙门氏菌侵袭巨噬细胞和肠上皮细胞过程中发挥重要作用。SPI-2含40个基因，组成4个操纵子，*ssa*编码Ⅲ型分泌系统成分，*ssr*编码分泌系统调节子，*ssc*编码分子伴侣，*sse*编码分泌系统效应蛋白；SPI-2 控制沙门氏菌在吞噬细胞和上皮细胞内的复制，并使沙门氏菌逃避巨噬细胞辅酶依赖的杀伤作用。SPI-3 含 10 个开放阅读框（ORFs），组成 6 个转录单位，其中 *mgt*CB 的产物可介导细菌在巨噬细胞和低 Mg^{2+} 环境中存活。研究表明携带 SPI-1+SPI-2 与沙门氏菌的致病性呈正相关，而且 SPI-3 可作为检测沙门氏菌的毒力标志。SPI-4 含 18 个 ORFs，编码介导毒素分泌的Ⅲ型分泌系统，并参与调节细菌对巨噬细胞内环境的适应。SPI-5位于都柏林沙门氏菌染色体 25′处，上、下游分别为 *ser*T 和 *cop*S/*cop*R，含 *sop*、*sip*、*pip* 等基因，编码产物与肠黏膜液体分泌和炎症反应相关，并且由 SPI-1 和 SPI-2 编码的蛋白所调控。

SPI-6 是编码 *saf*A2D 和 *tcs*A2R 的长约 59kb 的 DNA 片段，通过引导伴侣蛋白调节菌毛操纵子；SPI-7 是长约 134kb 的 DNA 片段，具有血清特异性，在丙型副伤寒沙门氏菌中鉴定出，负责 *sop*E 噬菌体、Vi 抗原基因和 *via*B 操纵子的编码；SPI-8 全长约为 6.8kb，连接 *phe*VtRNA 基因，负责 2 种细菌素的伪基因（*sty*3280 和 *sty*3282）及其整合酶基因的编码；SPI-9 是长约 16kb 的 DNA 片段，编码独立的 Rtx-样蛋白（Sty2875）和Ⅲ型分泌系统，这一功能与 SPI-4 类似；SPI-10 是全长约为 32.8kb 的 DNA 片段，包含 *sef*R、*sef*C 和 *sef*B 基因，编码 *sef*A-R 和噬菌体以及引导伴侣蛋白调控菌毛操纵子。

在能引起严重全身性感染的沙门氏菌中普遍存在一大小在 50~90kb 的质粒，与沙门氏菌的毒力密不可分，将其称为沙门氏菌毒力质粒（salmonella plasmid virulence，spv）。毒力质粒含有一段高度保守的约 8kb 的核酸片段，即 *spv* 基因。该基因由 6 个 ORFs 构成：正性调控基因 *spv*R、4 个效应基因 *spv*A、*spv*B、*spv*C、*spv*D 以及位于这 5 个基因之后的 *orf*E。目前已知 *spv*R 编码 *Lys*R/*Met*R 家族转录活化因子的细菌调节性蛋白，并且使基因按照合成 *spv*ABCD 的方向进行转录。*spv* 基因有利于沙门氏菌在肠外组织细胞内的生长，其产物与细菌的黏附、定植及血清抗性等毒力表型密切相关。另外，*spv* 基因是细菌在巨噬细胞内存活和生长繁殖所必需的，毒力表现为细胞毒性，细菌增殖可致巨噬细胞凋亡。

3. 中毒机制及症状

沙门氏菌食物中毒发生与食物中的带菌量、菌体毒力及人体本身的防御能力等因素有关。食物中沙门氏菌带菌量在 10^5~10^9个/g 食物范围可以引起食用者中毒，低于这一带菌量的食物一般不会使食用者产生中毒主要症状。当沙门氏菌随食物进入消化道后，可以在小肠和结肠内繁殖，引起组织的炎症，并可经淋巴系统进入血液，引起全身感染，这一过程有两种菌体毒素参与作用：一种是菌体代谢分泌的肠道毒素，另一种是菌体细胞裂解释放出的菌体内毒素。由于中毒主要是摄食一定量活菌并在人体内增殖所引起的，所以沙门氏菌引起的食物中毒主要属感染型食物中毒。

沙门氏菌食物中毒的临床症状一般在进食染菌食物 12~24h 后出现。主要表现为急性胃肠炎症状，如呕吐、腹痛、腹泻等。另外，由于细菌毒素作用于中枢神经，还可引起头痛、发热，严重的会出现寒战、抽搐和昏迷等症状。病程为 3~7d，一般愈后良好，但老人、儿童和体弱者如不及时进行急救处理也可致死。沙门氏菌食物中毒的病死率通常<1%。

4. 病菌来源及预防措施

沙门氏菌的宿主主要是家畜、家禽和野生动物。它们可以在这些动物的胃肠道内繁殖。屠宰的猪、牛、羊等健康家畜，沙门氏菌带菌率为 1%~45%；患病动物的沙门氏菌带菌率更高，如病猪的沙门氏菌检出率可达 70%以上。家禽的带菌率也较高，一般在 30%~40%。如果家禽的卵巢带有沙门氏菌，可使卵黄染菌，因而所产的蛋也是带菌的。另外，禽蛋在经泄殖腔排出的过程中可使蛋壳染菌，并且蛋壳上所带的沙门氏菌有可能在存放期间侵入蛋内。

预防沙门氏菌中毒事件发生，应该从以下几方面着手：①防止污染：主要应采取积极措施，控制感染沙门氏菌的食品流入市场。加强肉品、蛋品、水产品、乳制品的卫生管理，发现可疑食物，应仔细确诊并严格按照有关条例处理。加强食品采购、运输、销售、加工等环节的卫生管理，生熟分开以防交叉感染。工作人员应该定期检查身体，发现带菌者，不能从事烹饪和其他食品加工工作。②控制繁殖：沙门氏菌繁殖的最适温度37℃，但在20℃以上也能大量繁殖，因此，低温贮存食品是一项可行的控制沙门氏菌繁殖措施。③杀灭病原菌：一般来说只有食品内部温度达到80℃以上至少12min，才能保证杀灭沙门氏菌。因此在烹调时要把食品或其原料煮熟、煮透，才能真正保证食品的食用安全。

（二）致病性大肠杆菌食物中毒

1. 病原

大肠埃希氏菌属包括非致病性大肠杆菌和致病性大肠杆菌。前者是人和动物肠道正常菌群，后者引起食物中毒，是一类条件性致病菌。根据不同血清型致病特点，可将致病性大肠杆菌分为六类：肠道致病性大肠杆菌（enteropathogenic *Escherichia coli*，EPEC）、侵袭性大肠杆菌（enteric invasive *Escherichia coli*，EIEC）、产毒性大肠杆菌（enterotoxigenic *Escherichia coli*，ETEC）和肠出血性大肠杆菌（enterohemorrhagic *Escherichia coli*，EHEC）、肠道黏附性大肠埃希氏菌（enteroadherent *Escherichia coli*，EAEC）、弥散黏附性大肠杆菌（disseminated Adhesive *Escherichia coli*，DAEC）。

2. 生物学特性

（1）形态与染色特性　大肠杆菌属于肠杆菌科埃希氏菌属，为革兰氏阴性、两端钝圆的中等大小杆菌，长为1~3μm，宽约0.6μm。此菌多单独或成双存在，但不呈长链状排列。因生长条件不同，个别菌体可呈近似球状或长丝状。约有50%左右的菌株具有周生鞭毛而能运动，但多数菌体只有1~4根，一般不超过10根，故菌体动力弱；多数菌株生长有比鞭毛细、短、直且数量多的菌毛，有的菌株具有荚膜或微荚膜；不形成芽孢，对普通碱性染料着色良好。

（2）培养特性　为需氧及兼性厌氧菌，最适生长温度为37℃，最适pH 7.2~7.4。对营养要求不高，在普通营养琼脂平板上培养24h生长表现3种菌落形态：①光滑型：菌落边缘整齐，表面有光泽、湿润、光滑、呈灰色，有特殊的粪臭味，在生理盐水中容易分散。②粗糙型：菌落扁平、干涩、边缘不整齐，易在生理盐水中自凝。③黏液型：常为含有荚膜的菌株。通常情况下大肠杆菌菌落与沙门氏菌的菌落很相似，但大肠杆菌菌落对光（45°角折射）观察可见荧光。用鉴别培养基培养时，在远藤琼脂（Endo agar）上长成带金属光泽的红色菌落；在SS琼脂平板上多不生长，少数生长的细菌，也因发酵乳糖产酸而形成红色菌落；伊红美蓝琼脂上形成带金属光泽的黑色菌落；在麦康凯琼脂上24h后的孤立菌落呈红色。

（3）生化特性　大肠杆菌不但菌型繁多而且数量也极多，大多数菌株生化特性是比较一致的，但有的不典型菌株的生化特性不规则。

一般菌株的生化特性如下：可发酵葡萄糖、乳糖、麦芽糖、甘露醇，产酸产气，个别不典型菌株可迟发酵或不发酵乳糖，各菌株对蔗糖、卫矛醇、水杨苷发酵结果不一致；本菌可使赖氨酸脱羧，但不能使苯丙氨酸脱羧，不产生硫化氢，不液化明胶，不分解尿素，不能在氰化钾培养基上生长，能产生靛基质，MR 试验阳性，V-P 试验阴性，不利用枸橼酸盐。

（4）抵抗力　大肠杆菌于 60℃ 加热 30min 或煮沸数分钟即被杀死。在自然界生存能力较强，于室温下可存活数周，土壤和水中可存活数月，于冷藏的粪便中存活更久。对青霉素不敏感，但对氯气敏感，于 0.5~1mg/L 氯气的水中很快死亡。

（5）抗原结构　致病性与非致病性大肠杆菌在形态、培养特性和理化特性上不易区别，只能以不同的抗原构造来鉴别。肠杆菌的抗原构造十分复杂，主要由菌体 O 抗原、鞭毛 H 抗原和表面 K 抗原三部分组成。①O 抗原：是细胞壁上的糖、类脂和蛋白质的复合物，也是细菌的内毒素，对热稳定，经高压蒸汽处理 2h 而不被破坏。每一血清型只含有一种 O 抗原，目前已知 O 抗原有 200 种以上，以阿拉伯数字表示。②H 抗原：即指鞭毛抗原，为蛋白质构成，一种大肠杆菌只有一种 H 抗原，无鞭毛即无 H 抗原，H 抗原能被 80℃ 热处理或酒精所破坏，H 抗原共有 64 种，同样以阿拉伯数表示。③K 抗原：是包于细胞外部的荚膜多糖或包膜物质的表面抗原，又称包膜抗原。新分离的大肠杆菌 70%具有 K 抗原。根据 K 抗原对热的敏感性，可将 K 抗原分为 A、B、L 三类，目前共有 103 种，也以阿拉伯数表示。致病性大肠杆菌的抗原主要为 B 抗原，少数为 L 抗原，B 抗原与 L 抗原均可经煮沸破坏。L 抗原可被酒精和盐酸破坏。A 抗原可耐受煮沸 1h 不破坏。

根据 O 抗原的不同区分大肠杆菌的血清群，再以 H、K 抗原进一步区分血清型或亚型。根据对大肠杆菌抗原的鉴定，可确定大肠杆菌的抗原结构式，例如，O_{111}：K_{58}：H_2 和 O_{157}：H_7等。引起食物中毒的血清型有 O_{111}：B_4、O_{55}：B_5、O_{26}：B_6、O_{86}：B_7、O_{124}：B_{17}、O_{157}：H_7等。

（6）致病因素　主要有两种致病因素：①黏附素：大肠杆菌侵入动物体内后，首先要保证菌体在宿主体内定植，这样才可以有利于细菌的生长繁殖，大肠杆菌的黏附作用是作为其肠道内生存的必备定植条件。因此称这种起到黏附作用的菌体成分为定植因子，又称黏附素。黏附素是分布在菌体表面的一种结构成分，这些表面结构复杂，种类众多，不同的黏附素对肠表面细胞黏附作用程度也不同。大肠杆菌利用其特殊的黏附素紧密附着在肠上皮细胞表面，以免受到肠蠕动而脱落。根据黏附素的形态结构差异一般分为菌毛黏附素和非菌毛黏附素两种。菌毛黏附素包括 I 型菌毛黏附素、P 菌毛黏附素和卷曲菌毛黏附素；非菌毛黏附素包括菌体表面蛋白、血凝素、纤毛样物质等。由于每种菌毛黏附素只能黏附于具有相应受体的细胞表面，所以细菌的黏附具有细胞特异性和宿主特异性。例如，含 F4 菌毛的大肠杆菌只定植于宿主的小肠前段，含 F5 菌毛的大肠杆菌则可以定植于空肠、回肠段。②肠毒素：是一种细菌外毒素，是由产肠毒素性大肠杆菌生长繁殖过程中在菌体内产生的，并且可以释放到菌体外。根据肠毒素对高温条件的不同耐受程度分为两类，一类为耐热型肠毒素（heat-stable toxin，ST），另一类为不耐热肠毒素（heat-labile toxin，LT）。ST 具有和其他细菌外毒素一样的活性，可以对动物肠道产生毒性，由于 ST 相对分子质量小且基本没有免疫原性，所以对 ST 的研究程度较低。LT 是由一个 A 亚单位和 5 个 B 亚单位组合构成的大分子。与 ST 不同，LT 具有良好的免疫原性，因此 LT 在预防动物疾病方面受到广泛研究。

（7）毒力相关基因　目前在人、牛、兔腹泻的致病性大肠杆菌中主要发现了两个毒力岛。①致病性肠细胞脱落位点毒力岛（locus of entericyte effacement，LEE）：它发现于肠致病性大肠杆菌（EPEC）的染色体中，EPEC 在入侵机体后，首先会黏附在宿主细胞表面部位，之后对宿主组织造成严重病理损伤，这种损伤称为黏附与脱落（A/E）。*eae*A 和 *ler* 是 LEE 毒力岛中最重要的两个功能基因。在所有能够导致 A/E 损伤的大肠杆菌全基因组中，都能检测到 *eae*A 基因。②耶尔森菌强毒力岛（the yersinia high-pathogeniticity island，HPI）：此毒力岛主要含有与铁摄取有关的毒力基因簇，编码参与合成及摄取铁载体耶尔森杆菌素（yersiniabactin）的铁抑制蛋白 *irp*（iron-repressible protein）基因及其调控基因，行使铁摄取功能。HPI 首次发现于耶尔森菌属，之后在其他肠道致病菌的染色体中也检测出 HPI 毒力岛。③大肠杆菌Ⅲ型分泌系统 2 毒力岛（*E. coli* type three secretion system 2，ETT2）：ETT2 是大肠杆菌中的第二个 III 型分泌系统，首次在肠出血性大肠杆菌 O_{157}：H_7型的基因组序列分析中发现，大小约为 29. 9kb，包含与沙门氏菌致病岛 Spi-1、Spi-2 和 Spi-3 相似的基因。ETT2 基因组完整的或者部分地存在于大多数大肠杆菌中，但是在大多数菌株中不能编码功能性的分泌系统。此毒力岛对大肠杆菌致病能力的贡献有待进一步研究。

3. 中毒机制及症状

致病性大肠杆菌引起食物中毒一般与人体摄入的活菌量有关，只有食品中活菌数在 10^7CFU/g 以上，才可使人致病。其中毒原因同沙门氏菌。当 ETEC 进入人体消化道后，可在小肠内继续繁殖并产生肠毒素，肠毒素可以被吸附在小肠上皮细胞的细胞膜上，激活上皮细胞膜内腺苷酸环化酶的活性，产生过量的环磷酸腺苷（cAMP），cAMP 是刺激分泌的第二信使，cAMP 浓度的升高导致细胞分泌功能改变，使细胞对 Na^+和水的吸收抑制而对 Cl^-的分泌亢进，从而导致 Na^+、Cl^-和水在肠管潴留引起腹泻。其病理变化与霍乱相似。因此本菌的食物中毒是感染型和毒素型的综合作用。EIEC 可以侵入结肠黏膜的上皮细胞，并在上皮细胞内大量繁殖，引起肠壁溃疡，影响水和电解质的吸收，从而导致腹泻，其病理变化与志贺氏菌相似。EHEC 引起的食物中毒，其症状不仅表现为腹痛、腹泻、呕吐、发烧、大便呈水样，严重脱水，而且大便大量出血，还极易引发出血性尿毒症、获得性出血贫血症、肾衰竭等并发症，患者死亡率达 3%~5%。

4. 病菌来源及预防措施

致病性大肠杆菌的传染源是人和动物的粪便。自然界的土壤和水常因粪便的污染而成为次级的传染源。易被该菌污染的食品主要有肉类、水产品、豆制品、蔬菜及鲜乳等。这些食品经加热烹调，污染的致病性大肠杆菌一般都能被杀死，但熟食在存放过程中仍有可能被再度污染。因此要注意熟食存放环境的卫生，尤其要避免熟食直接或间接地与生食品接触。对于各种凉拌食用的食品要充分洗净，并且最好不要大量食用，以免摄入过量的活菌而引起中毒。

（三）蜡样芽孢杆菌食物中毒

1. 病原

蜡样芽孢杆菌在自然界分布很广，在土壤、动物、植物及各种食品中都能分离到，是食品上的常在菌。蜡样芽孢杆菌有产生和不产生肠毒素菌株之分。在产生肠毒素的菌株中，又有产生致呕吐型胃肠炎和致腹泻型胃肠炎两类不同肠毒素之别。前者为耐热肠毒素，常在米饭类食品中形成，后者为不耐热肠毒素，在各种食品中均可产生。

2. 生物学特性

（1）形态与染色特性　蜡样芽孢杆菌为革兰氏阳性菌，大小为（0.9~1.2）μm×（1.8~4.0）μm，菌体正直或稍弯曲，呈短链状排列，有周身鞭毛，能运动，不形成荚膜，可形成芽孢，芽孢呈椭圆形，位于菌体中央或稍偏一端，芽孢小于菌体直径。

（2）培养特性　蜡样芽孢杆菌为需氧菌，对营养要求不高，最适生长温为 28~35℃，但在10～45℃均可生长。本菌在普通琼脂上形成乳白色、不透明、边缘整齐、直径为4～6mm的菌落，菌落周边往往呈扩散状，表面较干燥；在血液琼脂（blood agar）平板上长成浅灰色、不透明、似毛玻璃状菌落，在菌落周围初期呈草绿色溶血，时间稍长则完全透明；在甘露醇卵黄多黏菌素琼脂（mannitol-egg-yolk-polymyxin agar，MYP）平板上，形成灰白色或微带红色、扁平、表面粗糙的菌落，且在菌落周围具有紫红色的背景环绕白色环晕。在肉汤中生长迅速，混浊，常形成菌膜或壁环，振摇易乳化。

（3）生化特性　蜡样芽孢杆菌分解葡萄糖、麦芽糖、蔗糖、水杨苷和蕈糖；不分解乳糖、甘露醇、鼠李糖、木糖、阿拉伯糖、肌醇和侧金盏花醇；靛基质、V-P试验、氰化钾试验、柠檬酸盐及卵磷脂酶均为阳性；能在24h内液化明胶；MR试验、硫化氢试验和尿素酶均为阴性。

（4）抵抗力　蜡样芽孢杆菌耐热，肉汤中细菌（2.4×10^{7}CFU/mL）在100℃下全部被杀死需20min，游离芽孢在100℃下能耐受30min，而干热灭菌120℃需60min才能将其杀死。该菌在pH 6～11均可生长，pH 5以下可抑制其生长繁殖。

（5）致病因素　①不耐热肠毒素又称腹泻毒素：该毒素为分子质量在55000～60000u的蛋白质，56℃、30min或60℃、5min使之失活，并可用尿素、重金属盐类、甲醛等灭活，对链霉蛋白酶和胰蛋白酶敏感。其毒性作用类似大肠杆菌肠毒素，能激活肠上皮细胞中的腺苷酸环化酶，使肠黏膜细胞分泌功能改变而引起腹泻。②耐热性肠毒素又称呕吐毒素：该毒素为分子质量5000u的蛋白质，110℃、5min毒性仍残存，对酸碱、胃蛋白酶、胰蛋白酶均不敏感。该毒素不能激活肠黏膜细胞膜上的腺苷酸环化酶，其中毒机理可能与葡萄球菌肠毒素致呕吐机制相同。

（6）毒力相关基因　主要毒力因子包括：与呕吐毒素相关的非核糖体多肽合成酶系（nonribosomal peptide synthetases，NRPS）基因；与腹泻毒素相关的溶血素BL基因（*hbl*A、*hbl*B、*hbl*C和*hbl*D）、非溶血性肠毒素Nhe基因（*nhe*A、*nhe*B和*nhe*C）、肠毒素FM基因（*ent*FM）、肠毒素T基因（*bce*T）和细胞毒素K基因（*cyt*K）。

3. 中毒机制及症状

蜡状芽孢杆菌食物中毒与食物中的带菌量及其产生的肠毒素有关，当食物中的带菌量达到10^{5}个/g以上时，就可能使食用者发生中毒。一般以食品中含该菌1.8×10^{7}个/g作为食物中毒的判断依据之一。蜡样芽孢杆菌食物中毒症状有两种：第一种是呕吐型，由耐热型肠毒素引起，该种中毒潜伏期一般以0.5～5h，表现为恶心、呕吐、头昏、四肢无力、口干、寒战、眼结膜充血，病程为8～12h。第二种是腹泻型，由不耐热型肠毒素引起，发病潜伏期较长，平均为10～12h，主要表现为腹泻、腹痛、水样便、不发烧，可有轻度恶心，病程16～36h，一般愈后良好。

4. 病菌来源及预防措施

根据国内外多起由于蜡样芽孢杆菌污染而导致的食物中毒事件，分析发生原因主要有：①食品加工场所建设与基本卫生设施不符合卫生要求，存在交叉污染；②公共食堂从业人员未经过培训，缺乏卫生知识，食品的制作过程中存在污染环节；③食物以及乳制品等加工产品在生产加工过程中未充分加热、操作环节或日常消毒不符合规范，导致蜡样芽孢杆菌未被完全杀灭；④公共餐具、饮水机等设施日常消毒不到位，蜡样芽孢杆菌滋生并长期存在；⑤食物存放温度过高，导致蜡样芽孢杆菌快速繁殖。

为了预防蜡状芽孢杆菌食物中毒，应着重注意以下措施：食品应冷藏于10℃以下，食用前应彻底加热处理；尽量避免将食品保藏于16～50℃的环境中，如无条件，则不得超过2h；剩饭可于浅盘中摊开，快速冷却，必须在2h内送去冷藏，如无冷藏设备，则应置于通风阴凉和清洁场所，并加覆盖，但不要放置过夜。

（四）副溶血性弧菌食物中毒

1. 病原

副溶血性弧菌又称致病性嗜盐菌，隶属于弧菌科的弧菌属，是分布极广的海洋性细菌，大量存在于海产品中。沿海地区夏秋季节，常因食用大量被此菌污染的海产品，引起爆发性食物中毒。

2. 生物学特性

（1）形态与染色特性　副溶血性菌呈弧状或杆状，有时呈棒状、球状或球杆状等，大小在0.6～1.0μm，有时可见丝状菌体，长度可达15μm，不形成芽孢，具有单端生鞭毛，运动活泼，革兰氏阴性。在SS琼脂上主要呈长卵圆形、两端浓染，中间淡染或不着色，少数呈杆状。在血液琼脂上多为卵圆形、少数为球杆菌，偶见长丝状。在嗜盐培养基上主要呈两头小、中间略胖的球杆菌。在血液琼脂上厌氧培养经过48h后菌体呈细短杆状及球杆状菌，菌体着色均匀，不呈两极浓染。

（2）培养特性　副溶血性菌为需氧和兼性厌氧菌，但厌氧时生长非常缓慢。对营养要求不高，在普通琼脂或蛋白胨水中均可生长。生长的温度范围8～44℃，最适生长温度为37℃。生长的pH 4.8～11.0，最适生长pH 7.7～8.0。在固体培养基上，通常长成为圆形、隆起、稍混浊、表面光滑、湿润的菌落。但多数菌株在继续传代后，可见有非正圆形的、粗糙型菌落，菌落呈现灰白色、半透明或不透明。本菌具有嗜盐特性，在含2%～4%食盐的基质中生长最佳，当含盐量<0.5%或>8%时即停止繁殖。但有时从盐腌制食品中分离出的菌种，能在15%食盐的基质中生长。在适宜条件下，其增代时间仅为8～12min。

（3）生化特性　副溶血性菌能分解发酵葡萄糖、麦芽糖、甘露醇、蕈糖、淀粉、甘油和阿拉伯糖产酸不产气，不发酵乳糖、蔗糖、木糖、卫矛醇等。不产生靛基质，不产生硫化氢，液化明胶，能还原硝酸盐为亚硝酸盐，细胞色素氧化酶、过氧化氢酶和卵磷脂酶均为阳性，尿素酶阴性。甲基红（MR）试验阳性，V-P试验阴性，赖氨酸试验阳性，精氨酸试验阴性。

（4）抵抗力　副溶血性菌的抵抗力不强，经65℃、30min，75℃、5min，90℃、1min即可杀死。该菌对酸更加敏感，在食醋中经5min死亡，1%乙酸1min可致死。不耐寒冷，0～2℃经24～48h可死亡。在淡水中生存不超过2d，但在海水中能存活47d以上。对四环素、氢霉素、金霉素比较敏感。

（5）抗原构造　副溶血性弧菌具有耐热的O抗原、不耐热的K抗原和H抗原三种。O抗原100℃经2h处理仍保持抗原性，采用凝集试验将该菌分为13种O抗原，是分群的依据。K抗原存在于菌体表面，不耐热，100℃经1～2h失去抗原性，能阻止O抗原发生凝集，共有68种K抗原。以13种O诊断血清和68种K诊断血清用玻片凝集法将该菌分为5个群（A、B、C、D、E）和845种以上的血清型。其抗原构造的组合定型为O_xK_x。多数菌具有相同的H抗原，但H抗原的稳定性和特异性均不理想，因此未用其进行分类。

（6）致病因素　用于检测副溶血性弧菌潜在毒性的体外试验是“神奈川（Kanagawa）

现象”。多数副溶血性弧菌的毒性菌株为阳性（K^+），多数非毒性菌株微呈阴性（K^-）。毒力因子主要包括溶血素、Ⅲ型分泌系统、黏附因子、鞭毛和铁摄取系统等。溶血素是副溶血弧菌重要的毒力因子，主要有三种，分别为耐热溶血素（thermostable direct hemolysin，TDH）、耐热相关溶血素（thermostable related hemolysin，TRH）和不耐热溶血素（thermolabile hemolysin，TLH）。K^+菌株能产生耐热性（100℃、10min 不被破坏）的溶血毒素，它由 2 个亚单位组成淀粉样毒素蛋白，分子质量为 42000u，具有溶血（红细胞）、细胞毒、心脏毒、肝脏毒及致腹泻作用。

（7）毒力相关基因 耐热性溶血素由 *tdh* 基因编码，长约 657bp，是副溶血弧菌的重要致病因子，因该基因在检测副溶血弧菌的毒力比神奈川试验更灵敏，临床上往往通过检测 *tdh* 基因来判定是否为流行株。两个组成亚基分别为 *tdh*A 和 *tdh*S，富含天门冬氨酸（Asp）和缬氨酸（Val），具有直接溶血活性，能使多种红细胞发生溶血。TDH 作为宿主肠道上皮细胞质膜的一种孔蛋白，允许细胞外的多种离子（Ca^{2+}、Na^+、Mn^{2+}）流入胞内造成细胞膨胀，使细胞膜通透性改变，并认为这可能是副溶血弧菌感染宿主导致腹泻的一种机制。不耐热溶血素 TLH，由 *tlh* 基因编码，全长约 1.3kb，该基因为副溶血弧菌的种属特异性基因，有助于副溶血弧菌的分子生物学检测。TLH 主要在胞外分泌，也能溶解人的红细胞，在副溶血弧菌感染宿主的过程中也许和 TDH、TRH 起同等作用，但其具体功能和致病机制至今仍不清楚。

3. 中毒机制及症状

引起中毒的主要原因是食入了含有 10^6CFU/g 以上的致病性活菌和一定量溶血毒素的食品。受该菌污染的海鲜产品在较高温度下存放，可在几小时内达到引起中毒的活菌数。活菌进入肠道侵入黏膜引起肠黏膜的炎症反应，同时产生 TDH，作用于小肠壁的上皮细胞，使肠道充血、水肿，肠黏膜溃烂，导致黏液便、脓血便等消化道症状，毒素进一步由肠黏膜受损部位侵入体内，与心肌细胞表面受体结合，毒害心脏。由于该菌食物中毒是致病菌对肠道的侵入和溶血毒素的协同作用所致，故是一种混合型食物中毒。

人体摄食染菌食物后，通常有几小时至十几小时的潜伏期，然后出现上腹部疼痛、恶心、呕吐、发热、腹泻等症状。少数病人可出现意识不清、痉挛、脸色苍白、血压下降及休克等症状。该中毒症的病程较短，一般发病 24h 内大部分症状都可消失，但上腹部压痛可延续至 1 周，一般愈后良好，中毒的死亡率很低。少数重症者出现严重腹泻脱水而虚脱，呼吸困难、血压下降而休克，如抢救不及时可死亡。

4. 病菌来源及预防措施

副溶血性弧菌主要存在于各种海产品中，其中以墨鱼、竹荚鱼、带鱼、黄花鱼、螃蟹、海虾、贝蛤类、海蜇等居多，经厨具、容器等介质的传播，可使肉、蛋及其他食品染上此菌。人和动物被该菌感染后也可成为病菌的传播者，其粪便和生活污水是重要的传染源。

为了预防副溶血性弧菌食物中毒，应着重注意以下措施，对海产品应特别注意加强食品卫生检查；最好不吃凉拌菜，如果吃必须充分洗净，在沸水中烫浸后先加醋拌渍，放置 10~30min 后，再加其他调料拌食。严格执行生、熟食分开制度，对剩余饭菜要回锅加热处理后再进食。

（五）金黄色葡萄球菌食物中毒

1. 病原

金黄色葡萄球菌隶属于微球菌科的葡萄球菌属，能产生外毒素和肠毒素，在自然界中分布极为广泛。金黄色葡萄球菌可感染人和动物皮肤损伤处，引起化脓性症状。人类食用金黄色葡萄球菌污染的食品引起毒素型食物中毒。

2. 生物学特性

（1）形态与染色特性　金黄色葡萄球菌为革兰氏染色阳性球菌，直径为 0.5~1.5μm，繁殖时呈多个平面的不规则分裂，堆积排列成葡萄串状。无芽孢，无鞭毛，大多数无荚膜，不能运动。

（2）培养特性　金黄色葡萄球菌为兼性厌氧菌，营养要求不高，在普通琼脂培养基上培养 18~24h，形成圆形隆起、边缘整齐、光湿湿润、不透明的菌落，直径 1~2mm，颜色呈金黄色。最适生长为 35~37℃，最适 pH 7.4。

（3）生化特性　能利用葡萄糖、麦芽糖、乳糖、蔗糖和甘露醇，产酸不产气；可分解精氨酸、水解尿素、还原硝酸盐；能产生 NH_3 和少量的 H_2S，可凝固牛乳，牛乳有时被胨化；不产生靛基质，甲基红试验阳性，V-P 试验不定，血浆凝固酶阳性。

（4）抵抗力　对外界的抵抗力较强，是不产生芽孢的细菌中最强的一种。能够抗干燥，在空气中存活数月，但不繁殖。能够耐热耐低温，巴氏杀菌不被杀死，70℃、1h 或 80℃、30min 才被杀死，在冷冻食品中也不易死亡。能够耐高渗，在含有 50%~60% 蔗糖或 15% 以上食盐的食品中才被抑制。能够耐酸，在 pH 4.5 时也能生长。并且对胆汁也有一定的抗性。

（5）抗原构造　金黄色葡萄球菌表面抗原构造比较复杂，其细胞壁水解后分析有两种抗原成分，即蛋白抗原和多糖抗原。其中的蛋白抗原为完全抗原，具有种属特异性，无型的特异性，它是表面的一种成分，称为蛋白 A。而多糖类抗原为半抗原，具有型特异性，但此型的区别与致病性无关。

（6）致病因素　金黄色葡萄球菌的致病力取决于产生毒素和酶的能力。致病菌株能产生溶血毒素、杀白细胞毒素、肠毒素、溶纤维蛋白酶、透明质酸酶、血浆凝固酶、耐热核酸酶、脂酶和黏附因子等。它们均可增强金黄色葡萄球菌的毒力和侵袭力。但与食物中毒有密切关系的主要是肠毒素。50%以上的金黄色葡萄球菌的菌株能产生肠毒素，并且一个菌株能产生两种或两种以上肠毒素。根据血清型已鉴定的肠毒素（*Staphylococcal* enterotoxins，SEs）可分为 SEA、SEB、SEC、SED、SEE，其中 SEA 有 2 个亚型：SEA1 和 SEA2；SEC 又分为 SEC1、SEC2、SEC3、SECbov 和 SECsheep 5 个亚型。另外新的 SEs 也相继发现：SEG、SEH、SEI 和 SEJ。其中 A 型肠毒素毒力最强，一般摄入 1μg 即能引起中毒，故 A 型肠毒素引起的食物中毒最常见。D 型毒力较弱，摄入 25μg 才引起中毒。肠毒素是结构相似的一组可溶性蛋白质，由单个无分枝的多肽链组成，分子质量在 25000~35000u。金黄色葡萄球菌肠毒素具有抗酶解、抗胃酸、抗热等特性，故食品煮沸、巴氏杀菌、烹调和其他一般热杀菌不易破坏肠毒素。肠毒素与血浆凝固酶和耐热核酸酶有密切关系。能产生肠毒素的金黄色葡萄球菌在厌氧条件下，发酵葡萄糖可产生耐热核酸酶。耐热核酸酶是一种能降解 DNA 的胞外酶，对热也有较强抵抗力，100℃、15min 仍保持活性。而其他来源的核酸酶不具这种耐热性质。一般情况下，多数产血浆凝固酶的葡萄球菌都能产生肠毒素，但也有例外；而产肠毒素的葡萄球菌一定有耐热核酸酶存在，据此对耐热核酸酶的检测可作为产肠毒素金黄色葡萄球菌的重要鉴定项目之一。

（7）毒力相关基因　编码金黄色葡萄球菌肠毒素的基因在染色体、质粒、噬菌体、葡萄球菌毒力岛、肠毒素基因簇（enterotoxin gene cluster，EGC）等都有可能存在。除染色体外其他的被称为移动基因元件（mobile genetic elements，MGEs），大多数的肠毒素基因是由 MGEs 编码的。同一种肠毒素基因有可能在染色体上也有可能在 MGEs 上，如 *sea* 既位于染色体上又位于质粒上；同一种肠毒素还有可能在不同的 MGEs 上，如 *selq* 既位于噬菌体上又位于毒力岛上。

3. 中毒机制及症状

葡萄球菌食物中毒的爆发必须具备以下条件：①含有产肠毒素金黄色葡萄球菌的原材料以及健康人或被感染者；②将金黄色葡萄球菌从污染源转移至食品，如使用不洁食品器具；③食物成分在理化特性方面适宜于金黄色葡萄球菌生长和产毒；④满足细菌生长和产毒所需的温度及时间；⑤机体摄入足够量污染食物。

当金黄色葡萄球菌肠毒素随食物进入人体后，可在消化道被吸收进入血液，并由毒素刺激中枢神经系统而引起中毒反应。中毒的潜伏期一般为 1~5h，最短为 15min，最长不超过 8h。中毒症状为急性胃肠炎症状，恶心、反复呕吐，并伴有腹痛、头晕、头痛、腹泻等。儿童对肠毒素比成人更敏感，病情也较成人重。但金黄色葡萄球菌食物中毒一般不导致死亡，只要及时补充吐泻的失水，1~2d 内就能恢复正常。

4. 病菌来源及预防措施

金黄色葡萄球菌污染食品的途径很多，预防金黄色葡萄球菌食物中毒需依靠良好的卫生规范，从食品的原料、加工、运输、储藏以及销售等全过程进行控制，减少食品从业人员和保存环境对食品的污染。同时，应防止食品中金黄色葡萄球菌的生长和产毒，其生长和产毒受温度、pH、水活度、大气条件、碳源、氮源和盐分等因素影响，因此通过冷藏保存、降低水分活度等措施抑制金黄色葡萄球菌的生长和肠毒素的产生，能有效预防金黄色葡萄球菌引起的食物中毒。

（六）变形杆菌食物中毒

1. 病原

变形杆菌食物中毒是细菌性食物中毒中比较常见的，变形杆菌是肠杆菌科中的一属，主要有普通变形杆菌（*P. vulgaris*）、奇异变杆菌（*P. mirabilis*）、摩氏变形杆菌（*P. morgani*）、雷氏变形杆菌（*P. relleri*）和无恒变形杆菌（*P. inconstans*）5 种，前三种菌为引起食物中毒的细菌。

2. 生物学特性

（1）形态与染色特性　该属细菌细胞呈两端钝圆的短杆状，表现为多形态，幼龄呈丝状或弯曲状，有周生鞭毛，运动活泼，兼性厌氧菌，无荚膜，不形成芽孢，革兰氏阴性。

（2）培养特性　该属细菌对营养要求不高，在普通琼脂上生长良好。在固体培养基上普通和奇异变形杆菌常扩散生长，形成一层波纹薄膜，称为“迁徙生长”现象。如在培养基中加 0.1%苯酚或 0.4%硼酸，或将琼脂浓度提高至 6%，或培养温度提高至 40℃，可抑制其扩散生长而得到单个菌落。在 10~43℃均可生长，生长的最适温度为 37℃。在 SS 琼脂上形成圆形、扁平、半透明的无色菌落，易与沙门氏菌菌落混淆。本菌有溶血现象，在肉汤中均匀浑浊生长，表面可形成菌膜。

（3）生化特性　该属细菌苯丙氨酸脱羧酶为阳性，它们发酵葡萄糖产酸及少量气体，对果糖、半乳糖与甘油的发酵能力不一致，甲基红试验（MR）阳性，不发酵左旋伯胶糖、糊精、卫矛醇、肝糖、菊糖、乳糖、山梨醇和淀粉。蛋白质分解力较强。除奇异变形杆菌外，都产生靛基质（吲哚），能在氰化钾（KCN）培养基上生长。

（4）抵抗力　本属细菌不耐热，60℃加热5~30min即可杀死，且对巴士灭菌及常用消毒药敏感。

（5）抗原构造　变形杆菌属的抗原结果比较复杂，一般都含有菌体抗原和鞭毛抗原。普通的变形杆菌以及奇异变形杆菌可分为49个菌体抗原以及19个鞭毛抗原。

（6）致病因素　变形杆菌的毒力因子呈多样化，有的变形杆菌会产生较强的活性脱羧酶，使食物中的组氨酸脱酸形成胺，进而形成过敏性胺中毒。有的菌株可在人的肠道内增殖，另一些菌株可产生肠毒素。

3. 中毒机制及症状

由变形杆菌引起的食物中毒属于一种常见的细菌性食物中毒，其中毒方式主要是变形杆菌与食物一起进入胃肠道中，并在患者的小肠中进行生长和繁殖，从而引起细菌性感染，造成急性胃炎，但临床上也有一些情况为变形杆菌产生的肠毒素引起的毒素型急性胃肠炎或一些变形杆菌产生了较强的活性脱羧酶，使食物中的组氨酸脱酸形成胺，进而形成过敏性胺中毒。

由变形杆菌引起急性胃肠炎中毒的潜伏期通常较短，一般为3~15h出现相应的症状。其临床症状主要表现为恶心、呕吐、腹绞痛、腹泻、头痛发热、浑身无力等。过敏性组胺中毒的潜伏期一般为30~60min，患者的临床表现主要为面部、胸部以及身体其他部位皮肤呈潮红色，并通常伴有头疼、头晕、胸闷、心跳、呼吸加快、血压下降等多种症状。

4. 病菌来源及预防措施

变形杆菌在自然界中分布很广，土壤和污水中都带有大量的该菌，正常的人、畜肠道也常带有该菌。熟食制品如熟肉类、剩饭菜、以及凉拌菜等很容易通过接触带菌容器、工具及操作人员的手而染菌。当染菌食物在20℃以上的环境中放置较长的时间后，变形杆菌就会大量繁殖或产生毒素，导致食用者的中毒。因此预防变形杆菌食物中毒的主要措施是要注意熟食制作的卫生，避免在较高的温度下存放熟食，对于存放过的熟食，在食用前要回锅加热处理。

（七）肉毒杆菌食物中毒

1. 病原

肉毒杆菌又称肉毒梭菌和肉毒梭状芽孢杆菌。根据所产生毒素的血清学特点，迄今已发现A、B、C、D、E、F、G七型，其中A、B、E、F四种对人都有不同程度的致病力而引起食物中毒，我国肉毒杆菌中毒大多为A型引起，B、E型较少。

2. 生物学特性

（1）形态与染色特性　肉毒杆菌是两端钝圆的粗大杆菌，大小为（0.9~1.2）μm×（4~6）μm，多单生，偶见成双或短链，有周身鞭毛，无荚膜，能形成椭圆形芽孢，A、B型菌的芽孢大于菌体横径，位于菌体近端，使其菌体呈匙型或网球拍状，另外五型菌的芽孢一般不超过菌体的宽度。革兰氏染色阳性。

（2）培养特性　肉毒杆菌为严格厌氧菌，对营养要求不高，在普通琼脂培养基上生长良好，生长最适温度为25~37℃，生长最适pH 6.8~7.6，产毒最适pH 7.8~8.2。在血清琼脂上培养48~72h，形成中央隆起、边缘不整齐、灰白色、表面粗糙的绒球状菌落，培养4d直径可达5~10mm，在血液琼脂上的菌落周围有溶血区，在普通琼脂上形成灰白色、半透明、边缘不整齐、呈绒毛网状、向外扩散的菌落，直径为3~5mm，在肉渣肉汤中培养，呈均匀混浊生长，其中肉渣可被A、B和F型菌消化溶解成烂泥状，并发黑，产生腐败恶臭味，从第三天起，菌体下沉，肉汤变清。在肉渣培养基和半固体培养基中生长可产生大量气体。

（3）生化特性　肉毒杆菌的生化特性很不规律，一般能够分解葡萄糖、麦芽糖、果糖，产酸产气。对明胶、凝固血清、凝固卵白均有分解作用，并引起液化。不能形成靛基质，能生成硫化氢。但本菌因各菌型、菌株的不同，其生化特性差异、变化很大。

（4）抵抗力　营养细胞于80℃、30min或100℃、10min即被杀死，但芽孢抗热。A型和B型菌的芽孢抗热性最强，于180℃干热5~15min、121℃高压蒸汽20~30min或100℃、5~6h才能杀死。F型菌的芽孢100℃、10min可杀死，E型菌芽孢100℃、1min即死亡。

（5）致病因素　肉毒杆菌能产生强烈的肉毒毒素。肉毒毒素为高分子可溶性单纯蛋白质。A型毒素的结晶分子质量为900000u，B型为500000u，其他型为350000~400000u。肉毒毒素具有良好的抗原性，对胃酸、胃和胰蛋白酶稳定等特性，但不耐热，对碱较敏感。肉毒毒素需经蛋白酶（胰蛋白酶、细菌蛋白酶等）激活才呈现较强毒性。

3. 中毒机制及症状

肉毒杆菌食物中毒由肉毒毒素所引起，所以它属于毒素型食物中毒。当肉毒毒素进入消化道后可被吸收进血液，然后作用于人体的神经系统，主要作用于神经和肌肉的连接处及植物神经末梢，阻碍神经末梢乙酰胆碱的释放，导致肌肉收缩和神经功能不全。

肉毒杆菌食物中毒的潜伏期可根据摄入毒素量的多少而变化，短的为几小时，长的为数天。早期症状为头痛、头晕，随之出现视力模糊、眼睑下垂、张目困难、复视等症状，在眼部症状出现的同时，还可有声音嘶哑，语言障碍，咀嚼与吞咽困难等现象，继续发展可出现呼吸麻痹、呼吸困难，最后引起呼吸和心脏功能的衰竭而死亡。由于肉毒毒素对知觉神经和交感神经无影响，因此，从发病到死亡，患者始终保持神志清醒，知觉正常。肉毒杆菌中毒的病死率较高，据国外报道，最高可达76.2%，最低为12.5%，一般为20%~40%。

4. 病菌来源及预防措施

肉毒杆菌广泛分布于自然界的土壤中，可直接或间接地污染食品。因此，许多食品如果加工和储藏方法不当，就有可能使肉毒杆菌繁殖并产生肉毒素。并且引起中毒的食品，因饮食习惯、膳食组成和制作工艺的不同而有差别。据国外报道，引起肉毒中毒的食品主要有鱼类、肉类、乳制品、水果罐头及蔬菜类等。国内引起肉毒中毒的食品主要是发酵类食品，据某地区的中毒病例统计，90%左右的肉毒中毒是由食用家庭自制的酱类，如腐乳、豆酱、面酱等引起的。

根据肉毒毒素的不耐热特性，食前彻底加热杀菌可有效防止此类中毒。除此之外，就是加强食品卫生宣传，使人人皆知引起本病的原因和条件，自觉改进饮食习惯和制备方法，防止污染肉毒梭菌。

（八）单核细胞增生李斯特氏菌食物中毒

1. 病原

单核细胞增生李斯特氏菌简称单增李斯特菌，隶属于李斯特菌属，该属目前已知有8个种，其中仅单增李斯特菌引起食物中毒。

2. 生物学特性

（1）形态与染色特性　革兰氏阳性小杆菌，长0.5~2μm，宽0.4~0.6μm，直或稍弯，多数菌体一端较大，似棒状，常呈V字形排列，有的呈丝状，偶尔可见双球状。由于它与棒状杆菌极为相似，易被误认为是污染的类白喉杆菌。在22~25℃环境中可形成4根鞭毛，故在25℃幼龄肉汤培养物中运动活泼，在32℃下仅有1根鞭毛，运动缓慢。在血清、葡萄糖、蛋白胨、水中，能形成黏多糖荚膜，无芽孢。幼龄培养物为革兰氏阳性，陈旧培养物可转为革兰氏阴性，呈两极着色，易被误认为是双球菌。

（2）培养特性　兼性厌氧菌。对营养要求不高，在普通培养基上能生长；在含有血清或血液的琼脂平板生长良好，在加有10g/L的葡萄糖和2%~3%甘油的肉汤琼脂平板上生长更佳。4~45℃均能生长，最适生长温度为30~37℃。菌落初时极小似露珠状，光滑透明，通过测光微显蓝绿色，37℃培养数天后，菌落增大可达2mm，变成灰暗。在血琼脂平板上菌落周围有狭窄的β-溶血环，此β-溶血环常于菌落刮去后才见。在萘啶酸选择性琼脂（200mL营养琼脂加入10000μg/mL萘啶酸2mL）平板上，形成蓝色、圆形、直径0.2~0.8mm、边缘整齐、表面细密、润湿的菌落。此培养基能抑制革兰氏阴性杆菌，但链球菌、类白喉杆菌可在其上生长。在半固体培养基中，沿穿刺线弥漫生长，在距培养基表面数毫米处出现一个倒立的伞形生长区。在液体培养基中，呈均匀混浊生长，有颗粒状沉淀，不形成菌环及菌膜。

（3）抵抗力　单增李斯特菌耐酸不耐碱；耐低温不耐热，在冷藏条件下（4℃）生存和繁殖，55℃、30min可被杀死。能抵抗亚硝酸盐食品防腐剂；具有一定的耐盐性，在10% NaCl中可生长。对化学杀菌剂及紫外线照射较敏感，对多种抗生素敏感，以氨苄青霉素加上一种氨基糖苷抗生素为特效治疗药，但对磺胺、多黏菌素等具耐药性。

（4）抗原结构　根据单增李斯特菌的菌体O抗原和鞭毛H抗原的不同，将其分为13种血清型，1、3和4型还可分为若干亚型。各型对人类均可致病，但以1a和1b最为多见。此菌与葡萄球菌、链球菌、肺炎球菌等多数革兰氏阳性菌及大肠杆菌有共同抗原，故血清学诊断无意义。

（5）致病因素　该菌的毒株在血琼脂平板上产生溶血素O（listeriolysin O，LLO），能使红细胞发生β-溶血，并具有破坏人体吞噬细胞的能力。LLO是由504个氨基酸组成的简单蛋白质，其分子质量为60000u，能被巯基化合物（如半胱氨酸）激活，在pH 5.5时呈现活性，于pH 7.0时不呈现活性。

3. 中毒机制及症状

该菌随食物摄入后，在肠道内很快繁殖，入侵各部分组织（包括孕妇的胎盘），进入血液循环系统，通过血流到达其他敏感的体细胞，并在其中繁殖，利用溶血素O的溶解作用逃逸出吞噬细胞，并利用两种磷脂酶的作用（分解细胞膜磷脂分子的头部极性基团）在细胞间转移，引起炎症反应。

由于单增李斯特菌在人体内受T淋巴细胞的激活和巨噬细胞的抑制，故人体清除该菌主要靠细胞免疫功能。无免疫缺陷或未怀孕的健康人体对该菌感染有较强抵抗力，但是已知下列疾病容易诱发成人较高死亡率的李斯特菌病：恶性肿瘤、肝硬化、酒精中毒、免疫缺陷症（艾滋病）、糖尿病、心血管疾病、肾脏移植者和可的松皮质激素治疗者。该菌食物中毒后成人主要表现为脑膜炎的症状，新生儿则可表现呼吸急促、呕吐、出血性皮疹、化脓性结膜炎、发热、抽搐、昏迷等。患脑膜炎的病人，多数存在败血症。

4. 病菌来源及预防措施

引起中毒的食品主要是乳与乳制品（消毒乳、软干酪等）、新鲜和冷冻的肉类及其制品、家禽、海产品、水果和蔬菜。其中尤以乳制品中的软干酪、冰淇淋、即食食品最为多见。该菌分布广泛，带菌人和哺乳动物的粪便是主要污染源。孕妇感染后通过胎盘或产道感染胎儿，是其重要特点之一。眼和皮肤与病畜直接接触，也可发生局部感染。李斯特菌病主要见于新生儿、老年人以及免疫功能低下者。

预防该菌食物中毒的主要措施有：①防止原料和熟食品被污染，从原料到餐桌切断该菌污染食品的传播途径；②利用加热杀灭病原菌，该菌对热敏感，多数食品只要经适当烹调（煮沸即可）均能杀灭活菌；③制定严格的食品法规。

三、真菌性食物中毒

真菌性食物中毒是指人食入了含有真菌毒素的食物而引起的中毒现象。由真菌毒素引起的人的疾病统称为真菌毒素中毒症。真菌毒素（mycotoxin）是产毒真菌在适宜条件下所产生的次级代谢产物，多数是真菌在含碳水化合物的食品原料上繁殖而分泌的细胞外毒素。真菌产生的毒素包括：由霉菌产生的引起食物中毒的细胞外毒素，由麦角菌产生的毒素，由毒蘑菇产生的毒素。本节将重点介绍由霉菌分泌的细胞外毒素引起的人类食物中毒，常见的产外毒素真菌见第一节中表 13-1。

真菌毒素一般能耐高温，无抗原性，主要侵害实质器官。它们对机体除了引起不同部位发生急性中毒作用外，某些毒素还具有致畸、致癌、致突变的三致作用。根据目前研究，真菌毒素对人畜致癌作用机理，大致有以下几个方面：①真菌毒素与细胞大分子物质结合，它的作用同化学致癌物一样，大都需要经生物体活化后，与 DNA、RNA 等生物大分子结合，导致基因结构和表达上的异常，从而使正常的组织细胞转化为癌细胞。②一些真菌毒素还可以是一种免疫抑制剂，它抑制机体的免疫功能，从而对癌的发生、发展起促进作用或辅助作用。③有些霉菌不仅能产生致癌的真菌毒素，还能使基质的成分转化成致癌物质的前体，或将无致癌性物质转化为致癌物，如从发霉的玉米面饼中可检出致癌性亚硝胺的前身物质，二级胺亚硝酸盐和硝酸盐，其含量比发霉前明显增多。真菌毒素根据其作用部位，一般分为肝脏毒、肾脏毒、神经毒、心脏毒、胃肠毒、造血器官毒、变态反应毒和其他毒素八种类型。

真菌毒素能否产生与霉菌本身的遗传特性以及产毒条件有关。霉菌中只有少数菌种产毒，而产毒菌种仅限于部分菌株。产毒菌株的产毒能力还表现出可变性和易变性。产毒菌株经多代培养可完全丧失产毒能力，而非产毒菌株在一定条件下也会出现产毒能力。一种菌种或菌株可产生几种不同的毒素，如岛青霉可以产生黄天精、环氯肽、岛青霉素、红天精 4 种不同的毒素，而同一种霉菌毒素也会由几种霉菌产生，如黄曲霉和寄生曲霉都能产生黄曲霉毒素等。产毒条件主要取决于基质种类、水分、温度、相对湿度和通风条件等因素。①霉菌生长的营养素来源主要是碳源、少量的氮源和无机盐，故大米、小麦面粉、玉米、花生和大豆等极易被霉菌污染。②食品水分活度（A_w）越小，越不利于霉菌繁殖；食品水分活度（A_w）越大，产毒机会越大。③多数霉菌在 20~30℃生长，低于 10℃和高于 30℃时生长显著减弱，部分霉菌可耐受低温，并在低温下产毒，如三线镰刀菌，一般霉菌的产毒温度略低于最适宜生长温度。④青霉、曲霉和镰刀菌繁殖和产毒的环境相对湿度为 80%~90%，而在相对湿度降至 70%~75%时则不产毒。⑤霉菌为专性好氧微生物，氧气浓度对霉菌产毒影响很大，多数霉菌有氧情况下产毒，无氧时不产毒。

食品被产毒菌株污染，但不一定能检测出真菌毒素的现象比较常见。因为产毒菌株必须在适宜产毒的环境条件下才能产毒，但有时也从食品中检测出某种毒素存在，而分离不出产毒菌株，这往往是食品在储藏和加工过程中产毒菌株已死亡，而毒素不易破坏所致。真菌毒素中毒症发生往往有季节性或地区性，真菌毒素是小分子有机化合物，不是复杂的蛋白质分子，所以它在机体中不能产生抗体，也不能产生免疫。人和畜禽一次性摄入含有大量真菌毒素的食物，往往会发生急性中毒，长期少量摄入会发生慢性中毒。

（一）黄曲霉毒素

1. 黄曲霉毒素产生菌及产毒条件

黄曲霉毒素（aflatoxin，AF）的产生菌是黄曲霉（*A. flavus*）和寄生曲霉（*A. parasiticus*），两者均属于黄曲霉群。温特曲霉（*A. wentii*）也能产生黄曲霉毒素，但产量较少。黄曲霉的菌落生长较快，10~14d，直径达3~7cm，最初带黄色，然后变成黄绿色，老后颜色变暗。黄曲霉有产毒株和非产毒株之分，一般认为产毒株占60%~94%。黄曲霉的产毒条件为：温度11~37℃，最适产毒温度为35℃，最适产毒pH 4.7，最低产毒A_w 0.78，最适产毒A_w 0.93~0.98，1%~3% NaCl、天冬氨酸和谷氨酸以及Zn、Mn等无机离子可促进毒素产生，CO_2体积分数达0.03%以上时，毒素产量逐渐降低。产毒菌株主要在花生、玉米等谷物上生长产生黄曲霉毒素，也有报道在鱼粉、肉制品、咸干鱼、乳和肝中发现该毒素。

2. 黄曲霉毒素的种类和理化性质

黄曲霉毒素是一类结构相似的化合物。其基本化学结构都有二呋喃环和香豆素（氧杂萘邻酮）。前者为基本毒性结构，后者可能与致癌有关。目前已发现和分离出的黄曲霉毒素有B1、B2、G1、G2、B2a、G2a、M1、M2、P1等20余种。其分子质量为312~346u。根据黄曲霉毒素在紫外线（365nm）照射下发出的荧光颜色可将其分为两大类：即发蓝紫色荧光的为B族，发黄绿色荧光的为G族。食品中常见且危害性较大的黄曲霉毒素有B1、B2、G1、G2、B2a、G2a、M1、M2等。其中M1和M2不是由黄曲霉等产毒真菌直接产生，而是由动物摄食含AFB1和AFB2的食物后经过体内代谢产生的羟基化衍生物。例如，奶牛饲料中含有AFB1就会在牛乳中检出AFM1。

黄曲霉毒素耐热，一般烹调加工温度不能破坏，裂解温度为280℃，它在水中溶解度很低，溶于油及氯仿、甲醇中，但不溶于乙醚、石油醚及乙烷中。

3. 黄曲霉毒素的毒性

结构中凡是二呋喃环末端有双键的毒素，毒性较强，并有致癌性。一般产毒的黄曲霉大都产生黄曲霉素B1，在天然食品中黄曲霉素B1最多见，毒性又最大，因此，在食品卫生指标中鉴定食品中的AF一般以黄曲霉素B1作为重点检查目标。AF对动物毒害作用的靶器官主要是肝脏，其中毒症状分为三种类型。

（1）急性和亚急性中毒　按其对动物的半数致死量（LD_{50}）来看，它是剧毒物质，其毒性比氰化钾大100倍，仅次于肉毒毒素，是霉菌毒素中最强的。急性和亚急性中毒是短时间摄入量较大，从而迅速造成肝细胞变性、坏死、出血以及特征性的胆管增生。在几天或几十天死亡。

（2）慢性中毒　是由于持续地摄入一定量的黄曲霉毒素，造成慢性中毒，从而使动物肝脏出现慢性损伤，生长缓慢，体重减轻，食物利用率下降等症状，肝脏有组织学病理变化，肝功能降低，有的出现肝硬化。病程可持续几周至几十周，最后死亡。

（3）致癌性　黄曲霉毒素是目前已知的最强烈的致癌物质之一，其致癌强度比六六六约大 2 万倍，是二甲基偶氮苯诱癌力的 900 倍以上。许多学者通过动物实验证实了毒素的致癌作用。关于对人的致癌作用虽无直接证据，但许多调查研究表明，凡食物中黄曲霉毒素污染严重的国家和地区，人的肝癌发生率就高。

鉴于 AF 具有极强的致癌件，世界各国都对食物中的 AF 含量作出了严格的规定。联合国粮食及农业组织（FAO）和世界卫生组织（WHO）规定，玉米和花生制品的黄曲霉毒素（以 B1 型黄曲霉素计量）最大允许含量为 15μg/kg，美国 FDA 规定牛乳中黄曲霉毒素的最高限量为 0.5μg/kg，其他大多数食物为 20μg/kg。

4. 预防黄曲霉毒素中毒的方法

在自然条件下，要想完全杜绝霉菌污染是不可能的，关键要防止和减少霉菌污染。对谷物粮食等植物性产品，只有在储藏过程中采用适当防霉措施，才能控制黄曲霉的生长和产毒。可采用以下措施：

（1）降低水分和湿度　农产品收获后，应迅速干燥至安全水分。控制水分和湿度，保持食品和储藏场所干燥，做好食品储藏地的防湿、防潮工作，要求相对湿度≤65%，控制温差，防止结露。储存期间粮食和食品要经常晾晒、风干、烘干或加吸湿剂、密封。

（2）低温防霉　将食品贮藏温度控制在霉菌生长的适宜温度以下。建造低温（13℃以下）仓库，冷藏食品的温度界限应在 4℃以下。

（3）化学防霉　防霉化学药剂有熏蒸剂，如溴甲烷、二氯乙烷、环氧乙烷等；有拌和剂，如有机酸、漂白粉等。如环氧乙烷熏蒸用于粮食防霉效果好，食品中加入 1%山梨酸、纳它霉素防霉效果很好。

（4）气调防霉　运用封闭式气调技术，控制气体成分，降低 O_2浓度与增加 CO_2、N_2浓度，以防止霉菌生长和产毒。例如，用聚氯乙烯薄膜袋储藏粮食，使 O_2浓度降低，9 个月内基本抑制霉菌生长；将花生或谷物置于含 CO_2的塑料袋内，封好口，花生至少能保鲜 8 个月。

5. 黄曲霉毒素的去除

（1）真菌毒素去除方法要求　理想的黄曲霉毒素去除方法应具有这些特点：①保持原有品质属性；②确保去毒彻底，无可逆性；③不能引入或产生新的有害物质；④处理成本远低于被处理物的价值；⑤方法简单，处理量大。

有些处理方法虽然影响食品的品质，但因去毒有效，且能挽回部分损失，也有一定应用价值。目前主要有理化去除法和生物去除法。

（2）理化去除法

①挑选法：一般分布在稻谷中的黄曲霉毒素大部分集中于稻壳层和谷皮、胚层，可以直接挑选出来，然后再进行碾磨加工，可以去除其中的一大部分，但是这种方法比较耗费时间，在工业生产上很少使用。

②吸附法：可以利用活性炭、天然酸性白土等对含芳香环的化合物有较强吸附能力的材料来吸附黄曲霉毒素，此法可有效降低植物油（花生油、豆油、菜油等）中的毒素含量。

③碱处理：碱炼法是油脂精炼的常规方法之一，由于强碱与黄曲霉毒素反应形成钠盐，被油精炼皂化反应的产物吸附而去除，从而有去毒和精炼双重作用。

④溶剂提取：利用酒精、丙酮、甲醇等有机溶剂溶解、抽提可有效去除毒素。

⑤其他方法：主要有搓洗法、加热法、射线处理、氧化剂处理、醛类处理等。

（3）生物去除法　研究陆续发现近 1000 种微生物有去除或转化黄曲霉毒素的能力。其中研究最多的是乳酸菌，如将污染 AF 的高水分玉米进行乳酸发酵，可在酸催化下将高毒性的 AFB1 转为 AFB2a。

（二）镰刀菌毒素

镰刀菌（*Fusariun*）又称镰孢霉，在自然界中分布极为广泛，是食品中经常分离出的一种真菌。目前已发现有多种镰刀菌产生对人畜健康威胁极大的镰刀菌毒素，主要有禾谷镰刀菌（*F. graminearum*）、串珠镰刀菌（*F. moniliforme*）、三线镰刀菌（*F. tricinctum*）、雪腐镰刀菌（*F. nivale*）、梨孢镰刀菌（*F. poae*）、拟枝孢镰刀菌（*F. sporotricoides*）、木贼镰刀菌（*F. equiseti*）、茄病镰刀菌（*F. solani*）、尖孢镰刀菌（*F. oxysporum*）等。根据联合国粮食及农业组织（FAO）和世界卫生组织（WHO）联合召开的第三次食品添加剂和污染物会议资料，镰刀菌毒素同黄曲霉毒素一样被认为是自然发生的最危险的食品污染物。镰刀菌毒素种类主要有伏马菌素（fumonisin，FB）、单端孢霉烯族化合物（trichothecenes）、玉米赤霉烯酮（zearelenone）和丁烯酸内酯（butenolide）等。

1. 伏马菌素

伏马菌素可由多种镰刀菌产生。主要由串珠镰刀菌（*Fusarium moniliforme*）、轮状镰刀菌（*Fusarium verticlllioides*）和多育镰刀菌（*Fusarium proliferatum*）等真菌产生，是一类由不同的多氢醇和丙三羧酸组成的结构类似的双酯型水溶性代谢产物。串珠镰刀菌被最早（1989 年）发现产生此种毒素，它是引起马属动物霉玉米中毒的病原菌。伏马菌素的分布比 AF 更广泛，含量水平也远高于 AF，对人和动物危害极大。该毒素大多存在于玉米及其制品中，含量一般超过 1mg/kg，在大米、面条、调味品、高粱、啤酒中也有较低量存在。

（1）伏马菌素的理化性质　目前已确定的伏马菌素至少有 11 种衍生物，分别为 FB1、FB2、FB3、FB4、FA1、FA2、FC1、FC2、FC3、FC4、FP，其中 FB1 是天然污染的玉米样品或真菌培养物中的主要毒素，其次是 FB2，其他几种含量较少。伏马菌素易溶于水，对热较稳定，煮沸 30min 不易破坏。

（2）伏马菌素的毒性　伏马菌素与马脑白质软化症（equine leukoencephalomalacia，ELEM）、猪肺水肿症（porcine pulmonary edema，PPE）、羊肝肾病变和人类的食道癌等人畜疾病密切相关。伏马菌素不仅可单独致病，且与其他真菌毒素如黄曲霉毒素之间尚存在联合毒性作用。伏马菌素具有广泛的神经毒性作用，对肝脏、肾脏、肠道等组织器官的毒性作用，破坏机体免疫系统的免疫毒性。另外，伏马菌素还具有一定的植物毒性和昆虫毒性。研究显示伏马菌素可影响植物正常的生理代谢功能，引起多种植物的细胞程序性死亡。

（3）伏马菌素的产毒条件　串珠镰刀菌等镰刀菌属霉菌的营养类型属于兼性寄生型，它可感染未成熟的谷物，是玉米等谷物中占优势的微生物类群之一。当玉米等谷物收获后，如不及时干燥处理，镰刀菌继续生长繁殖，造成谷物严重霉变。在玉米和以玉米为主要原料制备的各种饲料中，串珠镰刀菌也是主要优势菌，许多样品的串珠镰刀菌带菌量超过 10^6CFU/g。串珠镰刀菌的最适产毒温度 25℃，最适产毒 A_w 在 0.925 以上，最高产毒时间 7 周，产毒菌在 25～30℃的培养条件下生长良好。

2019 年在《食品安全国家标准　食品中真菌毒素限量》（征求意见稿）中，拟将我国玉米原粮中伏马菌素限量规定为 4000μg/kg，玉米面（渣）中伏马菌素限量规定为 2000μg/kg，含有玉米的谷物制品中伏马菌素限量规定为 1000μg/kg，含有玉米的婴幼儿谷类辅助食品中伏马菌素限量规定为 200μg/kg。

2. 单端孢霉烯族化合物毒素

单端孢霉烯族化合物由雪腐镰刀菌、禾谷镰刀菌、三线镰刀菌、梨孢镰刀菌、拟枝孢镰刀菌、表球镰刀菌等多种镰刀菌产生一类毒素。它是引起人畜中毒最常见的一类镰刀菌毒素。单端孢霉烯族化合物有40种，其中有8种和人畜中毒有直接关系。包括脱氧雪腐镰刀菌烯醇、T-2毒素、雪腐镰刀菌烯醇、HT-2毒素、新茄病镰刀菌烯醇、镰刀菌烯酮-X、二醋酸蔗草镰刀菌烯醇。在我国粮食和饲料中常见的是脱氧雪腐镰刀菌烯醇（deoxvnivalenol，DON）。

（1）脱氧雪腐镰刀菌烯醇　DON是一类具有致吐作用的赤霉病麦毒素，主要存在于麦类（大麦、小麦、黑麦、燕麦）患赤霉病的麦粒中，玉米、水稻、蚕豆、甘薯、甜菜叶等作物也能感染赤霉病而含有DON。引起麦类赤霉病的病原菌主要是禾谷镰刀菌的有性阶段——赤霉菌（*G. zaea*）。此种病原菌在谷物上最适繁殖温度为16~25℃，最适相对湿度85%，适合在阴雨连绵、湿度高、气温低的气候条件下生长繁殖。

DON纯品为白色结晶，熔点151~153℃，分子质量为296u，易溶于水，溶于乙醇、甲醇、三氯甲烷、丙酮等有机溶剂。对热极稳定，烘焙210℃，油煎140℃或煮沸，只能破坏50%。高压热蒸汽可使其完全失活。DON在硅胶薄层板上与三氯化铝在120℃反应7min，于365nm波长的紫外线辐射下呈蓝色荧光。

2019年在《食品安全国家标准　食品中真菌毒素限量》（征求意见稿）中，拟修订大麦、小麦、燕麦、青稞、玉米原粮谷物中DON限量为2000μg/kg；大麦仁、小麦粉、麦片、玉米面（渣）中DON限量仍维持1000μg/kg。且为进一步降低膳食DON暴露水平，新增了小麦粉制品、带馅（料）面米制品及焙烤制品相应的DON限量要求。

（2）T-2毒素　是由三线镰刀菌和拟枝孢镰刀菌在田间越冬的谷物中产生的一类单端孢霉烯族化合物，人食用后导致食物中毒性白细胞缺乏症。其主要破坏分裂迅速、增殖活跃的器官组织，尤其对骨髓、胸腺等淋巴组织作用最强烈，对蛋白质和DNA合成有抑制作用。中毒症状为皮肤出血、粒性白细胞缺乏、骨髓再生障碍等。死亡率高达50%~60%。

3. 玉米赤霉烯酮（F-2毒素）

禾谷镰刀菌、黄色镰刀菌、粉红镰刀菌、患珠镰刀菌、三线镰刀菌、茄病镰刀菌、木贼镰刀菌、尖孢镰刀菌等多种镰刀菌均能产生玉米赤霉烯酮。

玉米赤霉烯酮为一种白色晶体，分子式为$C_{18}H_{22}O_5$、相对分子质量为318，熔点为164~165℃。不溶于水、二硫化碳和四氯化碳，溶于碱性水溶液、乙醚、苯、三氯甲烷、二氯甲烷、乙酸乙酯、乙腈和乙醇，微溶于石油醚。禾谷镰刀菌接种在玉米培养基上，在25~28℃培养两周后，再在12℃下培养8周，可获得大量的玉米赤霉烯酮。

动物摄入含有玉米赤霉烯酮的饲料后会产生雌性激素亢进毒性反应，出现雌性发情综合症状。例如母猪食入含F-2毒素的饲料，发生阴户及乳腺肿大，子宫外翻、流产、畸形等。一般饲料中含有玉米赤霉烯酮1~5mg/kg时出现症状，500mg/kg时将出现明显症状。

4. 丁烯酸内酯

丁烯酸内酯是由三线镰刀菌、雪腐镰刀菌、拟枝孢镰刀菌和梨孢镰刀菌产生的。丁烯酸内酯为棒形结晶，分子式为$C_6H_7NO_3$，相对分子质量为138，熔点113~118℃，易溶于水，微溶于二氯甲烷和三氯甲烷、在碱性水溶液中极易水解。

丁烯酸内酯是血液毒素，在自然界中只发现在牧草中存在。牛饲喂带毒的牧草导致牛烂蹄病，其症状为腿变瘸、蹄和皮肤联结处破裂，有时脱蹄和引起耳尖尾干性坏死。

（三）黄变米毒素

黄变米是20世纪40年代由日本在大米中发现。由于稻谷储存时含水量过高，被霉菌污染发生霉变，而使米粒变黄，这类变质的大米称为“黄变米”。导致大米变黄的霉菌主要是青霉属中的一些种。黄变米中毒是指人们因食用“黄变米”而引起的食物中毒。黄变米分为三种：黄绿青霉黄变米、橘青霉黄变米和岛青霉黄变米。黄绿青霉、橘青霉和岛青霉菌株侵染大米后产生有毒的次级代谢产物，统称黄变米毒素。其毒素可分为以下三大类。

1. 岛青霉毒素类（Islandicin）

岛青霉污染使大米呈黄褐色溃疡性病斑，并产生岛青霉毒素，包括黄天精（luteoskyrin）、环氯肽（cyciochlorotin）、岛青霉素、红天精。黄天精为黄色的六面体针状结晶，熔点为287℃，相对分子质量为574，是一种脂溶性毒素。环氯肽包括化学结构极相似的两种化合物，即环氯肽和岛青霉素。含氯肽是白色针状结晶，熔点为251℃（分解），相对分子质量约为600，是一种水溶性毒素。从岛青霉分离的黄天精和含氯肽都是肝脏毒。环氯肽比黄天精作用急剧，这两种毒素对动物的急性中毒作用，均发生肝萎缩现象，慢性中毒发生肝纤维化、肝硬化或肝肿瘤。岛青霉产生的毒素致癌力比黄曲霉毒素小，但小白鼠对黄天精的感受性都强于黄曲霉毒素和杂色曲霉毒素。

2. 橘青霉毒素（citrinin）

橘青霉黄变米又称泰国黄变米。精白米特易污染橘青霉形成黄变米，使其呈黄绿色，并产生橘青霉毒素。除橘青霉产生橘青霉毒素外，暗蓝青霉、纯绿青霉、扩展青霉、点青霉、变灰青霉、土曲霉等也能产生这种毒素。橘青霉素是一种柠檬色针状结晶，熔点为172℃，相对分子质量为259，能溶于无水乙醇、三氯甲烷、乙醚，难溶于水。在长波紫外线辐射下显柠檬黄色荧光。橘青霉素产生的温度一般为20～30℃，10℃以下橘青霉等产毒菌生长受到抑制。橘青霉素是一种肾脏毒。可导致实验动物发生肾脏肿大，尿量增多，肾小管扩张和上皮细胞变性坏死。

3. 黄绿青霉毒素（citreoviridin）

当大米水分>14.6%时易感染黄绿青霉（*P. citreoviride*），在12～13℃下便形成黄变米，米粒上有淡黄色病斑。黄绿青霉素是一种橙黄色芒状集合柱状结晶，熔点为107～110℃，可溶于丙酮、三氯甲烷、乙酸、甲醇和乙醇，微溶于苯、乙醚、二硫化碳和四氯化碳，不溶于石油醚和水。该毒素在紫外光照射下，可发出闪烁的金黄色荧光。紫外光照射2h毒素破坏，加热至270℃毒素失去毒性。黄绿青霉毒素是一种神经毒，动物中毒特征为中枢神经麻痹，继而导致心脏停搏而死亡。

（四）其他真菌毒素

1. 杂色曲霉毒素（sterigmatocystin，ST）

该毒素是杂色曲霉（*A. versicolor*）和构巢曲霉（*A. nadulans*）和离蠕孢霉产生的一种真菌毒素。ST是一群化学结构相似的有毒物质，基本结构为一个二呋喃环和一个氧杂蒽酮。其中杂色曲霉毒素Ⅳa是毒性最强的一种。它是一种淡黄色针状结晶，熔点246℃，分子质量为324u，不溶于水，易溶于三氯甲烷、乙腈、苯和二甲基亚砜等有机溶剂。在紫外线辐射（365nm波长）下呈砖红色荧光。杂色曲霉毒素为肝脏毒素，可以导致试验动物的肝癌、肾癌、皮肤癌和肺癌，其致癌性仅次于黄曲霉毒素。

2. 展青霉毒素（patulin）

该毒素是扩展青霉（*P. expansum*）产生的一种真菌毒素，草酸青霉、棒曲霉也能产生。纯品展青霉素为无色针状结晶，分子质量 154u，熔点 100℃。溶于水、乙醇、丙酮和三氯甲烷，在碱性溶液中不稳定，易被破坏。污染扩展青霉和棒曲霉的饲料可造成牛中毒，发生心肌及肝脏变性。展青霉毒素对小白鼠的毒性表现为严重水肿。

3. 棕曲霉毒素（ochratoxin）

该毒素是由棕（赭）曲霉、纯绿青霉、圆弧青霉和产黄青霉等产生的一种真菌毒素。目前已确认的有棕（赭）曲霉毒素 A 及其两种衍生物 B 和 C，其中 A 的毒性最强，为无色结晶的酸性化合物，分子质量 297u，熔点 94~96℃，易溶于碱性溶液（如碳酸氢钠溶液），溶于甲醇、三氯甲烷，在紫外线辐射（365nm 波长）下呈黄绿色荧光，在碱性条件下呈蓝紫色荧光。棕曲霉毒素 A 可导致多种动物肝、肾等内脏器官的病变，故称为肝毒素或肾毒素，此外还可导致肺部病变。

第四节 食品介导的病毒感染

一、概 述

病毒作为一类专性活细胞寄生的非细胞型生物，虽然它们不能在食品中繁殖，但可能以食品作为传播的载体。由于食品为病毒提供了良好的保存条件，因而病毒在食品中存活较长时间，一旦被人们食用，即可在体内繁殖，引起病毒病，如小儿麻痹症、甲型肝炎、胃肠炎等。

（一）病毒污染来源与途径

污染食品的病毒来源主要有 3 种：①环境与水产品中的病毒：在污水和饮用水中均发现有病毒存在。饮用水即使经过灭菌处理，有些肠道病毒仍能存活，如脊髓灰质炎病毒、柯萨奇病毒、轮状病毒。比较常见的是污水，污水处理不能消除病毒，病毒通过污水处理厂释放到周围环境中，一旦进入自然界，它们便与粪便类物质结合得到保护，生存在水、泥浆、土壤、贝壳类海产品及通过食用循环污水灌溉的植被上，使一些动植物原料如肉类（尤其是牛肉）、牛乳、蔬菜和贝壳类被污染，尤其是贝壳类水产品。②携带病毒的动物：受病毒感染的动物可通过各种途径将病毒传播给人类，其中大多数是通过污染的动物性食品感染给人的，如偶蹄动物的口蹄疫病毒、禽流感病毒等。③带有病毒的食品加工人员：如乙肝患者，在甲型肝炎暴发的案例中，病毒通常来自食品操作者。

病毒通过食品传播的主要途径是粪-口模式，即病毒能通过直接和间接的方式由排泄物传染到食品中。大多数病毒侵入肠黏膜，导致病毒性肠炎。这些病毒也能导致皮肤、眼睛和肺部感染，同样会引起脑膜炎、肝炎和肠胃炎等。

（二）发病机理

存在于食品中的病毒经口进入肠道后，聚集于有亲和性的组织中，并在黏膜上皮细胞和固有层淋巴样组织中复制增殖。病毒在黏膜下淋巴组织中增殖后，进入颈部和肠系膜淋巴结。少量病毒由此处再进入血液，并扩散至肝、脾、骨髓等的网状内皮组织上。在此阶段一般并不表现出临床症状，多数情况下因机体防御机制的抑制而不能继续发展。仅在极少数被病毒感染者中病毒能在网状内皮组织内复制，并持续向血流中排入大量病毒。由于持续性病毒血症，可能使病毒扩散至靶器官。病毒在神经系统中虽可沿神经通道传播，但进入中枢神经系统的主要途径仍是通过血液，直接侵入毛细血管壁。

（三）常见的食源性病毒

食物中常见病毒见第一节中表13-1，大致可归为以下几类：①人类肠道病毒：包括脊髓灰质炎病毒1~3型（血清型）、柯萨奇病毒A组1~24型（缺23型）和B组1~71型、埃可（ECHO）病毒1~34型（缺10、22、23和28型）、新型肠道病毒68~71型；②肝炎病毒：甲型肝炎病毒、戊型肝炎病毒；③引起腹泻或胃肠炎的病毒：诺沃克病毒及其相关病毒、轮状病毒、肠道腺病毒等；④人畜共患病毒：禽流感病毒、口蹄疫病毒、新城疫病毒、疯牛病病毒等。此外，还有呼肠孤病毒1~3型和人腺病毒1~33型等。

二、典型食源性病毒

（一）肠道病毒

肠道病毒（enterovirus）隶属于小RNA病毒科（picornaviridae）。人类肠道病毒包括脊髓灰质炎病毒（poliovims）、柯萨奇病毒（coxsackie virus，cox virus）、埃可病毒（enteric cytopathogenic human orphan virus，ECHO virus）和新型肠道病毒。

肠道病毒由简单的衣壳蛋白和单股正链RNA组成，呈球形，一般直径为27~30nm。病毒衣壳呈正20面立体对称，无包膜。病毒衣壳由60个蛋白质亚单位或壳粒构成，每个亚单位（或壳粒）由Vp_1、Vp_2、Vp_3和Vp_4四条多肽组成，其中多肽为抗体结合部位，此部分多肽的变异与肠道病毒中抗原的多样性有关；Vp_4不出现在病毒表面，与病毒RNA核心密切相关，当Vp_4失去稳定性后可导致病毒脱掉衣壳。人类肠道病毒的基因组为+RNA，具有mRNA的功能，属感染性核酸，大小为7.2~8.4kb。+RNA既充当病毒蛋白质翻译的模板，又充当RNA复制模板。其衣壳蛋白约占病毒体的70%，核酸约占病毒体的30%。

人类肠道病毒中脊髓灰质炎病毒有1~3个血清型；柯萨奇病毒单股RNA可分成A、B两组，A组病毒分为24个血清型，B组为6个血清型；埃可病毒有1~34个血清型；新型肠道病毒有68~71个血清型。

肠道病毒对外界环境抵抗力较强，在污水和粪便中生存4~6个月。对酸稳定、pH 3.0时仍稳定，不易被胃酸和胆汁灭活。且耐乙醚、三氯甲烷等脂溶剂、去污剂和低温。但对紫外线、干燥、热均敏感。50~56℃、30min可被灭活。Mg^{2+}能增强病毒对热的耐受性。

1. 脊髓灰质炎病毒

脊髓灰质炎病毒是小儿麻痹症的病原体，它损害脊髓前角运动神经细胞，引起肢体的迟缓麻痹，即为脊髓灰质炎。轻者引起暂时性四肢肌肉麻痹，重者可造成麻痹性后遗症。多发生于儿童，故名为小儿麻痹症。潜伏期常在7~14d。

2. 柯萨奇病毒

该病毒由于病毒的细胞受体分布范围相对较广，病毒的组织嗜性和所致疾病范围也较脊髓灰质炎病毒广泛。感染可引起人类无菌性脑膜炎（由B组1~6型引起）、麻痹（A组7，9

型；B 组 2~5 型）、幼儿腹泻（A 组 18，20~22，24 型）、流行性胸壁痛（B 组 1~5 型）、疱疹性咽峡炎（A 组 2~6，8，10 型）、手足口病（A 组 5，10，16 型）、心肌炎（B 组 1~5 型）等疾病。尤其柯萨奇 B 组病毒是心肌炎、扩张性心肌病等的重要病原体。致病机制除与脊髓灰质炎病毒类似外，有的与免疫病理参与有关。

3. 埃可病毒

该病毒感染后轻者引起呼吸道感染症状，重者引起无菌性脑膜炎（由许多型引起），少数病人则引起肢体麻痹（2，4，6，9，11，30 型）、脑炎（2，6，9，19，30 型）、心肌炎（1，6，9，19 型）等疾病。埃可病毒的致病机制与脊髓灰质炎病毒和柯萨奇病毒相似。埃可病毒经口进入消化道后，在咽和肠道淋巴结组织中初步增殖，潜伏期 7~14d。后进入血液，乃至扩散到全身，最后进入靶器官（脊髓、脑、脑膜、心肌和皮肤等），表现出肠道以外症状。

4. 新型肠道病毒

该类病毒感染后，多数感染无症状，只有极少数人引起无菌性脑膜炎（71 型）、脑炎（70、71 型）、疱疹性咽峡炎（71 型）、麻痹（70、71 型）、急性出血性结膜炎（70 型）、肺炎（68 型）等疾病。这些病毒的感染与脊髓灰质炎病毒感染相似，以幼年儿童为最常见，其发病率和严重性随年龄增长而降低。

（二）肝炎病毒

与食品相关的人的肝炎病毒有甲型肝炎病毒和戊型肝炎病毒。甲型肝炎病毒（Hepatitis A virus，HAV）隶属于小 RNA 病毒科中的肝病毒属（*Hepatovirus*）或肝 RNA 病毒属。戊型肝炎病毒（Hepatitis E virus，HEV）隶属于嵌杯病毒科（Caliciviridae）。

HAV 由简单的衣壳蛋白和单股正链 RNA 组成，呈球形颗粒，直径为 27nm。病毒衣壳呈正二十面立体对称，无包膜，由 Vp_1、Vp_2、Vp_3 和 Vp_4 四种多肽构成 HAV 的衣壳蛋白，有保护病毒 RNA 的作用，并具有抗原性，可诱生抗体。甲型肝炎病毒比肠道病毒更耐热，60℃加热 1h 不被灭活，100℃加热 5min 可灭活。氯、紫外线、福尔马林处理均可破坏其传染性。潜伏期一般为 10~50d，平均 28~30d。甲型肝炎的症状可重可轻，有突感不适、恶心、黄疸、食欲减退、呕吐等。甲型肝炎主要发生在老年人和有潜在疾病的人身上，病程一般为 2d 到几周，死亡率较低。

HEV 也是由简单的衣壳蛋白和线状单股正链 RNA 组成，呈球形颗粒，直径为 27~34nm，二十面体对称，无包膜，表面有突起。HEV 的感染及流行病学特征类似甲型肝炎，但在血清学上两种病毒不存在交叉。潜伏期 15~64d，平均潜伏期 26~42d。

（三）诺沃克病毒及其相关病毒

诺沃克病毒（Norwalk virus），又称诺如病毒及其相关病毒所引起的病毒性胃肠炎，被认为是仅次于普通感冒的发生频率最高的疾病。它们属于杯状病毒科（Caliciviridae）的病毒。诺沃克病毒最先于美国俄亥俄州诺沃克市一家学校的食物中毒事件中被分离出来并因此而命名。

诺沃克病毒及其相关病毒可以分成以下 3 组：小圆结构化病毒（包括诺沃克病毒、夏威夷病毒、雪山病毒、托恩顿病毒和北海道病毒等）、星状病毒和环状病毒。诺沃克病毒及其相关病毒颗粒直径大小为 28~38nm，其特性与动物微小 DNA 病毒相似，无包膜，正二十面体对称，衣壳由 32 个长 3~4nm 的壳粒构成，单股线状 DNA。诺沃克病毒对外界因素抵抗力强，能耐受脂溶剂和较高处理温度，而不丧失其感染性，且对 Cl_2 有较强抵抗力。该病毒主要引起人的急性胃肠炎，潜伏期一般为24～48h，表现为恶心、呕吐、腹泻和腹部绞痛等症状，一般延续2～3d。

（四）轮状病毒

人类轮状病毒（human rotavirus）是引起婴幼儿急性胃肠炎的主要病原体，属于呼肠孤病毒科（Reoviridae）的病毒。由衣壳和双股RNA组成，病毒颗粒直径为70～75nm。有双层衣壳，内衣壳壳微粒沿着病毒体边缘呈放射状排列，形如车轮辐条，电镜下如同车轮状，因此得名。有外衣壳病毒为光滑型颗粒，具有感染性。病毒基因组由11个双股RNA节段构成。每一节段编码具有不同功能及作用的蛋白质。由第4和第9基因节段编码的 Vp_4 和 Vp_7 是轮状病毒外衣壳的主要组分，是主要的中和抗原，具有型特异性。其中 Vp_4 与病毒毒力有关。

轮状病毒分为A、B、C、D、E、F六个组，人类轮状病毒属于其中的A、B、C组，均能引起人的急性胃肠炎。A组是最常见的感染婴幼儿的病毒。医院中5岁以下婴幼儿腹泻有1/3由轮状病毒引起，潜伏期1～2d，发病突然，呕吐、腹泻、发热，偶有腹绞痛，甚至出现呼吸症状，严重者因脱水酸中毒而导致死亡。B组导致成年人腹泻。C组在个别人或动物粪便中发现或有个别病例报道。

轮状病毒对理化因素抵抗力较强，耐酸、耐碱、耐乙醚和三氯甲烷，甚至反复冻融也难以灭活病毒。在粪便中存活数日或数周。对热相对敏感，55℃加热30min可被灭活。

（五）禽流感病毒

禽流感病毒在分类上属于正黏病毒科（Orthomyxoviridae），A型流感病毒属。依据其外膜血凝素（H）和神经氨酸酶（N）蛋白抗原性的不同，可分为16个H型及9个N型。病毒颗粒呈球状、杆状或丝状。感染人的禽流感病毒亚型主要为 H_5N_1、H_9N_2、H_7N_7，其中感染 H_5N_1 的患者病情重，病死率高。禽流感病毒在55℃加热60min、60℃加热10min时失活，在干燥尘埃中可存活两周，在冷冻禽肉中可存活10个月。

家禽及其尸体是该病毒的主要污染源，禽流感病毒存在于病禽和感染禽的所有组织、体液、分泌物和排泄物中，常通过消化道、呼吸道、皮肤损伤和眼结膜传染。吸血昆虫也可传播病毒。病禽的肌肉、蛋均携带病毒。禽流感病毒可以通过空气传播，候鸟的迁徙可将禽流感病毒从一个地方传播到另一个地方，通过污染的环境（如水源）等也可造成禽群的感染和发病。

人因为食用患病的禽类食品而被病毒感染，感染者主要症状为发热、流涕、鼻塞、咳嗽、咽痛、头痛、全身不适，部分患者有消化道症状。少数患者发展为肺出血、胸腔积液、肾衰竭、败血症、休克等多种并发症而死亡。对禽流感病毒的预防主要是避免与禽类接触，鸡、鸭等食物应彻底煮熟后食用。

（六）口蹄疫病毒

口蹄疫病毒（foot-and-mouth disease virus，FMDV）属于小RNA病毒科（Picornaviridae）口疮病毒属（*Aphthovirus*），是一种人畜共患口蹄疫的病原体。病毒粒子近似球形，其直径为21～25nm。病毒衣壳呈正二十面立体对称。属于单链RNA病毒，由大约8000个碱基构成。病毒在宿主细胞质中形成晶格状排列，其化学组成是69%的蛋白质与31%的RNA。根据病毒的血清学特性，目前确证的有 7 个型，每一型又分为若干亚型，已发现的亚型至少有 65 个。该病毒对高温、酸和碱均比较敏感，但对化学消毒剂和干燥抵抗力较强。

患病或带毒的牛、羊、猪、骆驼等偶蹄动物是口蹄疫病毒的主要传播源。发病初期的病畜是最危险的传染源。其重要传播媒介是被病畜和带毒畜的分泌物、排泄物和畜产品（如毛皮、肉及肉制品、乳及乳制品）污染的水源、牧地、饲料、饲养工具、运输工具等。

口蹄疫是一种急性、发热性、高度接触性传染病。人感染口蹄疫病毒后，潜伏期一般为 2~8d，常突然发病，表现出发热、头痛、呕吐等症状，2~3d 后口腔内有干燥和灼烧感，唇、舌、齿龈及咽部出现水疱。有的患者出现咽喉痛、吞咽困难、脉搏迟缓、低血压等症状，重者可并发细菌性感染，如胃肠炎、神经炎、心肌炎，以及皮肤、肺部感染，可能因为继发性心肌炎而死亡。

CHAPTER 14

第十四章 微生物分子生物学与基因组学

第一节 概　　述

微生物与其他任何生物一样具有遗传性（inheritance）和变异性（variation）。遗传性是指生物的亲代传递给其子代一套遗传信息的特性。生物体所携带的全部基因的总称即遗传型（genotype）。具有一定遗传型的个体在特定的外界环境中，通过生长和发育所表现出的种种形态和生理特征的总和即为表型（phenotype），相同遗传型的生物在不同的外界条件下，会呈现不同的表型称为饰度（modification）。但这不是真正的变异，因为在这种个体中，其遗传物质结构并未发生变化。只有遗传型的改变，即生物体遗传物质结构上发生的变化，才称为变异，在群体中，自然发生变异的概率极低，但一旦发生后，即是稳定的和可遗传的。

遗传必须有物质基础，即遗传信息必须由某些物质作为携带和传递的载体。现已肯定这个物质基础在绝大多数生物体中就是脱氧核糖核酸（DNA）。

基因组（genome）是指存在于细胞或病毒中的所有基因。基因组通常是指全部一套基因，细菌在一般情况下是一套基因，即单倍体（haploid），但也有例外；真核微生物通常是有二套基因又称二倍体（diploid）。由于现在发现许多非编码序列具有重要的功能，因此目前基因组的含义实际上是指细胞中基因以及非基因的DNA序列组成的总称，包括编码蛋白质的结构基因、调控序列以及目前功能还尚不清楚的DNA序列。但无论是原核还是真核微生物，其基因组一般都比较小，其中最小的大肠杆菌噬菌体MS2只有300bp，含3个基因。一般来说这些依赖于宿主生活的病毒基因组都很小。

第二节 微生物基因结构、复制、表达和调控

一、微生物基因结构

基因按其功能主要分为结构基因、调控基因和RNA基因。

（1）结构基因（structural gene）　是能决定某些多肽链或蛋白质分子结构的基因。结构基因的突变可导致特定多肽或蛋白质一级结构的改变。

（2）调控基因（regulatory gene）　是调节或控制结构基因表达的基因。调控基因的突变可以影响一个或多个结构基因的功能，导致蛋白质量或活性的改变。

（3）RNA 基因　RNA 基因只转录不翻译，即以 RNA 为表达的终产物。例如，rRNA 基因和 tRNA 基因，产物分别为 rRNA 和 tRNA。

（一）基因的结构

1953 年沃森（Watson）和克里克（Crick）提出 DNA 的双链螺旋结构，对 DNA 的分子结构有了正确的认识，从而进入到分子遗传学时代，从分子水平上来研究遗传物质的结构与功能的关系。基因的最小突变单位和重组单位都是 DNA 的一个碱基对。

DNA 的组成单位是脱氧核苷酸（deoxynucleotide）。脱氧核苷酸有三个组成成分：一个磷酸基团（phosphate）、一个 2′-脱氧核糖（2′-deoxyribose）和一个碱基（base）。之所以称为 2′-脱氧核糖是因为戊糖的第二位碳原子没有羟基，而是两个氢。为了区别于碱基上原子的位置，核糖上原子的位置在右上角都标以“′”。

1. 碱基

构成 DNA 的碱基可以分为两类：嘌呤（purine，Pu）和嘧啶（pyrimidine，Py）。嘌呤为双环结构，包括腺嘌呤（adenine，A）和鸟嘌呤（guanine，G），这两种嘌呤有着相同的基本结构，只是附着的基团不同。而嘧啶为单环结构，包括胞嘧啶（cytosine，C）和胸腺嘧啶（thymine，T），它们同样有着相同的基本结构。可以用数字表示嘌呤和嘧啶环上的原子位置。

2. 脱氧核苷

嘌呤的 N9 和嘧啶的 N1 通过糖苷键与脱氧核糖结合形成 4 种脱氧核苷（deoxynucleoside），分别为 2′-脱氧腺苷、2′-脱氧胸苷、2′-脱氧鸟苷和 2′-脱氧胞苷。

3. 脱氧核苷酸

脱氧核苷酸由脱氧核苷和磷酸组成。磷酸与脱氧核苷 5′-碳原子上的羟基缩水生成 5′-脱氧核苷酸。脱氧核苷单磷酸依次以磷酸二酯键相连形成多核苷酸链（polynucleatide），即一个核苷酸的 3′-羟基与另一核苷酸上的 5′-磷酸基形成磷酸二酯键（phosphodiester group）。也就是一个核苷的 3′-羟基和另一核苷的 5′-羟基与同一个磷酸分子形成两个酯键，多核苷酸链以磷酸二酯键为基础构成了规则的、不断重复的糖-磷酸骨架，这是 DNA 结构的一个特点。核苷酸的一个末端有一个游离的 5′-基团，另一端的核苷酸有一游离的 3′-基团。所以，多核苷酸链是有极性的，其 5′-末端被看成是链的起点，这是因为遗传信息是从核苷酸链的 5′-末端开始阅读的。

4. DNA 双螺旋

根据这一模型，双螺旋的两条反向平行的多核苷酸链绕同一中心轴相缠绕，形成右手螺旋（图 14-1）。磷酸与脱氧核糖构成的骨架位于双螺旋外侧，嘌呤与嘧啶碱伸向双螺旋的内侧。碱基平面与纵轴垂直，糖环平面与纵轴平行。两条核苷酸链之间依靠碱基间的氢键结合在一起，形成碱基对（base pair，bp）。位于两条 DNA 单链之间的碱基配对是高度特异的：腺嘌呤只与胸腺嘧啶配对，而鸟嘌呤总是与胞嘧啶配对，结果是双螺旋的两条链的碱基序列形成互补关系（complementary），其中任何一条链的序列都严格决定了其对应链的序列。例如，如果一条链上的序列是 5′-ATGTC-3′，那么另一条链必然是互补序列 3′-TACAG-5′。碱基间的配对除了要求碱基之间形状的互补外，还要求碱基对之间氢供体和氢受体具有互补性。DNA 双链之间 G-C 和 A-T 配对可以保证碱基对之间氢供体和氢受体的互补性。腺嘌呤 C6 上的氨基基团与胸腺嘧啶 C4 上的羰基基团可以形成一个氢键；腺嘌呤 N1 和胸腺嘧啶的 N3 上的 H 也形成一个氢键。鸟嘌呤与胞嘧啶之间可以形成 3 个氢键。设想试着使腺嘌呤和胞嘧啶配对，这样一个氢键受体（腺嘌呤的 N1）对着另一氢键受体（胞嘧啶的 N3）。同样两个氢键供体，腺嘌呤的 C6 和胞嘧啶 C4 上的氨基基团，也彼此相对，所以，A：C 碱基配对是不稳定的，它们之间无法形成氢键。

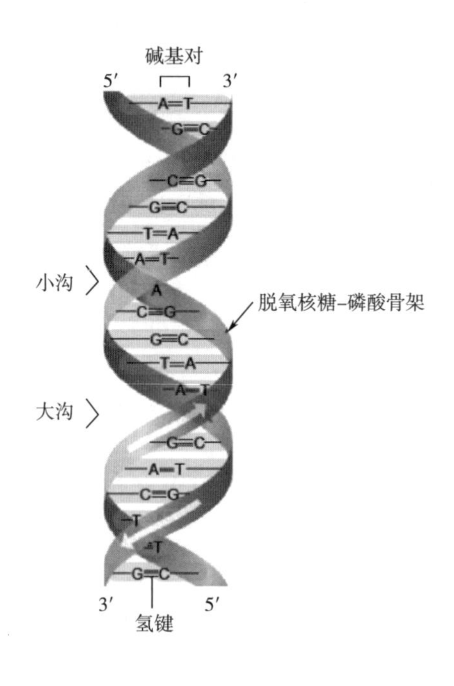

图 14-1　DNA 的化学结构组成

氢键并不是稳定双螺旋的唯一因素。另一种维持双螺旋结构稳定性的重要作用力来自于碱基间的堆积力。碱基是扁平、相对难溶于水的分子，它们以大致垂直于双螺旋轴的方向上下堆积，DNA 链中相邻碱基之间电子云的相互作用对双螺旋的稳定性有着重要影响。GC 对间的堆积力大于 AT 对，这是 GC 含量高的 DNA 比 AT 含量高的 DNA 在热力学上更稳定的主要因素。另外，DNA 双链上的磷酸基团带负电荷，双链之间这种静电排斥力具有将双链推开的趋势。在生理状态下，介质中的阳离子或阳离子化合物可以中和磷酸基团的负电荷，有利于双螺旋的形成和稳定。每圈螺旋含 10 个碱基对，碱基堆积距离为 0.34nm，双螺旋直径为 2nm。DNA 的两条单链彼此缠绕时，沿着双螺旋的走向形成两个交替分布的凹槽，一个较宽、较深，称为大沟（major groove），另一个较窄、较浅，称为小沟（minor groove）。每个碱基对的边缘都暴露于大沟、小沟中。在大沟中，每一碱基对边缘的化学基团都有其自身独特的分布模式。因此，蛋白质可以根据大沟中的化学基团的排列方式准确区分 A：T 碱基对、T：A 碱基对、G：C 碱基对与 C：G 碱基对。这种区分非常重要，使得蛋白质无须解开双螺旋就可以识别 DNA 序列。小沟的化学信息较少，对区分碱基对的作用不大。在小沟中，A：T 碱基对与 T：A 碱基对，G：C 碱基对与 C：G 碱基对看起来极其相似。另外，由于体积较小，氨基酸的侧链一般不能进入小沟之中。

各种生物 DNA 的 4 种碱基（base）含量往往是不均等的，在各种生物中这 4 种碱基的含量之比反映着种的特性。表 14-1 表明了几种微生物的碱基成分，从表可见各种 DNA 分子碱基含量的差异和共同点。各种微生物中的 A=T，G=C。但（G+C）/（A+T）则随着微生物的种类不同而不同，这数值小到 0.45，大到 2.73。

表 14-1　　几种微生物的 DNA 碱基含量比较

微生物名称	碱基含量/mol				碱基含量比		
	G	A	C	T	Pu/Py	$\frac{G+T}{A+C}$	$\frac{G+C}{A+T}$
产气荚膜梭菌（*Clostridium perfringens*）	15.8	34.1	15.1	35.0	1.00	1.03	0.45
金黄色葡萄球菌（*Staphylococcus aureus*）	17.3	32.3	17.4	33.0	0.98	1.01	0.53
大肠杆菌（*Escherichia coli*）	26.0	23.9	26.2	23.9	1.00	1.00	1.09
摩氏变形杆菌（*Proteus morganii*）	26.3	23.7	26.7	23.3	1.00	0.98	1.13
黄产碱杆菌（*Alcaligenes faecalis*）	33.9	16.5	32.8	16.8	0.98	1.03	2.00
铜绿假单胞菌（*Pseudomonas aeruginos*）	33.0	16.8	34.0	16.2	0.99	0.97	2.03
灰色链霉菌（*Streptomyces grisea*）	36.1	13.4	37.1	13.4	0.98	0.98	2.73

按照 DNA 分子结构模型碱基含量比值的这些特点说明：①DNA 两个单链的相对位置上的碱基有严格的配对关系，一条单链上嘌呤的相对位置上必定是嘧啶，一条单链上嘧啶的相对位置上必定是嘌呤；②A 的相对位置上必定是 T，G 的相对位置上必定是 C；③DNA 链上的碱基对排列则没有一定规律。例如在表 14-1 中的第 1、2 两种细菌的 DNA 分子中，AT 碱基对多于 GC 碱基对约 1 倍；第 3、4 两种细菌中，两者几乎相等；第 5、6 两种细菌中则 GC 碱基对多于 AT 碱基对约 1 倍。可见 DNA 分子中 4 种碱基的排列绝不是单调重复，DNA 结构的变化是无穷无尽的，具有高度多样性。

（二）RNA 的结构与功能

RNA 是由 DNA 携带的遗传信息表达为生物遗传表型特性的主要中间环节。RNA 的基本结构与 DNA 相类似，但其所含的是核糖核酸而不是脱氧核糖核酸，碱基为 A、C、G、U，没有胸腺嘧啶（T），而含有尿嘧啶（U）。RNA 由单链构成，较 DNA 短。根据 RNA 在生物性状遗传表达过程中的功能，可分为核糖体 RNA（即 rRNA）、信使 RNA（即 mRNA）和转移 RNA（即 tRNA）3 种。

1. 核糖体 RNA（ribosomal RNA，rRNA）

这是组成核糖体的主要成分，可占细胞 RNA 总量的 80%以上或核糖体的 65%左右。核糖体是细胞合成蛋白质的场所。原核微生物和真核微生物细胞内的核糖体大小不一样，其组成也有差异。原核微生物中的核糖体为 70S，由分别为 50S 和 30S 的 2 个亚单位组成。30S 亚单位（0.9×10^5u）由 21 种蛋白质和由 1542 个核苷酸构成的 16S rRNA 组成；50S 亚单位（1.6×10^6u）由 32 种蛋白质与由 2904 个核苷酸构成的 23S rRNA 和由 120 个核苷酸构成的 5S rRNA 组成。真核微生物细胞中的核糖体为 80S。细胞器中的核糖体大小与原核微生物中一样，是 70S 的。80S 的核糖体由分别为 60S 和 40S 的 2 个亚单位构成。60S 亚单位（3.2×

10^6u）由分别为 28S（1.6×10^6u，4700 个核苷酸）、5.8S（0.05×10^6u，160 个核苷酸）、5S（0.03×10^6u，120 核苷酸）的 rRNA 和 40±5 种核糖体蛋白质组成。40S 亚单位（1.6×10^6u）由 18S（0.9×10^6u，1900 个核苷酸）和 30±5 种核糖体蛋白质组成。

2. 信使 RNA（messenger RNA，mRNA）

mRNA 的碱基是 A、U、C、G，其功能是将 DNA 上的遗传信息携带到合成蛋白质的场所核糖体上，即其链上碱基的排列顺序决定了其所携带的遗传信息。mRNA 链上每 3 个核苷酸组成个三联体密码子（codon），编码一种氨基酸。所有编码构成蛋白质的 20 种氨基酸的全部密码子称为遗传密码（genetic code）。按 4^3 排列组合全套遗传密码，可有 64 个密码子，因此，20 个氨基酸中除少数氨基酸如色氨酸、甲硫氨酸外，一个氨基酸可有多个密码子，例如丝氨酸可有 UCU、UCA、UCC 和 UGG4 个密码子编码。64 个密码子中有 3 个密码子（UAA、UGA 和 UAG）是终止密码子（stop codon），作为终止合成的信号。mRNA 在原核微生物细胞中的寿命仅几分钟，但在真核生物细胞中可有几小时乃至几天。

3. 转运 RNA（transfer RNA，tRNA）

tRNA 在蛋白质合成过程中起将氨基酸运输转移到核糖体上的作用。tRNA 链通过互补碱基之间的氢键折叠成三叶草形特异结构，那些非互补的碱基片段形成 3 个小环状（图 14-2），其中相对于叶柄的小环为一个反密码子环（anticodon loop），上有一个反密码子（anticodon），用于识别 mRNA 上的氨基酸密码子。另外在 tRNA 的 3′-OH 端都有核苷酸 CCA 序列，是氨基酸结合部位。

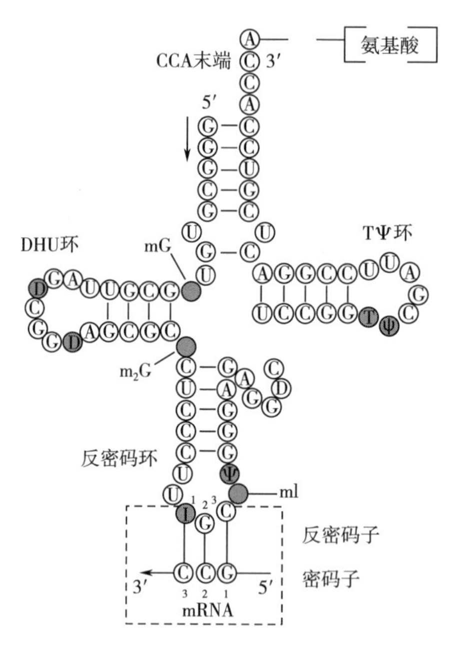

图 14-2　成熟 tRNA 的结构

4. RNA 和 DNA 结构上的区别

主要有三点：第一，RNA 通常以单链形式存在；第二，RNA 骨架含有核糖而不是 2′-脱氧核糖，在核糖的 2′位置上带有一个羟基；第三，DNA 中的胸腺嘧啶被 RNA 中的尿嘧啶取代，尿嘧啶有着和胸腺嘧啶相同的单环结构，但是缺少 5′-甲基基团。

细胞内的 RNA 行使多种生物学功能。mRNA 是蛋白质生物合成的模板，tRNA 运载氨基酸并识别 mRNA 的密码子，rRNA 是核糖体的组成部分。此外，核小 RNA（snRNA）参与 mRNA 的剪接，核仁小分子 RNA（snoRNA）参与 rRNA 成熟加工，向导 RNA（gRNA）参与 RNA 编辑，信号识别颗粒 RNA（SRP-RNA）参与蛋白质的分泌，端粒酶 RNA 参与染色体端粒的合成。还有一些 RNA 是细胞中催化一些重要反应的酶。尽管 RNA 是单链分子，它依然可以形成局部双螺旋，这是因为 RNA 链频繁发生自身折叠，从而使链内的互补序列形成碱基配对区。除了 A：U 配对和 C：G 配对外，RNA 还具有额外的非 Watson-Crick 碱基配对，如 G：U 碱基对，这一特征使 RNA 更易于形成双螺旋结构。RNA 分子自身折叠形成双螺旋时，不配对的序列以发卡（hairpin）、凸起（bulge）、内部环等形式游离于双链区之外（图 14-3）。

RNA 分子中的核苷酸排列顺序称为核酸的一级结构。单链核苷酸自身折叠由单链区茎环结构、内部环、双链区等元件组成的平面结构，称为 RNA 的二级结构。RNA 的二级结构主要由核酸链不同区段碱基间的氢键维系。在二级结构的基础上，核酸链再次折叠形成的高级结构称为 RNA 的三级结构（tertiary structure）。由于没有形成长的规则螺旋的限制，因此 RNA 可以形成大量的三级结构。三级结构的元件包括假节结构、三链结构、环-环结合以及螺旋-环结合。假节结构是指茎环结构环区上的碱基与茎环结构外侧的碱基配对形成的由两个茎和两个环构成的假节（图 14-4）。环-环结合可以看成是特殊的假节结构。螺旋-环结合可以看成是特殊的三链结构。在三级结构形成时，原来相距很远的两个核苷酸相互接近并形成碱基对。这种碱基配对在三级结构的维系中起重要作用。

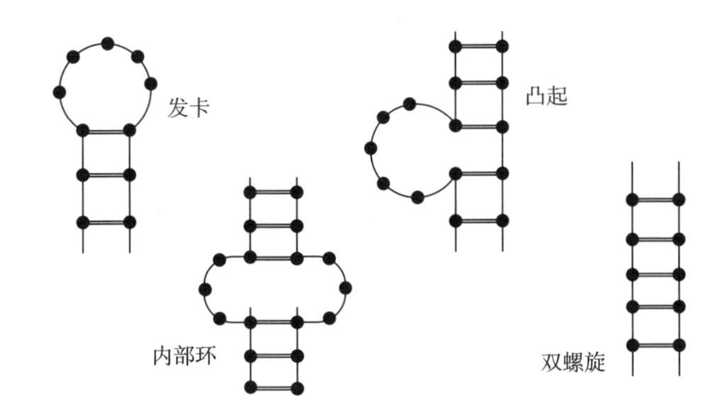

图 14-3 RNA 分子的几种二级结构

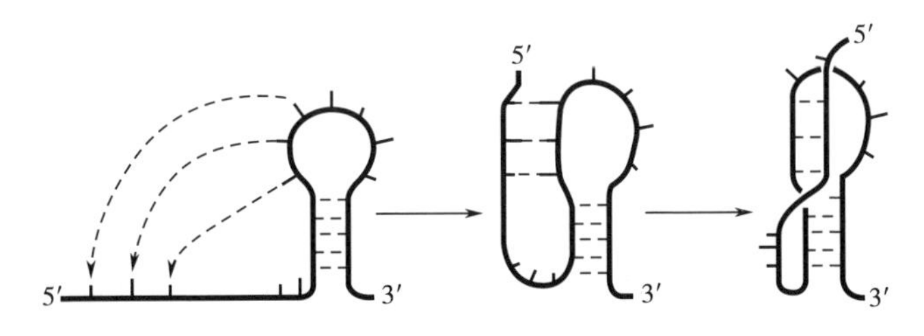

图 14-4 RNA 分子的假节结构

细菌和古菌的基因一般以多顺反子的形式存在，转录产生的mRNA，可同时编码两种甚至数种基因产物（图14-5）。真核生物基因一般以单顺反子的形式存在，编码单基因产物（图14-6）。无论是细菌和古菌的基因，还是真核生物的基因，都可以分为编码区和非编码区。编码区含有可以被细胞质中翻译机器即核糖体阅读的遗传密码，包括起始密码子（AUG）和终止密码子（UAA、UAG或UGA）。一般而言，细菌和古菌的基因的编码区是连续的，真核生物基因的编码区被作为内含子的非编码区分隔开来，但在基因的两端都会含有5′-端非翻译区（5′-untranslated region，5′-UTR）和3′-端非翻译区（3′-UTR），非编码区不会被翻译成氨基酸序列，但是对于基因遗传信息的表达却是必需的。基因5′-端周围的启动子（promoter）序列决定了转录的起点，与RNA聚合酶的正确识别和结合有关。细菌基因的启动子区一般由两段一致序列构成，位于转录起始点上游的-35区和-10区。真核生物蛋白质基因启动子区的一致序列一般包括TATA框、起始子和其他元件。这些序列有的在转录起始点的上游，有的位于基因的内部。古菌的启动子结构与真核生物相似。

细菌基因中含有核糖体结合位点（ribosome-binding site，RBS），转录产生富含嘌呤的序列，该序列称为SD序列，可以与核糖体小亚基16S rRNA3′-端富含嘧啶的序列互补配对，帮助翻译的正确起始（图14-5）。真核生物基因不含SD序列，40S核糖体小亚基与mRNA 5′-端的“帽子”结构相互作用，帮助翻译的正确起始（图14-6）。

基因3′-端被称为终止子（terminator）的序列具有转录终止功能。细菌很多基因的终止子序列被转录以后可以形成发夹结构，使RNA聚合酶减慢移动或暂停RNA的合成。但真核生物的终止子信号和终止过程与细菌并不相同，在高等真核生物中，mRNA的3′-端通常有一段高度保守的序列AAUAAA，与3′-端的多聚腺苷酸化有关，故被称为加尾信号。

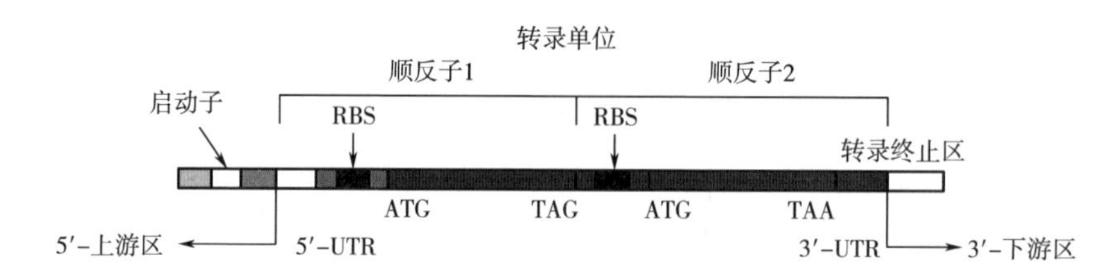

图14-5　原核生物基因的典型结构

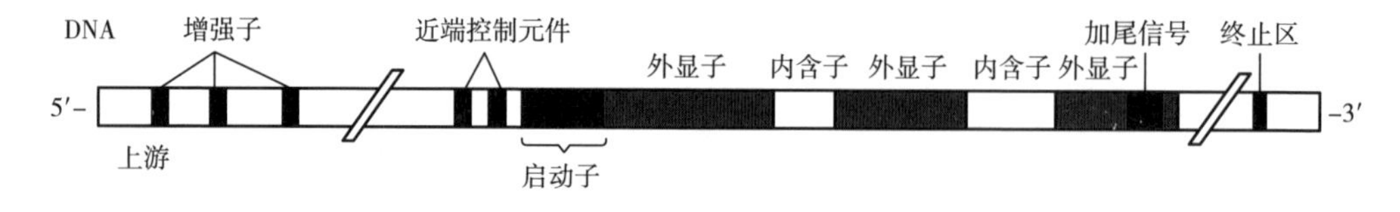

图14-6　真核生物基因的典型结构

（三）质粒和转座因子

质粒（plasmid）和转座因子（transposable element）都是细胞中除染色体以外的另外两类遗传因子。前者是一种独立于染色体外，能进行自主复制的细胞质遗传因子，主要存在于各种微生物细胞中；后者是位于染色体或质粒上的一段能改变自身位置的DNA序列，广泛分布于原核和真核细胞中。

1. 质粒

质粒是微生物中染色体外 DNA 存在的另一形式，是微生物染色体外或附加于染色体的携带有某种特异性遗传信息的 DNA 分子片段。目前仅发现于原核微生物和真核微生物的酵母菌。微生物质粒 DNA 与染色体 DNA 差别在于：①宿主细胞染色体 DNA 相对分子质量明显大于细胞所含质粒 DNA 相对分子质量，如大肠杆菌染色体的 DNA 分子碱基数为 4.6×10^3kb 左右，而通常用于基因工程中的载体一般均小于 10kb，$1\times10^6\sim100\times10^6$u；②大肠杆菌染色体质粒 DNA 较宿主细胞染色体 DNA 更具耐碱性；③质粒所携带的遗传信息量较少（表 14-2）。由于质粒 DNA 的相对分子质量较小，因此所携带的遗传信息远较宿主细胞染色体所携带的遗传信息为少，而且各携带的遗传信息所控制的细胞生命代谢活动很不相同。一般来说，细胞染色体所携带的遗传信息控制其关系到生死存亡的初级代谢及某些次级代谢，而质粒所携带的遗传信息，一般只与宿主细胞的某些次要特性有关，而并不关系到细胞的生死存亡。

某些细菌中的质粒还具有以下特性：①可转移性：即某些质粒可以细胞间的接合作用或其他途径从供体细胞向受体细胞转移。如具有抗青霉素质粒的细胞可以水平地将抗青霉素质粒转移到其他种类细胞中，而使后者获得抗青霉素特性；②可整合性：在某种特定条件下，质粒 DNA 可以可逆性地整合到宿主细胞染色体上，并可以重新脱离；③可重组性：不同来源的质粒之间，质粒与宿主细胞染色体之间的基因可以发生重组，形成新的重组质粒，从而使宿主细胞具有新的表现性状；④可消除性：经某些理化因素处理如加热或加入吖啶橙或丝裂霉素 C、溴化乙锭等，质粒可以被消除，但并不影响宿主细胞的生存与生命活动，只是宿主细胞失去由质粒携带的遗传信息所控制的某些表型性状。质粒也可以原因不明地自行消失。

细菌质粒和真核微生物细胞器 DNA 的相同点是：①都可自体复制；②一旦消失以后，后代细胞中不再出现；③它们的 DNA 只占染色体 DNA 的一小部分。不同之处主要是：①成分和结构简单，一般都是较小的环状 DNA 分子，并不和其他物质一起构成一些复杂结构；②它们的功能比自体复制的细胞器更为多样化，但一般并不是必需的，它们的消失并不影响宿主细菌的生存；③许多细菌质粒能通过细胞接触而自动地从一个细菌转移到另一个细菌，使两个细菌都成为带有这种质粒的细菌。

表 14-2 大肠杆菌中的染色体 DNA 和三种常见质粒 DNA 的形状比较

特性	染色体	R100-1	ColEl	F
表现型	—	抗某些抗生素	产生肠杆菌素 El	F 性纤毛
相对分子质量（$\times10^6$）	2.7×10^9	55.0	4.2	62.5
碱基对（4 对）	4.1×10^3	88.0	6.4	94.5
基因数	4288	90	6	100
长度（pm）	1100	28	6	30
每个细胞中的个数	1~2	1~2	10~15	1~2
自我转移能力	—	有	无	有

除了根据质粒赋予宿主的遗传表型将质粒分成不同类型外，还可根据质粒的拷贝数、宿主范围等将质粒分成不同类型。例如，有些质粒在每个宿主细胞中可以有10~100个拷贝，称为高拷贝数（high copy number）质粒，又称松弛型质粒（relaxed plasmid）；另一些质粒在每个细胞中只有1~4个拷贝，为低拷贝数（low copy number）质粒，又称严紧型质粒（stringent plasmid）。

此外，还有一些质粒的复制起始点（origin of replication）较特异，只能在一种特定的宿主细胞中复制，称为窄宿主范围质粒（narrow host range plasmid）；复制起始点不太特异，可以在许多种细菌中复制，称为广宿主范围质粒（broad host range plasmid），能整合进染色体而随染色体的复制而进行复制的质粒又称附加体（episome）。

2. 转座因子

转座因子包括插入序列（insertion sequences，IS）、转座子（transposons，TN）和某些病毒，如Mu噬菌体。这在真核微生物和原核微生物中都有存在。

（1）插入序列IS　能在染色体上和质粒的许多位点上插入并改换位点，因此又称跳跃基因（jumping genes）。

（2）转座子TN　是能够插入染色体或质粒不同位点的一段DNA序列，大小为几个kb，具有转座功能，即可移动至不同位点上去，本身也可复制。转座后在原来位置仍保留1份拷贝。转座子两末端的DNA碱基序列为反向重复序列。转座子上携带有编码某些细菌表型特征的基因，如抗卡那霉素和新霉素的基因，且本身也可自我复制。

二、DNA的生物合成（复制）

无论是单细胞生物或多细胞生物，最初的基因是从上一代传递而来的。在之后的繁殖和发育过程中，这些最初的基因的作用之一是复制自己，以满足生长发育对遗传物质的需求，这是自然界遗传物质的分子克隆。对于以DNA为遗传物质的生物而言，这一过程就是DNA分子克隆或DNA生物合成。

DNA生物合成的方式有三种：复制、反转录和从头合成。所谓DNA复制，就是以原有的DNA为模板合成新的DNA。所谓反转录，就是以RNA为模板合成DNA。如果没有任何模板而合成DNA，这就是从头合成。

DNA复制的作用在于：第一，是遗传信息在亲代和子代之间真实传递；第二，是由个受精卵发育成为一个多细胞个体过程中遗传信息真实的拷贝，实现多细胞生物中所有细胞遗传信息的一致性。

原核生物和真核生物细胞中的DNA结构和所处的状态不同，DNA生物合成的方式也不同。目前了解最清楚的是原核生物DNA的复制。

亲代的表型性状要在子代中得以完全表现，必须将亲代的遗传信息既能完整地传递给子代，又能保留在亲代中。现已清楚生物用半保留复制的方式进行复制，即DNA的每一次复制所形成的两个分子中，每个分子都保留它的亲代的DNA分子的一个单链。即每一个新复制的DNA双链中，其中一条链来自于亲代DNA，另一条链为与亲代DNA链相互补的新链，如图14-7。复制时，DNA分子首先从一端或某处的氢键断裂而使双键松开，然后再以每一条DNA单链为模板，沿着5′→3′方向，通过碱基配对各自合成完全与之互补的一条新链，最后新合成的链和原来的一条模板链形成新的双螺旋DNA分子复制过程中，由于DNA分子的

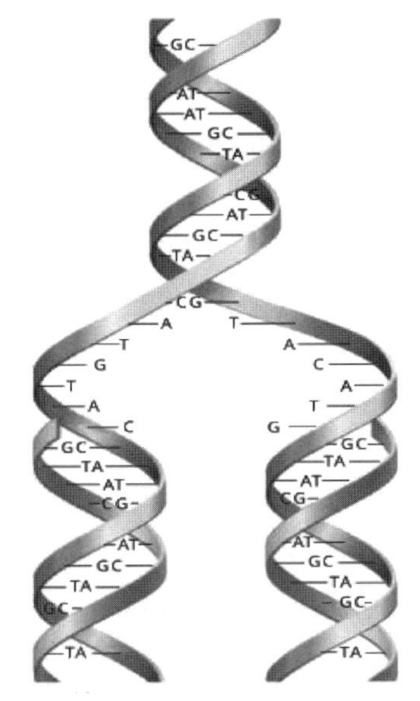

新合成链 模板链 模板链 新合成链

图 14-7 DNA 分子结构及其半保留复制

双链是反向平行的，其中一条新链的合成是由 DNA 聚合酶 polⅢ连续进行的，而另一条链则是先由 polⅢ合成不连续的许多小片段（即冈崎片段），然后由 DNA 聚合酶 polI 将这些冈崎片段连接成另一条新长链。用这两种不同的复制方式使 2 个新的 DNA 分子链迅速形成。

在 DNA 复制过程中，有 3 种不同的 DNA 聚合酶参与了复制过程：①多聚酶Ⅰ（polⅠ），具有修复作用和连接冈崎片段的功能；②多聚酶Ⅱ（polⅡ），具有 DNA 修复作用；③多聚酶Ⅲ（polⅢ），用于 DNA 新链的合成，即加入 1 个核苷酸后，可合成连续的 5'→3' 的核苷酸链，并形成不连续的 5'→3'冈崎片段。

微生物细胞中存在有一类对于自身的 DNA 不起作用而对于外来 DNA 起限制作用的酶，称为限制性内切核酸酶（restriction endonuclease），又称限制酶，能识别特定的碱基序列，即具有高度专一性。这类酶可分为两类：一类为可结合在识别位点上，随后又可随机地在其他位点上切割 DNA；另一类酶的识别与切割在同一位点上，在分子遗传学和基因工程研究中是重要的工具酶。

和真核生物基因相比，第一，原核生物基因组比较小，例如大肠杆菌为 4.2×10^{6}bp，噬菌体有 48502bp，46 个基因。第二，几乎没有蛋白质和核酸始终结合，核酸呈现裸露状态。第三，呈现操纵子结构，多个相关的结构基因一起接受调节。第四，基因有单拷贝和多拷贝两种形式。第五，基因之间有重叠，基因对应的核酸总长度大于实际核酸长度，1 个核苷酸可承担 1 个以上的基因编码。

原核生物 DNA 复制过程需要 DNA 聚合酶（DNA polymerase）、DNA 连接酶（DNA ligase）、解旋酶和拓扑异构酶及单链结合蛋白。DNA 聚合酶是以 DNA 为模板合成 DNA 的酶。

三、微生物基因的表达与调控

F. Crick 于 1958 年首次提出了 DNA→RNA→蛋白质（或多肽链）的这一遗传信息单向传

递的中心法则。在这个中心法则中，从 DNA 基因到蛋白质有两个过程，前一过程为 DNA→RNA，称为转录（transcription），后一过程为 RNA→蛋白质，称为翻译（translation）。

（一）基因表达调控的主要方式

微生物基因的表达是其遗传信息转化为生物学性状与功能的必需过程。微生物生物学性状与功能是基因主要表达产物所有酶类综合作用的结果，其中包括各种酶类。因此，酶活性的调节和酶量的调节是基因表达调控的两种主要方式，也是决定生物学性状的关键之一。酶活性的调节是在酶蛋白合成后进行的，是在酶化学水平上的调节。而酶量的调节即合成多少酶的调节，则是发生在转录水平（即产生多少 mRNA）或翻译水平（即多少 mRNA 翻译为酶蛋白）的调节。这两种调节是相互结合协同作用进行调节的，一般来说，酶量的调节较为粗放，而酶活性的调节较为精细。

（二）转录水平的调控

在微生物细胞中，功能相关的多个基因组成操纵子（operon）结构。操纵子结构是一个在结构上完整、功能上协同的整体，它包含有编码酶蛋白的结构基因、操纵结构基因表达的操纵基因（operator）、编码作用于操纵基因的调节蛋白阻遏物或激活物的调节基因（regulatory gene）、与 RNA 聚合酶和分解物激活蛋白（catabolite activator protein，CAP）相结合并控制转录起始的启动子（promotor）4 个部分。这种一整套调节机制保证了基因的有序表达，从而进一步保证了微生物生命系统生物学特性与功能的时空有序表达。

转录（transcription）是将 DNA 链携带的遗传信息（基因）按碱基配对原则转录于 mRNA 上，形成一条或多条 mRNA 链，使 mRNA 链上携带有 DNA 链携带的遗传基因信息。转录产生的 RNA 分子经特定的核酸酶加工成为结构复杂的 rRNA 和 tRNA 分子。转录形成的核苷酸链按 5′→3′方向连接延长，当转录到 DNA 链上终止子碱基序列时即终止转录，形成了以 DNA 为模板的一条或多条 mRNA 链。转录时 DNA 链上可以是一个基因也可以是多个基因构成的开放阅读框（open reading frame，ORF）被转录。转录产生的 RNA 分子经特定的核酸酶加工成为结构复杂的 rRNA 和 tRNA 分子，而 mRNA 则直接进入翻译过程，见图 14-8。

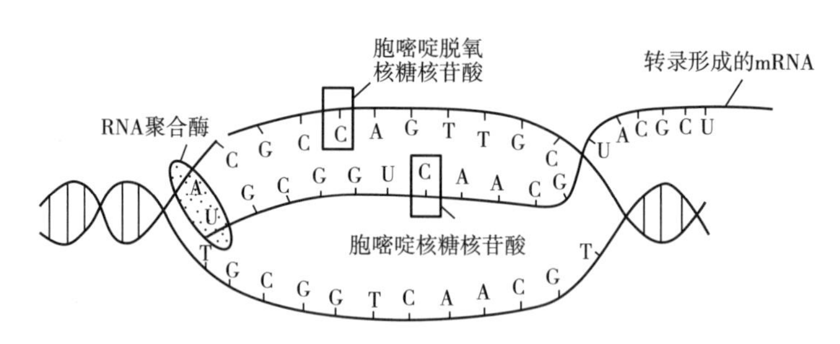

图 14-8　DNA 上的遗传信息转录为 mRNA 分子

在真核微生物中，转录后的初生转录物必须经较为复杂的加工过程，即切除内含子转录单位（intron transcript），将外显子转录单位（exon transcript）相互连接才能成为成熟的mRNA。

1. 操纵子的转录调控

原核生物细胞中，功能相关的基因组成操纵子结构，由操纵区同一个或几个结构基因联合起来，形成一个在结构上、功能上协同作用的整体——操纵子，受同一调节基因和启动子的调控。调节基因通过产生阻遏物或激活物来调节操纵区从而控制结构基因的功能。启动子是 RNA 聚合酶和分解物激活蛋白的结合位点，控制着转录的起始。这样，这些基因形成了一整套调节控制机制，才使生命系统在功能上是有序和开放的。

原核生物的基因调控主要发生在转录水平上，这是一种最为经济的调控。根据调控机制的不同又可分为负转录调控（negative transcription control）和正转录调控（positive transcription control）。在负转录调控系统中，调节基因的产物是阻遏蛋白（repressor），起着阻止结构基因转录的作用。根据其作用性质又可分为负控诱导和负控阻遏两大类，在负控诱导系统中，阻遏蛋白不和效应物（诱导物）结合时，阻止结构基因转录；在负控阻遏系统中，阻遏蛋白和效应物（有阻遏作用的代谢产物，辅阻遏物）结合时阻止结构基因的转录。阻遏蛋白作用的部位是操纵区。在正转录调控系统中，调节基因的产物是激活蛋白（activator protein）。同样也可根据激活蛋白的作用性质分为正控诱导系统和正控阻遏系统。在正控诱导系统中，效应物分子（诱导物）的存在使激活蛋白处于活动状态；在正控阻遏系统中，效应物分子（有阻遏作用的代谢产物，抑制物）的存在使激活蛋白处于不活动状态。不论是正控诱导系统还是正控阻遏系统，激活蛋白的作用部位不是操纵区而是离启动子很近的激活蛋白结合位点（activator binding site），对启动子起正作用。

（1）负控诱导系统　大肠杆菌的 *lac*I基因与乳糖操纵子（lactose operon）的作用是典型的负控诱导系统。在这个系统中，*lac*I基因是调节基因，当它的产物阻遏蛋白与操纵区（*lac*O）结合时，RNA 聚合酶便不能转录结构基因，因此，在环境中缺乏诱导物（乳糖或乳糖类似物异内基硫代-β-D-半乳糖苷，IPTG）时，乳糖操纵子是受阻的。而当环境中存在乳糖时，进入细胞的乳糖在细胞内尚存在的极少量的β-半乳糖苷酶的作用下而发生分子重排，由乳糖变成异乳糖，异乳糖作为诱导物与阻遏蛋白紧密结合，使后者的构型发生改变而不能识别 *lac*O，也不能与之结合，因而 RNA 聚合酶（RNA polymerase）能顺利转录结构基因，形成大分子的多顺反子 mRNA（polycistronic mRNA），继而在翻译水平上合成 3 种不同的蛋白质：β-半乳糖苷酶、透性酶以及乙酰基转移酶。

（2）负控阻遏系统　大肠杆菌色氨酸操纵子（tryptophan operon）含有 5 个结构基因，编码色氨酸生物合成途径中的各种酶。这些基因从一个启动子起始转录出一条多顺反子的 mRNA，与 *lac* 操纵子一样，这个启动子受毗邻的操纵区顺序控制。转录是通过操纵区和阻遏蛋白控制的，它的效应物分子是色氨酸，也就是由 *trp* 操纵子的基因所编码的生物合成途径中的末端产物。当色氨酸很丰富时，它结合到游离的阻遏物上诱发变构转换，从而使阻遏物紧紧结合在操纵区。当色氨酸供应不足时，阻遏物失去了所结合的色氨酸，从操纵区上解离下来，*trp* 操纵子的转录就此开始。色氨酸起着 *trp* 操纵子的辅阻遏物（co-repressor）功能。

随着对色氨酸操纵子的深入研究，发现有些现象与以阻遏作为唯一调节机制的观点不相一致。例如，在色氨酸高浓度和低浓度下观察到 *trp* 操纵子的表达水平相差约 600 倍，然而阻遏作用只可以使转录减少 70 倍，此外，阻遏物失活的突变不能完全消除色氨酸对 *trp* 操纵子表达的影响。没有阻遏物时，在培养基中含或不含色氨酸的条件下观察到转录速率相差 8~10 倍。显然操纵子表达的这种控制与阻遏物的控制无关，必然还有其他的调控机制，这种调控机制主要是通过缺失突变株的研究而发现的，称为弱化作用（attenuation）。

弱化作用是细菌辅助阻遏作用的一种精细调控。这一调控作用通过操纵子的前导区内类似于终止子结构的一段 DNA 序列而实现，它编码一条末端含有多个色氨酸的多肽链——先导肽，被称为弱化子。当细胞内某种氨基酰-RNA缺乏时，该弱化子不表现终止子功能；当细胞内某种氨基酰-RNA足够时该弱化子表现终止子功能，从而达到基因表达调控的目的，不过这种终止作用并不使正在转录中的mRNA全部都中途终止，而是仅有部分中途停止转录，所以称为弱化。

(3) 正控诱导系统　在正控诱导系统中，调节蛋白为激活蛋白，促进RNA聚合酶的结合，从而增加mRNA的合成。大肠杆菌麦芽糖操纵子（maltose operon）的调控是典型的例子，这里麦芽糖是诱导物，激活蛋白只有与麦芽糖结合时才能与DNA的特殊结合位点结合，促使RNA聚合酶开始转录，该结合位点称为激活蛋白结合位点，与启动子毗邻或在相隔几百个碱基对处。

2. 分解代谢物阻遏调控

分解代谢物阻遏又称葡萄糖效应，这是因为葡萄糖是首先被发现具有这种阻遏效应的物质。当培养基含有多种能源物质时，微生物首先利用更易于分解利用的能源物质，而首先被利用的这种物质的分解对利用其他能源性物质的酶的产生有阻遏作用。

分解代谢物阻遏涉及一种激活蛋白对转录作用的调控。分解代谢物阻遏中，只有当一种称为分解物激活蛋白（CAP）首先结合到启动子上游后，RNA聚合酶才能与启动子结合。这种激活蛋白是种变构蛋白，当它与cAMP结合后构象发生变化，这时才能与DNA结合并促进RNA聚合酶的结合，无论在原核生物还是高等生物中cAMP都是多种调控系统的重要因素。cAMP由腺苷酸环化酶催化ATP而产生，葡萄糖能抑制cAMP形成并促进cAMP分泌到胞外。葡萄糖进入细胞后，胞内的cAMP水平下降，RNA聚合酶不能与启动子结合。因此，分解代谢物阻遏实际上是cAMP缺少的结果。如果在培养基中补充cAMP，上述阻遏现象可以被抵消。在许多不涉及分解代谢物阻遏的真核生物中，cAMP具有其他调节作用。

（三）转录后调控

上面介绍了基因表达的转录调控，这是生物最经济的调控方式，既然用不着某种蛋白质，就用不着转录了。但将mRNA转录下来以后，再在翻译或翻译后水平进行微调，可以说是对转录调控的补充，它使基因表达的程度更加适应生物本身的需求和外界条件的变化。

1. 翻译起始的调控

遗传信息翻译成多肽链起始于mRNA上的核糖体结合序列（RBS），RBS是指起始密码子AUG上游30~40核苷酸的一段非译区。在RBS中有SD序列，长度般为5个核酸，富含G和A。功能是与核糖体16S rRNA的3′-端互补配对，使核糖体结合到mRNA上，以利于翻译的起始。RBS的结合强度取决于SD序列的结构及其与起始密码子AUG之间的距离：SD序列必须呈伸直状，如果形成二级结构则降低表达，SD与AUG之间相距一般以4~10个核苷酸为佳，9个核苷酸最佳。此外，mRNA的二级结构也是翻译起始调控的重要因素。因为核糖体的30S亚基与mRNA的靠近，要求mRNA 5′-端有一定的空间结构。这一空间结构的改变与SD序列上游的碱基以及mRNA与核糖体结合的-20至+14的区域有关。这些核苷酸的微小变化，往往会影响mRNA的二级结构，可导致表达效率上百倍甚至上千倍的差异。这是由于核酸的变化改变了形成mRNA5′-端二级结构的自由能，影响了核糖体30S亚基与mRNA的结合，从而造成了蛋白质合成效率上的差异。

2. mRNA的稳定性

mRNA的稳定性也是影响翻译效率的一个很重要的因素，基因的表达量与mRNA的半衰期成正比例关系。生物的某些胞外酶的 mRNA 半衰期比较长，在转录终止后仍然能够继续翻译，从而增加基因的表达量。例如，解淀粉芽孢杆菌对数生长末期的细胞，经利福平或放线菌素 D 抑制其 RNA 合成后，仍可以继续分泌淀粉酶、蛋白酶及 RNA 酶达 90min，氯霉素及其他翻译抑制剂能抑制这种分泌作用。这意味着这种合成作用代表了某种前期信息的翻译。在一些革兰氏阳性菌和革兰氏阴性菌中都发现过类似现象。现在已经知道解淀粉芽孢杆菌蛋白酶 mRNA 的功能性半衰期为 9min，对于巨大芽孢杆菌来讲，该酶的半衰期为 6~7min，地衣芽孢杆菌淀粉酶 mRNA 半衰期大约为 8min，而某些胞外酶 mRNA 相对比较稳定，但同一种微生物细胞中不同蛋白质的 mRNA 的稳定性相差很大，例如，大肠杆菌的 mRNA 功能性半衰期的差异可在 20~40min，对不同基因的表达量起调控作用。

3. 稀有密码子和重叠基因调控

（1）稀有密码子　带有相应反密码子的 RNA 将氨基酸引导到 mRNA 上，进行蛋白质的翻译合成然而在不同种类的生物中，各种 RNA 的含量是有很大区别的，特别是原核生物尤为显著。由于不同 RNA 含量上的差异很大，产生了对密码子的偏爱性，对应的 RNA 丰富或稀少的密码子，分别称为偏爱密码子（biased codons）或稀有密码子（rare codons）。含稀有密码子多的基因必然表达效率低。微生物利用稀有密码子进行转录后的调控，主要反映在对同一操纵子中不同基因表达量的控制。分析认为，由于对应于稀有密码子的 RNA 较少，高频率使用这类密码子的基因翻译过程很容易受阻，从而控制了该种蛋白质在细胞内的合成数量。

（2）重叠基因　重叠基因最早是在大肠杆菌体 ϕX174 中发现的，当时认为重叠基因的生物学意义是对于有限的 DNA 序列来说，用不同的阅读方法可以得到多种蛋白质，即不同的可读框代表不同的遗传信息。后来发现 RNA 噬菌体、线粒体 DNA、质粒 DNA 和细菌染色体上都有重叠基因存在，推测这一现象可能对基因表达有调控作用。另外，在许多放线菌抗生素合成基因与该抗生素的抗性基因之间也存在基因重叠现象，甚至可以采用抗性基因作为探针从基因文库中分离到生物合成基因。更重要的是抗性基因与生物合成基因的重叠产生了某种互相调控的作用。

4. 反义 RNA 调控

RNA 除了具有催化功能（即 ribozyme）之外，还表明 RNA 具有调节基因表达的功能。这种调节 RNA 称为反义 RNA（antisense RNA），它具有能与另一靶 RNA 互补结合的碱基序列。目前已证实在原核生物中的反义 RNA 是调节基因表达的一种天然机制，调节作用主要在翻译水平，也包括少数在转录或 DNA 复制前引物加工水平。编码反义 RNA 的基因有时被称为反义基因。反义 RNA 调节作用涉及的功能包括质粒的复制、转座作用、渗透调节、噬菌体裂解和溶源性转化，以及 cAMP 受体蛋白的基因的表达等。

大肠杆菌质粒 ColE 的复制是受反义 RNA 调节的例证之一。每个细胞中 ColE 的拷贝数为 10~30。因为 RNAI（一种大约为 100 个核苷酸长度的反义 RNA）能够与质粒 DNA 复制时的引物 RNA 结合。所以 DNA 聚合酶不能与引物 RNA 结合致使质粒复制受阻。

反义 RNA 已经成为一种研究工具。另外，也可以用一段反义 DNA 去结合 mRNA 来达到同样的效果。

（四）酶量的翻译及翻译后调控

转录后的翻译及翻译后调控只是转录调控的一种补充，以使微生物的基因表达能更适应环境的变化和本身的需要。翻译及翻译后的调控可有多种方式。首先可对翻译起始进行调控。如前所述，多肽链在 mRNA 上的核糖体结合位点（RBS）起始翻译。在 RBS 上除有起始密码子 AUG 外，还有一个富含 G 和 A 的、长为 5 个核苷酸的 SD 序列，其功能是与核糖体 16S rRNA 的 3′-端互补配对，使核糖体结合到 mRNA 上，为开始翻译做准备。但这种结合的强度受 SD 序列的结构状况及其与起始密码子 AUG 间距离的影响。假如 SD 序列为直形线状和与 AUG 间距离为 4~10 个核苷酸，则翻译起始处于最佳状态，否则即可受到影响。mRNA 的二级结构可调控翻译的起始和蛋白质合成的效率，而 mRNA 的稳定性即半衰期影响遗传信息的翻译时间，也即影响翻译量。不同的微生物，即使是同一种微生物不同蛋白质的 mRNA 的稳定性也很不相同。在翻译过程中，微生物也可利用稀有密码子（rare codons）的方式来控制同一操纵子中不同基因的表达量。所谓稀有密码子，即在 64 种密码子中，某些在其他基因中利用频率很低的密码子，却在某些操纵子中以很高的频率出现，从而调节了这些稀有基因的表达量。

1. 翻译过程（translation）

翻译即按照 mRNA 上的遗传密码将氨基酸合成多肽链、蛋白质的过程，可分为翻译起始、肽链延长和翻译终止 3 个阶段。第一步是 tRNA 的 3′-OH 末端与氨基酸共轭结合，由氨酰 tRNA 合成酶催化形成氨酰 tRNA。处于 mRNA 5′磷酸末端的一个氨基酸密码子（一般为 AUG，又称起始密码子）既可“指示”翻译开始，又是甲酰甲硫氨酸（formylmethionine，fMet）的密码子。30S 亚单位核糖体结合于 mRNA 的起始密码子 AUG 上，与 fMet-tRNA 形成复合物，这个复合物随后结合到核糖体肽 P 位点上。第一个氨基酸甲酰甲硫氨基酸到位后，第二个氨基酸通过肽酰转移酶（peptidyl transferase）的作用，与甲酰甲硫氨基酸形成共轭键，同时 fMet 与 tRNA 之间的键断裂而释放 tRNA，tRNA 可再携带第二个氨基酸进入下一轮循环。如此反复，使肽链不断延长。当核糖体碰到 mRNA 上不编码任何氨基酸的终止密码子如 UAA、UAG 和 UGA 时，终止密码子可占据 50S 亚单位核糖体上的 A 位点，且 A 位点被终止密码子占据，即可被释放因子所识别，并活化肽酰转移酶将肽链从末端 tRNA 上释放下来。核糖体的两个亚单位再次分开，进入新一轮翻译。在同一 mRNA 链上可同时有一个或多个翻译过程进行，也即同时有一条或多条肽链在同时合成。形成的肽链必须在协助因子蛋白的作用下形成大分子蛋白。

2. 翻译的阻遏调控

转录水平的调控一般都是蛋白质或某些小分子物质对基因转录的阻遏或激活，而在翻译水平上也发现了类似的蛋白质阻遏作用。大肠杆菌 RNA 噬菌体 QB 包含有 3 个基因，从 5′→3′方向依次是噬菌体装配和吸附有关的成熟蛋白基因 A，外壳蛋白基因和 RNA 酶基因，当噬菌体感染细菌，RNA 进入细胞后，这条称为正链的 RNA 方面可直接作为模板 mRNA 指导 RNA 复制酶的翻译，并与宿主中已有的亚基结合行使复制功能。但是噬菌体 QB 正链 RNA 上已结合有许多核糖体，它们从 5′→3′方向进行翻译，这必将会影响复制酶催化的从 3′→5′端方向进行的负链 RNA 的合成。这矛盾的解决就需要噬菌体 QB 的 RNA 复制酶作为翻译阻遏物进行调节，实验证明，纯化的复制酶可以和外壳蛋白的翻译起始区结合，抑制蛋白质的合成。这是因为复制酶的存在，使核糖体不能与翻译起始区相结合，但已经开始的翻译能继续下去，直到翻译完成，核糖体脱下。而与正链 RNA3′-端结合的复制酶便可以开始 RNA 的复制。序列分析表明噬菌体 QB 正链 RNA 的 5′-和 3′-端都有 CUUUUAAA 序列，而且有可能形成稳定的茎环结构，既能和外壳蛋白的翻译起始区结合（5′-端），又能和正链 RNA 的 3′-端结合。因此，推测复制酶可以作为翻译阻遏物对基因的表达起调控作用。

翻译后合成的蛋白质必须被运送到特定的位点，胞外酶或胞外蛋白质即分泌蛋白必须运送到胞外，称为分泌。分泌蛋白的 N 端都含有一个由 15~30 个疏水氨基酸组成的信号肽（signal peptide）。信号肽在分泌蛋白跨越细胞膜的过程中起特殊功能。这种分泌的启动和调控是由一种称为信号识别颗粒（signal recognition particle，SRP）的物质所控制，它可与核糖体相结合，当肽链长为 70 氨基酸时阻止翻译，中止蛋白质合成。分泌蛋白在信号肽和 SRP 的共同作用下被及时转运与分泌，也调节着蛋白质的翻译量。

第三节 微生物基因组多样性和全基因组测序

微生物遗传（基因）多样性是指微生物群体或群落在基因水平上数目和频率的分布差异，主要体现在组成核酸分子的碱基数量的巨大和排列顺序的多样上。一个全基因组序列的测定只是认识一种微生物体生理和行为的第一步，接下来更关键的步骤是阐明这些序列的功能，进而揭示这些核酸序列数据所包含的生物化学、生理学、进化和生态学的含义。利用这些完整的基因库数据，发展了许多高通量基因组技术，使我们能够在不同水平上对微生物系统进行综合的分析。

对全基因组序列的认识使我们有可能在许多新领域进行更有效的研究。许多实验室正在综合运用基因组、蛋白质组、代谢物组、遗传、生物化学和计算的方法，对功能基因组学领域的许多重要问题进行研究。随着基因组测序工作产生越来越多的数据，基因组学和相关基因组技术也在飞速发展。

一、微生物基因组和基因组学

众所周知，正是因为基因组的存在，地球上的生命形式才如此丰富多彩。基因组中包含着每一个独立生命个体的生长、代谢、繁殖所需要的全部生物学信息。几乎所有生物的基因组都是以 DNA（脱氧核糖核酸）的形式存在的，除了个别 RNA（核糖核酸）病毒以及朊病毒，它们分别以 RNA 与蛋白质的形式存在。基因组（genome）是指包含在该生物的 DNA（部分病毒是 RNA）中的全部遗传信息。基因组学专注于基因组，对基因组进行测序、组装，以分析其结构和功能，旨在对基因进行集体特征和定量。基因组学（genomics）是由“基因组（genome）”派生出来的，是将“基因（genes）”和“染色体（chromosomes）”这两个词各删去一部分，再组合起来的。基因组是指一个生物体的全套基因和染色体。基因组这个词是由 H. Winkler 在 1920 年首先使用的，自 1995 年以来，基因组分析已由原来的图谱绘制和测序扩展到基因功能分析。

对于原核生物来说，基因组即生物个体中所有的 DNA 序列。对于真核生物来说，真核生物的核基因组是指单倍体细胞核内整套染色体所含有的 DNA 分子。基因组还可以分为核基因组、线粒体基因组与叶绿体基因组。核基因组是指细胞核内所有的 DNA 分子，线粒体基因组则是一个线粒体所包含的全部 DNA 分子，叶绿体基因组则是绿色光合生物一个叶绿体所包含的全部 DNA 分子。

基因组是一个庞大的生物信息库，其中所包含的生物学信息必须通过基因组表达（genome expression）来进行一系列的生命调节。基因组表达最初的产物是转录组（transcriptome），即通过转录所生成的所有 RNA 分子的集合。转录组通过翻译表达的产物为蛋白质组（proteome）。蛋白质是组成人体一切细胞、组织的重要成分，是生命活动的主要承担者。所以，研究基因组是研究包括转录组、蛋白质组在内的一切生物信息学的基础。多数情况下，基因组学仍然只是指基因组的图谱绘制、测序和分析。

生物系统是高度自组织的、复杂的内环境平衡系统。根据一般的系统理论，结构和功能是任何系统的两个最基本特征。因此，从一般系统理论的观点来划分，基因组学可以分为结构基因组学和功能基因组学。

结构基因组学是指基因、蛋白质和其他生物大分子的泛基因组结构研究，包括基因组图谱绘制、测序和组织，以及蛋白质结构描述。应该注意的是，结构基因组学这一术语的应用已经比最初的基因组分析研究所描述的情况更广泛了。这里的基因组分析是指基因组图谱绘制、测序和组织，或泛基因组的蛋白质结构描述和预测。

功能基因组学是指利用泛基因组方法在系统水平上对生物系统功能的各个方面的研究，这些方面包括基因功能和调节网络。基因可以从不同生物学功能水平的角度来定义：生物化学功能（如被蛋白激酶磷酸化）、细胞功能（如在细胞分裂、DNA 复制中的作用）、发育功能（如在细胞类型分化中的作用）或适应功能（基因产物对生物体适应性的贡献）。功能基因组学的特征是将大规模的试验方法与统计分析、数学建模和实验结果的计算分析结合起来，它的目标是将基因组序列与生物学功能联系起来。

根据所研究的微生物不同，微生物基因组学还可以进一步划分为病毒基因组学（viral genomics）、古菌基因组学（archaeal genomics）、细菌基因组学（bacterial genomics）和真菌基因组学（fungal genomics）。

微生物基因组随不同类型（细菌、古菌、真核生物）表现出多样性，细菌、古菌和真核微生物的遗传物质及其特性存在明显的差异。尽管古菌和细菌都属于原核生物，但古菌的染色体特性与真核生物的更为接近。

（一）原核生物基因组

原核生物属于最简单的单细胞生物，无真正的细胞核，包括细菌和古菌。和真核生物一样，它们的遗传信息也是 DNA。在原核生物中有两类 DNA 分子：一是染色体 DNA，携带了细胞生存和繁殖所必需的全部遗传信息；二是质粒（plasmid），是独立于染色体以外的 DNA 分子，许多原核生物含有它。尽管质粒与细胞的生长没有必然的关系，但往往能为宿主细胞带来某种好处，如对抗生素或重金属产生抗性。原核生物一般只有一个染色体 DNA 分子，大小在 600kb~10Mb。但是在不同生长条件下，染色体 DNA 可能不止 1 个拷贝。例如，当大肠杆菌在适宜的培养基中培养时，其染色体 DNA 可以有 4 个以上的拷贝。原核生物染色体 DNA 一般为环状，但有例外。

1. 原核微生物基因组的特点

（1）原核生物基因组结构的特征

①原核生物的染色体是由一个核酸分子（DNA 或 RNA）组成的，DNA（RNA）呈环状

或线性，而且它的染色体相对分子质量较小。

②功能相关的基因大多以操纵子（operon）形式出现。操纵子是细菌的基因表达和调控的一个完整单位，包括结构基因、调控基因和被调控基因产物所识别的 DNA 调控元件（启动子等）。

③蛋白质基因通常以单拷贝的形式存在。一般而言，为蛋白编码的核苷酸顺序是连续的，中间不被非编码顺序所打断。

④基因组较小，只有一个复制起点（origin of replication），一个基因组就是一个复制子（replicon）。

⑤重复序列和不编码序列很少。越简单的生物，其基因数目越接近用 DNA 相对分子质量所估计的基因数。

⑥功能密切相关的基因常高度集中，越简单的生物，集中程度越高。

⑦具有编码同工酶的基因。

⑧结构基因中无重叠现象，即一段序列编码一段蛋白质。

⑨基因组中存在可移动的 DNA 序列，如转座子和质粒等。

⑩在 DNA 分子中具有多种功能的识别区域，如复制起始区、复制终止区、转录启动区和终止区等。这些区域往往具有特殊的序列，并且含有反向重复序列。

（2）原核生物基因组功能的特点

①原核生物基因组不含核小体（nucleosome）结构，染色体不与组蛋白结合。

②不同生活习性下原核生物基因组大小与 G+C 含量的关系。基因组 G+C 含量（G 与 C 所占的百分比）是基因组组成的标志性指标。有两种观点来解释不同生物之间 G+C 含量的差异：中性说和选择说。中性说主要强调不同生物之间 G+C 含量的差异是由碱基的随机突变和漂移造成，而选择说则认为 G+C 含量的差异是环境及生物的生活习性等因素综合作用的结果。

③原核生物中有些基因的编码不是从第一个 ATG 起始的。

④原核生物基因组 DNA 链组成具有非对称性，包括碱基组成、密码子组成和基因方向的非对称性等。

2. 原核微生物基因组分类

（1）细菌基因组　与真核生物不同，细菌并不具有明显的染色体形态特征，它们的遗传物质通常形成致密的凝集区，占据细胞大约 1/3 的体积称为类核或拟核。在大肠杆菌的类核中，DNA 占 80%，其余为 RNA 和蛋白质。用 RNA 酶或蛋白酶处理类核，可使之由致密变得松散，表明 RNA 和某些蛋白质起到了稳定类核的作用。所有已知的细菌染色体 DNA 都由 A、G、T 和 C 构成。每个物种具有特定的平均 G+C 含量，变化范围从 24%（支原体）到 76%（微球菌），多数为 50%左右。

下面以大肠杆菌的基因组为例介绍。

大肠杆菌基因组为双链环状的 DNA 分子，在细胞中以紧密缠绕成的较致密的不规则小体形式存在于细胞中，该小体称为拟核（nucleoid），其上结合有类组蛋白蛋白质和少量 RNA 分子，使其压缩成一种脚手架形的（scaffold）致密结构（大肠杆菌 DNA 分子长度是其菌体长度的 1000 倍，所以必须以一定的形式压缩进细胞中）。大肠杆菌及其他原核细胞就是以这种拟核形式在细胞中执行着诸如复制、重组、转录翻译以及复杂的调节过程。基因组全序列测定于 1997 年由 Wisconsin 大学的 Blattner 等人完成，其基因组结构特点如下：

①遗传信息的连续性：大肠杆菌和其他原核生物中基因数基本接近由它的基因组大小所估计的基因数（通常以 1000~1500bp 为一个基因计），说明这些微生物基因组 DNA 绝大部分用来编码蛋白质、RNA；用作为复制起点、启动子、终止子和一些由调节蛋白识别和结合的位点等信号序列。绝大部分原核生物不含内含子，遗传信息是连续的而不是中断的。

②功能相关的结构基因组成操纵子结构：大肠杆菌总共有 2584 个操纵子，基因组测序推测出 2192 个操纵子。其中 73% 只含 1 个基因，16% 含有 2 个基因，4.6% 含有 3 个基因，6% 含有 4 个或 4 个以上的基因。大肠杆菌有如此多的操纵子结构，可能与原核基因表达多采用转录调控有关，因为组成操纵子有其方便的一面。

此外，有些功能相关 RNA 的基因也串联在一起，如构成核糖核蛋白体的 3 种 RNA 的基因转录在同一个转录产物中，它们依次是 16S rRNA、23S rRNA、5S rRNA。这 3 种 RNA 除了组建核糖体外，别无他用，而在核糖体中的比例又是 1∶1∶1，倘若它们不在同一个转录产物中，则或者造成这 3 种 RNA 比例失调，影响细胞功能；或者造成浪费；或者需要一个极其复杂、耗费巨大的调节机构来保持正常的 1∶1∶1。

③结构基因的单拷贝及 rRNA 基因的多拷贝：在大多数情况下结构基因在基因组中是单拷贝的，但是编码 rRNA 的 *rrn* 基因往往是多拷贝的，大肠杆菌有 7 个 rRNA 操纵子，其特征都与基因组的复制方向有关，即按复制方向表达。7 个 rRNA 操纵子中就有 6 个分布在大肠杆菌 DNA 的双向复制起点 *ori*C（83min）附近，而不是在复制终点（33min）附近，可以设想，在一个细胞周期中，复制起点处的基因的表达量几乎相当于处于复制终点的同样基因的 2 倍，有利于核糖体的快速装配，便于在急需蛋白质合成时，细胞可以在短时间内有大量核糖体生成。大肠杆菌及其他原核生物 *rrn* 多拷贝（如枯草芽孢杆菌的 *rrn* 有 10 个拷贝）及结构基因的单拷贝，也反映了它们基因组经济而有效的结构。

④基因组的重复序列少而短：原核生物基因组存在一定数量的重复序列，但比真核生物少得多，而且重复的序列比较短，一般为 4~40 个碱基，重复的程度有的是 10 多次，有的可达上千次。

（2）古菌基因组　“古菌”这个概念是 1977 年由 C. Woese 和 George Fox 提出的，原因是它们在 16S rRNA 的系统发生树上和其他原核生物不同。这两组原核生物起初被定为古细菌（Archaebacteria）和真细菌（Eubacteria）两个界或亚界。Woese 认为它们是两支根本不同的生物，于是重新命名其为古菌（Archaea）和细菌（Bacteria），这两支和真核生物（Eukarya）一起构成了生物的三域系统。

詹氏甲烷球菌（*Methanococcus jannaschiz*）是一种典型的古菌。此菌的基因组全序列分析表明，几乎有一半的基因在现有的细菌和真菌基因数据库中找不到同源序列，只有 40% 左右的基因与其他二域生物具有同源性，其中有的类似于细菌，有的类似于真核生物，有的就是两者的融合，是细菌和真核生物特征的一种奇异结合体。古菌基因组在结构上类似于细菌。詹氏甲烷球菌环形染色体 DNA 大小为 1.66×10^6bp，具有 1682 个编码蛋白质的 ORF。功能相关的基因组成操纵子结构，共转录成个多顺反子；有 2 个 rRNA 操纵子；有 37 个 tRNA 基因，基本上无内含子；无核膜。但负责信息传递功能的基因（复制、转录和翻译）则类似于真核生物，特别是转录起始系统与真核生物基本相同，而与细菌截然不同。古菌的 RNA 聚合酶在亚基组成和亚基序列上类同于真核生物的 RNA 聚合酶Ⅱ和Ⅲ，而不同于细菌的 RNA 聚合酶。古菌另有 5 个组蛋白基因，其组蛋白的存在可能表明，虽然甲烷球菌基因图谱看来酷似细菌的基因图谱，但基因组本身在细胞内可能实际上是按典型的真核生物方式组成染色体结构。胞内 16S rRNA 的碱基序列既不同于细菌的 16S rRNA 碱基序列，也不同于真核生物。古菌具有特殊的与细菌不同而与真核生物相类似的基因转录和翻译系统，此系统不受利福平等抗生素抑制，且 RNA 聚合酶由多个亚基组成，核糖体 30S 亚单位的形状、tRNA 结构、蛋白质合成的起始氨基酸，对各种抗生素的敏感性等都不同于细菌而类似于真核生物。

（二）真核生物基因组

1. 真核生物基因组分类

真核生物有核基因组和细胞器基因组，绿色植物的细胞器基因组包括线粒体基因组和叶绿体基因组，其他真核生物的细胞器基因组只有线粒体基因组。

（1）核基因组　真核生物基因组 DNA 主要存在于细胞核内，其中的大部分 DNA 序列不编码白质。

（2）线粒体基因组　线粒体基因组就是它自带的全部 DNA，一般可缩写为 mtDNA。每个线粒体中大概有 2~10 个拷贝的 DNA。线粒体基因组呈广泛的多样性，在结构上一般呈环状，但某些真菌线粒体基因组是线性的。

酵母菌是单细胞真核生物，已完成全基因组测序，基因组大小为 13.5×10^{6}bp，分布在 16 个不连续的染色体中。DNA 与 4 种主要的组蛋白（H2A、H2B、H3 和 H4）结合成染色质（chromatin）的 14bp 核小体核心 DNA，染色体 DNA 上有着丝粒（centromere）和端粒（telomere），没有明显的操纵子结构，有间隔区或内含子序列。最显著的特点是高度重复，如 tRNA 基因在每个染色体上至少 4 个，多则 30 多个，共约有 250 个拷贝。基因组上有许多较高同源性的 DNA 重复序列，这是一种进化，即可在少数基因发生突变而失去功能时不会影响生命过程，也可适应复杂多变的环境，丰余的基因可在不同的环境中起用多个功能相同或相似的基因产物，有备无患。酵母菌确实比细菌和病毒进步而富有，而细菌和病毒似乎更聪明，能更经济、更有效地利用遗传资源。

2. 真核微生物基因组的特点

（1）真核基因组远大于原核生物的基因组。

（2）真核基因具有许多复制起点，每个复制子大小不一。每一种真核生物都有一定的染色体数目，除了配子为单倍体外，体细胞一般为双倍体，即含两份同源基因组。

（3）真核基因都由一个结构基因与相关的调控区组成，转录产物的单顺反子，即一分子 mRNA 只能翻译成一种蛋白质。

（4）真核生物基因组中含有大量重复顺序。

（5）真核生物基因组内非编码序列（NCS）占 90%以上，编码序列占 5%。

（6）真核基因是断列基因，即编码序列被非编码序列分隔开来，基因与基因内非编码序列为间隔 DNA，基因内非编码序列为内含子，被内含子隔开的编码序列则为外显子。

（7）与真核生物基因组功能相关的基因构成各种基因家族，它们可串联在一起，也可相距很远，但即使串联在一起成簇的基因也是分别转录的。

（8）真核生物基因组中也存在一些可移动的遗传因素，这些 DNA 顺序并无明显生物学功能，似乎为自己的目的而组织，故又称自私 DNA，其移动多被 RNA 介导，也有被 DNA 介导的。

染色体上存在的大量无转录活性的重复 DNA 序列，其组织形式有两种：串联重复序列、分散重复序列。前一种成簇存在于染色体的特定区域，后一种分散于染色体的各位点上。目前对于重复序列的作用还不是十分清楚，大体可分成 3 大类：①高度重复序列：重复几百万次，一般是少于 10 个核苷酸残基组成的短片段，如异染色质上的卫星 DNA。它们是不翻译的片段。②中度重复序列：重复次数为几十次到几千次，如 rRNA 基因、tRNA 基因和某些蛋白质（如组蛋白、肌动蛋白、角蛋白等）的基因。③单一序列：在整个基因组中只出现一次或少数几次的序列。实验证明，所有真核生物染色体可能均含重复序列而原核生物一般只含单一序列。高度和中度重复序列的含量随真核生物物种的不同而变化。

（三）病毒基因组

病毒是一种由核酸及蛋白质构成的感染性颗粒，但有的病毒在最外面还包裹一层插有蛋白质的脂双层膜。病毒结构简单，无细胞结构。因为基因组缺乏编码蛋白质生物合成以及构成各种代谢途经所必需的酶，所以自身不能独立复制，只有在合适的宿主细胞内，才能完成复制。然而，一种病毒一旦感染它的宿主细胞，往往会利用自己编码的蛋白质或酶对宿主细胞内的某些过程进行改造，以便让自己可以更好地生存和繁殖。病毒的宿主细胞几乎包括了地球上所有的细胞类生物。其中噬菌体专指以细菌为寄主的病毒。每一种病毒颗粒只有一种类型的核酸作为遗传物质，即要么是 DNA，要么是 RNA。因此，根据所含核酸的类型，病毒可分为 DNA 病毒和 RNA 病毒，然而至今还没有在古菌体内发现有 RNA 病毒。

1. 病毒基因组结构特点

①病毒基因组大小相差较大，与细菌或真核细胞相比，病毒的基因组很小，但是不同病毒之间的基因组相差也甚大。

②病毒基因组可以由 DNA 组成，也可以由 RNA 组成，每种病毒颗粒中只含有一种核酸，或为 DNA 或为 RNA，两者一般不共存于同一病毒颗粒中。组成病毒基因组的 DNA 和 RNA 可以是单链的，也可以是双链的，可以是闭环分子，也可以是线性分子。

③多数 RNA 病毒的基因组是由连续的核糖核酸链组成，但也有些病毒的基因组 RNA 由不连续的几条核酸链组成。

④基因重叠即同一段 DNA 片段能够编码两种甚至三种蛋白质分子，这种现象在其他的生物细胞中仅见于线粒体和质粒 DNA，所以也可以认为是病毒基因组的结构特点。这种结构使较小的基因组能够携带较多的遗传信息。

⑤病毒基因组的大部分是用来编码蛋白质的，只有非常小的一部分不被翻译，这与真核细胞 DNA 的冗余现象不同。

⑥病毒基因组 DNA 序列中功能上相关的蛋白质的基因或 rRNA 的基因往往丛集在基因组的一个或几个特定的部位，形成一个功能单位或转录单元。它们可被一起转录成为含有多个 mRNA 的分子，称为多顺反子 mRNA（polycistronic mRNA），然后再加工成各种蛋白质的模板 mRNA。

⑦除了反转录病毒以外，一切病毒基因组都是单倍体，每个基因在病毒颗粒中只出现 1 次。反转录病毒基因组有两个拷贝。

⑧噬菌体的基因是连续的，而真核细胞病毒的基因是不连续的，具有内含子，除了正链 RNA 病毒之外，真核细胞病毒的基因都是先转录成 mRNA 前体，再经加工才能切除内含子成为成熟的 mRNA。更为有趣的是，有些真核病毒的内含子或其中的一部分，对某一个基因来

说是内含子，而对另一个基因却是外显子。

2. 病毒基因组的分类

（1）DNA 病毒基因组　DNA 病毒的基因组就是其含有的全部 DNA。不同病毒基因组大小差别可能很大，环状病毒（Inoviridae）拥有最小的单链 DNA 基因组，其长度为 200nt，仅编码 2 个蛋白质；潘多拉病毒（Pandoravirus）的基因组则很庞大，长度可达 2Mb，编码的蛋白质超过 2500 种，这已经超过了一些细菌。在结构上，DNA 病毒主要是双链线性，也有单链线性、双链环状和单链环状。有些病毒的 DNA 碱基并不是标准的 A、T、G 和 C。例如，在大肠杆菌的 T4 噬菌体 DNA 分子中，由 5-羟甲基胞嘧啶代替 C。在 SPO 噬菌体 DNA 分子中没有 T，而是 U。再如，枯草芽孢杆菌的 PBS2 噬菌体完全没有 T，取而代之的是 U。

（2）RNA 病毒基因组　RNA 病毒基因组就是其含有的全部 RNA。由于 RNA 病毒基因组在复制时无校对机制，因此很容易产生突变。高突变率限制了它们的基因组大小，因为基因组越大，复制时出错的机会就越大，以至于 RNA 病毒无法维持物种在碱基序列上的完整性（多数病毒具有致死型突变）。因此，绝大多数 RNA 病毒基因组大小在 5～15kb，少数>30kb 基因组 RNA 有单链和双链之别，而单链 RNA 又有正链和负链之分。以 mRNA 为标准，正链 RNA 与 mRNA 同义，负链 RNA 与 mRNA 互补。

（3）类病毒和拟病毒基因组　类病毒是一类能感染某些植物的致病性单链共价闭环 RNA 分子。类病毒基因组小，通常只有 246～399nt，无编码蛋白质的能力。目前已测序的类病毒种类有 100 多个，其 RNA 分子呈棒状结构，由一些碱基配对的双链区和不配对的单链环状区相间排列而成。它们一个共同特点就是在二级结构分子中央处有一段保守区。它的复制一般由宿主细胞的 RNA 聚合酶Ⅱ催化，在细胞核中进行 RNA 到 RNA 的滚环复制（rolling-circle replication）。这种复制方式得到的多个拷贝新基因组 RNA 是串联排列在一起的，需要通过位点特异性切割才能分别释放出来。已发现，催化特异性切割反应的并不是蛋白质，而是类病毒自身的基因组 RNA。拟病毒又称卫星病毒或类病毒（virusoid），为小的 RNA 或 DNA，可编码一两种蛋白质，由于基因组缺损，它们的感染和复制需要其他一些形态较大的专一性辅助病毒的帮助。充当辅助病毒的通常是植物病毒，少数为动物病毒。

（四）微生物基因组的多样性

1. 遗传物质在微生物中存在的主要形式——染色体

染色体是所有生物（真核微生物和原核微生物）遗传物质 DNA 的主要存在形式。但是不同生物的 DNA 相对分子质量、碱基对数、长度等很不相同（表 14-3）。总趋势是：越是低等的生物，其 DNA 相对分子质量、碱基对数和长度越小，相反则越长。即染色体 DNA 的含量，真核生物高于原核生物，高等动植物高于真核生物。而且真核生物和原核生物的染色体有着明显的如下区别：①真核生物的遗传物质是 DNA，原核生物的遗传物质是 DNA，病毒的遗传物质是 DNA 或 RNA；②真核生物的染色体由 DNA 及蛋白质（组蛋白）构成，原核生物的染色体是单纯的 DNA；③真核生物的染色体不止一个，呈线形，而原核生物的染色体往往只有一个呈环形；④真核生物的多条染色体形成核仁并为核膜所包被，膜上有孔，可允许 DNA 大分子物质进出，而原核生物的染色体外无膜包围，分散于原生质中。

表 14-3　　一些真核生物和原核生物的染色体 DNA

生物	相对分子质量	碱基对数	长度/mm
蛙	—	2.3×10^{10}	6700
人	—	3.0×10^{9}	870
果蝇	—	8.0×10^{7}	24
脉孢菌	2.8×10^{10}	4.5×10^{7}	—
大肠杆菌	2.5×10^{9}	3.0×10^{6}	1.0
噬菌体 T3	1.3×10^{8}	3.0×10^{5}	0.056
噬菌体	3.2×10^{7}	5.0×10^{4}	0.016
多瘤病毒	3.0×10^{6}	—	—

注：真核生物的染色体 DNA 按单倍体计。

2. 真核微生物中染色体外的遗传物质——细胞器 DNA

细胞器 DNA 是真核微生物中除染色体外遗传物质存在的另一种重要形式。真核微生物具有的细胞器包括叶绿体（chloroplast）、线粒体（mitochondrion）、中心粒（centrosome）、毛基体（kinetosome）等。这些细胞器都有自己的独立于染色体的 DNA。这些 DNA 与其他物质一起构成具有特定形态的细胞器结构，并且携带有编码相应酶的基因，例如线粒体 DNA 携带有编码呼吸酶的基因。这些细胞器及其 DNA 具有某些共同特征。

①结构复杂而多样。各种真核生物的染色体或者同一生物的各个染色体虽然在长短大小上常不相同，但是其结构都基本相同。细胞器则具有复杂而多样化的结构，线粒体具有复杂的膜结构，中心粒和毛基体都具有微管或微纤丝结构。

②不仅功能不一，而且对于生命活动常是不可缺少的。线粒体为细胞呼吸所必需，中心粒为细胞分裂所必需。

③数目多少不一。每一细胞中有两个中心粒，光合微生物细胞中叶绿体数目不等，同样线粒体数目在各种微生物中也很不相同。

④自体复制。线粒体 DNA 和叶绿体 DNA 都可进行半保留复制。除此以外，许多实验和观察结果表明这些细胞器通过分裂产生。

⑤一旦消失后，后代细胞中不再出现。细胞器中的 DNA 常呈环状，数量只占染色体 DNA 的 1%以下。与细胞器中的 70S rRNA、tRNA 和其他功能蛋白形成必要组分，构成一整套蛋白质合成的完全机制。但是细胞器中的许多蛋白不是由细胞器 DNA 编码的，而是由染色体 DNA 编码的。

3. 染色体基因组的编码功能分配与遗传图谱

编码各种功能的基因大多位于微生物染色体上，尤其在原核微生物中。而且编码某类功能的基因，在整个染色体基因中的比例在同类微生物中较为相似，不同微生物除个别外也大致相似，见表 14-4。

表 14-4　　染色体上编码各种功能的基因比例　　单位:%

编码的功能	大肠杆菌	流感嗜血杆菌	生殖支原体
代谢	21.0	19.0	14.6
结构	5.5	4.7	3.6
运输	10.0	7.0	7.3
调节	8.5	6.6	6.0
翻译	4.5	8.0	21.6
转录	1.3	1.5	2.6
复制	2.7	4.9	6.8
已知的其他	8.5	5.2	5.8
未知	38.1	43.0	32.0

注：根据每个种的染色体大小和所含开放阅读框的数量计算。

在大肠杆菌中，这些基因可以分为不同的功能组。参与翻译、核糖体结构和生物合成的基因 166 个，参与转录的基因 242 个，参与 DNA 复制、重组和修复的基因 213 个，参与细胞分裂和染色体分离的基因 28 个，参与翻译后修饰、蛋白转化及具分子伴侣功能的基因 119 个，参与细胞膜生物合成及编码外膜组成蛋白的基因 199 个，参与细胞运动及分泌功能的基因 115 个，参与无机离子转运及代谢的基因 169 个，参与信号传导的基因 140 个，参与能量产生及转换的基因 267 个，参与糖类转运及代谢的基因 328 个，参与氨基酸转运及代谢的基因 340 个，参与核苷酸转运及代谢的基因 89 个，参与辅酶代谢的基因 116 个，参与脂类代谢的基因 85 个，参与次生代谢物生物合成、转运及代谢的基因 87 个。对于各个功能组中的基因，有些已大部分明确了具体功能，有些仅少部分已明确了具体功能。

目前，已经对 4000 多种微生物的基因组进行了测序，并绘出了它们的染色体基因图谱，如大肠杆菌 K12 菌株（图 14-9）、O157：H7（EDL933、0509952）菌株，乳酸乳球菌（*Lactococcus lactis*）IL403 菌株，金黄色葡萄球菌（*Staphylococcus aureus*）N315 菌株等。这些微生物基因图谱的绘制无疑为改造和利用所需的目的基因、构建工程菌提供了极大的方便。

二、微生物全基因组测序技术

微生物在人类生活中无处不在，认识微生物完整的生物学功能的基础是对其全基因组进行核酸序列测定，过去人们对微生物的认识仅停留在单菌培养和定性研究上，而测序技术的发展极大地促进了微生物组学的研究。

（一）全基因组的测序策略

常见的微生物全基因组测序策略有 2 个：鸟枪法（the shotgun sequencing）和克隆重叠群法（clone contig approach）（图 14-10）。

1. 鸟枪法全基因组测序

其过程是先提取微生物的基因组 DNA，用酶切或超声的方法将 DNA 打断，电泳鉴定并切胶回收不同大小的 DNA 片段，插入载体构建质粒文库，转化进入宿主菌，摇瓶培养，提

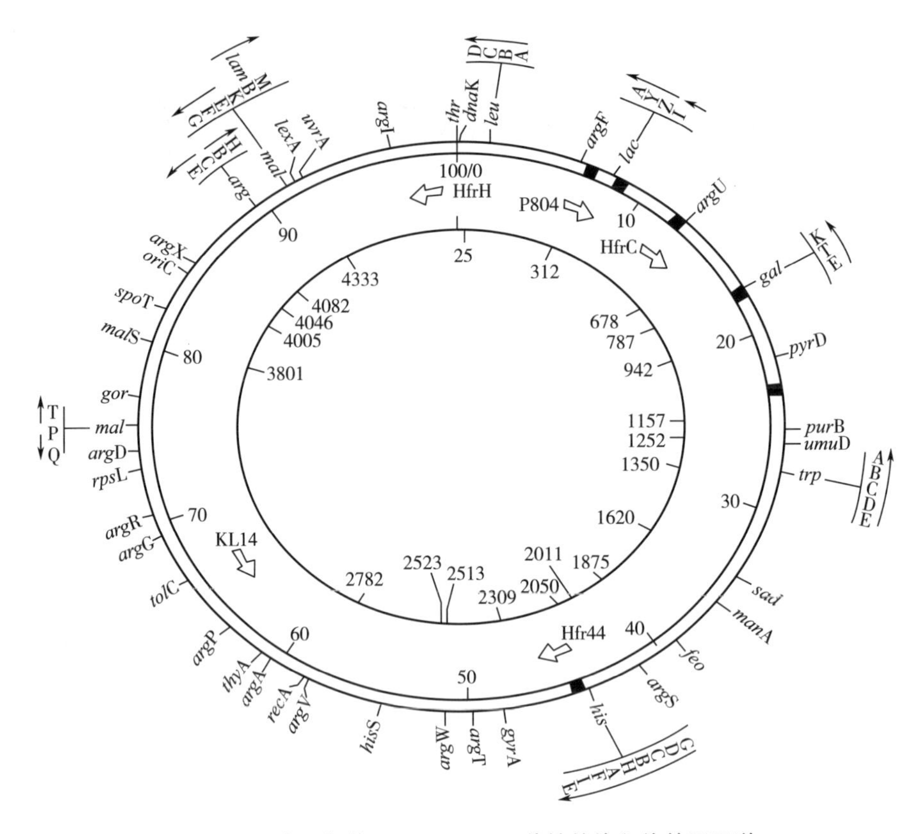

图 14-9　大肠杆菌（*E. coli*）K12 菌株的染色体基因图谱

取质粒作为模板进行 PCR 扩增，扩增产物进行测序，测序完成后，去除测序数据中低质量及载体序列，拼接得到一组克隆群（contig），然后利用正反向信息等确定克隆群之间的位置关系，再次进行 PCR 扩增补修补缺口（gap），最后得到一个完整的基因组序列。

2. 克隆重叠群法

克隆重叠群法是一种自上而下的测序策略。此策略需要将基因组 DNA 切割成长度为 0.1~1Mb 的大片段，并克隆到酵母菌人工染色体（YAC）或细菌人工染色体（BAC）等载体上，然后再进行亚克隆，分别测定单个亚克隆的序列，再拼装成连续的 DNA 分子。如果使用的克隆载体是 BAC，则基本步骤是：①将插入到 BAC 中的待测 DNA 随机打断，选取其中较小的片段，长度为 1.6~2kb；②将这些片段克隆到测序载体中，构建出随机文库；③挑选随机克隆进行测序，达到对 BAC 所含 DNA 8~10 倍的覆盖率；④将测序所得的相互重叠的随机序列组装成连续的重叠群；⑤利用步移或引物延伸等方法填补存在的缝隙；⑥获得高质量、连续、真实的完全序列。对一个 BAC 克隆而言，其内部所有缝隙被填补后的序列称为完全序列；而对一段染色体区域或一条染色体而言，完全序列是指覆盖该区域的 BAC 连续克隆序列之间的缝隙被全部填补。

（二）DNA 测序的具体方法

DNA 测序技术已经经历了几代革命性的发展，从 1977 年第一代由 Sanger 发明的双脱氧法以及 Maxm 等人发明的化学断裂法，到当今以纳米孔测序为代表的第四代高通量深度测序技术的建立，测序速率大大加快，同时测序成本大大降低。正是测序技术的飞速发展，才使

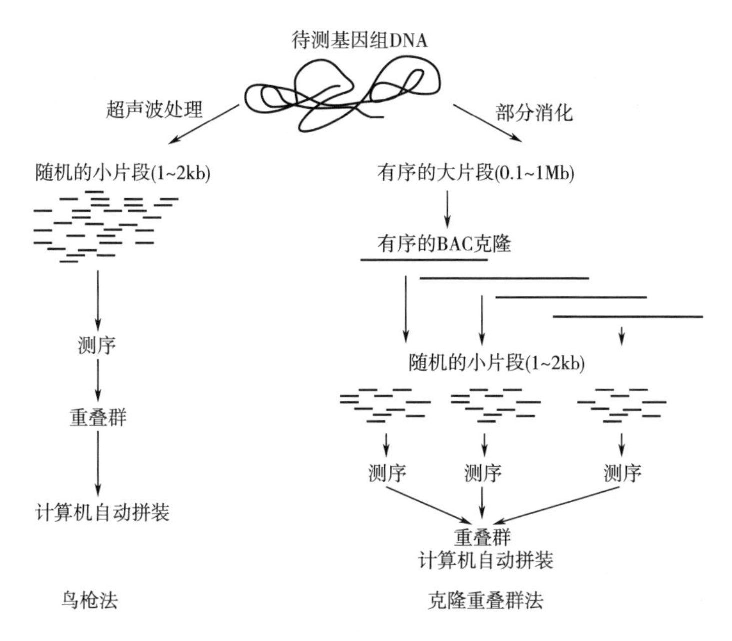

图 14-10 全基因组测序测序的两种策略

得基因组学研究突飞猛进，同时使其得到更加广泛的运用（表 14-5）。

表 14-5 新一代测序技术的应用

应用范围	应用实例
全基因组再测序 (complete genome resequencing)	人类个体基因组多态性及突变的全面检测
约化表示测序法 (reduced representation sequencing)	大规模多态性检测
靶向再测序 (targeted genomic resequencing)	靶向多态性及突变检测
外显组测序 (exome sequencing)	测定基因组中蛋白质基因的外显子序列
双端测序 (paired end sequencing)	遗传及获得性结构变异检测
环境基因组测序 (metagenomic sequencing)	传染性及共生菌群检测
转录组测序 (transcriptomic sequencing)	定量基因表达及选择性剪接；转录注释；转录 SNP 或体细胞突变检测
小 RNA 测序 (small RNA sequencing)	微 RNA 表达谱
酸性亚硫酸盐标记 DNA 测序 (sequencing of bisulfite-treated DNA)	基因组 DNA 中 C 甲基化模式的测定

续表

应用范围	应用实例
染色质免疫测定测序 (ChIP-seq)	全基因组蛋白质与DNA相互作用图谱
核酸酶片段及测序 (nuclease fragmentation and sequencing)	核小体定位
分子条码 (molecular barcoding)	多个体来源样品的多通道测序

1. 第一代测序技术（Sanger 测序）

在聚合酶链反应（PCR）的过程中，不断地在引物的3′-端加入脱氧核糖核苷三磷酸（dNTP），使模板得以延伸，最终得到新的模板。而一旦在合成模板链的过程中添加了双脱氧核苷酸（ddNTP），其3′-端缺少羟基，将无法再继续延伸，PCR反应就会终止。该技术的产物将形成一系列由5′→3′ddNTP组成、长短不一的DNA片段。虽然有的片段长度能够达到1000bp，且测序的准确率高达99.999%，但该技术测序成本高、通量低，严重影响了全基因组测序（WGS）的效率。

2. 第二代测序技术

在Sanger测序的基础上实现了高通量测序，一次可读取10万~100万条序列，能快速、低成本地进行大规模的基因组测序。

3. 第三代测序技术

指基于纳米孔的单分子测序技术，不需要经过PCR扩增，实现了对每一条DNA分子的单独测序，具有快速、高效率、高精准度等特点。而DNA测序技术的快速发展，使得细菌基因组有可能在数小时内完全测出，并能识别基因组的某些甲基化位点，这为细菌领域的科学研究提供了重要的研究方法。目前，已有50个不同的细菌门和11个不同的古菌门基因组序列可用。细菌基因组的测序已成为一个标准程序，而来自成千上万种细菌的基因组信息使得学者对细菌世界有了更新的认识。

（三）深度测序技术

基因组DNA片段化，连接上通用接头，应用不同扩增方法产生上百万的多拷贝PCR产物，随后进行引物杂交及DNA聚合酶的延伸反应，这些反应可以大规模的同时进行，可以实现一次对几十万到几百万条DNA分子进行序列测定，然后对每一步反应所产生的信号进行同时检测，以此来获取测序数据，经过计算机分析获得完整的DNA序列信息，这是新一代测序技术，它可以对一个物种的转录组和基因组进行细致全貌的分析，所以又称深度测序。

深度测序，又称高通量测序（HTS）、下一代测序（NGS），是以单次运行平行产生几百万到几千万条基因组片段的短序列为标志。它开创了病原体的进化研究，用深度测序可以追溯基因组的变化。NGS有很多应用，从检测基因表达水平到发现罕见病毒，或者宏基因组分析等。目前最新的NGS技术主要有Roche 454技术，Illumina olexa技术，Life Technologies Ion Torrent技术等。454焦磷酸测序原理是利用DNA聚合酶、ATP硫酸化酶、荧光素酶及双磷酸酶将PCR反应时每个碱基的延伸与荧光信号的释放相偶联，通过记录荧光信号的有无及强弱来测定 DNA 的序列。这些高通量测序技术的诞生是基因组学研究领域的一个重要里程碑，使得可以用低成本实施更多物种的基因组计划，解密更多生物物种的基因组遗传密码。

第四节　微生物基因组学研究方法和技术

随着研究不断深入，人们对基因结构和功能的认识也在不断加深。基因的化学本质主要是 DNA，它是遗传信息的物质载体，传递着支配生命活动的各项指令，可以人工操作用于改造生命属性的元件。任何生物的一切生命活动都直接或间接的在基因控制之下，都可从基因层次上探究其本质。基因组是指某物种单倍体细胞中一套完整的遗传信息，包括所有的基因和基因间区域。基因组的功能是通过一个个具体基因的功能来实现的。只有弄清每个基因的功能以及实现其功能所需要的各种条件，方能阐明基因组的功能。专门研究基因组结构和功能的学科，称为基因组学，它主要通过基因组作图、核苷酸序列分析、基因定位和基因功能分析等方法来研究。本章将主要介绍基因、基因组和基因组学等基本概念以及它们之间的关系。

一、基因组学的研究领域

1. 功能基因组学

功能基因组学是利用基因组项目（如基因组测序项目）产生的大量数据来描述基因（蛋白质）功能及相互作用，以帮助理解整个生物体的基因和基因产物的性质和功能，其目标在于理解生物体的基因组与其表型之间的关系。功能基因组学是将基因组和蛋白质组学知识扩展、合成以理解单个生物体在细胞和（或）生物体水平上的动态特性。包括基因组本身的功能相关方面，例如突变和多态性［例如单核苷酸多态性（SNP）分析］，分子活性的测量，涉及基因、RNA 和蛋白质等随时间或空间发生天然变异的研究，以及天然或试验功能性破坏对基因、染色体、RNA 或蛋白质影响的研究。功能基因组学侧重动态方面（如基因转录、翻译和蛋白质-蛋白质相互作用），而不是基因组信息的静态方面（如 DNA 序列或结构）。其试图回答关于 DNA 在基因、RNA 转录产物和蛋白质水平的功能问题，且回答方法均采用全基因组测序（whole genome sequencing，WGS）方法，通常采用高通量测序方法，而不是传统的“基因-基因”方法。全基因组的知识为功能基因组学领域的研究提供了可能性，其主要涉及各种条件下的基因表达模式，最重要的研究工具是微阵列和生物信息学。

2. 结构基因组学

结构基因组学试图描述特定基因组编码蛋白质的三维结构。这种方法可以联合试验和建模方法进行高通量结果的结构确定，目标在于鉴定新的蛋白质折叠结构。结构基因组学以多种方式，利用完整的基因组序列以确定蛋白质结构。其与传统结构预测的主要区别在于，结构基因组学试图确定由基因组编码的每个蛋白质结构，而不是集中在一个特定的蛋白质；结构基因组学采取大量方法进行结构测定，包括使用基于基因组序列试验方法、利用已知结构蛋白质的序列、结构同源性的序列建模，或利用任何已知结构无同源性蛋白质的化学和物理原理进行分析。

3. 表观遗传学

表观遗传学是研究单个细胞遗传物质完整表观遗传修饰的学科，又称表观基因组。表观遗传修饰是对细胞 DNA 或组蛋白的可逆修饰，其影响基因表达而不改变 DNA 序列，在基因表达和调节中起重要作用，并且参与许多细胞过程。两个最具特征的表观遗传修饰是 DNA 甲基化和组蛋白修饰。

4. 宏基因组学

宏基因组学是对宏基因组的研究，从环境样品直接提取遗传物质。广义领域又称环境基因组学、生态遗传学或社区基因组学。虽然传统的微生物学和微生物基因组测序依赖于单个细菌培养，但早期环境基因测序克隆了特定基因（通常是 16S rRNA 基因），可在自然样品中产生多样性基因图谱。这表明绝大多数微生物的生物多样性被传统的细菌培养方法所遗漏。近年来，研究使用 Sanger 测序或大规模平行焦磷酸测序，对抽样社区分离菌的所有基因进行大量无偏见取样，揭示了以前隐藏的微观生命多样性。

5. 对比基因组学

对比基因组学是比较不同生物体的基因组特征（如 DNA 序列、基因、基因顺序、调节序列等其他基因组结构标记）的学科。从基因组项目得到的基因组全部或大部分被比较以研究生物体之间的基本生物学相似性、差异及进化关系。比较基因组学的主要原理是 2 个生物的共同特征通常由它们之间进化保守的 DNA 进行编码。因此，比较基因组方法开始于进行某种形式的基因组序列比对，寻找比对基因组中的直向同源序列（共同祖先序列），检查这些序列保守的程度，并基于此进行基因组和分子进化的推断。比较基因组学揭示了密切相关的生物体间高水平的相似性。

6. 公共基因组数据库

WGS 是在单一时间确定生物体基因组完整 DNA 序列的过程。其通过生物信息手段，运用高通量 DNA 测序仪来分析不同机体基因组间的结构差异，并同时完成对单核苷酸多态性（SNP）及基因组结构的注释。

二、基因组研究的方法

基因多态性研究虽然属于结构基因组学的范畴，但与功能基因组学密不可分，重点是研究基因多态性与表型的关系。因此，是功能基因组研究中必不可少的内容。功能基因组学研究涉及众多的新技术，包括生物信息学技术、生物芯片技术、转基因技术、基因敲除、敲减技术、酵母双杂交技术（yeast two-hybrid system）、基因表达谱系分析、蛋白质组学技术和高通量细胞筛选技术等。利用这些新的技术，可以解决有关基因功能研究中的基本问题：基因何时开始表达；基因表达产物定位于何处；该基因将与其他哪些基因相互影响；该基因如出现突变将会导致什么后果等。

基因组研究的方法主要包括：生物信息学分析、基因组同位素标记、基因敲除技术和异源表达，这些方法在辅助基因组挖掘过程中起到了重要的作用，有利于新型天然产物的发现、基因簇研究和生物功能分析。

（一）生物信息学分析

完成基因组测序后，可通过生物信息学分析预测潜在的基因簇编码产物，如果这些基因簇能够在细胞中被表达，那么该基因表达产物便可以通过发酵大量生产，并通过色谱分析进一步完成物质的鉴定。

生物信息学分析过程中对基因组序列进行功能挖掘的程序和分析软件，主要包括BLAST、HMMER、Genome Threader、NORINE、SBSPKS、antiSMASH、NRPSsp、NRPSpredictor2、PKS/NRPS Analysis，这些数据库和分析软件在基因组挖掘过程中起到至关重要的作用，有助于发现新型抗生素或生物活性物质（表14-6）。

表14-6 基因组挖掘中的生物信息学分析工具和数据库

程序和数据库	功能简介
BLAST	BLAST主要用于：将待分析蛋白质的氨基酸序列或核酸的核苷酸序列与数据库中的其他序列进行比对，并在设置的阈值范围内计算出相似度，可用于菌种的鉴定，结构域定位和功能注释
HMMER	与BLAST功能相似，蛋白家族数据库Pfam和InterPro都使用了HMMER作为计算内核；HMMER可用于：一条或多条未知的序列在蛋白质数据库中寻找比对及自动注释蛋白质结构域
Genome Threader	Genome Threader对基因结构预测的计算以相似性为基础并进行剪接相似性比对，这个方法附加了cDNA/EST或蛋白序列，主要应用于植物基因组注释
NORINE	NORINE数据库包括非核糖体肽数据及其相关的分析程序；目前有1186个肽的信息；该数据库储存了肽的结构及注释信息，包括其生物活性、产生的物种和参考书目录
SBSPKS	SBSPKS网站主要用于分析聚酮合酶的序列和结构，设置3个分析模块：Model-3D-PKS（构建聚酮合酶的3D模型），Dock-Dom-Anal（预测聚酮合酶基因簇的底物通道顺序）和NRPS-PKS（分析非核糖体肽/聚酮合酶杂合蛋白）
antiSMASH	antiSMASH能够在细菌、真菌、植物基因组范围内快速鉴定，注释并分析次级代谢产物合成基因簇；antiSMASH的功能一直在更新并与其他分析数据关联
NRPSsp	NRPSpredictor2基于序列和结构信息预测腺苷酰化结构域的特异性底物，对细菌或真菌序列都可进行预测，注释；NRPSpredictor2已接入anti-SMASH，使用者可以快速分析完整的NRPS基因簇
PKS/NRPS Analysis	可用于分析非核糖体肽合成酶，聚酮合酶和NRPS/PKS基因簇及其结构特征

（二）基因组同位素标记

为了提高活性产物的筛选效率，进一步发展出了基因组同位素标记技术（genomisotopic approach），基于生物信息学预测的结构，采用同位素标记分子以追踪终产物。这种方法能够有效阐明非核糖体肽合成酶和聚酮合酶的代谢途径，而这两种酶在抗生素合成过程中起到了非常重要的作用。基因组同位素标记的方法是生物信息学分析方法的延伸，从而更加容易鉴定产物，并能有效促进新型天然产物的发现。

（三）基因敲除技术

通过基因敲除使原有基因的表达产物无法产生，与野生型相比，通过色谱法无法检测到基因敲除突变体的目标物质，从而对基因功能进行验证。该方法更加直接地对基因功能进行分析，避免了生物信息学预测结果的不确定性，同时也是对生物信息预测结果的验证。

（四）异源表达

将含有目的片段的质粒转移到外源宿主细胞中进行异源表达，外源宿主本身并不能代谢产生目标物质，但是含有外源表达载体的细胞能够产生目标物质，从而实现对目的片段的功能分析与验证。这种异源表达的方法对于那些自身产物代谢水平很低的菌株是十分有利的，此外对于由菌体生长缓慢导致的代谢产物生成速率较慢的菌株也非常适用。因此，异源表达逐渐成为基因组挖掘技术中的常用方法。

三、基因组挖掘的研究策略

随着高通量测序技术的发展，进一步通过基因组挖掘发现新的功能基因和活性代谢产物的相关研究也越来越深入。此外，基因组挖掘的研究策略也在不断发展。

（一）经典的基因组挖掘

经典的基因组挖掘主要是对酶的功能及合成酶的相关基因进行研究。次级代谢产物的种类多样，但是都具有非常保守的合成机制，主要因为合成酶的核心区都包含高度保守的氨基酸序列，例如非核糖体肽、核糖体肽、聚酮化合物、氨基糖苷类抗生素的合成机制。其分析方法基于生物信息学分析，例如 BLAST、HMMER、antiSMASH、NRPSpredictor2 和 PKS/NRPS Analysis 等。

（二）比较基因组挖掘

比较基因组挖掘除了对单个基因的功能进行研究外，还对某一部分或整个基因簇进行分析，有时甚至比对到其他种属菌株的数据库，以期获得更多的遗传信息。通过比较基因组挖掘将多种不同类型的数据库联合使用，能够有效促进新产物的发现。

（三）以系统进化为基础的挖掘

新型化合物的合成是非常复杂的过程，最近的一项研究结果显示，通过分析 10000 个生物合成基因簇的进化特征，发现高频率的插入、缺失和重复事件更多地出现在次级代谢过程。在天然产物研究中，以系统进化为基础的基因组挖掘，主要有两个研究策略：其一，以保守的持家基因或核心基因组为基础，构建菌株的物种进化树，然后将其产生的天然产物对应到物种进化树的分枝，因此，能够在药物开发中快速跟踪高产菌株；其二，以次级代谢产物的相关基因做基因树，该产物的合成基因或基因簇的进化历史便能够从这些基因树中推断出来，与单一序列相似性分析的方法相比，能更加精确地推断酶的生物合成功能。

（四）以抗性和靶点为基础的挖掘

能够代谢产生抗生素的微生物都具有自身抗性系统，能有效避免被合成的抗生素伤害。其抗性机制多样，包括：利用外排泵和降解酶对抗生素进行移除、修饰自身蛋白的特定位点从而有效阻止其与抗生素相结合。以抗性和靶点为基础的基因组挖掘研究策略，正是利用了抗生素产生菌的抗性机制，从而筛选出次级代谢产物基因簇。

（五）不依赖于培养物的挖掘

单细胞和宏基因组，包括生境中可常规培养和无法培养的微生物基因组的全部遗传信息，其次级代谢产物基因簇高度重复，为功能分析带来了困难。然而，通过分析环境中相关的DNA信息去发现天然产物，使探索不可培养微生物的功能成为可能，在菌体的生存环境中直接研究天然产物的多样性和分布，很有可能发现非常新颖的物质。

自然界能够纯培养的菌体数量占全部微生物总数的5%以下，由于传统的微生物技术不能获得足够量的菌体克隆，无法通过基因组测序技术获得大量多样的菌体遗传信息。因此，单细胞基因组测序技术的发展为解决这一难题提供了可能。与宏基因组大量复杂的信息分析不同，单细胞基因组只关注单个细胞的基因组信息，在最为基础的生物学单元中研究生物体的遗传特征。

单细胞基因组学和宏基因组学研究相互补充、协同作用。单细胞基因组挖掘能够直接而准确地发现单个细胞的进化特征和功能，而宏基因组挖掘则侧重于获得更多的遗传信息，如果将单细胞分析用于辅助宏基因组研究，能提高宏基因组分析的效率和准确性，而宏基因组获得的基因片段则有助于单细胞基因组分析过程中的序列组装。此外，对于不寻常的生物环境，例如对人体微生物组的研究也具有推动作用。

四、基因组学的研究技术

基因组学研究的对象是整个基因组，因此很难对它直接进行测序，而需要将其分解成容易操作的小的结构区域，这个过程简称为基因组作图（genome mapping）。它包括绘制遗传图谱和物理图谱（physical map）。

1. 遗传图谱

遗传图谱又称连锁图谱（linkage map），它是以具有遗传多态性的位点为遗传标记，以遗传学距离为图距的基因组图谱。其中，遗传多态性位点是指在一个遗传位点具有两个以上的等位基因，在群体中的出现频率皆高于1%的遗传标记，因此，遗传学距离实为在减数分裂事件中两个位点之间进行交换、重组的百分率，1%的重组率称为1厘摩（centi morgan，cM），即1cM的遗传距离表示在100个配子中有1个重组子。

遗传图谱的建立为基因识别和完成基因定位创造了条件。构建遗传图谱就是寻找基因组不同位置上的特征性遗传标记，并采用遗传分析的方法将基因或其他DNA序列标定在染色体上构建连锁图。基因组遗传连锁图的绘制需要应用多态性标记，只有可以识别的标记，才能确定目标的方位及彼此之间的相对位置。

早期被用作遗传标记的包括：形态学标记、细胞学标记和生化标记，但这些遗传标记的普遍缺点就是数量有限、容易受到时间和环境等因素的影响。按照Mendel遗传规律由亲代传给子代，从而在不同个体间表现出不同，因而称为多态性DNA序列多态性，这种遗传标记又称DNA分子标记，或简称分子标记。与其他遗传标记相比，DNA分子标记有许多优点：不受时间和环境的限制；数量非常多，遍布整个基因组；不影响性状表达；自然存在的变异丰富，多态性好；共显性，能鉴别纯合体和杂合体。

现在常用的多态性分子标记主要有限制性片段长度多态性（restriction fragnlength polymorphism，RFLP）、串联重复序列（TRS）标记和SNP等三种。

（1）RFLP　RFLP是第1代分子标记，用限制性内切酶特异性切割DNA链，由于DNA

上一个点突变所造成的能切与不能切两种状况，而产生不同长度的等位片段，可用凝胶电泳显示多态性用作基因突变分析、基因定位和遗传病基因的早期检测等方面的研究。RFLP 具有以下优点：①在多种生物的各类 DNA 中普遍存在；②能稳定遗传，且杂合子呈共显性遗传；③只要有探针就可检测不同物种的同源 DNA 分子。缺点是需要大量纯的 DNA 样品，而且 DNA 杂交膜和探针的准备以及杂交过程既耗时又耗力，同时由于探针的异源性而引起的杂交低信噪比，或杂交膜的背景信号太高等都会影响杂交的灵敏度。

（2）TRS　代分子标记。它主要有小卫星 DNA 和微卫星的 DNA 多态性等。其中，微卫星 DNA 重复序列可散布在基因组 DNA 之中，其数量可达十几万，因此十分有用。

（3）SNP　被称为第三代分子标记。这种标记的特点主要是单个碱基的转换或颠换，也包括小的插入及缺失。SNP 是最容易发生的一种遗传变异。SNP 技术基本原理是：对于一个经 PCR 扩增后具有固定长度的 DNA 片段，其分子构象是由碱基序列所决定的，在变性条件下，单个碱基的改变能够引起 DNA 分子单链或等位基因间形成的错配异源双链存在微小的构象差别，这些不同的构象体在变性梯度凝胶电泳或高效液相检测中因移动性的差异而得以区分。

2. 物理图谱

遗传图谱表现的是通过连锁分析确定的各遗传标记的相对位置，物理图谱则表现染色体上每个 DNA 片段的实际顺序，是指以已知核苷酸序列的 DNA 片段，即序列标签位点（sequence-tagged site，STS）为“路标”，以碱基对作为基本测量单位（图距）的基因组图谱，是指 DNA 序列上两点的实际距离。作为路标的 STS 的长度一般为 100~500bp，它在单倍体基因组 DNA 上必须是独一无二的单拷贝序列。由于绝大多数蛋白质的基因就是单拷贝序列，因此，来自与 mRNA 互补的 DNA（complementary DNA，cDNA）文库中的大部分表达序列标签（expressed sequence tag，EST）可以用作 STS，但基因家族成员间共有的序列不能用作 STS。另外，STS 也可以通过随机基因组测序获得。

实际上，基因组的物理图谱包含有两层意思：首先，它需要大量定位明确、分布较均匀的序列标记，这些序列标记应该可以用 PCR 的方法扩增。这样的序列标记被称为序列标签位点（STS）；其次，在大量 STS 的基础上，构建覆盖每条染色体的大片段 DNA 的连续重叠群（contig）为最终完成全序列的测定奠定基础。这种连续克隆系的构建最早是建立在酵母人工染色体（yeast artificial chromosome，YAC）上的。YAC 可以容纳几百 kb 到几个 Mb 的 DNA 插入片段，构建覆盖整条染色体所需的独立克隆数最少。但 YAC 系统中的外源 DNA 片段容易发生丢失、嵌合，从而影响最终结果的准确性。细菌人工染色体（bacterial artificial chromosome，BAC）系统则克服了 YAC 系统的缺陷，具有稳定性高、易于操作的优点。

第五节　微生物基因组学在食品领域的研究进展和应用

微生物在食品加工中起着重要作用：一方面可利用微生物生产某些食品组分或改进食品的功能；另一方面病原微生物和腐败微生物也影响着食品的安全及卫生。

针对传统发酵食品复杂的微生态体系，利用传统的微生物研究技术已很难揭示微生物个体种类的生理功能或对食品生产过程的影响，近年来分子生物学理论和技术飞速发展，使得与食品样品有关微生物多样性分析的精度和广度不断提高。采用分子生态学检测方法打破了传统发酵业由于缺乏对难培养微生物的研究而导致停滞不前的状况。

现代分子生物学技术的发展，已建立起了许多不需要对微生物进行独立培养的新方法和新技术，如宏基因组学技术的应用。这些技术可根据对象的不同单独使用或选择组合使用，这样可以更充分地认识不可培养微生物的丰富资源。

随着人们对微生物在分子水平的认识不断深入，食品微生物的分子生物学研究进入一个新阶段。

一、食品用微生物的基因组学研究

目前，微生物基因组学发展迅速，已完成或正在进行基因组测序的食品微生物见表14-7。

表 14-7　　已完成或正在进行基因组测序的食品微生物

微生物菌种	基因组/Mb
食品级真菌	
酿酒酵母	12.068
乳酸克鲁维酵母	12.000
黑曲霉	30.000
食品级细菌	
枯草芽孢杆菌	4.214
乳酸乳球菌	2.365
植物乳杆菌	3.308
唾液链球菌	1.800
保加利亚乳杆菌	2.300
细菌病原菌	
空肠弯曲杆菌	1.641
大肠杆菌 O157：H7	5.498
金黄色葡萄球菌	2.810
单核细胞增生杆菌	2.994
蜡状芽孢杆菌	5.000

最初改善发酵用微生物工业性质的研究步骤是通过突变进行菌种选择，然后采用基因工程中既定的方法实现。由于缺乏细胞中相关的调节和代谢过程信息，所以这些方法的主要缺点是浪费时间、很难预测和评价所选择或构建的菌株出现的副作用等，而且，部分消费者担心这些新型食品的安全性以及基因修饰微生物在自然界的扩张是否可以得到控制。通过功能基因组学途径可以解决上述这些问题。

功能基因组学途径不仅适合研究产品或寄主环境中的细胞机能和生理学，而且可以帮助开发食品中基因修饰微生物安全评价的具体工具。基因组学研究也可以鉴定新型的诱导启动子，还可以鉴定形成特定食品特征（例如风味）和功能特性的新目的基因。

二、宏基因组学在微生物学研究中的应用

宏基因组学（metagenomics）又称环境基因组学，或者群落基因组学，它是指环境中全部微生物基因的总和，包含细菌基因组和真菌基因组，所获得的基因是包含了可培养的和不能培养的微生物的总基因，是目前一种新的微生物研究方法。宏基因组学其显著的特征在于获得环境微生物基因组的方法是非传统培养方法，通过基因筛选和序列分析等手段，来研究环境微生物的功能活性、多样性、种群结构、进化关系以及它们与环境之间的关系，获得新的酶及生物活性物质，可极大地拓展微生物基因资源的利用空间，研究其功能和彼此之间的关系和相互作用，并揭示其内在规律。

构建宏基因组文库，是利用基因组学的研究策略，对环境样品所包含的全部微生物的遗传组成及其群落功能进行研究。与传统的微生物个体研究相比，宏基因组学的研究手段是直接从环境样品中提取基因组 DNA 后进行测序分析。这种研究技术具有许多优势：首先，自然界的许多微生物无法在实验室条件下培养繁殖，而宏基因组学研究不要求对微生物进行分离培养，从而大大扩展了微生物研究范围；其次，宏基因组学引入了宏观生态的研究理念，对环境中微生物菌群的多样性及功能活性等宏观特征进行研究，因此可以更准确地反映出微生物生存的真实状态；最后，结合高通量测序技术进行宏基因组学研究，无须构建克隆文库，可直接对环境样品中的基因组片段进行测序，这就避免了在文库构建过程中因利用宿主菌对样品进行克隆而引起的系统偏差，从而简化了研究的基本操作，提高了测序效率。通过宏基因组学的研究，可以解决以下几个重要的问题。

（1）物种鉴定　将所得序列与专业数据库中的序列进行比对，可得出样品中所含物种的信息，所用序列通常为 16S rRNA（细菌）或 18S rRNA（真核生物）等兼具保守及高变特性的序列。

（2）多样性统计学分析　将所得序列进行聚类，得到相应的分类操作单元，所用序列也通常为 16S rRNA 或 18S rRNA 等。通过统计学手段，对环境样品中的主要成分及不同样品间的明显差异因素进行分析出，结合物种鉴定，可以得到关键菌群。

（3）宏基因组拼接　对环境样品 DNA 进行大规模测序后，通过严格的拼接方式，可获得较长的 DNA 片段。若样品的生物多样性较低，在达到一定测序通量后，就很有可能直接获得一个或多微生物基因组草图。

（4）功能分析　将所得序列与数据库中的序列进行比对，可对与所比对序列有关的基因功能进行注释。

（5）微生物群落结构及功能　通过大量测序，可以获得样品的群落结构信息，如微生物物种在该环境下的分布情况及成员间的协作关系等。此外，通过实验还可以确定一些特殊的主要基因或 DNA 片段。对于多个样品，还可做相应的比较分析，发掘样品间的异同点。

（一）宏基因组学研究方法

1. 基因组文库构建

DNA 提取，获得高质量的总 DNA 是宏基因组文库构建的关键因素之一。DNA 提取方法

主要有2种：一种是直接裂解法，直接裂解环境样品中的微生物细胞进行DNA抽提；另一种是间接裂解法，即先采用差速离心等物理手段，将微生物细胞从环境样品中分离出来，再用较温和的方法来对DNA进行抽提。

（1）载体选择　DNA提取后构建文库，在文库构建过程中，载体是文库构建的必需因素。载体选择主要考虑是否有利于目标基因扩增、表达以及在筛选细胞毒类物质时表达量的调控等。目前多采用细菌人工染色体和黏粒或Fosmids载体。

（2）宿主的选择　宿主菌株的选择主要考虑：转化效率、载体在宿主细胞稳定性、宏基因的表达、目标性状筛选等因素。不同微生物种类所产生的活性物质类型有明显差异，因此可根据研究目标的不同选择不同的宿主菌株。目前，构建宏基因组文库最常用的宿主有大肠杆菌、青链霉菌和恶臭假单胞杆菌、根癌土壤杆菌、黄单胞菌、根瘤菌等。

2. 宏基因组文库的筛选

目前用于宏基因组文库的筛选方法主要有功能筛选法（fuction-based screening method）、序列筛选法（sequence-based screening）、化合物结构筛选法和底物诱导基因表达筛选法（substrate-induced gene expression screening method，SIGEX）4种。

（1）功能筛选法　基于克隆子产生新的生物活性进行筛选，通过建立和优化合适的方法，从基因组文库中获得具有特殊功能的基因。如抗生素耐药性基因、酯酶、脂肪酶、膜蛋白质、几丁质酶、4-羟基丁酸的编码基因。通过功能性筛选的方法，可以快速地从多个克隆子中鉴定出全长基因，并由此获得这些功能基因的产物，为工业、医药和农业提供一些具有潜在活性的天然产物或蛋白质。

（2）序列筛选法　基于已知相关功能基因的序列设计探针或PCR引物，通过杂交或PCR扩增筛选阳性克隆。

（3）化合物结构筛选法　通过比较转入和未转入外源基因的宿主细胞或发酵液、提取液的色谱图的不同进行筛选，但该方法筛选的物质未必具有活性。

（4）底物诱导基因表达筛选法　即利用代谢相关基因或酶基因在有底物存在的条件下才表达，反之则不表达这个原理来筛选目的代谢基因，这种方法可用于活性酶的筛选，现已成功应用于地下水宏基因组中芳香族碳水化合物的筛选。

（二）宏基因组学应用研究

随着近年来研究的深入，宏基因组学研究已渗透到各个研究领域，在包括食品科学、微生物活性筛选、新基因挖掘、医药领域、生物降解、农业、生物防御、人体口腔及胃肠道等各方面显示了重要的价值。

1. 宏基因组学在食品领域的应用

采用宏基因组学的方法，可以提取更多更高效的酶类。目前，多糖修饰酶也是食品工业相当重要的一类酶，例如：淀粉酶、水合酶、脂肪酶、蛋白酶、腈水解酶、糖苷酶和肌醇六磷酸酶等已经被成功商业化。到目前为止，研究人员已经利用以功能和序列为基础的方法，通过宏基因组搜寻，鉴定了4-羟基丁酸脱氢酶、L-氨基酸氧化酶、脂肽、核酸酶、葡糖酸还原酶、脂蛋白、具有表面活性的脂多糖等多个这样的新型生物催化剂。

2. 微生物活性物质筛选

传统的培养方法限制了生物活性物质的开发和利用，宏基因组学技术的发展，使人们能够针对非培养微生物进行活性物质筛选，加快了生物活性物质开发和利用的步伐。研究发现抗生素的生物合成基因都是成簇排列的，因此有可能克隆到完整的次级代谢产物合成基因簇，使其在异源宿主中表达。

宏基因组学是一个非常有活力的研究领域，克服了传统培养方法对很多微生物资源开发和利用的限制，该技术已成为研究免培养微生物的重要手段。运用宏基因组学可分析微生物分类图谱，深入了解微生物的多样性，有可能挖掘和利用99%以上的不可培养微生物，这为功能微生物资源开发利用提供了丰富的研究资源。

目前，运用宏基因组技术对宏基因组中获得的功能基因，不仅可以用于新药的研发，而且在新的工业用酶、食品微生物研究、食品快速检测及生物活性物质的筛选等方面均都具有广阔的前景，是基因工程研究的一个主要方向。

三、高通量测序技术在食品微生物多样性研究中的应用

近年来，DNA 测序技术更是飞速发展，其中高通量测序技术的应用是分子生物学研究领域的一个里程碑。2000 年，Margulies 等在 *Nature* 期刊介绍高通量测序技术（high-thrput sequencing），同年罗氏 454 公司在世界上率先推出超高通量基因组测序系统，由此揭开了第二代测序技术飞速发展。高通量测序技术凭着快速、简单、高效等诸多优点引起全球学术界的轰动。当前，以第二代测序技术为代表的高通量测序技术，已经应用于基因组学和功能基因组学的许多领域。高通量测序技术因其微生物类群鉴定更准确以及对低丰度种群的可检测性等优点，已在微生物基因组学研究中发挥越来越重要的作用。新一代测序技术突出的优点是规避了许多传统的微生物分离程序，真实客观地还原微生物菌落结构及丰度状况；由于其大平台高通量的特点，传统测序方法不能检测的丰度极低的目标微生物也能被检测；罗氏 454 公司的 GSFLX 测序平台、AB 公司的 Solid 测序平台和 Illumina 公司的 Solexa Genome Analyzer 测序平台为当前三个主要的测序平台。相对于 454 焦磷酸测序平台和 Solid 测序平台，Illumina 测序平台具有很多的优点，综合的试剂盒、操作简单易用、成本较低以及更高的通量和准确率，成为目前市场占有率最高的平台。其缺点是读长较短、运行时间较长。Illumina MiSeq 法综合了 454 焦磷酸测序和 Illumina HiSeq2500 的优点，合成和测序同时进行，样本的多个可变区可以同时进行测序，测序结果有较高的可信度。所以该测序方法在分析环境微生物多样性及丰度方面已被学界所认可。该测序方法在食品微生物多样性分析中的应用较少，主要侧重于发酵食品，并得到了理想的结果。

CHAPTER 15

第十五章 微生物蛋白质组学

第一节 概　述

蛋白质组（proteome）一词是由蛋白质（protein）和基因组（genome）两个词组合而成，是由澳大利亚麦孝瑞大学 Wilkins 和 Williams 于 1994 年最先提出。Wasinger 等在 1995 年一期“Electrophoresis”杂志上首次发表相关研究文章并将蛋白质组定义为：一个基因组编码的全部蛋白质。Wilkins 和 Williams 等在 1997 年编写的有关蛋白质组研究的第一部专著《蛋白质组研究：功能基因组的前沿》中，将蛋白质组定义为：在一个细胞整个生命活动中由基因组表达以及修饰的全部蛋白质。目前，更为全面的蛋白质组定义为：一个基因组、一个细胞或组织、一种生物体所表达的全部蛋白质组成、存在形式、活动方式及时空动态。蛋白质组学（proteomics）作为后基因组学的重要组成部分，是一门在大规模水平上研究全部蛋白质及其功能特征的科学，主要包括蛋白质的表达水平、翻译后修饰、蛋白质与蛋白质相互作用等内容，以期在整体蛋白质表达水平上认识细胞发生不正常状态的机理和代谢过程。蛋白质组学主要有表达蛋白质组学、功能蛋白质组学和结构蛋白质组学三个不同的分支。其中，表达蛋白质组学（expression proteomics or differential display proteomics）是在整体水平上研究细胞蛋白质表达丰度变化的科学，功能蛋白质组学（functional proteomics）是研究蛋白质生物功能的科学，而结构蛋白质组学（structural proteomics）是预测蛋白质三维结构的科学。

微生物蛋白质组学（microbial proteomics）是在大规模水平研究微生物细胞全部蛋白质及其功能特征的科学。运用蛋白质组学对微生物进行相关的研究有一些明显优势：①微生物的结构相对较简单并且基因组比较小，蛋白质修饰水平较为低下，因此它们所编码蛋白的数目比动、植物细胞少得多；②微生物易于培养和处理，容易获得突变株，一般在实验条件下，就可以观察到在蛋白质表达水平发生的变化；③有很多微生物的全基因组测序已经完成，加上之前在分子生物学、基因组学、生物信息学等学科已经积累了丰富的数据，能够为蛋白质组的深入开展研究提供良好的基础；④微生物取材简单，繁殖快，能够提供大量材料。目前，蛋白质组学在微生物中的研究主要包括：①研究各种逆境环境中微生物蛋白质表达情况的胁迫条件下微生物蛋白质组学；②主要用于发现致病基因、探究耐药机理和开发抗菌药物等致病微生物蛋白质组学；③以发现与微生物生理有关的蛋白质为目标的微生物生理的定量蛋白质组学；④用于探讨微生物各种生理过程的机理机制的微生物亚蛋白质组学；⑤结合其他生物学技术以全面阐明微生物基因组功能的基因工程微生物蛋白质组学。随着微生物蛋白质组学研究的深入，将蛋白质组与基因组、转录组和代谢组相结合可系统、全面地阐述微生物基因组功能。

第二节　微生物蛋白质组学研究技术

一、微生物蛋白质提取技术

获得高质量的蛋白是微生物蛋白质组学研究成功的关键和基础。由于生物材料中常含有多种次生代谢产物、脂类、盐离子等干扰蛋白质的提取、分离及后续分析的物质，因此选用合适的蛋白样品制备方法在蛋白制备中尤为重要。不同的微生物含有的次生代谢物也会有所差异，在提取方法选择前，就要清楚所研究的目的和目标蛋白质组的来源。一般来说，蛋白质组样品制备应注意以下几个方面：①在蛋白质的提取过程中要分离出尽量多的蛋白，降低提取过程的损失；②要保持蛋白质的原有状态，降低提取过程中蛋白质的定量或定性的变化；③要提高蛋白质提取过程中的纯度和浓度，降低提取过程中杂质对蛋白质的干扰。不同种类微生物采取蛋白质组提取方法差异较大，细菌蛋白质组样品制备相对简单，但也存在一些自身特点：①细菌结构决定了细菌的完全破碎是很重要的问题，冻融、玻璃珠、超声波和压力破碎是细菌破碎主要方法，有时为了彻底破碎细胞还需加一些溶菌酶；②细菌的周质中存在大量的蛋白酶，一般需要加蛋白酶抑制剂抑制其对蛋白质的破坏；③为了减少细菌细胞壁多糖造成基于双向电泳（2-DE）蛋白质组学电泳图谱中易出现的横纹，可以采取分级处理方法或使用柠檬酸调整的酸性提取液提取蛋白质来有效减少酸性段的横纹。真菌常用的蛋白质组的制备技术有：①蛋白质先由三氯乙酸（TCA）沉降，然后再将其中的有机化合物用丙酮去除，常称为TCA/丙酮法；②微生物中的蛋白质由饱和酚提出来，然后再用醋酸铵/甲醇溶液沉淀，称为饱和酚抽提法；③其他方法及改良的提取方法，如十二烷基硫酸钠（SDS）提取法和磷酸-TCA-丙酮法。实际研究中，可以根据目标微生物细胞或细胞器特点摸索或进一步改良已有的提取方法，例如我们优化的TCA/丙酮-SDS/酚抽提法可适用于链隔孢（*Alternaria alternata*）和粉红单端孢（*Trichothecium roseum*）等果蔬采后病原真菌的蛋白质组学研究。

二、微生物蛋白质组学分离技术

蛋白质的分离与鉴定是微生物蛋白质组学的基本研究技术，基于凝胶和基于色谱（非凝胶）的分离是蛋白质组学研究的两大蛋白质分离技术体系。双向电泳（two-dimensional electrophoresis，2-DE）技术是经典的基于凝胶分离的蛋白质组学技术，可以大规模鉴定蛋白质，主要包括等点聚焦、SDS-聚丙烯酰胺凝胶电泳（SDS-PAGE）分离和串联质谱鉴定三个过程

(图 15-1)。其中，第一向是等电聚焦（isoelectric focusing，IEF)，根据各种蛋白质等电点的不同将它们分离。最初是用载体两性电解质 pH 梯度等电聚焦，20 世纪 80 年代初发明了固相化的 pH 梯度等电聚焦，该技术解决了 pH 梯度不稳定的问题，而且最大上样量可达几十毫克且重复性好。目前，pH 相差一个单位的商品胶条已普及。第二向 SDS-PAGE 是根据蛋白质相对分子质量大小将蛋白质分开，适用于分子质量为 10~200ku 的蛋白质。电泳完成后将胶片染色。

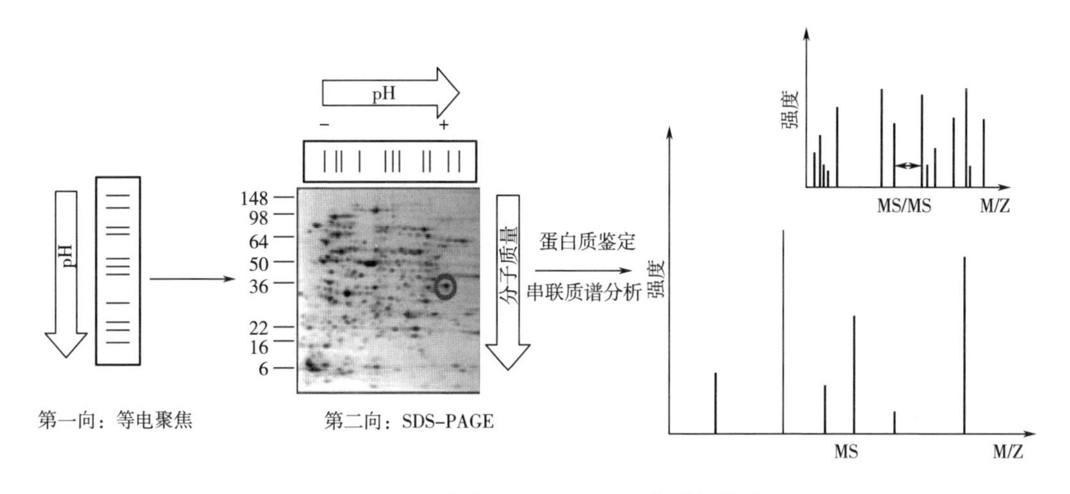

图 15-1　经典的 2DE-MS/MS 蛋白质组技术

染色方法主要是银染和考马斯亮蓝染色。银染法在双向电泳分离后蛋白质点的染色上应用广泛，该方法灵敏度可达纳克级，但可能会影响质谱测定的效果，用质谱测定前必须先脱银。考马斯亮蓝可对胶上或膜上蛋白质点进行染色，该法操作简便，重现性好，同银染一样，质谱测定前一定要先脱色。最后是对凝胶进行图像分析。可用激光密度仪、图像扫描仪、电荷耦合 CCD 照相机、磷光或荧光测点仪等仪器把胶上的蛋白质点数字化，运用计算机软件除去凝胶图谱上的纹理和背景，找出表达上有差异的蛋白质谱进行分析比较，借此发现有意义的蛋白质。目前已有市售的微型双向电泳系统，整个操作过程只需 9h。国外一些公司如 Large Scale Biology 和 Proteome 公司等已开发出自动化的大型双向电泳系统。另外，采用“蛋白质组重叠群”与高灵敏度的质谱联合的方法，可检测出低丰度的蛋白质。用双向凝胶电泳的矢量图还可研究蛋白质翻译后的修饰。新型的双向荧光差异凝胶电泳技术（two-dimensional fluorescent difference gel electrophoresis，2D-DIGE）也可用于蛋白质分离。

二维液相色谱分离是经典的非凝胶蛋白质组学技术。首先将复合蛋白混合物在胰蛋白酶溶液中变性和消化，得到的肽在二维液相色谱中首先通过离子交换柱和逐步增加盐浓度洗脱分离，再结合到一个直列反相 C_{18} 柱上根据疏水性的增加进行洗脱，最后通过质谱（MS）直接分析，整个过程中获得的 MS/MS 图谱被编译并用于识别起始样品中的蛋白质（图15-2）。

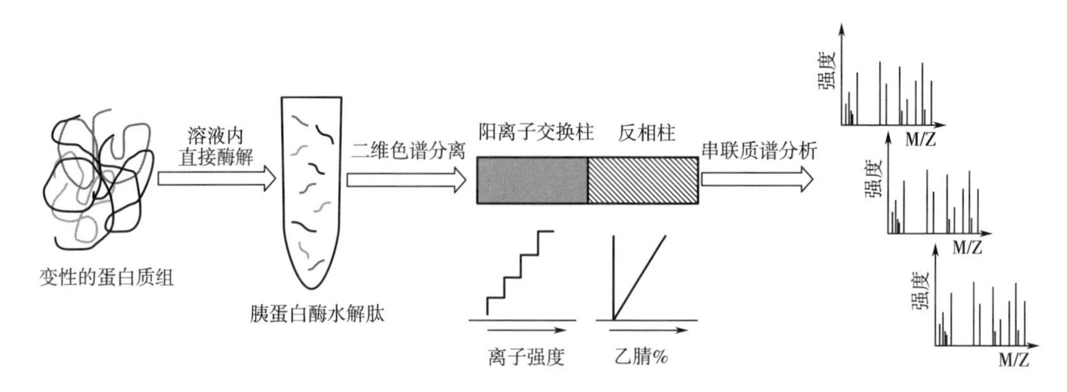

图 15-2　经典的二维色谱分离蛋白质组学技术

同位素亲和标签（isotope-coded affinity tag，ICAT）和同位素标记相对和绝对定量（isobaric tags for relative and absolute quantitation，iTRAQ）是目前应用较多的基于色谱分离蛋白质组学技术。同时，氨基酸稳定同位素标记（stable isotope labeling by amino acids，SILAC）、^{15}N 标记、用于定量的氨基酸硫稳定同位素标记（sulfur stable isotope labeling of amino acids for quantification，SULAQ）和等压质量标签（isobaric mass tags，TMT）等定量蛋白质组学技术也广泛用于微生物蛋白质组学研究（表 15-1）。

表 15-1　　　　　　应用于微生物研究的定量蛋白质组学技术

微生物或样品	2DE	SILAC	^{15}N	SULAQ	ICAT	iTRAQ/TMT
黑曲霉（*Aspergillus niger*）						×
枯草芽孢杆菌（*Bacillus subtilis*）	×	×	×			×
谷氨酸棒杆菌（*Corynebacterium gutamicum*）			×			
大肠杆菌（*Escherichia coli*）		×	×		×	
Euhalothece sp. BAA001			×			
极端嗜盐菌（*Halobacterium* sp.）					×	
幽门螺杆菌（*Helicobacter pylori*）	×					
鼠李糖乳酸杆菌（*Lactobacillus rhamnosus*）	×					
结核分枝杆菌（*Mycobacterium tuberculosis*）	×				×	
脑膜炎奈瑟球菌（*Neisseria meningitidis*）			×			×
欧洲亚硝化单胞菌（*Nitrosomonas europaea*）			×			
铜绿色假单胞菌（*Pseudomonas aeruginosa*）					×	
荧长假单胞菌（*Pseudomonas fluorescence*）				×		
恶臭假单胞菌（*Pseudomonas putida*）			×			×
真养产碱杆菌（*Ralstonia eutropha*）			×			
酿酒酵母（*Saccharomyces cerevisiae*）		×			×	×
裂殖酵母（*Saccharomyces pombe*）					×	

续表

微生物或样品	2DE	SILAC	^{15}N	SULAQ	ICAT	iTRAQ/TMT
金黄色葡萄球菌（*Staphylococcus aureus*）	×	×	×			×
硫黄矿硫化叶菌（*Sulfolobus sulfataricus*）			×			
福赛斯坦纳菌（*Tannerella forsythia*）	×					
Trichoderma resii						×

三、微生物蛋白质组学的蛋白质鉴定技术

质谱技术是目前蛋白质组研究中蛋白质鉴定技术，其基本原理是将样品分子在离子源中离子化为具有不同质量的单电荷分子离子和碎片离子，进入由电场和磁场组成的分析器，用检测系统检测不同质荷比的谱线，即质谱。目前，较多应用于蛋白质鉴定的主要有基质辅助激光解吸电离（matrix assisted laser desorption/ionization，MALDI）和电喷雾电离（electrospray ionisation，ESI）的两大质谱技术。这两种技术所具备的高灵敏度和高质量检测范围，使得在飞摩（10^{-15}mol）水平检测相对分子质量高达几十万的生物大分子成为可能，促进了质谱技术在生命科学领域的广泛应用和发展。此外，生物信息学的发展也为蛋白质组学发展奠定了基础。分析和构建双向电泳图谱软件，蛋白质结构和功能分析软件，以及不断完善的蛋白质组数据库都是蛋白质组学技术平台的重要组成部分，在蛋白质定性分析、功能确定以及蛋白质相互作用图谱和代谢途径图谱的构建等研究中起到关键作用。蛋白质组研究所提供的大量数据必须进行高度自动化处理，包括数据输入、储存、加工、索取以及数据之间的联系。生物信息学不仅要处理蛋白质组数据，还对已知或新的基因产物也需要进行全面的功能分析，得到有功能意义的结构信息，或者预测部分蛋白功能。

四、其他微生物蛋白质组学技术

蛋白质芯片是将预先制备好的“诱饵”蛋白（通常是抗体）以微阵列的方式固定于经过特殊处理的底板上，然后将其与待分析的蛋白质样品（“猎物”蛋白）反应，只有那些与特定蛋白抗体发生了特异性结合的蛋白质才留在了芯片上。蛋白质芯片技术在蛋白质组研究上的应用主要是研究差异显示蛋白质组学和蛋白质间的相互作用，该技术的出现大大提高了蛋白质鉴定的速度。酵母双杂交系统（two-hybrid system）主要应用于研究蛋白质之间的相互作用。它的建立得益于对真核生物转录起始过程的认识。转录激活因子是组件式的，包括与DNA结合的结构域（DB）和转录结构域（AD），假设a蛋白与DB结合形成“诱饵”蛋白，b蛋白与AD结合形成“靶蛋白”后，能激活转录因子，就可证明a蛋白和b蛋白之间有相互作用。噬菌体展示技术（phage display）是先获得能以融合方式表达目标蛋白质或肽的噬菌体颗粒，然后用肽配位体、肽抗原决定簇、酶底物或用单链抗体进行扫描检测，主要用于研究蛋白质之间的相互作用。蛋白质复合物的纯化技术（purification of protein compound）是运用亲和分析的方法纯化蛋白质复合物，再运用单向或双向电泳方法进行分离纯化后的蛋白质复合物，再用生物质谱技术鉴定复合物中的各种成分。该技术是研究蛋白质之间相互作用的一种很有效的方法。表面等离子共振技术（surface plasmon resonance）已成

为蛋白质之间相互作用研究方法中的新成员。该技术是将“诱饵”蛋白作为配基，固定在几十纳米厚的金属膜表面，然后加入含目标蛋白（“猎物”蛋白）的溶液，“诱饵”蛋白与“猎物”蛋白相互作用后形成蛋白质复合物，固定在金属膜表面，会使金属膜与溶液的界面折射率上升，导致共振角度改变，由此可检测出蛋白质间的相互作用。该技术具备不需标记引物或染料、测定快速且安全等优点，同时，还可用于灵敏检测蛋白质-核酸之间及其他生物大分子之间的相互作用。

第三节　微生物蛋白质组学在食品领域中应用

蛋白质组学应用研究策略主要有“自下而上”和“自上而下”两种策略。在“自下而上”的方法中，纯化蛋白或蛋白的复合混合物通过蛋白水解酶消化成肽，然后在质谱仪中分析。相反，“自上而下”的方法允许对完整的未被切割的蛋白质进行分析，意味着“自下而上”方法中大多数被破坏的不稳定结构的蛋白被保存下来。总之，“自下而上”的方法比“自上而下”方法表现出比蛋白质有更好的肽的分离以及更高的灵敏度。但是，“自下而上”方法的缺点是由于肽的鉴定限制了蛋白质序列的覆盖，缺失了不稳定翻译后修饰以及模糊了冗余肽序列的来源。此外，“自上而下”方法中省去了蛋白消化从而节省了时间。由于蛋白质与食品成分密切相关，蛋白质组学分析对提高食品认证、质量和安全具有重要意义。

一、微生物蛋白质组学用于食品安全评估

开发快速、灵敏的食品致病性和腐败性微生物的检测方法是确保食品安全的重要内容。虽然基于微生物学、化学、分子生物学和免疫学理论发展起来的微生物检验方法可以满足定量和定性检测的要求，但是都各自有严重的缺陷。例如，一些传统的检测方法无法对难培养或不可培养的致病菌进行检测，检测方法也存在特异性不高、灵敏度低、耗时、不能实现有效的监测与预防作用等缺点。同时，食品的复杂介质是 PCR 等基于 DNA 复制理论进行检测时遭遇的主要难题，并且与其相关的配套标准与法规尚难于制定。此外，一些细菌由于基因序列高度相似，也很难利用基于 DNA 的分子技术进行鉴定。

蛋白质组学为检测和识别食源性病原体提供了一种很有价值的方法。在蛋白质组学方法中，基质辅助激光解吸-飞行时间质谱仪（MALDI-TOF/MS）代表了病原体检测的强有力工具。例如，使用 MALDI-TOF/MS 串联质谱采用基于“自上而下”的方法可以分析鉴定不同的 *E. coli* 亚型。另外，单增李斯特菌的常规检测需要 4~5d 才有结果，而开发出的一种简单且灵敏的 MALDI-TOF/MS 方法从选择性富集肉汤中直接检测该菌仅需要 30h。从理论上讲，2DE-MS 和液相色谱-质谱（LC-MS）都能用于病原物的鉴定。人们采用 2DE-MS 方法对大肠杆菌 K-12 的长期存活菌株进行蛋白质组学分析，鉴定出与固定期生长优势相关的几种不同表达蛋白。此外，还有人采用 LC-MS 蛋白质组方法检测到食品中产气荚膜梭菌、金黄色葡萄球菌、痢疾志贺氏菌、大肠杆菌和空肠弯曲杆菌 5 种病原菌。蛋白质组学研究的发现可以为理解侵染机制、抗生素耐药性和食源性病原体生物膜形成的机制提供很好的支持。

Karola Böhme 等（2011）从海产品样品中共分离出了20种细菌并利用MALDI-TOF/MS进行了鉴定，建立了含有32个参考菌株的光谱指纹图谱的提取峰列表。属特异性和种特异性的峰质量数可作为生物标记物用来快速鉴定细菌。利用该数据库，成功鉴定了6株从海产品中分离出来的细菌。

二、微生物蛋白质组学用于食品质量控制

食品质量控制是指对食品生产各个环节的真实性、产地、性质、组成和安全性的控制。尤其是发酵食品的真实性和来源决定了其适口性、营养价值和药用价值。此外，发酵过程对发酵食品的口味、风味和营养有显著影响。因此，质量控制在发酵食品中起着极其重要的作用。然而，传统的食品分析中的质量控制方法，如目标检测等，还不足以对发酵食品的原料和加工过程进行监测和评价以确保食品质量。利用蛋白质组学研究揭示了酿酒酵母和葡萄球菌在葡萄必须发酵过程中的不同复制基因和代谢途径。在认证方面，许多食品有相似外观但营养价值却不同，需要可靠的认证方法。因此，蛋白质组学是发现可靠生物标志物进行鉴定的宝贵工具。根据假定的蛋白质/肽指纹，采用MALDI-TOF/MS可以对33种克罗地亚白葡萄酒直接进行比较和分类。另一项基于液相色谱四级质谱仪（LC-QQQ/MS）的蛋白质组学研究显示溶菌酶及其产物可作为葡萄酒的标准物质。利用液相色谱-质谱联用技术，将酪蛋白衍生肽鉴定为精制白葡萄酒的致敏蛋白标记物。总之，蛋白质组学已被证明在食品质量的许多不同特性方面是一种强有力的工具。它的高通量能力可以提高我们的食品质量能力，有助于表征和定义特定食品与众不同的质量特征。

发酵型食品中的微生物菌群种类和数量决定着食品的质量品质和安全，因此能够准确地标识食品中的微生物种类是发酵食品发展的趋势和要求之一。益生菌食品是在发酵罐里面加入发酵剂和益生菌制作而成的。能够在食品商标上准确地标识出益生菌的种类仍不容易。利用MALDI-TOF/MS对酸奶与其他益生菌食品中的细菌进行鉴定，结果发现被测试的13个益生菌食物中都含有大量的活菌，为10^6~10^9个/g，这些益生菌包括干酪乳杆菌（*Lactobacillus casei*）、乳酸乳球菌（*Lactococcuslactis*）、动物双歧杆菌（*Bifidobacterium animalis*）和嗜热链球菌（*Streptococcus thermophilus*）；其中一产品所含益生菌是乳酸乳球菌，而非标识的双歧杆菌属；另一产品中的益生菌是德氏乳杆菌（*L. delbrueckii*）和嗜热链球菌，而非所标识的双歧杆菌活菌属（*Bifidobacterium* spp.）。可见，利用飞行时间质谱能够实现快速准确地对益生菌进行种属水平上的鉴定。另外，动物源双歧杆菌包含了两个亚种，分别是*Bifidobacterium animali*和*Bifidobacterium lactis*。在这两个亚种中*B. animalis* subsp. *lactis*由于在益生乳生产中的广泛应用而显得尤为重要。在食品工业应用中，对这些微生物要求能够运用快速、准确、低廉的方法在种间进行区分。尽管各种基于基因的方法被用于区分这两个亚种，但都不满足工业上快速鉴定的需求。而采用蛋白质组学方法，可以快速鉴定四种蛋白质标记物（即L1、L2、A1和A2），由于这四种物质对于种间的区分十分有效，故采用这个方法只需要20min即可实现对动物源双歧杆菌的鉴定，因此MALDI-TOF/MS是很有潜力的快速鉴定益生菌的方法。

三、微生物蛋白质组学用于食品营养和人类健康研究

近年来，随着人们对人体微生物群认识的不断加深，也逐渐认识到人们体内寄居微生物

与生理学之间的联系。从机械上讲，食品已被证明会引起人体肠道微生物含量的变化，并影响人体健康。在此背景下，蛋白质组学对食品营养研究做出了重大贡献，旨在了解食品成分如何影响人体新陈代谢和健康，从而通过个性化平衡饮食达到更健康的目的。

蛋白质组学方法可以弥补食物中特定成分的含量与其对哺乳动物的生物活性之间的差距。例如，基于“自下而上”策略的蛋白质组学研究表明，富含乳糖的饮食刺激了Gnotobiotic小鼠肠道大肠杆菌中的氧依赖性蛋白质Ahpf和Dps，作为渗透和氧化应激反应。另一项LC-MS/MS分析发现，由于西式高热量高脂肪饮食（HFD），在小鼠小肠黏膜中涉及营养转运、能量代谢、药物转运、药物代谢、免疫防御和炎症敏感性的几种蛋白质发生了显著变化。Martinez-Medina等人（2014）采用蛋白质组学方法揭示了西餐诱导的CEABAC10小鼠体内大肠杆菌增多引起的发育不良，改变宿主屏障功能有利于黏附侵袭性大肠杆菌定植。Tachon等人（2014）进行蛋白质组学研究解释饮食可能改变益生菌乳酸杆菌在肠道中的持久性和功能。对饮食性肥胖小鼠的肝脏、肌肉和白色脂肪组织进行的蛋白质组学分析表明，补充脂肪酸不仅能有效减少脂肪量，而且还能诱导肝脏脂肪变性。

蛋白质组学技术在益生菌方面的研究也有重要的应用。双歧杆菌和乳杆菌是最经常添加到食品中的益生菌，在2008年时人们就已经获得了双歧杆菌的蛋白质图谱。未来对于益生菌的研究趋势将包括这些细菌的存活机制以及其在胆汁盐、高温和渗透压等人体肠道环境条件下、食品加工过程中蛋白质表达的变化。这些研究也可以作为研究其他细菌在相同生长条件下的模型来研究它们的生存状况。另外，随着商业益生菌的出现，益生菌的安全性问题日益受到人们的关注。目前，益生菌存在四个方面的安全问题：致病和感染、有害的代谢活动、过度免疫响应和潜在的基因转移。鉴于传统的毒理学和安全评估方式在市售食品、药品中益生菌的安全评估方面受到一定限制，多学科的方法对于益生菌系统性安全评估日益受到重视，该方法可能涉及包括蛋白质组学、基因组学、代谢组学等组学方法在内的联合使用。

CHAPTER 16

第十六章 微生物代谢组学

第一节 概　　述

代谢活动是生命活动的本质特征和物质基础，细胞内的生命活动多数发生在代谢层面，代谢产物是基因表达的最终产物，基因和蛋白表达的微小变化可以在代谢物上得到放大。

代谢组（metabolome）是指某一组织或细胞在一特定生理时期内所有低相对分子质量（≤1000ku）的代谢产物；这些小分子包括了内源性的和外源性的化学物质，例如多肽类、氨基酸，核苷酸、碳水化合物、有机酸、维生素、多酚类、生物碱、矿物质以及能够被一个细胞或者有机体利用、摄取或者合成的其他化学物质。代谢组的变化是生物对遗传变异、疾病以及环境影响的最终应答。代谢组学（metabonomics/metabolomics）是效仿基因组学和蛋白质组学的研究思想，对生物体内所有代谢物进行定量分析，并寻找代谢物与生理、病理变化的相对关系的研究方式，从而可为新型功能性物质开发提供基础与保证，是系统生物学的组成部分。其研究对象大都是相对分子质量在1000以内的小分子物质。先进分析检测技术结合模式识别和专家系统等计算分析方法是代谢组学研究的基本方法。

代谢组学是继基因组学、转录组学、蛋白质组学之后，系统生物学的另一重要组成部分，也是目前组学领域研究的热点之一。

微生物代谢组学就是通过考察分析生物体系（细胞组织或生物体）受刺激或扰动后，其代谢产物的变化或其随时间的变化，来揭示微生物细胞生理及对环境影响的内在规律或可为基因组及蛋白质组的研究提供重要信息，也为开发或利用微生物的细胞功能等提供全面的生物学等信息。微生物代谢组学虽然发展较晚，但由于微生物易于培养、遗传背景清楚，且和能源、环境、食品等领域都息息相关，所以微生物代谢组学研究越来越受到关注。

代谢组学是“组学”科学中的一个新兴领域，最初应用于植物科学和毒理学领域，近年来也逐渐成为现代食品科学研究的重要工具，特别是解决与食品质量安全和营养相关的问题，其研究方法主要是利用核磁共振模式识别以及专家系统等计算方法。根据研究的对象和目的的不同，该研究可以分为如下四个层次。

1. 代谢物靶标分析

代谢物靶标分析即对某个或某几个特定组分进行分析，该项分析的前提是必须知道目标代谢物的结构，获得该目标代谢物的纯标准品，这是一种真正的定量方法，它需要进行严格的样品制备和分离，去除干扰物，以提高检测的灵敏度。

2. 代谢物轮廓（谱图）分析

代谢物轮廓（谱图）分析是指对预设的数种代谢物靶标进行定量分析，如某一代谢路径的所有底物、中间产物或多条代谢途径的标志性组分。

3. 代谢组学分析

代谢组学分析是指对特定条件下的特定生物样品中所有代谢物组分进行定性和定量分析，但代谢组学分析目前还难以实现，因为还没有发展出一种真正的代谢组学技术可以涵盖所有的代谢物而不管分子的大小和性质。

4. 代谢指纹分析

代谢指纹分析是以整个代谢图谱代表特定细胞、组织或某种病理生理状态的特定代谢模式，不具体分离鉴定每一组分，而是通过整体分析对样品进行快速分类（如表型的快速鉴定）。代谢指纹分析通常结合模式识别技术对代谢指纹进行分类，识别不同模式指纹的某些特征，是进行种类判别筛选、疾病诊断及寻找特定代谢模式最有用的方法。其中，代谢物靶标分析和轮廓分析均是针对代谢系统中的某些代谢产物，并不是指所有的代谢产物。

第二节　微生物代谢组学研究技术

代谢组学研究技术的推动包含了两个大方面的支撑，一方面是仪器监测分析方面的支撑；另一方面是数据处理软件的支撑。这些措施包括成熟的、能精确测定质量的高分辨率质谱（MS）仪，高分辨率、高通量的核磁共振光谱仪（NMR）、毛细管电泳（CE）和能快速分离化合物的超高压液相色谱法（UPLC 和 HPLC）快速化合物分离系统，以及能快速处理光谱或色谱型态的新的软件程序。这些现代软件和硬件的组合，不仅能够在同一时间内检测鉴定出一个及以上的小分子，而且可以在短短几分钟内检测到几十个小分子代谢物。

一、代谢组学分析技术

代谢组学分析通常被分类为靶向（特异性）或非靶向性（非选择性或整体性）分析。靶向分析更专注于一组特定代谢物的鉴定和定量，对于评估某些条件下样品中特定化合物组的作用非常重要，通常需要更高水平的代谢物提取和纯化。相比之下，非靶向分析专注于检测尽可能多的代谢物组，以获得模式或指纹，而无须识别或量化特定的化合物。代谢组学旨在将通过一系列最新技术发现收集的信息整合到代谢物分离、检测、鉴定和定量中，其关键步骤是代谢物的分离和检测。

（一）代谢组学分离技术

代谢组学最常用的分离技术是液相色谱（LC）及其高性能（HPLC）或超高性能

（UPLC）形式，气相色谱（GC）及毛细管电泳（CE）。高效液相色谱（HPLC）具有高效、高速和高灵敏度的特点，在食品药品安全检测和质量评价中应用广泛。超高效液相色谱（UPLC）的引入实现了液相色谱的最新技术进步，与HPLC相比，UPLC技术提供更高的峰容量，更高的分辨率，更高的灵敏度和更高的速度，这种方法可以获得与HPLC相似的结果，但运行时间要短得多，可以减少90%。UPLC的主要研究领域是药物分析和生物分析，也可应用于食品分析中，如测定食品成分，食品添加剂和有害化合物等。

气相色谱（GC）更侧重于挥发性代谢物的检测，分离速度快，所需样品量较少。毛细管电泳（CE）以毛细管为分离通道，可以分离和分析纳升数量级的样品，虽然其具有制备能力差、分离重、现性差等劣势，但是它最吸引人的特点是所需有机溶剂和试剂非常少（几纳升），特别适用于体积受限的样品。CE可以分离各种分析物，从小的无机离子到大的蛋白质甚至是完整的细菌均可分离。

（二）代谢组学检测技术

在检测技术中，最常用的是核磁共振（NMR）、质谱（MS）和近红外光谱（NIR）。NMR是代谢物指纹识别和分析研究中最常用的分析工具之一，其样品前处理简单且不会破坏组分，成本低，然而，它的主要缺点是灵敏度差和样品需求量大。相反，MS具有高灵敏度和选择性，最大的优点是它可以对各种分子进行综合评估。MS分析系统最常见的是直接输注质谱（DIMS），基质辅助激光解吸电离质谱（MALDI-MS）和解吸电喷雾电离（DESI）。最近，选择性离子流管质谱（SIFT-MS）已被引入食品分析。在20世纪90年代早期，红外光谱（IR）被引入作为表征和鉴定微生物的工具。傅里叶变换在红外光谱中的应用促进了傅里叶转换红外光谱（FTIR）技术的发展，该技术被迅速引入代谢组学程序组。后来，FTIR被作为快速和非破坏性地分析大量不同产品的质量和成分的代谢组学指纹工具。

（三）代谢组学联用技术

目前，代谢组学中使用的主要分析技术是联用技术，例如GC、HPLC和CE与MS偶联（分别为GC-MS、HPLC-MS和CE-MS）。GC-MS提供高分辨率和可重复性，通过GC-MS制备代谢指纹的创新技术已经开发出来。HPLC-MS是代谢组分析中最常用的联用方法，与GC-MS和CE-MS相比具有更高灵敏度，是非靶向代谢组分析的有用工具。NMR、FTIR和DIMS已经用于代谢指纹识别，这归功于它们的高性能和很少的样品制备。然而，NMR和FTIR的检测限高于基于MS的技术，其应用范围仅限于那些以高浓度存在的代谢物。

1. 液相色谱-质谱联用技术

液相色谱-质谱（liquid chromatography coupled to mass spectrometry，LC-MS）作为一种独立的技术，在分析代谢产物时有显著的优点，这不仅因为不必衍生化分析物，而且还具有能分辨大量代谢物的能力。LC分离与电喷雾（ES）联用能使大部分代谢产物被极化和电离以更加利于鉴别。此外，还能通过离子配对（P）LC-MS、亲水作用LC-MS和反相LC-MS技术从固定相到流动相同时定量分析不同类型的代谢产物，因而LC比GC应用范围更广。

LC-MS具有物质检测分析领域宽、选择性和灵敏度较好、样品制备简单等优势，样品不需要进行衍生化处理，适合于不稳定、不易衍生化、难挥发和相对分子质量较大的代谢物。

应用LC-MS/NMR系统联用技术检测代谢物结构的成功例子，是早期Shocker等对乙酰氨基酚的代谢研究，通过CH_1CN/D_2O双向体系反向梯度洗脱经ESI阳离子检测，对乙酰氨基酚在人尿液中代谢物进行研究，不仅检测到传统产物，还发现了其他内源性代谢物。

Pendula 等用 HPLC-NMR 与 HPLC-MS 相结合研究了红霉素的降解产物，在没有纯品对照下鉴定了 2 种未知杂质为红霉素 A 烯醇醚羧酸和红霉素 C 烯醇醚羧酸。

用 LC-MS 和 LC-UV 的联用方法研究天然提取物，并不适合于在线鉴定，而 LC-NMR 方法联用是天然提取物成分在线结构鉴定的强有力方法。

2. 毛细管电泳-质谱联用在代谢组学上的应用

毛细管电泳-质谱（capillary electrophoresis coupled to mass spectrometry，CE-MS）在分析复杂的代谢化合物上比 GC-MS、LC-MS 更有潜在的优势，包括高分辨效率、极小的样品量（nL）、方法快捷和较低的试剂消耗等。有研究学者用 CE-MS 对大肠杆菌的阴离子、阳离子代谢产物进行了综合和定量分析。鉴定了初级代谢产物中 375 种带电的亲水中间产物，其中的 198 种被定量，从而进一步明确了 CE-MS 能用于微生物代谢领域。

CE 也有一定的局限性，主要是由于其小样品量所致的敏感性降低，尤其是与 MS 联用时，样品能进一步被屏极液稀释。但是通过减少屏极液流速和使用联机对样品进行预浓缩（如 pH 介导的堆积和短暂的等速电泳），能得到与 LC-MS 相似的敏感性；而且屏极液稀释带来的影响可通过使用无屏极界面来解决。

目前，还没有一种技术能轻易分辨微生物提取物中上百种的代谢产物；虽然理论上能精确完成，但是最广泛的代谢产物的覆盖度需要联合多种能互相重叠的分离技术，通过优势互补以分辨不同物理化学特性的化合物。因此，在代谢组学中通常优选联用技术，以鉴定尽可能多的代谢物令其结果接近整个代谢组成为可能。

二、代谢组学数据处理技术

代谢物组样品经上述技术平台分离及检测处理后，原始谱图要经过噪声去除、保留时间校正以及特征波谱提取。此后，研究者借助统计学软件和开放平台，寻找代谢物组数据间的差异并鉴定代谢物。代谢组学研究常使用线性的分析方法，例如主成分分析（principal components analysis，PCA）、偏最小二乘法（partial least squares，PLS）、线性判别分析法（linear discriminant analysis，LDA）、独立成分分析（independent components analysis，ICA）和相关网络分析（correlation network，CN）等。非线性分析方法由于理论较复杂而较少使用，然而由于在生物系统中非线性规律是普遍存在的，所以相比线性分析方法来说具有挖掘更多隐含信息的潜力而逐渐得到重视，如非线性主成分分析法（nonlinear PCA）和自组织映射网络（self organizing map，SOM）等。

利用数据处理软件可在以下几个方面发挥作用。

1. 寻找生物

标记物在代谢指纹分析中，较常用的方法是主成分分析（PCA）和最小偏二乘法（PLS）。代谢组学数据的聚类分析通常在 PCA 分析所得的得分图（score plot）中进行，寻找生物标志物则根据 PCA 分析所得的投影图（loading plot）中，各变量对主成分贡献的大小来判断。

2. 代谢组学数据预处理

通过分析体系得到原始数据后，首先需要将数据预处理，以保留与组分有关的信息，消除多余干扰因素的影响。预处理包括分段积分（主要针对 NMR 数据）归一化（normalization）标度化（scaling）、滤噪（filtering）和色谱峰对齐（alignment）等步骤。

3. 对于色谱-质谱数据中的重叠峰的处理

对于色谱-质谱数据中的重叠峰，一般先解析，再做PCA等分析。实际上，PCA是一种降维技术，在代谢物共有特性的线性组合（即核心轴线）基础上很容易绘制、描绘和聚集成多倍代谢物。作为聚类技术，主成分分析是识别一个样品与另一个变量差异性最常用的方法，以及判断造成这种差异的最有影响的因素；这些变量是否以同样的方式贡献（如果相关）或各个变量是否相互独立（即不相关）。

与PCA相比，偏最小二乘法判别分析（PLS-DA）是管理分类技术中的一种，通过旋转PCA化合物，可以提高由此方法观察到的组分之间的分离效果，从而可获得各种类（组分）最大限度的分离。两者的基本原理是类似的，但是在PLS-DA方法中对第二部分信息的使用，也就是说，针对标记组分的特点，化学计量方法如PCA和PLS-DA，不保证直接识别和量化对象化合物，而是仍需要一个无偏（或非靶向治疗）的方法对不同样本进行化学综合比较，以保证计量的准确性。

以上的化学统计方法是用于仪器分析后的代谢物数据，而用来检测样品的代谢组学研究方法如色谱、质谱及核磁分析技术，它们的重点在于尽可能多地识别和量化样品中的化合物，一般是通过从纯化合物中获得相应的化合物的色谱参考值，来确定样品中的化合物是何种物质；一旦构成的化合物被识别和量化后，再通过统计软件处理（PCA或PLS-DA）来识别重要的生物标记物和多信息代谢途径。

根据不同的目标和设备特性，定量代谢组学可以是目标物（选择特定类型的化合物如脂类或多酚）或综合性产物（包括所有或几乎所有的可检测代谢物）。目前，人们更热衷于对生物活性化合物的鉴定，许多地区在食品科学与营养学研究领域日益倾向于定量代谢组学。目前这两种数据处理方法，主要是通过统计分析系统（SAS）软件或者统计产品与服务解决方案（SPSS）软件来运行。

第三节　微生物代谢组学在食品领域的应用

代谢组学是一个相对比较新的领域，是结合了生物信息学和系统微生物学的一门学科，它能够在代谢组里进行高通量的辨别和定量分析小分子代谢物，不仅有助于探索各物种之间的相互关系，而且是微生物演化和发展动力学研究的可靠分析工具。微生物代谢组学已在许多食品方面得到了应用，主要有以下几个方面。

一、微生物筛选、分类和鉴定

食品发酵体系是由一种或多种微生物构成的独特微生态环境，其中微生物称为发酵食品的“灵魂”，直接关系到产品质量和风味。利用代谢组学技术研究发酵食品中微生物多样性，筛选与发酵食品品质和风味直接相关的功能微生物菌株，对于探究发酵食品风味形成机理具有重要意义。将代谢组学技术引入菌种代谢特性分析中，可以精确地了解不同菌种对发酵的影响，可用于区分不同菌株以及确定各菌株的发酵特性，为菌株筛选提供必要的理论指导，也为食品发酵工艺的调控指明了方向。

代谢物是细胞生命活动的终端产物，通常基因上的微小变化在代谢物水平上都会被放大，产生明显不同的代谢表型，所以利用代谢组学分析方法研究微生物代谢物的差异可以实现不同菌株的表型分类。在工业微生物研究上，酿酒酵母与非酿酒酵母的区分是非常重要的，传统的鉴定方法是基于生物化学、形态学等差异，不仅步骤烦琐，而且鉴定能力有限。利用基因组学区分菌株的方法受到基因复杂性影响，会产生错误的分类结果或对遗传关系近的菌株不能得到很好的区分，而代谢组学方法却展现了很好的菌株区分能力。代谢谱分析方法（metabolic profiling）兴起，逐渐成为一种快速、高通量、全面的表型分类方法。采用代谢组分类时，可以通过检测胞外代谢物来加以鉴别。

除了表型分类外，代谢组学数据还可应用于突变体的筛选，沉默突变体虽然表型未发生明显变化，但突变基因可能导致某些代谢途径的改变，通过代谢快照（metabolic snapshot）了解沉默表型的实际代谢轮廓，从而鉴别突变体菌株。

二、菌株功能基因研究和代谢途径解析

在基因修饰后或者具有已知特定代谢途径的微生物发酵研究中，可以利用代谢组学技术对其进行评价，以代谢产物的热动力学为基础构建生化网络。

代谢组学研究为揭示食品微生物体内重要代谢网络及其调控途径中的关键基因，建立微生物代谢途径和细胞性能优化与改造新策略提供了可能。利用代谢组学技术可以考察细胞内代谢物组分的变化规律，从而找到生化过程中的标记物，为细胞代谢调控提供可靠的研究方向。

三、发酵过程监控和工艺优化

代谢组学技术可为发酵过程调控和工艺优化指明方向，可通过建立工艺参数向量与食品组分向量之间的、经有效性验证之后的数学模型，来指导调控和预测发酵过程中食品组分变动方向。一方面，需要掌握微生物生理、生化方面的规律，研究清楚每个阶段涉及的菌相变化和组分变化；另一方面，需要在生物反应和调控工艺参数之间建立多元数学模型。

发酵食品的生产过程涉及物理、化学和生物学变化，往往导致食物组分的重要变化，代谢组学的应用使得对复杂发酵过程的系统分析或控制成为可能。发酵工艺的监控和优化需要检测大量的参数，利用代谢组学研究工具可以减少实验数量，提高检测通量，并有助于揭示发酵过程的生化网络机制，从而有利于理性优化工艺过程。Buchholz 等采用连续采样的方法研究了大肠杆菌在发酵过程中的代谢网络的动力学变化，他们在缺乏葡萄糖的培养液培养大肠杆菌时加入葡萄糖，并迅速混匀，按 4~5 次/s 的频率连续取样。利用代谢组学分析和 HPLC/LC-MS 等手段监测样品中多达 30 种以上的代谢物核苷以及辅酶，从而解析了葡萄糖以及甘油的代谢途径和底物摄取体系。通过统计学分析建模，发现在接触葡萄糖底物后的 15~25s，大肠杆菌体内发生的葡萄糖代谢物变化与经典生化途径相符，但随后的过程则与经典途径不符，推测可能存在新的未知调控步骤。

通过上述代谢动力学研究，掌握代谢途径及网络中的关键参数，将直接有利于代谢工程的优化，包括菌株的理性优化以及发酵参数的调控。利用 LC-MS 方法监控发酵过程中的氨基酸谱纹（指纹图谱），实现对整个发酵系统的高通量快速监控。而接下来的研究将考虑缩

小氨基酸监测范围，通过少数几个关键氨基酸的监测实现对整个发酵系统状况的监控。

四、微生物代谢组学在食品和营养学中的应用

多年来，食品安全一直都受到各国政府和人民的重视。微生物降解食品产生的病原体、毒素以及副产品都与食品安全问题有着密切的关系。因此，监测这些相关代谢物对于食品安全非常重要。微生物代谢组学为食品安全评价提供了新策略，已成功应用于食品中有毒物质的检测，例如，采用 GC-MS 技术研究与特定微生物污染有关的挥发性代谢物的指纹图谱，使用 LC-MS 和 NMR 技术检测食品中微生物毒素等。

另外，微生物代谢组学也被应用于评估营养素缺乏与过量对机体代谢平衡的影响，更精确地监测饮食对机体的影响，减少混杂因素如年龄、性别、生理状态和生活方式等的干扰。微生物代谢组学能快速有效地对动物机体健康、疾病预测和诊断做出全面的评估，更深入地了解营养与机体代谢的相互作用。

CHAPTER 17

第十七章 微生物的纯培养和显微技术

第一节 微生物的分离和纯培养

一、微生物的分离纯化

在自然界中，微生物一般是多个菌种混杂生长的，要想研究某一种微生物，必须把混杂的微生物类群分离开，以得到只含有一种微生物的培养物。微生物学中将从混杂的微生物群体中获得只含有某一种或某一株微生物的过程称为微生物的分离与纯化，从一个细胞得到后代的微生物的培养称为微生物的纯培养，只含有一种微生物的培养物称为纯培养物。微生物的纯培养可按照以下方法进行。

1. 倾注平板法（pour plate method）

先将待分离的材料用无菌生理盐水做一系列的稀释（如 1∶10，1∶100，1∶1000，1∶1000），然后取少许不同稀释度的稀释液，分别与已熔化并冷却至 50℃左右的琼脂培养基混合，摇匀后，倾入已灭菌的培养皿中，待琼脂凝固后，制成可能含菌的琼脂平板，在适宜的温度下培养一段时间，如果稀释得当，在平板表面或琼脂培养基中就会出现分散的单个菌落，这个菌落可能就是由一个细菌细胞繁殖形成的。随后挑取该单个菌落，或重复以上步骤，便可得到纯培养，如图 17-1 所示。

2. 涂布平板法（spread plate method）

在稀释倒平板法中，由于含菌材料与较高温度的培养基混合中易致某些热敏感菌死亡，一些严格好氧菌也因被琼脂覆盖导致缺氧而影响生长。此时，可采用稀释涂布平板法。该法操作是先制成无菌培养基平板，冷却凝固后，将一定量的某一稀释度含菌样品悬液滴加在平板表面，再用无菌玻璃涂布棒把菌液均匀涂散到整个平板培养基表面，在不同设定条件下培养后，挑取单个菌落进行纯培养，如图 17-2 所示。此法较适于好氧菌的分离与计数，这种分离纯化方法通常需要重复进行多次操作才能获得纯培养。

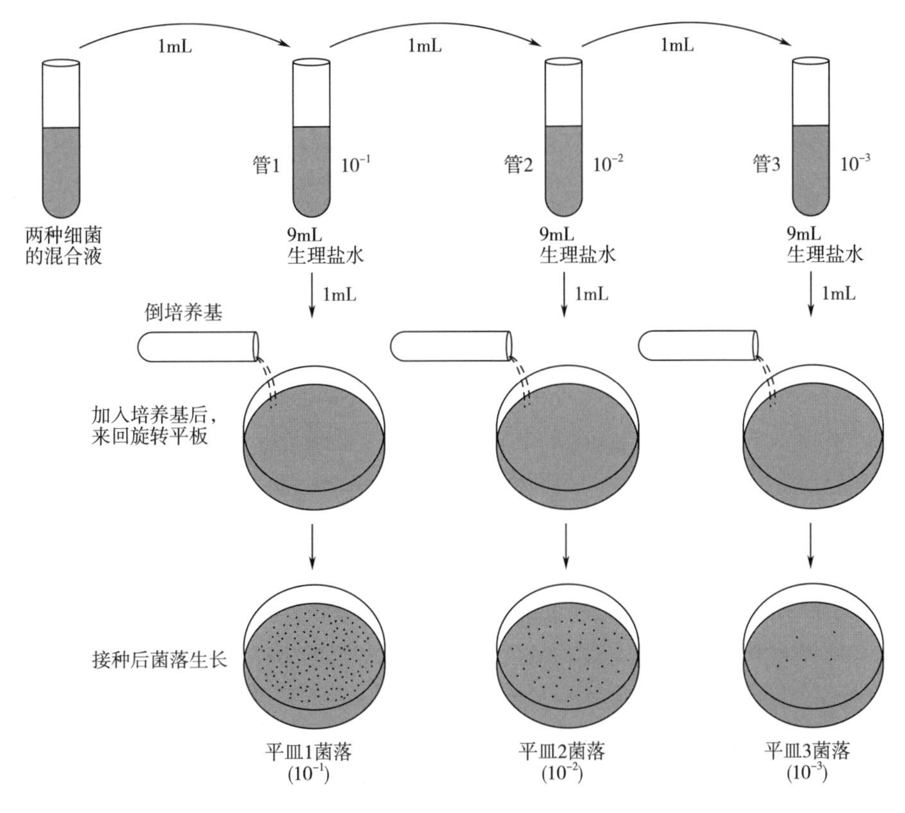

图 17-1　倾注平板法分离细菌单菌落

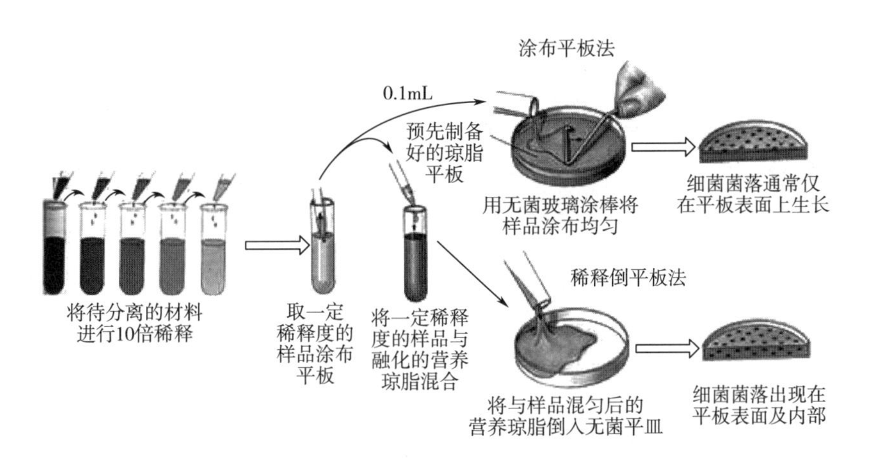

图 17-2　稀释后平板分离细菌单菌落

3. 平板划线分离法（streak plate method）

将熔化的琼脂培养基倾入无菌平皿中，冷凝后，用接种环蘸取少量分离材料按图 17-3 所示方法在培养基表面连续划线，经培养即长出菌落。随着接种环在培养基上的移动，可使微生物逐步分散，如果划线适宜的话，最后划线处常可形成单个孤立的菌落。这种单个孤立的菌落可能是由单个细胞形成的，因而为纯培养物。

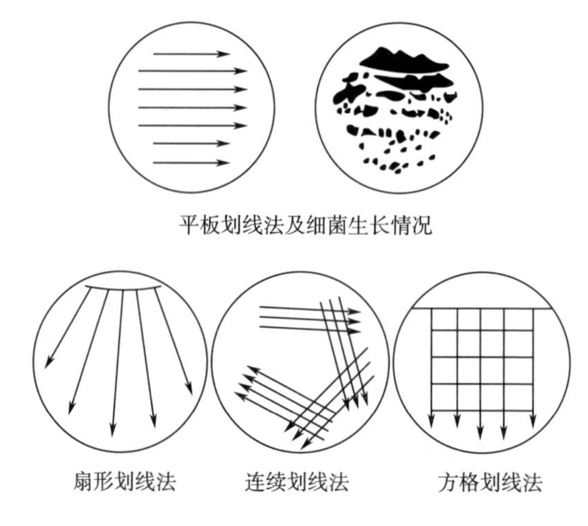

图 17-3 平板划线分离法

4. 稀释摇管法（dilution shake culture method）

专性厌氧微生物对氧气很敏感，其液体纯培养的分离可采用稀释摇管法进行，它是稀释平板法的一种变通形式。先将一系列盛有无菌琼脂培养基的试管加热使琼脂熔化后冷却并保持在 50℃左右，将待分离的材料用这些试管进行梯度稀释，试管迅速摇匀，冷凝后，在琼脂柱表面倾倒一层灭菌液体石蜡和固体石蜡的混合物，将培养基和空气隔开。培养后，菌落在琼脂柱的中间形成，进行单菌落的挑取和移植时，需先用一支灭菌针将石蜡盖取出，再用一根毛细管插入琼脂和管壁之间，吹入无菌无氧气体，将琼脂柱吸出，放置在培养皿中，用无菌刀将琼脂柱切成薄片进行观察和菌落的转接操作（一般是进行深层穿刺接种）。

5. 单细胞（单孢子）分离稀释法（single spore isolating method）

上述的稀释纯培养法有一个重要缺点，即只能分离出混杂微生物群体中占数量优势的种类。对于很多在自然界混杂群体中占少数的微生物，一般采取显微分离法从中直接分离出单个细胞或个体进行纯培养，该方法称为单细胞（单孢子）分离稀释法。单细胞分离法适于细胞或个体较大的微生物如藻类、原生动物、真菌（孢子）等，细菌纯培养一般用单细胞（单孢子）分离法较为困难。根据微生物个体或细胞大小的差异，可采用毛细管大量提取单个个体，然后清洗并转移到灭菌培养基上进行连续的培养；也可在低倍显微镜下进行操作。单细胞分离法对操作技术有比较高的要求，在高度专业化的科学研究中采用较多。

6. 利用选择培养基分离法（selective medium separation method）

不同的细菌需要不同的营养物；有些细菌的生长适于酸性，有些则适于碱性；各种细菌对于化学试剂如消毒剂、染料、抗生素及其他物质等具不同抵抗能力。因此，可以把培养基配制成适合于某种细菌生长而限制其他细菌生长的形式。这样的选择培养基用来分离纯种微生物，也可以将待分离的样品先进行适当处理以排除不希望分离到的生物。例如伊红美蓝培养基含有伊红和美蓝两种染料作为指示剂。大肠杆菌可发酵乳糖产酸造成酸性环境时，这两种染料结合形成复合物，使大肠杆菌菌落带黑色金属光泽，而与其他不能发酵乳糖产酸的微生物区分开，沙门氏菌形成无色菌落，金黄色葡萄球菌基本上不生长。

上述方法获得的纯培养可作为保藏菌种，用于各种微生物的研究和应用。通常所说的微生物的培养就是采用纯培养进行的。为了保证所培养的微生物是纯培养，在微生物培养过程中防止其他微生物的混入是很重要的，若其他微生物混入了纯培养中则称为污染。

二、微生物的接种技术

微生物的接种是将一种微生物移接到另一个已灭菌的新培养基中，使其生长繁殖的过程。接种方法有斜面接种、液体接种、平板接种、穿刺接种等。无论是哪种方法，接种的核心问题在于接种过程中，必须严格采用无菌操作，以确保纯种不被杂菌污染。无菌操作是指培养基经灭菌后，用已灭菌的接种工具，在无菌的条件下接种含菌材料于培养基上的过程。

微生物实验室常用的接种工具包括：接种针、接种环、移液管、弯头吸管、涂布棒、滴管等。用于制作接种环或接种针的金属丝应软硬适中，必须具有灼烧时红得快、冷却迅速、能耐受反复灼烧、不易氧化且无毒等性能，通常用镍铬丝或铂丝为材料。用于接种细菌或酵母菌的接种环可用直径为 0.5mm 的镍铬丝，将其一端弯成内径为 2~3mm 的圆环，环端要吻合，而另一端固定于金属棒内即成。无论是接种环还是接种针，其突出在棒外的镍铬丝总长应在 7.5cm 左右。

（一）斜面接种

斜面接种法就是用灼烧灭菌后的接种环，从菌种管挑取少许菌苔，以无菌操作转移至另一支待接新鲜培养基斜面上，自斜面底部开始向上做“Z”状致密平行划线的操作过程。有时只要观察某微生物在斜面培养基上的一些生长特征，这时只需由下而上在斜面上一直划线，经合适温度培养后即可（图 17-4）。这些生长特征不仅在菌种鉴定上具有参考价值，而且也可用于检查菌株的纯度等。

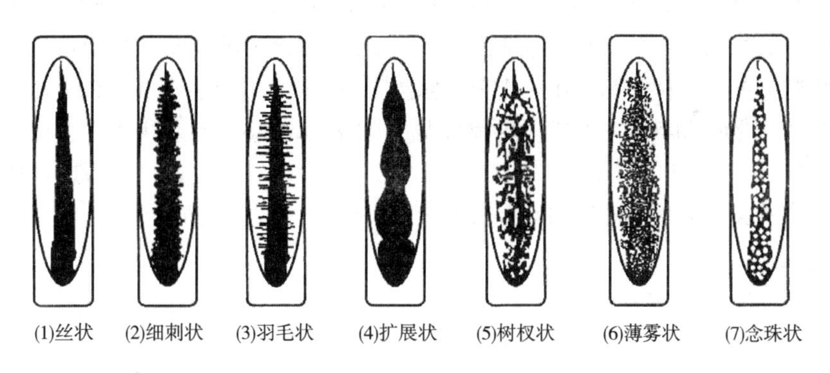

图 17-4　直接接种琼脂斜面上菌苔的生长特征

无菌操作接种是指为防止杂菌污染纯培养物而采取的一系列预防措施后的移种过程。为此，接种前应清理操作台，移走不必要的物品，用湿布擦净灰尘。菌种管和待接种的斜面试管都应插在试管架上（切莫平躺在桌面上），并放在取放便利的位置。接种时应在火焰旁的无菌操作区域内完成菌种的转移或划线等操作过程。为避免因空气流动而带来污染，操作时切忌聊天或人员走动。总之，严防污染是接种成功的关键。

1. 准备工作

接种前在空白斜面试管管口注明菌名、接种日期、接种人姓名，标注位置应为斜面向上的部位。开启超净工作台 30min 后待用。

2. 接种

点燃酒精灯，将菌种管和新鲜空白斜面试管的斜面向上，用大拇指和其他四指握在左手中，使中指位于两试管之间的部位，无名指和大拇指分别夹住两试管的边缘，管口齐平，试管横放，管口稍稍上斜。右手先将试管塞拧转松动，以利于接种时拔出。右手拿接种环，使接种环直立在火焰部位将金属环烧红灭菌，然后将接种环来回通过火焰数次，环丝与接种棒连接处，以及接种棒等接种时可能进入试管的部分均应灼烧。右手小指、无名指和手掌拔下试管塞并夹紧，试管塞下部应露在手外，勿放桌上，以免污染。试管口迅速在火焰上微烧一周，使试管口上可能粘染的少量杂菌或带菌尘埃烧死。将灼烧过的接种环伸入菌种管内，先将环接触无菌的培养基部分，使其冷却，以免烫死菌体。然后用接种环轻轻取少许菌，并将接种环慢慢从试管中抽出。在火焰旁迅速将接种环伸进另一空白斜面，在斜面培养基上轻轻划线，将菌体接种于空白培养基上。划线时由底部划起，画成较密的波浪状线；或由底部向上划一直线，一直划到斜面的顶部。抽出接种环，同时将两支试管口与试管塞依次过火一下，试管塞各自塞紧后将试管放回试管架上（图 17-5）。接种完毕应立即灼烧接种环，以杀死环上残留的菌体。如果环上的菌体量多而黏稠，则应先灼烧环以上部位，再逐渐移至环口处灼烧至红，否则残留于环上的菌体会因骤然灼烧而四处飞溅，污染空气。在转移致病菌操作时更应注意防止此类污染，严防发生有害微生物对操作者自身的伤害。将接种完的试管置于适合的温度下培养，用无菌纸包扎试管管塞端后存放于 4℃ 冰箱。霉菌、放线菌等保藏 2~4 个月需移种 1 次，细菌最好每月移种 1 次。实验后消毒实验台面。

3. 注意事项

①接种前务必核对标签上的菌名与菌种管的菌名是否一致，以防混淆或接错菌种。

②接种环自菌种管转移至待接斜面的过程中，切勿无意间通过火焰或触及其他物品的表面，以防斜面接种失败或转接的斜面菌种污染杂菌。

③接种时只需将环的前端部位与菌苔接触后刮取少量菌体，划线接种是利用含菌环端部位的菌体与待接斜面培养基表面轻度接触摩擦，并以流畅的线条将菌体均匀分布在划线线痕上，切忌划破斜面培养基的表面或在其表面乱划。

（二）穿刺接种

穿刺接种法就是用接种针挑取少量菌苔，直接刺入半固体直立柱培养基中央的一种接种法。该法只适用于细菌和酵母菌的接种培养。

穿刺接种法不仅用于观察细菌的运动力，而且在菌种保藏（如石蜡油封藏）、明胶液化及某些生理生化反应（产 H_2S 试验）等试验中都得到应用。因此，这也是微生物工作者必须掌握的接种技术之一。

若将细菌穿刺至明胶直立柱中，就可用于检查细菌是否有液化明胶的能力。凡能产生蛋白酶的细菌，可使明胶自表面开始沿穿刺线逐渐分解，使明胶柱液化呈火山口状、芜菁状、漏斗状、囊状或层状等不同的形状，因此，可作为菌种鉴定的依据之一。

穿刺接种时持试管的方法有两种：一是横握法，这与斜面接种的握法相同；另一种是直握法。

1. 接种前的准备

与斜面接种方法相同。

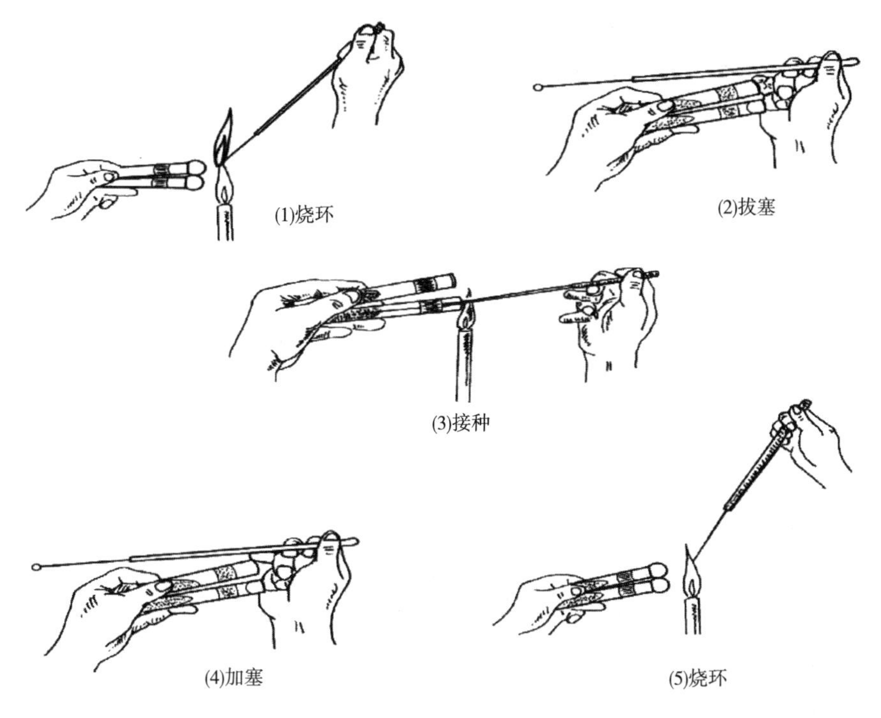

图 17-5 斜面的握法与无菌操作接种的流程示意图

①标明菌名。

②旋松试管塞。

③点燃酒精灯。

2. 穿刺接种法（直握法）

（1）挑取菌种 左手持菌种管，右手拿接种针（拿法与斜面接种法相同）。经火焰灭菌后，用持针的右手拔出试管塞，试管口过火灭菌后再将接种针伸入菌种管中，先在斜面上端冷却后挑取少量菌苔，移出接种针，管口再过火，塞上试管塞，将菌种管放回试管架上。

（2）穿刺接种 左手拿直立柱试管，在火焰旁用右手的小指和手掌边拔出试管塞。随之将试管口朝下，同时将接种针从直立柱培养基中央自下而上直刺到离管底 1~1.5cm 处（切勿穿透培养基），然后沿原穿刺线拔出接种针。管口过火，塞上试管塞，插在试管架上（图 17-6）。

（3）灭接种针上残菌 将带有菌的接种针在火焰上烧红，经灭菌后才可放在桌面上。随手再将试管塞塞紧，以防脱落。

3. 培养

将已接种的直立柱试管置 37℃恒温箱中，培养 24h 后取出，通过透射光目测细菌在穿刺线上的生长情况，并记录结果。

4. 注意事项

①半固体培养基琼脂的用量依据琼脂牌号不同而定。其硬度的判断，以培养基冷却凝固后，用手轻敲即碎为准。为使培养基透明而不浑浊，配制的培养基应当过滤。

②接种前应将接种针拉直，穿刺时手要平稳，不可左右摆动。

③穿刺接种时，接种针不可穿透培养基。

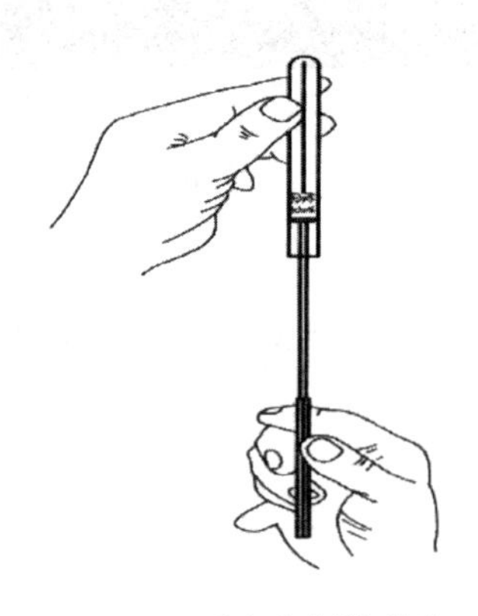

图 17-6　垂直穿刺接种法

（三）三点接种

霉菌的菌落形态特征是对它们进行分类鉴定的重要依据。为了便于观察，通常用接种针挑取极少量霉菌孢子点接于平板中央，由其形成单个菌落，这种接种方法常称为霉菌单点接种法；若在平板培养基上以匀称分布的三点方式接种，经培养后可在同一平板上形成 3 个重复的单菌落，则称为霉菌的三点接种法。

三点接种法的优点不仅可在同皿中获得 3 个重复菌落，同时在 3 个彼此相邻的菌落间会形成一些菌丝生长较稀疏且较透明的狭窄区域，由于在该区域内的气生菌丝仅分化出少数子实体，因此可直接将培养皿放在显微镜的低倍镜下，就能随时观察到菌丝的自然着生状态与子实体的形态特征，因而省去了制片的麻烦，同时也避免了制片时破坏子实体的自然着生与形态特征的扭曲等弊端。此法在对霉菌进行形态观察和分类鉴定工作中十分有用。

1. 标注

在平皿底部或平皿边缘注明菌名、接种日期及接种者姓名等信息。

2. 标出三点

用记号笔在皿底标出约为等边三角状的三点（三点均位于培养皿的半径之中心）。

3. 三点接种步骤

（1）无菌操作取菌样　将灼烧灭菌后的接种针，伸入菌种管斜面顶端的培养基内使其冷却与润湿，以针尖蘸取少量霉菌孢子。在转移带菌接种针前，须将接种针的柄在管口轻轻碰两下，以抖落针尖端未黏牢的孢子。然后移出接种针，塞上棉塞，将菌种管插回试管架。

（2）带菌接种针的停留　带菌接种针在未点接平板期间，尽量保持在火焰旁的无菌操作区内，但切莫太靠近火焰或无意间过火（均可杀灭针尖菌体或孢子），也要防止针尖无意中碰到他物（无菌操作未过关）而污染杂菌。

（3）取出平板皿底　左手将预先倒置在煤气灯旁的平板皿底取出（皿盖仍留桌面），手持平板使其停留在火焰旁的无菌操作区域内，并且使平板培养基面朝向火焰。

（4）三点接种　快速将蘸有孢子的接种针尖垂直点接至平板培养基表面的标记点处，然后将平板皿底以垂直于桌面的状态轻快地放回皿盖中，让三点接种平板直保持倒置状态（切忌来回翻动）。最后将带菌的接种针灼烧至红，以杀灭针上残留的菌体与孢子。

4. 培养

将培养皿倒置于28℃恒温箱中，培养1周后观察菌落生长情况，若有时间可多观察几次，以了解菌落的形成过程及孢子的形成规律。

5. 注意事项

①接种时应使手持的平板尽量垂直于桌面，以防接种时针上的孢子散落到平板的其他区域，或因空气中的带菌尘埃降落至平板表面而引起污染等。

②接种时接种针应尽量垂直于平板，轻快地让针尖的菌体或孢子点接于平板表面，尽量不要刺破培养基，以防形成的单菌落形态不规则。

三、微生物生理生化反应

微生物的鉴定不仅是微生物分类学中一个重要组成部分，而且也是在具体工作中经常遇到的问题。一般来说，对一株从自然界或其他样品中分离纯化的未知菌种进行经典分类鉴定，需要做以下几方面工作。

(1) 个体形态观察　对未知菌种进行革兰氏染色，辨别是G^+菌，还是G^-菌，并观察其形状、大小、有无芽孢及其着生位置等。

(2) 菌落形态观察　对未知菌种进行形态、大小、边缘情况、表面情况、隆起度、透明度、色泽、质地、气味等菌落特征观察。

(3) 动力试验　观察未知菌种能否运动及其鞭毛类型（端生、周生）。

由于细菌个体细菌的代谢与呼吸作用主要依赖酶的活动，各种细菌具有不同的酶类而表现出对某些碳水化合物、含氮化合物的分解代谢途径不同，以及代谢类型等方面均有差异，故可利用这些差异作为细菌分类鉴定重要依据之一。

(4) 血清学反应试验　该反应具有特异性强、灵敏度高、简便快速等优点，在微生物分类鉴定中，常用已知菌种制成抗血清，根据它是否与未知菌种发生特异性结合反应来鉴定，判断它们之间的亲缘关系。

根据以上试验项目的结果，查阅权威性的菌种鉴定手册中微生物分类检索表，给未知菌种对号入座进行鉴定和分类。

由于细菌个体微小、形态简单，因此它的分类鉴定方法与高等动物有所不同。除了依靠形态特征来鉴别外，常还要做一系列的生理生化试验，尤其是细菌。不同种类的细菌，有着不同的生理生化特性，在对营养物质的利用、代谢产物的种类、代谢的类型等方面都表现出很多差异。因而这些差异可以作为细菌分类鉴定的依据。

用化学反应来鉴定细菌在代谢过程中形成的各种产物的试验，称为细菌的生化试验。

细菌生化反应的项目甚多，常用的试验有下列几种。

（一）糖（醇）类发酵试验

糖（醇）发酵试验是最常用的鉴别微生物的生化反应，在肠道细菌的鉴定上尤为重要。多数细菌都能利用糖类作为碳源和能源，但是它们分解糖类物质的能力有很大差异。有些细菌能分解某种单糖或醇产生有机酸（如乳酸、甲酸、乙酸、丙酸、琥珀酸等）和气体（如氢气、甲烷、二氧化碳等），有些细菌只产酸不产气。例如大肠杆菌能分解乳糖和葡萄糖产酸并产气；伤寒沙门氏菌分解葡萄糖产酸不产气，不能分解乳糖；普通变形杆菌分解葡萄糖产酸产气，不能分解乳糖。发酵培养基中含有不同的糖类、蛋白胨和溴甲酚紫（B. C. P）指示剂，以及倒置的杜氏小管。当发酵产酸时，溴甲酚紫指示剂由紫色（pH 6.8 以上）变为黄色（pH 5.2 以下）。气体的产生可由倒置的杜氏小管中有无气泡来证明，或用半固体培养基穿刺接种法也能判别产气现象。

（二）IMViC 与硫化氢试验

IMViC 是吲哚试验（indole test）、甲基红试验（methyl red test，M.R 试验）、V-P 试验（Voges-Proskauer test）和柠檬酸盐试验（citrate test）四个试验的缩写（i 是在英文中为了发音方便而加上去的）。这四个试验主要用来快速鉴别大肠杆菌和产气肠杆菌等肠道杆菌科的细菌，多用于食品和饮用水的细菌学检验。大肠杆菌作为食品和饮用水的粪便污染指示菌，若超过一定数量，则表示受粪便污染。产气肠杆菌存在于水、植物、谷物表面、食品中，也可作为食品和饮用水的粪便污染指示菌。但在检验时要将两者鉴别区分。

吲哚试验是用来检测细菌能否分解色氨酸产生吲哚（靛基质）的能力。有些细菌，如大肠杆菌能产生色氨酸水解酶，分解蛋白胨中的色氨酸产生吲哚和丙酮酸。吲哚与对二甲基氨基苯甲醛结合，生成红色的玫瑰吲哚，为阳性反应，而产气肠杆菌为阴性反应。

色氨酸水解反应：

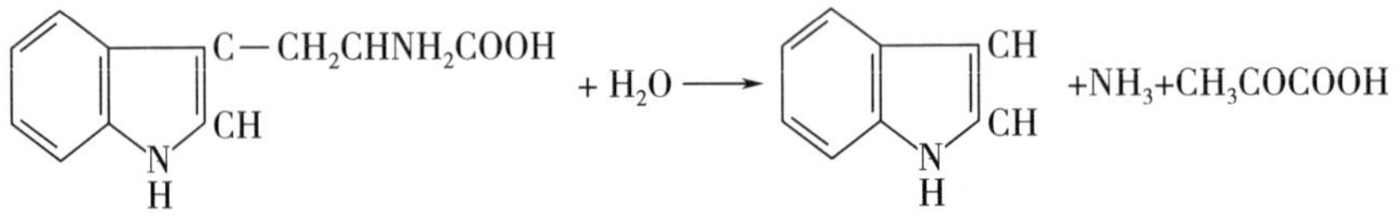

$$\text{C}-\text{CH}_2\text{CHNH}_2\text{COOH} + \text{H}_2\text{O} \longrightarrow \text{CH} + \text{NH}_3 + \text{CH}_3\text{COCOOH}$$

色氨酸　　　　吲哚

吲哚与对二甲基氨基苯甲醛反应：

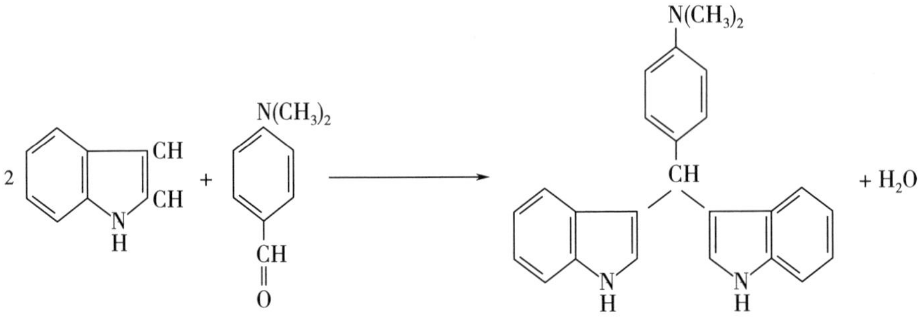

$$2\,(\text{吲哚}) + \text{N(CH}_3)_2\text{-C}_6\text{H}_4\text{-CH=O} \longrightarrow (\text{玫瑰吲哚}) + \text{H}_2\text{O}$$

吲哚　对二甲基氨基苯甲醛　　　　玫瑰吲哚

甲基红试验是用于检测细菌能否分解葡萄糖产生有机酸的能力。当细菌代谢糖产生有机酸时，使加入培养基中的甲基红指示剂由橘黄色（pH 6.3）变为红色（pH 4.2），即甲基红反应。例如，大肠杆菌先发酵葡萄糖产生丙酮酸，丙酮酸再被分解为有机酸（甲酸、乙酸、乳酸、琥珀酸等），由于产酸量较多，使培养基的 pH 为 4.2 以下，此时加入甲基红指示剂呈红色，为阳性反应；而产气肠杆菌分解葡萄糖产生有机酸量少，或产生的有机酸又进一步转化为非酸性末端产物（如醇、醛、酮、气体和水等），使 pH 升至大约 6.0，此时加入甲基红指示剂呈黄色，为阴性反应。

V-P 试验是用来检测细菌能否利用葡萄糖产生非酸性或中性末端产物的能力。某些细菌，如产气肠杆菌分解葡萄糖产生的丙酮酸又进行缩合、脱羧生成乙酰甲基甲醇（3-羟基丁酮），此化合物在碱性条件下易被空气中的氧气氧化成二乙酰（丁二酮），二乙酰与培养基蛋白胨中精氨酸的胍基作用，生成红色化合物，即V-P试验阳性反应；而大肠杆菌不产生红色化合物，为阴性反应。若在培养基中加入α-萘酚或少量肌酸、肌酐等含胍基的化合物，可加速此反应。其化学反应过程如下：

葡萄糖 ⟶ 2 CH_3—CO—COOH（丙酮酸） $\xrightarrow{-CO_2}$ CH_3—CO—COHCOOH—CH_3（乙酰乳酸） $\xrightarrow{-CO_2}$ CH_3—CO—CHOH—CH_3（乙酰甲基甲醇） $\xrightarrow{+2H}$ CH_3—CHOH—CHOH—CH_3（2，3-丁二醇）

乙酰甲基甲醇 $\xrightarrow{+OH^-,\ -2H}$ CH_3—CO—CO—CH_3（二乙酰）

CH_3—CO—CO—CH_3（二乙酰） + $HN{=}C(NH_2)_2$（胍基） ⟶ $HN{=}C(N{=}C{-}CH_3)_2$（红色化合物） + $2H_2O$

柠檬酸盐试验是用来检测肠杆菌科各属细菌能否利用柠檬酸的能力。有的细菌，例如产气肠杆菌等能够利用柠檬酸钠为碳源。由于细菌不断利用柠檬酸产生 CO_2，CO_2与培养基中的 Na^+、H_2O 结合形成碳酸钠，导致培养基碱性增加，使培养基中溴麝香草酚蓝指示剂由绿色（pH 6.0~7.0）变为蓝色（pH>7.6），即为阳性反应；而大肠杆菌不能利用柠檬酸盐，即为阴性反应。

硫化氢试验是用于检测肠杆菌科各属细菌能否分解含硫氨基酸释放硫化氢的能力。有些细菌，例如沙门氏菌、变形杆菌等能分解含硫氨基酸（胱氨酸、半胱氨酸、甲硫氨酸等）产生硫化氢，遇到培养基中的铅盐（乙酸铅）或铁盐（$FeCl_3$）等，生成黑色的硫化铅或硫化铁沉淀物。以半胱氨酸为例，其化学反应过程如下：

$$CH_2SHC\ HNH_2COOH+H_2O \rightarrow CH_3COCOOH+H_2S\uparrow+NH_3\uparrow$$

$$H_2S+Pb(CH_3COO)_2 \rightarrow PbS\downarrow+2CH_3COOH$$

（黑色）

（三）硝酸盐还原试验和尿素试验

硝酸盐还原试验用于检测细菌是否具有硝酸盐还原酶的活性。该酶能将培养基中的硝酸盐还原为亚硝酸盐或氨和氮气等。如果细菌将硝酸盐还原为亚硝酸盐时，当培养基中加入亚硝酸试剂（又称格里斯试剂）后，亚硝酸盐与其中的对氨基苯磺酸作用，生成对重氮苯磺酸，后者再与α-萘胺结合生成红色的*N*-α-萘胺偶氮苯磺酸，此为阳性反应。其化学反应过程如下：

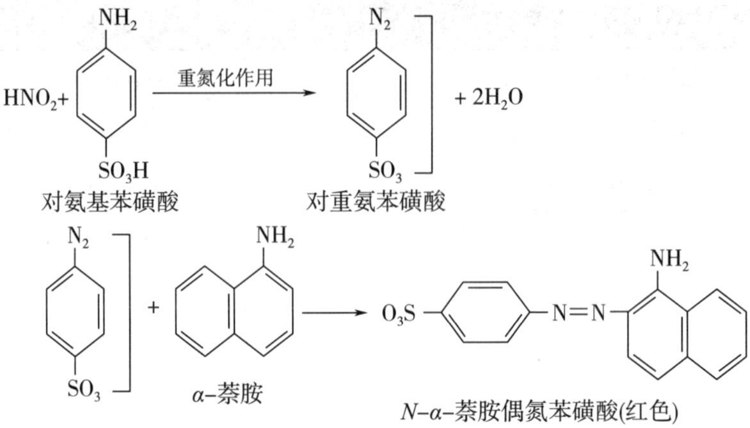

HNO_2 + 对氨基苯磺酸（NH_2 … SO_3H）$\xrightarrow{\text{重氮化作用}}$ 对重氮苯磺酸（N_2 … SO_3）+ $2H_2O$

对氨基苯磺酸　　对重氮苯磺酸

对重氮苯磺酸（N_2 … SO_3）+ *α*-萘胺（NH_2）$\longrightarrow$ O_3S—C_6H_4—N=N—（NH_2）萘

α-萘胺

N-*α*-萘胺偶氮苯磺酸(红色)

如果在培养基中加入格里斯试剂后培养液不呈现红色，则有下列两种可能：①细菌不能还原硝酸盐，培养液中仍有硝酸盐存在，此为阴性反应；②细菌还原硝酸盐生成的亚硝酸盐又继续分解生成氨和氮，此为阳性反应。

判断培养液中硝酸盐是否存在，可用以下两种方法检查：①在培养液中加入 1~2 滴二苯胺试剂，如果培养液呈蓝色，表示有硝酸盐存在，此为阴性反应；若不变蓝，表示硝酸盐不存在，此为阳性反应；②在培养液中加入少量锌粉，经加热后，锌粉使硝酸盐还原为亚硝酸盐，再加入格里斯试剂，若培养液呈现红色，说明原来的硝酸盐未被还原，此为阴性反应；如果培养液不呈现红色，则说明培养液中已不存在硝酸盐，此为阳性反应。

尿素分解试验用于检测细菌是否具有尿素酶的活性。具有尿素酶的细菌，如变形杆菌等可以分解培养基中的尿素产生氨，使培养基中的酚红指示剂由黄色（pH 6.3~6.8）变成红色（pH 8.0~8.4）。

第二节　显微镜和显微技术

一、显微镜的发展史

微生物具有个体微小、肉眼难以看见的特点，比如一些球菌的直径仅有 1.0μm，而人眼睛的分辨率为 0.1mm，因此我们需要借助某种工具来观察微生物，这种工具就是显微镜。

显微镜一词源于希腊文，直译就是“小型观察器”。光镜的分辨率为 0.2μm，电子显微镜分辨率为 0.144~0.200nm。显微镜是人类历史上最伟大的发明之一，它的发明使人们初次看到了许多肉眼无法看见的微小生物和生物体中的微细结构，打开了认识微观世界的大门。

早在 13 世纪，英国牛津大学的罗杰尔·培根就对透镜进行了研究，而由于当权者的无知与残暴，把他关进监狱达 15 年之久，直至快要死去，使显微镜的发明延迟了 300 多年。直到 1590 年，在科学史上具有深远意义的显微镜在偶然的机会中诞生，荷兰的眼镜制造商詹森父子制造出了世界上第一台显微镜。在此基础上，1595 年，詹森在一根直径为 1ft、长为 1.5ft 的管子两端（1ft = 30.48cm），分别装上一块凹透镜和一块凸透镜，组合起来制造了第一台原始的复式显微镜；与此同时，荷兰人德雷布尔也设计了一个类似的仪器。詹森时代的复式显微镜仍是被人们当作是有趣的玩具。一直到 17 世纪末，复式显微镜都使用得没有单式显微镜广泛。1609 年，伽利略制成一台复合显微镜（图 17-7），伽利略的显微镜继承了詹森显微镜的特点：同样是两个可以伸缩的套筒，通过改变套筒的长度来调焦。此外，伽利略在套筒外壁刻上了很多螺纹，通过旋转套筒即可使套筒上下伸缩，完成调焦。这样显微镜使用起来就较为平稳。不过，伽利略显微镜所能采用的光源只能是来自物体表面的反射光，而不能像现在大多数显微镜那样采用透射光，因此，用这个显微镜所能观察的样本很少，满足不了研究的需要。

将单式显微镜推向顶峰的是荷兰人列文·虎克，他通过自制的单组元放大镜式高倍显微镜观察到细菌，成为首位发现细菌存在的人，被称为“显微镜之父”。他一生亲自磨制了 550 个透镜，装配了 247 架显微镜（图 17-8），为人类创造了一批宝贵的财富，至今保留下来的有 9 架，现存于荷兰乌得勒支大学博物馆中的一架的放大倍数为 270 倍，分辨力为 1.4μm。

1665 年，英国的科学家罗伯特·虎克，经过多年研制，制成了一架复式显微镜（图 17-9）。这个显微镜由两个部分组成：光源系统和显微系统，后来虎克在显微镜中加入粗动和微动调焦机构、照明系统和承载标本片的工作台。这些部件经过不断改进，成为现代显微镜的基本组成部分，并且使用它逐步深入观察微观世界的秘密，同时改良了光线的问题，成就了一台新型显微镜，放大倍数达 140 倍，这台显微镜现存放于英国伦敦博物馆，同年他出版了《显微图谱》一书，这也是最早的论述显微观察的专著。罗伯特·虎克曾把软木塞薄片放在自制的显微镜下观察，他发现软木塞薄片是有许多小室组成的，于是他把这些小室命名为“细胞”，并一直沿用至今。

1725 年，柯贝别尔氏所制造的显微镜才把灯光换成了反光镜，凿洞的桌子改成了带洞的载物台。从此显微镜不论在外形上还是在性能上都提高了一大步。1744 年，卡尔佩珀设计了第一台三只脚的台座式显微镜，它可以看作是现代显微镜的先驱。1926 年，布施设想出电子显微镜。1932 年德国人鲁斯卡发明了世界上第一台电子显微镜，并因此获得了 1953 年的诺贝尔物理学奖。1943 年，德国人科诺尔和鲁斯卡首次对电子显微镜做出了重大改革。后来很长一段时间内，电子显微镜的放大倍数一直没有增加，尽管如此，当时的电子显微镜已可观测到 1/1000000mm 的物体（图 17-10）。我国 1965 年试制成功第一台电子显微镜，放大倍数为 20 万倍，后来又制造出了 80 万倍的电子显微镜。1982 年，世界上第一台扫描隧道显微镜问世了。这是国际商业机器公司苏黎世实验室的宾尼格和罗尔及其同事们共同研制成功的世界上第一台新型表面分析仪器，使人类第一次能够观察到原子物质表面的排列状态，被国际公认为 20 世纪 80 年代世界十大科技之一。为此，宾尼格和罗尔共同获得了 1986 年诺尔贝物理学奖。显微镜的制造和显微观察技术不断发展，迄今为止已发展出多种类型的显微镜。

图 17-7 伽利略制作的显微镜仿品

图 17-8 早期的复式显微镜

图 17-9 罗伯特·虎克制作的复式显微镜

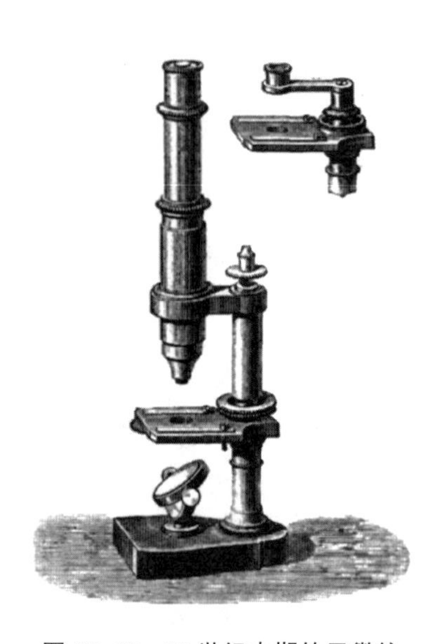

图 17-10 19 世纪中期的显微镜

二、显微镜的种类

显微镜按显微原理进行分类可分为光学显微镜与电子显微镜两大类。光学显微镜主要有普通光学显微镜（明视野显微镜）、暗视野显微镜、相差显微镜、荧光显微镜、偏光显微镜和倒置显微镜等。电子显微镜主要有透射电子显微镜、扫描隧道显微镜、分析电子显微镜和超高压电子显微镜等。

（一）光学显微镜

光学显微镜是利用光学原理，以可见光为光源，利用透镜聚焦，把人眼所不能分辨的微小物体放大成像的光学仪器（图 17-11）。

1. 普通光学显微镜的结构

普通光学显微镜（bright field microscope）由机械装置和光学系统两部分组成。

（1）显微镜的机械装置　主要包括镜筒、镜臂、物镜转换器、载物台、调节器和镜座等。

①镜筒：镜筒是连接目镜与物镜的金属筒，其上接目镜，下接物镜转换器。从物镜的后缘到镜筒尾端的距离称为机械筒长。因为物镜的放大率是对一定的镜筒长度而言的。镜筒长度的变化，不仅放大倍率随之变化，而且成像质量也受到影响。因此，使用显微镜时，不能任意改变镜筒长度。国际上将显微镜的标准筒长定为 160mm，此数字标在物镜的外壳上。

②镜臂：用于连接镜筒载物台和镜座，也是移动显微镜时手握的部位。

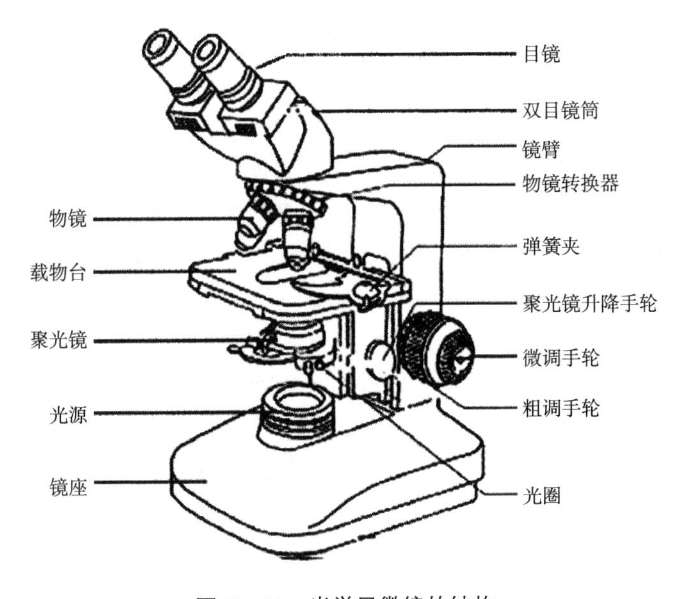

图 17-11　光学显微镜的结构

③物镜转换器：是安装在镜筒下方的一个圆盘状构造，用来装载不同放大倍数的物镜，一般包括低倍镜、高倍镜和油镜。转动转换器，可以按需要将其中的任何一个物镜和镜筒接通，与镜筒上面的目镜构成一个放大系统。

④载物台：载物台中央有一孔，为光线通路。在台上装有弹簧夹和推进器，其作用为固定或移动标本的位置，使得镜检对象恰好位于视野中心。

⑤调节器：又称调焦器。位于镜臂基部，是调节物镜与被检标本距离的装置。调节器由粗调手轮和细调手轮组成，粗调手轮是移动镜筒调节物镜和标本间距离的机件，用粗调手轮只可以粗略的调节焦距，要得到最清晰的物像，还需要用微调手轮做进一步调节。

⑥镜座：位于最底部的构造，使显微镜能平稳地放置在桌上。

（2）显微镜的光学系统　主要包括目镜、物镜、聚光器和光源等组成，光学系统使物体放大，形成物体放大像。

①目镜：安装在镜筒的上端，作用是把物镜放大了的实像再放大一次，并把物像映入观察者的眼中。目镜的结构较物镜简单，一般是由两块透镜组成。上端的一块透镜称为接目镜，它决定放大倍数和成像的优劣；下端的透镜称为场镜或会聚透镜，它使视野的成像光线向内折射，进入接目透镜中，使物体的影响均匀明亮。两块透镜（即接目透镜和会聚透镜）之间安装有由金属制的环状光阑又称视场光阑，物镜放大后的中间像就落在视场光阑平面处，所以其上可安置目镜测微尺，用于显微测量。

②物镜：安装在物镜转换器上，一般有 3~4 个不同倍率的物镜。物镜是利用光线使被检物体第一次造像，物镜成像的质量，对分辨力有着决定性的影响。物镜的性能取决于物镜的数值孔径（numerical aperture，NA），每个物镜的数值孔径都标在物镜的外壳上，数值孔径越大，物镜的性能越好。

物镜的种类很多，根据物镜前透镜与被检物体之间的介质不同，可分为：a. 干燥系物镜：以空气为介质，如常用的 40 倍以下的物镜，数值孔径均<1；b. 油浸系物镜：常以香柏油为介质，此物镜又称油镜头，其放大率为 100 倍，数值孔值>1。根据物镜放大率的高低，可分为：a. 低倍物镜：常用的有 4 倍、10 倍；b. 高倍物镜：常用的有 40 倍；c. 油浸物镜：常用的有 100 倍。

③聚光器：位于载物台的通光孔的下方，由聚光透镜、虹彩光圈和升降螺旋组成。其作用是把平行的光线聚焦于标本上，增强照明度，使物像获得明亮清晰的效果。一般聚光器的焦点在其上方 1.25mm 处，高低可以调节，其调节限度为载物台平面下方 0.1mm。因此，使用的载玻片厚度应在 0.8~1.2mm，否则被检样品不在焦点上，影响镜检效果。此外，聚光器的下端附有虹彩光圈（俗称光圈），是一种能控制进入聚光器的光束大小的可变光阑，通过调整光阑的孔径的大小，可以调节进入物镜光线的强弱。

④光源：位于聚光镜的下方，作用是照明标本。较早的普通光学显微镜是用自然光检视物体，在镜座上装有反光镜，一面为平面镜，光线较强时使用；另一面为凹面镜，凹面镜有聚光作用，适于较弱光和散射光下使用。现在的光学显微镜镜座上装有光源，并有电流调节螺旋，可通过调节电流大小调节光照强度。

（3）光学显微镜的成像原理　显微镜是利用透镜的放大成像原理，光源的光线经聚光镜会聚在被检标本 AB 上，使标本 AB 得到足够的照明，由标本 AB 反射或折射出的光线经物镜，在目镜的焦点平面（光阑部位或附近）形成一个放大倒立的实像 A′B′，该实像再经目镜的接目透镜放大成虚像 A″B″，所以人们看到的是虚像（图 17-12）。

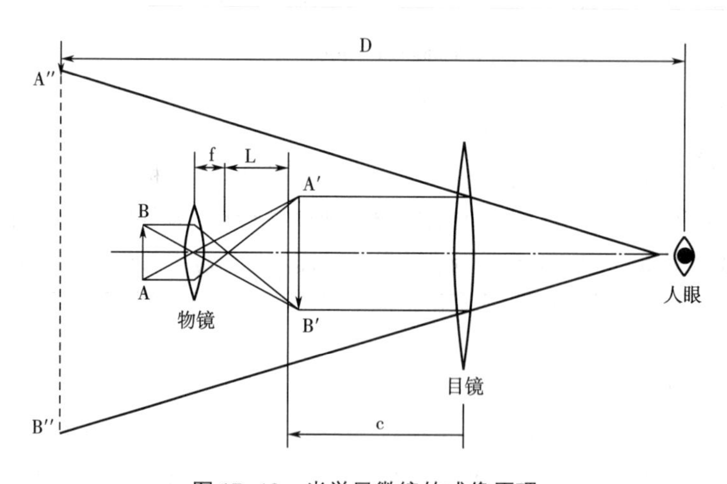

图 17-12　光学显微镜的成像原理

（4）显微镜的放大倍数　显微镜主要利用光学系统中的目镜和物镜两组透镜系统来放大成像，放大后的总放大倍数是物镜放大倍数和目镜放大倍数的乘积。如用 40×的物镜和 10×的目镜，其总放大倍数是 400 倍。

（5）分辨率　显微镜分辨能力的高低取决于光学系统的各种条件，其中物镜的性能最为关键，其次为目镜和聚光镜的性能。显微镜性能的优劣不单看它的总放大倍数，更在于它的分辨率。显微镜的分辨率（resolution or resolving power）是指显微镜能辨别物体两点间最小距离（D）的能力。D 越小，分辨率越高。

$$D=\frac{\lambda}{2NA} \tag{17-1}$$

式中　D——分辨率（最大可分辨距离）；

λ——光波波长，μm；

NA——物镜的数值孔径，μm。

从式中可以看出，显微镜的分辨率是由物镜的数值孔径与照明光源的波长两个因素决定。物镜的 NA 越大，照明光线波长越短，则分辨率越高。由此可知，如想要提高显微镜的分辨率可以通过：①缩短光波波长；②增大折射率；③增大数值孔径来提高分辨力。

光学显微镜的光源不可能超出可见光的波长范围（0.4～0.7μm），而数值孔径则取决于物镜的镜口角和载玻片与镜头间介质的折射率，可表示为：

$$NA=n\cdot\sin\theta \tag{17-2}$$

式中　n——介质折射率；

θ——光线镜口角（图 17-13 中的 α 的半数），取决于物镜的直径和焦距，一般来说 θ 在实际应用中最大只能达到 90°。

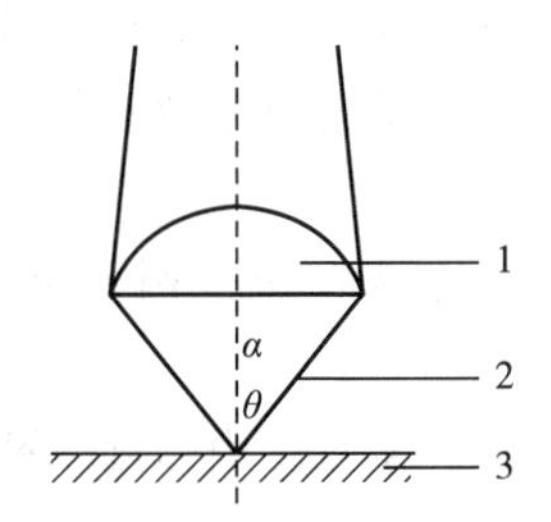

图 17-13　物镜的镜口角

1—物镜　2—镜口角　3—标本面

当物镜与载玻片之间的介质为空气时，由于空气（n=1.0）与玻璃（n=1.52）的折射率不同，光线会发生折射，不仅使进入物镜的光线减少，降低了视野的照明度，而且会减少镜口角［图 17-14（1）］。当以香柏油（n=1.515）为介质时，由于它的折射率与玻璃相近，光线经过载玻片后可直接通过香柏油进入物镜而不发生折射［图 17-14（2）］，不仅增加了视野的照明度，而且可达到通过增加数值孔径提高分辨率的目的。

若以可见光的平均波长 0.55μm 来计算，数值孔径通常在 0.65 左右的高倍镜只能分辨距离≤0.42μm 的物体，而油镜的分辨率却可达到 0.2μm 左右。

2. 暗视野显微镜

暗视野显微镜（dark field microscope）中使用一种特殊的暗视野聚光镜，聚光镜中央有一光挡，使光线只能从周缘进入并会聚在被检物体的表面，光线被微小的质点散射进入物镜。在黑暗的背景中看到的只是物体受光的侧面，是它边缘发亮的轮廓。暗视野显微术适于观察在明视野中由于反差过小而不易观察的折射率很强的物体，以及一些小于光学显微镜分

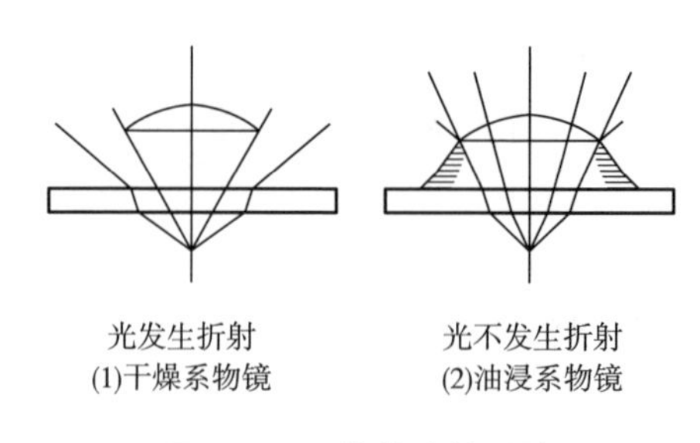

图 17-14　物镜光线通路

辨率极限的微小颗粒。常用暗视野显微术来观察活菌的运动或鞭毛等。

3. 相差显微镜

用普通光学显微镜观察无色透明的活细胞时，光线通过活细胞，光的波长（颜色）和振幅（亮度）都没有发生明显的变化，整个视野的亮度是均匀的。虽然细胞内各种结构的厚度和折射率不同，光线通过时直射光和衍射光会产生相位差，但是人的肉眼不能观察到相位差，因此难以分辨活细胞内的细微结构。而相差显微镜（phase contrast microscope）能克服这方面的缺点。相差显微镜利用环状光阑和相板，使通过反差很小的活细胞的光形成直射光和衍射光，直射光波相对地提前或延后 π/2（即 1/4 波长），并发生干涉，使通过活细胞的光波由相位差变为振幅（亮度）差。这样，活细胞内的不同结构就表现出明暗差异，使人们不用通过染色便能较清晰地观察到普通光学显微镜下难以看清楚的活细胞的细微结构。相差显微镜又称相衬显微镜，其形状和成像原理与普通显微镜相似，不同的是相差显微镜有专用的相差聚光器（内有环状光阑）和相差物镜（内装相板）及合轴调节望远镜。

（二）电子显微镜

由于受光学显微镜分辨力的限制（受检物直径需在 0.2μm 以上），如欲观察比细菌更小的微生物（如病毒）或观察微生物细胞的超微结构时，就必须使用电子显微镜。电子显微镜（electron microscope）是利用电子与物质作用所产生的讯号来鉴定微区域晶体结构、微细组织、化学成分、化学键和电子分布情况的电子光学装置。电子显微镜是以电子波代替光学显微镜使用的光波，电磁场的功能类似光学显微镜的透镜，整个操作系统在真空条件下进行。由于用来放大标本的电子束波长极短，当通过电场的电压为 100kV 时，波长仅为 0.04nm，是可见光波的 1/10000，光学显微镜分辨率为 200mm（2000A），电子显微镜分辨率为 0.2nm（2A）。

透射电子显微镜（transmission electron microscope，TEM），简称透射电镜，是把经加速和聚集的电子束投射到非常薄的样品上，电子与样品中的原子碰撞而改变方向，从而产生立体角散射。散射角的大小与样品的密度、厚度相关，因此可以形成明暗不同的影像，影像将在放大、聚焦后在成像器件（如荧光屏、胶片、以及感光耦合组件）上显示出来。

扫描电子显微镜（scanning electron microscope，SEM）主要由产生扫描电子束的光电子系统，电子信号的收集、处理、显示与记录系统，电源系统及各种附件组成。主要包括：电子枪、聚光镜、物镜、扫描线圈及样品室等。透射电镜照明电子束是透过样品后经物镜放大成像。扫描电镜，其照明电子束并不透过样品，电子枪发出的电子束受到加速电压的作用射向镜筒，经聚光镜及物镜的汇集缩小成电子探针。在扫描线圈的作用下，电子探针在样品表面做光栅状扫描，并激发出样品表面的二次电子发射。由样品表面发出的二次电子打到相应的检测器，经放大转换被送至显像管的栅极上；而显像管中的另一电子束在荧光屏上也做光栅状扫描，这种扫描运动与样品表面的电子束扫描严格同步。这样，即获得相应的电子图像。这种图像是放大的样品表面立体形貌的图像。

1. 电子显微镜的结构

电子显微镜由镜筒、真空装置和电源柜三部分组成。镜筒主要有电子源、电子透镜、样品架、荧光屏和探测器等部件，这些部件通常是自上而下地装配成一个柱体；其中电子透镜用来聚焦电子，是电子显微镜镜筒中最重要的部件。真空装置由机械真空泵、扩散泵和真空阀门等构成，并通过抽气管道与镜筒相连接。电源柜由高压发生器、励磁电流稳流器和各种调节控制单元组成。

2. 电子显微镜的成像原理

电子显微镜是根据电子光学原理，以电子束代替光束，用电子透镜代替光学透镜来聚焦，使物质的细微结构在非常高的放大倍数下成像的仪器。电子显微镜的分辨能力以它所能分辨的相邻两点的最小间距来表示。

3. 光学显微镜与电子显微镜比较

光学显微镜与电子显微镜在照明源、透镜、成像原理、放大倍数以及观察范围均有所不同，见表 17-1。

表 17-1　　光学显微镜与电子显微镜的比较

比较源	光学显微镜	电子显微镜
照明源	可见光	电子枪发出的电子流，其波长远短于光波波长
透镜	玻璃磨制而成的光学透镜	物镜是电磁透镜（能在中央部位产生磁场的环形电磁线圈）
成像原理	由被检样品的不同结构吸收光线多少的不同所造成的亮度差来成像	作用于被检样品的电子束经电磁透镜放大后打到荧光屏上成像或作用于感光胶片成像
放大倍数	最大可放大到 2000 倍	可高达数十万倍
观察范围	仅能观察到表面微细结构	可获取晶体结构、维系组织、化学组成、电子分布情况等

三、普通光学显微镜的使用

（一）操作流程

准备工作→放置显微镜→调节光源→低倍镜观察→高倍镜观察→油镜观察→清理。

（二）具体步骤

1. 准备工作

显微镜使用前应先检查各部零件是否齐全、正常，镜头是否清洁。

2. 放置显微镜

（1）显微镜的拿放　拿取显微镜时，应一手握住镜臂，一手托住镜座，使镜身保持直立，轻拿轻放。

（2）显微镜的放置　显微镜应放在身体的正前方，镜臂靠近身体一侧，镜身向前，镜座后端与桌边相距 10cm 左右。

3. 低倍镜观察

（1）将低倍镜转到工作位置，调节光源至合适的亮度。一般在低倍镜下光源亮度不要调太亮，以视野亮度不刺眼为宜。

（2）下降载物台，将待镜检标本置于载物台上，用弹簧夹固定住，移动推进器使观察对象处在物镜的正下方。

（3）升高载物台至最高点，使物镜接近标本。用粗调手轮慢慢下降载物台，使标本在视野中初步聚焦，再使用细调手轮调节图像至清晰。

（4）通过推进器慢慢移动载玻片，认真观察标本各部位，找到合适的目的物，仔细观察并记录观察到的结果。

4. 高倍镜观察

（1）在低倍镜下找到合适的观察目标并将其移至视野中心后，轻轻转动物镜转换器将高倍镜移至工作位置。

（2）对聚光器光圈及视野亮度进行适当调节后微调细调手轮使物像清晰。

（3）利用推进器移动标本仔细观察并记录所观察到的结果。

5. 油镜观察

（1）在高倍镜下找到要观察的标本区域后，轻轻转动物镜转换器，使高倍镜与油镜呈“八”字形，标本位置暴露在高倍镜与油镜之间的空间下。

（2）在待观察的标本区域滴加香柏油，从侧面注视，轻轻转动物镜转换器，使油镜转至正好浸在香柏油中。

（3）将聚光器升至最高位置并开足光圈，若所用聚光器的数值孔径超过 1.0，还应在聚光镜与载玻片之间加滴香柏油，保证其达到最大效能。

（4）调节照明使视野的亮度合适，用细调手轮使其清晰准焦为止。

（5）观察待测标本并记录结果。

6. 显微镜用毕后的处理

（1）下降载物台取下标本片。

（2）清洁显微镜，先用擦镜纸擦去油镜头上的香柏油，再用蘸有洗液的擦镜纸，朝一个方向擦掉残留的香柏油，最后再用干净的擦镜纸擦掉残留的洗液。如果其他镜头也蘸上了香柏油，重复上述步骤清洁镜头。

（3）清洁后，将物镜转成“八”字形，缓慢降低载物台至最低处。将光源调至最暗后关闭电源，整理好电源线，套上防尘罩。轻轻将显微镜收入柜中。

（三）注意事项

（1）显微镜应防止震动和暴力，否则会造成光学系统光轴的偏差而影响精度，搬动显微镜时，应轻拿轻放，切忌单手拎提。

（2）镜检时，应首先提升载物台或降低物镜，使标本片和物镜接近，之后将眼睛移至目镜观察，此时只允许降低载物台或提升物镜，以免物镜与标本片相撞。

（3）镜检的顺序是先用低倍镜找到观察目标，再转换为高倍镜观察，最后转换成油镜观察。因高倍镜和油镜的工作距离很短，所以操作时要特别谨慎，切忌边观察边调动粗调手轮，仅能使用微调手轮调节成像的清晰度。

（4）显微镜用毕，需将物镜转成“八”字形，勿使物镜镜头与集光器相对放置，同时将载物台提升以缩短物镜和载物台之间的距离，避免因镜筒脱落或操作不小心，损坏物镜和集光器。

（5）严禁随便取出显微镜的目镜，以防灰尘落入物镜上。也不要任意拆卸显微镜的任何零件，以防损坏，造成功能失调或性能下降。

（四）显微镜的维护与保养

显微镜是一种贵重精密的光学仪器，因此在正确使用显微镜的同时，还应做好日常维护和保养。这样不仅可以确保显微镜始终处于良好的工作状态，还能延长显微镜的使用寿命。

1. 使用

轻拿轻放，避免剧烈震动。镜检时双手和样品要干净，绝对不允许将浸蚀剂未干的试样在显微镜下观察，以免腐蚀物镜等光学元件。操作时应精力集中，装卸或更换镜头时必须轻、稳、细心，不要强迫各种调节装置越过限位。

2. 存放

为了保证显微镜处于良好的机械和物理状态，显微镜应放置在通风干燥、少尘埃及不发生腐蚀气氛的室内，要避免阳光直射或曝晒，避免与酸、碱和易挥发的、具腐蚀性的化学试剂等放在一起。显微镜在存放时应套上防尘罩，为避免受潮，室内的相对湿度应<70%，可放置干燥剂，以便吸收水分，干燥剂应经常更换。

3. 清洁

显微镜应保持清洁，特别是目镜和物镜。清洁显微镜的目镜和物镜等光学部件时，严禁用手、布或其他物品擦拭，应该先用专用的橡皮球吹去表面尘埃，再用专用擦镜纸轻轻擦拭。如镜头上不慎粘上指纹或油渍时，可用擦镜纸蘸取少量的乙醚和酒精混合溶液（7：3）来擦拭。清洁显微镜的外壳时，可用一块无毛软布蘸少量中性清洁剂（乙醇或肥皂水）来擦拭，但切勿让这些清洗液渗入显微镜内部，造成显微镜内部电子部件的短路或烧毁。

4. 定期检查

为了保持显微镜性能的稳定，应对显微镜定期检查，进行专业的维护保养。

第三节　显微镜下的微生物

一、细菌个体形态观察和染色技术

显微镜检方法简便、快速，细菌群体形态（菌落形态）和个体形态特征是进行菌种鉴别、及时发现杂菌污染的重要依据。由于微生物细胞体积小，无颜色，具有运动性，且细菌的细胞含水量大（一般可达到80%~90%或更高），菌体薄而透明、折光性强，所以为了易于识别和观察，绝大多数情况下，制片时还需要借助染色剂与细胞间的物理或化学作用，使染色后菌体颜色出现反衬作用，才能在显微镜下更清楚地观察到菌体的形态和基本结构，包括细胞壁、细胞膜、细胞质、细胞核及内含物等。对于细菌的特殊结构，如鞭毛、芽孢和荚膜，以及真菌的有性或无性孢子等，还需经过特殊的方法染色，才能进行显微镜检观察。根据细菌个体形态观察的不同要求，可将染色分为三种类型，即简单染色、鉴别染色和特殊结构染色。

（一）简单染色法

1. 染色原理

简单染色法是利用单一种染料对菌体进行染色的方法，是最基本的染色方法。此法一般只能显示菌体形态，难以辨别其构造。常用染料主要有碱性染料、酸性染料和中性染料三大类。碱性染料的离子带正电荷，能和带负电荷的物质结合，因细菌蛋白质等电点较低，当它生长于中性、碱性或弱酸性的溶液中时常带负电荷，所以细菌易被美蓝、碱性复红、结晶紫、孔雀绿、番红等碱性染料着色。酸性染料的离子带负电荷，能与带正电荷的物质结合。当细菌分解糖类产酸使培养基 pH 下降时，细菌所带正电荷增加，因此易被伊红、酸性复红或刚果红等酸性染料着色。中性染料则是前两者的结合物又称复合染料，如伊红美蓝、伊红天青等。

2. 染色步骤

（1）制片　取细菌制成涂片，干燥、固定。

（2）染色　在涂片上滴加染色液，覆盖整个涂菌部位，染色 1min，倾去染色液，水洗至冲洗的水不再有颜色。

（3）干燥。

（二）鉴别染色法

1. 革兰氏染色法

1884 年，丹麦病理学家 Christian Gram 创立的革兰氏染色法（Gram stain）是细菌学中最常使用的重要鉴别染色法。通过此法染色，可将细菌鉴别为革兰氏阳性菌（G^+）和革兰阴性菌（G^-）两大类。该种染色法主要步骤是先用结晶紫初染，再用碘液媒染，目的是增加染液与细胞间的结合力，使结晶紫和碘在细胞膜上形成相对分子质量较大的复合物，然后用脱色剂脱色，最后用番红复染。凡是呈现紫色的细菌为革兰阳性菌（G^+），呈现红色的细菌为革兰阴性菌（G^-）（表 17-2）。

（1）染色原理　革兰氏染色法的染色原理是利用细菌的细胞壁成分和结构的不同。革兰氏阳性菌的细胞壁厚、肽聚糖网层次多，交联致密，经脱色剂处理发生脱水作用，使网孔缩小，通透性降低，结晶紫与碘形成的大分子复合物保留在细胞壁内而不被脱色，结果使细胞呈现紫色。而革兰氏阴性菌细胞壁薄、肽聚糖层次少，网状结构交联度小，且外膜层中类脂含量较高，经脱色剂处理后，类脂被溶解，细胞壁孔径变大，通透性增加，结晶紫与碘的复合物被溶出细胞壁，因而细胞壁被脱色，经番红复染后细胞呈红色。

（2）染色过程及染色液的作用　取细菌制成涂片，干燥、固定、染色。

表 17-2　革兰氏染色步骤及染色剂作用

染色剂名称	染色步骤	染色剂作用
草酸铵结晶紫	初染：草酸铵结晶紫初染 1min，水洗	碱性染料

续表

染色剂名称	染色步骤	染色剂作用
革兰氏碘液	媒染：滴加革兰氏碘液冲去残水，并用碘液覆盖 1min，水洗	增强染料与菌体的亲和力，加强染料与细胞的结合
95%乙醇	脱色：滴加 95%乙醇进行脱色，并轻轻摇动载玻片，至流出液体不呈现紫色时停止（约 0.5min），并立即用水冲净乙醇并用滤纸轻轻吸干	将染料溶解，使被染色的细胞脱色，不同细菌对染料脱色的难易程度不同
番红	复染：番红染液复染 1min，水洗并用吸水纸吸干	使经脱色的细菌重新染上另一种颜色，以便与未脱色菌进行比较

（3）关键步骤

①涂片不宜过厚，勿使细菌密集重叠，影响脱色效果，否则脱色不完全造成假阳性。镜检时应以视野内分散细胞的染色反应为标准。

②火焰固定不宜过热，以载玻片不烫手为宜，否则菌体细胞变形。

③滴加染色液与酒精时一定要覆盖整个菌膜，否则部分菌膜未受处理，也可造成假象。

④乙醇脱色是革兰氏染色操作的关键环节。如果脱色过度，则 G^+菌被误染成 G^-菌；而脱色不足，G^-菌被误染成 G^+菌。在染色方法正确无误的前提下，一些菌龄过长、死亡或细胞壁受损伤的 G^+菌也会呈阴性反应，故革兰氏染色要用对数生长期的幼龄培养物。若研究工作中要验证未知菌的革兰氏反应时，则需同时用已知菌进行染色作为对照。

⑤染色过程的时间控制，应根据季节、气温调整。一般冬季时间可稍长些，夏季稍短些。

⑥对待检菌进行革兰氏染色时，最好同时用大肠杆菌和金黄色葡萄球菌作为 G^-菌和 G^+菌的对照。

2. 抗酸染色

抗酸染色（acid-fast stain）是鉴别分枝杆菌属（*Mycobacterium*）的染色法。分枝杆菌属细菌的菌体中含有分枝菌酸（mycolic acid），用普通染色法不被着色，需在加热条件下与石炭酸复红牢固结合形成复合物。而且用酸性乙醇处理不能使其脱色，故菌体被染成红色。这种抗酸染色性也与抗酸菌细胞壁的完整性有关。若由于机械作用或自溶使细胞破裂，则抗酸染色性也随之消失。

（三）特殊结构染色法

芽孢（endospore，spore）、荚膜（capsule）、鞭毛（flagellum，复数 Flagella）等都是细菌细胞的特殊结构，是菌种分类鉴定的重要指标。这些特殊结构的细菌在菌落形态上也有其相关特征。形成芽孢的细菌菌落表面一般为粗糙不透明，常呈现褶皱；在细胞表面产生荚膜的细菌，菌落往往表面光滑，呈透明或半透明黏液状，形状圆而大；具周生鞭毛的细菌，菌落大而扁平，形状不规则，边缘不整齐。一些运动能力强的细菌，菌落常呈树枝状。

1. 芽孢染色

细菌能否生芽孢，以及芽孢的形状和位置都是细菌重要的特征。细菌的芽孢壁比营养细胞的细胞壁结构复杂而且致密，透性低，着色和脱色都比营养细胞困难，有较强的抗热和抗化学药品的性能，因此，一般采用碱性染料并在微火上加热，或延长染色时间，使菌体和芽孢都同时染上色后，再用蒸馏水冲洗，脱去菌体的颜色，但仍保留芽孢的颜色。并用另一种对比鲜明的染料使菌体着色，如此可以在显微镜下明显区分芽孢和营养体的形态。注意芽孢形成在生长发育后期，准备观察芽孢的菌株应当在成熟期，但也不可过久，否则只能见到芽孢，而营养体已消失。

2. 荚膜染色

荚膜是某些细菌细胞壁外存在的一层胶状黏液性物质，易溶于水，与染料亲和力低，一般采用负染色的方法，使背景与菌体之间形成一透明区，将菌体衬托出来便于观察分辨，故又称衬托法染色。因荚膜薄，且易变形，所以不能用加热法固定。

3. 鞭毛染色

细菌是否有鞭毛，以及鞭毛的数目和着生的位置都是细菌重要的特征。细菌鞭毛非常纤细，超过了一般光学显微镜的分辨力。因此，观察时需通过特殊的鞭毛染色法。鞭毛的染色法较多，主要的原理是需经媒染剂处理，染剂的作用是促使染料分子吸附于鞭毛上，并形成沉淀，使鞭毛直径加粗，才能在显微镜下观察到鞭毛。

二、放线菌的形态和结构观察

放线菌（*Actinomycetes*）的菌落在培养基上着生牢固，与基质结合紧密，难以用接种针挑取。菌落大小和细菌相似。放线菌细胞一般呈无隔分枝的丝状体，纤细的菌丝体可分为在培养基内部的基内菌丝（substrate mycelium）和伸出培养基表面的气生菌丝（aerial mycelium）。菌丝直径与细菌相似。气生菌丝上部分化成孢子丝，呈螺旋状、波浪状或分枝状等，着生的形式也有所不同。菌丝呈各种颜色，有的还能分泌水溶性色素到培养基内。孢子丝长出孢子，孢子的形状多种多样，表面结构各异，孢子也具各种颜色。由于大量孢子的存在，菌落表面呈现干粉状，根据菌落的形态特点容易同其他类微生物区分开来。这些形态特点都是菌种鉴定和分类的重要依据。

三、酵母菌的形态和结构观察

酵母菌（yeast）细胞比细菌细胞要大数倍到十几倍，不能运动，所以大多数酵母菌在平板培养基上形成的菌落较大而厚，湿润、光滑，颜色较单调，多为乳白色，少有红色，偶见黑色。酵母菌属单细胞的真核生物，细胞一般呈卵圆形、圆形、圆柱形或柠檬形。观察酵母菌个体形态时，应注意其细胞形状。

酵母菌的细胞质中含有一个或几个透明的“小液滴”，即液泡。处于旺盛生长阶段的酵母菌，液泡中没有内含物，老化细胞的液泡中出现了脂肪滴和肝糖粒等颗粒状贮藏物。可利用中性红染液将液泡染成红色，利用苏丹黑将脂肪粒氧化成蓝黑色，利用碘液将肝糖粒染成深红褐色，从而在光学显微镜下可观察到酵母菌细胞中存在着上述特殊结构。

酵母菌的繁殖方式比较复杂。无性繁殖（asexual reproduction）主要是芽殖（budding）。有些酵母菌可进行裂殖（fission），或形成假菌丝（pseudo mycelium）。有性繁殖（sexual reproduction）是通过接合（conjugation）形成子囊（ascus）、内生子囊孢子（ascospore）。观察时，注意芽体在母体细胞上的位置，有无假菌丝以及子囊和子囊孢子的形状、数目等特征。

四、霉菌的形态和结构观察

霉菌（mold）是由许多交织在一起的菌丝体（mycelium，复数 mycelia）构成。在潮湿条件下，霉菌可生长繁殖长出丝状、绒毛状或蜘蛛网状的菌丝体。在培养基内部的菌丝为营养菌丝（vegetative mycelium），生长分布在空间的称为气生菌丝（aerial mycelium）。气生菌丝在形态及功能上分化成多种特化结构。单个菌丝（hypha，复数 hyphae）在显微镜下观察呈管状，有的霉菌（如青霉、曲霉）其菌丝有横隔（septum，复数 septa），将菌丝分割为多细胞，称为有隔菌丝（septate hypha）。有的霉菌（如毛霉、根霉），其菌丝没有横隔，称为无隔菌丝（nonstate hypha）。菌丝的直径比一般细菌和放线菌菌丝大几倍到十几倍。菌落形态较大，质地较疏松，其疏松程度不等，颜色各异。菌丝体经制片后可用低倍或高倍镜观察。在观察时，要注意菌丝直径的大小，菌丝体有无隔膜，营养菌丝有无假根，无性繁殖或有性繁殖时形成的孢子种类、着生方式。由于霉菌的菌丝体较粗大，而且孢子容易飞散，如果将菌丝体置于水中容易变形，故观察时用浸片法将其置于乳酸苯酚棉蓝溶液中，菌丝和孢子染成蓝色，保持菌丝体原形，使细胞不易干燥，并有杀菌作用。

APPENDIX

附　　录

附录一　微生物拉丁文与中文名称对照

微生物拉丁文与中文名称对照见附表 1。

附表 1　　微生物拉丁文与中文名称对照

拉丁文	中文
A. bovis	牛型放线菌
A. israelii	衣氏放线菌
A. parasiticus	寄生曲霉
A. nadulans	构巢曲霉
A. versicolor	杂色曲霉
A. wentii	温特曲霉
Absidia	犁头霉属
Absidia coerulea	蓝色梨头霉
Absidia ramosa	分枝犁头霉
Acetobacter	醋酸杆菌
Acetobacter aceti	醋化醋杆菌
Acetobacter oleanene	奥尔兰醋酸杆菌
Acetobacter rancens	恶臭醋酸杆菌
Acetobacter scandens	攀膜醋酸杆菌
Acetobacter schutenbachii	许氏醋酸杆菌
Acetobacter suboxydans	弱氧化醋酸杆菌
Acetobacter xylinus	胶膜醋酸杆菌

续表

拉丁文	中文
Actinomyces	放线菌属
Alcaligenes faecalis	黄产碱杆菌
Alternaria	交链孢霉
Anabaena	鱼腥蓝细菌属
Anabaena azollae	固氮鱼腥藻
Aspergillus	曲霉属
Aspergillus awamori	泡盛曲霉
Aspergillus flavus	黄曲霉
Aspergillus glaucus	灰绿曲霉
Aspergillus niger	黑曲霉
Aspergillus oryzae	米曲霉
Aspergillus parasiticus	寄生曲霉
Aspergillus sojae	酱油曲霉
Aspergillus usamii	宇佐美曲霉
Aspergillus wentii	文氏曲霉
Azotobacter chroococcum	褐球固氮菌
B. cereus	蜡样芽孢杆菌
Bacillus	芽孢杆菌
Bacillus anthracis	炭疽杆菌
Bacillus megaterium	巨大芽孢杆菌
Bacillus mycoides	蕈状芽孢杆菌
Bacillus simplex	单纯芽孢杆菌
Bacillus subtilis	枯草芽孢杆菌
Bacillus thermophilus	嗜热芽孢杆菌
Bacillus macerans	浸麻芽孢杆菌
Bdellovibrio	蛭弧菌
Bifidobacteriu	双歧杆菌
Bifidobacterium animalis	动物双歧杆菌

续表

拉丁文	中文
Bifidobacterium bifidum	两歧双歧杆菌
Bifidobacterium breve	短双歧杆菌
Bifidobacterium infantis	婴儿双歧杆菌
Bifidobacterium lactis	乳酸双歧杆菌
Bifidobacterium longum	长双歧杆菌
Bifidus spp.	双歧杆菌活菌属
Brevibacterium	短杆菌
Brevibacterium flavum	黄色短杆菌
Brevibacterum ammoniagenes	产氨短杆菌
Brucellae	布鲁氏杆菌
C. pneumoniae	肺炎衣原体
C. putrefacien	腐败梭状芽孢杆菌
C. thermosaccharolyticum	解糖嗜热梭状芽孢杆菌
C. trachomatis	沙眼衣原体
C. lipolytica	解脂假丝酵母
C. sporogenes	产孢梭菌
C. tetani	破伤风梭菌
C. tropicalis	热带假丝酵母
Candia utilis	产朊假丝酵母
Candida	假丝酵母
Candida albicans	白假丝酵母
Cephslosporium acremonium	顶头孢霉
Chlamydia	衣原体
Clamydia psittaci	鹦鹉热衣原体
Clostridium	梭状芽孢杆菌
Clostridium botulinum	肉毒梭状芽孢杆菌
Clostridium butyricum	丁酸梭菌
Clostridium perfringens	产气荚膜梭菌

续表

拉丁文	中文
Corynebacterium	棒状杆菌
Corynebacterium glutamicum	谷氨酸棒杆菌
Deinococcus radiodurans	耐辐射奇异球菌
Dermocarpa	皮果蓝细菌属
Diplococcus pneumoniae	肺炎双球菌
Discomycetes	真菌门子囊菌亚门盘菌纲
Escherichia coli	大肠杆菌/大肠埃希氏菌
F. equiseti	木贼镰刀菌
F. nivale	雪腐镰刀菌
F. oxysporum	尖孢镰刀菌
F. poae	梨孢镰刀菌
F. solani	茄病镰刀菌
F. sporotricoides/ F. sporotrichioides	拟枝孢镰刀菌/拟分枝镰刀菌
F. tricinctum	三线镰刀菌
Film yeast	产膜酵母
Fischerella	飞氏蓝细菌属
Fusarium graminearum	禾谷镰刀菌
Fusarium moniliforme	串珠镰刀菌
Fusarium proliferatum	多育镰刀菌
Fusarium verticlllioides	轮状镰刀菌
G. zaea	赤霉菌
Gasteromycetes	腹菌纲
Geotrichum	地霉属
Geotrichum candidum	白地霉
Gloeothece	黏杆蓝细菌属
Gluconobacter liguifaciens	液化葡萄杆菌
Gluconobacter melanogenes	生黑葡萄糖酸杆菌
Gluconobacter oxydans	氧化葡萄糖酸杆菌

续表

拉丁文	中文
Haemophilus influenzae	流感嗜血菌
Haemopophilus influenzae RD	流感嗜血杆菌
Hanseniaspora	孢汉生酵母
Hansenula	汉逊酵母
Hymenomycetes	担子菌亚门层菌纲
Kefir yeast	开菲尔酵母
Kloeckera	克勒克酵母
L. lycopersici	番茄乳杆菌
L. delbruckii	德氏乳杆菌
Lactobacillu	乳酸杆菌
Lactobacillus acidophilus	嗜乳酸杆菌
Lactobacillus brevis	短乳杆菌
Lactobacillus bulgaricus	保加利亚乳杆菌
Lactobacillus fermentum	发酵乳杆菌
Lactobacillus helveticus	瑞士乳杆菌
Lactobacillus kefir	开菲尔乳杆菌
Lactobacillus plantarum	植物乳杆菌
Lactococcus lactis	乳酸乳杆菌/干酪乳杆菌
Lactococcus lactis subsp. *cremoris*	乳酸乳球菌乳脂亚种
Lactococcus mesenteroid subsp. *cremoris*	肠膜明串珠菌乳脂亚种
Lactococcus lactis	乳酸乳球菌
Leuconostoc	明串珠菌属
Leuconostoc cremoris	乳脂明串珠菌
Leuconostoc lactis	乳明串珠菌
Leuconostoc mesenteroides	肠膜明串珠菌
Leuconostoc oenos	酒明串珠菌
Listeria monocytogenes	单增李斯特菌
Methanobacterium bryantii	布氏甲烷杆菌

续表

拉丁文	中文
Methanobrevibacter smithii	史氏甲烷短杆菌
Methanococcus jannaschiz	詹氏甲烷球菌
Methanogenium marisnigri	黑海产甲烷菌
Methanosarcina barkeri	巴氏甲烷八叠球菌
Methanosarcina mazei	梅氏八叠球菌
Methanospirillum hungatei	亨氏甲烷螺菌
Micrococcus	微球菌
Micrococcus	小球菌
Micrococcus candidus	亮白微球菌
Micrococcus glutamic	谷氨酸微球菌
Micrococcus sauce	酱油微球菌
Micrococcus tetragenus	四联微球菌
Micrococcus urea	脲微球菌
Microcystis	微囊蓝细菌属
Micromonospora	小单胞菌属
Monascus	红曲霉
Monascus albidus	发白红曲霉
Monascus anka	安卡红曲霉
Monascus fuliginosus	烟色红曲霉
Monascus harker	巴克红曲霉
Monascus purpureus	斜面红曲霉/紫色红曲霉
Monascus ruber	黄色红曲霉
Monascus rubiginosus	锈红红曲霉
Monascus serorubosecens	变红红曲霉
Mucedo	毛霉
Mucor mucedo	高大毛霉
Mucor racemosus	总状毛霉
Mucor rouxianus	鲁氏毛霉

续表

拉丁文	中文
Mycobacterium	分枝杆菌属
Mycobacterium tuberculosis	结核分枝杆菌
Mycoplasma	支原体
Mycoplasma genitalium	生殖道支原体
Nitrobacter agilis	活跃硝化杆菌
Nocardia	诺卡氏菌属
Nostoc commune	木耳念珠蓝细菌
Nostoc flagelliforme	发菜念珠蓝细菌
Oscillatoria	颤蓝细菌属
P. fluorescens	荧光假单胞菌
P. putrefacicus	腐败假单胞菌
P. citreoviride	黄绿青霉
P. expansum	扩展青霉
P. inconstans	无恒变形杆菌
P. mirabilis	奇异变杆菌
P. relleri	雷氏变形杆菌
P. vulgaris	普通变形杆菌
Pediococci	片球菌
Pediococcus	片球菌属
Pediococcus acidilactici	乳酸片球菌
Pediococcus halophilus	嗜盐片球菌
Pediococcus pentosans	戊聚糖片球菌
Penicillium	青霉属
Penicillium camemberti	沙门柏干酪青霉
Penicillium chrysogenum	产黄青霉
Penicillium citrinum	橘青霉
Penicillium griseofulvum	灰黄青霉
Penicillium islandicum	岛青霉

续表

拉丁文	中文
Penicillium motatum	点青霉
Penicillium patulum	展青霉
Penicillium viridicatum	鲜绿青霉
Pichia	毕赤酵母
Potato spindle tuber viroid	马铃薯纺锤形块茎病类病毒
Propionibacterium	丙酸杆菌
Propionibacterium freuderreichu	费氏丙酸杆菌
Proteus	变形杆菌
Proteus morganii	摩氏变形杆菌
Pseudomonas	假单胞杆菌
Pseudomonas aeruginosa	铜绿假单胞菌
Pseudomonas natriegenes	漂浮假单胞菌
R. tsutsugamushi	恙虫病立克次氏体
Rhizobium japonicum	大豆根瘤菌
Rhizobium leguminosarum	豌豆根瘤菌
Rhizopus	根霉属
Rhizopus arrhizus	无根根霉
Rhizopus chinensis	华根霉
Rhizopus nigricans	黑根霉
Rhizopus oryzae	米根霉
Rhizopus stolonifer	匐枝根霉
Rhodotorula	红酵母
Rickettsia	立克次氏体
Rickettsia mooseri	莫氏立克次氏体
Rickettsia prowazekii	普氏立克次氏体
Rickettsia rickettsi	立克次氏立克次氏体
S. faecalis	粪链球菌
S. liquefaciens	液化链球菌

续表

拉丁文	中文
S. carlsbergensis	下面啤酒酵母
S. cerevsiae	上面啤酒酵母
Saccharomyces cerevisiae	酿酒酵母
Saccharomyces lactis	乳酸酵母
Saccharomyces rouxii	鲁氏酵母
Saccharomyces uvarum	葡萄汁酵母
Saccharomyces. cerevisiae	啤酒酵母
Sacchoromycodes ludwigii	路德类酵母
Salmonella	沙门氏菌
Salmonella abortusequi	马流产沙门氏菌
Salmonella choleraesuis	猪霍乱沙门氏菌
Salmonella Delby	德尔比沙门氏菌
Salmonella Dublin	都柏林沙门氏菌
Salmonella enteritidis	肠炎沙门氏菌
Salmonella Newport	纽波特沙门氏菌
Salmonella paratyphi	副伤寒沙门氏菌
Salmonella senftenberg	山夫顿堡沙门氏菌
Salmonella thompson	汤普逊沙门氏菌
Salmonella typhi	伤寒沙门氏菌
Sarcina ureae	尿素八叠球菌
Satellite tobacco necrosis vivus	卫星烟草坏死病毒
Schizosaccaromyces	裂殖酵母属
Schizosaccaromyces octosporus	八孢裂殖酵母
Shigella flexneri	福氏志贺氏菌
Soranguim cellulosum	纤维堆囊菌
Spirillum volutans	迂回螺菌
Spirulina maxima	最大螺旋蓝细菌
Spirulina platensis	盘状螺旋蓝细菌

续表

拉丁文	中文
Sporobolomyces	掷孢酵母菌属
Sporobolomyces roseus	掷孢酵母
Staphylococcus aureus	金黄色葡萄球菌
Staphylococus	葡萄球菌
Streptococcus	链球菌属
Streptococcus beta-hemolyticus	乙型溶血性链球菌
Streptococcus cremoris	乳脂链球菌
Streptococcus lactis	乳酸链球菌
Streptococcus pneumonia	肺炎链球菌
Streptococcus thermophilus	嗜热链球菌
Streptococcus viridans	草绿色链球菌
Streptomyces	链霉菌属
Streptomyces grisea	灰色链霉菌
Streptosporangium	链孢囊菌属
Streptoverticillum	链轮丝菌属
Tobacc mosaic virus	烟草花叶病毒
Tobacco neorosis virus	烟草坏死病毒
Tobacco ringspot nepovirus	烟草环斑病毒
Toruiopsis	球拟酵母
Torula kefir	开菲尔圆酵母
Torulopsis halophilus	嗜盐球拟酵母
Treponema pallidum	梅毒螺旋体
Trichoderma viride	绿色木霉
Vibrio cholerae	霍乱弧菌
Vibrio mimetica	拟态弧菌
Vibrio parahaemolyticus	副溶血性弧菌
Vibrio vulnificus	创伤弧菌
Xanthomonas	黄单胞菌属

续表

拉丁文	中文
Xanthomonas campestris	甘蓝黑腐病黄单胞菌
Yersinia enterocolitica	小肠耶尔森氏菌
Zygosaccharomyces	接合酵母属

附录二　部分名词中英文及缩写对照

部分名词中英文及缩写对照见附表 2。

附表 2　部分名词中英文及缩写对照

缩写	英文全称	中文
A_w	water activity	水分活度
2D-DIGE	two-dimensional fluorescent difference gel electrophoresis	双向荧光差异凝胶电泳技术
2-DE	two-dimensional electrophoresis	双向电泳
3′-UTR	3′- untranslated region	3′-端非翻译区
5′-UTR)	5′- untranslated region	5′-端非翻译区
A	adenine	腺嘌呤
Ab	antibody	抗体
ACP	acyl carrier protein	酰基载体蛋白
ADCC	antibody-dependent cell-mediated cytotoxicity	细胞毒性作用
ADP	adenosine diphosphate	二磷酸腺苷
ADV	*Adenovirus*	腺病毒
AFT 或 AF 或 AT	Aflatoxin	黄曲霉毒素
AIEC	adherent-invasive escherichia coli	黏附侵袭性大肠杆菌
AMP	adenosine monophosphate	腺嘌呤核苷酸
ATP	adenosine triphosphate	三磷酸腺苷
A 细胞	accessory cell	辅佐细胞
B. C. P	bromocresol purple	溴甲酚紫
BAC	bacterial artificial chromosome	细菌人工染色体
BOD_5	biochemical oxygen demand	五日生化需氧量
BSE	bovine spongiform encephalitis	牛海绵状脑病
BU	butyl group	正丁基
B 细胞	bone marrow dependent lymphocyte	骨髓依赖性淋巴细胞
	burse dependent lymphocyte	囊依赖性淋巴细胞
C	cytosine	胞嘧啶
cAMP	cyclic adenosine monophosphate	腺苷-3′，5′-环化一磷酸

续表

缩写	英文全称	中文
CAP	catabolite gene activator protein	分解物激活蛋白
cDNA	complementary DNA	互补脱氧核糖核酸
CE	capillary electrophoresis	毛细管电泳
CE-MS	capillary electrophoresis coupled to mass spectrometry	毛细管电泳-质谱
CFU	colony forming unit	菌落形成单位
CJD	Creutzfeldt-Jakob Disease	克-雅氏病
CK	cytokine	细胞因子
CN	correlation network	相关网络分析
CoA	coenzyme A	辅酶 A
COD	chemical oxygen demand	化学需氧量
Cox virus	Coxsackie virus	柯萨奇病毒
CSF	colony stimulating factor	集落刺激因子
CTL	cytotoxic T cell	细胞毒性 T 细胞
DAEC	disseminated adhesive Escherichia coli	弥散黏附性大肠杆菌
ddNTP	dideoxynucleotide	双脱氧核苷酸
DESI	desorption electrospray ionization	解吸电喷雾电离
DIMS	direct infusion mass spectrometry	直接输注质谱
DNA	deoxyribonucleic acid	脱氧核糖核酸
dNTP	deoxy-ribonucleoside triphosphate	脱氧核糖核苷三磷酸
DON	deoxvnivalenol	脱氧雪腐镰刀菌烯醇
DPA	meso-2，5-diaminopimelic acid	二氨基庚二酸
Dr	decimal reduction time	*D* 值
dsDNA	double-stranded DNA	双链 DNA
EAEC	enteroadherent *Escherichia coli*	肠道黏附性大肠埃希氏菌
ECHO virus	Enteric cytopathogenic human orphan virus	埃可病毒
ED	entner-doudoroff	2-酮-3-脱氧-6-磷酸葡萄糖酸途径
EGC	enterotoxin gene cluster	肠毒素基因簇
Eh	oxidation-reduction potential	氧化还原电位

续表

缩写	英文全称	中文
EHEC	enterohemorrhagic *Escherichia coli*	肠出血性大肠杆菌
EI	enzyme Ⅰ	酶Ⅰ
EIEC	enteric invasive *Escherichia coli*	侵袭性大肠杆菌
EⅡ	enzyme Ⅱ	酶Ⅱ
ELEM	equine leukoencephalomalacia	马脑白质软化症
EMP	embden-meyerhof-parnas pathway	己糖二磷酸途径
EPEC	enteropathogenic *Escherichia coli*	肠道致病性大肠杆菌
ER	endoplasmic reticulum	内质网
ES	electron spray	电喷雾
ESI	electrospray ionisation	电喷雾电离
EST	expressed sequence tag	表达序列标签
ETEC	enterotoxigenic *Escherichia coli*	产毒性大肠杆菌
ETT2	*E. coli* type three secretion system 2	大肠杆菌Ⅲ型分泌系统 2 毒力岛
FAD	flavin adenine dinucleotide	黄素腺嘌呤二核苷酸
$FADH_2$	flavine adenine dinucleotide，reduced	黄素腺嘌呤二核苷酸递氢体
FB	fumonisin	伏马菌素
FMDV	foot-and-mouth disease virus	口蹄疫病毒
fMet	formylmethionine	甲酰甲硫氨酸
FMN	flavin mononucleotide	黄素单核苷酸
FTIR	Fourier transform infrared spectroscopy	傅里叶转换红外光谱
G	generation time	代时、世代时间
G	guanine	鸟嘌呤
GC	gas chromatography	气相色谱法
GC-MS	gas chromatography-mass spectrometer	气相色谱-质谱
GDH	glutamate dehydrogenase	谷氨酸脱氢酶
GMP	guanosine monophosphate	鸟嘌呤核苷酸
GSS	Gerstmann-Straussler syndrome	格-史综合征
GTF	glucose tolerance factor	葡萄糖耐量因子

续表

缩写	英文全称	中文
GTP	guanosine triphosphate	三磷酸鸟苷
HAV	hepatitis A virus	甲型肝炎病毒
HDCC	high cell density culture	高密度培养
HEV	hepatitis E virus	戊型肝炎病毒
HMP	hexose monophophate pathway	戊糖磷酸途径
HPI	the Yersinia high-pathogeniticity island	耶尔森菌强毒力岛
HPLC	high performance liquid chromatography	高效液相色谱技术
HPLC-MS	high performance liquid chromatography-mass spectrometry	高效液相色谱-质谱
HPLC-NMR	high performance liquid chromatography-nuclear magnetic resonance	高效液相色谱-核磁共振
HPr	heat-stable carrier protein	低分子热稳定蛋白
HTS	high-throughput sequencing	高通量测序
HTST	high temperature short time	高温短时间消毒法
ICA	independent components analysis	独立成分分析
ICAT	isotope-coded affinity tag	同位素亲和标签
ICTV	International Committee on Taxonomy of Viruses	国际病毒分类委员会
IEF	isoelectric focusing	等电聚焦
IFN	interferon	干扰素
IgG	immunoglobulin	免疫球蛋白
IgM	immunoglobulin M	免疫球蛋白 M
IL	interleukin	白细胞介素
IMP	inosine monophosphate	次黄嘌呤核苷酸
IPTG	isopropyl β-D-thiogalactoside	异丙基硫代半乳糖苷
IR	infrared spectroscopy	红外光谱
IS	insertion sequences	插入序列
iTRAQ	isobaric tags for relative and absolute quantitation	同位素标记相对和绝对定量
Kuru	Kuru disease	库鲁病
K 细胞	killer cell	杀伤细胞
LC	liquid chromatography	液相

续表

缩写	英文全称	中文
LC-MS	liquid chromatography coupled to mass spectrometry	液相色谱-质谱
LC-NMR	liquid chromatography-nuclear magnetic resonance	液相-核磁共振
LC-UV	liquid chromatography-ultraviolet	液相-紫外线
LDA	linear discriminant analysis	线性判别分析法
LEE	locus of entericyte effacement	致病性肠细胞脱落位点毒岛
LLO	listeriolysin O	溶血素 O
LT	heat-labile toxin	不耐热肠毒素
LTLT	low temperature short time	低温长时间消毒法
M. R 试验	methyl red test	甲基红试验
MALDI	matrix assisted laser desorption/ionization	基质辅助激光解吸电离
MALDI-MS	matrix-assistedlaserdesorption/ionization mass spectrometry	基质辅助激光解吸电离质谱
MALDI-TOF/MS	matrix assisted laser desorption ionization (MALDI) time of flight (TOF) -mass spectrometer (MS)	基质辅助激光解吸-飞行时间质谱仪
MGEs	mobile genetic elements	移动基因元件
MPN	most probable number	最近似数
mRNA	messenger RNA	信使 RNA
MS	mass spectrum	质谱
MYP	mannitol-egg-yolk-polymyxin agar	甘露醇卵黄多黏菌素琼脂
NA	numerical aperture	数值孔径
NAD (P)$^+$	glyceraldehyde-3-phosphate dehydrogenase	甘油-3-磷酸脱氢酶
NAD+	nicotinamide adenine dinucleotide (oxidized state)	烟酰胺腺嘌呤二核苷酸(氧化态)
NADH	nicotinamide adenine dinucleotide	烟酰胺腺嘌呤二核苷酸
$NADH_2$	nicotinamide adenine dinucleotide, reduced	烟酰胺腺嘌呤二核苷酸递氢体
NAG	*N*-acetylglucosamine	*N*-乙酰葡糖胺
NAM	*N*-Acetyl Cytoparic Acid	*N*-乙酰胞壁酸
NGS	next-generation methods	下一代测序

续表

缩写	英文全称	中文
NIR	near infrared spectroscopy	近红外光谱
NK 细胞	natural killer cell	自然杀伤性细胞
NMR	nuclear magnetic resonance	核磁共振
Nonlinear PCA	nonlinear principal components analysis	非线性主成分分析法
NRPS	nonribosomal peptide synthetases	非核糖体多肽合成酶系
NT	neutralization test	中和反应
PCA	principal components analysis	主成分分析
PCR	polymerase chain reaction	聚合酶链式反应
PEG	polyethylene glycol	聚乙二醇
PEP	phosphoenolpyruvate	磷酸烯醇式丙酮酸
PHB	poly-β-hydroxybutyric acid	聚 β-羟基丁酸颗粒
PLS	partial least squares	偏最小二乘法
PLS-DA	partial least squares discrimination analysis	偏最小二乘法判别分析
POV	peroxide value	过氧化值
PPE	porcine pulmonary edema	猪肺水肿症
PrP^{c}	normal cell prion protein	正常细胞朊蛋白
PRPP	5-phosphoribosyl-1-pyrophosphate	1-焦磷酸-5-磷酸核糖
PrP^{Sc}	pathogenic prion protein	致病形态朊蛋白
PSDA	performance measurement system systematic design approach	性能测试系统的系统设计的方法
PSTD	potato spindle tuber disease	马铃薯纺锤形块茎病
PSTVd	Potato spindle tuber viroid	马铃薯纺锤形块茎病类病毒
PTS	phosphoenolpyruvate：sugar phosphotransferase system	磷酸烯醇式-己糖磷酸转移酶系统
R	growth rate constant	生长速率常数
R. H	relative humidity	相对湿度
RBS	ribosome-binding site	核糖体结合位点
RBS	ribosomebinding site	核糖体结合位点
RFLP	restriction fragnlength polymorphism	限制性片段长度多态性

续表

缩写	英文全称	中文
RNA	ribonucleic Acid	核糖核酸
RNAi	RNA interference	RNA 干扰
rRNA	ribosomal RNA	核糖体 RNA
SAg	super antigen	超抗原
SCP	single cell protein	单细胞蛋白
SDS-PAGE	SDS-polyacrylamide gel electrophoresis	SDS-聚丙烯酰胺凝胶电泳
SEM	scanning electron microscope	扫描电子显微镜
SEs	staphylococcal enterotoxins	肠毒素
SIFT-MS	selective ion flow tube mass spectrometry	选择性离子流管质谱
SILAC	stable isotope labeling by amino acids	基酸稳定同位素标记
SNP	single nucleotide polymorphism	单核苷酸多态性
snRNA	small nuclearRNA	核小 RNA
SOD	superoxide dismutase	超氧化物歧化酶
SOM	self organizing map	自组织映射网络
SPI	salmonella pathogenicity islands	毒力岛
SPSS	statistical product and service solutions	社会科学统计程序
spv	salmonella plasmid virulence	沙门氏菌毒力质粒
SRP	signal recognition particle	信号识别颗粒
ssRNA	single stranded RNA	单链 RNA
ST	heat-stable toxin	耐热型肠毒素
ST	sterigmatocystin	杂色曲霉毒素
STNV	satellite tobacco necrosis vivus	卫星烟草坏死病毒
STS	sequence-tagged site	序列标签位点
SULAQ	sulfur stable isotope labeling of amino acids for quantification	氨基酸硫稳定同位素标记
T	thymine	胸腺嘧啶
T3SS	type Ⅲ secretion system	Ⅲ型分泌系统
TCA cycle	tricarboxylic acid cycle	三羧酸循环
TDH	thermostable direct hemolysin	耐热溶血素

续表

缩写	英文全称	中文
TDT	thermal death time	热力致死时间
TEM	transmission electron microscope	透射电子显微镜
TLC	thin-layer chromatography	薄层层析技术
TLCV sat-DNA	tomato leaf curl virus satellite DNA	番茄曲叶病毒卫星 DNA
TLH	thermolabile hemolysin	不耐热溶血素
TMT	isobaric mass tags	等压质量标签
TMV	*Tobacc mosaic virus*	烟草花叶病毒
TN	transposons	转座子
TNF	tumor necrosis factor	肿瘤坏死因子
TNV	*Tobacco neorosis virus*	烟草坏死病毒
TRH	thermostable related hemolysin	耐热相关溶血素
tRNA	transfer RNA	转运 RNA
TRSV	*Tobacco ringspot nepovirus*	烟草环斑病毒
TTC	2，3，5-triphenyl tetrazolium chloride	2，3，5-氯化三苯基四氮唑
TVBN	total volatile basic nitrogen	挥发性盐基总氮
T 细胞	thymus dependent lymphocyte	胸腺依赖性淋巴细胞
UHT	ultra-high temperature	超高温瞬时消毒法
UPLC	ultra performance liquid chromatography	超高效液相色谱
UV	ultraviolet	紫外线
V-P 试验	Voges-Proskauer test	伏-波试验
WGS	whole-genome shotgun	全基因组鸟枪法
YAC	yeast artificial chromosome	酵母人工染色体

参考文献

[1] 毕洁，王如刚．微核胞质分裂阻滞细胞（CB-MNT）方法学探讨和比较［J］．首都公共卫生，2018，12（2）：109-111.

[2] 蔡静平．粮油食品微生物学［M］．北京：科学出版社，2018.

[3] 车振明．微生物学［M］．北京：科学出版社，2011.

[4] 陈华癸．微生物学［M］．北京：农业出版社，1998.

[5] 陈捷．农业生物蛋白质组学［M］．北京：科学出版社，2009.

[6] 陈永敢，徐彪，张科．微生物学原理与应用［M］．成都：电子科技大学出版社，2018.

[7] 程义平．改善江山白鹅肉制品品质及延长其货架期的研究［D］．杭州：浙江大学，2003.

[8] 邓代君，熊建文．食品微生物学［M］．成都：电子科技大学出版社，2016.

[9] 董明盛，贾英民．食品微生物学［M］．北京：中国轻工业出版社，2006.

[10] 窦肇华．免疫细胞学与疾病［M］．北京：中国医药科技出版社，2004.

[11] 段昌海，张翠景，孙艺华，等．新型产甲烷古菌研究进展［J］．微生物学报，2019，59（6）：981-995.

[12] 樊明涛，赵春燕，雷晓凌．食品微生物学［M］．郑州：郑州大学出版社，2011.

[13] 韩北忠，吴小禾，龚霄．代谢组学在食品发酵研究中的应用现状及展望［J］．中国食品学报，2011，11（9）：220-224.

[14] 韩艳霞，陈欢，孙倩．现代微生物学理论及应用研究［M］．北京：新华出版社，2014.

[15] 何国庆，贾英民，丁立孝．食品微生物学［M］.3 版．北京：中国农业大学出版社，2016.

[16] JAY J M. 现代食品微生物学：第 7 版［M］．何国庆，丁立孝，宫春波，译．北京：中国农业出版社，2008.

[17] 何苗，康德灿，赵佳英，龙思颖，等．开发微生物资源新型食品的近况探索［J]. 现代食品，2018（10）：1-2.

[18] 何培新．高级微生物学［M］．北京：中国轻工业出版社，2017.

[19] 贺稚非．食品微生物学［M］．重庆：西南大学出版社，2010.

[20] 贺稚非，霍乃蕊．食品微生物学［M］．北京：科学出版社，2018.

[21] 胡树凯，李彦宏．食品微生物学［M］．北京：北京交通大学出版社，2013.

[22] 胡树凯．食品微生物学［M］.2 版．北京：北京交通大学出版社，2016.

[23] 胡永金，刘高强．食品微生物学［M］．长沙：中南大学出版社，2017.

[24] 哈雷 J P，谢建平．图解微生物实验指南［M］．北京：科学出版社，2012.

[25] 黄萍．温度对微生物生长的影响［J］．明胶科学与技术，2011，31（1）：29.

[26] 贾金淦，杨立风，刘光鹏．微生物在食品加工中的应用［J］．食品研究与开发，2018，39（11）：214-219.

[27] 江汉湖. 食品微生物学 [M]. 2版. 北京：中国农业出版社，2005.
[28] RAY B，BHUNIA A. 基础食品微生物学：第4版 [M]. 江汉湖，译. 北京：中国轻工业出版社，2014.
[29] 金志华，金庆超. 工业微生物育种学 [M]. 北京：化学工业出版社，2015.
[30] 金志华. 工业微生物遗传育种学原理与应用 [M]. 北京：化学工业出版社，2010.
[31] 李平兰，贺稚非. 食品微生物学实验原理与技术 [M]. 2版. 北京：中国农业出版社，2016.
[32] 李铁元，张平之. 菌种培养技术讲座（五）_ 第五讲：菌种的退化，复壮及保藏 [J]. 食品科学，1986（6）：60-64.
[33] 李伟毅，鲍春德. 免疫系统 [M]. 上海：上海交通大学出版社，2010.
[34] 李欣. 基因工程技术在食品中的应用 [J]. 中国食物与营养，2005（8）：22-24.
[35] 李先保. 食品微生物 [M]. 北京：中国纺织出版社，2015.
[36] 李炎，朱亭亭，孙惠惠，等. 高温干热处理对医疗废物现场消毒效果观察 [J]. 中国消毒学，2016，33（6）：527-529.
[37] 李阳，刘峰，卢龙娣. 磺胺胍抗性筛选法选育L-色氨酸高产菌株及其发酵条件的优化 [J]. 福建师范大学学报：自然科学版，2009. 25（3）：84-88.
[38] 李颖. 微生物生物学 [M]. 北京：科学出版社，2019.
[39] 李玉，刘淑艳. 菌物学 [M]. 北京：科学出版社，2015.
[40] 李贞彪，王军节，王鹏. 适用于双向电泳分析的链格孢菌体蛋白提取方法的筛选 [J]. 植物保护，2019，45（3）：138-144.
[41] 李志军，薛长湖，李八方，等. 基因工程技术在食品工业中的应用 [J]. 食品科技，2002（6）：1-2，7.
[42] 李志香，张家国. 食品微生物学及其技能训练 [M]. 北京：中国轻工业出版社，2014.
[43] 贾洪锋. 食品微生物 [M]. 重庆：重庆大学出版社，2015.
[44] 刘慧. 现代食品微生物学 [M]. 2版. 北京：中国轻工业出版社，2011.
[45] 刘丽萍，刘丽华. 米曲霉研究进展与应用 [J]. 中国调味品，2008，33（4）：28-32.
[46] 刘香兰. 浅谈微生物与人类的关系 [J]. 中国果菜，2008（5）：63.
[47] 龙可，赵中开，马莹莹，等. 酿酒根霉菌研究进展 [J]. 现代食品科技，2013（2）：443-447.
[48] 卢燕云，林建国，李明，等. 复合诱变选育酸性蛋白酶高产菌株 [J]. 中国酿造，2009（1）：49-51.
[49] 路福平. 微生物学 [M]. 北京：中国轻工业出版社，2015.
[50] 罗红霞. 乳制品加工技术 [M]. 北京：中国轻工业出版社，2015.
[51] 吕嘉枥. 食品微生物学 [M]. 北京：化学工业出版社，2007.
[52] 吕建新. 分子生物学 [M]. 北京：高等教育出版社，2010.
[53] 马跃超，崔毅，陈宁，等. 微生物制品营养和保健功能的研究 [J]. 发酵科技通

讯，2018，47（4）：240-244.

［54］闵航．微生物学［M］．杭州：浙江大学出版社，2011.

［55］裴广倩．纯培养微生物全基因组深度测序研究［D］．合肥：安徽医科大学，2014.

［56］平文祥，周东坡．微生物与人类［M］．北京：中国科学技术出版社，2007.

［57］钱存柔，黄仪秀．微生物学实验教程［M］．2版．北京：北京大学出版社，2008.

［58］钱国英，陈永富．免疫学与免疫制剂［M］．杭州：浙江大学出版社，2012.

［59］秦春娥，别云清．微生物及其应用［M］．武汉：湖北科学技术出版社，2008.

［60］秦哲，王莹莹．食品微生物学［M］．成都：电子科技大学出版社，2017.

［61］邱立友，王明道．微生物学［M］．北京：化学工业出版社，2012.

［62］桑亚新，李秀婷．食品微生物学［M］．北京：中国轻工业出版社，2017.

［63］桑跃，刘力，欧扬雯珊，等．唾液乳杆菌 FDB86 小试高密度发酵培养基的优化研究［J］．中国奶牛，2015（15）：40-43.

［64］沈发治．酿酒小曲菌种的保藏及复壮［J］．酿酒科技，2009（10）：72-74.

［65］沈萍，陈向东．微生物学复兴的机遇、挑战和趋势［J］．微生物学报，2010（1）：1-6.

［66］沈萍，陈向东．微生物学［M］．北京：高等教育出版社，2009.

［67］沈萍，彭珍荣．微生物学［M］．5版．北京：高等教育出版社，2003.

［68］沈萍，陈向东．微生物学［M］．8版．北京：高等教育出版社，2016

［69］施巧琴，吴松刚．工业微生物育种学［M］．北京：科学出版社，2013.

［70］苏东海．乳与乳制品加工实训教程［M］．北京：中国轻工业出版社，2013.

［71］苏俊峰，王文东．环境微生物学［M］．北京：中国建筑工业出版社，2013.

［72］孙军德，杨幼慧，赵春燕．微生物学［M］．南京：东南大学出版社，2009.

［73］孙茂成．保加利亚乳杆菌代谢组学样品的前处理研究［D］．哈尔滨：东北农业大学，2013.

［74］檀耀辉，赵玉莲．酿造微生物基本知识讲座_ 第八讲：菌种的衰退，复壮和保藏［J］．调味副食品科技，1984（6）：32-34.

［75］汤其群．生物化学与分子生物学［M］．上海：复旦大学出版社，2015.

［76］唐艳红，王海伟．食品微生物［M］．北京：中国科学技术出版社，2013.

［77］唐炳华．分子生物学［M］．北京：中国中医药出版社，2017.

［78］王海伟．食品微生物［M］．北京：中国科学技术出版社，2013.

［79］王鹏，王军节，李贞彪．适用于蛋白质组分析的粉红单端孢菌蛋白质提取方法的建立［J］．华北农学报，2019，34（3）：1-8.

［80］王希越，田媛媛，李秋颖，等．微生物代谢组学样品前处理方法研究进展［J］．科技展望，2016，26（36）：71.

［81］王远．显微镜的由来［J］．生命世界，2014（8）：90-93.

［82］王越男，孙天松．代谢组学在乳酸菌发酵食品和功能食品中的应用［J］．中国乳品工业，2017，45（5）：27-31.

［83］魏开华，应天翼．蛋白质组学实验技术精编［M］．北京：化学工业出版

社，2010.

[84] 吴凤爱. 浅谈微生物与人类的关系［J］. 世界最新医学信息文摘：电子版，2015（27）：146.

[85] 吴晖，冯广莉，李晓凤，等. 蛋白质组学技术在食品微生物安全评估与检测中的应用［J］. 现代食品科技，2013，29（11）：2793-2799.

[86] 吴林寰，陆震鸣，龚劲松，等. 高通量测序技术在食品微生物研究中的应用［J］. 生物工程学报，2016，32（9）：1164-1174.

[87] 吴祖芳. 现代食品微生物学［M］. 杭州：浙江大学出版社，2017.

[88] 伍淑婕. 食品微生物学［M］. 成都：电子科技大学出版社，2016.

[89] 席晓敏，张和平. 微生物代谢组学研究及应用进展［J］. 食品科学，2016，37（11）：283-289.

[90] 谢梁毅. 浅析微生物与人类生活的联系［J］. 科技风，2018（34）：83.

[91] 谢天恩. 普通病毒学［M］. 北京：科学出版社，2002.

[92] 邢来君，李明春. 普通真菌学［M］. 2版. 北京：高等教育出版社，2010.

[93] 熊俐，杨跃寰，胡洋. 物理诱变技术在食品工业微生物育种上的应用进展［J］. 江苏农业科学，2010（5）：457-459.

[94] 徐博文，张颖. 食品微生物学［M］. 北京：中国商业出版社，2016.

[95] 徐弘君，王新明，肖林，等. 人类与肠道微生物的共生关系［J］. 生物产业技术，2016（5）：73-76.

[96] 徐威. 微生物学［M］. 北京：中国医药科技出版社，2004.

[97] 许丽娟，刘红，魏小武. 微生物菌种的保藏方法［J］. 现代农业科技，2008（16）：99.

[98] 许亚昆，马越，胡小茜，等. 基于三代测序技术的微生物组学研究进展［J］. 生物多样性，2019，27（5）：534-542.

[99] 闫云侠. 显微镜的发明和发展［J］. 生物学教学，2012（5）：58-59.

[100] 杨荣武. 分子生物学［M］. 南京：南京大学出版社，2017.

[101] 杨汝德. 现代工业微生物学教程［M］. 北京：高等教育出版社，2006.

[102] 杨苏声，周俊初. 微生物生物学［M］. 北京：科学出版社，2004.

[103] 杨玉红. 食品微生物学［M］. 北京：中国轻工业出版社，2018.

[104] 杨锋，章亭洲. 枯草芽孢杆菌生物学特性的研究［J］. 饲料研究，2011（3）：34-36.

[105] 殷文政，樊明涛. 食品微生物学［M］. 北京：科学出版社，2015.

[106] 殷智超. 微生物与人类健康关系研究［J］. 民营科技，2018（12）：80.

[107] 袁红雨. 分子生物学［M］. 北京：化学工业出版社，2012.

[108] 詹太华，杜荣茂. 基因工程技术在食品工业中的应用［J］. 宜春学院学报：自然科学，2002（4）：60-63.

[109] 曾静瑜. 自然冷冻风干牛肉品质形成与微生物变化规律的研究［D］. 呼和浩特：内蒙古农业大学，2014.

[110] 赵铭钦，李晓强，王豹祥，等. α-淀粉酶和蛋白酶高产菌株的诱变选育［J］. 烟

草科技，2008（8）：53-57.

［111］翟俊斌，曹小利，沈瀚．全基因组测序技术的发展及其在临床微生物实验室的应用前景［J］．检验医学与临床，2018，15（3）：414-417.

［112］张楚富．生物化学原理［M］．2版．北京：高等教育出版社，2011.

［113］张惠展，基因工程［M］．4版．上海：华东理工大学出版社，2017.

［114］张利平．微生物学［M］．北京：科学出版社，2012.

［115］张雯，张盛贵．复合诱变选育出芽短梗霉高产菌株［J］．中国酿造，2008（9）：47-50.

［116］张文治．新编食品微生物学［M］．北京：中国轻工业出版社，1995.

［117］张一鸣．生物化学与分子生物学［M］．北京：东南大学出版社，2018.

［118］赵斌，何绍江．微生物学实验教程［M］．北京：高等教育出版社，2013.

［119］邹建忠．耐高温酵母的选育及其生长特性的研究［J］．酿酒科技，2009（6）：52-56.

［120］周德庆，徐德强．微生物学实验教程［M］．3版．北京：高等教育出版社，2013.

［121］周德庆．微生物学教程［M］．3版．北京：高等教育出版社，2011.

［122］周集中，多罗西娅·K·汤普森，徐鹰，等．微生物功能基因组学［M］．北京：化学工业出版社，2007.

［123］Anklam E，Ferruccio G，Petra H，et al. Analytical methods for detection and determination of genetically modified organisms in agricultural crops and plant-derived food products［J］. European Food Research & Technology，2002，214（1）：3-26.

［124］Böhme K，Inmaculada C F，Gallardo J M，et al. Safety assessment of fresh and processed seafood products by MALDI-TOF mass fingerprinting［J］. Food and Bioprocess Technology，2011，4（6）：907-918.

［125］D'Alessandro A，Zolla L. We are what we eat：food safety and proteomics［J］. Journal of Proteome Research，2012，11：26-36.

［126］Doyle M P. Food Microbiology：Fundamentals and Frontiers［M］. 3rd ed. Washington：ASM Press，2007.

［127］Gibbons J G，Rinker D C. The genomics of microbial domestication in the fermented food environment［J］. Current Opinion in Genetics & Development，2015，35（10）：1-8.

［128］Griffith F. The Significance of Pneumococcal Types［M］. London：Bulletin of Hygiene，1928.

［129］Hershey A D，Chase M. Independent functions of viral protein and nucleic acid in growth of bacteriophage［J］. Journal of General Physiology，1952，36（1）：39-56.

［130］Kamle M，Pradeep K，Jayanta K，et al. Current perspectives on genetically modified crops and detection methods［J］. Biotechnology，2017，7（3）：219.

［131］Kimmel M，Axelrod D E. Fluctuation test for two-stage mutations：application to gene amplification［J］. Mutation Research，1994，306（1）：45-60.

［132］Lederberg J，Lederberg E M. Replica plating and indirect selection of bacterial mutants

[J] . Journal of bacteriology, 1952, 63 (3): 399-406.

[133] Lindon J C. Encyclopedia of Spectroscopy and Spectrometry [M] . 3rd ed. Amsterdam: Elsevier, 2017.

[134] Lorenz M G, Wackernagel W. Bacterial gene transfer by natural genetic transformation in the environment [J] . Microbiological Reviews, 1994, 58 (3): 563-602.

[135] Maddox B. The double helix and the ' wronged heroine' [J] . Nature, 2003, 421 (6921): 407-408.

[136] Madigan M T, Martinko J M. Brock Biology of Microorganisms [M] . 14th ed. New Jersey: Pearson Education, 2014.

[137] Otto A, Becher D, Schmidt F. Quantitative proteomics in the field of microbiology [J]. Prototeomics, 2014, 14: 547-565.

[138] Pérez-Losada M, Arenas M, Castro-Nallar E. Microbial sequence typing in the genomic era [J] . Infection, Genetics and Evolution, 2018, 63: 346-359.

[139] Phillips C I, Bogyo M. Proteomics meets microbiology: technical advances in the global mapping of protein expression and function [J] . Cellular microbiology, 2005, 7: 1061-1076.

[140] Piras C, Roncada P, Rodrigues P M, et al. Proteomics in food: quality, safety, microbes, and allergens [J] . Proteomics, 2016, 16: 799-815.

[141] Prescott L M, Harley J P, Klein D A. Microbiology [M] . 9th ed. New York: WCB McGraw-Hill, 2014.

[142] Ryan K. Sherris Medical Microbiology [M] . New York: McGraw-Hill Medical, 2010.

[143] Schumann G L, D'Arcy C J. Essential Plant Pathology [M] . New York: American Phytopathological Society, 2006.

[144] Stasiewicz M J, den Bakker H C. Wiedmann M. Genomics tools in microbial food safety [J] . Current Opinion in Food Science, 2015, 4: 105-110.

[145] Szauter P. Genetics [D] . Albuquerque: University of New Mexico, Bio202, 2013.

[146] University of Waikato. Bacterial DNA-the role of plasmids [M] . Hamilton: Sciencelearning Hub, 2014.

[147] Van A M, Van E H, Gja S, et al. Toxins of cyanobacteria [J] . Molecular Nutrition & Food Research, 2010, 51 (1): 7-60.

[148] Watson J D, Crick F H. Molecular structure of nucleic acids; a structure for deoxyribose nucleic acid [J] . Nature, 1953, 171 (4356): 737-738.

[149] Xu Y J. Foodomics: a novel approach for food microbiology [J] . Trends in Analytical Chemistry, 2017, 96: 26-36.